KB072383

iolligo
아이올리고
www.iolligo.com
온라인 교육기관

이 책은 필자의 시공현장 및 감리현장에서의 오랜 경험과 국내 유명 교수님들의 논문 및 각 분야별 전문 참고문헌을 참고하여 토목시공기술사 준비 수험서로 재구성하여 편집하였습니다.

Essence 이론과 공법

# 토목시공기술사
# 합격 바이블 1권

서진우 저

씨아이알

# 머리말

현장에 계시는 선배, 동료, 후배 토목기술자 여러분께 이 책을 드립니다. 이 책은 필자의 시공현장 및 감리현장에서의 오랜 경험과 국내 유명 교수님들의 논문 및 각 분야별 전문 참고문헌을 참고하여 토목시공기술사 준비 수험서로 재구성하여 편집한 내용입니다.

## ◎ 이 책의 구성 및 특징

1. 토목시공기술사 공부를 하기 위해 꼭 필요한 기초적인 토목공학 이론과 공법 위주로 구성하였다.
2. 토목공학에 대한 이론적인 무장을 한 후 타 기술사 교재를 공부하면 이해가 빠르고, 단순암기 방식의 학습을 탈피할 수 있다.
3. 이 책으로 공부한 후 답안 작성 시 한 단계 업그레이드된 답안을 작성할 수 있다.
4. 기출문제에서 변형된 출제 지문, 응용 문제, 처음 보는 문제 등이 출제되었을 때, 답안 작성의 탄력(시원하게 답을 적을 수 있음)을 높일 수 있다.
5. 따라서 처음 공부하는 분들에게는 기술사 공부 기초 학습을 위해 꼭 필요한 필수 수험서이다.
6. 또한 2% 부족으로 58점대에 머무는 수험생들에게 2%의 부족분을 채울 수 있는 기회가 된다.
7. 단, 기술사 공부를 너무 쉽게 하려고 하는 분들은 이 책으로 공부하는 것을 신중히 고려할 필요가 있다. 기존의 기술사 수험서적보다는 어렵기 때문에 입문자에게는 다소 어려움이 따른다.

지금까지 출제된 모든 기출문제를 수록하지 못함이 아쉽습니다. 이 책에 소개되지 않은 기출문제들의 추가 학습과 기술사 공부에 대한 조언과 상담이 필요하신 분들은 필자의 강의 장소인 인터넷 동영상 사이트 '올리고(WWW.iolligo.com)'를 찾아주시면 성심껏 도움을 드리겠습니다.

## ◎ 기술사 자격을 준비해야 하는 이유

1. 자격시험을 준비하는 동안 그동안 미처 돌아보지 못했던 기술자로서의 자신의 능력을 다시 한 번 돌아볼 수 있다.
2. 기술사 준비 과정 동안 해당 분야의 전체를 조감해볼 수 있다.
3. 현장에서 꼭 필요한 자격기준이다.
   1) 특히 감리회사(건설관리회사)에 근무하기 위해서 필수적 구비요건이다.
      (1) 현장에서 감리를 하기 위해서는 이론적 무장과 경험적 사고가 필요하다.
      (2) 합리적이고, 융통성 있는 감리업무 수행이 가능하다.

2) 시공회사에 근무하시는 분들
   (1) 현장 시공, 공사 관리 업무에 자신감이 붙는다.
   (2) 본인이 시공하고 있는 분야에 대해 이론적으로 알고 있으므로 불안감이 없어진다.
   (3) 관리감독자, 건설관리자(감리) 및 발주처와 원활한 대화가 이루어지고, 업무협의가 부드럽게 진행되고, 인간적으로 대우받는 방법이다(실력을 갖춤으로써 서로를 존중하게 된다).
3) 공직에 계시는 분들
   (1) 시공현장에서 시공자와 공감대 형성이 가능하다.
   (2) 합리적인 감독업무 수행이 가능하다.
   (3) 시공자에게 기술적 지도가 가능하다.
   (4) Project(공사) 관리 능력이 향상된다.
   (5) 우수한 품질의 공사 감독이 가능하다.
4. 가장 중요한 것은 기술자로서 자기 분야의 지식 함양은 물론, 자기완성과 성취감을 가질 수 있게 된다.
5. 이와 같이 기술사는 자격 자체에도 의미가 있지만 또 다른 의미가 있다.

## ◎ 기술사 준비 요령

논술식인 기술사는 단순 암기식의 수험준비로는 모범답안 작성이 곤란하며, 토목공학적 원리, 공법의 개념 파악, 현장 경험을 바탕으로 하여 답안이 전개되고 논술되어야 한다.

## ◎ 토목시공기술사 준비 요령

첫째, 공학적 원리와 개념을 확실하게 이해하지 않으면 암기가 되지 않는다.
둘째, 한 번 공부한 것을 죽을 때까지 간직하는 방법
① 참고서적을 많이 읽고 개념을 이해한다.
② 개념 이해 → 서브노트(쓰기) → 암기(약자 만들기)
③ 시험장에서 답안은 손끝에서 출력되어 답안지에 프린트된다.
④ 개념 이해 후 많은 훈련이 필요하다(손끝에 굳은살이 생길 만큼).

이 책을 보는 모든 분들에게 합격의 영광이 있기를 진심으로 바랍니다. 또한 먼저 합격한 선배, 동료 기술사 여러분과 건설기술 발전과 후진 양성을 위해 노심초사하시는 각 분야의 교수님들께 감사드립니다. 이 책이 나오기까지 도와주신 (주) 진명 엔지니어링 건축사 사무소 서정학 회장님과 동료 직원 여러분께 깊은 감사드리며, 출판의 기회를 주신 도서출판 씨아이알의 대표님 및 임직원 여러분께도 감사를 드립니다.

2016년
서진우

# 목 차

## Chapter 03 토압 및 옹벽

## Chapter 05 암반공학·터널·발파

Chapter 06 **기 초**

## ⟪⟨ 2권 목차 ⟩⟫

| Chapter 08 | 도 로 |

## Chapter 09 댐

## Chapter 10　하천 및 상하수도

## Chapter 11 교량공

## Chapter 12    항만 및 어항

Chapter 01

# 토공, 토질

## 1-1. 전단강도의 정의와 개념

### 1. 전단강도(흙의 강도)의 정의

압축력(외력)이 가해질 때 흙내부의 임의의 면을 따라 발생하는 파괴에 저항하는 **저항력의 최댓값**

### 2. 전단강도의 개념

1) 전단강도 식(파괴포락선) $s = C + \sigma_n \tan\phi$

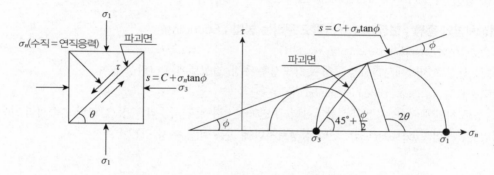

2) 연직응력($\sigma_n$ : 수직응력＝Normal stress)과 **관계없는 성분(점착력 $C$)과 관계있는 성분($\sigma_n \tan\phi$)으로** 구분

3) 전단강도 정수 [강도정수＝흙의 전단강도를 결정하는 정수] : $C, \phi$

### 3. 전단강도의 적용

기초의 **지지력**, 연약지반, 사면안정, 토류구조물에 작용하는 토압 등의 **안정성 검토**에 사용

---

### ■ 참고문헌 ■

1. 김상규(1997), 토질역학 이론과 응용, 청문각, pp.147~187.

2. 서진수(2006), Powerful 토목시공기술사, 엔지니어즈.

3. 박영태(2013), 토목기사실기, 건기원.

4. 한국품질시험연구소, 건설공사 현장관리, 품질시험안내서.

5. 이춘석(2005), 토질 및 기초공학 이론과 실무(토질 및 기초기술사 시험대비), 예문사.

# 1-2. 전단실험과 적용성

## 1. 전단실험의 목적
전단강도정수($c$, $\phi$)를 구하기 위하여 실시하는 실험

## 2. 실내실험의 종류
1) 일축압축실험(Unconfined compressive test) : 자립이 가능한 점성토에 적용
2) 직접전단실험(Direct shear test) : 주로 사질토에 적용
3) 직접단순전단실험(Direct simple shear test)
4) **삼축실험**(Triaxial test) : **모든 지반**에 적용
   (1) UU−test($c_u$, $\phi_u =0$) : 비압밀 비배수
   (2) CU−test($c_{cu}$, $\phi_{cu}$), $\overline{CU}(c'$, $\phi')$ : 압밀 비배수
   (3) CD−test($c_d$, $\phi_d$) : 압밀 배수
5) 평면변형삼축실험(Plane strain triaxial test)
6) 비틂 링전단실험(Torsional ring shear test)

## 3. 현장시험의 종류 : 현장에서 전단강도 구하는 방법 : Sounding
1) 표준관입시험(Standard penetration test, SPT)
   : 주로 사질토 지반에서 N치를 구하여 강도정수 추정, 점성토에는 신뢰성 결여
2) 정적콘관입시험(Static cone penetration test)
   : 점성토 지반에 사용, 지반의 선단저항력, 주면마찰저항력, 간극수압 측정, 심도별 연속시험 가능
3) 베인전단시험(Vane shear test) : 연약 점성토지반에 적용, 비배수 강도($C_u$) 측정


## ■ 참고문헌 ■

1. 김상규(1997), 토질역학 이론과 응용, 청문각.
2. 서진수(2006), Powerful 토목시공기술사, 엔지니어즈.
3. 한국품질시험연구소, 건설공사 현장관리, 품질시험안내서.
4. 이춘석(2005), 토질 및 기초공학 이론과 실무(토질 및 기초기술사 시험대비), 예문사.

# 1-3. 일축압축시험(Unconfined Compressive Test)

## 1. 전단강도정수 산정

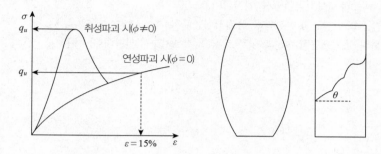

(1) 점성토 : $\phi = 0$ 일 때 $c_u = \dfrac{q_u}{2}$

(2) 일반 흙(점토 + 사질토)

## 2. 예민비($S_t$) 산정

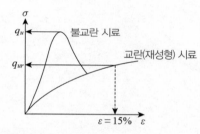

$$S_t = \frac{q_u}{q_{ur}} \begin{cases} 4 \text{ 이하 : 저예민} \\ 4\sim 8 \text{ : 예민} \\ 8\sim 64 \text{ : 고예민(quick clay)} \\ 64 \text{ 이상 : Extra quick clay} \end{cases}$$

## 3. 탄성계수(E) 산정

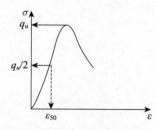

$$E = \frac{q_u/2}{\varepsilon_{50}}$$

## 4. 점토의 N치 및 consistency 추정

| N치($q_u = N/8$) | Consistency | $q_u$ (kg/cm²) | 비고 |
|---|---|---|---|
| 2 이하 | Very soft | 0.25 이하 | 주먹이 쉽게 관입 |
| 2~4 | Soft | 0.25~0.5 | 엄지 쉽게 관입 |
| 4~8 | Medium stiff | 0.5~1.0 | 엄지 관입 |
| 8~15 | Stiff | 1.0~2.0 | 엄지 어렵게 관입 |
| 15~30 | Very stiff | 2.0~4.0 | 손톱 쉽게 자국 |
| 30 이상 | Hard | 4.0 이상 | 손톱 어렵게 자국 |

■ 참고문헌 ■

1. 김상규(1997), 토질역학 이론과 응용, 청문각.
2. 서진수(2006), Powerful 토목시공기술사, 엔지니어즈.
3. 한국품질시험연구소, 건설공사 현장관리, 품질시험안내서.
4. 이춘석(2005), 토질 및 기초공학 이론과 실무(토질 및 기초기술사 시험대비), 예문사.

## 1-4. 삼축압축시험(Triaxial Compressive Test)

### 1. 개요(정의)

1) **구속압**($\sigma_3$)을 일정하게 가한 상태에서 **축차응력**($P$)를 가하여 **전단파괴**시킴

2) 최대주응력($\sigma_1$)=구속압($\sigma_3$=최소주응력=액압)+축차응력($P$)를 합한 값

$$\sigma_1 = P + \sigma_3$$
$$\therefore \ \text{축차응력} \ P = \sigma_1 - \sigma_3$$

    (1) $\sigma_3$ = 액압(구속압)의 의미

        ① 시험 기구에서 공시체 전부(수직, 수평)에 가하는 액체의 압력

        ② 압밀단계에서 가하는 하중(최초 가압)

    (2) $\Delta\sigma = \sigma_1 - \sigma_3$ : 축차응력의 의미

        ① 삼축압축 전단시험을 할 때 시험 기구에서 가하는 수직 방향의 힘

        ② 전단 시 가하는 압력(하중)

### 2. 전단시험결과

파괴 시의 응력상태를 Mohr원을 그려, 접선을 그어서 **파괴포락선** 결정, **강도정수**($c$, $\phi$)를 구한다.

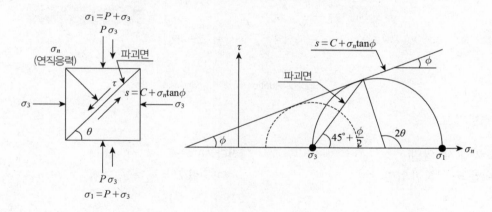

1) 전단응력 $\tau = \dfrac{1}{2}(\sigma_1 - \sigma_3)\sin 2\theta$

2) 연직응력(법선응력) $\sigma_n = \dfrac{1}{2}(\sigma_1 + \sigma_3) + \dfrac{1}{2}(\sigma_1 - \sigma_3)\cos 2\theta$

3) **전단강도식** $s = C + \sigma_n \tan\phi$

4) 파괴각 $\theta = 45° + \dfrac{\phi}{2}$

5) 주응력 : 전단응력 $\tau = 0$일 때 연직응력 : $\sigma_1$(최대주응력), $\sigma_3$(최소주응력)

6) 내부마찰각(전단 저항각)

$$\sin\phi = \frac{\text{선분 } OB}{\text{선분 } AO} = \frac{\frac{1}{2}(\sigma_1 - \sigma_3)}{\frac{1}{2}(\sigma_1 + \sigma_3)} = \frac{(\sigma_1 - \sigma_3)}{(\sigma_1 + \sigma_3)} \quad \therefore \phi = \sin^{-1}\left(\frac{\sigma_1 - \sigma_3}{\sigma_1 + \sigma_3}\right)$$

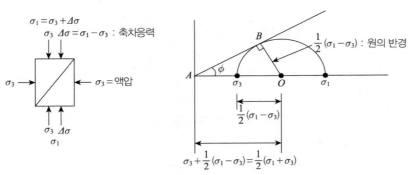

[그림] 3축압축전단시험

## 3. 실험방법

1) 실험순서

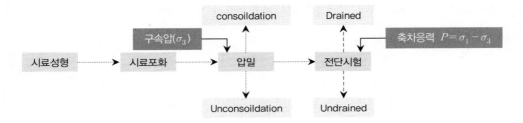

2) 시험방법 모식도

**[최초 가압 시 : 압밀]**

: 구속압 $\sigma_3$ 가하여 압밀

**[전단 시]**

: 축차응력 $P = \sigma_1 - \sigma_3$ 가함($\because P + \sigma_3 = \sigma_1$ 이므로)

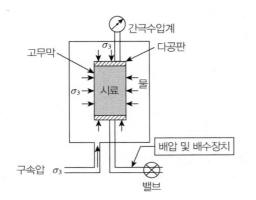

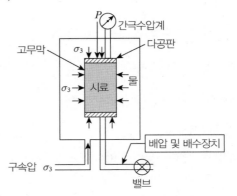

## 4. 배수조건과 시험방법 : 배수방법에 따른 전단시험법의 종류

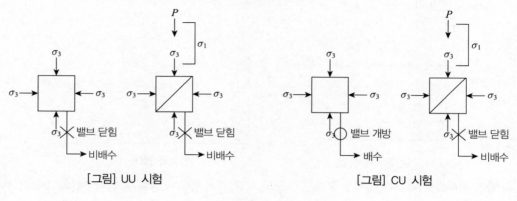

[그림] UU 시험                [그림] CU 시험

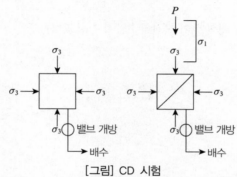

[그림] CD 시험

| 명칭 | 강도정수 | 시험법 |
|---|---|---|
| 비압밀 비배수 전단시험 (UU 시험) | $C_u$ 간극수압(U) 비측정 | 1. **압밀 시 : 비압밀**<br>최초 가압 시 비배수 상태(밸브 닫힘)에서 구속압력($\sigma_3$) 가함<br>2. **전단 시 : 비배수**<br>비배수 상태(밸브 닫힘)에서 축차응력($\sigma_1 - \sigma_3$)을 가하여 전단 |
| 압밀 비배수 (CU 시험) | CU 시험 $C_{cu}, \phi_{cu}$<br><br>$\overline{CU}$ 시험 간극수압 측정 (유효응력) $C', \phi'$ | 1. **압밀 시 : 압밀**<br>최초 가압 시 간극수 배출 허용(배수＝밸브 개방) 상태, 구속압력($\sigma_3$) 가하여 간극수압이 영이 될 때까지 압밀시킨 후<br>2. **전단 시 : 비배수 상태**(간극수압 존재)<br>비배수 상태(밸브 닫힘)에서 축차응력($\sigma_1 - \sigma_3$)을 가하여 전단시킴 |
| 압밀 배수 (CD 시험) | $c_d, \phi_d$ | 1. **압밀 시 : 압밀**<br>최초 가압 시 배수상태(밸브 개방), 구속압력($\sigma_3$) 가하여 압밀<br>2. **전단 시 : 배수상태**<br>간극수 배수 허용(밸브 개방)하여 축차응력($P = \sigma_1 - \sigma_3$)을 가하여 전단시킴(과잉간극수압 미발생) |

## 5. 실험결과 : 배수조건에 따른 전단특성

### 1) UU−Test(비압밀 비배수) : $\sigma_3 = 0$, 간극수압(U) 측정 않음

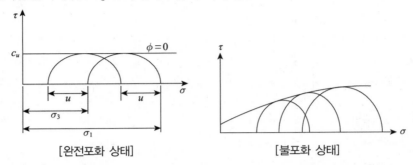

[완전포화 상태]　　　　　　　[불포화 상태]

(1) **압밀 진행속도 < 시공속도**보다 대단히 느려 시공 중의 **함수비 변화** 및 **간극수압의 소산**이 무시되는 경우에 해당

(2) 주로 **단기안정** 및 **전응력 해석**에 이용(간극수압 U 측정 않음)

### 2) CU−Test(압밀비배수)

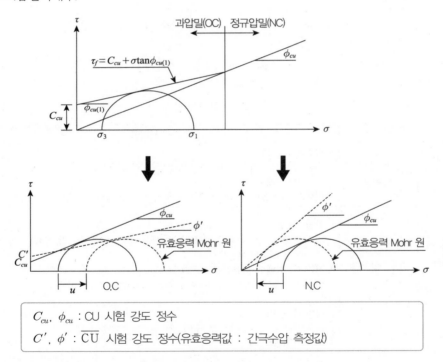

$$C_{cu},\ \phi_{cu} : \text{CU 시험 강도 정수}$$
$$C',\ \phi' : \overline{\text{CU}}\ \text{시험 강도 정수(유효응력값 : 간극수압 측정값)}$$

### (1) OC 시료(과압밀점토)

① 점토입자 간의 결합으로 인하여 점착력($C$)을 갖게 되어 파괴포락선이 세로축에 교차

② 전단 시 시간이 지남에 따라 시료가 팽창하려는 성향으로 **부(−)의 간극수압**(하향)이 발생 ⇒ **유효응력**으로 표시한 **Mohr 원** ⇒ **간극수압만큼 오른쪽으로 이동**(전단강도 커짐)

－ $C' > C_{cu}$        － 값 < $\phi_{cu}$ 값

(2) NC 시료(정규압밀)

① 포락선이 원점을 통과하므로 $c = 0$이고,

② 전단 시 **정(＋)의 간극수압**(상향)이 발생 ⇒ **유효응력**으로 표시한 **Mohr 원** ⇒ 간극수압만큼 **왼 쪽으로 이동**(전단강도 적어짐)되어 $\phi'$ 값 > $\phi_{cu}$ 값보다 큼

3) CD－Test(압밀배수시험) : $\overline{CU}$(유효응력 : 간극수압측정)의 $c'$, $\phi'$로 대체하는 것이 실용적

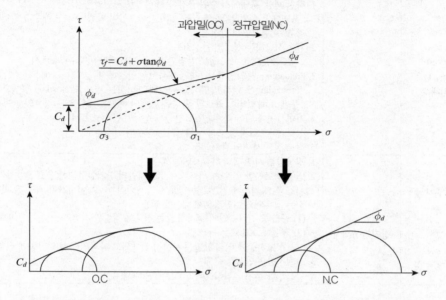

(1) OC 시료(과압밀점토) : 원점을 통과하지 않으므로 $c$, $\phi$ 값이 모두 얻어지며 곡선형태로 나타남 ⇒ ∴ 응력범위를 정하여 직선으로 가정 ⇒ $c_d$, $\phi_d$ 결정

(2) NC 시료(정규압밀) : 파괴포락선이 원점을 통과

(3) CD－Test는 $\overline{CU}$(유효응력 : 간극수압측정)의 $c'$, $\phi'$와 거의 동일하므로 ⇒ $\overline{CU}$ 시험으로 대체하는 것이 실용적

## 6. 배수방법에 따른 : 현장적용성 ＝ 현장조건에 따른 삼축압축실험 결과의 적용

1) 개요

지반에 하중이 가해질 때 압밀과 배수 조건에 따라 지반의 강도는 달라지므로 안정해석 시 현장의 배수조건을 예측하여 압밀과 전단 시의 배수조건을 현장조건과 맞게 하여 얻은 강도정수를 적용

2) 현장 적용성

| 배수방법 | 응력상태 | 적용성 |
|---|---|---|
| UU−test<br>$(c_u, \phi_u = 0)$ :<br>**비압밀 비배수** | 간극수압<br>(U)비측정 :<br>전응력<br>**단기안정해석** | 1. **흙댐(제방)**의 시공 직후 안정 검토<br>　: 압밀과 함수비 변화 없이 급속한 파괴 예상 시<br>2. 포화 점토지반에 제방, 기초 등을 설치할 때 초기(단기)안정검토 : 점토지반의 단기<br>　안정해석(전응력해석)<br>3. 급속성토 후 시공 직후 안정검토(NC 점토에서)<br>　: 점토지반의 시공 중 or 성토 후(비압밀) 급속한 파괴(비배수) 예상 시 |
| CU−test<br>$(c_{cu}, \phi_{cu})$ :<br>**압밀비배수** | | 1. **하천 제방, 흙댐**에서 **수위 급강하 시 상류부** 사면안정검토<br>　: 흙댐에서 수위급강하로 core 내의 간극수압이 발생되어 ⇒ 배수가 일어나지 않는<br>　경우 ⇒ 댐사면의 안정검토<br>2. 완속 시공하는 성토의 안정검토<br>　: 성토하중으로 어느 정도 압밀된 후, 급속한 파괴(비배수) 예상 시<br>3. Preloading 후(압밀 후) 급격한 재하시의 안정해석<br>　: Preloading에 의해 압밀하고 이것에 재하하는 경우 [Preloading 공법으로 성토하<br>　중에 의해 압밀이 완료된 후 다음 단계의 하중을 재하 하는 경우의 안정검토]<br>4. 자연사면에 대한 빠른 성토 : 자연사면 위의 급속성토 시<br>　성토 후 ⇒ 갑자기 파괴가 예상되는 경우의 안정검토<br>5. 점토 절취 사면의 장기안정 |
| CD−test<br>$(c_d, \phi_d)$ :<br>압밀배수<br>$= \overline{CU}$<br>$(C', \phi')$<br>: 간극수압측정 | 유효응력<br>**장기안정해석** | 1. **정상침투 시 흙댐의 하류사면안정**<br>2. 연약 점토지반 위 완속 시공 시 = 점토지반의 장기안정해석(유효응력해석)<br>　시공 후 장기간에 걸쳐 전단강도가 감소되어 ⇒ 오랜 시간이 지난 뒤 파괴가 예상<br>　되는 경우의 장기안정문제 해석에 적용<br>　(1) 공사 중 간극수압이 생기지 않는 경우에 적합한 시험<br>　(2) 전단에 소요되는 시간 길다.<br>　　: 성토하중에 의해 압밀이 서서히 진행되고 파괴도 극히 완만하게 진행될 경우<br>3. 사질지반의 안정성 문제<br>4. 간극수압 측정 곤란한 경우 : $\overline{CU}$ 시험 대체 |

[UU−Test]

1. 전응력해석

2. 단기안정해석

[그림] 댐 시공 직후(초기), 담수 상태

[그림] 포화점토 : 연약지반

[CU−test]

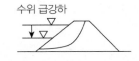

[그림] 흙댐 수위 급강하 시 상류부

[그림] 완속시공 성토 = 프리로딩 후 다음 단계의 하중재하

[CD-test]

1. 유효응력해석
2. 장기안정해석 : 오랜 시간에 걸쳐 압밀 침하가 일어나는 경우

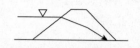
[그림] 정상침투 시 흙댐의 하류사면 안정

[그림] 점토지반의 장기안정해석(유효응력해석)

## ■ 참고문헌 ■

1. 김상규(1997), 토질역학 이론과 응용, 청문각.
2. 서진수(2006), Powerful 토목시공기술사, 엔지니어즈.
3. 한국품질시험연구소, 건설공사 현장관리, 품질시험안내서.
4. 이춘석(2005), 토질 및 기초공학 이론과 실무(토질 및 기초기술사 시험대비), 예문사.

## 1-5. 성토 댐(embankment dam)의 축조 기간 중(성토 중), 성토 직후 담수 시, 정상침투 시, 수위 급강하 시 거동 설명

### 1. 개요
1) 흙댐이나 제방은 **축조 기간 중(성토 중), 성토 직후 담수 시, 정상침투 시, 수위 급강하 시**에 따라 거동이 달라짐
2) 시공 중에는 **단계성토**를 하게 되고 안정성 검토는 **전응력해석**이 유효함
3) 흙댐, 제방 **상류사면**이 가장 위험한 때는
   (1) **시공 직후**
   (2) **수위 급강하 시**임
   * ① 잔류수압 ⇒ 사면안전율 감소 ⇒ 상류 사면붕괴
     ② 외수압($U_1$) 소실에 의한 저항모멘트 감소 ⇒ 상류사면붕괴
     ③ 대책 : 상류 측 필터 구비조건만족 ⇒ 내수압(잔류수압) 감소
4) **하류사면이 가장 위험한 때**는
   (1) **시공 직후**
   (2) **정상 침투 시**임
     ① Arching Effect ⇒ 수압할렬 ⇒ Piping ⇒ 사면붕괴
     ② 침투압(양압력) 증가 ⇒ Boiling ⇒ Piping ⇒ 사면붕괴
     ③ 대책 : Filter 구비조건 만족, 침투압(양압력) 감소 ⇒ 댐 기초 처리

### 2. 흙댐 축조의 안전율 변화
시공 중 및 시공 후 담수, 만수, 수위 급강하 시, 공수 시 **안전율 변화(사면안정)**

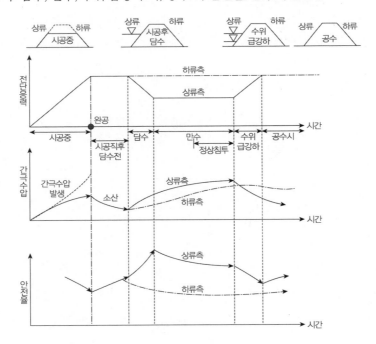

1) 시공기간 중

  (1) **하중**이 계속 증가함

  (2) ∴ 활동면상의 **전단응력**과 **간극수압** : 댐 완공 시까지 계속 증가

2) 시공 직후 : 상류 측 제체 사면 가장 위험

3) 댐 완공 후 담수 직전 : 배수에 의해 **과잉간극수압 소산**

4) 담수 시작

  (1) 수압에 의해 **간극수압 다시 증가**

  (2) 상류 측 제체 : 부력의 작용으로 전단응력 감소하지만(간극수압 약간 증가) **안전율**은 **증가**

    ∴ **상류 외수압**이 수동 토압으로 작용, 활동에 저항

  (3) 하류 측 제체 : 물이 없어 간극수압의 영향을 받지 않아 평균 **전단응력**은 **일정** or 약간 증가할 뿐임

5) 담수 후 정상 침투상태 : 안전율 감소 시작, 변화 크게 없음

## 3. 상류 측 제체 사면이 가장 위험한 시기

1) **시공 직후** : 전단응력과 간극수압이 커서 안전율 낮아 가장 위험

2) 만수 시 **수위 급강하 시**

  (1) **간극수압 감소**로 흙의 수중단위 중량이 포화단위중량으로 바뀌어 활동토괴의 중량이 증가하여, **전단 응력이 증가**, 안전율 감소[∵ $\gamma_{sub} = \gamma_{sat} - \gamma_w$ 이므로]

  (2) ∴ 상류 측 제체 사면 가장 위험

3) 수위급강하 시 안전율

  (1) 외수위 급강하 시 제체 내 간극수압 $U_2$가 그대로 유지된다로 가정

  (2) 외수압 $U_1$ 소실, 활동 저항 모멘트는 갑자기 감소, 안전율 최소가 됨

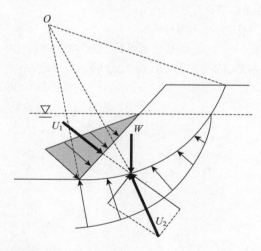

## 4. 하류 측 제체 사면이 가장 위험한 시기

1) **시공 직후** : 전단응력과 간극수압이 커서 안전율 낮아 가장 위험

2) **정상 침투 시** : 하류 측이 포화단위중량이 되고 정상 침투로 간극수압 증가로 안전율 감소

## 5. 강도정수 및 적용 강도 시험

1) 시공 직후

   (1) 투수성이 **낮은 경우** : 비배수 강도시험(UU)에 의한 $C_u$, $\phi_u$ 적용, **전응력해석**

   (2) 투수성 **높은 경우** : 간극수압 고려한 $\overline{CU}$-Test에 의한 $\overline{C}$, $\overline{\phi}$ 적용한 **유효응력해석**함

2) 정상침투 시

   (1) 배수조건이므로 간극수압 고려한 CD-Test에 의한 $c_d$, $\phi_d$ 적용한 해석이 원칙이나

   (2) $\overline{CU}$-Test에 의한 $\overline{C}$, $\overline{\phi}$ 적용한 **유효응력해석**함

3) 수위급강하 시

   간극수압 고려한 $\overline{CU}$-Test에 의한 $\overline{C}$, $\overline{\phi}$ 적용한 **유효응력해석**함

**[요약]**

| 시공단계 | | 시험법 | 해석법 | 강도정수 | 강도식 | 간극수압 |
|---|---|---|---|---|---|---|
| 시공 중 | | UU-Test | 전응력 | $C_u$, $\phi_u$ | $S = C_u + \sigma\tan\phi_u$ | 비적용 |
| 시공 직후 | 투수성 낮음 | UU-Test | 전응력 | $C_u$, $\phi_u$ | $S = C_u + \sigma\tan\phi_u$ | 비적용 |
| | 투수성 높음 | $\overline{CU}$-Test | 유효응력 | $\overline{C}$, $\overline{\phi}$ | $S = \overline{C} + (\sigma-u)\tan\overline{\phi}$ | 적용 |
| 정상침투 시 | | $\overline{CU}$-Test | 유효응력 | $\overline{C}$, $\overline{\phi}$ | $S = \overline{C} + (\sigma-u)\tan\overline{\phi}$ | 적용 |
| 수위급강하 시 | | $\overline{CU}$-Test | 유효응력 | $\overline{C}$, $\overline{\phi}$ | $S = \overline{C} + (\sigma-u)\tan\overline{\phi}$ | 적용 |

## ■ 참고문헌 ■

1. 김상규(1997), 토질역학 이론과 응용, 청문각.
2. 김수삼 외 27인(2007), 현장실무를 위한 건설시공학, 구미서관.
3. 서진수(2006), Powerful 토목시공기술사, 엔지니어즈.
4. 이춘석(2005), 토질 및 기초공학 이론과 실무(토질 및 기초기술사 시험대비), 예문사, p.641.
5. 김영수, 사면안정해석, 토목시공 고등기술강좌, Series 9, 토목학회, pp.629~635.

# [예제] 성토 댐(embankment dam)의 축조기간 중에 발생되는 댐의 거동에 대하여 설명(94회)

**[주의]** 답안지 1Page당 22줄, 가로 19cm 정도이므로 1줄당 들어갈 글자 개수는 약 16개 내외

**[1번째 Page]**

## 1. 개요
1) 흙댐이나 제방은
    (1) 축조 기간 중(성토 중)
    (2) 성토 직후 담수 시
    (3) 정상침투 시
    (4) 수위 급강하 시에 따라 거동이 달라짐
2) **시공 중**에는 **단계성토**를 하게 되고 안정성 검토는 **전응력해석**이 유효함
3) 흙댐, 제방 **상류사면이 가장 위험한 때**는
    (1) 시공 직후
    (2) 수위 급강하 시 외수압($U_1$) 소실에 의한 저항모멘트 감소
4) **하류사면이 가장 위험한 때**는
    (1) 시공 직후
    (2) 정상 침투 시임 : Arching Effect로 인한 수압할렬로 Piping 발생

## 2. 흙댐 축조의 안전율 변화 [댐 축조 중의 거동]

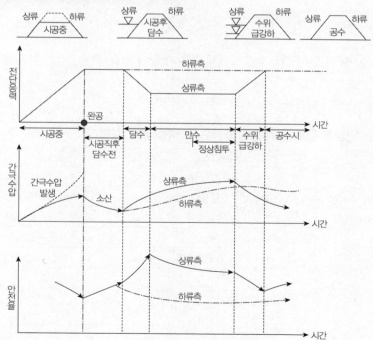

## 3. 성토댐 축조 중 댐의 거동

1) 시공 기간 중

   하중이 계속 증가함 ∴ 활동면상의 전단응력과 간극수압; 댐 완공 시까지 계속 증가

2) 시공 직후 : **상류 측 제체 사면** 가장 위험

3) 댐 완공 후 담수 직전 : 배수에 의해 **과잉간극수압 소산**

4) 담수 시작

   (1) 수압에 의해 **간극수압 다시 증가**

   (2) 상류 측 제체 : 부력의 작용으로 전단응력 감소하지만(간극수압 약간 증가) **안전율은 증가**

   ∴ 상류 외수압($U_1$)이 **수동 토압**으로 작용, **활동에 저항**

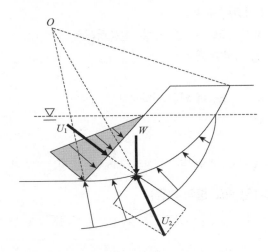

   (3) 하류 측 제체 : 물이 없어 간극수압의 영향을 받지 않아 평균 전단응력은 일정 또는 약간 증가할 뿐임

5) 담수 후 정상 침투상태 : 안전율 감소 시작, 변화 크게 없음

## 4. 성토댐 축조 중 안정성 검토를 위한 강도정수 및 적용 강도 시험

| 시공단계 | | 시험법 | 해석법 | 강도정수 | 강도식 | 간극수압 |
|---|---|---|---|---|---|---|
| 시공 중 | | UU − Test | 전응력 | $C_u, \phi_u$ | $S = C_u + \sigma\tan\phi_u$ | 비적용 |
| 시공 직후 | 투수성 낮음 | UU − Test | 전응력 | $C_u, \phi_u$ | $S = C_u + \sigma\tan\phi_u$ | 비적용 |
| | 투수성 높음 | $\overline{CU}$ − Test | 유효응력 | $\overline{C}, \overline{\phi}$ | $S = \overline{C} + (\sigma - u)\tan\overline{\phi}$ | 적용 |
| 정상침투 시 | | $\overline{CU}$ − Test | 유효응력 | $\overline{C}, \overline{\phi}$ | $S = \overline{C} + (\sigma - u)\tan\overline{\phi}$ | 적용 |
| 수위급강하 시 | | $\overline{CU}$ − Test | 유효응력 | $\overline{C}, \overline{\phi}$ | $S = \overline{C} + (\sigma - u)\tan\overline{\phi}$ | 적용 |

## 5. 결론(맺음말)

1) 흙댐이나 제방은
   - (1) 축조 기간 중(성토 중)
   - (2) 성토 직후 담수 시
   - (3) 정상침투 시
   - (4) 수위 급강하 시에 따라 거동이 달라지므로
2) **안정해석 시(삼축압축시험)**에는 축조단계별 현장의 **배수조건**을 예측하여 **압밀과 전단** 시의 배수조건을 **현장조건**과 맞게 하여 얻은 **강도정수**를 적용해야 함

# 1-6. 흙댐(제방)의 안전율(안정성 검토) 검토방법

## 1. 개요

1) 흙댐이나 제방은 **축조 기간 중**(성토 중), **성토 직후 담수 시, 정상침투 시, 수위급강하 시**에 따라 거동이 달라짐

2) 시공 중에는 단계성토를 하게 되고 안정성 검토는 **전응력해석**이 유효함

3) 흙댐, 제방 **상류사면**이 가장 위험한 때는
   (1) 시공 직후

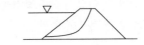

[그림] 댐 시공 직후(초기), 담수 상태

   (2) 수위급강하 시임

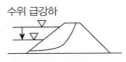

[그림] 흙댐 수위 급강하시 상류부

     ① 잔류수압 ⇒ 사면안전율 감소 ⇒ 상류 사면붕괴
     ② 대책 : 상류 측 필터 구비 조건 만족

4) **하류사면**이 가장 위험한 때는
   (1) 시공 직후

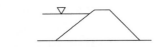

[그림] 댐 시공 직후(초기), 담수 상태

   (2) 정상침투 시임

[그림] 정상침투 시 흙댐의 사면안정

     ① Arching Effect ⇒ 수압할렬 ⇒ Piping ⇒ 사면붕괴
     ② 침투압(양압력) 증가 ⇒ Boiling ⇒ Piping ⇒ 사면붕괴
     ③ 대책 : Filter 구비 조건 만족, 침투압(양압력) 감소 ⇒ 댐 기초 처리

## 2. 흙댐(제방)의 안전율(안정성 검토) 검토방법 [1안]

1) 시공 전 기초 지반 및 시공 중(완속 성토) : 포화된 점토지반에 제방, 기초 등을 설치 시
   (1) 시험법 : UU 시험 → 간극수압(U) 비측정

(2) 안정해석 : **전응력**(단기안정해석)

(3) 강도정수 : $c_u$, $\phi_u = 0$

2) 시공 직후 초기(담수상태) 상류사면 : 위험한 때

(1) 시험법 : UU-test($c_u$, $\phi_u = 0$) → 비압밀 비배수

압밀진행이 시공속도보다 대단히 느려서 ⇒ 간극수의 배수를 무시 ⇒ 압밀에 의한 전단강도 증가는 없다고 볼 때

(2) 안정해석 : **전응력해석**(단기안정해석)

(3) 전단강도와 강도정수

* 사용강도정수 ⇒ 현장 상태(배수조건)에 따라 변함

• $S = C_u$ [포화점토]

• $S = C_u + \sigma \tan\phi$ [불포화점토]

① 불포화 : $C_u$, $\phi_u$
② 포화 : $\phi = 0$

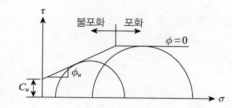

3) 수위급강하 시(댐, 제방 상류면) : 위험한 때

흙댐의 수위급강하로 core 내의 간극수압 발생 및 비배수 시 ⇒ 댐사면의 안정검토

(1) 시험법 : $\overline{CU}$-test=CD-test

(2) 안정해석 : **유효응력해석**(장기안정해석)

: 시공 후 장기간에 걸쳐 전단강도가 감소되어 ⇒ 오랜 시간 지난 후 파괴 예상 시의 장기안정문제 해석에 적용

4) 정상침투 시(댐, 제방 하류면) 사면안정검토 : 위험한 때

(1) 시험법 : $\overline{CU}$-test=CD-test

(2) 안정해석 : **유효응력해석**(장기안정해석)

: 시공 후 장기간에 걸쳐 전단강도가 감소되어 ⇒ 오랜 시간 지난 후 파괴 예상 시의 장기안정문제 해석에 적용

### 흙 댐(제방)의 안전율(안정성) 검토방법[2안]

1) **전응력해석**=UU-test($c_u$, $\phi_u = 0$) : 비압밀 비배수 : 시공 직후 초기(담수상태)

- 포화된 점토지반에 제방, 기초 등을 설치할 때 초기 안정검토

- 흙댐의 시공 직후 안정검토(단계성토 직후 안정검토)

(1) 압밀진행이 시공속도보다 대단히 느려서 ⇒ 간극수의 배수를 무시 ⇒ 압밀에 의한 전단강도 증가는 없다고 볼 때

(2) 전단강도와 강도정수
- $S = S_u = C_u$ [포화점토]
- $S = C_u + \sigma \tan \phi$ [불포화점토]
  - UU시험 전단강도 사용(비배수 조건)
  - 사용강도정수 ⇒ 현장 상태(배수 조건)에 따라 변함

① 불포화 : $C_u$, $\phi_u$
② 포화 : $\phi = 0$

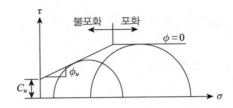

(3) 시험법 특징
① 시험 간단 : 간극수압 측정 불필요
② 간극수압 측정 필요시 적용 곤란
③ 현장 응력체계 재현 곤란

(4) 적용
① **급속성토 시**
② 단계성토 직후 안정검토
③ 점토굴착
④ 점토지반 위 기초설치

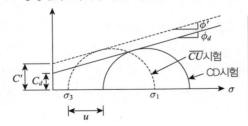

[단계성토]

2) 유효응력해석

$\overline{CU}$ – test(간극수압 측정 CU 시험 : 유효응력) = CD – test

시공 후 장기간에 걸쳐 전단강도가 감소되어 ⇒ 오랜 시간 지난 뒤 파괴가 예상시의 장기안정문제 해석에 적용

(1) **수위급강하 시**(댐, 제방 상류면)
흙댐의 수위급강하로 core 내의 간극수압 발생 및 비배수 시 ⇒ 댐사면의 안정검토

(2) **정상침투 시**(댐, 제방 하류면) 사면안정검토

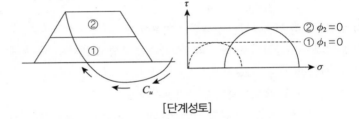

* $\overline{CU}$ 시험 시 연직응력
  $\sigma' = \sigma - u$
* CD 시험 시 연직응력
  $\sigma = \sigma' + u$ 즉, $\sigma' = \sigma - u$
  $S = C_d + \sigma \tan \phi_d$

## 3. Fill Dam, 제방의 사면안정검토 = 사면에 작용하는 내, 외(內, 外) 수압 처리

1) 내외 수압처리 방법은 다음과 같이 간극수압 고려 여부에 따라 **전응력해석**과 **유효응력 해석**으로 구분되며

2) 외수압(상류사면)은 안전율 증가에 기여함

3) 외수압 처리

   (1) 외수압이 있는 경우 전응력 또는 유효응력 모두 사면안정에 기여함

   (2) 외수 가정 : $\gamma_t = \gamma_w$, $C = 0$, $\phi = 0$인 흙으로 가정 [즉, 압성토 개념]

   (3) 고려법

      (a) 물까지 **활동원** 고려(활동원이 외수까지 작용 가정)

      (b) 물(수압)을 **수동저항**으로 가정(삼각형 수압작용)

      (c) 수압이 비탈면(사면)에 **수직저항**으로 작용

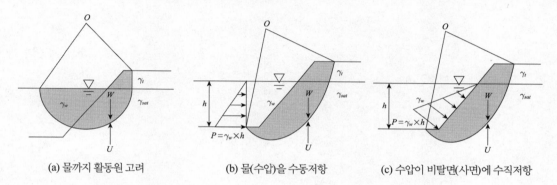

   **(a) 물까지 활동원 고려**        **(b) 물(수압)을 수동저항**        **(c) 수압이 비탈면(사면)에 수직저항**

4) 내수압 처리(성토체 내부)

| 구분 | | 전응력해석 | 유효응력해석 |
|------|------|------|------|
| 내부간극수압 | | 무시 | 고려 |
| 시험법 | | 일축압축강도, CU(압밀비배수), UU(비압밀비배수) : 초기구속응력($\sigma_3$) 결정 = 전응력으로 구한 토피하중과 동일 | $\overline{CU}$(압밀비배수 간극수압 측정) CD(압밀 배수) : 초기 $\sigma_3$ 결정 = 유효응력으로 구한토피하중과 동일 |
| 단위중량 | 수위상부 | $\gamma_t$ (습윤단위중량) | $\gamma_t$ |
| | 수위하부 | $\gamma_{sat}$, $\gamma_{sub}$ (수중단위중량) | $\gamma_{sat}$ (포화단위중량) |

## 4. 필댐의 문제점 및 대책

1) 문제점 : **Arching Effect**에 의한 **수압할렬**로 인한 Piping

2) 대책 : 다짐 철저, 댐 기초 처리

## ■ 참고문헌 ■

1. 김상규(1997), 토질역학 이론과 응용, 청문각.
2. 김수삼 외 27인(2007), 현장실무를 위한 건설시공학, 구미서관.
3. 서진수(2006), Powerful 토목시공기술사, 엔지니어즈.
4. 이춘석(2005), 토질 및 기초공학 이론과 실무(토질 및 기초기술사 시험대비), 예문사, p.641.
5. 김영수, 사면안정해석, 토목시공 고등기술강좌, Series 9, 토목학회, pp.629~635.

# 1-7. 정상침투(Steady Seepage)

## 1. 정상침투의 정의

지반 중에 물이 침투하여 흐를 때 각 위치에서 **유속, 흐름의 방향**이 **시간에 따라 변하지 않는 상태**의 흐름을 말하고, 반대로 변화는 흐름은 비정상 침투라 함

## 2. 정상 침투 시의 간극수압 결정

1) **유선망** 작성하여 결정 : 도해법, 수치해석, 모형실험에 의해 유선망 작성
2) 제체의 경우 : 활동면에 따라 **간극수압의 분포는 도넛 모양**으로 그려짐

　* 제체의 간극수압 결정 예

　　활동면 AB상의 한 점 C에서의 간극수압(U) = $\gamma_w \cdot h$ (압력수두)

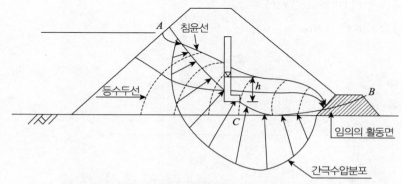

[그림] 정상침투 시의 유선망과 활동면을 따르는 간극수압의 변화

## ■ 참고문헌 ■

1. 이춘석(2002), 토질 및 기초공학 이론과 실무, 예문사, p.640.
2. 김영수, 사면안정해석, 토목시공 고등기술강좌, Series 9, 토목학회, pp.629~635.
3. 김상규(1997), 토질역학 이론과 응용, 청문각.
4. 김수삼 외 27인(2007), 현장실무를 위한 건설시공학, 구미서관.
5. 서진수(2006), Powerful 토목시공기술사, 엔지니어즈.

## 1-8. 사면의 전응력과 유효응력해석(댐, 제방 등의 성토사면)

### 1. 개요
1) 사면안정해석(성토사면)은
　(1) 간극수압 고려 여부와 (2) 사용강도정수($C$, $\phi$)에 따라
2) **전응력 해석과 유효응력해석**으로 구분됨

### 2. 전응력해석(성토 시공 중)
1) UU시험 전단강도사용(비배수 조건)
2) 전단강도와 강도정수
　* 사용강도정수 ⇒ 현장 상태(배수 조건)에 따라 변함
　■ 포화점토 $S = C_u$(비배수전단강도) : $\phi_u = 0$
　■ 불포화점토 $S = C_u + \sigma \tan\phi$

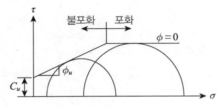

　① 불포화 : $C_u$, $\phi_u$
　② 포화 : $\phi = 0$

3) 적용
　(1) 급속 성토 시
　(2) **단계성토 직후 안정검토**
　(3) 점토굴착
　(4) 점토 지반 위 기초설치
　　(포화된 점토지반)

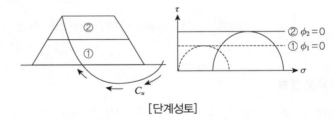

[단계성토]

4) UU 시험에 의한 **전 응력 해석**을 하는 이유
　(1) **압밀진행**이 **시공속도**보다 느릴 때(즉, **시공속도 > 압밀진행속도**), 압밀에 의한 전단강도 증가가
　　없다고 보는 경우
　(2) 시공 중 함수비 변화가 없다고 보는 경우
　(3) 간극수 소산 무시하는 경우

### 3. 유효응력해석(정상침투 시)
1) $\overline{CU}$-test(간극수압 측정 CU 시험 : $C'$, $\phi'$, $u$) : CD-test($C_d$, $\phi_d$)와 결과 동일
2) 전단강도 $S = C' + \sigma' \tan\phi' = C' + (\sigma - u)\tan\phi'$

3) 적용
  - (1) 완속시공
  - (2) 장기안정해석
  - (3) 과압밀 점토사면 굴착
  - (4) **정상침투 시**(댐, 제방 하류면)
  - (5) 수위급강하 시(댐, 제방 상류면)
  - (6) 사질토 사면 안정해석
  - (7) 고결 점토지반 사면안정해석

## 4. 평가(결론)

1) 이론적으로 **현장**이 받고 있는 **응력체계**를 정확히 재현하여 강도정수를 획득하였다면
2) 이론적으로 **전응력해석**과 **유효응력해석** 결과는 **동일함**
3) 즉, 설계자가 **현장 응력체계**를 고려한 적정한 **강도정수사용**해석이 중요
4) 전단강도는 흙의 종류에 따라 달라지는 것이 아니고, **배수조건**에 따라 달라짐
5) 현장조건의 압밀과 전단 시 **배수상태**를 고려한 실험결과의 **강도정수 적용**이 핵심임

## ■ 참고문헌 ■

1. 이춘석(2002), 토질 및 기초공학 이론과 실무, 예문사.
2. 김영수, 사면안정해석, 토목시공 고등기술강좌, Series 9, 토목학회.
3. 김상규(1997), 토질역학 이론과 응용, 청문각.
4. 김수삼 외 27인(2007), 현장실무를 위한 건설시공학, 구미서관.
5. 서진수(2006), Powerful 토목시공기술사, 엔지니어즈.

## 1-9. 투수성에 따른 모래와 점토지반의 전단강도

### 1. 전단강도의 개념

1) 흙의 전단강도는 연직응력(수직응력=Normal stress)과 **관계없는 성분**(점착력 C)과 **관계있는 성분** ($\sigma \tan\phi$)으로 구분할 수 있고

2) 전단강도 식과 파괴포락선은 $s = C + \sigma_n \tan\phi$로 나타낸다.

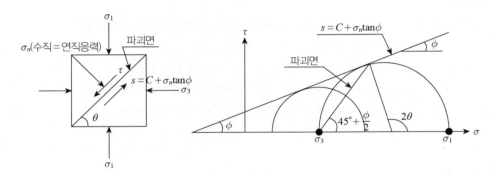

전단응력 $\tau = \dfrac{1}{2}(\sigma_1 - \sigma_3)\sin 2\theta$

연직응력(법선응력) $\sigma_n = \dfrac{1}{2}(\sigma_1 + \sigma_3) + \dfrac{1}{2}(\sigma_1 - \sigma_3)\cos 2\theta$

전단강도 $s = C + \sigma_n \tan\phi$

파괴각 $\theta = 45° + \dfrac{\phi}{2}$

주응력 : $\sigma_1$(최대주응력), $\sigma_3$(최소주응력)

### 2. 모래지반 : $C = 0$

1) **상시**

    (1) 모래의 투수계수는 $K = \alpha \times (10^{-2} \sim 10^{-3})$ cm/sec로 투수성이 커서, 하중 재하 시 **간극수압 소산**이 빠름

    (2) 투수성에 따라 **배수조건**으로 취급

    (3) 전단강도 결정 : 현장 배수성에 맞는 CD(압밀배수), 직접전단시험

    (4) 전단강도 식 : $S = \sigma_n \tan\phi$, 연직(수직)응력의 함수가 됨

2) **지진 시(진동 시)(액상화), Quick Sand 현상 시**

    (1) 반복되는 진동하중을 받으면 국부적인 간극수압 소산도 있지만, 전체적으로는 **간극수압**이 **증가함**

    (2) 동적 조건(지진, 진동)에 따라 모래지반도 비배수 조건이 되어 간극수압의 영향이 커짐

    (3) 즉, $S = \tau = \sigma' \tan\phi = (\sigma - u)\tan\phi$에서 **간극수압**($u$)이 **연직응력**($\sigma$)과 같게 되면 전단강도가 없게 됨을 의미함

    (4) 유효응력 $\sigma' = 0$. 즉, $\sigma = u$되는 조건은 **액상화** 및 **분사현상**의 발생 개념임

## 3. 점토 지반 : $\phi = 0$

### 1) 단기 : 비배수 조건

(1) 점토의 투수계수는 $K = \alpha \times (10^{-6} \sim 10^{-7})\,cm/sec$으로 투수성이 작아, 하중 재하 시 **비배수 상태**가 되고, 간극수압 소산 속도 느림

(2) 비배수 조건은 **체적변화가 없고**, 유효응력($\sigma' = \sigma - u$)의 증가가 없으므로

(3) 전단강도식과 파괴포락선은 : $S = \tau = C_u$ [$C_u$ =비배수전단강도=점착력]로 표시

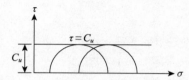

(4) $C_u$(비배수전단강도)는 성토사면안정, 지지력 평가 등에 매우 중요한 값이며, $\phi = 0$ 해석이라 함

(5) 전단강도 구하는 방법(시험의 종류)

UU(비압밀비배수), 일축압축, 정적 Sounding(Vane, 피조콘관입, Dutch cone 관입, Dilatometer)시험으로 전단강도를 구할 수 있음

### 2) 장기 : 배수조건

(1) 하중 재하 후 시간이 많이 경과하면 점토의 투수성에 따라 간극수압($u$) 소산이 발생되어 **배수조건**이 됨

(2) 배수조건에서는 **체적변화를 수반(침하)**하여 **유효응력이 증가**하고 **전단강도도 증가**됨

(3) 전단강도식과 파괴포락선

① 정규 압밀 점토 : $S = \sigma' \tan\phi'$ [점착력이 없어짐]

② 과압밀 점토 : $S = C' + \sigma' \tan\phi'$

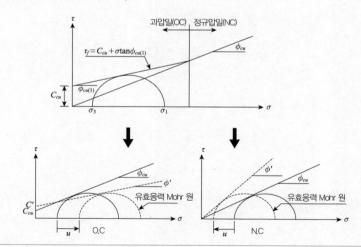

$C_{cu}$, $\phi_{cu}$ : CU 시험 강도 정수

$C'$, $\phi'$ : $\overline{CU}$ 시험 강도 정수(유효응력값 : 간극수압 측정값)

(4) 전단강도시험 : CD 시험(압밀배수), $\overline{CU}$ 시험(압밀 비배수, 간극수압 측정)

## 4. 평가
1) 전단강도는 흙의 종류에 따라 달라지는 것이 아니라, 배수조건에 따라 달라짐에 유의해야 하며
2) 현장의 배수조건과 압밀과 전단 시 배수상태에 맞는 시험법 적용 결과의 강도정수 적용이 핵심적임

## ■ 참고문헌 ■

1. 이춘석(2002), 토질 및 기초공학 이론과 실무, 예문사, p.291.
2. 김상규(1997), 토질역학 이론과 응용, 청문각, pp.147~187.
3. 서진수(2006), Powerful 토목시공기술사, 엔지니어즈.
4. 김수삼 외 27인(2007), 현장실무를 위한 건설시공학, 구미서관.
5. 서진수(2006), Powerful 토목시공기술사, 엔지니어즈.

# 1-10. 전단강도 개념, 전응력, 유효응력, 간극수압, 과잉 간극수압

## 1. 전단 응력의 개념(전응력, 유효응력)

1) 전단강도식(Coulomb) : 전단 응력의 개념

　(1) 일반식 : 전응력 해석

　　• $\tau_f = c + \sigma_f \tan\phi$

　(2) 유효 연직응력(포화토에서 : 간극수압의 작용 고려)

　　• $\tau_f = c + \sigma' \tan\phi = C + (\sigma - u)\tan\phi$

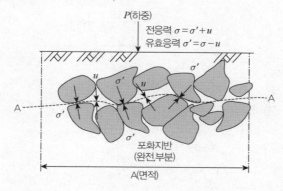

2) 전응력($\sigma$)

　(1) 전체 토체(흙의 입자 + 흙 속의 간극수)가 A−A 단면에 작용하는 응력

　(2) **단기적** 응력 해석

3) 유효연직응력($\sigma' = \sigma - u$)

　(1) 흙 입자와 흙 입자의 **접촉면**에 작용하는 응력, **유효응력**만이 흙덩이의 변형과 전단에 관계됨

　(2) **장기적** 해석

4) 간극수압($u$) : 간극수가 외력에 의해 받는 압력

## 2. 과잉 간극수압

1) 과잉 간극수압의 발생(정의)

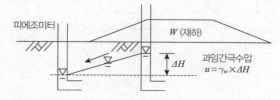

　(1) 완전, 부분 포화된 흙에 → 하중 → 간극수압 발생 → 과잉 간극수압

　(2) 두 점의 수두차로 물이 흐른다.

　(3) 유효응력(전단 강도) 저하 : $\tau = c + (\sigma - u)\tan\phi$

■ **정수압 상태의 유효응력 [흙 속에 간극수압존재 시]**

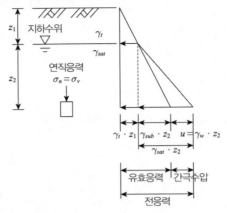

- 전응력 : $\sigma_n = \gamma_t \cdot z_1 + \gamma_{sat} \cdot z_2$
- 간극수압 : $u = \gamma_w \cdot z_2$
- 유효(연직)응력 : $\sigma_n{}' = $ 전응력$(\sigma_n) -$ 간극수압$(u)$

$$= [\gamma_t \cdot z_1 + \gamma_{sat} \cdot z_2] - u$$
$$= [\gamma_t \cdot z_1 + \gamma_{sat} \cdot z_2] - [\gamma_w \cdot z_2]$$
$$= \gamma_t \cdot z_1 + \gamma_{sub} \cdot z_2$$
$$[\because \gamma_{sub} = \gamma_{sat} - \gamma_w]$$

**[압밀침하시키면](연약지반개량)**
⇨ 간극수압을 소산시킴 ⇨ 연직응력 증가 ⇨ 강도증가

■ **상방향 침투 시 유효응력 [과잉간극수압 $\Delta u = \gamma_w \cdot \Delta h$]**

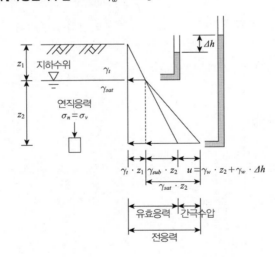

- 전응력 : $\sigma_n = \gamma_t \cdot z_1 + \gamma_{sat} \cdot z_2$
- 간극수압 : $u = \gamma_w \cdot z_2 + \Delta u = \gamma_w \cdot z_2 + \gamma_w \cdot \Delta h$
- 유효(연직)응력 : $\sigma_n{}' = 전응력(\sigma_n) - 간극수압(u)$

$$= [\gamma_t \cdot z_1 + \gamma_{sat} \cdot z_2] - u$$
$$= [\gamma_t \cdot z_1 + \gamma_{sat} \cdot z_2] - [\gamma_w \cdot z_2 + \gamma_w \cdot \Delta h]$$
$$= \gamma_t \cdot z_1 + \gamma_{sub} \cdot z_2 - \gamma_w \cdot \Delta h$$

**[과잉간극수압 영향]**

상방향 침투압 작용 시 ⇨ 유효연직응력은 ⇨ 정수압상태보다 작아짐

### (4) 연약지반 개량의 원리(이유)

① 연약지반의 문제점 : **침하, 활동, 측방유동, 융기**

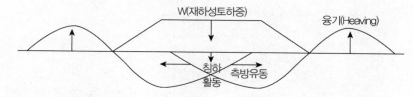

② 연약지반 개량 : **과잉 간극수압**의 소산(소실)

: Pre loading + Sand mat, Vertical Drain

> **참고**
>
> ① 연약지반의 정의
> : 장기압밀침하, 지반의 안정에 문제가 있고, 측방유동에 의한 Heaving(융기)이 생기기 쉬운 지반을 말함
> ② 연약지반 개량의 정의(원리)
> : 과잉간극수압을 소산시켜 1차 압밀을 촉진시켜 지반의 지내력(지지력 + 침하에 대한 안정)을 크게 하여 활동, 유동, 융기 방지

## ■ 참고문헌 ■

1. 이춘석(2002), 토질 및 기초공학 이론과 실무, 예문사, p.291.
2. 김상규(1997), 토질역학 이론과 응용, 청문각, p.64, pp.147~193.
3. 서진수(2006), Powerful 토목시공기술사, 엔지니어즈.
4. 김수삼 외 27인(2007), 현장실무를 위한 건설시공학, 구미서관.
5. 서진수(2006), Powerful 토목시공기술사, 엔지니어즈.
6. 박영태(2013), 토목기사실기, 건기원.

## 1-11. 압밀의 원리와 Terzaghi 압밀 모델

### 1. 압밀의 원리

1) 간극수압($u$)의 발생

완전 or 부분적으로 포화된 흙(점토)에 하중($\Delta\sigma$)이 가해지면 발생하고, 하중으로 인해 발생한 간극 수압을 **과잉간극수압**이라 한다.

2) 수두차 발생 : 과잉간극수압으로 인해 어느 **두 점 사이에 물이 흐른다.**

3) 흙 속의 유속(물이 흐르는 속도)

점토지반의 투수계수는 아주 작아(보통 $K = 1 \times 10^{-7} \text{cm/s}$) 속도는 아주 느리다.

4) **압밀 현상**의 정의 : 오랜 시간에 걸쳐 흙 속에서 물이 흘러나오면서 **흙이 천천히 압축**되는 현상

### 2. 압밀 모델

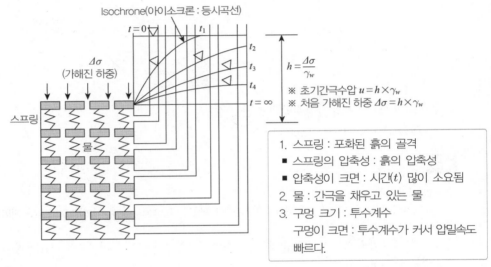

1) 하중 분담

| 구분 | 흙 | 물 | 하중 | 비고 |
|---|---|---|---|---|
| 재하 초기 | | O | $\Delta\sigma = $ 간극수압 $= u = h \times \gamma_w$ | 구멍이 막혀 있다.<br>초기 과잉간극수압 작용<br>유효응력($\sigma'$) = 0 |
| 압밀 중간(진행 중)<br>배수 중(간극수압소산) | O | O | $\Delta\sigma = \sigma' + u$ | 간극수압 소산(감소)된 양만큼 유효응력($\sigma'$) 증가 |
| 압밀 완료 후 | O | | $\Delta\sigma = $ 유효응력($\sigma'$) | 간극수압 = 0 |

2) 실제 현장의 점토에서의 압밀

(1) 점토층이 하중을 받을 때 : $\Delta\sigma$

(2) **재하 초기** : $\Delta\sigma = u = h \times \gamma_w$

처음에는 가해진 하중은 전적으로 **간극수압**이 부담

간극수압의 증가에도 불구하고 흙은 압축되지 않음

(3) 압밀 진행 중(배수 중) : $\Delta\sigma = \sigma' + u$

　시간이 지남에 따라 물은 점차 간극으로부터 빠져나가므로 **흙 골격**은 스프링처럼 **압축**된다.

(4) 압밀 완료 후 : $\Delta\sigma = $ 유효응력($\sigma'$)

　압축은 **과잉간극수압**이 완전히 **소멸**될 때까지 계속된다.

---

**참고** **압밀 모델 상세 설명**

### 상단면에 단위면적당 하중 ($\Delta\sigma$)을 가하면

1) 재하 초기 : 구멍이 막혀 있는 상태

　(처음에는 물이 완전히 빠져나가지 못하도록 구멍을 막았다면 : 점토지반은 초기에 배수가 즉시 일어나지 않음)

　(1) 스프링(흙)은 압축되지 않으므로 모든 하중은 물이 받는다.

　(2) 초기 과잉간극수압 = 처음에 가해진 하중과 동일

　　　 : 초기 과잉간극수압 = 재하중($\Delta\sigma$)

$$U_e = \Delta\sigma = h \times \gamma_w$$

2) 구멍을 개방(배수) : 압밀 진행 중(막혀 있던 구멍이 열려 배수가 일어나는 상태)

　(1) 물은 가장 상단에 있는 구멍을 통해 빠져나가지만 가장 아래에 있는 스프링(흙 골격)은 변화가 없다.

　(2) 상단의 스프링(흙 골격)은 압축을 받는다.

　(3) 재하중을 과잉간극수압(물)과 흙(스프링)이 지지함

　　　 스프링(흙 골격)이 가해진 하중의 일부 부담하고(유효응력 증가), 간극수압은 그만큼 감소됨(간극수압 소산, 유효응력 증가)

3) 압밀 완료 후(오랜 시간 경과 후)

　(1) 모든 곳에서 간극수압 = 0

　　　 과잉간극수압(U) = 0되며, $\Delta\sigma = $ 유효응력($\sigma'$)

　(2) 하중은 모두 스프링(흙 골격)이 부담, 스프링은 최대로 압축됨

　　　 재하중은 흙(스프링)이 모두 지지

---

## ■ 참고문헌 ■

1. 김상규(1997), 토질역학 이론과 응용, 청문각, pp.118~119.
2. 서진수(2006), Powerful 토목시공기술사, 엔지니어즈.

# 1-12. 전단강도 이론과 현장 적용성

## 1. 전단강도 특성(정의)

1) 흙의 파괴 Mechanism

   (1) 파괴면(활동면)을 따라 흙덩이가 활동

     (한계평형상태를 넘을 경우 : 전단응력 > 전단저항력)

   (2) 파괴면(활동면)으로 둘러싸인 흙덩이 일부 또는 전체가 파괴

   (3) 흙덩이의 변형 : 활동면에서의 흙의 전단응력에 의함 (전단응력 > 전단저항력)

2) 흙의 전단강도

   : 활동면에서 전단응력에 저항하는 최대 저항력

   ＝흙이 최대로 발휘할 수 있는 전단 저항력

3) 한계평형상태(사면) : 흙덩이 무게에 의한 **전단응력($\tau$)＝전단저항력($S$)**

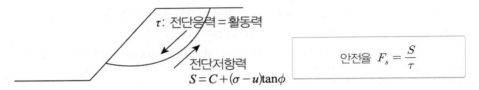

$\tau$ : 전단응력 ＝ 활동력

전단저항력
$S = C + (\sigma - u)\tan\phi$

안전율 $F_s = \dfrac{S}{\tau}$

## 2. Mohr's Circle(모어 응력원)(토질별 전단특성)

1) 일반 흙의 모어 쿨롱 파괴포락선

   : 전단강도 식과 파괴포락선은 $s = C + \sigma_n \tan\phi$로 나타낸다.

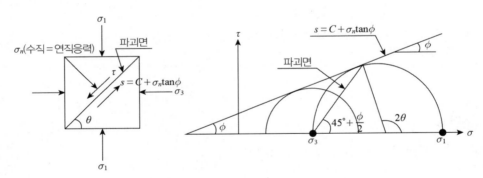

전단응력 $\tau = \dfrac{1}{2}(\sigma_1 - \sigma_3)\sin 2\theta$

연직응력(법선응력) $\sigma_n = \dfrac{1}{2}(\sigma_1 + \sigma_3) + \dfrac{1}{2}(\sigma_1 - \sigma_3)\cos 2\theta$

전단강도 $s = C + \sigma_n \tan\phi$

파괴각 $\theta = 45° + \dfrac{\phi}{2}$

주응력 : $\sigma_1$(최대주응력), $\sigma_3$(최소주응력)

2) 일반 흙의 전단강도(점토 : 순수모래 외의 일반 흙은 점토라 칭한다.)

* 현장상태(배수 조건)에 따라

• $S(\tau) = C_u + \sigma\tan\phi$ [불포화점토]

• $S = S_u = C_u$ [포화점토]

① 불포화 : $C_u$, $\phi_u$

② 포화 : $\phi = 0$

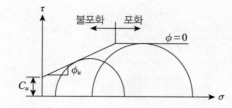

3) 순수한 점토($\phi = 0$)

  : 비압밀 비배수, 전응력 상태

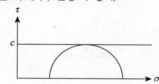

4) 순수한 모래($C = 0$)

  : 정규압밀점토(NC)

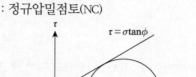

## 3. 점성토의 전단특성

1) Thixotropy 현상과 전단강도(점성토와 전단강도)

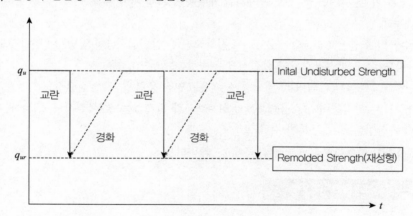

(1) 흙이 **교란** → 배열구조 파괴(골격구조 연화) → 강도저하

(2) 즉, **교란**되면 : **면모구조** → **이산구조**(평행)(점토) → 강도저하

(3) 일정시간 경과 → 토립자 배열상태 회복(면모구조로 변함) → **강도회복**되는 현상을 Thixotropy 현상이라 함

(4) Thixotropy 현상을 나타내는 정도 : **예민비**로 판단 [예민비 : $S_t = q_u/q_{ur}$]

2) 예민비$\left( S_t = \dfrac{q_u}{q_{ur}} \right)$

  (1) $S_t = \dfrac{q_u}{q_{ur}}$ (불교란 시료의 일축압축강도/교란 시료의 일축압축강도)

  (2) 예민비의 구분

| $S_t$(예민비) | 예민성 | 비고 |
|---|---|---|
| $S_t < 4$ | 저예민 | $S_t > 1$ : 예민성 점토 |
| $S_t = 4 \sim 8$ | 예민 | |
| $S_t = 8 \sim 64$ | Quick Clay | |
| $S_t > 64$ | Extra Quick Clay | 초 예민성 점토 |

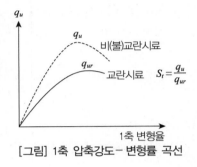

[그림] 1축 압축강도 – 변형률 곡선

  (3) 예민비의 적용성

    ① 예민비가 크면, **교란**될 때 **강도 저하** 크므로 **지반강도 평가 시, 강도를 감소시켜 평가**

    ② 용탈현상(Leaching)에 의해 예민비가 큰 점토를 Quick Clay

    ③ 충격, 진동 시, 액체처럼 유동성이 크고

    ④ 사면활동 및 지반 붕괴가 일어나기 쉬움

    ⑤ **기초지반** 평가, **사면안정** 검토, **연약지반 개량공법 선정 시** 이용

3) 연약지반 개량과 전단강도

   : 과잉간극수압의 소산 → $(\sigma' = \sigma - u)\uparrow$ → 침하촉진 → 압밀침하(1차 압밀) → 전단강도$\uparrow$

4) CBR과 전단강도 → 흙의 전단강도를 간접적으로 측정하는 방법

5) 다짐과 전단강도 : 다짐이 잘되면 → 밀도증가 → 유효연직 응력 증가 → 전단강도$\uparrow$

   \* 흙의 전단강도는 **연직응력**(수직응력＝Normal stress)과 **관계없는 성분**(점착력 $C$)과 **관계있는 성분**

    ($\sigma_n \tan\phi$ : 마찰성분)으로 구분할 수 있고

   \* 전단강도 식과 파괴포락선은 $s = C + \sigma_n \tan\phi$로 나타냄

    **습윤 또는 포화상태 흙의 연직응력**

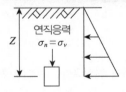

  • 습윤 시 : $\sigma_n = \gamma_t \times Z$

  • 포화 시 : $\sigma_n = \gamma_{sat} \times Z$

  • 밀도의 크기 : $\gamma_{sat} > \gamma_t > \gamma_d > \gamma_{sub}$

∴ 다짐 ⇨ 흙을 포화 ⇨ 밀도증가
　　　⇨ 연직응력 증가 ⇨ 강도증가

**수중 상태 또는 간극수압 존재하는 흙의 연직응력**

(1) **정수압 상태**의 유효응력 [흙 속에 간극수압존재 시]

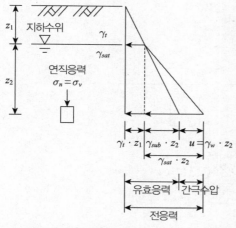

- 전응력 : $\sigma_n = \gamma_t \cdot z_1 + \gamma_{sat} \cdot z_2$
- 간극수압 : $u = \gamma_w \cdot z_2$
- 유효(연직)응력
  : $\sigma_n' =$ 전응력($\sigma_n$) $-$ 간극수압($u$)
  $= [\gamma_t \cdot z_1 + \gamma_{sat} \cdot z_2] - u$
  $= [\gamma_t \cdot z_1 + \gamma_{sat} \cdot z_2] - [\gamma_w \cdot z_2]$
  $= \gamma_t \cdot z_1 + \gamma_{sub} \cdot z_2$
  $[\because \gamma_{sub} = \gamma_{sat} - \gamma_w]$

∴ **압밀침하**(연약지반개량) ⇨ **간극수압을 소산시킴** ⇨ **연직응력 증가** ⇨ **강도증가**

(2) **상방향 침투 시 유효응력**

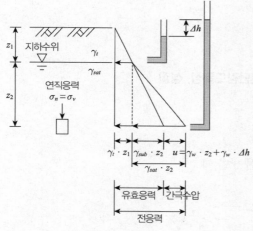

- 전응력 : $\sigma_n = \gamma_t \cdot z_1 + \gamma_{sat} \cdot z_2$
- 간극수압 : $u = \gamma_w \cdot z_2 + \Delta u$
  $\qquad\qquad = \gamma_w \cdot z_2 + \gamma_w \cdot \Delta h$
- 유효(연직)응력
  : $\sigma_n' =$ 전응력($\sigma_n$) $-$ 간극수압($u$)
  $= [\gamma_t \cdot z_1 + \gamma_{sat} \cdot z_2] - u$
  $= [\gamma_t \cdot z_1 + \gamma_{sat} \cdot z_2] - [\gamma_w \cdot z_2 + \gamma_w \cdot \Delta h]$
  $= \gamma_t \cdot z_1 + \gamma_{sub} \cdot z_2 - \gamma_w \cdot \Delta h$

6) 사면안정과 전단강도
   (1) 호우, 융설, 우수, 물 → 흙 → 단위중량 ↑ → 전단응력 ↑ → 전단강도 ↓
   (2) **전단응력** > 흙의 **최대 전단 저항력**(= 전단강도) → 활동 → 사면붕괴(파괴)
   (3) 한계평형상태
   ① 활동면을 따라 파괴가 일어나는 순간에 있는 토체(토괴)의 활동력(활동모멘트)과 저항하는 전

단강도(저항모멘트)가 평형상태

② 안전율

- $F_s = \dfrac{저항력(저항\,Moment)}{활동력(활동\,Moment)} = 1인\ 상태$

(4) 안전율 $F_s = \dfrac{S(전단강도)}{\tau(전단응력)} = \dfrac{C + \sigma_n \tan\phi}{\tau}$

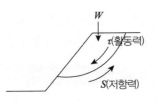

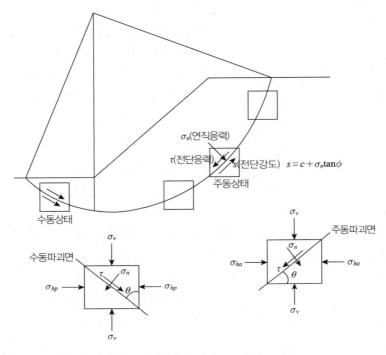

## 4. 사질토(입상토 = 점성이 없는 흙)의 전단거동 : 전단강도특성, 성질

1) 전단강도 발생 메커니즘

    (1) **활동저항** : 느슨한 모래 → 전단저항을 받을 때

    (2) **회전마찰** : 촘촘한 모래 → 전단저항을 받을 때

    (3) **엇물림**(Interlocking) : 촘촘한 모래 → 전단저항을 받을 때

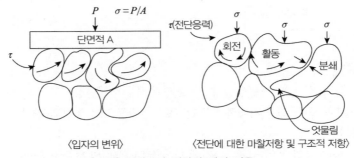

[그림] 입상토가 전단될 때의 거동

2) Dilatancy 현상(직접전단시험 : 상대밀도가 다른 사질토)

(1) 전단응력과 변형률 관계
  : 변형률이 커지면 전단강도는 거의 일치

(2) 간극비($e$)와 변형률 관계
  한계간극비 : 변형률이 상당히 커질 때, 상대밀도가 다른 모래의 간극비 일정(수렴)

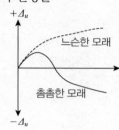

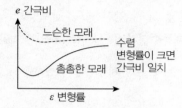

(3) 간극수압과 변형률

(4) 다일러턴시(Dilantancy)(체적변화)

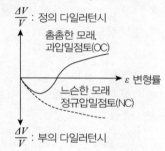

3) 액상화와 전단강도(포화사질토)
  : 느슨한 **포화사질토**(매립지, 퇴적 연대가 짧은 경우)
  → 지진진동(동적하중) → 체적감소(− 의 Dilatancy)
  → 과잉 간극수압 커지고
  → 유효응력($\sigma' = \sigma - u$) 감소
  → 전단강도($S$) 감소

  ※ 전단강도 $S = C + (\sigma - u)\tan\phi$
  $\qquad = C + \sigma'\tan\phi$
  $\qquad [C = 0]$

4) 상대밀도($D_r$)와 전단강도
  (1) 상대밀도($D_r$)가 크면 → 전단 저항각($\phi$)이 커지고 → 전단강도($S$) 커짐
  (2) Dense(조밀상태) : $D_r = 60 \sim 80$ 이상

5) Quick Sand, Boiling, Piping 현상과 전단강도 〈사질지반〉
  (1) Quick Sand의 정의(분사현상)
    ① **상향의 침투압($u$)**이 커져
      → 하향의 모래(흙)중량과 같을 때
    ② 모래입자 사이의 **유효응력이** 0(zero)이 되어
    ③ 전단강도 상실
    ④ 흙이 위로 솟구쳐 오르는 현상

  ※ 전단강도 $S = C + (\sigma - u)\tan\phi$
  $\qquad = C + \sigma'\tan\phi$
  $\qquad [C = 0]$

(2) 분사현상의 발생

　: 사질지반 → 토류벽 근입 깊이에 비해 배면 수위가 너무 높으면

　　→ 침투수압 증가 → 유효응력 감소 → 전단강도(저항) 상실

　　→ **침투수압 > 전단저항** → 지하수, 토사분출 → 물이 끓는 상태처럼 됨

6) 분사현상, Piping 안전율($F_s$) 검토방법

　(1) **한계동수경사법** : 굴착(토류벽)에 적용

$$F_s = \frac{i_{cr}}{i} = \text{한계동수경사/동수경사}$$

　　① 한계동수경사($i_{cr}$)

　　　: 분사현상이 일어날 때의 동수경사

　　　유효응력($\sigma' = \sigma - u$) = 0이 될 때의 동수경사

　　　이때, 전단강도 $S = 0$이 됨

　　② $i_{cr} = \dfrac{G_s - 1}{1 + e} = \dfrac{\gamma_{sub}}{\gamma_w} \fallingdotseq 1$

> ① 자연퇴적 모래의 수중단위중량
> 　$\gamma_{sub} = 0.95 \sim 1.1 \fallingdotseq 1$
> ② 물의 단위중량 $\gamma_w = 1$

　(2) **침투압**에 의한 방법 : 댐, 제방, 굴착(토류벽)에 적용

　　① Terzaghi 방법

$$F_s = \frac{W}{U} = \text{하향의 흙의 무게/상향의 침투압}$$

　　② 유선망 : 댐, 제방, 굴착(토류벽)에 적용

$$F_s = \frac{i_c(\text{한계동수경사})}{i_{exit}(\text{하류출구동수경사})}$$

　(3) **Justin**의 방법

$$V = \sqrt{\frac{W \cdot g}{A \cdot \gamma_w}}$$

- $V$ : 한계유속(cm/sec)
- $W$ : 토립자의 수중 중량($g$)
- $g$ : 중력가속도($\text{cm/s}^2$)
- $\gamma_w$ : 물의 단위체적 중량($g/\text{cm}^3$)

　(4) **Creep 비**에 의한 방법

　　① Bligh 의 방법

$$C_c < \frac{L_c}{h}$$

- $C_c$ : Cleep 비
- $h$ : 댐 상하류 수위차
- $L_c$ : 기초 접촉면의 길이

　　② Lane(1915)의 제안

　　　- 제체의 안정성 평가 도구

－Creep 비(Creep Ratio)를 기준으로 Piping에 대한 안전율 검토하는 경험적 방법

$$\text{가중 크리프비(Safe Weighted Creep Ratio)} : CR = \frac{\text{가중 크리프 거리}}{\text{수두차(유효수두)}}$$

- 가중 크리프 : 댐 단면의 수평거리와 시트파일의 근입 심도의 함수

㉠ 차수벽 설치 콘크리트 댐

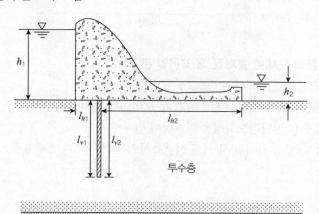

[그림] 최소유선거리 계산방법(차수벽 있는 콘크리트댐)

$$\text{크리프비(가중 크리프비)} : CR = \frac{l_w}{h_1 - h_2} = \frac{l_w}{\Delta H}$$

- $\Delta H = h_1 - h_2$ : 상하류 수두차
- $l_w$ : 유선이 구조물 아래 지반을 흐르는 최소거리(Weighted creep Distance)
  　　 = 가중 크리프 거리

$$l_w = \frac{1}{3} \sum l_{h1} + \sum l_v$$

- 계산에 의해 구한 가중 크리프비가 다음 표의 토질별 크리프비의 안전율보다 크면 파이핑에 대해 안전함

[표] 흙의 종류별 크리프비의 안전치

| 흙의 종류 | 크리프비의 안전치 |
|---|---|
| 아주 잔 모래 또는 실트 | 8.5 |
| 잔 모래 | 7.0 |
| 중간 모래 | 6.0 |
| 굵은 모래 | 5.0 |
| 잔 자갈 | 4.0 |
| 굵은 자갈 | 3.0 |
| 연약 또는 중간 점토 | 2.0-3.0 |
| 단단한 점토 | 1.8 |
| 견고한 지반 | 1.6 |

ⓛ 차수벽 설치 필댐, 제방

$$가중 크리프 거리 = \frac{1}{3} \times L + 2 \times D$$

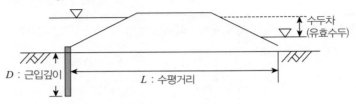

## 5. 평가(상기 각 내용들이 문제로 출제될 때 맺음말 문구)

1) 토공 작업 시 흙의 **전단특성**은 대단히 중요
2) 토공구조물의 활동파괴, 기초 지반의 활동파괴 등을 미연에 방지하기 위해
3) 조사와 시험을 통해 흙의 **전단강도특성**을 파악하여 대처해야 함
4) 특히 연약지반의 성토, 말뚝 박기 공사 시에 **전단특성**의 파악은 대단히 중요함

## ■ 참고문헌 ■

1. 김상규(1997), 토질역학 이론과 응용, 청문각, pp.107~108.
2. 서진수(2006), Powerful 토목시공기술사(1권), 엔지니어즈.
3. 박영태(2013), 토목기사 실기, 건기원, p.647.

# 1-13. 확산 2중층(Diffuse Double Layer)과 점토광물 : 점성토의 성질 관련

## 1. 확산 2중층(Diffuse Double Layer)의 정의

1) 토양교질 표면에는 음(−)전하층(−전하보유), 표면 가까이에 양이온(+) 흡착한 **양전하층** 존재
2) 양전하층이 해리 ⇒ 용액 중(각종 금속 이온용존)에 확산됨
3) 이러한 주위의 **이온층**을 확산 2중층이라 함

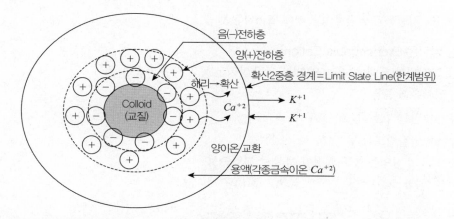

## 2. 확산 2중층과 양이온 교환(Cation Exchange)의 원리

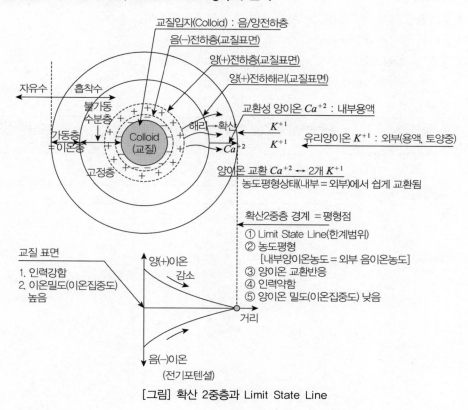

[그림] 확산 2중층과 Limit State Line

[양이온 교환(Cation Exchange) 원리]

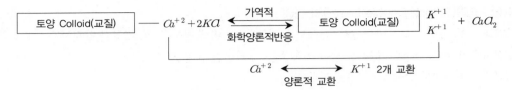

* 가역반응 : 정반응과 역반응이 동시에 일어나는 반응

## 3. 교환성 양이온(Exchangable Cation)

1) 정의 : 2중층 내부(용액)에 용존 및 외부 유리 양이온 등의 각종 **금속 이온**

2) 교환성 양이온의 종류

  (1) 1족원소(알칼리금속) : $H^+$ , $Na^+$ , $K^+$

  (2) 2족원소(알칼리토금속) : $Mg^{+2}$ , $Ca^{+2}$

3) 침입순서 : 유리양이온 농도 일정할 때 내부 침입순서

  (2가 이온 먼저) : $Ca^{+2} > Mg^{+2} > K^+ > Na^+ > H^+$

## 4. 양이온 교환능력(CEC, Cation Exchange Capacity)

1) 양이온 교환의 정의

  **토양교질 표면**에 흡착되어 있는 양이온이 **용액 중** 양이온과 교환되는 현상

2) 점토의 종류와 양이온 교환능력(CEC, Cation Exchange Capacity)

  (1) CEC의 크기 : Kaolinite(최소) < illite < Montmorillonite(최대)

  활성도(A)와 비례

  (2) 종류별 CEC

| 점토광물 종류 | CEC(meq/100g) | 점토(흙)종류 | CEC(meq/100g) |
|---|---|---|---|
| 1. Kaolinite | 3~15 | 1. Clay Loam | 4~58 |
| 2. illite | $\frac{1}{3}$×몬모릴로나이트 [약 50] | 2. Sandy Loam | 2.5~17 |
| 3. Montmorillonite | 80~150 | | |

상기 점토광물 주변의 확산 2중층 개념도를 모식적으로 달리 표현해보면

**[그림 1]**

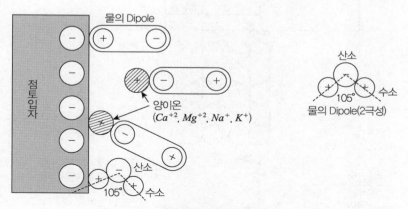

[그림] 이중층에서 물의 흡착

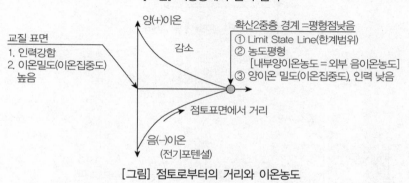

[그림] 점토로부터의 거리와 이온농도

[그림 2]

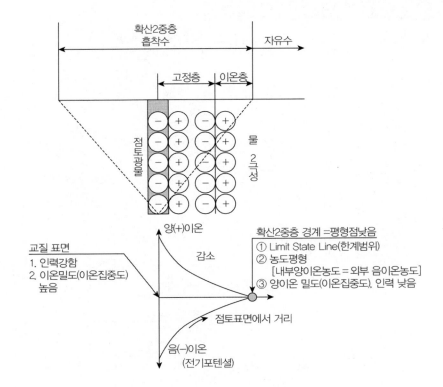

교질 표면
1. 인력강함
2. 이온밀도(이온집중도) 높음

확산2중층 경계 =평형점낮음
① Limit State Line(한계범위)
② 농도평형
   [내부양이온농도 = 외부 음이온농도]
③ 양이온 밀도(이온집중도), 인력 낮음

[그림 3]

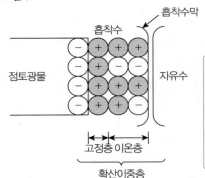

1) 점성을 나타내는 것은 흡착수막 때문
   : 110±5℃로 노건조시키는 것은 자유수만 제거하기 위함
2) 점토의 연경도, 투수성, 팽창성, 압축성, 전단강도 등의 공학적 특성 : 흡착수에 관계됨
   (1) 면모구조 : 이중층 얇다   ⇒ 투수성↑ ⇒ 전단강도↑
   (2) 이산구조 : 이중층 두껍다 ⇒ 투수성↓ ⇒ 전단강도↓

## ■ 참고문헌 ■

1. 김상규(1997), 토질역학 이론과 응용, 청문각.
2. 배계선 외 2인(2004), 토양과 지하수 오염대책, 21세기사.
3. 이인모, 토질역학의 기본, pp.11~16.
4. 조성진 외 10인(2003), 토양학, 향문사.
5. 김동주(2007), 환경오염과 복원기술, 고려대학교 출판부.
6. 정종학 외 2인(2002), 폐금속광산 인근주민들의 중금속 오염실태, 집문당.
7. 한국지하수 토양환경학회(2008), 토양위해성평가, 동화기술.
8. 김경욱 외 10인(2007), 토양오염 복원기술, 신광문화사.
9. 이민효 외 4인(2008), 토양지하수 환경, 동화기술.
10. 이춘석(2005), 토질 및 기초공학 이론과 실무, 예문사.

# 1-14. 점토광물(Clay materials)

## 1. 점토광물의 정의

1) 규소(Si), 알루미늄(Al), 철(Fe) 등을 함유한 **1차 광물**이 풍화 재합성된 **2차 광물**로서, 판상 or 편상의
   층상 규산염광물

2) 풍화에 대한 저항도 : 산화광물 > 규산염광물 > 황화, 탄산염광물

3) 점토광물의 종류

   ① **Kaolinite** ② **Illite** ③ Vermiculite ④ **Montmorillonite** ⑤ Chlorite

   [카올리나이트 / 일라이트 / 버미큘라이트(질석) / 몬모릴로나이트 / 클로라이트]

## 2. 점토광물의 구조 : 규산염 점토광물의 일반적 구조 = 기본단위

(1) 규산사면체($SiO_4$) : Silica Sheet(규산판)

(2) 알루미늄 8면체 [$Al(OH)_6$] : Gibbsite Sheet(알루미나판)

(3) 마그네슘 8면체 : Brucite Sheet(마그네슘판)

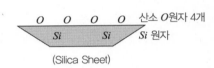

(Silica Sheet)

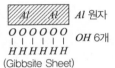

(Gibbsite Sheet)

(Brucite Sheet)

## 3. 기본구조

1) 1:1구조(2층 구조) : S−G

2) 2:1구조(3층 구조) : S−G−S

## 4. 점토광물의 구조모형(3대 점토광물)

1) Kaolinite

   (1) Layer(층)구조 : 2층 구조, 1:1 격자(S−G)

   (2) 결합구조 : **수소결합** [$OH---O$]

   (3) 결합특징

   ① **결합력 : 강한결합력**

   ② **팽창성 : 비팽창성**

   ③ 전하상태 : 작은 음(−)전하

   ④ CEC = 3~15(meq/100g)

   ⑤ **활성도 A < 0.75 : 비활성**

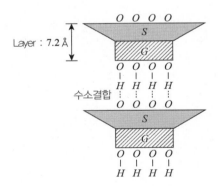

2) Illite

   (1) Layer(층)구조 : 3층 구조, 2:1 격자(S−G−S)

   (2) 결합구조 : 칼륨교 $[O-K-O]$

   (3) 결합특징

     ① 결합력 : 중간

     ② 팽창성 : 비팽창, 팽창성 中(보통)

     ③ 전하상태 : $K^+$에 의해 중화

     ④ CEC $= \dfrac{1}{3}$ (80~150)(몬모릴로나이트 값)(meq/100g)

     ⑤ 활성도 A=0.75~1.25 : 보통

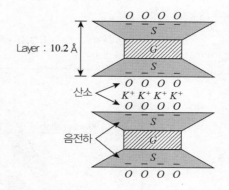

3) Montmorillonite

   (1) Layer(층)구조 : 3층 구조, 2:1 격자(S−G−S)

   (2) 결합구조 : 물＋교환 가능 양이온

   (3) 결합특징

     ① 결합력 : 약함

     ② 팽창성 : 大(큼)

     ③ 전하상태 : 영구적 음(−)전하

     ④ CEC＝80~150(meq/100g)

     ⑤ 활성도 A > 1.25 : 활성

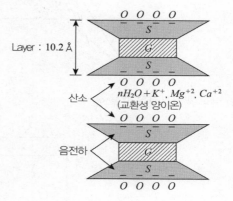

## 5. 대표적인 3대 점토광물

| 점토광물 | Kaolinite | Illite | Montmorillonite |
|---|---|---|---|
| 기본구조 | 1:1(S−G)(2층) | S−G−S(3층) | S−G−S(3층) |
| 기본구조 사이 결합 | 수소결합 $[OH---O]$, $H^+$ | 칼륨교 $[O-K-O]$, $K^+$ | 물 |
| 안정성(단위질량당 표면적) | 안정(아주 작음 15m²/g) | M보다 안정(80m²/g) | 불안정(800m²/g) |
| 동형치환 | $Si^{+4} \rightarrow Al^{+3}$ | $Si^{+4} \rightarrow Al^{+3}$ | $Al \rightarrow Mg$ |

## 6. 동형치환

1) 한 원자가 비슷한 원자와 치환되나, 그 결정구조는 바뀌지 않는 것

2) Illite 경우

   $K^+$ 이온에 의해 ＋를 띠는 구조는 Silica sheet에 있는 $Si^{+4}$가 $Al^{+3}$로 동형치환되어 생긴 음(−)이
온에 의해 균형 유지

3) Montmorillonite의 경우

   (1) Gibbsite Sheet에 있는 $Al \rightarrow Mg$로 동형치환, 음의 성격을 띤다.

   (2) 물 흡수 → 팽창하는 성질

## 7. 3대 점토광물의 분류

### 1) 소성도상 분류

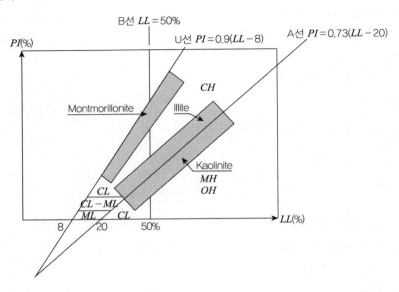

### 2) 한국의 점토광물 분포 예

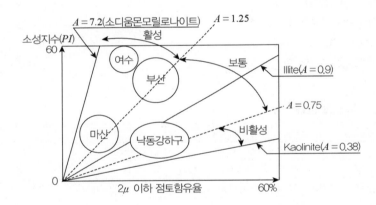

## 8. 점토광물의 거동 영향요소

1) 전기적인 힘

2) 이중층

3) 활성도

4) 구조 : 면모, 이산

5) 동형치환

## 9. 점토광물과 물의 상호작용 : 확산 2중층 이론

1) 점토표면 : 동형치환작용 → 음($-$) 전하

2) 점토가 물에 잠길 경우 : 양이온 교환 작용

(1) 점토 주위의 양이온($Ca^{+2}$, $Mg^{+2}$, $Na^+$, $K^+$)이 점토 표면에 부착

(2) 이극성(Dipole) 물의 양(+)이온이 점토표면의 음(−)이온에 직접 부착

(3) 물의 음이온에 붙은 양(+)이온이 점토표면의 음(−)이온에 부착

∴ ① 점토표면에 붙은 물은 자유롭게 움직일 수 없게 됨=이중층수

② 이중층수(Double Layer Water) : 점토 주위에 부착되어 있는 물

③ 흡착수 : 점토와 완전히 붙어 있는 물

④ 이온농도 : 점토 근처에는 양이온이 절대적으로 많음

**[그림 표현 1]**

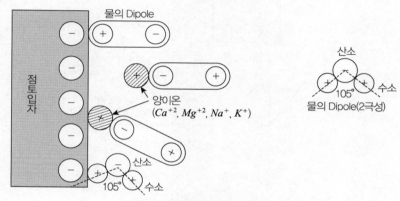

[그림] 이중층에서 물의 흡착

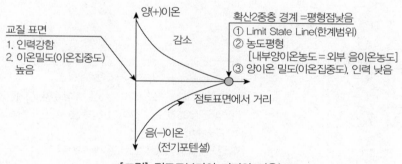

[그림] 점토로부터의 거리와 이온농도

**[그림 표현 2]**

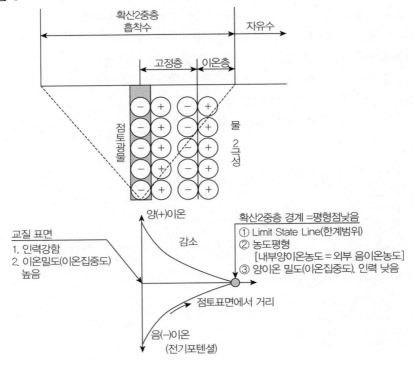

**[그림 표현 3]**

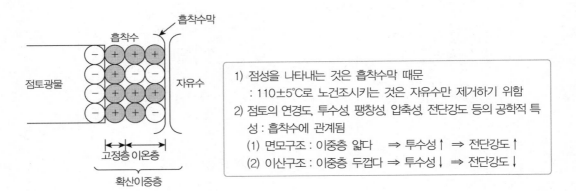

1) 점성을 나타내는 것은 흡착수막 때문
  : 110±5℃로 노건조시키는 것은 자유수만 제거하기 위함
2) 점토의 연경도, 투수성, 팽창성, 압축성, 전단강도 등의 공학적 특성 : 흡착수에 관계됨
  (1) 면모구조 : 이중층 얇다 ⇒ 투수성↑ ⇒ 전단강도↑
  (2) 이산구조 : 이중층 두껍다 ⇒ 투수성↓ ⇒ 전단강도↓

## 10. 면모구조와 이산구조의 특성

이춘석(2005), 토질 및 기초공학 이론과 실무, 예문사.

| 번호 | 구분 | 면모구조 | 이산구조 |
|---|---|---|---|
| 1 | 이중층두께 | 소(얇음) | 대(두꺼움) |
| 2 | 전기력(인력) | 대 | 소 |
| 3 | 전단강도 | 대 | 소 |
| 4 | 투수성 | 대 | 소 |
| 5 | 압축성 | 대 | 소 |
| 6 | 밀도 | 소 | 대 |
| 7 | 변형 | 대 | 소 |
| 8 | 형성 | 자연상태 퇴적 시,<br>건조 측 다짐 시 | 침강퇴적 시, 교란흙, 혼합 시<br>습윤 측 다짐 시 |

## 11. 점토광물의 특성(물리/화학/공학적 성질)

| 구분 | 특성 | Kaolinite | Illite | Montmorillonite |
|---|---|---|---|---|
| 물리적 | 층구조(판결합<br>= 기본구조) | 2층, 1:1격자($S-G$) | 3층, 2:1격자($S-G-S$) | 3층, 2:1격자($S-G-S$) |
| | 결합구조(층간) | 수소결합 $[OH---O]$ | 칼륨교 $[O-K-O]$ | $nH_2O^+$ 교환성양이온<br>($K^+$, $Mg^{+2}$, $Ca^{+2}$) |
| | 결합력 | 강 | 보통 | 약 |
| | 팽창성 | 비팽창 | 비팽창(보통) | 팽창성 大 |
| 화학적 | 전하상태 | 작은 음($-$)전하 | 중화($K^+$ + 음전하) | 영구적 음($-$)전하 |
| | 치환상태 | 동형치환<br>$Si^{+4} \rightarrow Al^{+3}$ | 동형치환<br>$Si^{+4} \rightarrow Al^{+3}$ | 동형치환<br>$Al \rightarrow Mg$ |
| | CEC(meq/100g) | 3~15(meq/100g) | $\frac{1}{3}$(80~150)<br>(몬모릴로나이트 값) | 80~150(meq/100g) |
| 공학적 | 활성도(A) | A < 0.75(0.38)<br>: 비활성 | A = 0.75~1.25(0.9)<br>: 보통 | A > 1.25(7.2)<br>: 활성 |
| | 안정성(단위질량당<br>표면적) | 안정(아주 작음 15m²/g) | 안정(80m²/g) | 불안정(800m²/g) |
| | 토질분류 | ML(저소성 Silt) | CL(저소성점토) | CH(고소성점토) |

## 12. 결론

점토광물의 성질은 토양의 물리화학적 특성을 지배할 뿐만 아니라 공학적 특성에도 중요한 영향을 미침

1) Kaolinite : 성토재료(댐)

2) 몬모릴로나이트 : 지반 침하 보강공사 시 사용되는 차수재료인 **벤토나이트**의 주성분

## ■ 참고문헌 ■

1. 김상규(1997), 토질역학 이론과 응용, 청문각.
2. 배계선 외 2인(2004), 토양과 지하수오염대책, 21세기사.
3. 배재근 외 1인(2002), 토양오염 측정분석, 신광문화사.
4. 조성진 외 10인(2003), 토양학, 향문사.
5. 김동주(2007), 환경오염과 복원기술, 고려대학교 출판부.
6. 정종학 외 2인(2002), 폐금속광산 인근주민들의 중금속 오염실태, 집문당.
7. 한국지하수 토양환경학회(2008), 토양위해성평가, 동화기술.
8. 김경욱 외 10인(2007), 토양오염 복원기술, 신광문화사.
9. 이민효 외 4인(2008), 토양지하수 환경, 동화기술.
10. 이춘석, 토질 및 기초공학 이론과 실무, 예문사, p.29.
11. 이인모, 토질역학의 원리, 도서출판 씨아이알, pp.11~16.

## 1-15. 활성도(Activity)와 점토광물

### 1. 활성도의 정의

1) Skempton 정리(제안) : PI와 $2\mu m$ 미만 입자 점토 함유율 관계의 직선적 기울기

$$활성도(A) = \frac{PI}{2\mu(0.002mm)\ 이하\ 점토입자의\ 통과중량\ 백분율}$$

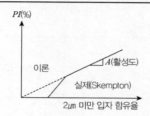

2) 점토의 광물 성분이 일정하다면(같은 점토인 경우)

　　⇒ 소성지수(PI) ⇒ 점토분의 함량에 비례 추측 ⇒ 활성도(A)로 정의

3) 점토 표면적의 강, 약을 나타냄

4) 흙의 입경이 작을수록 단위중량당 표면적($cm^2/g$ : 비표면적) 증가 ⇒ 흡착수↑

　　⇒ 점토입자의 크기와 밀접한 관계

### 2. 활성도의 적용성(활용)

1) 흙의 **팽창성** 구함 : 활성 클수록 팽창성 큼

2) 도로, 공항 토공에서 흙의 **공학적 성질** 판단

　　(1) PI↑ ⇒ 활성도(A)↑ ⇒ 공학적 성질 불안정

　　(2) 점토입자의 크기↓, 유기질 함량↑ ⇒ A↑ 큼

### 3. 활성도와 점토광물

1) 흙의 특성지배요소(점토광물 거동 영향요소)

　　(1) 모래 : 중력 작용 에 의해 특성 나타남(지배)

　　(2) 점토 : ① 입자 간 전기 화학적 힘, ② 확산 이중층, ③ 활성도, ④ 면모, 이산 구조에 의해 특성 지배

2) 한국 해성점토의 활성도(인용 : 김상규, 토질역학 이론과 응용, 청문각, p.21.)

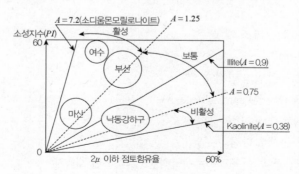

## 3) 3대 점토광물과 활성도와 결합구조

| 흙의 주성분<br>(점토광물) | 결합구조 | 활성도 | 활성 여부 | 통일분류법 |
|---|---|---|---|---|
| Montmorillonite<br>(몬모릴로나이트)<br>: 퇴적환경<br>: 해성점토 | ① 3층 구조<br>　: 실리카 + 깁사이트 + 실리카<br>② 결합력 약함 : 물 분자, 치환성(교환가<br>　능) 양이온($H_2O$, $Na_2^+$, $Ca_2^+$, $K^+$) | $A > 1.25$ | 활성<br>: 팽창<br>수축↑ | CH<br>(고소성점토) |
| Illite(일라이트)<br>: 해성점토 | ① 3층 구조 : S + G + S<br>② 결합력 중간<br>　: 교환 불가능한 $K^+$ 이온 | $A = 0.75 \sim 1.25$<br>$0.75 < A < 1.25$ | 보통 | CL<br>(저소성점토) |
| Kaolinite<br>(카올리나이트)<br>: 담수퇴적, 해성점토가<br>　리칭받은 것 | ① 2층 구조 : G + S<br>② 수소결합 : 안정된 구조 | $A < 0.75$ | 비활성 점토 | ML<br>(저소성실트) |

(1) Montmorillonite(몬모릴로나이트)

　　① 물 ⇒ 쉽게 **팽창 수축**, 결합력 약함

　　② A > 1.25(**활성 점토**)

　　③ 기본단위 : $10\text{Å}(10^{-6}\text{mm})$

　　④ Na-Montmorillonite(Sodium 몬모릴로나이트) : 벤토나이트의 주성분, 방수 Sheet 재료

(2) Illite(일라이트)

　　① **교환 불가능**한 이온(K)

　　② 결합력 중간

　　③ 0.75 < A < 1.25 : CL(저소성)

(3) Kaolinite(카올리나이트) : 2층 구조

　　① **교환 불가능**, 공학적 안정

　　② 결합력 강함

　　③ A < 0.75, **비활성** : ML(저소성 실트)

## 4. Bentonite

1) Bentonite의 정의

　(1) Montmorillonite(몬모릴로나이트)를 다량 함유한 체적이 큰 점토광물

　(2) 팽창성의 흙

　(3) 활성도(A) 커서 ⇒ 물 ⇒ 체적 팽창

2) Bentonite의 용도(적용성)

　(1) Slurry Wall, Earth Drill 공법의 **안정액**

　(2) Bentonite **방수** Sheet(Na-Montmorillonite, A = 4~7)

　(3) **Contact Clay** : 댐 점토 Core 다짐 시

　　　　　　　　암반 접착부 다짐 : 수밀

　(4) Pre boring 말뚝(선천공 후 시공말뚝 = 선굴착공법)의 주변 채움재

## 5. 맺음말

1) 흙의 소성은 점토입자 주변(이중층 내) 흡착수에 관계하고,

2) 흙 속 점토의 종류(K,I,M)와 함유량은 액성한계(LL)와 소성한계(PL)에 관계한다.

3) 즉, LL과 PL 사이의 함수비 PI는 $2\mu m$ 미만 입자 함량에 정비례한다.

## ■ 참고문헌 ■

1. 김상규(1997), 토질역학 이론과 응용, 청문각, p.21.

2. 배계선 외 2인(2004), 토양과 지하수오염대책, 21세기사.

3. 배재근 외 1인(2002), 토양오염 측정분석, 신광문화사.

4. 조성진 외 10인(2003), 토양학, 향문사.

5. 김동주(2007), 환경오염과 복원기술, 고려대학교 출판부.

6. 정종학 외 2인(2002), 폐금속광산 인근주민들의 중금속 오염실태, 집문당.

7. 한국지하수 토양환경학회(2008), 토양위해성평가, 동화기술.

8. 김경욱 외 10인(2007), 토양오염 복원기술, 신광문화사.

9. 이민효 외 4인(2008), 토양지하수 환경, 동화기술.

10. 이춘석, 토질 및 기초공학 이론과 실무, 예문사, p.29.

# 1-16. 점성토, 사질토의 공학적 특성(성질)

| 구분 | 조립토(사질토) | 세립토(점성토) |
|------|------|------|
| 1) 성질 | − 입도분포($D_r$)가 공학적 성질 지배<br>− 함수비 적고 비소성 | − Consistency가 공학적 성질 지배<br>− 함수비 크고 소성 |
| 2) 다짐 | − $\gamma_{dmax}\uparrow(大)$, OMC$\downarrow(小)$<br>− 동적다짐이 효과적 | − $\gamma_{dmax}\downarrow(小)$, OMC$\uparrow(大)$<br>− 정적다짐이 효과적 |
| 3) 투수 | − 투수계수 큼($10^{-3}$cm/sec 이상)<br>− 동상 가능성 적음<br>− Piping 발생 가능<br>− 배수층으로 활용 | − 투수계수가 작음($10^{-5}$cm/sec 이하)<br>− 동상 가능성이 큼(특히, 실트)<br>− Heaving 발생 가능<br>− 비배수층(댐코아, 차수층)으로 활용 |
| 4) 전단강도 | − $\tau=\sigma\tan\phi$(물의 영향 적음) | $\tau=c_u$(물의 영향 큼) |
| 5) 토압 | − 토압 작고, 배수가 잘되므로 배면토로 양호 | − 토압이 크고, 배수 안 되므로 배면토로 불량 |
| 6) 흙막이 | − 벽체변형 적어 주변지반 침하발생 적음 | − 벽체변형이 커 주변지반 침하발생 큼 |
| 7) 성토사면 | 성토재료양호 | − 성토재로 불량<br>− 성토 기초지반 ⇒ 사면안정 문제 야기 |
| 8) 진동(액상화) | − 포화된 느슨한 모래인 경우 액상화 발생 가능 | − 액상화에 둔감<br>− 예민비가 큰 점토일 때 강도저하에 따른 유동변형 발생 가능 |
| 9) 압밀(압축) | 단기간 적은 침하발생으로 압밀종료 | 장기간 큰 침하발생, creep 발생 |
| 10) 현장시험 | 동적인 시험 : SPT, DCPT | 정적인 시험 : SCPT, CPTU, Vane |
| 11) 기초지반 | − 양호<br>− 기초 크기에 따라<br>　지지력 : 비례, 침하량 : 증가 | − 대체로 불량<br>− 기초 크기에 따라<br>　지지력 : 무관, 침하량 : 비례 |
| 12) 지반개량 | − 동적인 공법<br>　: 동다짐, SCP, Vibrofloatation | − 정적인 공법<br>　: Preloading, 압밀배수촉진공법 |

## [특성비교]

| 구분 | 간극률 | 투수성 | 압축성 | 마찰력 | 점착성 | 전단강도 | 지지력 |
|------|------|------|------|------|------|------|------|
| 조립토(사질토＝모래) | 소 | 대 | 소 | 대 | 소 | 대 | 대 |
| 세립토(점토) | 대 | 소 | 대 | 소 | 대 | 소 | 소 |

## ■ 참고문헌 ■

1. 이춘석, 토질 및 기초공학 이론과실무, 예문사.
2. 김상규(1997), 토질역학 이론과 응용, 청문각.
3. 서진수(2006), Powerful 토목시공기술사, 엔지니어즈.

## 1-17. 점성토의 성질

### 1. 점성토 정의

모래는 **중력작용**에 의해 흙의 특성을 나타내나 **점토**는 중력작용보다는 입자 간의 **전기화학적 힘**과 관계된 **확산이중층, 활성도(A),** 입자구조에 따라 특성이 지배되는 1차 광물이 화학적으로 변화한 것(2차 광물)이다.

### 2. 점성토의 구조와 점성토의 공학적 특성(성질)

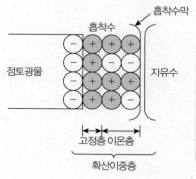

1) 점성을 나타내는 것은 흡착수막 때문
   : 110±5℃로 노건조시키는 것은 자유수만 제거하기 위함
2) 점토의 연경도, 투수성, 팽창성, 압축성, 전단강도 등의 공학적 특성 : 흡착수에 관계됨
   (1) **면모구조** : 이중층 얇다 ⇒ 투수성↑ ⇒ 전단강도↑
   (2) **이산구조** : 이중층 두껍다 ⇒ 투수성↓ ⇒ 전단강도↓

면모구조

이산구조

### 3. 점성토의 연경도(consistency)

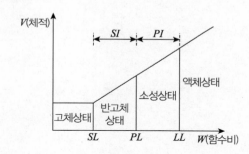

1) PI(소성지수) : 점토가 소성상태로 존재할수 있는 함수비의 범위

2) LI(액성지수)$= \dfrac{w_n - PL}{PI}$

자연함수비$(w_n)$ ≒ LL ⇒ LI ≒ 1 ⇒ 연약점토

$$\begin{cases} \text{LI} > 1 : \text{예민성 점토} \\ \text{LI} ≒ 0.6{\sim}1 : \text{정규압밀점토(NC)} \\ \text{LI} ≒ 0{\sim}0.6 : \text{과압밀점토(OC)} \\ \text{LI} < 0 : \text{아주 단단한 OC} \end{cases}$$

# ■ 참고문헌 ■

1. 이춘석, 토질 및 기초공학 이론과 실무, 예문사.
2. 김상규(1997), 토질역학 이론과 응용, 청문각.
3. 서진수(2006), Powerful 토목시공기술사, 엔지니어즈.

# 1-18. 사질토의 성질과 상대밀도($D_r$)

## 1. 사질토의 구조
1) 단립구조 : 점착력 없이 마찰력에 의해 맞물려 안정성을 가지는 구조로 간극비, 배열상태에 따라 느슨하거나 조밀한 구조
2) 봉소구조 : 주로 가는 모래나 실트가 물속에 침강하여 이루어진 구조로 아치형태로 결합되어 있는 구조

느슨한 상태　　조밀한 상태

단립구조　　　봉소구조

## 2. 상대밀도($D_r$)
정의 : 토립자의 배열상태가 느슨한지 조밀한지의 정도를 판단하는 기준으로 모래의 거동을 정의하는 데 가장 믿을 만한 지표이다.

> **[정의]**
> 조립토인 사질토의 토립자 배열상태, 즉 조밀한(loose, dense) 정도 나타내는 기준
> 1) 모래(조립토)는 공극비만으로 토립자의 배열상태(느슨, 조립)를 명확히 알지 못하므로, 상대 밀도로 느슨, 조밀 상태 판단
> 2) 즉, 모래의 조밀한 정도를 파악, 판단하는 기준
> 3) 모래의 거동 정의에 가장 믿을 만한 지표임
> 4) 액상화, 연약지반의 여부 판단

## 3. 상대밀도 개념

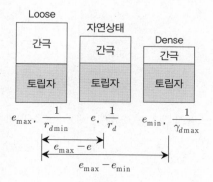

$$Dr = \frac{e_{\max} - e}{e_{\max} - e_{\min}}$$

$$= \frac{\dfrac{1}{\gamma_{d\min}} - \dfrac{1}{\gamma_d}}{\dfrac{1}{\gamma_{d\min}} - \dfrac{1}{\gamma_{d\max}}} \times 100\,\%$$

$$= \frac{\gamma_d - \gamma_{d\min}}{\gamma_{d\max} - \gamma_{d\min}} \times \frac{\gamma_{d\max}}{\gamma_d} \times 100\%$$

$e_{\max}$ : 가장 느슨한 상태의 간극비

$e_{\min}$ : 가장 조밀한 상태의 간극비

$\gamma_{d\min}$ : 가장 느슨한 상태의 건조단위 중량

$\gamma_{d\max}$ : 가장 조밀한 상태의 건조단위 중량

$e, \gamma_d$ : 자연상태

### 4. 상대밀도의 적용성(이용)

1) **액상화** 가능성 판단기준

   (1) N < 10

   (2) $D_r$ < 40~50%일 때 액상화 발생($D_r$ < 40인 경우 위험)

2) 얕은 기초의 **지지층(지지력)** 판단

   (1) N > 30

   (2) $D_r$ > 60% : Dense(조밀)한 상태

3) 얕은 기초의 **파괴형태**

   (1) 사질토 지반의 상대밀도와 기초근입깊이에 대한 기초폭의 비($D_f$/B)

   (2) **전반전단**파괴($D_r$ > 70%)

   (3) **국부전단**파괴(35% < $D_r$ < 70%)

   (4) **관입전단**파괴($D_r$ < 35%)

4) **N치** 및 **내부마찰각**($\phi$) 추정

5) 모래의 **조밀도** : 다짐상태

   (1) $D_r$ ≤ 1/3 : 느슨

   (2) 1/3 < $D_r$ ≤ 2/3 : 보통

   (3) $D_r$ > 2/3 : 촘촘

6) Rock Fill Dam Filter 층의 다짐도 판정 : $D_r$ =60~80% → Dense(조밀)한 상태

### ■ 참고문헌 ■

1. 이춘석, 토질 및 기초공학 이론과 실무, 예문사.
2. 김상규(1997), 토질역학 이론과 응용, 청문각.
3. 서진수(2006), Powerful 토목시공기술사, 엔지니어즈.

## 1-19. 압밀시험, 과압밀비, 정규압밀, 과압밀, 과소압밀

### 1. 압밀의 정의

1) 완전히 포화되어 있거나 또는 부분적으로 **포화된 흙에 하중**이 가하여지면 그 하중으로 인하여 **간극수압**이 발생 ⇒ 정수압에 의한 간극수압에 대하여 과잉이므로 **과잉간극수압**(excess pore water pressure)이라 함

2) **과잉간극수압**으로 인하여 흙 속의 어느 두 점 사이에 **수두차**가 생겨서 **물이 흙 속을 흐르게** 되며, 오랜 시간에 걸쳐서 흙의 간극으로부터 **공기와 물**이 빠져나가면서 흙이 천천히 **압축되는 현상을 압밀**이라 한다.

### 2. 압밀시험 결과(간극비 - 하중 : e - log P 곡선)

⇒ 침하량 산정에 사용되는 압축지수($C_c$), 팽창지수($C_s$)와 선행압밀하중($P_c$) 결정

1) 선행 압밀 하중($P_c$)의 정의

   과거 지반이 절토된 후 **과거의 경험**한 최대하중

2) 선행압밀하중($P_c$) 구하는 방법

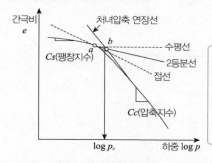

1. e - log p 곡선의 최대곡률점(a)에서 수평선
2. a 점에서 접선
3. 2등분선
4. 직선부를 연장하여 2등분선과 교점(b)에서 수선을 내려 만나는 점 : $P_c$

### 3. OCR(과압밀비)와 과대압밀(OC), 정규압밀(NC), 과소압밀

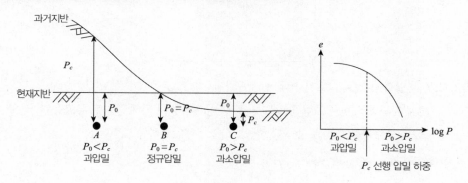

| 구분 | A | B | C |
|---|---|---|---|
| 과압밀비 | OCR > 1 [$P_c > P_0$] | OCR = 1 [$P_0 = P_c$] | OCR < 1 [$P_c < P_0$] |
| 상태 | 과압밀 | 정규압밀 | 과소압밀 : 압밀진행 중 |
| 공학적 특성 | 안정 | 불안정 | 불안정 |

1) 과압밀비

$$OCR = \frac{P_c(선행압밀하중)}{P_0(유효상재하중 = 현재의 유효연직응력)}$$

- 현재의 **유효연직응력**(유효상재하중)에 대한 **선행압밀 응력**의 비를 말함
- 즉, 과거 지반이 절토된 후 **과거의 경험한 최대하중**인 **선행압밀하중**을 **현재(절토 후) 작용하고 있는 하중**인 **유효상재하중**으로 나눈 값을 과압밀비라 함
- OCR이 클수록 단단한 점토지반

2) 정규압밀점토(상태)(Normally Consolidated Clay)

(1) OCR = 1

$P_c$(선행압밀하중) = $P_0$(현재의 유효연직응력)

**공학적 불안정**

(2) 선행압밀하중이 현재 받고 있는 유효연직응력(유효상재하중)과 같은 상태에 있는 흙

(3) 즉, **자연적으로 퇴적된 지반**이 상재토압에 의해 압밀을 완료한 상태를 나타냄, **우리나라 연약지반**의 대부분이 정규압밀점토임

(4) 침하량 $[P_o = P_c]$

$$S = \frac{C_c}{1 + e_o} H \log \frac{P_o + \Delta P}{P_0}$$

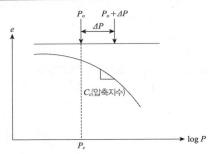

여기서, $C_c$ : 압축지수, $e_0$ : 초기 간극비,

$P_0$ : 자중에 의한 유효응력, $P_0 + \Delta P$ : 상재하중에 의해 증가된 유효응력,

$\Delta P$ : 상재하중(추가로 증가된 하중), $P_c$ : 선행압밀하중

3) 과압밀 점토(상태)(Over Consolidated Clay)

(1) OCR > 1

$P_c$(선행압밀하중) > $P_0$(현재의 유효연직응력)

**공학적으로 안정**

(2) 지표면 토층이 일부 제거되었거나, 지하수위가 지표면 아래로 강하하였다면 선행압밀하중(응력)($P_c$)이 현재의 유효응력($P_0$)보다 큰 값일 때의 응력상태의 흙

(3) **침식, 빙하작용** 후의 지반의 융해 등의 **지질학적인 요소**로 생김

(4) 과압밀 점토(O.C)의 정지토압계수

- Schmidt : $K_0(\mathrm{O.C}) = K_0(\mathrm{N.C}) \times \mathrm{OCR}^{\alpha}$

    - $\alpha = 0.4 \sim 0.5$의 경우(Alpan)

      $K_0 =$ 정규압밀점토의 $K_0 \sqrt{\mathrm{OCR}\,(\text{과압밀비})}$

    - $\alpha = 0.42$(Schmertmann)

    - $\alpha = 0.42$(소성적은점토), $0.32$(소성큰점토) [Ladd]

- Mayne & Kulhawy : $K_0(\mathrm{O.C}) = (1 - \sin\phi') \times \mathrm{OCR}^{\sin\phi'}$

(5) 침하량

① $P_o + \Delta P \leq P_c$ 경우

$$S = \frac{C_r}{1+e_o} H \log \frac{P_o + \Delta P}{P_0}$$

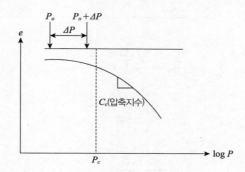

② $P_o + \Delta P > P_c$ 경우

$$S = \frac{C_r}{1+e_o} H \log \frac{P_c}{P_0} + \frac{C_c}{1+e_o} H \log \frac{P_o + \Delta P}{P_c}$$

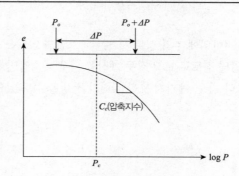

여기서, $C_r$(재압축지수)늑(0.05~0.1) $C_c$, $C_c$ : 압축지수

$e_0$ : 초기 간극비, $P_0$ : 자중에 의한 유효응력,

$P_0 + \Delta P$ : 상재 하중에 의해 증가된 유효응력

$\Delta P$ : 상재하중(추가로 증가된 하중), $P_c$ : 선행압밀하중

### 4) 과소압밀 점토

(1) 정의

① OCR < 1, 즉 $P_c < P_0$ 인 압밀상태에 놓여 있는 점토

② **공학적 불안정**

(2) 발생원인

① 최근에 성토(또는 매립지)되어 압밀이 진행 중에 있어서 현재 유효연직응력($\sigma'$)에 도달하지 않은 경우

② 최근에 지하수위가 저하되어 유효연직응력이 커질 경우

(3) 침하량

$$S = \frac{C_c}{1 + e_o} H \log \frac{P_o + \Delta P}{P_c}$$

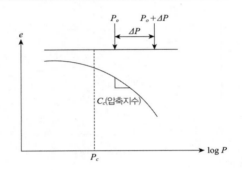

여기서, $C_c$ : 압축지수, $e_0$ : 초기 간극비

$P_0$ : 자중에 의한 유효응력, $P_0 + \Delta P$ : 상재 하중에 의해 증가된 유효응력

$\Delta P$ : 상재하중(추가로 증가된 하중), $P_c$ : 선행압밀하중

## 4. 평가

- 최근 성토 또는 매립된 지반위에 추가 성토 시에는 과소압밀 영향을 고려해야 함
- **과소압밀 점토**를 **정규압밀 점토**로 보고 **잘못 계산**할 경우 과소압밀 점토보다 더 작은 값이 나오므로, 실제는 계산 결과보다 더 큰 **예기치 못한 침하**가 발생할 수도 있으므로 주의해야 함

## ■ 참고문헌 ■

1. 김상규(1997), 토질역학 이론과 응용, 청문각, pp.147~169.
2. 서진수(2006), Powerful 토목시공기술사(1권), 엔지니어즈.
3. 이춘석(2005), 토질 및 기초공학 이론과 실무, 예문사, p.758.

# 1-20. 다짐 관련 이론

- 토사 및 암버력으로 이루어진 성토부 다짐도 측정방법 설명(110회, 2016년 7월)

## 1. 다짐의 정의 = 다짐을 하는 이유

1) 느슨한 지반 ⟹ 인위적인 압력(힘) ⟹ 흙의 간극 속의 공기를 제거 ⟹ 포화상태 ⟹ 밀도증대, 연직응력 증대 ⟹ 전단강도 증대

2) 불포화토 ⟹ 포화(OMC 상태)

**습윤 또는 포화상태 흙의 연직응력**

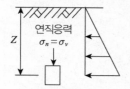

- 습윤 시 : $\sigma_n = \gamma_t \times Z$
- 포화 시 : $\sigma_n = \gamma_{sat} \times Z$
- 밀도의 크기 : $\gamma_{sat} > \gamma_t > \gamma_{sub}$

∴ 다짐 ⇨ 흙을 포화 ⇨ 밀도증가 ⇨ 연직응력 증가 ⇨ 강도증가

3) 정규 압밀토(NC) ⟹ 과압밀화(OCR) 행위 ⇨ 부(−)의 간극수압(하향) 발생
   ⇨ 간극수압 크기만큼 연직응력 증가, 점착력 증가

**OC(과압밀점토) 점토의 특성**

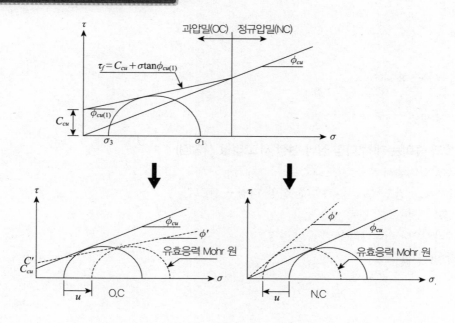

$C_{cu}, \phi_{cu}$ : CU 시험 강도 정수

$C', \phi'$ : $\overline{CU}$ 시험 강도 정수(유효응력값 : 간극수압 측정값)

(1) 점토입자 간의 결합으로 인하여 점착력($c$)을 갖게 되어 파괴포락선이 세로축에 교차,

(2) 전단 시 시간이 지남에 따라 시료가 팽창하려는 성향으로 부($-$)의 간극수압(하향)이 발생 $\Rightarrow$ 유효응력으로 표시한 Mohr 원 $\Rightarrow$ 간극수압만큼 오른쪽으로 이동

 ① $C' > C_{cu}$  ② $\phi'$ 값 $< \phi_{cu}$ 값

(3) 연직응력 : 연직응력(법선응력) $\sigma_n = \dfrac{1}{2}(\sigma_1 + \sigma_3) + \dfrac{1}{2}(\sigma_1 - \sigma_3)\cos 2\theta$

4) 선행압밀하중 부여

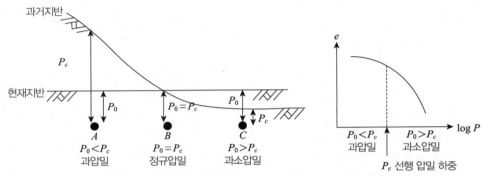

[그림] 선행압밀하중, 과대압밀(OC), 정규압밀(NC), 과소압밀

## 2. 다짐의 목적 및 효과

1) 전단강도↑($\phi$ 증가) : 지지력 증대

2) 변형량↓

3) 압축성↓

4) 공극량↓

5) 투수계수(투수성 감소)↓

6) 동상방지

7) 팽창, 수축감소

## 3. 다짐 효과 높이는 대책(다짐 장비 선정 시 고려할 사항임)

1) 다짐 특성 고려해서 시공

2) 함수비(OMC) : 건조 측, 습윤 측 다짐 설명, 다짐 곡선 그림

3) 토성 : 흙의 구비 조건 만족

4) 다짐 에너지 : 다짐 에너지 관련 곡선 설명

5) 다짐 장비(기계)

## 4. 실내다짐 시험방법(Proctor의 시험법)

| 다짐방법 호칭 | 최대입자치수 | 다짐 에너지 | 비고 |
|:---:|:---:|:---:|:---:|
| A | 19mm | $5.6\text{kg}-\text{cm/cm}^3$ | 표준다짐 |
| B | 37.5mm | $5.6\text{kg}-\text{cm/cm}^3$ | 표준다짐 |
| C | 19mm | $25.3\text{kg}-\text{cm/cm}^3$ | 수정다짐 |
| D | 19mm | $25.3\text{kg}-\text{cm/cm}^3$ | 수정다짐 |
| E | 37.5mm | $25.3\text{kg}-\text{cm/cm}^3$ | 수정다짐 |

* 다짐에너지 $E_c = \dfrac{W_R \cdot H \cdot N_B \cdot N_l}{V} (\text{Kg} \cdot \text{cm/cm}^3)$

$W_R$ =Rammer 중량, $H$ =낙하고, $N_B$ =층당타격회수, $N_l$ =층수, $V$ =몰드체적

## 5. 다짐 원리 및 다짐과 압밀의 차이점

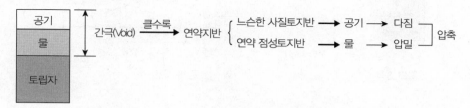

[그림] 흙의 3상

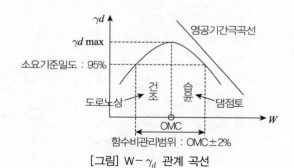

[그림] W-$\gamma_d$ 관계 곡선

### 1) 다짐과 압밀의 차이점

| 구분 | 다짐 | 압밀 |
|:---:|:---|:---|
| 함수비 | 거의 변화 없이 공기 제거 | 함수비 감소시킴 |
| 시간(압축시간) | 단기 | 장기 |
| 목적 | 건조단위중량 증가에 따른 투수성저하, 강도증가 | 배수 압밀침하 촉진에 의한 강도증가 |

### 2) 다짐 원리 : **인위적 압력, 충격** ⇒ 큰 함수비 변화 없이 ⇒ 간극 속 **공기만 제거** ⇒ **밀도 증가** ⇒ **연직 응력증가**($\sigma_n$ 증가) ⇒ **전단강도증가** ⇒ **공학적 특성개선**

(1) 사질토 : 진동식 Roller ⇒ 진동 Roller, 진동 Compactor, 진동 Tire roller

(2) 점성토 : 전압식 Roller ⇒ Road roller(macadam, tandem), Tamping Roller(sheeps foot)

3) 압밀 : **간극속 물** ⇒ 천천히 **배출**되면서 **압축**이 되는 현상

⇒ 연약지반개량의 원리임

(1) 사질토 ⇒ **공기 제거** ⇒ 주로 **동적개량공법**(동다짐, SCP, Vibrofloation 등)

(2) 점성토 ⇒ **물(간극수) 제거** ⇒ 주로 **정적개량공법**(Preloading, 압밀배수촉진공법 등)

## 6. 다짐 곡선

1) 다짐 곡선 정의 : 함수비를 변화 ⇒ 주어진(동일한) 에너지로 다짐한 흙의 함수비(W)와 건조밀도 ($\gamma_d$)
관계를 Plot한 곡선

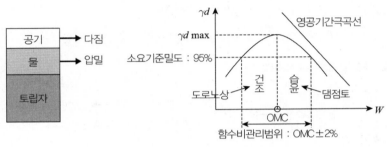

흙의 3상                    W−$\gamma_d$ 관계 곡선

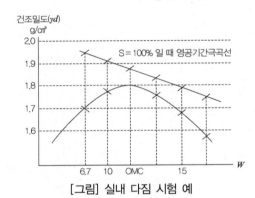

[그림] 실내 다짐 시험 예

2) 다짐 곡선의 이용

(1) 다짐도 관리

(2) 다짐 함수비 결정

3) 다짐 곡선의 성질

(1) Zero air − void Curve

: 포화도($S_r$ =100%)

(2) Zero air − void Curve는 이론적 곡선

: 공기가 100% 빠지지는 않는다.

(3) Zero air − void Curve에 가깝게 다지는 것이 양호한 다짐

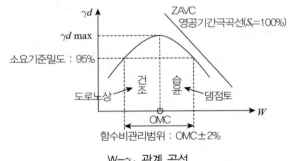

W−$\gamma_d$ 관계 곡선

## 7. 영 공기 간극 곡선(ZAVC, Zero－Air－Void－Curve )

1) 정의

흙 간극 사이의 공기가 물로 치환되어 **완전 포화 조건**(포화도 S＝100%)일 때의 곡선 ⇒ 이론적인 곡선임

- 흙 속에 공기가 전혀 없을 경우(S＝100%) 건조밀도와 함수비 관계 곡선
- 다짐 곡선의 하향선과 약간 떨어져 평행하게 나타남

2) 곡선의 작도법(구하는 방법)

$$\gamma_d = \frac{G_s}{1+e} \cdot \gamma_w$$

$$= \frac{G_s}{1 + G_s \cdot \dfrac{W}{S}} \cdot \gamma_w$$

$$= \frac{1}{\dfrac{1}{G_s} + \dfrac{W}{S}}$$

• 포화도(%)  $S_r = \dfrac{W}{\dfrac{\gamma_w}{\gamma_d} - \dfrac{1}{G_s}}$

• 공기간극률(%)  $V_a = 100 - \dfrac{\gamma_d}{\gamma_w}\left(\dfrac{100}{G_s} + W\right)$ 에서 포화도

$S_r = 100\,(V_a = 0)$일 때 각각의 함수비에 대응하는 건조밀도를 구하여 Plot하면 됨

3) Zero－Air－Void－Curve를 이용하여 **다짐 시험 확인** 및 **다짐 관리**

4) 영공기 간극 곡선과 다짐 곡선의 관계

   (1) 영공기 간극 곡선은 포화도 100%(공기＝0)일 때를 가정한 이론 곡선임

   (2) 다짐 곡선은 절대로 영공기 간극 곡선을 넘을 수 없고 **항상 왼쪽**에 위치

   (3) 다짐 곡선이 영공기 간극 곡선과 가장 **근접**, 우측이 **평행** ⇒ **다짐은 양호**

## 8. 최적 함수비선

1) 최적 함수비 [OMC(Optimum Moisture Content 또는 Condition)] 정의

   : 실내 다짐 시험 곡선 ⇒ 최대 건조밀도($\gamma_d$ max)일 때의 함수비

   ＝**최대의 다짐효과**를 얻을 수 있는 함수비

2) 최적 함수비선

   : 다짐 에너지를 다르게 하면서 다짐한 후 **최대 건조 밀도와 OMC 교점**을 연결한 선

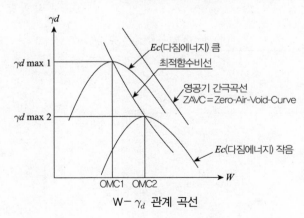

W－$\gamma_d$ 관계 곡선

3) OMC 선의 이용

  (1) 다짐 시험

  (2) 다짐도 관리

  (3) 과다짐의 판단 : OMC 선이 꺾일 경우

## 9. 다짐 특성(점성토의 구조와 성질) : 자주 출제되는 문제

(다짐 효과 높이는 대책에 대한 답안임 : OMC에 대한 답)

＝흙의 함수비(OMC)와 점성토의 성질 관계

> • 흙의 함수비와 ① 강도　　　　　② 점성토 구조　　③ 투수성　　④ 다짐에너지
> 　　　　　　　　⑤ 토질에 따른 다짐특성　⑥ 팽창 및 함수비　⑦ 압축성

1) OMC와 강도, 구조(건조 측, 습윤 측)　　　　　　2) OMC와 투수도(K)

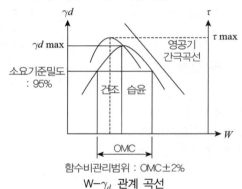

W－$\gamma_d$ 관계 곡선

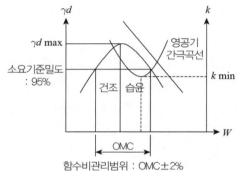

W－$\gamma_d$ 관계 곡선

• 건조 측 : **면모구조, 강도 큼, 도로**　　　　　　• 건조 측 : 점토립자 엉성, 공극 커서 투수성 큼

• 습윤 측 : **이산구조(평행), 강도 작음**　　　　　• 습윤 측 : **K 값 최소, 댐 점토 Core**

3) OMC와 다짐에너지(에너지 크기에 다른 다짐함수비)

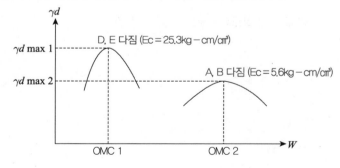

• 다짐에너지 클수록⇒OMC↓, $\gamma_d$ max↑

• 도로 및 공항 : D, E 다짐

4) 토질조건과 OMC(조립, 세립토)

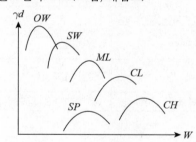

(1) 조립토(자갈, 모래) : 경사급, OMC↓, Yd max↑

(2) 세립토(점토) : 경사 완만, OMC↑, $\gamma_d$ max↓

5) 팽창과 함수비(수막현상)

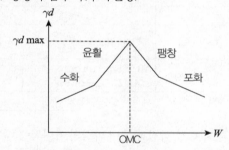

수화(반고체), 윤활(탄성영역), 팽창(소성영역),
포화단계

6) 평가(결론)(1안)

(1) **OMC**는 다짐 시공 시 **최대 건조 밀도**를 얻을 수 있는 **최적의 함수비**를 말하며

① 다짐에너지 큼 : OMC 작음, $\gamma_d$ max 최대

② 양입도의 조립토 : OMC 작음, $\gamma_d$ max 최대

(2) 현장에서 다짐 시공 시 통상 OMC의 2~3% 정도 건조 측과 습윤 측으로 함수비 관리를 하게 됨, 시공 시 함수비 관리에 따라 건조 측, 습윤 측에서 점성토는 다른 특성을 보이므로 구조물의 용도, 규모, 토질 성분에 따라 적절히 관리해야 함

7) 평가(결론)(2안)

(1) 다짐 시공관리 시에는

① 토취장 개발

② 토성 조사 시험

③ 시험 성토 후

④ 다짐기준 결정

(2) 특히 현장 다짐 시에는 함수비 관리가 중요

① 도로 다짐 : **OMC 건조 측 다짐**이 강도 크고

② 차수성을 요하는 Fill 댐의 점토 Core 다짐 : **습윤 측 다짐**이 투수계수가 적어 유리

## 10. 현장 다짐과 실내 다짐의 차이점, 상관성

1) 다짐 방법이 다름

(1) 실내 − 충격 다짐(동적다짐) : Rammer

(2) 현장 − 짓이김(Kneading), 압력, 충격 : 진동 롤러

2) 현장 다짐 곡선과 실내 다짐 곡선의 $\gamma_d$ max, OMC 차이

(1) 실내 다짐 시험의 OMC > 현장 OMC [현장 $\gamma_d$ max > 실내 $\gamma_d$ max]

(2) 시험실 $\gamma_d$ max으로 현장 OMC 결정 시 조심

3) 실내 다짐과 현장 다짐의 비교(차이점)

| 구분 | 실내 | 현장 | 비고 |
|------|------|------|------|
| 다짐 방법 | 동적다짐(Rammer) | 짓이김(Kneading) | 시험실 $\gamma_d$ max으로 현장 OMC 결정 시 조심 |
| 다짐에너지 | AB : 5.6kg－cm/cm³<br>CDE : 25.3kg－cm/cm³ | 중량 진동롤러 : 25ton | 과다짐 : 강도저하 |
| 함수비 관리 | 에너지 클수록 OMC 작다. | 실내와 동일한 에너지 장비사용 | 습윤 측 과다짐 : 강도저하 |

4) 대책(현장 다짐과 실내 다짐의 차이점에 대한 대책)

  (1) 실내와 현장의 다짐 에너지를 같게 한다.

    － 기본적으로 불가능

    － 같게 하는 방법

      ① 실내에서 **모형 하바드** 다짐 시험 : 현장 양족 롤러(Sheeps Foot Roller)와 일치

      ② **실내 정하중** 시험 : 공기타이어 롤러와 결과 일치

      ③ **연구목적** 또는 **중요한 공사**인 경우 실시

  (2) 도로인 경우 : 실내 D, E 다짐($E_c$＝25.3kg－cm/cm³) 적용

    ① 실내 다짐의 종류

      ㉠ A, B의 다짐에너지 : 5.6kg－cm/cm³

      ㉡ C, D, E의 다짐에너지 : 25.3kg－cm/cm³

    ② 도로 토공(노상, 노체)의 실내 다짐 : D, E 방법으로 실시(시방기준임)

      ㉠ 실내 다짐과 현장 다짐 에너지를 근접하게 하기 위함

      ㉡ A, B 다짐으로 하면 함수비 차이만큼, 흙 속에 잉여수가 생겨 연약화, 다짐도 저하

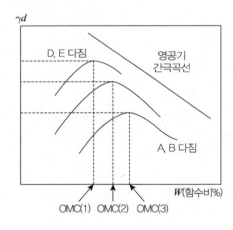

  (3) Over Compaction 유의

    ① 큰 다짐 에너지로 다졌는데도 불구 강도 저하

    ② 잉여수 ⇒ 다짐효율 저하

    ③ 토립자의 분쇄 : 강도, 다짐효율 저하

## 11. 다짐도 평가(판정) 방법

＝다짐의 품질관리규정＝다짐도 규정(규격) 방법

＝현장에서의 다짐도 판정(측정)방법＝최종 다짐도＝다짐도 기준

1) 상대 다짐도(건조밀도)(RC)

- 최대 치수
  - A, C, D 다짐 : 19mm
  - B, E 다짐 : 37.5mm

2) 상대밀도($D_r$) : 모래지반 다짐, 댐의 Filter

3) 변형량 : Proof Rolling, 벤겔만빔 시험

4) 강도로 규정 : CBR, PBT

5) 시험시공 : 다짐장비 종류 규격, 회수

6) 공극률(공기 함유율), 포화도 : 상대 다짐도(건조밀도)(RC)로 시험할 수 없는 흙(화산회질 점토)

| 판정방법 | 공식, 시험법 | 판정기준 | 적용성 |
|---|---|---|---|
| 상대<br>다짐도<br>(건조밀도) | • RC<br>$=\dfrac{현장\gamma_d}{실내\gamma_{d\max}}\times100(\%)$ | ① 노체 : 90%<br>② 노상 : 95% | ① 도로성토<br>② Fill Dam core<br>③ 토량 환산계수 |
| 상대<br>밀도 | • $D_r=\dfrac{e_{\max}-e}{e_{\max}-e_{\min}}$ | ① 70% 이상<br>② Dense : 60~80% | ① 사질토<br>② 조립토<br>③ Filter<br>④ 액상화 : $D_r<50\%$ |
| 변형량 | ① Proof Rolling<br>② Benkelman Beam | ① 시방값 이내<br>② 노체 : 5mm<br>③ 노상, 보조기층<br>  : 2~3mm | • 도로, 보조기층, 뒤채움 |
| 강도로 규정 | ① PBT<br>② CBR | ① 시방기준<br>② CBR >10 | ① 암버력<br>② 호박돌<br>③ 모래, 조립토<br>④ 실내 다짐 방법(B, E 다짐으로 할<br>  수 없는 경우 : 최대치수 37.5mm<br>  이상) |
| 시험시공<br>: 다짐공법, 회수 | • 시험성토 | • 다짐 장비 종류, 회수, 에너지 | ① 암괴, 호박돌, 암버력<br>② RC적용 불가능한 곳 |
| 공기<br>함유율 | • $V_a=100-\dfrac{\gamma_d}{\gamma_w}\left(\dfrac{100}{G_s}+w\right)$ | ① 1~10<br>② 2~20<br>③ 10~20 | • 포화도와 동일 |
| 포화도 | • $S_r=\dfrac{wG_s}{e}$ | • $S_r=85~95\%$ | ① RC 적용 곤란한 흙(화산 회질 점토)<br>② 자연함수비 >시공함수비<br>  : 다짐이 되는 경우 |

[상세설명]

1) 상대 다짐도(RC)로 규정

  (1) 노체 90% 이상

  (2) 노상 95% 이상

  (3) 적용 : ① 도로 성토, ② Rock Fill Dam

  (4) 적용 곤란한 경우

    ① 토질 변화가 심한 곳 : 다짐 시 흙의 입자가 심하게 부서져, Interlocking 저하 심할 때

    ② 함수비 높아 ⇒ 건조 비용 많을 때

    ③ 암버력 치수가 큰 곳 : 실내 다짐 시험 최대 치수 37.5mm임

2) 상대 밀도($D_r$ : Relative Density)

  (1) 적용성 : 사질토, Rock Fill dam 의 Fillter 재료 다짐

  (2) 합격 판정 : 시방값 이상(보통 60~70%이면 Density)

3) 변형량

  (1) Dump Truck, Tire Roller를 노상면에 주행시켜 변형량 측정

  (2) Proof Rolling 규정치

    ① 노체 : 5mm

    ② 노상, 보조기층 : 2~3mm

  (3) 벤겔만 빔 시험

4) 강도로 규정

  (1) CBR 값으로 규정 : 수정 CBR로 도로 각층의 재료 강도를 규정

  (2) PBT의 K

    * 다짐도 기준 [도로공사 표준시방서]

| 구분 | | 시멘트콘크리트 포장 | 아스팔트콘크리트 포장 |
|---|---|---|---|
| 침하량(cm) | | 0.125 | 0.25 |
| PBT 시험 K30 (지지력계수) (KN/m²) | 노체 | 10 이상(98.1) | 15 이상(147.1) |
| | 노상 | 15 이상(147.1) | 20 이상(196.1) |
| | 동상방지층 | 20 이상(196.1) | 30 이상(294.2) |
| | 보조기층 구조물 뒤채움 | 20 이상(196.1) | 30 이상(294.2) |
| 한국도로공사기준 ; 뒤채움인 경우 : 침하량 0.25, K 값 30 이상 | | | |
| 현장들밀도시험 (상대다짐도 RC) | | 노체 90%(A, B 다짐), 노상 95%(C, D, E 다짐), 동상방지층 95%(C, D, E 다짐), 보조기층 95%(C, D, E 다짐) | |

5) 시험시공(다짐장비 종류 규격, 회수)

  (1) 현장 다짐에서 소요의 다짐도에 도달하기 위해

  (2) 다짐장비 종류

  (3) 다짐회수

  (4) 다짐두께

  (5) 다짐속도 규정

6) 공기 함유율 또는 포화도

　(1) 자연 함수비가 너무 커서 RC로 시험할 수 없을 때

　(2) 화산회질 점토 : 국내에는 없음

## 12. 다짐공법 = 다짐기계(Compacting Equipment)

1) 다짐기계의 분류

| 힘의 작용 | 원리 | 장비명 | 토질 |
|---|---|---|---|
| 정적압력<br>(전압) | Roller 자체 중량 ⇒ 정적압력 ⇒ 다짐 | ① Road Roller(로)<br>　㉠ Tandem<br>　㉡ Macadam<br>② Tamping Roller(탬)<br>③ Tire Roller(타)<br>④ Bulldozer(불) | 점성토(전압식) = 짓이김(Kneading) |
| 원심력<br>(진동) | 자체중량 부족 보충 ⇒ 기진장치로 발생하는 원심력 ⇒ 상하방향 or 원주방향의 수평진동 변환 ⇒ 다짐 | ① 진동 Roller(Vibrating Roller)(로)<br>② 진동 Compacto(Vibratory Compactor)(콤)<br>③ 진동 Tire Roller(Vibratory Tire Roller)(타) | 사질토 |
| 충격력 | 자유낙하 충격력 이용<br>⇒ 다짐 | ① Rammer(래) : 좁은 장소<br>② Tamper(탬) : 접속부 | 구조물 뒤채움<br>(충격식, 인력) |

2) 다짐기계의 선택(선정) [기출문제][★★★]

　(1) **시공조건**에 따른 선택 요령

| 토질조건 및 공종 | 대상구조물 | 적용 기계 |
|---|---|---|
| 넓은 면적, 두꺼운 층의 균일한 다짐 | 노상성토, 하천제방, 댐 | Macadam Roller, Tamping Roller, Tire Roller, 진동 Roller |
| 높은 밀도, 정도 요구 시 | 노상, 노반, 아스팔트포장 | Macadam Roller, Tire Roller, Tandem Roller, 진동 Roller |
| 측구, 노견 등 帶狀의 다짐 | | Tandem Roller, 진동 Roller, 진동 Compactor |
| 사면 | 성토 법면 | 진동 Roller, 피견인식 Roller |
| 뒤채움, 좁은 면적 다짐 | 교대, 암거, 벽, 구조물기초 | 진동 Roller, 진동 Compactor, Rammer, Tamper |

　(2) **토질조건**에 따른 선택 요령

| 토질조건 | 기계 | 비고 |
|---|---|---|
| 암괴/력 | Road Roller, 진동 Roller Compactor | |
| 사질토(역질토/모래) | Road Roller, 진동 Roller Compactor, Tire Roller, Rammer, Tamper | ( ) : 적합한 장비 없을 때 적용 |
| 점토<br>(점질토/력 섞인 점토) | Tire Roller(Road Roller, Tamping Roller, Rammer, Tamper) | |
| 단단한 점토 | Tamping Roller(Tire Roller, Rammer, Tamper) | |

3) Rock Fill **댐**의 다짐공법별 다짐도 관리방법의 차이점

| 구분 | 암버력 | Filter(모래 + 자갈) | 점토 |
|---|---|---|---|
| 다짐장비 | ① 기진력 큰 진동 Roller<br>② Bulldozer | ① 진동 Roller<br>② 진동 Compactor<br>③ 진동 Tire Roller | ① Bulldozer<br>② Road Roller<br>③ Tamping Roller<br>④ Tire Roller |
| 다짐도<br>관리 | ① PBT<br>② 표면침하량<br>③ 시험시공(다짐장비기종, 다짐회수) | 상대밀도($D_r$) | ① 상대다짐도(RC)<br>② PBT<br>③ 시험시공 |

## 13. 다짐시공 관리 항목

1) 토취장 개발

2) 토성 조사 시험

3) 시험 성토 후 다짐기준 결정

## 14. 토공＋구조물 시공 관리(시공 시 유의사항) 〈흙 구조물 시공의 일반적인 유의사항〉

1) 착공 전 준비 사항

   (1) 조사＋시험

   (2) 토취장(사토장) 선정 개발

   (3) 시험 성토

   (4) 시공 계획 수립, 공사 관리 5대 요소를 계획, 주어진 문제의 세부 시공 순서별 계획

2) 시공 관리(시공 시 유의사항)

   : 공사 관리 5대 요소를 계획, 주어진 문제의 세부 시공 순서별 관리, 즉 시공계획된 것을 관리함

3) **흙과 관련된 구조물 시공 순서별 유의사항** : 토공 하자 원인과 대책

   (1) 연약지반 처리(개량) : 성토

   (2) 재료 구비 조건 : 성토, 절토

   (3) 다짐 : 성토

   (4) 배수 : 절, 성토

   (5) 층따기 : 원지반 성토

   (6) 구배＋소단 : 사면 안정

   (7) 동상 방지 : 성토

4) 특히 유의해야 할 공종(하자 많은 공종 : 취약 공종) : 포장 파손 원인

   (1) 구조물 뒤채움

   (2) 편절 편성부

   (3) 종방향 깎기 쌓기

   (4) 확폭부

   (5) 도로＋토공 접속부 단차

   (6) 교대 측방이동

## ■ 참고문헌 ■

1. 한원빈(1995), 건설기계와 시공법, pp.214~215.

2. 김상규(1997), 토질역학 이론과 응용, 청문각, pp.147~169.

3. 서진수(2006), Powerful 토목시공기술사(1권), 엔지니어즈.

4. 오치상(1995), 토공 및 건설기계, 토목시공 고등기술강좌 Seris 5, 대한토목학회.

# 1-21. Over Compaction(과다짐 = 과압밀 = 과전압)(110회 용어, 2016년 7월)

## 1. 정의

OMC(S = 100% 습윤상태)를 넘어 OMC 변화 없이 높은 에너지로 다짐을 하였을 때 입자가 깨져 결합력을 잃고 재배열되는 **전단 파괴** 현상

1) 다짐 에너지 차이 : 함수비 관리 잘못 ⇒ 잉여수 ⇒ 다짐 효과 감소

2) 토립자 파괴 : Interlocking 저하, 강도 저하

3) 화강 풍화토(일명 마사토)에서 많이 발생

## 2. Over Compaction 거동

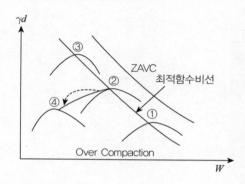

1) 다짐에너지 : ③ > ② > ①

2) 정상 거동 − 함수비 조절하면서 다짐 에너지 증가 : ①→②→③

3) Over Compaction − 함수비 조절하지 않고 다짐 에너지만 증가 : ①→②→④

4) 최적함수비(OMC) 선이 꺾임

## 3. 과전압 발생원인(문제점)

1) OMC의 **습윤 측**(Wet Side)에서 **너무 높은 에너지로 다짐** ⇒ 흙 입자가 깨어져 **전단 파괴** 발생 ⇒ 흙이 분산 ⇒ 오히려 **전단 강도 감소**

2) 너무 **중량이 큰 Roller**로 다짐. 한 층의 **다짐 횟수**가 너무 많을 때 ⇒ 다짐 **에너지 과다** ⇒ 발생

## 4. 문제점

1) 단위중량 저하 : 입자의 전단파괴로 $\gamma_{d\max}$ 감소

2) 경제성 저하

3) 구조변화 : **면모 → 이산 → 면모**

4) 투수계수 증가(수밀성 저하)

## 5. 대책

최적 함수비 결정(OMC)하고, **시험 다짐(성토)**하여 **적정 다짐 에너지로 시공**

1) 다짐두께 준수

2) 다짐횟수 준수

3) 기종 결정

4) 다짐의 폭 결정

5) 다짐속도 규정

**■ 참고문헌 ■**

1. 김상규(1997), 토질역학 이론과 응용, 청문각.
2. 서진수(2006), Powerful 토목시공기술사(1권), 엔지니어즈.
3. 오치상(1995), 토공 및 건설기계, 토목시공 고등기술강좌 Seris 5, 대한토목학회.

# 1-22. 유토 곡선 = 토적 곡선 = Mass Curve

- 유토 곡선 작성방법과 유토 곡선의 모양에 따른 절토 및 성토계획에 대해서 설명(105회 2015년 2월)

## 1. 유토 곡선의 정의
토적 곡선, 토적도, 토량배분 곡선이라 하며, 선형시설물 공사(도로, 철도, 제방)에서 **종단 선형**을 따라 **토공량의 과소**를 누적(누계)하여 나타내는 도표로서 **흙의 이동량** 파악이 가능하여 **절·성토량의 배분**을 통한 **토공균형(Balance), 운반 거리 산정, 운반 거리별 적정 장비 선정 및 조합, 공사비 산정**에 사용됨

## 2. 적용목적, 이용방안
1) 토량계산 및 토량배분(토량분배＝Balance : 토공균형)
2) 경제적 운반거리(평균운반거리) 산정
3) 토공기계의 선정 : 운반거리별 장비 선정, 장비의 효율적 조합(f, L, C 값 적용)
4) 시공방법의 산출
   작업배경의 결정으로 경제적, 효율적인 토공작업을 하기 위함. 사토장, 토취장, 진입로 개설 방법 결정

## 3. 유토 곡선 이용
1) 정부표준품셈에 의한 장비 선정
2) 장비별 평균, 최대 운반거리, 장비조합, 장비별 토공 운반량 산출함
3) 토공장비 선정기준과 경제적인 운반거리 기준 정립

## 4. 유토 곡선의 개념, 작성순서, 방법
1) 선형계획고(FL )결정 후, 종, 횡단도 작성 : 측량, 단면적 계산(절, 성토량 계산)

$$성토량 \times \frac{1}{C} \Rightarrow 절토량으로 보정$$

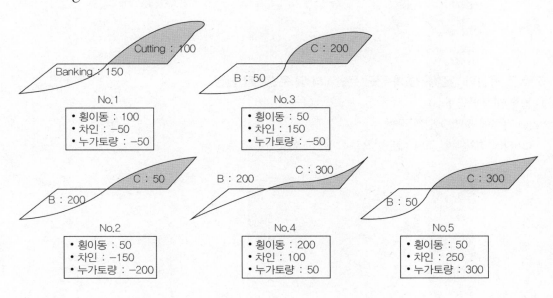

2) 토적계산서(토적표) 작성

(1) 보정토량 2가지 방법

환산계수(변화율)적용 : 성토 보정토량＝성토량×1/C → 절토량(원지반) 기준으로 환산됨

절토 보정토량＝절토량×C → 성토량(체적) 기준으로 환산됨

(2) 횡방향 이동(무대) 토량 공제한 차인토량의 누계인 누계 토량계산

| 측점 | 거리 | 절토 | | 성토 | | | 차인토량 | 누가토량 | 횡방향 이동량 (무대) |
|---|---|---|---|---|---|---|---|---|---|
| No | | 단면적 | 절토량 | 단면적 | 성토량 | 보정토량 (1/C) | 절토량 − 보정토량 | 차인토량 누계 | 절토량, 보정토량 중 작은 값(무대) |
| 1 | 0 | | − | | | | | | |
| 2 | 20 | | 100 | | | 150 | − 50 | − 50 | 100 |
| 3 | 20 | | 50 | | | 200 | − 150 | − 200 | 50 |
| 4 | 20 | | 200 | | | 50 | 150 | − 50 | 50 |
| 5 | 20 | | 300 | | | 200 | 100 | 50 | 200 |
| 6 | 20 | | 300 | | | 50 | 250 | 300 | 50 |

3) 유토 곡선 작성 : 누계 토량을 그래프로 그린 것

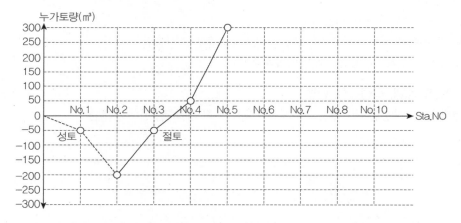

## 5. 유토 곡선의 성질(특성)과 평균 운반거리 및 운반토량 산정

1) 평형선(토공균형선)

(1) **기선에 평행**한 임의 직선

(2) 가장 **경제적인 토량 배분선**으로서 **상, 하 이동**하여 조절

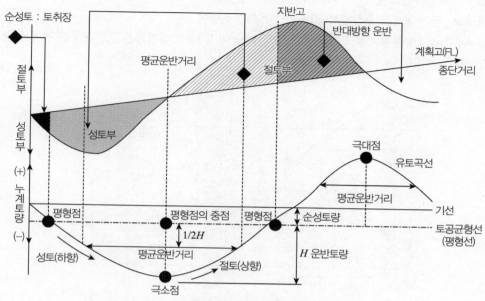

[그림] 평균운반거리 및 운반토량 산정

2) **평형점** : 유토 곡선과 평형선이 만나는 점, **절성토 평형점**

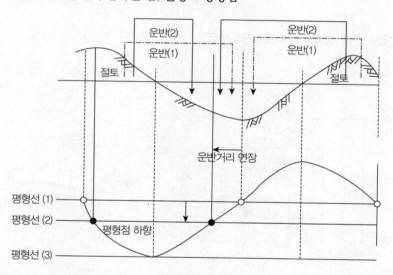

평형선(1) ⇨ (2) 조정 시
우에서 좌측 방향의 운반량이 늘어나고 좌에서 우측방향 운반량 줄어듦

3) **성토구간** : **하향**구배
4) **절토구간** : **상향**구배
5) **극소점** : 성토에서 절토 변화점, **극대점** : 절토에서 성토로 변하는 점

6) 어느 구간의 전토량 : 극대점과 극소점의 차이의 절댓값

7) 운반토량 : 두 평형점의 중점에서 극대, 극소점까지의 높이

8) 평균운반거리 : 평형점의 중점과 극대, 극소점의 높이의 1/2을 통과하는 토공균형선(평형선)과 평행하는 선의 길이

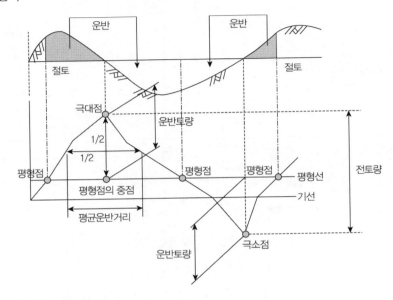

## 6. 토공장비 선정기준과 경제적인 운반거리 산정

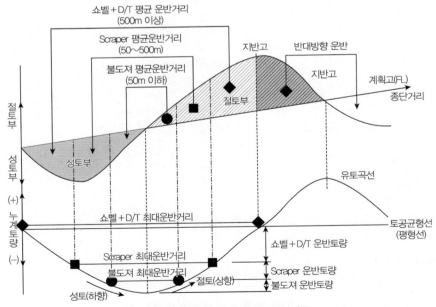

[그림] 운반거리별 토공장비 선정기준

## 7. 시공단가와 운반거리 관계

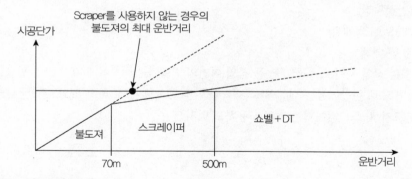

## 8. 평균이동거리 활용상 유의할 사항

= 유토 곡선으로 운반거리 산출 시 주의사항

= 장비활용계획 수립 및 토공계획 시 주의사항

 1) 절토된 흙이 **다짐**이 **불필요**한 유용성토 경우 유토 곡선 계산 방식 이용 가능

 2) 절토된 흙의 성토부 시공의 비효율성 문제 고려

  (1) 운반, 일정 두께로 포설, 함수비 조절, 층다짐 수행, 다짐시험 통과 후 다음 층 시공

  (2) ∴ 포설, 층 다짐 중에는 절토 및 운반 작업 중단 ⟹ **비효율성** 발생

  (3) **실제 현장** : 절토된 흙은 적정한 위치에 가적치 후 원지반 다짐 완료 후 운반 성토함

 3) 선형 토공작업구간을 몇 개의 **소공구로 분할**하여 토공계획 수립

  (1) 주어진 공기 준수 목적

  (2) 토공계획 수립은 전체 구간보다는 **분할된 소공구** 별로 수립함

   ① 소공구별 시간당 작업량, 장비 동원 계획 수립

   ② 소공구 내에서 토량유용 계획 수립 필요함

 4) ∴ 전체 토공작업 구간을 대상으로 한 유토 곡선은 실제 현장 적용 시

  시간적, 공간적 차이, 공구별 작업으로 인해 **적용상 불합리한 점 많음**

## 9. Mass Curve의 문제점 및 향후 개선방향(현장 적용 시 유의사항 = 작성 시 유의사항)

1) 문제점

  (1) Mass Curve에 의해 경제적인 토량배분이 가능하나

  (2) **양적인 면**만 고려되어 있어

  (3) 시공 시 현장에서 예기치 않은 **불량토 발생 시**, 사토처리, 토공 유용 계획에 차질이 생기므로

  (4) **불량토 처리문제, 시공시간차**(성토다짐 등에 의한 대기)에 의한 **절토 작업중단** 등을 고려해서 시
   공계획 수립 요망됨

2) 대책

  (1) 토량배분 계획 전에 충분한 토질조사와 토취장 및 사토장 확보가 필요하고

  (2) 현장에서 **불량토 개량방법** 연구필요

① 함수비 저하 : 건조
② 석회안정처리
③ 양질의 토취장 개발
3) 기타 문제점 및 대책
(1) 현장에서는 작업 운반로, 하천횡단 등 **작업 여건의 변화**가 심함 : 이에 따른 고려 필요함
(2) 실제 국내 도로 현장에서는 절취 및 적재작업을 백호(쇼벨계)로 하고 있고, 운반은 대부분 D/T로 하고, **불도저 및 스크레이퍼**는 거의 사용하고 있지 않음

### ■ 참고문헌 ■

1. 서진수(2006), Powerful 토목시공기술사(1권), 엔지니어즈.
2. 오치상(1995), 토공 및 건설기계, 토목시공 고등기술강좌 Seris 5, 대한토목학회.

# Chapter 02

# 연약지반

## 2-1. 연약지반 관련 중요한 이론

### 1. 개요
1) 연약지반을 구성하는 흙은 매우 다양하다.
2) 토층이나 토질에 따라 **정량적으로 구분하기는 어렵다.**

### 2. 연약지반의 정의
1) **침하** 또는 **파괴** 등의 **공학적인 문제점**을 일으키는 지반 또는 그런 지층을 포함하고 있는 지반으로서
2) **이용 대상**이 될 때 비로소 연약지반이 됨
3) 그러나 지반 위에 축조되는 **구조물의 종류, 규모** 또는 **시공방법**에 따라 연약지반으로 취급할 때도 있고 그렇지 않을 때도 있어서 **일률적으로 정의할 수는 없다.**

---

[연약지반의 정의]

1. 연약지반은 점토, 실트와 같은 소성이 큰 토질로 된 지반으로 지하수위가 높고 포화되어 있으며, 지지력이 작아 구조물의 안정과 침하에 큰 문제를 야기하는 지반
2. 장기압밀침하, 지반의 안정에 문제(활동)가 있고, 측방유동에 의한 Heaving(융기)이 생기기 쉬운 지반을 말함
3. 연약지반은 점토나 실트(Silt)와 같은 미세한 입자가 많고, 부드러운 흙, 간극이 큰 유기질토, Peat 및 느슨한 모래 등으로 구성된 토층이며,
4. 이러한 연약 토층은
(1) 퇴적이 새로울수록
(2) 지하수위가 높을수록, 간극수압이 크고
(3) 상부에 퇴적된 토층의 두께가 얇고 단위 체적중량이 작아서 작은 토피압만을 받은 경우일수록 문제가 많은 연약지반을 형성

---

### 3. 연약지반의 문제점 : 침하, 활동, 측방유동, 융기

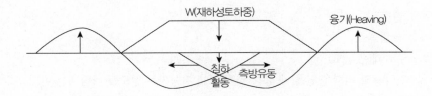

### 4. 연약지반 판단기준(판정기준)

1) 지반 종류에 따라 **토질 실험**에 의하여 정량적으로 규정한다.

2) 세립토(점성토등) : **자연함수비, 일축압축강도, 비배수 전단강도,** N치

3) 조립토(사질토등) : **상대밀도($D_r$)로, 자연상태 간극비,** N치

4) 유기질토 : 별도 판정 없이 연약토로 간주

5) 구조물의 종류, 규모, 하중강도 그리고 중요성 등에 의하여 결정한다.

[구조물 종류별 연약지반 판단기준]

| 구조물 종류 | 구분 | N치 | qu(kg/cm²)<br>일축압축강도 | qc(kg/cm²)<br>콘지수 | 연약층<br>두께(m) | 비고 |
|---|---|---|---|---|---|---|
| 고속도로 | 점성토 및<br>유기질토 | 4 이하 | 0.6 이하 | 8 이하 | D ≤ 10 | (한국도로공사, 도로설<br>계요령 1992) |
| | | 6 이하 | 1.0 이하 | 12 이하 | D > 10 | |
| | 사질토 | 10 이하 | – | – | | |
| 고속도로 | 점성토 및<br>이탄토(Peat) | 4 이하 | 0.5 이하 | – | – | 일본 |
| | 사질토 | 10 이하 | 0.5 이하 | – | – | |
| 도로 | 유기질토 | 2 이하 | 0.25 이하 | 1.25 이하 | – | |
| | 점성토 | 2~4 | 0.25~0.5 | 1.25~.25 | | |
| | 사질점토 | 4~10 | 0.5~1.0 | 2.5~3.0 | | |
| 철도 | – | 0 | – | – | D > 2 | |
| | – | 2 이하 | – | – | D > 5 | |
| | – | 4 이하 | – | – | D > 10 | |
| 필댐 | | 20 이하 | 1.5 이하 | – | – | |

### 5. 연약지반의 생성

1) 풍화과정에서 생성된 광물들이 퇴적하여 생성

2) 대표적 장소 : 하구, 호소, 늪지, 계곡, 유수지 등

### 6. 연약지반의 특징

1) **함수비**가 높고

2) **강도**가 작으며

3) **압축성**이 큼

### 7. 연약 점토 지반의 공학적 특성

1) 물리적 특성

  (1) 토립자 입경 < 0.002mm

  (2) 비표면적 큼

  (3) 단위중량 : $\gamma_t = 1.2 \sim 1.6 t/m^3$

  (4) 함수비↑ ⇒ 압축성↑

  (5) Consistency 한계(연경도)

    ① 정의 : 연약토가 외력을 받을 때 유동 및 변형에 저항하는 정도를 나타내는 한계 : LL, PL 등

    ② 흐트러진 시료를 이용하여 구하지만, 자연시료의 역학적 성질과 밀접한 관계유지

③ 3대 점토광물과 컨시스턴시 한계 : 액성한계 클수록 압축성 큼

| 3대 점토광물 | PL<br>(소성한계) | LL<br>(액성한계) | 활성도(A) | 결합력 | 압축성 |
|---|---|---|---|---|---|
| Kaolinite | 25~40 | 30~110 | A < 0.75<br>(비활성점토) | 강함 | 소 |
| Illite | 35~60 | 60~120 | 0.75 < A < 1.25<br>(보통점토) | 보통 | 중 |
| Montmorillonite | 50~100 | 100~900 | A > 1.25<br>(활성점토) | 약함 | 대 |

④ 활성도 : 점토의 $2\mu$ 이하 입자 단위중량 백분율에 해당하는 소성지수

$$A = \frac{PI}{2\mu \text{보다 가는 입자의 중량백분율}}$$

2) 확산 2중층(Double Layer) : 전기적 작용

(1) 중력보다는 입자상호 간에 작용하는 인력, 반발력의 영향 많이 받음 : 확산 이중층 영향

(2) 음($-$)으로 대전된 점토입자에 인접하여 견고하게 부착된 **수막＋점토입자의 인력**한계까지 확산되어 있는 유동층

(3) 상호반발력이 작용한 $Na^+$, $Ca^{+2}$ 등의 양이온이 음으로 대전된 점토입자에 끌려서 평형상태를 유지하고 있는 두께

(4) 점토입자의 표면으로부터 전기 포텐셜이 존재하는 위치(평형점)까지의 거리

(5) 2중층 내부의 물＝흡착수, 외부의 물＝자유수(노건조로 없앨 수 있음)

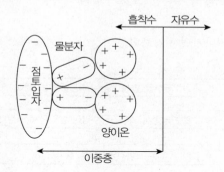

(6) 2중층의 두께

① 교환할 수 있는 이온에 따라 2중층 두께 달라짐

② 2중층 두께에 따라 **애트버그 한계와 흙의 거동**이 달라짐

③ 3대 점토광물과 결합구조

㉠ Kaolinite : **수소결합, 결합력 강함**

㉡ Illite : $K^+$ 양이온을 끌어들여 중화(평형유지), **결합력 중간**

㉢ Montmorillonite : $K^+$, $Mg^{+2}$, $Ca^{+2}$ 등의 양이온을 끌어들여 중화(평형유지) : **결합력 약함**

3) 점성토의 구조에 대한 성질

(1) 2중층을 갖고 있는 점토 입자는 양이온으로 평형을 유지하므로 서로 반발력과 인력이 작용

(2) 면모구조(Flocculated Structure)

    ① 인력 우세, 입자의 단부와 입자의 면과의 접촉, **이중층 두께 얇음**

    ② 점토입자의 형상 때문에 **느슨하게 엉키는 배열**

    ③ 동일한 간극비, 동일한 흙에서 이산구조보다

        ㉠ **강도 크고, 압축성 작음** : 입자 상호 간의 인력 때문

        ㉡ **투수계수 큼** : 유로수가 적고, 크기 큼, 흐름에 대한 저항 적음

(3) 이산구조(Dispersed Structure)

    : 반발력 우세, 입자의 면과 면과의 접촉(평행구조), **이중층 두꺼움**

(4) 면모구조의 흙에 **변위 발생(교란, 흐트러진 상태)**하면 이산구조로 되려 함

4) 역학적 특성

(1) 압축팽창 특성

    ① 흙 입자와 물 : 비압축성

    ② 흙의 압축 기구(왜 압축되는가?)

        ㉠ 간극(물, 공기) 압축 : 간극비(간극의 용적/흙입자의 용적) 크면 압축성 크고, 물, 공기가 **빨리 빠져나가면 빨리 압축됨**

        ㉡ **점토의 간극비 > 모래의 간극비** : 점토의 압축성↑, 압밀침하량↑

        ㉢ **점토의 투수성 < 모래의 투수성** : 모래가 빨리 압축됨

    ③ 압밀

        ㉠ 물이 흙 속에서 빠져나가면서 압축되는 현상

        ㉡ 과정

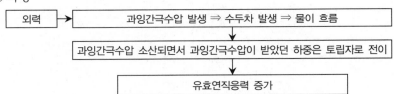

(2) 압밀소요시간과 압밀침하량

    ① 압밀소요시간 산정

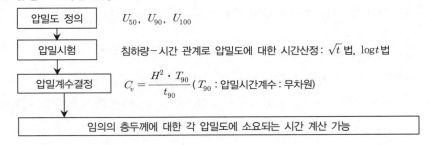

② 압밀침하량 산정(정규압밀, 과소압밀 점토 경우)

   ㉠ 침하량＝변형률 산정× 압밀층 두께

   ㉡ $S_c = \dfrac{C_c}{1+e_0} \times H \times \log \dfrac{P_2}{P_1}$

③ 변형률 $\epsilon = \dfrac{\Delta e}{1+e_0}$

여기서)

$e_0$ : 초기 간극비

$P_0$ 또는 $P_1$ : 자중에 의한 유효응력

$\Delta P$ : 상재하중(추가로 증가된 하중)

$P_2 = P_0 + \Delta P$ 또는 $P_1 + \Delta P$ : 상재 하중에 의해 증가된 유효응력

## 8. 연약사질지반의 공학적 특성

1) 모래에 대한 전단시험 결과

   (1) 느슨한 모래(연약지반) : 전단 중 **체적감소**

   (2) 조밀한 모래 : 전단 중 **체적팽창**

   (3) 변형률 : 일정한 간극비(한계간극비)로 수렴

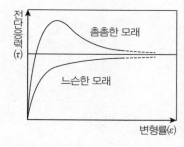 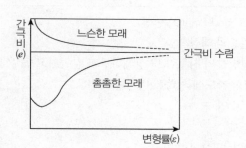

2) 연약 조립토 특성

   (1) 전기력보다는 중력에 의해 퇴적

   (2) 느슨하게 형성된 조립토를 연약지반으로 분류

      : 진동, 충격에 쉽게 **체적 감소**, 지하수 하에서는 **액상화** 가능

3) 액상화 현상

(1) 액상화 현상 메커니즘

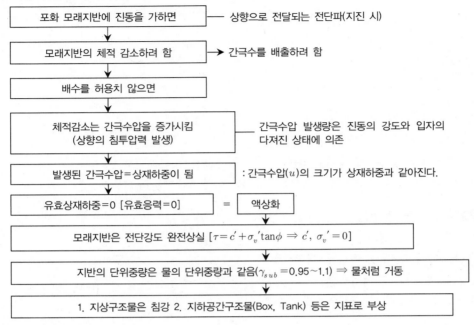

(2) Quick Sand(Boiling) 현상

① 일종의 **액상화**임

② 상방향의 침투압 ⇒ 상재하중과 같아지고 ⇒ 유효응력＝0

(3) 액상화 강도에 영향을 미치는 요인

① 구속압력

② 밀도

③ 입자의 크기와 분포

④ 진동하중의 불규칙성

⑤ 압밀시간

(4) 액상화 방지대책

① 지반개량으로 액상화 잠재력 제거

 : 치환 및 그라우팅, 다짐(모래다짐), 배수조건 개선

② 액상화에 안전한 구조물 기초 설계

## 9. 연약지반대책(개량)

1) 연약지반의 공학적 문제점

(1) 안정문제(강도문제) : 기초지반의 파괴

(2) 변위문제 : 기초지반의 침하(부등침하)

(3) 축조되는 구조물의 종류, 구조, 중요도 등에 따라 연약지반 기준도 달라짐

2) 연약지반 대책 강구 시 고려사항

  (1) 연약지반 위에 부과되는 **외적요인**의 정확한 평가

  (2) 대책의 주안점 분명히 설정 : 비수립 시 문제점과 연계 : 강도문제, 변위문제, 강도와 변위문제

  (3) 연약지반의 정확한 특성 파악

    ① 연약지반의 범위, 구성, 심도

    ② 토층별 공학적 특성

  (4) 각공법의 원리 및 내포된 가정 숙지

  (5) 각 공법의 설계 및 시공성

  (6) 사례분석조사

  (7) 현실성, 경제성 검토

3) 연약지반 개량의 정의(원리)

  : **과잉간극수압**을 소산시켜 **1차 압밀**을 촉진시켜 지반의 **지내력**(지지력＋침하에 대한 안정)을 크게
    하여, **침하, 활동, 측방유동, 융기** 방지

## 10. 연약지반 개량공법 선정기준

1) 연약지반상의 성토공(연직배수공법 및 서차지, 프리로딩공법) 시공 시는 **안정성 관리**에 유의하여 공
  법 선정함

2) 성토체 및 지반의 **사면파괴**를 정확히 예측하고 적절한 대책 강구하는 것이 중요함

3) 판정의 기준(파괴시점의 예지)

  (1) 파괴 시점 또는 파괴에 가까운 시점을 **정량적**으로 표시하는 것이 중요함

  (2) 연약지반상의 성토체 파괴 징후 예측

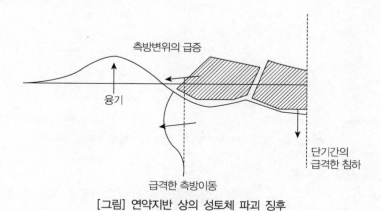

[그림] 연약지반 상의 성토체 파괴 징후

4) 안정성 판단자료

  (1) **계측**을 통하여 확보

  (2) 계측결과를 토대로 안정성을 판단 ⇒ 연약지반상의 **성토공 시공관리** 실시함

5) 안정성 관리방법

    (1) Tominaga－Hashimoto 방법

    (2) Kurihara－Ichimoto 방법

    (3) Matsuo－Kawamura 방법

    (4) 과잉간극수압에 의한 방법

    (5) Shibata－Sekiguchi(수평변형 계수법)

    (6) 성토속도에 의한 방법

    (7) 침하속도에 의한 방법

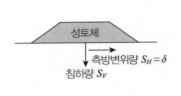 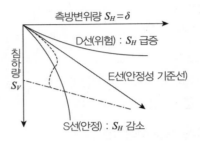

■ 성토 진행에 따라 침하량$(S_V)$과 측방변위량$(S_H = \delta)$을 계측하여 Plot하면 $S_V - S_H$ 곡선작성
■ 안정성의 기준선 : E선
■ 성토 불안정화의 전조(D선) : 측방변위량 $\delta(\Delta S_H / \Delta S_V)$ 값 급증(측방변형량이 탁월)
■ 성토 안정으로 판단(S선) : 측방변위량 $\delta(\Delta S_H / \Delta S_V)$ 값 감소(침하량이 탁월)

[Tominaga－Hashimoto(토미나가－ 하시모토) 방법]

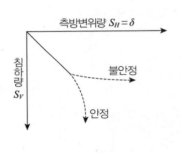 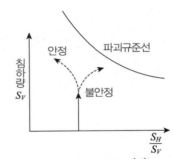

[Tominaga－Hashimoto 방법]      [Matsuo－Kawamura 방법]

[Tominaga－Hashimoto 방법과 Matsuo－Kawamura 방법]

## 11. 대책공법 선정 시 고려 사항

1) 안전성, 경제성, 시공성      2) 공기, 공사비, 공정      3) 민원(진동, 소음, 환경)
4) 상부구조물의 형태, 기능, 하중    5) 연약지반의 개량깊이    6) 개량의 필요성, 목적

## 12. 대책공법 선정 및 설계 시 검토사항

1) 침하량

$$S_c = \frac{C_c}{1+e} \times H \log \frac{P_0 + \Delta P}{P_0}$$

2) 침하시간

$$t = \frac{T_v H^2}{C_v}$$

3) 압밀도

$$U = 1 - \frac{u}{u_0} \ \text{또는} \ U = \frac{u_i - u}{u_i} = 1 - \frac{u}{u_i} \ \text{로 표현하기도 함}$$

- $U$ : 현재 압밀량
- $u_0 = u_i$ : 초기과잉간극수압
- $e$ : 초기 간극비
- $T_v$ : 시간계수
- $P_0$ : 초기 유효응력
- $P_0 + \Delta P$ : 임의의 시간($t$시간 후)의 응력
- $u$ : 임의의 시간 $t$(현재에 남아 있는)의 과잉간극수압
- $C_c$ : 압축지수
- $C_v$ : 압밀계수
- $H$ : 배수거리
- $\Delta P$ : 증가하중

## 13. 대책공법 [개량공법]

1) 대책공법의 분류와 기본개념

| 분류 | 공법 | 종류 | 기본개념 |
|---|---|---|---|
| 소극적인 대책공법 | | 연약지반회피 | 건설지역을 지반이 좋은 곳으로 옮김 |
| | | 깊은 기초 | 하중을 견고한 지반에 지지시키거나, 연약층의 마찰력으로 하중지지 |
| 적극적인 대책공법 | 치환공법 | 1. 굴착치환(전면, 부분) 2. 강제치환 3. 폭파치환 | 연약층을 양질의 재료로 치환하여 지반파괴와 침하문제 해소 |
| | 다짐공법 | 1. 다짐말뚝 2. SCP 3. 바이브로콤포저 4. 바이브로플로테이션 5. 동다짐공법 | 밀도를 증가시켜, 지반강도 증대도모 매립지, 느슨한 사질지반에 효과(타격다짐, 진동다짐) |
| | 배수공법 | 1. 선행압밀하중공법 (Preloading) 2. 연직배수공법 : Sand Drain, Paper Drain 등 3. 웰포인트공법 4. 전기화학적공법 | 1. 유효응력을 증가시켜 간극수를 배출하고, 압축시켜 강도를 증가시킴. 흙의 압축 및 강도증가 특성 이용 2. 간극수의 소산을 촉진하는 방법, 하중을 가하는 방법에 따라 공법세분 |
| | 토목섬유에 의한 공법(표토안정처리공법) | | 연약지반 위에 포설, 성토 하중분산, 부등침하 방지, 성토재와 연약지반 혼합방지 |
| | 약액주입공법 | | 지반 중에 주입재 주입, 흙의 간격을 채워, 강도증진, 강성 증대로 변위억제 |

## 2) 원리별 개량공법

| 원리 | 공법 종류 | |
|---|---|---|
| 1. 지하수 저하공법(배수공법) | ① Well point | ② Deep well |
| 2. 배수 촉진공법 (연직배수 및 탈수공법) | ① Sand Drain(SD) ③ Sand Pack Drain(SPD) ⑤ 생석회말뚝 | ② Plastic Board Drain(PBD) ④ Menard Drain(MD) ⑥ 전기침투 |
| 3. 다짐공법 | ① Sand Compaction Pile(SCP) ② Vibro-Floatation ③ 동다짐 | |
| 4. 재하공법 | ① Preloading = 선행압축공법(Precompression) = 선행하중공법 = 선행재하공법(+ 연직배수 병행) ② 과재 성토 재하 = 완속재하(단계성토) ③ Surcharge 공법 ④ 압성토 ⑤ 경량성토(EPS) ⑥ 진공압밀(+ 프리로딩) | |
| 5. 고결(주입)공법 | ① 약액주입(LW, SGR) ③ 심층혼합(SCW, SCF) ⑤ CGS | ② 천층혼합 ④ 고압분사(JSP, RJP, SIG) ⑥ 동결 |
| 6. 치환공법 | ① 굴착 ② 강제치환 ③ 동치환 | |
| 7. 보강공법 | ① 토목섬유 | ② Pile net |

* Surcharge공법 : 포장 및 구조물 시공 후의 잔류침하를 경감시키기 위해 연약지반 상에 계획 성토 하중 이상의 성토를 실시하는 것 (여성토)
* Preloading : 구조물 시공에 앞서 미리 성토를 실시하는 공법

## 3) 목적별 개량공법

(1) 액상화 방지 유효공법

① Well point

② Deep well

③ SCP

④ Vibro-floatation

⑤ 동다짐

⑥ 치환

⑦ Gravel Drain

(2) 사면활동방지 유효공법

① 압성토

② SCP

③ 경량성토

④ 생석회말뚝

⑤ 심층혼합

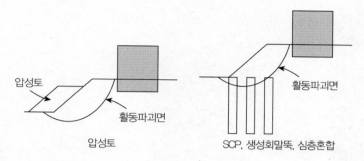

압성토 / 활동파괴면 / 압성토

활동파괴면 / SCP, 생성회말뚝, 심층혼합

### 4) 토질별 대책공법

| 점성토 연약지반 개량공법 | 모래 지반 개량공법 |
|---|---|
| (1) 치환공법(동치환 포함)<br>　① 기계적 치환(굴착 치환)<br>　② 강제 치환 : 자중 강제 치환/폭파 치환<br>(2) 압밀(강제압밀)<br>　① Preloading(선재하) + Sand drain 병행<br>　② 압성토<br>(3) 탈수(Vertical Drain)<br>　① Sand Drain(SD)<br>　② Plastic Board Drain(PBD)<br>　③ Sand Pack Drain(SPD)<br>　④ Menard Drain(MD)<br>　⑤ 생석회말뚝<br>　⑥ 전기침투<br>(4) 배수공법 : ① Well point ② Deep well<br>(5) 고결공법<br>　① 생석회 말뚝공법<br>　② 동결공법<br>　③ 소결공법 | (1) 진동다짐공법(Vibrofloation : 수평 진동, 물 사용)<br>(2) 다짐모래 말뚝공법(Sand Compaction Pile = Vibro Composer) :<br>　수직, 상하운동<br>(3) 폭파다짐<br>(4) 전기충격공법<br>(5) 약액주입(SGR, JSP, JET) + (약액 + 물 + 시멘트) + 주열식<br>　토류벽(CIP, MIP, SIP, SCW) (6) 동압밀공법 |

**점성토 연약지반 개량공법 관련 그림**

## 1. 치환공법

1) 기계적 치환(굴착 치환)

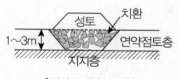

[전단면 굴착 치환]

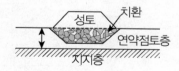

[부분 단면 굴착 치환]

## 2) 강제 치환

### (1) 자중 강제 치환

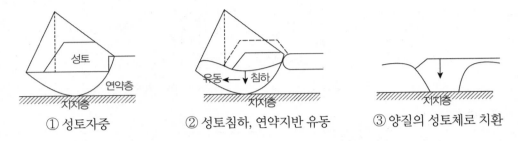

① 성토자중　　　　② 성토침하, 연약지반 유동　　　　③ 양질의 성토체로 치환

### (2) 폭파 치환

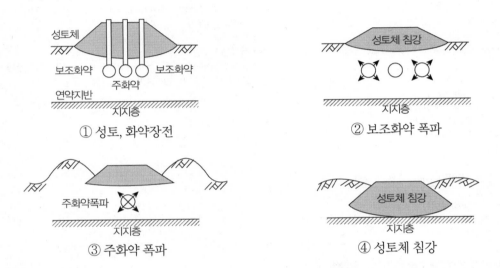

① 성토, 화약장전　　　　② 보조화약 폭파

③ 주화약 폭파　　　　④ 성토체 침강

## 2. 압밀(강제 압밀)

1) Preloading(선재하, 여성토)＋Sand drain 병행

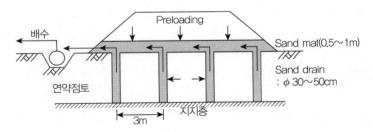

2) 압성토공법(사면선단재하공법＝Loading Berm＝Counterweight Fill공법)

사면 끝(선단)에 성토(소단)를 하여 성토중량 이용하여 활동에 대한 저항모멘트를 증가시켜 성토 지반의 활동 파괴 방지 공법

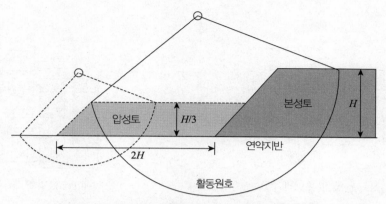

[그림] 개략적인 압성토의 높이 및 길이 [압성토 개념도]

## 3. 탈수(Vertical Drain = 연직배수)

1) Sand Drain(시공 순서) : 모래 말뚝(Sand Pile) = 모래 기둥

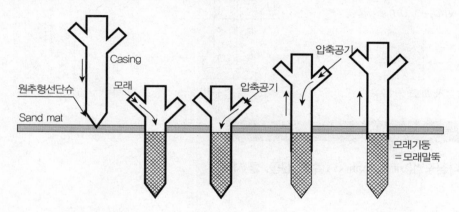

2) Paper Drain : Mandrel 사용

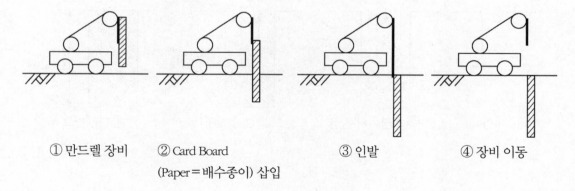

① 만드렐 장비     ② Card Board          ③ 인발          ④ 장비 이동

(Paper = 배수종이) 삽입

## 4. 배수공법

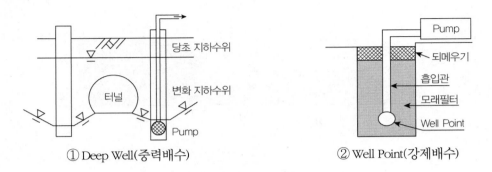

① Deep Well(중력배수)    ② Well Point(강제배수)

## 5. 고결공법

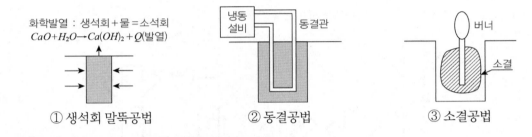

화학발열 : 생석회 + 물 = 소석회
$$CaO + H_2O \rightarrow Ca(OH)_2 + Q(발열)$$

① 생석회 말뚝공법    ② 동결공법    ③ 소결공법

**사질토(모래지반) 연약지반 개량공법**

## 1. 진동다짐공법(Vibrofloation : 수평 진동, 물 사용)

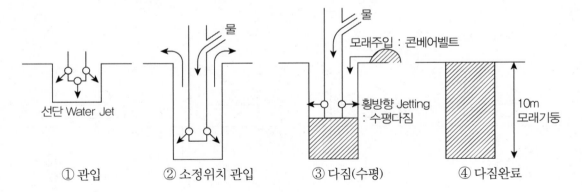

① 관입    ② 소정위치 관입    ③ 다짐(수평)    ④ 다짐완료

## 2. 다짐모래 말뚝공법(Sand Compaction Pile = Vibro Composer)

: 수직, 상하 운동(78~80cm의 모래 기둥 형성)

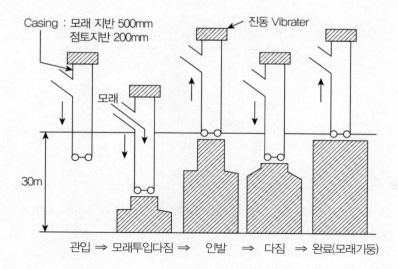

관입 ⇒ 모래투입다짐 ⇒ 인발 ⇒ 다짐 ⇒ 완료(모래기둥)

## 3. 폭파 다짐

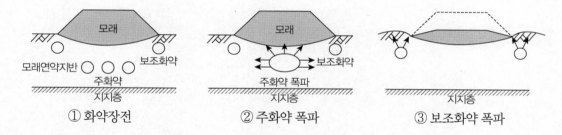

① 화약장전    ② 주화약 폭파    ③ 보조화약 폭파

## 4. 전기충격공법

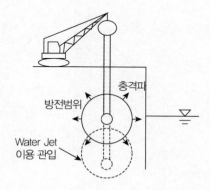

## 5. 약액주입(SGR, JSP, JET)＋주열식 토류벽(CIP, MIP, SIP, SCW)

: 약액＋물＋시멘트

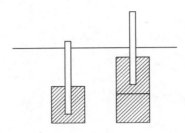

## ■ 참고문헌 ■

1. 김승렬, 연약지반의 거동특성 및 대책의 기본개념, 토목시공 고등기술강좌, Series 4, 대한토목학회, pp.73~137.
2. 한국도로공사(1992), 도로설계요령.
3. 서진수(2006), Powerful 토목시공기술사, 엔지니어즈.
4. 토목기술강좌 12(토질 및 기초편), 대한토목학회.
5. 김수삼 외 27인(2007), 건설시공학, 구미서관, p.138.

## 2-2. 흙의 전단강도 증가율($\alpha$)

### 1. 흙의 전단강도 증가율($\alpha$) 정의

1) 점토 지반에 Preloading, 배수공법등을 적용하면 **시간의 경과**에 따라 **과잉간극수압의 소산**으로 압밀이 진행되고 결국에는 **비배수 전단강도($S_u$)**가 증가된다.

2) Vertical Drain, Preloading 연약지반 개량공사로 지반 개량 시 정규압밀 점토인 경우 **깊이별로 전단강도 증가하는 비율**

3) 보통 $\alpha = 0.25 \sim 0.35$

4) 예민비 클수록 감소

### 2. 강도 증가율

압밀 전 초기 유효응력($P_o{}' = \gamma \times Z$)에 대한 상재하중 재하 후 임의 시간 후 임의의 깊이에서의 비배수 전단강도($C_u = S_u$)의 비. 즉, **강도 증가 기울기**를 말함

1) Hansbo의 제안식

$$\alpha = \frac{C_u}{P_o{}'} = 0.45 \text{LL}$$

2) Skemption 경험식(정규압밀점토)

$$\alpha = \frac{C_u}{P_o{}'} = 0.11 + 0.0037\text{PI}(\text{단, PI} > 10)$$

여기서, $C_u(S_u)$ : 비배수전단강도(압밀 비배수 시험)

$\quad\quad\quad P_o{}'$ : 유효한 연직응력(증가된 유효 상재압)

---

**[ $P_o{}'$ (유효한 연직응력) 계산법]**

**[정수압 상태]**

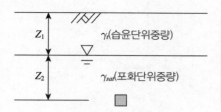

전응력 : $P = \gamma_t \times z_1 + r_{sat} \times z_2$

간극수압 : $u = \gamma_w \times z_2$

유효연직응력 : $P_o{}'$ = 전응력 $-$ 간극 수압

$\therefore \ P_o{}' = [\gamma_t \times z_1 + r_{sat} \times z_2] - \gamma_w \times z_2 = \gamma_t \times z_1 + \gamma_{sub} \times z_2$

[과잉간극수압 발생 시]

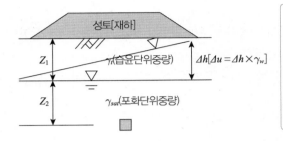

전응력 : $P = \gamma_t \times z_1 + r_{sat} \times z_2$
간극수압 + 과잉간극수압
: $u + \Delta u = \gamma_w \times z_2 + \Delta h \times \gamma_w$ [간극수압+과잉간극수압]
유효연직응력 $P_o' = $ 전응력 − 간극 수압 − 과잉간극수압
∴ $P_o' = [\gamma_t \times z_1 + r_{sat} \times z_2] - [\gamma_w \times z_2 + \Delta h \times \gamma_w]$
$\quad = \gamma_t \times z_1 + \gamma_{sub} \times z_2 - \Delta h \times \gamma_w$

## 3. 강도증가율의 적용(용도)

1) 연약지반 개량공사 시 **개량 효과 판정**에 이용됨

: Vertical Drain, Preloading 등의 지반 개량 시 정규압밀점토인 경우 **깊이별로 전단 강도 증가함**

2) **한계 성토고**(단계성토고) 결정과 압밀에 따른 **장기강도 예측**에 이용

3) 흙의 전단강도 증가율($\alpha$)

(1) 보통 $\alpha = 0.25 \sim 0.35$

(2) 예민비 클수록 감소

## 4. 강도 증가 이유

1) 지반변형과 관계되는 것은 유효응력이며 Mohr-Coulomb식으로 나타내면 유효응력 증가되면 전단강도 증가됨

$$S = C' + \sigma' \tan\phi' = C' + (\sigma - u)\tan\phi'$$

2) 그림과 같이 재하 시(Preloading) 압밀 초기에는 간극수압이 전체 응력을 받으나 시간의 경과와 함께 **과잉간극수압**이 소산되어 **과잉간극수압의 소산량**만큼 **체적변화**와 **유효응력 증가** 유발

(1) 하중재하 시 간극수압, 전응력, 유효응력 관계    (2) 체적변화

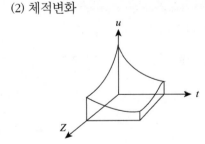

## ■ 참고문헌 ■

1. 서진수(2006), Powerful 토목시공기술사(1, 2권), 엔지니어즈.
2. 이춘석(2005), 토질 및 기초공학 이론과 실무, 예문사.
3. 김상규(1997), 토질역학 이론과 응용, 청문각.
4. 한국도로공사(1992), 도로설계요령(제2권) – 토공 및 배수.
5. 신은철, 지반개량 현장실무, 건설기술교육원.
6. 이인모, 토질역학의 원리, 도서출판 씨아이알.

## 2-3. 한계 성토고($h_f$), 완속재하(단계 성토) = 연약지반상의 성토공 안정관리
### [단계 성토고와 성토시기]

### 1. 한계 성토고($h_f$) 정의(개요)

1) 과재 성토 재하 시에 **각 단계별 성토고**를 결정할 때 계산에 의한 **한계 성토고 이하**로 하여야 하고

2) 다음 단계 성토는 계획된 단계성토 계획에 따라 **성토 속도**를 유지해야 함

3) 초기 단계 성토 시에는 **한계 성토고 이하**로 성토하고 **정치 기간**을 둔 다음, 다음 단계 성토를 실시해야 한다.

   (1) 단계별 성토고
   ① 1차 한계 성토고
   ② 2차 한계 성토고

   (2) 단계 성토 공법(완속 재하 공법 = Stage construction Method)

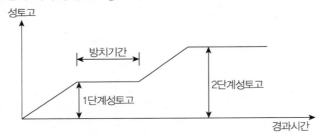

4) 한계 성토고는
   (1) 시공 중 **계측**을 실시하여 연약지반상의 **성토의 파괴 징후** 등을 측정하여 **안정 해석** 결과 **불안정 영역**에 진입할 경우 조정이 필요함
   (2) 한계 성토고는 **계측 결과**에 의한 **사면 안정검토**로부터 판단

### 2. 완속재하공법의 한계 성토고, 단계 성토고, 정치 기간 계산 방법

1) 단계별 성토고(한계성토고) 결정은 사면 **안정검토**로부터 판단함이 원칙임

2) 1차 한계 성토고 [1단계 성토고]

$$H_1 = \frac{5.7 \cdot C_u}{\gamma_t \cdot F_s} \quad \cdot F_s = 1.5$$

3) 2단계 성토 시기(정치 기간)

$$t = \frac{T_v \cdot D^2}{C_v} \quad \cdot D : 연약층 두께$$

4) 2차 한계 성토고 [2단계 성토고]

$$H_2 = \frac{5.7(C_u + \Delta C)}{\gamma_t \cdot F_s}$$

- $\Delta C = \dfrac{C_u}{P_o'} \cdot \Delta P \cdot U$
- 강도증가율 $\dfrac{C_u}{P_o'} = \alpha$
- $U$ : 압밀도
- $C_u$ : 비배수 전단강도

## 3. 한계 성토고 선정 부적절 시 문제점

1) Sand Drain 시공을 완료 후 1단계 성토 완료되기 전 **성토체 상부에 균열** 발생
2) **연약층 두께가 30m 이상** 되는 대심도 연약지반 상에 **20m 이상**의 **고성토**인 경우
   **계측** 자료로 **카와무라법** 및 **토미나가-하시모토법**에 의한 안정해석 결과 불안정 영역에 진입되는 경우가 있어 성토 작업을 중단 후 계측 안정 관리에 들어가야 하는 경우 있음
3) 인접 구조물 피해 발생
   **측방변위(유동)**에 의해 인접 구조물에 영향을 줌 [도로, 철도, 상하수도 관로 등에 피해]
4) 각 단계별 Pre Loading 재하 시 하부 연약층의 측방 유동에 의해 Sand Drain의 경우, 측방 유동에 대한 저항 능력이 없으며, **과대한 측방 유동**이 발생할 경우 **Sand Drain의 파단**이 예상
   → 수직 배수 기능을 상실하여 압밀 침하에 상당한 기간이 소요됨(공기 연장)
5) 대책
   (1) 한계 성토고의 재검토 및 조정
   (2) 도로인 경우 깊은 기초(말뚝기초)의 교량으로 연약지반을 통과하여 공기단축

## 4. 연약지반 처리(Sand Drain) 및 연약지반상 성토공 시공 사례

1) 원지반 위에 1m 두께의 양질의 토사 성토 후 그 위에 Sand Mat를 0.5m 두께로 포설
2) $\phi$400mm의 Sand Drain을 정방형으로 설치
3) 1차 성토 5m 시공 후 4개월 대기
   2차 성토 6m 시공 후 2개월 대기
   3차 성토 4m 시공 후 2개월 대기
   4차 성토 5.3m 시공 후 16개월 대기
   잔류침하량 10cm 이내의 범위를 확인한 후 도로 포장 시공

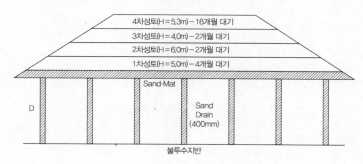

## 5. 맺음말(결론)

단계 성토 시에는 **완속 재하**하여야 하고, 성토고는 안정 검토 결과에 의한 **한계 성토고**로 실시해야 함

### ■ 참고문헌 ■

1. 서진수(2006), Powerful 토목시공기술사(1, 2권), 엔지니어즈.
2. 이춘석(2005), 토질 및 기초공학 이론과 실무, 예문사.
3. 김상규(1997), 토질역학 이론과 응용, 청문각.
4. 한국도로공사(1992), 도로설계요령(제2권) – 토공 및 배수.
5. 신은철, 지반개량 현장실무, 건설기술교육원.
6. 이인모, 토질역학의 원리, 도서출판 씨아이알.

## 2-4. 연약지반 상의 성토 방법의 종류 [과재 성토 재하 : 점증성토와 급속성토]

### 1. 과재 성토 재하 [완속 재하공법 = 점증성토 또는 단계성토]의 종류

1) Surcharge공법

  : 포장 및 구조물 시공 후의 **잔류 침하**를 경감시키기 위해 연약지반 상에 계획 **성토하중 이상의 성토**를 실시하는 것

2) Preloading : 구조물 시공에 앞서 **미리 성토**를 실시하는 공법

### 2. 점증 성토(단계 성토)와 급속 성토

1) 점증 성토를 할 경우(점고식 성토) [완속 재하공법 : Stage Construction]

  : 완속 재하 실시, 즉 재하 완료 시점에서 소정의 안전율이 얻어지도록 **재하속도 조절**

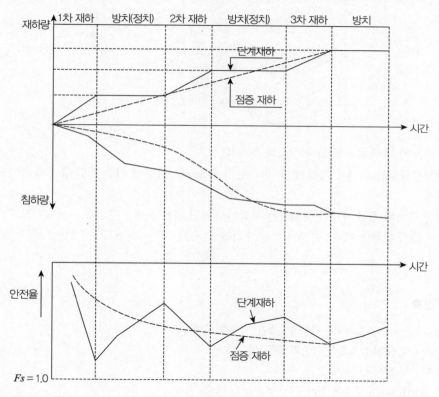

2) 급속 성토(재하) 시 문제점

  (1) 급속 성토 시(일시 재하) : **전단 파괴가 발생**

  (2) 연약지반 상에 상재 하중을 작용시키면

    ① **과잉간극수압**이 발생(유효응력 감소, 안전율 저하)

    ② 시간의 경과와 함께 **과잉간극수압은 소산**되어 **유효 응력을 증가**시켜 전단 강도가 **증가**하지만

    ③ 유효 응력의 증가에 따른 전단 강도 증가 속도보다 재하에 의한 전단 응력의 증가 속도가 빨라져

    ④ **전단 응력이 전단 강도를 상회**하는 시점에서 **전단 파괴** 발생

(3) 대책 : 완속 시공 및 단계 시공

3) 단계 성토와 급속 성토(일시 성토) 안전율 비교

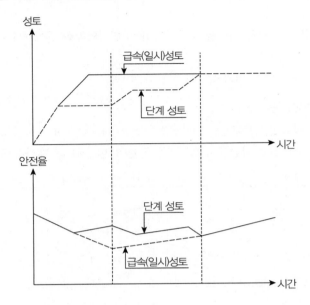

① 성토 속도가 너무 급하면(급속 성토의 문제점)
  - 과잉간극수압 소산에 의한 전단 강도 증가 속도보다 재하에 의한 전단 응력의 증가 속도가 빨라짐
  - 전단 응력이 전단 강도를 상회하는 시점에서 전단 파괴 발생
② 성토 속도가 너무 느리면 : 잔류 침하량이 커짐

## ■ 참고문헌 ■

1. 서진수(2006), Powerful 토목시공기술사(1, 2권), 엔지니어즈.
2. 이춘석(2005), 토질 및 기초공학 이론과 실무, 예문사.
3. 김상규(1997), 토질역학 이론과 응용, 청문각.
4. 한국도로공사(1992), 도로설계요령(제2권) - 토공 및 배수.
5. 신은철, 지반개량 현장실무, 건설기술교육원.

## 2-5. 연약지반 점토의 1차 압밀, 2차 압밀

### 1. 압밀의 정의
압축성 높은 흙, 즉 **포화 점성토**에 상재 하중(토공, 도로, 구조물) → **과잉간극수압** 발생 → 간극수 배출 (소산)되어 → 오랜 시간 동안 → 서서히 압축되는 현상

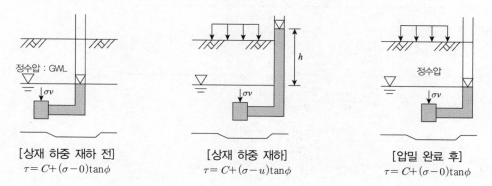

[상재 하중 재하 전]
$\tau = C + (\sigma - 0)\tan\phi$

[상재 하중 재하]
$\tau = C + (\sigma - u)\tan\phi$

[압밀 완료 후]
$\tau = C + (\sigma - 0)\tan\phi$

- 정수압 : 임의의 깊이에서의 압력
- 간극수압 : 정수압보다 큰 압력, 수두차에 의해 물이 흐른다.

1) 상재 하중 재하 전 : 정수압 작용
2) 상재 하중 재하 : 간극수압 발생
   (1) 간극수압 $U = h \times \gamma_w$
   (2) 시간이 지나면 간극수압 소산되면서 압밀 침하 발생
3) 압밀 완료 후 : 정수압 작용

### 2. Terzaghi의 1차 압밀 이론 [연약지반 대책공법 선정 시 고려사항]
1) 압밀 침하
   (1) 과잉간극수의 소산 → 체적 변화 → 시간 의존성 현저
   (2) 압밀 침하량(최종 침하량)

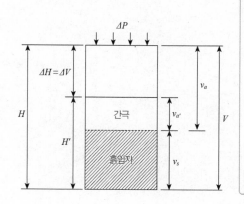

**[압밀 침하량]**

정규압밀 점토인 경우

$$S_c = \frac{C_c}{1+e} \times H\log\frac{P_0 + \Delta P}{P_o} = \frac{C_c}{1+e} \times H\log\frac{P_2}{P_1}$$

- $C_c$ : 압축지수
- $P_0(= P_1)$ : 최초 압력(자중에 의한 유효응력)
- $\Delta P$ : 증가압력
- $P_2(= P_0 + \Delta P)$ : 상재하중에 의해 증가된 유효응력
- $e$ : 초기 간극비
- $H$ : 배수거리

2) 압밀 시간

$$t = \frac{T_v}{C_v} \times H^2$$

- $T_v$ : 압밀시간 계수    • $C_v$ : 압밀계수

3) 압밀도와 평균압밀도

(1) 임의 깊이 $z$에서 압밀도

$$U_z = 1 - \frac{u_t}{u_i} = \frac{P'}{P}$$

$$= \frac{유효압력(t시간 후 현재)}{전압력}$$

- $u_i = u_o$ : 초기 과잉간극수압
- $u_t$ : 임의의 시간 $t$의 [현재($t$시간 후)]

    과잉간극수압

    현재 남아 있는 과잉간극수압

(2) 전체층의 평균 압밀도

$$\overline{U} = \frac{\Delta H_t}{\Delta H} \times 100 \ [또는 \ \frac{S_t}{S} \times 100]$$

$$= \frac{현재 \ 압밀 \ 침하량(t시간 \ 후 \ 현재)}{최종 \ 압밀 \ 침하량}$$

4) Terzaghi 압밀 이론의 가정(1차 압밀)

(1) 흙은 → 균질

(2) 공극 → 완전 포화

(3) 투수와 압축 → 수직적(1축적) : 압력은 아래로 작용

(4) 토립자, 물 → 비압축성 : 압축성 무시

(5) Darcy 법칙을 따른다. : K는 일정(Q=KiA)

## 3. 1차 압밀과 2차 압밀

1) 압밀의 단계 [침하의 종류와 정의]

(1) 즉시 침하(Immediate Settlement) [초기 압축 단계 : 탄성 침하]

① Preloading에 의한 압축

② 외부하중이 가해지는 **짧은 시간에 즉시 발생**하는 침하

③ 모래 경우 : 배수성 양호 → ∴ **체적변화 수반**하여 전체 침하량과 거의 같음

④ 점토 경우 : **체적변화 없는 상태**에서 발생

　→ ∵ 투수계수가 적어 전체 침하량의 10~15% 정도임

(2) 1차 압밀침하(Primary Consolidation Settlement)

① **Terzaghi 압밀 이론**에 따른 침하

② 점토층 → 하중 작용 → 투수계수 적어 배수불량 → 간극수압 발생 → 시간이 지남에 따라 **과잉 간극수압이 소산**되면서 압축되어 생기는 침하임

(3) 2차 압밀(Secondary Consolidation Settlement)

① 과잉간극수압 소산 후(1차 압밀 100% 완료 후) 작용되는 하중(지속하중)에 의해 **점토의 Creep 현상**으로 **입자 재배치**가 되면서 **체적변화가 계속**되어 발생하는 침하임

② Rheology(유동학 해석)

③ 점토층 두께 두꺼울수록, 연약한 점토일수록, 소성이 클수록, 유기질 많은 흙에서 크게 발생

(4) 전체 침하량

$$S_t = S_i (즉시 침하량 = 탄성 침하량) + S_1 (1차 압밀 침하량) + S_2 (2차 압밀 침하량)$$

2) 시간, 침하량, 과잉간극수압, 유효응력 관계 [**1차 압밀과 2차 압밀 침하량 곡선**]

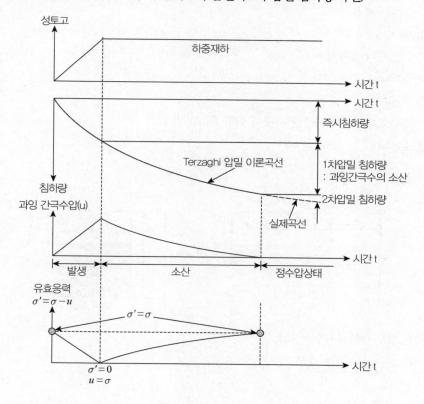

3) 하중 재하 시 간극수압과 전응력, 유효 응력 관계
   • 과잉간극수압의 소산량만큼 유효 응력 증가

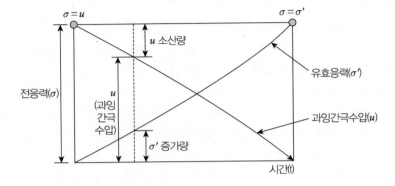

## 4. 1차 압밀 침하량 산정

1) 필요한 조사와 시험

   (1) 시추조사, 정적 Sounding : 시료채취, 연약층 두께 파악, 배수층 파악

   (2) 시험 : 토성, 압밀시험

2) 필요한 압밀 관련 계수

   (1) 과압밀비(OCR)

   (2) 선행하중 전후의 압축지수($C_r$, $C_c$)

   (3) 초기 간극비($e_0$)

   (4) 압밀층 두께($H$)

   (5) 현지반의 유효 유효상재하중(=자중에 의한 유효응력 $P_0$)

   (6) 체적변화계수($m_v$)

3) 침하량 산정식

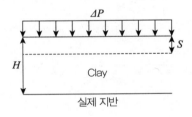 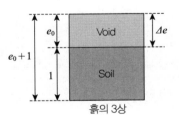

실제 지반

흙의 3상

   (1) 정규압밀 점토 침하량 [$P_0 = P_c$]

$$S = \frac{C_c}{1+e_0} H \log \frac{P_0 + \Delta P}{P_0}$$

$$= m_v \cdot \Delta P \cdot H$$

$$= \frac{e_0 - e_1}{1 + e_0} \cdot H$$

$$[\because m_v(체적변화계수) = \frac{a_v}{1 + e_0}, a_v(압축계수) = \frac{e_0 - e_1}{P_1 - P_0} = \frac{e_0 - e_1}{\Delta P}]$$

여기서, $C_c$ : 압축지수

$e_0$ : 초기 간극비, $e_1$ : 압력을 가한 후의 간극비

$P_0$ : 자중에 의한 유효응력, $P_1$ : 증가된 압밀압력

$P_0 + \Delta P$ : 상재 하중에 의해 증가된 유효응력, $\Delta P$ : 상재하중(추가로 증가된 하중)

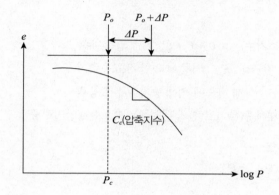

(2) 과압밀 점토 침하량

① $P_0 + \Delta P \leq P_c$ 경우

$$S = \frac{C_r}{1 + e_0} H \log \frac{P_0 + \Delta P}{P_0}$$

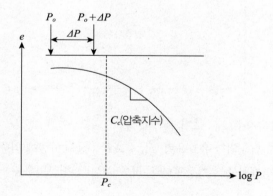

② $P_0 + \Delta P > P_c$ 경우

$$S = \frac{C_r}{1 + e_0} H \log \frac{P_c}{P_0} + \frac{C_c}{1 + e_0} H \log \frac{P_0 + \Delta P}{P_c}$$

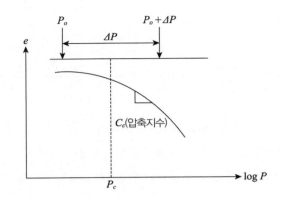

여기서, $C_r$(재압축지수)≒(0.05~0.1) $C_c$, $C_c$ : 압축지수

$e_0$ : 초기 간극비, $P_0$ : 자중에 의한 유효응력,

$P_0 + \Delta P$ : 상재 하중에 의해 증가된 유효응력

$\Delta P$ : 상재하중(추가로 증가된 하중), $P_c$ : 선행압밀하중

(3) 과소압밀 점토 침하량

$$S = \frac{C_c}{1+e_0} H \log \frac{P_0 + \Delta P}{P_c}$$

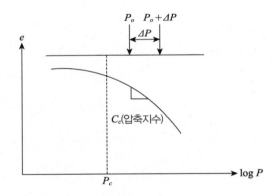

여기서, $C_c$ : 압축지수, $e_0$ : 초기 간극비

$P_0$ : 자중에 의한 유효응력, $P_0 + \Delta P$ : 상재 하중에 의해 증가된 유효응력

$\Delta P$ : 상재하중(추가로 증가된 하중), $P_c$ : 선행압밀하중

## 5. 2차 압밀 침하량

1) 필요한 조사와 시험 : 1차 압밀과 동일

2) 필요한 압밀 관련 계수

  (1) 2차 압축지수($C_a$)

  (2) 1차 압밀 완료 후 간극비, 초기 간극비($e$)

(3) 1차 압밀 완료 후 압밀층 두께($H$)

(4) 1차 압밀이 끝난 시간($t_1$)

(5) 1차 압밀 완료 후 임의의 시간($t_2$)

3) 침하량 산정식

$$S = \frac{C_a}{1 + e_0} H \log \frac{t_2}{t_1}$$

4) 평가(주의사항)

(1) **보통 점토**의 경우 : 시험 시 **24시간 재하**하면 **2차 압밀까지 침하**하므로 별도의 2차 압밀 침하량 고려 불필요함

(2) CH(소성이 큰 점토), 유기질토는 필히 고려해야 함


■ **참고문헌** ■

1. 김상규(1997), 토질역학 이론과 응용, 청문각, pp.147~169.

2. 서진수(2006), Powerful 토목시공기술사(1권), 엔지니어즈.

3. 이춘석(2005), 토질 및 기초공학 이론과 실무, 예문사, pp.806~812.

4. 이인모, 토질역학의 원리, 도서출판 씨아이알.

## 2-6. 압밀도와 평균압밀도

### 1. 압밀도(Degree of Consolidation)

1) 압밀도의 정의(Degree of Consolidation)

: 지반 내 **어떤 깊이**의 점에서 **임의의 시간($t$)**에 있어서의 **압밀의 진행 정도** 또는 **간극수압의 소산정도**를 나타내는 백분율 값

※ 임의 깊이 $z$에서 압밀도(임의의 시간 $t$에 있어서)

$$U_z = 1 - \frac{u_t}{u_i} = \frac{P'}{P} = \frac{\text{유효압력}\,(t\,\text{시간 후 현재})}{\text{전압력}}$$

- $u_i(=u_o)$ : 초기 과잉간극수압
- $u_t$ : 임의의 시간 $t$의 [현재($t$시간 후)] 과잉간극수압
  = 현재 남아 있는 과잉간극수압

2) 간극비와 유효응력관계로부터 압밀도식 유도 [시간 $t$의 임의의 깊이 $Z$에서의 압밀도 표시]

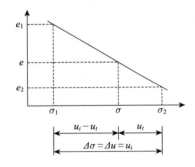

(1) 유효응력 : ① 압밀 전 $\sigma_1$ ② 압밀 도중 $\sigma$ ③ 압밀 완료 시점 $\sigma_2$

(2) $\therefore U_z = \dfrac{e_1 - e}{e_1 - e_2} = \dfrac{\sigma - \sigma_1}{\sigma_2 - \sigma_1} = \dfrac{\sigma - \sigma_1}{\Delta\sigma} = \dfrac{u_i - u_t}{u_i} = 1 - \dfrac{u_t}{u_i}$

### 2. 평균압밀도(Average Degree of Consolidation) [전체층의 평균압밀도]

1) 압밀층 전체 두께에 대한 **과잉간극수압**의 **평균**으로 구한 압밀도

　[∵ 지층의 깊이에 따라 압밀도가 다르므로]

2) 공학적으로 요구되는 침하량은 점토층 전체층의 평균압밀도임

※ 전체층의 평균압밀도 [임의의 시간 $t$에서의]

$$\overline{U} = \frac{S_t}{S} \times 100 \ [\text{또는}\ \overline{U} = \frac{\Delta H_t}{\Delta H} \times 100]$$

$$= \frac{\text{현재 압밀 침하량}\,(t\,\text{시간 후 현재})}{\text{최종 압밀 침하량}}$$

여기서, $S_t$ : 임의의 시간 $t$에서의 압밀 침하량[$t$ 시간 후 현재 압밀 침하량]

$S$ : 전 압밀 침하량(최종 압밀 침하량)

## 3. 적용성

1) 압밀도

압밀에 의한 **강도증가** 산정 및 **한계 성토고** 산정 시

- $C = C_o + \Delta C$

- $\Delta C = \alpha \cdot \Delta P \cdot U_z$

- 강도증가율 $\alpha = \dfrac{C_u}{P}$

2) 평균압밀도

침하 소요 시간 산정 시 압밀 시간 계수 적용

- 침하 소요 시간 $t = \dfrac{T_v \cdot D^2}{C_v}$

- 시간계수

평균압밀도 $\overline{U} = 50\% \rightarrow T_v = 0.197$

평균압밀도 $\overline{U} = 90\% \rightarrow T_v = 0.848$

## ■ 참고문헌 ■

1. 김상규(1997), 토질역학 이론과 응용, 청문각.

2. 서진수(2006), Powerful 토목시공기술사(1권), 엔지니어즈.

3. 이춘석(2005), 토질 및 기초공학 이론과 실무, 예문사, pp.771~772.

4. 이인모, 토질역학의 원리, 도서출판 씨아이알.

## 2-7. 재하중공법

### 1. 재하중공법의 특징

1) 정의

압축성이 큰 정규압밀점토층이 한정된 깊이까지 분포된 경우 or 대형 빌딩, 도로제방, 흙 댐의 건설로 **큰 압밀침하가 예상**될 때 **미리 압밀에 의한 침하를 완료**시켜 구조물의 압밀침하 문제를 제거, 지반의 강도를 증가시켜 전단파괴를 방지하는 것

2) 단점으로는 공기 길고, 재하된 하중으로 인한 **안정상 문제**가 발생될 때가 많으므로, 상부 구조물의 종류와 허용기준에 따라 **재하중 기간을 목표압밀도가 도달될 때까지 기간**으로 산정해야 함

### 2. 재하공법(강제압밀 = 압성토 + 프리로딩)의 종류

1) 과재 성토 재하(재하중공법)

(1) Surcharge(여성토) 공법 : **잔류침하**를 경감목적으로 **계획성토 하중 이상의 성토** 실시

(2) Preloading [선행재하(압밀) 공법] : 구조물 시공에 앞서 **미리 성토** 실시

(3) 선행압축공법(Precompression) : 프리로딩 + 연직배수공법(페이퍼드레인)

2) 완속시공법

3) 압성토

4) 사면선재하공법

5) 진공압밀공법 : 진공압밀 + Preloading

### 3. 여성토(Surcharge)공법

1) 정의

시공 시 **계획고 이상으로 여성토(Extra banking)**하여 **침하촉진**시킨 후 **여성토 부분을 제거** 후 도로 포장 등을 시공하는 방법 [포장 및 구조물 시공 후의 잔류침하를 경감시키기 위해 연약지반 상에 계획 성토 하중 이상의 성토를 실시하는 것]

2) 여성토 공법에 의한 침하시간 변화(경시변화) 관계

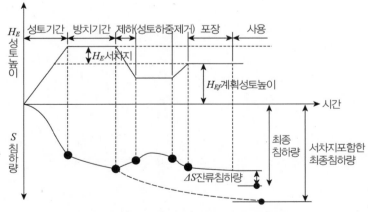

[그림] 여성토공법에 의한 침하의 시간적 변화

## 4. 선행재하공법(Preloading)

1) 계획구조물(교대, 칼버트, 도로, 제방)의 하중보다 크거나 동등한 **하중을 미리 재하**하여 압밀침하를 발생시켜 위해한 **잔류침하 감소**, 점성토 **지반의 강도를 증가**시켜 기초지반의 **전단파괴를 방지** 하고, **성토하중을 제하** 후, 계획 구조물 시공하여 **하중 재재하**

2) 선행재하공법에 의한 칼버트 시공 시 작업순서 및 침하의 시간 경과적 변화 예(경시변화)

   (1) $\Delta P/P$ 값은 압밀시험결과로 대략 30% 이하가 바람직

   (2) 잔류침하 감소 방법 : 1년 이상 방칙 기간을 두면 달성 가능

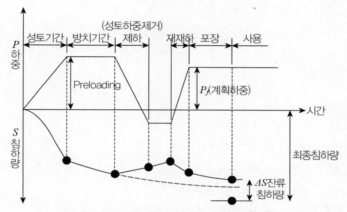

[그림] 선행재하공법에 의한 침하의 시간적 변화

## 5. 재하중공법의 시공관리 요령

| 공사관리<br>공법종류 | 효과확인을 위한 관리 | | 침하관리 | |
|---|---|---|---|---|
| | 관리대상항목 | 관리요점 | 적용 | 주요 적용법 |
| 1. 여성토 | ① 한계높이와 실시높이 | ① 원위치, 실내역학시험 | 1차 압밀 부분 주목<br>2차 압밀에는 무력 | ① s-t법<br>② s-logt법<br>③ $\sqrt{t}$ 법<br>④ $\log(1-u)-t$ 법<br>⑤ 신뢰성 해석 |
| | ② 침하추정(실측, 수정) | ② 압밀시험, 침하, 간극수압, 지반변형 | | |
| | ③ 굴착제거시기와 전용공정 | ③ 침하등의 측정값에 준함 | | |
| 2. 선행재하 | ① 한계높이와 실시높이 | ① 원위치, 실내역학시험 | | |
| | ② 침하추정(실측, 수정) | ② 압밀시험, 침하, 간극수압, 지반변형 | | |
| | ③ 굴착제거시기와 전용공정 | ③ 침하등의 측정값에 준함 | | |
| | ④ 구조물을 초과한 성토량 결정 | ④ 잔류침하 추정 | | |
| 3. 완속시공법 | 강도증가에 상응하는 공정 | 원위치, 실내시험으로 강도증가 확인 | | |
| 4. 압성토 | 압성토 공정 | 본체성토에 평행 또는 선행해서 발생 | | |
| 5. 사면선재하 | 사면 선성토의 제거공정과 굴착한계 | 원위치, 실내시험으로 강도증가 확인 | 2차 압밀 포함한 침하 | ① 쌍곡선법<br>② 기타 |

## 6. 재하중공법 설계 및 시공 시 유의사항

1) 충분한 공기 필요 : 연직배수공법보다 **압밀촉진 시간**이 길다.

2) 압밀계수($C_v$) 비교적 큰 **액성한계(LL) $\leq$ 30 또는 PI $\leq$ 15인 저소성 점성토 내지 비소성질 실트층이**

8m 내외로 비교적 얇게 분포할 때 검토 대상이 됨(적용대상)

3) 지반조사결과 점성토층 내 **박층의 모래층**이 확인될 경우 공학적 판단하에 본 공법의 적용을 조심스 럽게 검토할 수 있음

4) 침하형상은 계산값과 실측값의 대비를 충분히 행한 후 검토해야 함

5) 압밀초기단계에서 계속해서 하중을 증가시키는 것은 바람직하지 못함
: 1단 재하에서 압밀 80% 진행 요함

## 7. 연약지반상의 과재 성토 재하 시(프리로딩 + 서차지) 계획사항

1) 단계성토 계획
2) 침하관리 계획
3) 안정관리 계획
4) 계측관리 계획

### ■ 참고문헌 ■

1. 김수삼 외 27인(2007), 건설시공학, 구미서관, pp.140~142.
2. 서진수(2006), Powerful 토목시공기술사(1권), 엔지니어즈.
3. 이인모, 토질역학의 원리, 도서출판 씨아이알.
4. 김상규, 토질역학 이론과 응용, 청문각, p.400.
5. 이춘석, 토질 및 기초공학 이론과 실무 예문사, p.1291.

## 2-8. 선재하(preloading)압밀공법(93회 용어) = 선행하중공법 = 선행재하공법

### 1. 프리로딩(Preloading) 공법(선행하중공법 = 선행재하공법)의 정의

연약지반 상에 성토하중이나 구조물 시공에 앞서 계획하중보다 큰 하중을 **임시로 미리 성토**를 실시하 선행 하중을 재하하여 압밀을 촉진시켜 **잔류침하**를 없애고 압밀에 의하여 **지반강도를 증가**시키는 지반개량공법

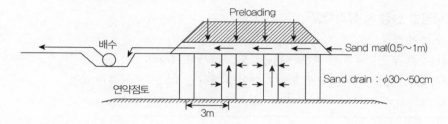

### 2. 프리로딩공법의 목적

1) 압밀침하 촉진

2) 잔류침하 감소

3) 기초 지반의 전단파괴 방지 : 전단강도 증가로 활동, 유동, 융기방지

### 3. 프리로딩공법의 특징

| 장점 | 단점 |
|---|---|
| 1. 토취장 가까운 경우 공사비가 저렴함<br>2. 설계하중이상을 사전에 가하므로 확실한 공법<br>3. 구조물 시공 후에 발생하는 잔류침하에 대한 대책공법으로 유효<br>4. 지표면에서 성토하므로 연약층의 두께와 상관없이 시공 가능<br>5. Sand Seam이 발달한 지반에서 압밀효과가 큼 | 1. 토취장 원거리인 경우 공사비 비쌈<br>2. 압밀에 장시간 : 공사기간이 길다.<br>3. 재하성토의 침하진행하기 위한 시간 길어 공정상 제약받음<br>4. 개량 효과 판정 : 침하계, 간극수압계 등의 계측기 설치 및 측정의 시공관리 필요<br>5. 성토 사면안정의 문제가 되는 경우, 별도 대책 필요 : 원호활동에 의한 안정성 검토<br>6. 사토발생 |

### 4. 프리로딩공법의 원리

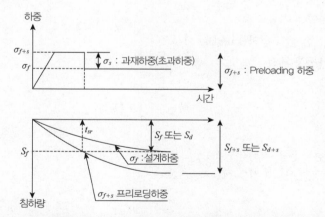

[그림] 영구하중과 과재하중이 작용할 때 침하곡선(하중–경과시간, 압밀침하량–경과시간 관계)

$\sigma_f$ : 영구하중, $\sigma_s$ : 과재하중(초과하중), $\sigma_{f+s}$ : 프리로딩하중

$S_f$ 또는 $S_d$ : 영구하중만에 의한 최종침하량(설계하중 침하량 및 프리로딩 제거 시 침하량)

$S_{f+s}$ 또는 $S_{d+s}$ : 영구하중과 과재하중에 의한 최종 침하량(설계하중과 초과하중에 대한 침하량)

$t_{sr}$ : 프리로딩 제거 시기(과재하중 제거 시기)=$\sigma_f$에 의한 최종 침하량이 일어나는 시간

## 5. 프리로딩공법 선정 시 유의사항

1) 과재하중 높이 결정

   (1) 과재하중은 구조물에 의한 **침하**와 **전단강도** 고려하여 결정함

   (2) 재하하중의 크기는 원호활동에 의한 **사면안정 해석** 실시하여 안전하게 결정

2) 과재하중 제거시기

$$t_{sr} = \frac{T_v \cdot D^2}{C_v}$$

   $T_v$ : 압밀도에 따른 시간계수, $D$ : 배수거리, $C_v$ : 압밀계수

3) 재하높이는 사면안정이 확보되는 규모로 해야 하며 필요시 **단계성토**(완속재하), **SCP 처리공법**과 병행해야 함

4) 제거시기가 너무 긴 경우에는 **연직배수공법(Vertical drain)**을 병행해야 함

## 6. 평균압밀도

$$\overline{U}_{sr} = \frac{S_f}{S_{f+s}} \left( \text{또는} \ \frac{S_d}{S_{d+s}} \right)$$

   $\overline{U}_{sr}$ : 과재하중을 제거하는 시간에서의 평균압밀도

## 7. 프리로딩 개량 효과 확인 방법

1) **토성** : 함수비, 간극비, 단위중량 확인

2) **일축압축강도, 삼축압축시험**

3) Vane, 정적콘 관입시험 등의 **정적 Sounding** 실시

4) **침하계측관리** 및 **안정성 분석**

## ■ 참고문헌 ■

1. 김상규, 토질역학 이론과 응용, 청문각, p.400.

2. 이춘석, 토질 및 기초공학 이론과 실무, 예문사, p.1291.

## 2-9. 압성토공법(사면선단재하공법 = Loading Berm = Counterweight Fill 공법)

### 1. 개요
재하공법(강제압밀 = 압성토 + 프리로딩)의 종류로는

1) 압성토

2) 과재 성토 재하 : 완속 재하(단계성토)로 시공함

　(1) Surcharge 공법 : 포장 및 구조물 시공 후의 **잔류침하를 경감**시키기 위해 연약지반 상에 **계획 성토 하중 이상의 성토**를 실시하는 것

　(2) Preloading : 구조물 시공에 앞서 **미리 성토**를 실시하는 공법

3) 진공압밀공법 : 진공압밀 + Preloading

### 2. 압성토공법 정의

1) 압성토공법은 **기초 활동파괴 방지** 또는 **사면의 활동방지** 대책공법

　* 흙쌓기 측면에 소단모양의 성토(성토중량 이용)를 하여 활동에 대한 저항모멘트를 증가시켜 성토 지반의 활동 파괴를 방지하는 공법

2) 사면안정 대책공법 중 **절, 성토 사면 끝(선단)에 성토**를 하여 **저항력을 증가**시키는 공법

### 3. 개략적인 압성토의 높이 및 길이 [압성토 개념도]

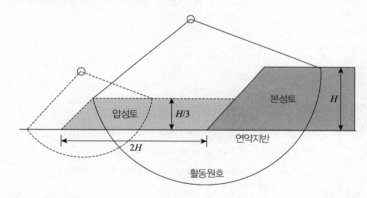

### 4. 압성토공법의 원리(개념)

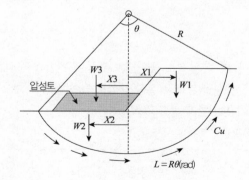

1) 당초(압성토하기 전)

   (1) 저항Moment($M_{r1}$) : $M_{r1} = W_2 \cdot X_2 + R^2\theta \cdot c_u$

   (2) 활동Moment($M_d$) : $M_d = W_1 \cdot X_1$

   (3) 안전율 : $F_s = \dfrac{M_r}{M_d} = \dfrac{W_2 \cdot X_2 + R^2\theta \cdot c_u}{W_1 \cdot X_1}$

2) 압성토 후

   (1) 저항Moment($M_r$) : $M_{r2} = W_2 \cdot X_2 + W_3 \cdot X_3 + R^2\theta \cdot c_u$

   (2) 활동Moment($M_d$) : $M_d = W_1 \cdot X_1$

   (3) 안전율

$$F_s = \frac{M_r}{M_d} = \frac{W_2 \cdot X_2 + W_3 \cdot X_3 + R^2\theta \cdot c_u}{W_1 \cdot X_1}$$

3) 압성토 후에는 **압성토 하중에 의한 모멘트**($W_3 \cdot X_3$)**가 저항모멘트로 추가되어 활동에 대한 안전율** ($F_s$)**이 커진다.**

## 5. 압성토공법의 특징

1) 압성토의 높이 : **한계 성토고** 이내, 일반적으로 본체의 H/3이 한계임

2) 압성토의 길이 : 2H 정도

3) 장단점

| 장점 | 활동저항 높이는 확실한 공법 |
|---|---|
| 단점 | 압밀촉진효과는 없으며, 용지 많이 소요 |

## 6. 압성토공법의 적용성(특징)

1) **공사 기간의 제한**으로 기초지반의 **압밀에 의한 강도증가를 기대할 수 없는 경우**

2) 압밀 후의 강도증가는 있었지만 **강도 부족**으로 활동파괴 우려 시

3) **활동파괴 징조 시**(절, 성토 시 사면의 활동파괴 예상) **대응대책**으로 매우 유용

4) **두꺼운 연약지반**에 적용

## 7. 압성토공법의 설계요령(방법)

1) 원호 활동법에 의한 안정계산

2) 압성토 높이 결정

   (1) '압성토가 무한대로 있다' 가정, 압성토 높이별로 활동에 대한 안정성을 검토하여, 압성토 높이와 활동에 대한 안전율의 상관성을 통해 적절한 **압성토 높이** 결정

   (2) 개략검토 : **Taylor 도표** 이용한 **한계 성토고**($H_c$)로 구함

     ① 한계 성토고($H_c$) : 활동을 일으키는 성토고

$$H_c = N_s \times \frac{C}{\gamma} \qquad N_s : \text{안정계수}, \ C : \text{점착력}$$

② 압성토의 높이 :

압성토 높이 < 한계 성토고

---

**참고** **단순사면의 안정해석**

연약점토($\phi = 0$인 경우)

**1. 한계 성토고(절토고) :** $H_c = N_s \times \dfrac{C}{\gamma}$

　　$N_s$ : 안정계수, $C$ : 점착력, $\gamma$ : 흙의 단위중량

**2. 안전율 :** $s = \dfrac{H_c}{h} = \dfrac{\text{한계성토고}(\text{절토고})}{\text{성토고}(\text{절토고})}$

**3. 안정수 : 안정계수($N_s$ )의 역수**

　　$\dfrac{1}{N_s} = \dfrac{C}{\gamma \cdot H_c}$ ⇨ ∴ $H_c = N_s \times \dfrac{C}{\gamma}$

**4. 점착력($C$) : Vane 시험, 일축 압축 시험으로 구함**

　　Taylor의 원형 활강면법 [회전활동] : 토사사면의 파괴형태 = 단순사면의 파괴형태

　　1) Taylor 도표

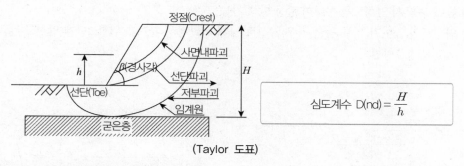

(Taylor 도표)

심도계수 $D(nd) = \dfrac{H}{h}$

2) 심도계수와 파괴형태 관계(토사사면의 안정성)

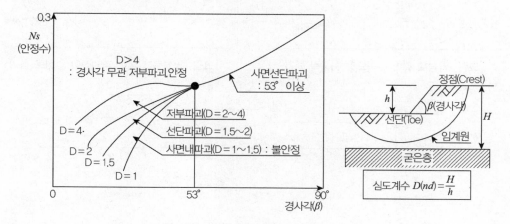

심도계수 $D(nd) = \dfrac{H}{h}$

(1) 경사각($\beta$) > 53° : 항상 사면선단 파괴(임계원은 항상 사면선단)

(2) 경사각($\beta$) < 53° : 심도계수에 따라 파괴형태(임계원) 달라짐

| 파괴형태 | 심도계수 D(nd) | 특징 | 안정성 |
|---|---|---|---|
| 1. 저부파괴 | D=2~4 | 1. 연약점성토<br>2. 기반암 깊을 때 : 하부에 굳은 층 있을 때<br>3. 경사각($\beta$) 작을 때(느림) | 1. 안정<br>2. D > 4<br>　: 사면경사각 무관 안정 |
| 2. 사면선단파괴 | D=1.5~2 | 1. 점성토, 균일한 흙<br>2. 기반암 중간<br>3. 경사각($\beta$) 큼(급경사) | 1. 안정성 : 보통<br>2. 경사각($\beta$) > 53°급한사면 : D<br>무관 사면선단 파괴 |
| 3. 사면 내 파괴 | D=1~1.5 | 1. 여러 성토층, 사면중간 굳은 층<br>2. 기반암 얕을 때 | D=1 : 불안정 |

3) 압성토 길이 결정

구해진 압성토 높이를 적절한 길이로 구분하여 **활동에 대한 안전성 검토**하여 **압성토 길이**와 **활동에 대한 안전율의 상관성**으로 최종 압성토 길이를 구한다.

4) 설계 시 유의사항

(1) 압성토 **길이 부족 시** 오히려 **활동력 증가**

(2) **높이 부족 시** 압성토를 통하여 **활동 발생** 가능

(3) 압성토의 높이가 너무 높은 경우 압성토 자체의 안정성 확보를 위한 2단계 압성토 설치해야 함 :
점고식 성토방법

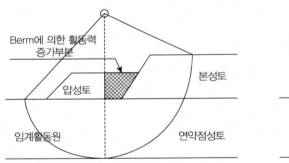

[그림] 압성토 길이 부족으로 활동력 증가

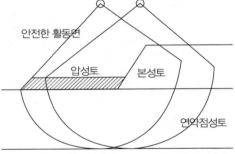

[그림] 압성토고 낮아 파괴선이 압성토 통과

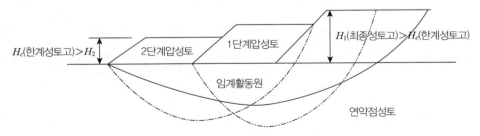

[그림] 점고식 압성토 방법(2단압성토)

## 8. 맺음말

압성토 시공요령으로서는

1) **점고식 성토**로 파괴 예방 가능

2) 선행재하공법에서 고성토 시 **점고식 압성토공법** 응용

 (1) 단계별로 재하 후 압밀에 의한 지반강도 증가, 안정성 확보 후 2단계(추가) 재하 실시함

  : 공기 많이 소요됨

 (2) 점고식 압성토 방법 원용하면 선행재하공법에서 일시에 성토재하 가능하여 단계별 성토에 따른 소요공기(재하 후 방치기간) 단축 가능함

## ■ 참고문헌 ■

김수삼 외 27인(2007), 건설시공학, 구미서관, p.138.

## 2-10. 프리로딩과 압성토공법의 차이점

### 1. 프리로딩공법(선행하중공법 = 선행재하공법)의 정의
연약지반 상에 성토하중이나 구조물 시공에 앞서 계획하중보다 큰 하중을 **임시로 미리 성토**를 실시하여 선행하중을 재하하여 압밀을 촉진시켜 **잔류침하**를 없애고 압밀에 의하여 지반강도를 증가시키는 지반개량공법

### 2. 압성토공법 정의
1) 압성토공법은 **기초 활동파괴 방지** 또는 **사면의 활동방지** 대책공법
2) 사면안정 대책공법(산사태방지) 중 절성토 **사면 끝에 성토를 하여 저항력을 증가**시키는 안전율($F_s$) 증가법

### 3. 프리로딩과 압성토공법의 차이점

| 구분 | 프리로딩공법(선행재하) | 압성토공법 |
|------|----------------------|-----------|
| 공법의 목적 및 효과, 적용성, 특징 | 1) 압밀침하촉진<br>2) 잔류침하 감소<br>3) 기초 지반의 전단파괴 방지 : 전단강도 증가로 활동, 유동, 융기방지 | 1) 두꺼운 연약지반에 적용<br>2) 성토 시 성토사면의 활동파괴가 예상되는 경우<br>3) 절토사면의 붕괴가 예상되는 경우<br>4) 사면 선단에 성토<br>5) 성토중량을 이용 : 활동 저항 모멘트를 크게 함 |
| 공법선정 시 고려사항 | 1) 과재하중 높이 결정<br>  (1) 과재하중은 구조물에 의한 침하와 전단강도 고려하여 결정함<br>  (2) 재하하중의 크기는 원호활동에 의한 사면안정 해석 실시하여 안전하게 결정<br><br>2) 과재하중 제거시기<br><br>$$t_{sr} = \frac{T_v \cdot D^2}{C_v}$$<br><br>3) 재하높이는 사면안정이 확보되는 규모로 해야 하며 필요시 단계성토(완속재하), SCP 처리공법과 병행함<br>4) 제거시기가 너무 긴 경우에는 연직배수공법(Vertical drain) 병행해야 함 | 1) 원호 활동법에 의한 안정계산<br>2) 개략검토 : Taylor 도표 이용한 한계 성토고($H_c$) 구함<br>3) 압성토 높이 < 한계 성토고<br>4) 한계 성토고($H_c$) : 활동을 일으키는 성토고<br><br>$$H_c = N_s \times \frac{C}{r}$$<br>$N_s$ : 안정계수, $C$ : 점착력 |

### ■ 참고문헌 ■

1. 김수삼 외 27인(2007), 건설시공학, 구미서관.
2. 서진수(2006), Powerful 토목시공기술사(1권), 엔지니어즈.
3. 이인모, 토질역학의 원리, 도서출판 씨아이알.
4. 김상규, 토질역학 이론과 응용, 청문각.

## 2-11. 연약지반계측 - 압밀침하에 의해 연약지반을 개량하는 현장에서 시공관리를 위한 계측의 종류와 방법에 대하여 설명(93회)

### 1. 개요
1) 연약지반의 정의

  **침하** 또는 **파괴** 등의 공학적인 문제점을 일으키는 지반 또는 그러한 지층을 포함하고 있는 지반으로서 **이용 대상**이 되었을 때 비로소 연약지반이 됨
2) 연약지반 개량 시공 중, 개량 후 **효과 판정 및 안정성 판단은 계측**으로 행함

### 2. 연약지반 시공관리(대책)
1) **성토공 관리, 침하 관리, 압밀도 관리**가 주안점임

  계측을 통하여 (1) 경제성, (2) 시공성, (3) 안전성 도모, (4) 연약지반 개량효과 판정(압밀침하종료 시기 판정＝침하 관리＝압밀도 관리)
2) 성토공 안정관리 계획

  (1) 조성공사 성토계획의 검토 및 조정 : 계측지점의 계측결과가 해당 침하관리 구역을 대표할 수 있도록 성토계획 수립

  (2) 조사 설계 시 토질조사 결과와 계측기 매설시 지반조사 결과를 종합, 분석하여 **한계 성토고, 성토속도, 성토방법**을 검토

  (3) 성토계획을 종합하여 **계측 및 분석 인력의 배치, 소요 수량** 등 상세한 계측계획 수립

### 3. 성토공 안정분석 : 안정성 판단자료
1) 계측으로 연약지반상의 성토공 시공관리 및 안정성을 판단함
2) 안정성 판정의 기준(파괴시점의 예지)

  (1) 파괴시점 또는 파괴에 가까운 시점을 정량적으로 표시하는 것이 중요함

  (2) 연약지반상의 **성토체 파괴 징후** 예측

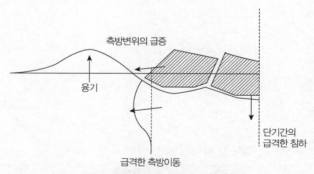

측방변위의 급증

융기

급격한 측방이동

단기간의 급격한 침하

[그림] 연약지반 상의 성토체 파괴 징후

### 4. 연약지반 계측의 목적
1) 연약지반 상에 공단, 공항, 주거단지, 도로 등을 조성하기 위하여 대단위 **매립** 또는 **성토작업** 시 연약지반은 매립공사에 따른 **전단파괴** 또는 **과대한 압밀침하**가 발생

2) 압밀침하는 **최종 성토고** 및 **압밀완료시점**을 결정해야 함으로 대단히 중요한 사항임

3) 일반적으로 압밀침하량과 시간은 각종 압밀이론을 도입하여 예측되고 있으나

4) 다음과 같은 **불확실한 요인**이 발생되므로 반드시 **계측관리**를 통해 연약지반의 거동 특성을 파악하여야 한다.

### 5. 연약지반의 압밀침하 특성 파악의 문제점과 대책

1) 문제점

  (1) **압밀 이론의 한계성** : 설계 시 계산된 총 침하량 및 침하속도＋기간 산정의 부정확성

  (2) 설계 시 사용된 **압밀정수의 부정확성** : 시료의 불균질성, 시험의 부정확성, 시료 크기의 유한성, 조사 개소의 한계성 등에 따른 부정확성

  (3) 연약지반 **처리공법의 불확실성**(Paper Drain일 경우)

    ① 통수단면의 제한에 따른 **배수지연 효과**에 의한 불확실성

    ② 드레인재의 구속압 증가에 따른 **통수단면 감소** 및 **시간경과에 따른 배수능력 저하**

    ③ 박테리아, 황산염성분 등에 의한 장기적으로 filter재의 부식

    ④ 지반침하에 따른 **드레인재의 절곡에 따른 배수능 저하**

    ⑤ 적용타입공법, 타입 심도, 타입 간격, 타입 속도 등에 따라 **지반교란의 차이** 발생

    ⑥ **선압성재하공법**(선행압밀공법 : Preloading)의 불확실성

2) 대책

  여러 요인에 의해서 연약지반의 침하량 및 그 발생속도를 정확히 예측하기가 매우 어려우므로, 현장에서 **계측관리**를 수행하여 압밀침하 예측의 결점을 보완하고, 현장계측 시험을 full scale의 압밀시험으로 간주하여 **실측 침하량**을 현장에 적용함으로써 향후 발생될 침하량 및 그 발생 기간을 추정할 수 있다.

### 6. 계측 항목(종류)과 선정

[1안]

1) 침하판

2) 경사계

3) 간극수압계

4) 지중 침하계

5) 지하 수위계

6) 토압계

7) 지표면 신축계 : 근접구조물과 성토공 사이의 지반 변위 측정

| 계측항목 | 선정기구 | 적용 |
|---|---|---|
| 지표면 침하 : 침하판 | 침하판 | 침하관리 |
| 층별 침하 : 층별 침하계 | 자석리드 스위치 방식 층별 침하계 | 침하관리, 안정관리 |
| 지하수위 : 지하수위계 | Stand Pipe Type 지하 수위계 | 안정관리 |
| 간극수압 : 간극수압계 | Vibrating Wire Type 간극수압계 | 침하관리, 안정관리 |
| 지중 수평 변위 : 경사계 | Force Balance 가속감지 Type 경사계 | 안정관리 |

## [2안]

1) 연약지반 공사의 **기술적 문제점**과 그 문제를 해결하기 위한 전형적인 계측 항목 선정

| 기술적 문제점 | 현장 관리 사항 | 관리기법, 예측법 | 계측 항목 |
|---|---|---|---|
| 전단파괴<br>– 설계법과 실제와의 차이<br>– 지반의 불균일성 | – 한계 성토하중<br>– 균열 및 융기<br>– 지반의 수평변위 | – 한계 성토고의 계산<br>– 각종 성토체의 안정 관리기법 적용<br>– 사면안정해석 | – 변위말뚝<br>– 지표침하판<br>– 지중침하계<br>– 경사계<br>– 간극수압계 |
| 지반침하<br>– 설계법과 실제와의 차이<br>– 이론의 한계<br>– 조사의 한계 | – 최종 침하량<br>– 압밀도 평가<br>– 장래 침하 예측<br>– 잔류 침하량의 크기 예측 | – 계측기 매설위치에서 수행된 압밀시험결과를 이용 침하량 계산<br>– 실측치를 통한 역해석에 따른 침하예측<br>– 간극수압 발생 및 소산에 따른 압밀도 예측 및 성토체 안정성 분석 | – 간극수압계<br>– 지중침하계<br>– 지하수위계 |
| 강도 증가 확인<br>– 지반의 불균일 | – 압밀현상에 따른 지반 강도 증가 확인<br>– 지지력 확인 | – 강도조사<br>– 성토고<br>– 압밀도를 이용한 강도증가량 확인 | – N치 시험<br>– Dutch Cone 시험<br>– 실내역학시험 |

2) 주된 계측 및 조사항목 : 연약지반 계측항목 및 측정항목

**연약지반의 침하/안정관리를 위해 일반적으로 현장에 적용하는 계측기기**

| 계측기 명 | 설치 위치 | 측정목적 |
|---|---|---|
| 지표면 침하판 | 단지 및 도로 내 대표 단면 | – 전체침하량의 파악<br>– 층별 침하계로 계측할 시에는 층별 침하계의 측정치와 상호 보정<br>– 부등침하량 및 잔존침하량의 파악<br>– STATION별 토공물량의 산정 |
| 층별 침하계 | 단지 및 도로 중앙부 | – 보다 정밀하게 전체 침하량의 파악<br>– 토층분포가 다양할 시에는 각각의 층의 침하량을 독립적으로 측정<br>– 따라서 잔류침하량을 예측할 때보다 결정적 자료 제공<br>– PRE-LOADING 하중제거시기 및 구조물공사 시점을 보다 정확히 추정 가능 |
| 간극수압계 | 도로 중앙부 | – 침하 측정 자료와 연계하여 보다 정밀한 침하예측 가능<br>– 계측 중의 압밀도 예측은 침하량 예측에 의한 압밀도 평가보다 논리적으로 우세하다. |
| 지하수위계 | 도로 중앙부 | – 측정된 간극수압으로부터 정수압 측정치를 보정하기 위함<br>– 지하수위 변동에 따른 성토단위중량 변화량 파악 |
| 지중수평 변위계 | 도로 선단면 | – 측방변위를 측정하여 전단파괴 방지를 위한 시공 속도 조절<br>– 침하량 산정 시 수평변위 발생에 따른 연직침하량의 보정 |
| 전단면 침하계 | 도로부 | – 도로 종단면 전체침하량을 파악<br>– 토공물량 산정 시 타 계측방식보다 정확한 토공물량 |

3) 원위치 시험법

  (1) **로터리 천공기**를 이용하여 **현지지반 강도정수**를 추정하고(**표준관입시험** 등) 채취한 시료를 실내에서 시험하는 이원화된 방법

  (2) 현지에서 직접 현장 지반을 대상으로 지반의 물성을 파악하는 **콘 관입시험**

## 7. 계측 방법

계측 업무 흐름도 및 계측 계획 단면도(예)

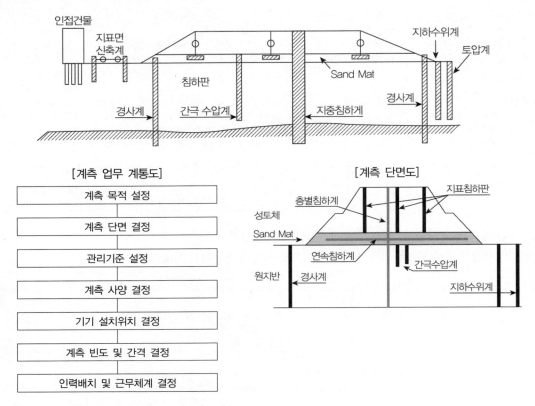

[계측 업무 계통도]

- 계측 목적 설정
- 계측 단면 결정
- 관리기준 설정
- 계측 사양 결정
- 기기 설치위치 결정
- 계측 빈도 및 간격 결정
- 인력배치 및 근무체계 결정

[계측 단면도]

## 8. 계측 계획 수립 시 고려사항

연약지반 상에 성토되는 건설공사에 대한 합리적인 **시공, 안전관리** 및 **품질관리**목적 달성을 위한 신속 정확한 **정보취득**을 위해 계측설계 이전에 면밀한 검토 및 구체적 정보에 근거한 세부 계획 수립해야 함

1) 공사 목적에 따른 계측 목적을 정확히 파악

2) 굴착대상 지역 및 인근 지역에 대한 지질조건, 시공상의 지반의 역학적 문제에 대한 이해

3) 시공 중 발생되는 제반 문제에 손쉽게 적용되고 결과가 반영될 수 있도록 가능한 한 현장 대처가 신속히 이루어질 수 있는 계획

4) 취득된 계측자료는 처리가 간편하고 해석이 용이하게 공인된 전산프로그램으로 처리되고 그 결과는 도식화

5) 계측 결과의 해석은 숙달된 전담 전문가가 수행

6) 이상치의 발견 시, 즉시 계통을 밟은 보고와 함께 신속한 조치가 이루어지도록 계측 관리 및 운영계획 수립

7) 구체적인 검토 사항
   (1) 현장 공사 개요 및 규모

(2) 현장 지반 및 인접 환경

(3) 계측 목적에 적합한 기기 종류와 수량 및 수급 문제

(4) 운용 계측기에 대한 구체적인 시방 내역

(5) 기기의 유지, 관리방안

(6) 계측 과업 수행에 필요한 인적재원 확보

(7) 계측 결과의 수집, 분류, 보관에 용이한 양식 결정

(8) 문제 발생 시 신속한 보고 및 조치가 가능한 유기적 조직체계

## 9. 계측 실시 시 유의사항

1) 계측의 목적은 연약지반 상의 성토공 안정관리임

2) 공사장 내의 토공 운반로 : 계측기기에 영향을 미치지 않는 위치를 미리 지정

3) 계측기 보호 : 계측기 부분은 양질의 토사로 높이 0.5~1.0m를 인력으로 먼저 성토한 후 계측기 보호 펜스를 설치

4) 계측기기 파손 시 즉시 재 매설토록 조치한다.

## 10. 계측 관리기준 설정

1) 연약지반에 대한 계측 시 **침하 및 압밀종료 시점을 산정**하기 위한 관리기준
   (1) 토층의 공학적 특성, 식생, 강도, 불연속면의 유무 등에 따라 달라지므로 획일적인 기준을 설정하는 것은 곤란
   (2) 수치해석(FEM, FDM 등) 결과, 유사한 지반조건 및 단면에서의 계측 결과를 토대로 지반 또는 주변 구조물의 안정성 및 경제성을 평가할 수 있음

2) 계측의 관리 기준은 계획 단계에서부터 고려하는 것이 바람직함

3) 계획 단계에서 설정된 관리기준은 시공 초기단계의 판단기준으로 활용

4) 시공 중에는 각 단면에서의 지반조건 및 계측치의 시간경과에 따른 변위 상태와 계측 항목 간의 상호 관계를 고려하여 종합적으로 판단

5) 각 계측 항목별로 판단의 기준이 될 수 있는 적절한 관리기준치를 설계 단계에서 미리 설정함으로써 실제 시공 시 계측 결과로부터 안정성 판단과 이에 따른 적절한 조치를 신속히 해석, 판단할 수 있어야 한다.

## 11. 측정빈도 결정

1) 계측의 빈도 : 취득 자료의 **신뢰성** 측면, **경제성 및 효율성** 측면에서 최적의 기준 제시

2) 계측의 빈도는 공사의 **목적 및 중요성**, 적용된 **계측 공종**, **계측 방법**, 초기에 **발생하는 변위량** 및 이들의 증감 속도 등에 따라 면밀한 검토 후 결정, 시행되어야 한다.

## 12. 계측 결과의 정리

1) 매일의 성토공사 및 계측 관련 기록을 체계적으로 관리 유지하여 분석 시 이용

2) 계측 DATA, 분석 결과, 각종 보고서를 영구 보관

3) 계측 DATA 분석 프로그램(분석 S/W) 활용

## 13. 침하관리 DATA 분석 방법 [안정성 관리 방법]

1) 쌍곡선법

2) Asaoka법

3) Hoshino법

4) Terzaghi 압밀이론에 의한 실측 침하곡선 fitting 방법(Simulation 방법)

   : 무처리 구간 사용

5) Hansbo 또는 Barron 압밀이론에 의한 실측 침하곡선 fitting 방법(Simulation 방법)

   : 수직 드레인 처리 구간 사용

6) 과잉간극수압 소산에 따른 압밀도 산정

## 14. 안정 관리 DATA 분석 방법(안정성 분석방법) = 안정성 관리 방법

1) Kurihara 방법(쿠리하라)

2) Tominaga-hashimoto 방법(토미나가 하시모토)

3) Matsuo-kawamura 방법(마츠오 카와무라)

4) Kurihara-Ichimoto 방법

5) 과잉간극수압에 의한 방법

6) Shibata-Sekiguchi(수평변형 계수법)

7) 성토속도에 의한 방법

8) 침하속도에 의한 방법

 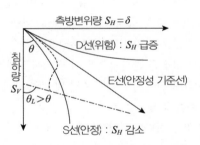

- 성토 진행에 따라 침하량($S_V$)과 측방변위량($S_H = \delta$)을 계측하여 Plot하면 $S_V - S_H$ 곡선 작성
- 안정성의 기준선 : E선
- **성토 불안정화의 전조(D선) : 측방변위량 $\delta(\Delta S_H / \Delta S_V)$ 값 급증(측방변형량이 탁월)**
- **성토 안정으로 판단(S선) : 측방변위량 $\delta(\Delta S_H / \Delta S_V)$ 값 감소(침하량이 탁월)**
      [Tominaga-Hashimoto(토미나가-하시모토) 방법]

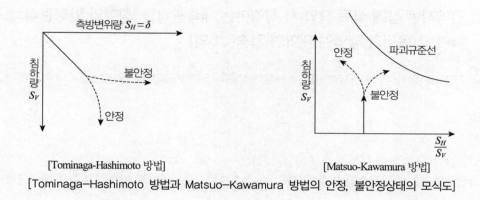

[Tominaga-Hashimoto 방법]     [Matsuo-Kawamura 방법]

[Tominaga–Hashimoto 방법과 Matsuo–Kawamura 방법의 안정, 불안정상태의 모식도]

## ■ 참고문헌 ■

1. 김승렬, 연약지반의 거동특성 및 대책의 기본개념.
2. 토목시공 고등기술강좌 Series 4, 대한토목학회, pp.73~110.

## 2-12. 연약지반 상에 성토 작업 시 시행하는 계측관리를 침하와 안정관리로 구분하여 그 목적과 방법에 대하여 기술(78회)

- 연약한 지반에서 성토지반의 거동을 파악하기 위하여 시공 시 활용되고 있는 정량적인 안전관리 기법 설명(110회, 2016년 7월)

### 1. 개요
1) 침하
    (1) 연약지반 상 성토 시 성토에 의해 압밀침하함
    (2) **압밀침하**하면서 **간극수압이 과잉**되어 발생하고 이는 **전단 강도를 저하**시켜 **활동** 등의 안정에 나쁜 영향을 미침
2) 안정
    (1) **과잉간극수압**은 시간이 지나면서 **소산**(배수)되면서 **강도가 회복**이 됨
    (2) 강도가 회복이 되어 **활동에 안정**하면서 성토하는 것을 안정이라 함
    (3) **침하와 안정을 반복**하면서 소정의 높이까지 **성토**하게 됨
3) 침하와 안정관리는 **계측**을 통해서 관리함
4) **침하관리**는 곧 **안정관리**에 포함됨

### 2. 연약지반 상의 과재 성토 재하 시 계획사항
1) 단계성토 계획
2) 침하관리 계획
3) 안정관리 계획
4) 계측관리 계획

### 3. 계측 관리의 종류
[계측 항목 및 계측기 종류]

| 계측 항목 | 선정 기구 | 적용 |
|---|---|---|
| 지표면 침하 : 침하판 | 침하판 | 침하관리 |
| 층별 침하 : 층별 침하계 | 자석리드 스위치 방식 층별 침하계 | 침하관리, 안정관리 |
| 지하수위 : 지하수위계 | Stand Pipe Type 지하수위계 | 안정관리 |
| 간극수압 : 간극수압계 | Vibrating Wire Type 간극수압계 | 침하관리, 안정관리 |
| 지중 수평 변위 : 경사계 | Force Balance 가속감지 Type 경사계 | 안정관리 |

### 4. 계측 관리의 목적
1) **연약한 점성토 지반** 위에 성토를 실시할 경우 발생되는 **문제점**
    (1) 활동파괴
    (2) 압밀침하
    (3) 지반의 변위
2) 문제점들은 착공 전에 검토, 평가하여 이를 토대로 시공해야 함

3) **연약지반에서는** 지반의 **불균질**, 토질정수의 **불확실성** 등이 내포되어 있으므로 **설계치와 실제 거동이**
   **상당한 차이를** 나타낼 수밖에 없음

4) 따라서 **사전 설계**에서 계산된 **안전율**과 **침하량** 등은 **참고 자료**로 간주됨

5) 계측 관리의 목적

   (1) 현장에서는 **계측 관리**를 통하여 **실제의 침하량**과 **변위** 등을 계측하여

   (2) 성토 및 연약지반에 대한 **안정 관리**를 실시하고 **잔류침하** 등을 계산에 의하여 **추정**할 수 있음

## 5. 계측 관리 방법

1) 계측 DATA 분석 프로그램(분석 S/W) 활용

2) 침하 관리 DATA 분석

   (1) 쌍곡선법

   (2) Asaoka법

   (3) Hoshino법

   (4) Terzaghi 압밀이론에 의한 실측 침하곡선 fitting 방법(Simulation 방법) : 무처리 구간 사용

   (5) Hansbo 또는 Barron 압밀이론에 의한 실측 침하곡선 fitting 방법(Simulation 방법) : 수직 드레인 처
       리 구간 사용

   (6) 과잉간극수압 소산에 따른 압밀도 산정

3) 안정 관리 DATA 분석 방법(안정 관리 기법) [안정성 분석방법 = 안정성 관리 방법]

   (1) 성토체의 **침하량**과 연약지반의 **수평변위**와의 관계를 기본으로 **실측된 현장 계측 자료**와 **성토 파**
       **괴 상황**을 근거로 하여 제시된 방법

       ① Kurihara 방법(쿠리하라)

       ② Tominaga-hashimoto 방법(토미나가 하시모토)

       ③ Matsuo-kawamura 방법(마츠오 카와무라)

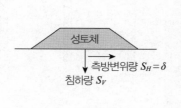 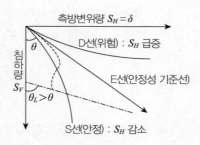

- 성토 진행에 따라 침하량($S_V$)과 측방변위량($S_H = \delta$)을 계측하여 Plot하면 $S_V - S_H$ 곡선 작성
- 안정성의 기준선 : E선
- **성토 불안정화의 전조(D선) : 측방변위량 $\delta(\Delta S_H / \Delta S_V)$ 값 급증(측방변형량이 탁월)**
- **성토 안정으로 판단(S선) : 측방변위량 $\delta(\Delta S_H / \Delta S_V)$ 값 감소(침하량이 탁월)**

[Tominaga-Hashimoto(토미나가-하시모토) 방법]

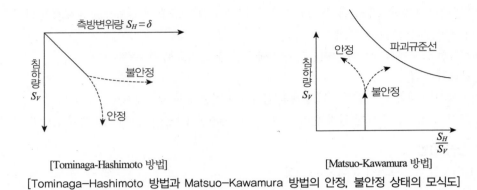

[Tominaga-Hashimoto 방법]　　　　[Matsuo-Kawamura 방법]

[Tominaga–Hashimoto 방법과 Matsuo–Kawamura 방법의 안정, 불안정 상태의 모식도]

(2) Kurihara-Ichimoto 방법

(3) 과잉간극수압에 의한 방법

(4) Shibata-Sekiguchi(수평변형 계수법)

(5) 성토속도에 의한 방법

(6) 침하속도에 의한 방법

## 6. 연약지반 상 성토공 관리(시공 및 안정 관리) 실례

: 연약지반 성토 시에는 한계 성토고 및 성토속도를 고려한 단계성토(완속재하) 실시

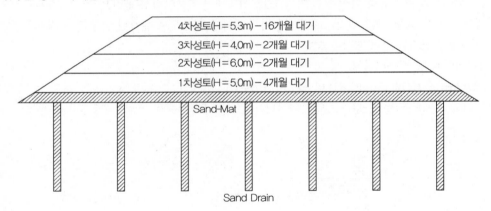

## 7. 맺음말

: 성토공 **침하 관리**와 **안정 관리**(성토공 안정 관리) 유의사항

1) **조사 설계 시 토질조사 결과**와 **계측기 매설 시 지반조사 결과**를 종합 분석 후 **한계 성토고, 성토속도, 성토방법** 검토

2) 안정 관리 지점 관리

: 성토 중 및 성토 완료 후 7일까지 기초지반의 변형량과 변형속도, 침하량, 침하 속도를 상세하게 매일 계측 분석하여 안정된 상태에서 시공되도록 관리

3) 안정분석

(1) 다음 이상의 분석 방법으로 계측 즉시 검토 분석하여 성토의 안정 여부를 판단

① Kurihara 방법

② Tominaga-hashimoto 방법

③ Matsuo-Kawamura 방법

④ 기타

(2) 이상 징후 발견 시 : 성토속도 조절, 성토 일시 중단, 성토 일부 제거 등 응급 대책 수립

4) 개량 확인단계

: 지반조사 결과와 조사 설계 및 계측기 매설 시 지반조사를 종합, 검토하여 압밀진행 정도에 따른 지반강도 증진 여부를 확인하여 추가 성토고, 성토속도 및 성토 계획을 수립

5) 특히 연약지반 상 성토 시에는 한계 성토고와 성토 속도 등을 고려한 단계 성토(완속 재하)로 시공 시 안정 관리해야 함

## ■ 참고문헌 ■

1. 김승렬, 연약지반의 거동특성 및 대책의 기본개념.

2. 토목시공 고등기술강좌 Series 4, 대한토목학회, pp.73~110.

## 2-13. 연약지반 처리공법 중 연직배수공법을 기술하고, 시공 시 유의사항을 설명 (87회)

### 1.연직배수공법(Vertical drain) 정의

1) Vertical Drain은 Terzaghi 압밀 이론을 근간으로 Barron이 발전시킨 것

2) 자연 상태의 연약지반은 배수거리($H$)가 길어 압밀이 장기화됨

3) 투수계수가 큰 배수재를 일정간격으로 설치하여 **배수거리 단축**($H \rightarrow d_e$)으로 **압밀기간 단축**과 **전단 강도 증대**시키는 탈수 압밀공법임

4) 종류 : Paper Drain, Pack drain, Sand Drain

### 2. 연직배수 개량의 원리

1) 배수거리의 단축 원리

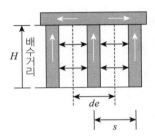

$$t = \frac{T_v \cdot H^2}{C_v} \text{에서 } t = \frac{T_h \cdot d_e^2}{C_h} \text{로 변화}$$

ex) $d_e = H/10$이고, $C_h$, $T_h$가 일정하다면 $t = 1/100$로 감소함

※ 일반적으로 $C_h$는 $C_v$보다 크다

※ $d_e$ (영향원의 등가 직경)

- 사각형 배치 : $d_e = 1.13\,S$
- 삼각형 배치 : $d_e = 1.05\,S$

  S : 모래말뚝의 중심간 간격

2) 압밀도 및 강도 증대

(1) 과잉간극수압은 시간계수(T)의 함수이고, 시간계수는 압밀시간(t)의 함수이다.

[경계 조건] 두께 2H(배수거리)인 점토층 상, 하면에 모래층(양면배수조건)이 있고 지표면에 $\Delta\sigma$
(응력) 작용, 초기과잉간극수압이 깊이에 따라 일정하게 분포

- $t = 0$일 때

  $\Delta\sigma = u_i$(초기 과잉간극수압)$= u_t$($t$시간 후 현재의 과잉간극수압)

- 점토층 상면에서 깊이 $z = 0$에서 $u_t = 0$
- 점토층 상면에서 깊이 $z = 2H$에서 $u_t = 0$

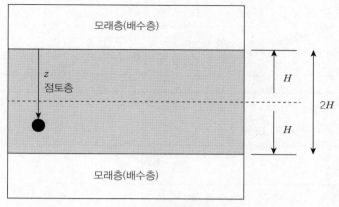

[그림] 양면 배수 조건

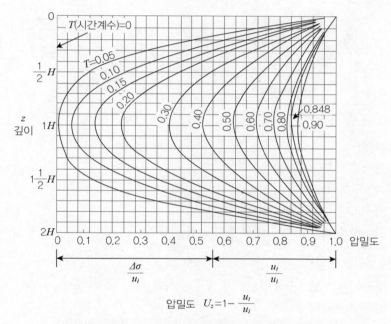

압밀도 $U_z = 1 - \dfrac{u_t}{u_i}$

[그림] 압밀도, 시간계수, 점토층의 깊이 사이의 관계

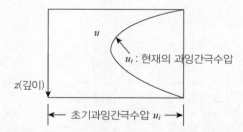

[그림] 점토층 깊이별, 임의의 시간 과잉간극수압(양면배수 조건)

(2) 압밀도와 강도 증대

■ 압밀도 $U_z = 1 - \dfrac{u_t}{u_i} = 1 - \dfrac{\text{현재의 과잉간극수압}}{\text{초기의 과잉간극수압}}$

$C = C_0 + \Delta C$ 에서

■ 강도증가 : $\Delta C = \alpha \cdot \Delta P \cdot U_z$

3) 투수 계수의 증대

$$K = C_v \cdot m_v \cdot \gamma_w$$

4) 유효응력의 증대

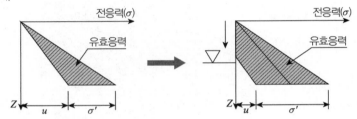

## 3. 시공 시 유의사항

1) 조사 및 시험단계 유의사항(대책)

  (1) 현장조사 : 역학 특성

    ① 항목 : 시추조사, DCPT, Pizo-CPT, DMT, SPT

    ② 방법 : 평면적 Grid 짜서 실시, 성토별, 지층별 실시

  (2) 실내시험 : 토질정수 파악

    ① 항목 : 일축, 삼축(UU, $\overline{\text{CU}}$), 압밀시험, 통수능 시험

    ② 방법 : 심도별, 지층별 실시

  (3) 비교 : 수평압밀계수(Ch) 측정 : ① 현장 : Pizo CP ② 실내 : Rowe Cell, 90도 회전표준압밀

2) 설계단계 대책

  (1) 개량 목표 기준 설정

    ① 강도 증가

$$C = C_0 + \Delta C \text{에서} \; \Delta C = \alpha \cdot \Delta P \cdot U_z$$

    ② 침하량 허용기준

    ③ 배수거리 및 간격

(2) 지반조건 충분히 고려하여 적용(원지반 조건)

: $C_v$(압밀계수), $C_c$(압축지수), $m_v$(체적계수), 강도정수($\gamma$, $C$, $\phi$), $H$(배수거리)

(3) 배수영향

① Smear Effect : 타설 시 주변 지반 교란에 따른 $C_v$, $K$ 감소로 압밀 지연 현상

② Well 저항 : 압밀 중 측압, Clogging(막힘)에 의한 연직방향 투수성 저하 현상

③ 대책

㉠ 수평방향 평균 압밀도($U_h$) 적용 : Hansbo 제안식

$$U_h = 1 - \exp^{(-8 T_h / \mu_{sw})}$$

• $\mu_{sw}$ : 타설 간격 영향＋Smear＋Well 저항 영향 고려 계수

㉡ 배수재 직경 감소 : Sand Drain → Pack Drain

㉢ 불교란 시료의 연직방향의 압밀계수($C_v$) 적용 : 스미어 존의 압밀계수 적용 시 $C_v = C_h$로 보고 설계

㉣ 불교란 시료의 연직 $C_v \times (1/3 \sim 1/4) = C_h$ : 연직압밀계수를 1/3~1/4 정도 저감

㉤ 통수능 시험 실시 : 적정 $C_v$ 적용

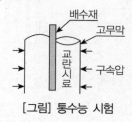

[그림] 통수능 시험

(4) 재료 대책 : Filter 재료(모래)

① 투수계수 $K = 1 \times 10^{-3}$ 이상

② 재료 구비 조건

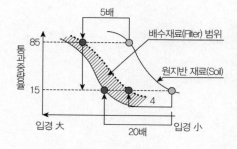

- $(D_{15})_f < 5 \ (D_{85})_s$
- $(D_{15})_f > 4 \ (D_{15})_s$
- $(D_{15})_f < 20 \ (D_{15})_s$

3) 시공단계 대책

(1) 배수재 선정

① 인장강도 확보 : PBD

② 통수능력 저하 영향 적은 것

③ 접착 : Pocket 식

④ 투수계수 : $K = 1 \times 10^{-3}$ 이상

⑤ $75\mu m$ (0.075mm, 200번체) 통과율 : 15% 이하

(2) 장비 주행성

① 접지압 확인 : Potable CPT

② 주행성 확보

㉠ Sand Mat 포설, 토목섬유 포설

㉡ 초연약 준설 매립(슬러지)인 경우 : 표층 혼합처리, PTM, 진공 배수공법 등의 표면 건조 공법 적용

(3) 배수재 타설

① 교란 최소화 : Smear Effect 발생하면 압밀 지연됨

② 연직도 유지

③ 지층 경사지 : 적정 장비 적용

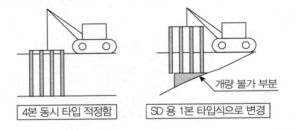

| 4본 동시 타입 적정함 | SD 용 1본 타입식으로 변경 |

(4) 계측

① 급속 성토되지 않도록 시공 관리 : 한계 성토고에 의한 단계 시공(완속재하)

② 계측 종류 : 침하판, 층별 침하계, 간극수압계

③ 침하량, 소요 시간, 지반강도 확인

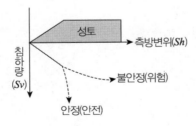

■ **참고문헌** ■

서진수(2006), Powerful 토목시공기술사(1권), 엔지니어즈.

## 2-14. 폐기물(쓰레기) 매립지의 침하(Settlement) 특성

### 1. 매립지의 침하 Mechansim

1) 기계적 과정 : 다짐, 압축

2) 물리화학적, 생화학적 과정 : 부패

3) 함몰침하 : 불균질한 대형 폐기물 매립(냉장고등)

### 2. 매립지 침하 특성

1) 매립지의 침하는 초기의 **다짐, 폐기물의 종류와 특성, 분해 정도, 압밀도**에 영향을 받음

2) 침하 종류별 특성

| 침하의 종류 | | 특성 |
|---|---|---|
| 단기침하 | 즉시침하 | 하중재하 후 순간적 침하 |
| | 1차 침하 | 한 달 이내 추가적인 하중재하에 의한 침하, 초기간극비에 비례 |
| 장기침하 | 부패침하 | 부패에 의한 중량 감소에 의한 침하 |
| | 압밀침하 | 간극의 물이 서서히 빠져나오면서 입자의 재배열에 의한 침하 |
| 부등침하 | | • 기초지반의 침하량 차이<br>• 연약지반 상 매립중앙부와 선단부와의 높이차<br>• 지반 조건 불균일<br>• 기초 지반층의 두께 차이 |

### 3. 매립 시 특히 유의사항

1) **초기 다짐 정도**가 매립지 침하에 영향 큼

: 최종침하의 90%가 **초기 5년 이내**에 발생함

2) 매립완료 후의 계획 지반고 설정

지반 침하를 예상하여 **매립고의 1.3배** 정도 추가하여 매립

### 4. 매립지 안정화 평가기준

| 구분 | 평가기준(항목) |
|---|---|
| 침출수 및 지하수 | ① 침출수 수질 : 2년 연속 배출 허용 기준에 적합해야 하고, BOD/COD cr $\leq$ 0.1일 것<br>② 침출수 발생 없을 경우 ①항 제외<br>③ 지하수 수질조사결과 지하수 수질기준 초과하지 않을 것, 매립지로 인한 오염징후가 나타나지 않을 것 |
| 매립가스 | ① 발생량이 2년 연속 증가하지 않을 것<br>② 매립가스 중 $CH_4$ 농도 $\leq$ 5%일 것 |
| 매립폐기물 | ① 매립폐기물 토사성분중 가연물 함량이 5% 미만, C/N 함량이 10% 이하일 것<br>② 폐기물 용출 시험 기준항목을 만족할 것 |
| 기타 | ① 매립지 내부 온도가 주변 지중온도와 유사할 것<br>② 악취, 구조물 및 지반 안정도 조사, 지표수 수질조사, 토양조사결과 매립지로 인한 주변 환경 영향이 인정되지 않을 것 |

Chapter 03

# 토압 및 옹벽

## 3-1. 토압의 정의와 개념

### 1. 토압의 정의

1) 토압이란 **파괴면 내의 흙**이 **변위**와 함께 벽체에 작용하는 압력을 의미
2) 지표하 일정 깊이에서 옹벽, 토류벽 등에 **수평으로 작용**하여 **활동**, **전도**, **침하**를 일으킬 수 있는 힘
3) 토압개념

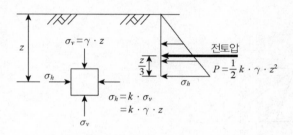

(1) 수평응력 : $\sigma_h = k \cdot \sigma_v$
$$= k \cdot \gamma \cdot z$$
(2) 전토압 : $P = \dfrac{1}{2} k \cdot \gamma \cdot z^2$

### 2. 토압이론의 분류

1) Rankine 토압이론 : 소성론 근거, 토압계수($K_A$, $K_P$), **주로 많이 사용**
2) Coulomb(쿨롬) 토압이론 : 흙쐐기 이론(강체역학 근거), 토압계수($C_A$, $C_P$)
3) Boussinesq 토압이론 : 탄성론 근거

### 3. 토압계수의 결정

주동토압변위(옹벽 전방 측 변위)와 수동토압변위(옹벽 배면 측 변위)시의 응력상태로부터 결정함

### 4. 토압의 종류

토압은 그림과 같이 **변위 형태**에 따라 주동토압과 수동토압
으로 분류

1) 주동토압 : **변위허용(팽창변위)**에 따른 **최소 토압(최소
   주응력)**
2) 정지토압 : **변위가 없는 한계상태조건**의 토압
3) 수동토압 : **압축변위**에 따른 **최대토압(최대 주응력)**

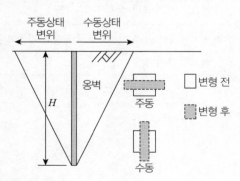

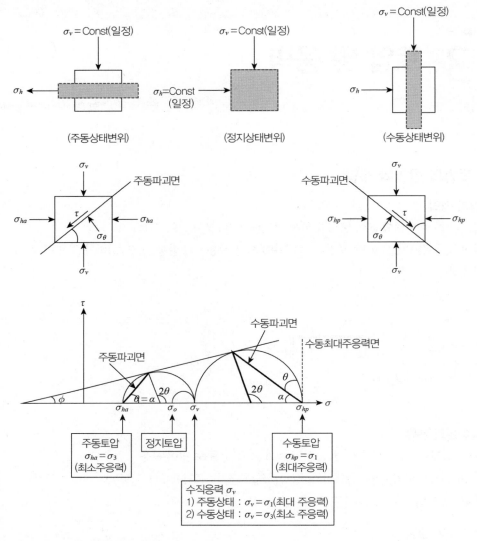

$\theta$ : 파괴면과 최대 주응력면의 각도

$\alpha$ : 파괴면과 수평면의 각도

※ 정지상태인 $\sigma_v$를 기준으로 수평응력 감소와 증가시키는 삼축압축시험을 실시할 경우 상기와 같이 모어 원을 작도할 수가 있음

**주동상태일 때**

1) 주응력면 : 전단응력($\tau$)=0, 3개 직교하는 평면

2) 주응력 : 전단응력($\tau$)=0일 때의 법선응력($\sigma_\theta$)

① 법선응력(Normal Stress) $\sigma_\theta = \dfrac{1}{2}(\sigma_1 + \sigma_3) + \dfrac{1}{2}(\sigma_1 - \sigma_3)\cos 2\theta$

② 최대 주응력 : 수직력

$\theta = 0$일 때$(2\theta = 0)$ : $\sigma_\theta \max = \sigma_1$(최대 주응력)$= \sigma_v$

③ 최소 주응력 : 수평력

$\theta = 90$일 때$(2\theta = 180)$ : $\sigma_\theta \min = \sigma_3$(최소 주응력)$= \sigma_h$

$< \cos 0 = 1,\ \cos 180 = -1 >$

**수동상태일 때**

1) 주응력면 : 전단응력($\tau$)=0, 3개 직교하는 평면

2) 주응력 : 전단응력($\tau$)=0일 때의 법선응력($\sigma_\theta$)

① 법선응력(Normal Stress) $\sigma_\theta = \dfrac{1}{2}(\sigma_1 + \sigma_3) + \dfrac{1}{2}(\sigma_1 - \sigma_3)\cos 2\theta$

② 최대 주응력 : 수평력

$\theta = 0$일 때$(2\theta = 0)$ : $\sigma_\theta \max = \sigma_1$(최대 주응력)$= \sigma_h$

③ 최소 주응력 : 수직력

$\theta = 90$일 때$(2\theta = 180)$ : $\sigma_\theta \min = \sigma_3$(최소 주응력)$= \sigma_v$

$< \cos 0 = 1,\ \cos 180 = -1 >$

## 5. 주동토압(Rankine)(Active Earth Pressure)

1) 옹벽 앞면으로 이동 : **횡방향 팽창 파괴 시의 수평토압**(소성평형상태), **토압 감소(최소 주응력)**, 지표 침하, 활동면의 경사 급함

2) 주동토압 $\sigma_{ha} = K_A \cdot \sigma_v = K_A \cdot \gamma \cdot z$

3) 전 주동토압 $P_A = \dfrac{1}{2} \cdot K_A \cdot \gamma \cdot H^2$

4) 주동토압계수(Rankine인 경우) $K_A = \tan^2\left(45 - \dfrac{\phi}{2}\right) = (1 - \sin\phi)/(1 + \sin\phi)$

## 6. 정지토압

1) 정지토압의 정의

**횡방향 변위 없는 상태**에서 수평방향 작용토압

2) 정지토압

$$\sigma_h = K_0 \cdot \sigma_v = K_0 \cdot \gamma \cdot z$$

3) 정지토압 계수

$$K_0 = \frac{\sigma_h}{\sigma_v} = \frac{\sigma_h}{\gamma \cdot z}$$

4) 정지토압 결정

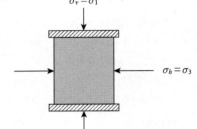

(1) 삼축압축시험

: 수평방향 변위가 없게(0), 수압($\sigma_h$)을 조절하면서 시험해서

결정

(2) 경험에 의해 결정

① 조립토 : $K_0 = 1 - \sin\phi$

② 정규압밀점토 : $K_0 = 0.95 - \sin\phi$

③ 과압밀점토

$$K_0 = 정규압밀점토의 \ K_0\sqrt{OCR(과압밀비)}$$

5) 정지토압 적용 구조물

변위 허용하지 않는 지하실 벽체, 암거, 교대, 암반 위의 옹벽

### 7. 수동토압(Passive Earth Pressure)

1) 어떤 힘(시험실 삼축압축시험)에 의해 **옹벽이 뒤로 변형**, **횡방향 압축 파괴** 시의 수평토압(소성 평형 상태), **토압증가(최대 주응력)**, **지표면이 융기**(부풀어 오름), 활동면의 경사 완만함

2) 수동토압(응력)

$$\sigma_{hp} = K_p \cdot \sigma_v$$

3) 전 수동토압

$$P_p = \frac{1}{2}K_p \cdot \gamma \cdot H_1^2$$

4) 수동토압계수(Rankine 토압인 경우)

$$K_p = \frac{1 + \sin\phi}{1 - \sin\phi} = \tan^2\left(45 + \frac{\phi}{2}\right)$$

$$\therefore K_p = 1/K_a$$

## 8. 토압의 크기 '주동토압 < 정지토압 < 수동토압'

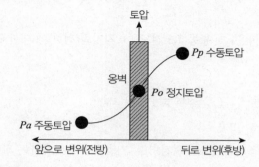

## 9. 토압의 적용 : 구조물 설계 시 적용 토압

1) 정지토압 : 변위를 허용하지 않는 지하실 벽체, 암거, 교대, 암반 위의 옹벽

2) 주동토압 : 옹벽, 수직말뚝기초 위 옹벽

3) 수동토압 : 토류벽, 경사말뚝 위 옹벽

4) 옹벽을 주동 토압으로 해석 하는 이유 [참고문헌 : 구조물 기초 설계기준]

   (1) 안전 측 설계

   (2) 옹벽 앞굽의 흙(수동토압) : 되메우기한 흙이므로 세굴될 수 있음

   (3) 수동토압을 고려할 경우 : 안전율을 크게 하여 안전 측 설계 [활동 $F_s \geq 2.0$]

■ 참고문헌 ■

1. 구조물 기초 설계기준(2014), 국토교통부.

2. 서진수(2006), Powerful 토목시공기술사(1, 2권), 엔지니어즈.

3. 서진수(2009), Powerful 토목시공기술사 단원별 핵심기출문제, 엔지니어즈.

4. 이춘석(2005), 토질 및 기초공학 이론과 실무, 예문사.

5. 김상규(1997), 토질역학 이론과 응용, 청문각.

6. 토목기술강좌12(토질 및 기초편), 대한토목학회.

7. (사)한국지반공학회(2003), 구조물 기초설계 기준해설, 구미서관.

8. 콘크리트 표준시방서(2009)

9. 김수삼 외 27인(2007), 현장실무를 위한 건설시공학, 구미서관.

10. 김상규(1997), 토질역학 이론과 응용, 청문각.

11. 지반공학 시리즈 3(굴착 및 흙막이공법)(1997), 지반공학회.

## 3-2. 옹벽의 안정조건(검토)

### 1. 개요

1) 옹벽단면 설계 시 검토사항은 (1) **활동**, (2) **전도**, (3) **지지력(침하)**에 대한 안정 검토 및 (4) **전체 사면**의 안정검토임

2) 옹벽의 안정조건

   (1) **활동**에 대한 안전율 : $F_s \geq 1.5$, 수동토압 고려 시 2.0

   (2) **전도**에 대한 안정 : $F_s \geq 2.0$

   (3) **침하**에 대한 안정 : 기초지반의 허용지지력 > 기초지반에 작용하는 최대 압축응력

   (4) **사면안정** 검토 : 옹벽 포함 전체 사면 안정검토 : $F_s \geq 1.5$

### 2. 옹벽의 설계원칙 : 초기 검토에 사용되는 단면 설계 시 검토 사항

1) 상재하중, 옹벽하중, 토압에 견디도록 설계

2) 무근 Concrete 옹벽 : 자중에 의해 저항력 발휘하는 중력식 형태로 설계

3) 철근 Concrete 옹벽 : Cantilever식(역 T형), 뒷부벽, 앞부벽식

4) 토압의 계산 : 토질역학적 원리에 의거 재료특성계수 적용(단위중량 $\gamma_t$ 등)

5) 안정검토 후 설계 : 활동, 전도, 침하(지지력)에 대해 사용하중 적용하여 검토

### 3. 옹벽의 안정조건 : Cantilever식(역 T형)의 경우

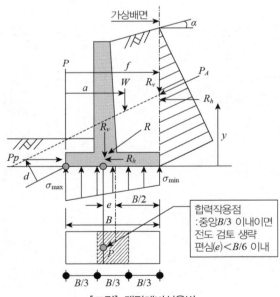

[그림] 캔틸레버식옹벽

① $W$ : 옹벽 무게 + 저판 위 가상 배면 내 흙 무게
② $R$ : 합력
③ $R_v$ : 모든 연직력의 합
④ $R_h$ : 모든 수평력의 합
⑤ $P_A$ : 주동토압의 합력($P_v$, $P_h$ : 연직, 수평 분력)
⑥ $\sigma_{max}$ : 기초지반에 작용하는 최대 압축응력
   [저판이 받는 압력]

$$\sigma_{max} = \frac{R_v}{B}\left(1 + \frac{6e}{B}\right)$$

⑦ $\sigma_{min}$ : 기초지반에 작용하는 최소 압축응력

$$\sigma_{min} = \frac{R_v}{B}\left(1 - \frac{6e}{B}\right)$$

- $B$ : 옹벽 저판폭 (단위길이당)
- $H$ : 옹벽높이

- $a$ : 옹벽 앞굽에서 $W$(옹벽무게)까지 모멘트 팔 길이
- $d$ : 옹벽 앞굽에서 $P_A$ 까지의 모멘트 팔 길이
- $f$ : 옹벽 앞굽에서 주동토압($P_A$) 작용점까지 수평거리

- $y$ : 옹벽 앞굽에서 주동토압 작용점까지의 연직거리
- $e$ : 편심(저판 중심에서 모든 힘의 합력 $R$ 작용점까지 거리) : B/6 이내

1) 활동에 대한 안정검토 : 저판 따라 미끄러짐 변위에 대한 안전율

   (1) 수동토압 미고려 시 : 안전율($F_s$) ≥ 1.5

$$F_s = \frac{R_v \tan\delta + C_a B}{R_h} \geq 1.5$$

- $\delta$ : 옹벽저판과 지지지반 사이의 마찰각(표 이용)
- $C_a$ : 옹벽저판과 지지지반 사이의 부착력(표 이용)

※ $R_v \times \tan\delta$ 의 개념

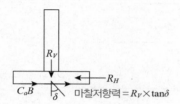

   (2) 지진 시 토압 : 안전율($F_s$) ≥ 1.2

   (3) 수동토압 고려 시 : 안전율($F_s$) ≥ 2.0

   but) 일반적으로 **안전 측 설계**를 위해 **수동토압 무시**하고 설계

$$F_s = \frac{R_v \tan\delta + C_a B + P_p}{R_h} \geq 2.0$$

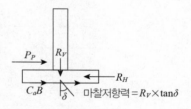

   (4) 활동방지방법 : 안전율 부족 시 대책

   ① 옹벽 저판의 깊이 : 최소한 **1m 이상, 동결 깊이 이상**

   ② 말뚝(경사말뚝), Shear Key(돌출부 = 전단 키) 설치

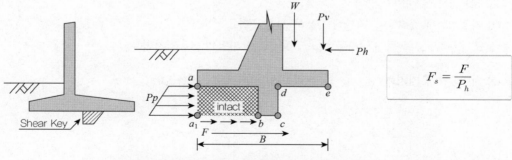

$$F_s = \frac{F}{P_h}$$

[그림] 옹벽 활동방지를 위한 돌출부(NAVFAC 1982)

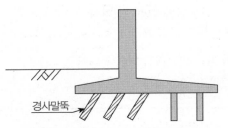

경사말뚝

[그림] 옹벽 활동방지를 위한 경사말뚝

2) 전도에 대한 안정검토 : 앞굽 기준, 회전 모멘트

(1) 안전율

$$F_s = \frac{M_r}{M_0} = \frac{\text{저항모멘트합}}{\text{전도모멘트합}} = \frac{W \cdot a}{P_A \cdot d} \geq 2.0$$

* 주동토압의 연직, 수평 성분을 나누어 해석 시

$$F_s = \frac{W \cdot a}{P_h \cdot y - P_v \cdot f} \geq 2.0$$

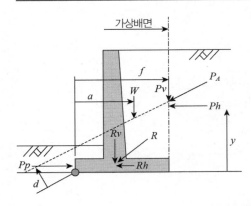

(2) 합력($R$)의 작용점($P$)가 저판길이(폭)의 **중앙 B/3 이내**(암반 경우 : 중앙 B/2) : **안정검토 생략**가능

3) 지지력(침하)에 대한 안정검토

(1) 기초지반에 작용하는(저판에 작용하는) **압축력**

$\sigma_{max} < \sigma_a$, 즉 최대 압축응력($\sigma_{max}$) < 기초지반의 허용지지력($\sigma_a$)

(2) 지반의 **허용지지력** : $\sigma_a = \frac{q_{ult}}{3}$ = 극한지지력($q_{ult}$)/안전율(3.0)

(3) 저판이 받는 최대, 최소 압축응력
① 최대 압축응력($\sigma_{\max}$)

$$\sigma_{\max} = \frac{R_v}{B}\left(1 + \frac{6e}{B}\right)$$

② 최소 압축응력($\sigma_{\min}$)

$$\sigma_{\min} = \frac{R_v}{B}\left(1 - \frac{6e}{B}\right)$$

(4) 편심($e$)

저판 중심에서 $e < \dfrac{B}{6}$ 이내

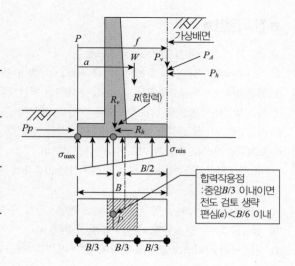

합력작용점
:중앙$B/3$ 이내이면
전도 검토 생략
편심($e$)<$B/6$ 이내

4) 전체 사면 안정 검토(전반 활동 검토)

안전율($F_s$) : **원호활동**으로 가정하여 해석한 경우

$$F_s = \frac{M_r}{M_d} = \frac{저항모멘트}{활동모멘트} \geq 1.5$$

$$= \frac{\gamma^2 \cdot s \cdot \theta}{W \cdot a} \geq 1.5$$

여기서, $M_r = r^2 \cdot s \cdot \theta$(앞굽의 수동토압 고려하지 않은 경우임)

$\quad\quad M_d = W \cdot a$

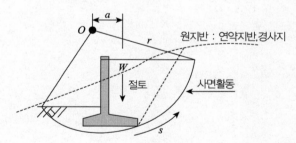

## ■ 참고문헌 ■

1. 구조물 기초 설계기준(2014), 국토교통부.

2. 서진수(2006), Powerful 토목시공기술사(1, 2권), 엔지니어즈.

3. 서진수(2009), Powerful 토목시공기술사 단원별 핵심기출문제, 엔지니어즈.

4. 이춘석(2005), 토질 및 기초공학 이론과 실무, 예문사.

5. 김상규(1997), 토질역학 이론과 응용, 청문각.

6. 토목기술강좌12(토질 및 기초편), 대한토목학회.

7. (사)한국지반공학회(2003), 구조물 기초설계 기준해설, 구미서관.

8. 콘크리트 표준시방서(2009)

9. 김수삼 외 27인(2007), 현장실무를 위한 건설시공학, 구미서관.

10. 김상규(1997), 토질역학 이론과 응용, 청문각.

11. 지반공학 시리즈 3(굴착 및 흙막이공법)(1997), 지반공학회.

12. NAVFAC 1982.

## 3-3. 돌출부(Shear Key : 전단키)에 대한 안정 검토에 대한 기준

### 1. 구조물 기초설계 기준해설

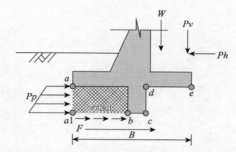

[그림] 옹벽 활동방지를 위한 돌출부(NAVFAC 1982)

■ Shear Key에 의한 활동 안전율($F_s$)

$$F_s = \frac{F}{P_h}$$

■ 점성토

$$F = (W + P_v)\tan\delta + C_a(B - a_1b) + C(\overline{a_1b}) + \overline{P_p}$$

■ 사질토

$$F = (W + P_v)\tan\delta + P_p$$

### 2. 도로교 시방서 기준

Shear Key에 의한 활동 안전율

$$F_s = \frac{F}{P_h}$$

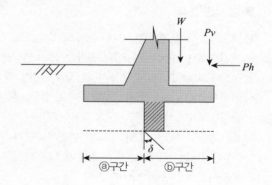

$$F = R_v\tan\delta + C \times ⓐ \ 구간 + C_a \times ⓑ \ 구간$$

[구간별 마찰 저항 계산]

ⓐ 구간

토사와 토사 간의 전단 저항 구간, 점착력($C$)과 마찰각 $\delta$ [= $\phi$(전단저항각)]으로 하여 구함

ⓑ 구간

옹벽 저면 콘크리트와 토사의 전단 저항 구간, 마찰각 $\delta = 2/3\phi$로 취함

통상 점착력은 무시함(∵ 활동발생 시 부실한 밀착 상태 예상, 지하수의 영향)

## 3. 콘크리트 표준시방서 기준

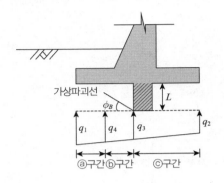

- $\phi_B(=\delta)$ : 지반 내부 마찰각
- 활동 방지벽의 높이
  $L = 0.1 \sim 0.15 \times B$(저면폭)

1) 안전율

$$F_s = \frac{H_k}{H} \geq 1.5$$

2) Key 설치 후 활동저항력($H_k$)=수동토압+마찰저항력

$H_k$=활동 방지벽의 **수동토압**에 의한 저항력(ⓑ)+기초지반의 **마찰**에 의한 저항력(ⓐ, ⓒ)

$$H_k = \frac{1}{2}(q_3 + q_4) \times K_p \times L + \frac{1}{2}(q_1 + q_4) \times B_1 \tan\phi_B + \frac{1}{2}(q_3 + q_2) \times B_3 \times \tan\phi_B$$

## ■ 참고문헌 ■

1. 구조물 기초 설계기준(2014), 국토교통부. p.422.
2. 서진수(2006), Powerful 토목시공기술사(1, 2권), 엔지니어즈.
3. 서진수(2009), Powerful 토목시공기술사 단원별 핵심기출문제, 엔지니어즈.
4. 이춘석(2005), 토질 및 기초공학 이론과 실무, 예문사.
5. 김상규(1997), 토질역학 이론과 응용, 청문각.
6. 토목기술강좌12(토질 및 기초편), 대한토목학회.
7. (사)한국지반공학회(2003), 구조물 기초설계 기준해설, 구미서관.
8. 콘크리트 표준시방서(2009).
9. 김수삼 외 27인(2007), 현장실무를 위한 건설시공학, 구미서관.
10. 지반공학 시리즈 3(굴착 및 흙막이공법)(1997), 지반공학회.
11. NAVFAC 1982.
12. 도로교 표준시방서(2012), 국토교통부.
13. 도로교 설계기준(2012), 국토교통부.

## 3-4. 점성토에서 Rankine 토압 중 인장균열 발생 시 토압
### [점토지반 개착으로 굴착 시 2~3m 정도를 수직으로 굴착 가능한 사유]

**1. 인장 균열 발생하기 전(인장력만 작용할 때) 토압 = 인장 균열에 대한 이론적인 토압**

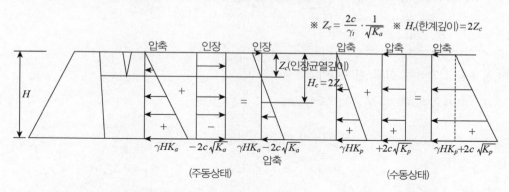

$$※ Z_c = \frac{2c}{\gamma_t} \cdot \frac{1}{\sqrt{K_a}} \quad ※ H_c(한계깊이) = 2Z_c$$

1) 점성토인 경우 어느 깊이까지 **부(−)의 토압**이 작용

2) **인장 균열 깊이($Z_c$) : 부(−)의 토압이 작용**하는 깊이

  (1) 점성토에서는 인장력(접착력)에 의해 일정 깊이까지 **부(−)의 토압**이 작용

  (2) 부의 토압이 작용하는 깊이까지 균열이 발생, 이때의 깊이를 **인장 균열 깊이($Z_c$)**라 함

  (3) 토압 계산 시에는 수평토압을 0으로 놓고 계산함

  (4) 상재하중으로 놓고 계산하기도 함

$$Z_c = \frac{2c}{\gamma_t} \cdot \frac{1}{\sqrt{K_a}} = \frac{2c}{\gamma_t} \cdot \frac{1}{\sqrt{\tan^2\left(45 - \frac{\phi}{2}\right)}}$$

$$= \frac{2c}{\gamma_t} \cdot \frac{1}{\tan\left(45 - \frac{\phi}{2}\right)} = \frac{2c}{\gamma_t} \cdot \tan\left(45 + \frac{\phi}{2}\right)$$

  **[∵ 상기공식의 변환 과정]**

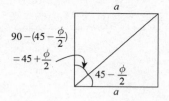

$$\frac{b}{a} = \tan\left(45 - \frac{\phi}{2}\right)$$

$$역수 \quad \frac{a}{b} = \frac{1}{\tan\left(45 - \frac{\phi}{2}\right)} = \tan\left(45 + \frac{\phi}{2}\right)$$

3) **한계깊이 : 흙막이 등 토류공 없이 연직으로 굴착 가능한 깊이** [수직으로 2~3m 굴착 가능한 이유]

  (1) 정의

    − 부(−)의 토압에 따른 **전 토압이** 0이 되는 깊이

    − 이론상 한계깊이($H_c$) 이내 깊이는 **수직으로 토류공 없이 굴착 가능함**

(2) 인장 균열 전(이론 한계깊이)

   – $H_c$(한계깊이) $= 2Z_c = \dfrac{4c}{\gamma_t} \cdot \dfrac{1}{\sqrt{K_a}}$

   – Terzaghi의 경험식

$$H_c = 1.3 Z_c$$

(3) 인장 균열 고려 시(실제) 한계깊이 :

   $H_c{}'$(한계깊이) $= \dfrac{2}{3} H_c$ [이유는 점착력 $c' = \dfrac{2}{3}c$이므로]

4) 토압

  (1) 주동토압

$$P_a = \dfrac{1}{2} \gamma_t H^2 K_a - 2cH\sqrt{K_a}$$

  (2) 수동토압

$$P_p = \dfrac{1}{2} \gamma_t H^2 K_p + 2cH\sqrt{K_p}$$

## 2. 인장 균열 발생한 후 주동 토압(인장 균열에 대한 실제적인 토압)

: $Z_c$(인장균열 깊이)까지의 부(−)의 토압만을 무시하고 구함

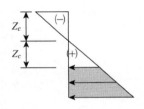
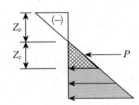

$$
\begin{aligned}
P &= \dfrac{1}{2}(Z_c \times \gamma_t) \times Z_c \times K_a \\
&= \dfrac{1}{2} Z_c^2 \times \gamma_t \times K_a \\
&= \dfrac{1}{2}\left[\dfrac{2c}{\gamma_t} \cdot \dfrac{1}{\sqrt{K_a}}\right]^2 \times \gamma_t \times K_a \\
&= \dfrac{2c^2}{\gamma_t}
\end{aligned}
$$

[인장 균열 전 이론 적인 주동토압]  [인장 균열 후 실제적인 주동토압]

$P_a = \dfrac{1}{2} \gamma_t H^2 K_a - 2cH\sqrt{K_a}$  $P_a = \dfrac{1}{2} \gamma_t H^2 K_a - 2cH\sqrt{K_a} + \dfrac{2c^2}{\gamma_t}$

1) 이론 토압

  (1) 한계깊이($H_c$)까지의 토압 $= 0$

  **(2) 사다리꼴 모양**

2) 실제 토압(설계토압)

  (1) 인장균열 깊이까지만 토압이 0되는 **삼각형 분포**

(2) Terzaghi 경험, 함수비 변화에 의한 **점토지반의 전단 강도 변화** 등 안전 측을 고려

3) 인장 균열 깊이를 **상재 하중**으로 보는 경우

$$P_a = \gamma_t \cdot z_c \cdot K_a \cdot (H - Z_c) + \frac{1}{2}\gamma_t \cdot H \cdot (H - Z_c)^2 \cdot K_a$$

## ■ 참고문헌 ■

1. 구조물 기초 설계기준(2014), 국토교통부.
2. 서진수(2006), Powerful 토목시공기술사(1, 2권), 엔지니어즈.
3. 서진수(2009), Powerful 토목시공기술사 단원별 핵심기출문제, 엔지니어즈.
4. 이춘석(2005), 토질 및 기초공학 이론과 실무, 예문사.
5. 김상규(1997), 토질역학 이론과 응용, 청문각.
6. 토목기술강좌12(토질 및 기초편), 대한토목학회.
7. 김수삼 외 27인(2007), 현장실무를 위한 건설시공학, 구미서관.
8. 지반공학 시리즈 3(굴착 및 흙막이공법)(1997), 지반공학회.
9. 박영태(2013), 토목기사실기, 건기원.

## 3-5. 옹벽의 붕괴원인과 대책(옹벽의 시공대책 = 옹벽시공 시 유의사항)을 배수, 뒤채움, 줄눈으로 설명

### 1. 개요

1) 옹벽이란 **토압**에 저항하여 그 **붕괴를** 방지하도록 축조되는 **토류구조물**

2) 옹벽의 일반적인 시공 순서

    (1) 토지, 토질 조사 시험 : 토질 조사 시험에 의해 **설계조건** 결정

    (2) 하중계산 : 옹벽의 **자중**, 옹벽에 작용한 **토압**, 뒤채움 흙의 **재하중**의 크기 계산

    (3) 안정검토 : **활동, 전도, 침하**에 대한 안정계산. 불안정한 단면일 경우 다시 가정하고, 계산반복

    (4) 옹벽 각 부재의 **구조체 설계**

    (5) 뒤채움 흙의 배수 설비 등 세부구조 설계 : **신축이음, 배수처리**

    (6) 옹벽붕괴의 원인인 매설관과 옹벽에 대하여 **사전조사 미비→ 설계 미비 → 시공 미비 → 유지관리** 측면에서 잘못이 있는 경우 붕괴되므로 시공 시 유의사항을 잘 검토하여 정성껏 시공해야 한다.

### 2. 옹벽의 붕괴 원인

1) **조사, 계획, 설계, 시공** 잘못

2) 옹벽의 안정 불량 : **활동, 전도, 침하** 발생

3) **배수불량**

4) **뒤채움** 재료 시공 잘못

5) **줄눈** 시공 잘못

### 3. 배수 대책

1) 배수 미비 시 문제점

    (1) 배수 불량 시 우수가 **침투**하면

    (2) 흙의 **단위체적 중량 증가**하고

    (3) **강도 정수** $C$와 $\phi$값이 **감소**(전단저항 $\tau = C + \sigma\tan\phi$ → 감소)

    (4) **점성토**의 경우 **팽창**을 일으켜 → **국부적인 토압**이 증가한다.

2) 설계대책

    (1) 배수처리 고려

    (2) 배수처리가 곤란할 때는 수압을 고려하여 설계

3) 배수대책 (시공대책) 공법의 종류

    (1) **연직배수공**

    (2) **표면배수**(Soil Cement)

    (3) **경사** 배수공

    (4) **저면** 배수층

    (5) **동결방지** 배수

    (6) **팽창방지** 격리층(점토 뒤채움)

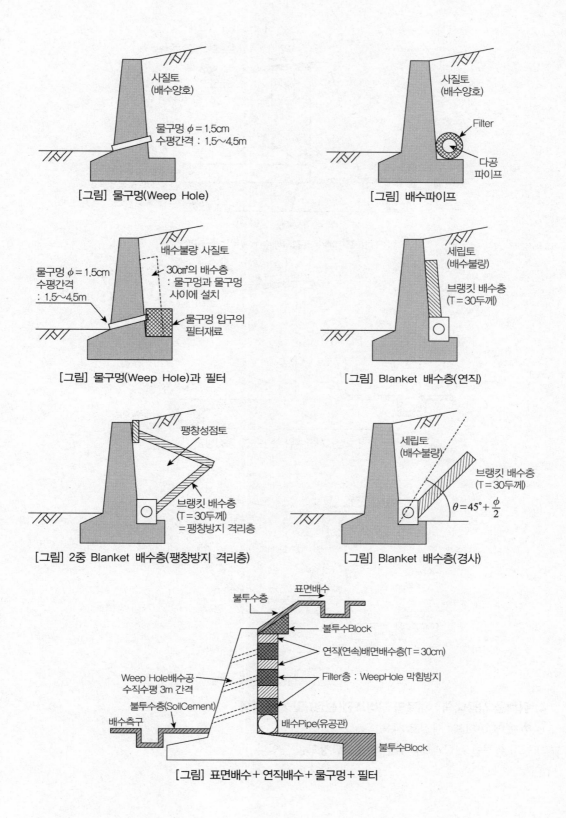

[그림] 물구멍(Weep Hole)

[그림] 배수파이프

[그림] 물구멍(Weep Hole)과 필터

[그림] Blanket 배수층(연직)

[그림] 2중 Blanket 배수층(팽창방지 격리층)

[그림] Blanket 배수층(경사)

[그림] 표면배수＋연직배수＋물구멍＋필터

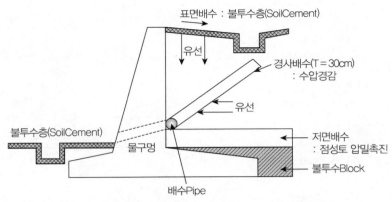

[그림] 표면배수 + 경사배수 + 물구멍 + 저면배수

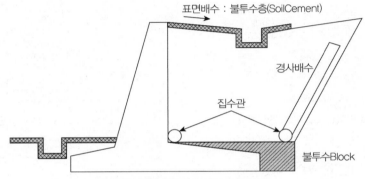

[그림] 지하수위 높은 곳 : 동상방지

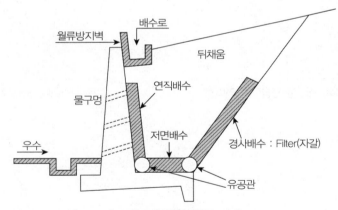

[그림] 복합방식 : 홍콩 사례

## 4. 뒤채움 시공대책 : 재료의 구비조건(선정) 및 시공대책

1) 투수(배수)대책 : **사질토** 사용

2) 안정 확보를 위한 대책 : **다짐**하여 **전단강도**를 높인다.

3) 토압 경감 대책

    (1) $\phi$(마찰각)이 큰 재료

    (2) 배수처리

    (3) EPS와 같은 경량재료 사용(EPS=Expanded Poly Strene : Foam)

4) **뒤채움 재료의 선정(구비조건)**

    (1) **배수가 잘되고 동해가 방지되는 흙**

    (2) **최대 치수 100mm 이하**(보조기층재료 사용하면 좋음 : SB-1 재료)

    (3) **NO4체**(4.76mm) 통과량 : **25~100%**

    (4) **NO200체**(0.074mm) 통과량 : **0~25%**

    (5) **소성지수(PI)** : PI < 10

    (6) **수정CBR** > 10

    (7) **투수계수 : 큰 것**

5) 뒤채움 시공 대책

    (1) 뒤채움 재료의 구비조건 만족

    (2) 배수처리

    (3) 뒤채움재의 단면은 역사다리 꼴로 하고, 층 따기 실시

    (4) 층 다짐 실시 : PBT(K30=30 이상, 침하량=0.25cm)

6) 뒤채움 재료의 영향(뒤채움 재료의 효과)

    (1) **전단강도** 크고

    (2) **변형량** 적고

    (3) **압축성** 적고

    (4) **공극률** 적고

    (5) **배수** 잘되어 수압, 토압 경감

    (6) **다짐** 잘 받고(다짐도 크고)

    (7) **활동, 침하**에 안정

## 5. 줄눈시공

1) V형의 연직 **수축줄눈**(균열유발 줄눈=Contraction Joint)

    (1) 균열 제어

    (2) Hair Crack 방지

2) **신축이음**(Expansion Joint)

    (1) 부등침하 방지

    (2) 지수판 설치하여 수밀성 유지

    (3) 간격 ① 중력식 옹벽 : 10m 이하, ② Cantilever 옹벽 : 15~20m

3) 줄눈 시공 시에는 가능하면 **일일 시공 마무리 지점(시공이음)**과 **신축이음**의 위치가 **일치**되게 하는 것이 좋으며,

4) 수축줄눈(균열 유발 줄눈)은 미관을 해치지 않는 한 많이 두면 좋다.(6m 이하 간격)

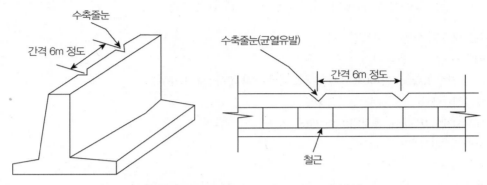

수축줄눈(Contraction joint : Hair Crack) 방지

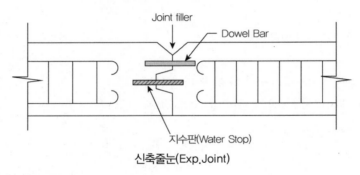

신축줄눈(Exp.Joint)

## 6. 콘크리트 구조물 시공 관리

: 콘크리트의 재료, 배합, 운반, 치기, 다지기, 마무리, 양생 관리 철저

## 7. 옹벽 배면에 지하수위가 있는 경우의 대책

1) 반드시 **경사 배수층**과 배수구멍을 설치하여 **수압**, **토압**을 **경감**시키고

2) 뒤채움 재료를 **모래** 등으로 하여 **배수**가 잘되게 한다.

3) 특히, **배면 배수공**을 시공(불투수층)하여 우수 침투 방지

4) Weep hole(수발공, 물구멍, 배수공) 주위에 **자갈층**(Filter층 시공)을 두어 Weep hole이 막히지 않게 한다.

## 8. 옹벽 배면에 매설관(φ1500mm 송수관, 하수관) 시공 대책

1) Encasing Con'c 를 타설

 : 관에 걸리는 압력에 의한 진동이 옹벽에 토압을 증가시키는 것 방지, 매설관 이동방지

2) 매설관의 기초가 암반이 아닌 경우 : 연약지반 처리

3) 매설관이 강관인 경우 용접을 잘하고, 누수시험(산소시험)을 해서 누수방지(이음부 시공 철저)

4) Water Hammer(수격작용)가 걸리는 부분과 Bend 설치 부분은 Encasing Concrete를 타설

 : 강관이 이동하지 않게 한다.

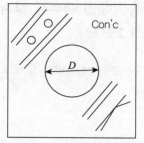

Encasing Con'c(Sourround Con'c)

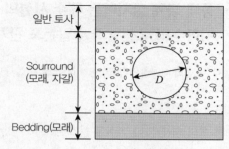

Sourrounding 및 되메우기

■ 참고문헌 ■

1. 김수삼 외 27인(2007), 건설시공학, 구미서관, pp.358~362.
2. 서진수(2006), Powerful 토목시공기술사(1, 2권), 엔지니어즈.

## 3-6. 옹벽 뒤에 설치하는 배수 시설의 종류를 쓰고 옹벽배면 배수제 설치에 따른 지하수의 유선망과 수압분포 관계를 설명(97회 2교시)

- 옹벽구조물의 배면에 연직배수재와 경사배수재 설치에 따른 수압분포 및 유선망에 대해서 설명(110회, 2016년 7월)

### 1. 개요

1) 옹벽 설치 시 간과하기 쉬운 문제들(주의 사항)

   (1) 기초의 **침하**

   (2) 전반 **활동** : 옹벽을 포함한 전체 사면안정

   (3) **배수시설**

   (4) **이음**(줄눈)

   (5) **뒤채움** : 토질 및 다짐시공

2) 옹벽 붕괴 원인의 대부분은 옹벽배면의 **물의 영향** 때문

   (1) 설계 시 지하수위를 무시한 안정검토

   (2) 강우 시 지하수위증가, 배수시설 미비 시

### 2. 폭우 시 침투수가 옹벽에 미치는 영향 : 배수 시설이 없는 경우 문제점

1) 포화 또는 부분 포화에 의한 흙의 무게 증가

2) 활동면에서의 양압력

3) 옹벽저면에 대한 양압력

4) 수동저항의 감소

### 3. 옹벽배수의 종류

1) 지표면 배수 : 우수 등의 지표면수가 뒤채움 흙 속에 침투방지

2) 옹벽 뒤 배수시설(뒤채움 배수공) : 뒤채움토에 침입한 물을 신속히 배수

   (1) **형태별** : 간이배수공, 구형배수공, 연속배면 배수공

   (2) **토질별**

| 토질 | 배수공 |
|---|---|
| 1. 사질토 | 물구멍 + 다공배수파이프 |
| 2. 세립토 포함된 사질토<br>(배수가 다소 불량한 사질토) | 물구멍 + 필터 |
| 3. 세립토 | 1. 연직배수공 : 배수파이프 + 연직 블랭킷 배수층<br>2. 경사배수층 : 물구멍 + 배수파이프 = 경사 블랭킷 배수층<br>3. 경사배수층 + 저면배수층 |
| 4. 팽창성 점토 | 배수파이프 + 이중 블랭킷 배수층 : 팽창방지 격리층 |
| 5. 지하수위 높은 곳<br>동상방지 | 배수파이프 + 경사배수층 |
| 6. 복합방식(홍콩 사례) | 연직배수층 + 저면배수층 + 경사배수층 |

# 4. 뒤채움 배수공 모식도

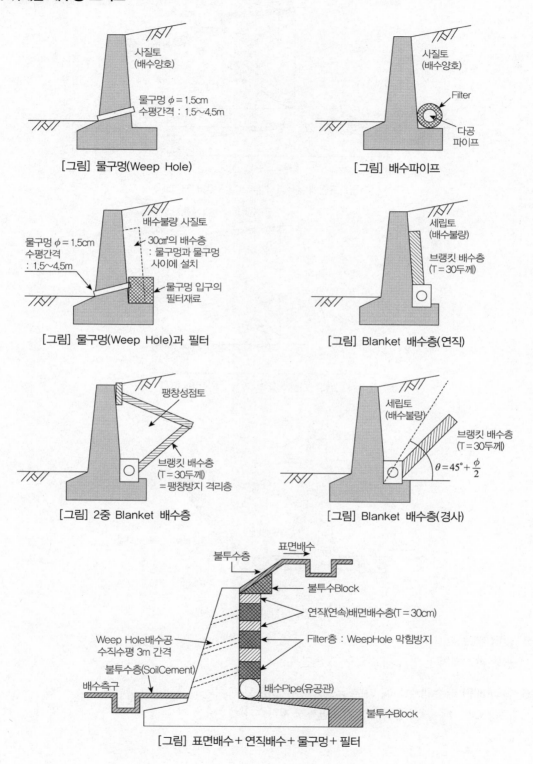

[그림] 물구멍(Weep Hole)

사질토
(배수양호)

물구멍 $\phi = 1.5$cm
수평간격 : 1.5~4.5m

[그림] 배수파이프

사질토
(배수양호)

Filter

다공
파이프

[그림] 물구멍(Weep Hole)과 필터

배수불량 사질토

30㎠의 배수층
: 물구멍과 물구멍
사이에 설치

물구멍 입구의
필터재료

물구멍 $\phi = 1.5$cm
수평간격
: 1.5~4.5m

[그림] Blanket 배수층(연직)

세립토
(배수불량)

브랭킷 배수층
(T = 30두께)

[그림] 2중 Blanket 배수층

팽창성점토

브랭킷 배수층
(T = 30두께)
= 팽창방지 격리층

[그림] Blanket 배수층(경사)

세립토
(배수불량)

브랭킷 배수층
(T = 30두께)

$\theta = 45° + \dfrac{\phi}{2}$

[그림] 표면배수 + 연직배수 + 물구멍 + 필터

불투수층

표면배수

불투수Block

연직(연속)배면배수층(T = 30cm)

Filter층 : WeepHole 막힘방지

Weep Hole배수공
수직수평 3m 간격

불투수층(SoilCement)

배수측구

배수Pipe(유공관)

불투수Block

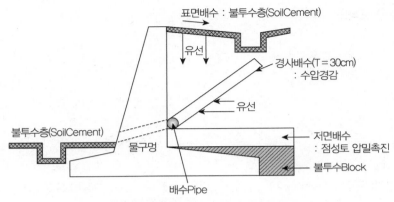

[그림] 표면배수＋경사배수＋물구멍＋저면배수

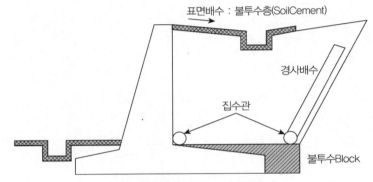

[그림] 지하수위 높은 곳 : 동상방지

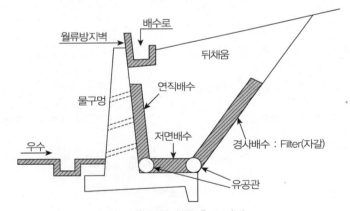

[그림] 복합방식 : 홍콩 사례

## 5. 필터 재료

미공병단(COE) 제안 필터 재료 요구 조건 만족

## 6. 옹벽 배면 배수재 설치에 따른 유선망과 수압분포

: 강우강도가 아주 커서 옹벽배면 지표면까지 지하수가 차올랐을 경우

1) 연직배수재 설치한 경우

   (1) 연직배수재(AB면)의 수압＝0
   (2) 파괴면(BC면)의 수압($u$) : 존재, 설계 시 수압 고려해야 함

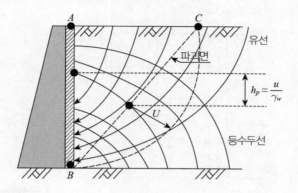

보충 그림 설명

1. 등수두선 : 손실 수두가 동일 한 위치를 그린선(전수두의 높이가 같은 위치의 연결선)
2. 전수두($H_t$)＝임의의 기준면에서 위치수두＋압력수두의 합
3. 압력수두＝Stand Pipe에서 파이프 속으로 올라간 수위 높이

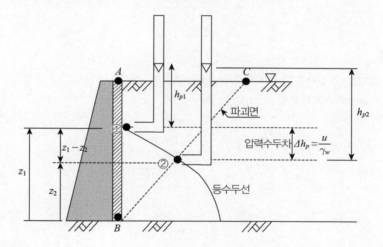

① 지점 전수두＝$z_1 + h_{p1}$

② 지점 전수두＝$z_2 + h_{p2}$

①, ②의 전수두는 동일하므로 $z_1 + h_{p1} = z_2 + h_{p2}$

∴ $z_1 - z_2 = h_{p2} - h_{p1} = \Delta h_p = \dfrac{u}{\gamma_w}$

2) 경사배수재 설치

   (1) 지하수가 존재해도 수압＝0

      지하수(유선)가 **경사배수재를 향하여 연직방향**으로 흐름

   (2) 설계 시 수압 **고려할 필요 없음**(비 고려)

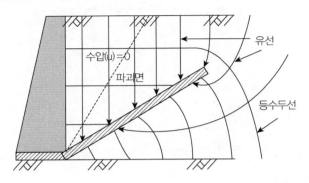

## 7. 맺음말

우리나라는 대부분 **연직배수공**을 설계시공하고 있음

외국(홍콩)의 경우 : 연직배수＋저면배수＋경사배수를 병행, 적용하고 있음

우리도 수압의 영향이 적은 **경사배수 채택**이 절실함

## ■ 참고문헌 ■

1. 김수삼 외 27인(2007), 건설시공학, 구미서관, pp.358~362.

2. 서진수(2006), Powerful 토목시공기술사(1, 2권), 엔지니어즈.

# 3-7. 석축붕괴원인과 대책

## 1. 석축의 정의

절성토 비탈면에 자연석을 쌓아 토사의 붕괴를 방지하는 구조물

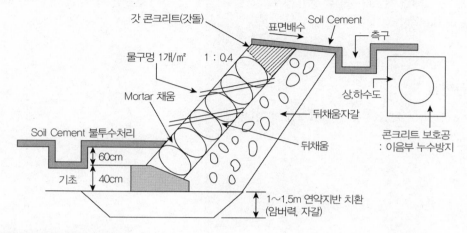

## 2. 석축의 붕괴 원인과 대책

| 시공단계 | 원인 | 대책 |
|---|---|---|
| 설계 | • 구배 불량<br>• 너무 높은 석축 | • 적정구배 및 높이 |
| 재료 | • 기초재료 불량<br>• 뒤채움재 불량 | 석축 높이에 따라<br>• 높은 석축 : 하층에 큰 돌 사용<br>• 높이 3m : 35cm<br>• 높이 3m 이상 : 40~45cm |
| 시공 | • 기초, 뒤채움 시공 불량<br>• 배수 불량 | • 기초 연약지반 안정처리<br>• 배수공(맹암거등) |
| 유지관리 | • 균열<br>• 배수공 막힘 | • 균열점검보수<br>• 배수공 상태 점검 |

## 3. 장마철 및 해빙기 석축 점검사항(Check Point)

| 점검 항목 | 상태 표시 |
|---|---|
| 석축 상부 균열, 구멍 | 유, 무 |
| 배수구멍 | 막힘 상태 |
| 석축 주변 구조물 변형 | 유, 무 |
| 석축 변형 | 유, 무 |
| 석축 뒤채움부의 상하수도 관로등의 누수 | 유, 무 |

## 4. 석축의 문제점에 대한 대안 공법

1) 경사가 급한 곳 : 석축 → 콘크리트 옹벽
2) 완경사 지역 : 석축 → Texsol 옹벽

## 5. 석축 붕괴 방지용 배면 배수공의 종류

1) 표면배수 : 지표수 침투 방지공

2) 간이배수공 : 배면 뒤채움 재료의 투수계수 클 때

3) 경사배수공 : 배면 재료가 불투수성인 경우

4) 연속배면 배수공


## ■ 참고문헌 ■

서진수(2006), Powerful 토목시공기술사(1, 2권), 엔지니어즈.

## 3-8. 대단위 단지공사에서 보강토 옹벽을 시공하고자 한다. 보강토 옹벽의 안정성 검토 및 코너(corner)부 시공 시 유의사항에 대하여 설명(96회)

- 보강토 옹벽의 안정검토 방법과 시공 시 유의사항 설명(109회, 2015년)
- 토목섬유보강재(지오그리드) 감소계수(110회 용어, 2016년 7월)

### 1. 보강토 옹벽의 원리

보강토 블록 배면 흙 속에 인장강도가 큰 강재 또는 합성섬유 보강재를 매설하여 응력전이에 의한 Arching 현상으로 토립자와 보강재의 마찰력을 발생시켜 횡 방향 변위를 구속하여 자중 및 외력에 대한 저항성을 증가시킨 옹벽

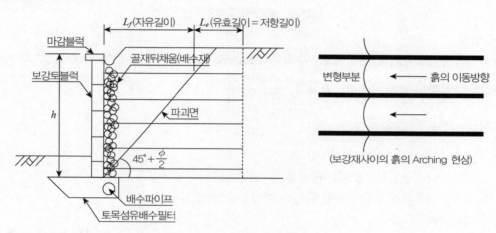

### 2. 안정성 검토(해석)와 파괴 유형

1) 내적 안정

(1) 보강토체가 흙과 보강재 사이의 **마찰력**에 의해 안정

보강띠 **인발**에 대한 안전율

$$F_s = \frac{보강띠의 마찰력}{보강띠 작용력}$$

(2) 보강재가 수평토압에 의해 유발된 **인장력**에 대해 파괴되지 않고 안정

보강띠 **절단**에 대한 안전율

$$F_s = \frac{보강띠의 항복강도}{보강띠 작용력}$$

(3) 자유길이 $L_f = h \cdot \tan\left(45 - \dfrac{\phi}{2}\right)$

(4) 파괴유형

**인발**파괴, **인장파괴**, **연결부** 파괴, **배부름**, **내부 활동**(흙과 보강재 사이의 활동)

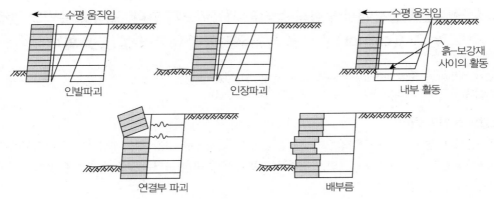

[그림] 내적안정성 파괴유형

## 2) 외적 안정

(1) 중력식 옹벽으로 가정, 전면벽체가 **수직**일 때 Rankine **토압**, **경사**진 경우 Coulomb **토압**으로 계산

(2) 활동(저부활동, 수평 움직임) : $F_s = \dfrac{저부 \, 마찰력}{수평력의 \, 합} > 1.5$

(3) 전도 : $F_s = \dfrac{저항모멘트}{전도모멘트} > 2.0$

(4) 지지력 및 침하(과다침하 및 부등침하)

① 구조적인 **허용침하량 초과변위** 발생 시 : 전면벽의 균열등 국부적 손상

② 옹벽길이에 대한 **부등 침하량 비율 1% 이상** : 지반개량실시

③ 허용변위각

ㄱ 판넬식 보강토 옹벽 : 1/500 정도

ㄴ 블록식 보강토 옹벽 : 1/200

ㄷ 용접철망 벽체 보강토 옹벽 : 1/50

(5) 사면안정(옹벽 전체의 전반 활동) : $F_s = \dfrac{저항모멘트}{전도모멘트} > 1.3$

최소안전율(설계안전율)＝1.3보다 작으면 보강재 길이 증가, 기초지반개량

(6) 액상화 검토 : 모래연약지반

(7) 측방유동 검토 : 점토연약지반

(8) 외적 안정성 유형

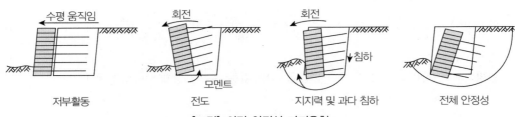

[그림] 외적 안정성 파괴유형

## 3. 코너(corner)부 시공 시 유의사항

1) 보강토 옹벽 시공 시 간과하기 쉬운 문제들(시공 시 유의사항)

   (1) 기초지반의 **침하평가**

   (2) **전반활동 평가**

   (3) 보강재의 **역학적 특성** : 기하학적 조건, 강도, 강성, 내구성, 재료의 종류(금속, 토목섬유보강재)

   (4) 보강토 옹벽의 **뒤채움** 사용 흙 : 투수성 양호한 사질토

   (5) **지하수** 처리 및 **수압**에 대한 고려

   (6) **코너부의 문제**(블록식 경우)

   ① 부분 파괴, 균열 발생 많은 부위

   ② 토압작용 방향이 엇갈려 구조물 거동이 복잡한 위치

   ③ 곡선부 : 옹벽에 따라 **축압축(내부 곡선), 축인장(외부 곡선)** 발생

2) 코너(corner)부 시공 대책

※ 보강재를 추가로 설치, 보강재가 겹치는 부분은 직접 닿지 않고, 보강재를 통해 응력이 분산되고, 흙을 보강하여 역학적으로 안정화시키는 기능을 하도록 보강재 사이 간격 8~20cm 이상의 흙이 있는 상태로 주의하여 다짐관리할 것

   (1) 곡선 코너부 대책

   ① 내부 곡선부(오목)

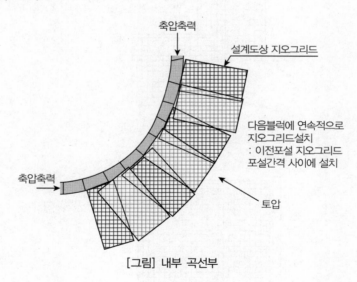

[그림] 내부 곡선부

② 외부 곡선부(볼록)

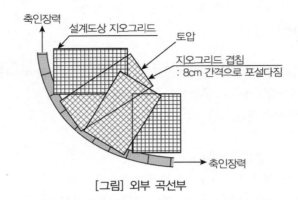

[그림] 외부 곡선부

(2) 우각(직각) 코너부

① 내부 코너 부분

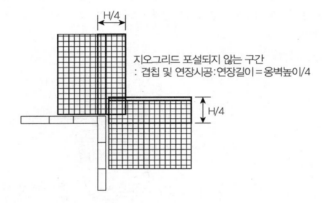

② 외부 코너 부분

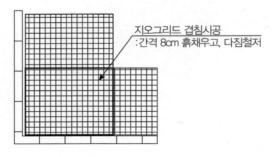

## 4. 토목섬유 보강재(지오그리드) 감소계수[2016년 7월 110회 용어]

1) 정의

　시공 중 입자크기가 큰 매립재 사용 시 시공 중 손상에 의한 보강재(지오그리드)의 강도감소 정도를 나타내는 계수로서 $RF_{ID}$로 표현한다. 입경이 클수록 $RF_{ID}$가 크고, 손상에 의한 강도감소가 커진다.

2) 보강토 옹벽 뒷채움 흙의 입경

　보강토 옹벽 설계지침상 19 mm 이하 사용

3) 실제 현장의 시공 실정

　(1) 보강사면 공법의 경우 현장 발생토의 유용성이 크므로 19mm 이상의 돌이 다량 함유된 입자 크기가 큰 매립재를 사용하는 경우가 많아 지오그리드의 강도감소를 유발시켜, 장기적인 보강토 구조물의 안정성을 위협함

　(2) 따라서 시공 중 손상에 의한 강도 감소계수를 신중히 고려해야 함

4) 지오그리드 시공 중 손상에 의한 강도 감소계수($RF_{ID}$)(조삼덕, 2001)

| 지오그리드 종류<br>성토재의 최대입경(mm) | 연성지오그리드 | 강성지오그리드(HDPE) |
|---|---|---|
| 40 | 1.35 | 1.10 |
| 60 | 1.55 | 1.15 |
| 80 | 1.70 | 1.20 |

■ 참고문헌 ■

김수삼 외 27인(2007), 건설시공학, 구미서관, pp.365~375, 385

# Chapter 04

# 사면안정

## 4-1. 사면안정화 공법을 위한 조사 및 사면안정성 평가(검토) 방법

### 1. 사면안정 해석 Flow

1) 사면안정 해석(검토) 순서(1안) : **설계 단계**에서 적용

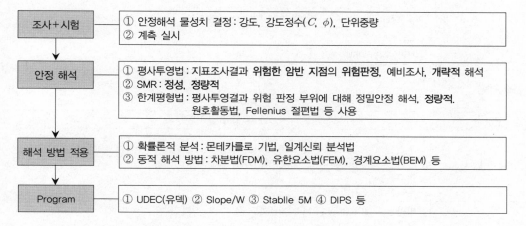

| | |
|---|---|
| 조사+시험 | ① 안정해석 물성치 결정 : 강도, 강도정수($C$, $\phi$), 단위중량<br>② 계측 실시 |
| 안정 해석 | ① 평사투영법 : 지표조사결과 위험한 암반 지점의 위험판정, 예비조사, 개략적 해석<br>② SMR : 정성, 정량적<br>③ 한계평형법 : 평사투영결과 위험 판정 부위에 대해 정밀안정 해석, 정량적.<br>　　　　　　원호활동법, Fellenius 절편법 등 사용 |
| 해석 방법 적용 | ① 확률론적 분석 : 몬테카를로 기법, 일계신뢰 분석법<br>② 동적 해석 방법 : 차분법(FDM), 유한요소법(FEM), 경계요소법(BEM) 등 |
| Program | ① UDEC(유덱) ② Slope/W ③ Stablle 5M ④ DIPS 등 |

2) 사면안정 해석(검토) 순서(2안) : **시공 중** 사면안정의 문제

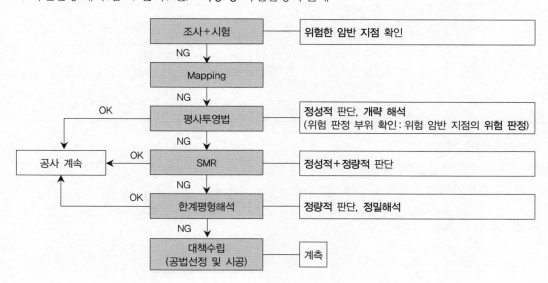

3) 사면안정 해석(검토) 순서(3안) : **시공 중** 사면안정의 문제

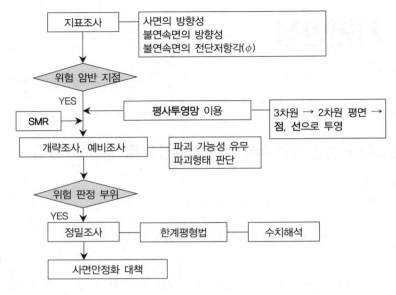

## 2. 조사와 시험

| 구분 | 조사 항목 및 내용 |
|---|---|
| 1. 지표지질조사 | 1. 지형<br>2. 암종<br>3. 불연속면 : 방향, 연속성, 강도, 충전물, 간격, 틈새, 투수도<br>4. 평사투영법<br>5. 물리탐사 : 전기비저항등 |
| 2. 시추조사 | 1. 암반분류 : TCR, RQD, RMR, Q, 풍화도, 균열계수, 절리 간격<br>2. SPT : N치<br>3. LU-Test(수압시험) 및 지하수위<br>4. 공내 검층 : BHTV, BIPS<br>5. 공내 재하 : 측압계수<br>6. 시료채취(Sampling) |
| 3. 현장시험 | 1. 강도 시험 : Schmidt Hammer(일축강도), Point Load Test(점하중)<br>2. 절리면 시험 : Tilt Test(경사각), Profile gauge(거칠기) |
| 4. 암석시험(실내) | 1. 일축압축강도 : 포아송비, 탄성계수, 탄성파속도, 비중, 흡수율<br>2. 삼축압축 : 강도정수($C, \phi$)<br>3. 절리면 전단시험 |

## 3. 사면의 안전율 개념

1) 전단강도에 대한 안전율 : **포화점성토**

   (1) 포화점성토의 마찰각 $\phi_u = 0$일 때 비배수 전단강도 $\tau_f = C_u$

   (2) 안전율 $F_s = \dfrac{\text{전단강도}}{\text{전단응력}} = \dfrac{\tau_f}{C_d} = \dfrac{C_u}{C_d}$

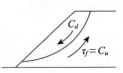

   ∴ 전단응력 $C_d = \dfrac{C_u}{F_s}$

2) 원호활동에 대한 안전율

   (1) $\phi = 0$(질량법 : Mass Procedure)

$$F_s = \frac{저항모멘트}{활동모멘트}$$

   (2) 절편법

3) 평면활동에 대한 안전율 : **암반사면**

$$F_s = \frac{저항력}{활동력}$$

## 4. 성토사면의 안정성(안전율) 기준

| 안전율($F_s$) | 안정성 |
|---|---|
| 1. $F_s \geq 1.5$ | 매우 안정 = 거의 안정 |
| 2. $F_s \geq 1.3 \sim 1.4$ | 보통 구조물, 성토 구조물 안정<br>수리구조물(댐, 제방) 불안정 |
| 3. $F_s \geq 1.2$ | 우기 시 안전율 |
| 4. $F_s \leq 1.0$ | 불안정, 한계(임계) 평형상태($F_s = 1$) |

## 5. 사면의 허용안전율 [구조물 기초 설계기준 : 지반공학회]

| 구분 | 절토사면 | | | 성토사면 |
|---|---|---|---|---|
| | 건기 | 우기 | 지진 시 | |
| $F_s$ | $F_s > 1.5$ | $F_s > 1.1 \sim 1.2$ | $F_s > 1.1 \sim 1.2$ | $F_s > 1.3$ |

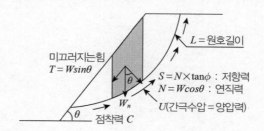

1) 건기 시 안전율 : $F_s = \dfrac{전단저항력 (강도)}{전단력 (활동력)} = \dfrac{CL + \sum\limits_{i=1}^{n} W_n \cos\theta \cdot \tan\phi}{\sum\limits_{i=1}^{n} W_n \sin\theta} \geq 1.5$

2) 우기 시 안전율 : 간극수압 고려 : $F_s = \dfrac{CL + \sum\limits_{i=1}^{n} (W_n \cos\theta - U)\tan\phi}{\sum\limits_{i=1}^{n} W_n \sin\theta} \geq 1.2$

## ■ 참고문헌 ■

1. 서진수(2006), Powerful 토목시공기술사(1, 2권), 엔지니어즈.
2. 서진수(2009), Powerful 토목시공기술사 단원별 핵심기출문제, 엔지니어즈.
3. 박영태(2013), 토목기사실기, 건기원.
4. 지반공학 시리즈 5(사면안정)(1997), 지반공학회.
5. 이승호, 암반사면해석, 건설기술교육원.
6. 한국암반공학회(2007), 사면공학, 건설정보사.
7. 배규진 외(2008), 사면공학실무, 예문사.
8. 이정인(2007), 암반사면공학, 건설정보사.
9. 정형식(2006), 암반역학, 새론.
10. 조태진 외(2008), 21C 암반역학, 건설정보사.

# 4-2. 사면안정 검토 방법의 종류와 한계평형이론

## 1. 사면안정 검토 방법의 종류

1) 평면활동 해석법 : ① Wedge(흙쐐기) : Culmann의 도해법 ② Sliding Block

2) 비원호활동 해석법 : ① Wedge(흙쐐기) ② Janbu

3) 원호활동 해석법

4) 한계해석법 : LRFD

5) 확률론적 해석

6) 수치해석법 : 유한요소해석(FEM), 유한차분법(FDM)

## 2. 한계평형이론(LEM)(임계평형 = 극한평형)

1) 한계평형이론의 정의

   (1) 사면안정 검토에서

$$\text{안전율 } F_s = \frac{\text{전단저항력(전단강도)}}{\text{활동력(전단응력 = 미끄러지는 힘)}} \text{으로 표현하는데}$$

   (2) 전단응력이 커져 **한계전단저항력**(임계전단저항력)에 도달하면 $F_s$ 는 1 이하로 되고 미끄러짐(활동=파괴) 발생함

   (3) 또는 전단저항력이 적어져서 **한계전단응력**(임계전단응력)에 도달하면 $F_s$ 는 1 이하로 되어 미끄러짐(활동=파괴) 발생함

2) 한계평형법(한계평형해석) 종류(1안)

| 번호 | (1) 질량법 | (2) 절편법(분할법) |
|------|-----------|-------------------|
| 1 | $\phi = 0$ 해석(Taylor 해법)<br>비배수조건 | Fellenius(Swedish Method)($\phi = 0$) |
| 2 | 마찰원법($\phi > 0$) | Bishop 간편법($C, \phi$ 해석법) |
| 3 | Cousins 도표법 | Janbu 방법 |
| 4 | | Morgenstern 방법 |
| 5 | | Spencer 방법 |

3) 한계평형법의 종류(2안)

| 구분 | 개념 | 종류 |
|------|------|------|
| 선형법<br>(Linear Method) | 1. 안전율 산정식이 선형의 형태<br>2. 사면의 기하학적 조건과 토질정수($C, \phi$)를 대입하여 직접 계산 가능 | 1. 무한사면해석법<br>2. Sliding Block or Wedge 해석법<br>3. $\phi_u = 0$법<br>4. Fellenius 법 : 절편법(분할법) |
| 비선형법<br>(Non-Linear Method) | 1. 안전율 산정식이 비선형 형태<br>2. 사면의 기하학적 조건과 토질정수만 대입하면 산정불가, 반복계산 필요 | 1. GLE(일반 한계평형법)<br>2. Bishop 간편법<br>3. Janbu 간편법, 정밀법<br>4. Spencer 법 |

## ■ 참고문헌 ■

1. 서진수(2006), Powerful 토목시공기술사(1, 2권), 엔지니어즈.
2. 서진수(2009), Powerful 토목시공기술사 단원별 핵심기출문제, 엔지니어즈.
3. 박영태(2013), 토목기사실기, 건기원.
4. 지반공학 시리즈 5(사면안정)(1997), 지반공학회.
5. 이승호, 암반사면해석, 건설기술교육원.
6. 한국암반공학회(2007), 사면공학, 건설정보사.
7. 배규진 외(2008), 사면공학실무, 예문사.
8. 이정인(2007), 암반사면공학, 건설정보사.
9. 정형식(2006), 암반역학, 새론.
10. 조태진 외(2008), 21C 암반역학, 건설정보사.

## 4-3. 원호파괴에 대한 사면 안전율 일반

### 1. 원호파괴 발생하는 토질(원형을 이루는 파괴면을 가지는 사면)

토질 역학적 접근방식으로 사면안정 해석 가능

**균질한 흙**으로 구성된 **유한사면**은 원형 파괴면을 가지므로 원호파괴 안정 해석을 실시

여러 가지 방법 중 **절편법**(Method of Slices)이 **실무에 널리 통용**되고 있음

1) 흙 사면

　사면 전체를 통한 최소 안전율을 나타내는 지점을 따라 자유롭게 파괴면 발생

2) 암반 사면

　불연속면(절리면)이 여러 방향으로 발달, 풍화가 심한 사면

　[암반사면의 파괴 형태 : 지질요인(불연속면)에 좌우 ∴ **평면, 쐐기, 전도** 파괴 발생]

### 2. 사면의 안정성 평가(판단)

사면 내 전단파괴가 가능한 면에서 **최대 전단강도**와 **전단응력**의 비로 평가

1) 안정성($F_s$) $= \dfrac{전단강도}{전단응력}$

2) 전단응력 < 전단강도 : **안정**

3) 가정 : 안전율이 **전체 파괴면**에 걸쳐 **일정** [실제는 지점마다 다름]

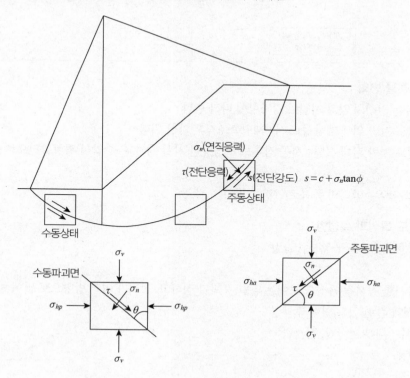

4) 예상 파괴면 : **최소 안전율** 가지는 면 [등 안전율 선으로 구함]

**실제 사면 안전율을 구하는 방법**

(1) 실제 파괴면은 사전에 알 수 없으므로
(2) 시행 착오법(반복계산)으로 최소 안전율을 갖는 활동면 찾음
　①Block 활동원 중심 결정 : **안전율 격자망** 만들고
　　→ 각 격점에 그 점을 중심한 활동원의 안전율 기입하고
　②**등치 곡선**(등 안전율선) 그린다.
　③**임계원**을 찾음(최소 안전율 구함)
　④ 반경($R$)은 미리 규정해둔다.

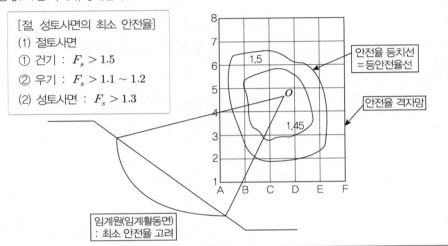

[절, 성토사면의 최소 안전율]
(1) 절토사면
① 건기 : $F_s > 1.5$
② 우기 : $F_s > 1.1 \sim 1.2$
(2) 성토사면 : $F_s > 1.3$

안전율 등치선
=등안전율선

안전율 격자망

임계원(임계활동면)
: 최소 안전율 고려

## 3. 사면의 안전율 변화

1) 사면안전율은 일정치 않고 시일이 경과함에 따라 변함
　(1) 포화 점토 지반 위에 제방성토 시 : 제방축조직후 가장 위험
　(2) 포화 점토 지반 절개 사면 : 시공 직후보다 상당한 시일 경과 후 수압이 평형조건으로 돌아왔을 때
　　위험
2) 암반 사면의 경우 : 암석의 풍화로 안전율 저하

## 4. 지반의 강도 특성과 측정법

1) 원호파괴 발생 사면을 구성하는 물질
　(1) 흙
　(2) 흙과 유사한 공학적 특성을 보이는 암반(풍화가 심하고, 절리가 여러 방향으로 많이 발달한 사면)
2) 사면안정성과 관련 있는 역학적 특성
　(1) 강도정수 : 내부 마찰각, 점착력
　(2) 단위중량

3) 흙의 전단강도

   (1) 전응력 : $S = c + \sigma \tan\phi$

   (2) 유효응력 : $S = c' + \sigma' \tan\phi'$

$$= c' + (\sigma - u) \tan\phi'$$

4) 전단강도 정수 측정법(시험법)

   (1) 직접전단 : 간편하지만 배수조건 조절 곤란, 간극수압 측정 불가

   (2) 삼축시험 : 주응력과 배수조건 조절 가능, 간극수압 측정 가능

   (3) 현장시험 : 불교란 시료 채취 곤란한 사질토 지반에 유효, 표준관입시험, 콘관입시험

■ 참고문헌 ■

1. 서진수(2006), Powerful 토목시공기술사(1, 2권), 엔지니어즈.
2. 서진수(2009), Powerful 토목시공기술사 단원별 핵심기출문제, 엔지니어즈.
3. 박영태(2013), 토목기사실기, 건기원.
4. 지반공학 시리즈 5(사면안정)(1997), 지반공학회.
5. 이승호, 암반사면해석, 건설기술교육원.
6. 한국암반공학회(2007), 사면공학, 건설정보사, pp.201~224.
7. 배규진 외(2008), 사면공학실무, 예문사.
8. 이정인(2007), 암반사면공학, 건설정보사.
9. 정형식(2006), 암반역학, 새론.
10. 조태진 외(2008), 21C 암반역학, 건설정보사.

## 4-4. 포화 점토 지반 위 제방성토 시 사면안전율 변화

### 1. 개요

포화 점토 지반 위 제방성토 시 가장 위험한 순간은 제방 축조 직후임

### 2. 안전율 변화 [P점]

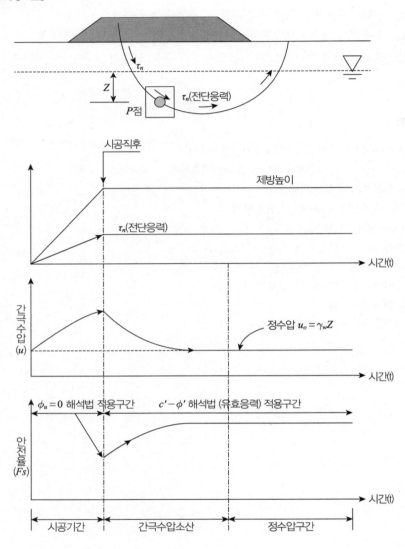

### ■ 참고문헌 ■

1. 한국암반공학회(2007), 사면공학, 건설정보사, pp.201~224.
2. Bishop and Bjerrum(1960).

## 4-5. 사면안정 검토 한계평형법 중 $\phi = 0$(질량법 : Mass Procedure)법과 비배수전단강도($S_u$ 또는 $C_u$로 표현) [원호활동에 대한 안전율 검토]

### 1. 개요

1) 원호활동

  **균질한 흙**으로 구성된 **유한사면**은 원형 파괴면을 가지므로 원호파괴 안정 해석을 실시한다.

2) 원호 활동법 중에서 **비배수 조건**의 **균질한 토질**의 **흙 사면** 등에서 안정 검토 방법 [Skempton이 발표, 완전 포화된 균질성 점성토 사면, 비배수 상태, 구조물 시공 직후의 안정 검토, 전응력 해석]

3) **내부 마찰각($\phi$)=0**인 경우(주로 점토사면 : 포화상태)로서 **전단파괴 이론**(마찰 이론 및 모어 쿨롱 이론)으로는 해석이 되지 않으므로 **질량에 의한 모멘트 힘**으로 해석하는 것

  즉, 전단강도식 $S = C + \sigma_n \tan\phi$에서 **연직응력**($\sigma_n$ : 수직응력=Normal stress)과 **관계없는 성분**(점착력 $C$)만 있고 **관계있는 성분**(마찰력 성분 : $\sigma_n \tan\phi$)이 없는 조건임

4) $\phi = 0$ 해석 시에는 **비배수 전단 강도**($S_u$ 또는 $C_u$로 표기) 사용함

### 2. 해석 방법

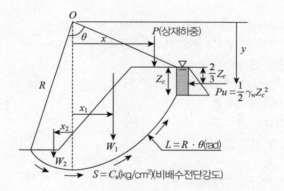

1) 활동 Moment($M_d$) : $M_d = P \times x + W_1 \times x_1 - W_2 \times x_2 + P_u \times y$

$$[\text{인장균열 내 수압 } P_u = \frac{1}{2}\gamma_w Z_c^2 \text{ 고려}]$$

2) 저항 Moment($M_r$) : $M_r = L \times c_u \times R = R \times \theta \times c_u \times R = R^2 \times \theta \times c_u$

$$[\text{전단강도 } S = c + \overline{\sigma}\tan\phi \text{에서 } \phi_u = 0 \text{이므로 } S = C_u \text{가 됨}]$$

3) 안전율 : $F_s = \dfrac{M_r(\text{저항모멘트})}{M_d(\text{활동모멘트})} > 1.3 \sim 1.5$

### 3. 적용

1) 순수 **점토 지반**

2) **포화된 일반 흙**(포화점토 : 여기서 점토는 보통 일반 흙을 지칭함)

* 사용강도정수 ⇒ 현장 상태(배수조건)에 따라 변함
  - $S = C_u$ [포화점토]
  - $S = C_u + \sigma\tan\phi$ [불포화점토]

① 불포화 : $C_u$, $\phi_u$
② 포화 : $\phi = 0$

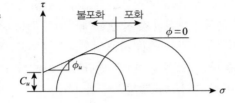

# ■ 참고문헌 ■

1. 한국암반공학회(2007), 사면공학, 건설정보사, pp.201~224.
2. Bishop and Bjerrum(1960).
3. 서진수(2006), Powerful 토목시공기술사(1, 2권), 엔지니어즈.
4. 서진수(2009), Powerful 토목시공기술사 단원별 핵심기출문제, 엔지니어즈.
5. 박영태(2013), 토목기사실기, 건기원.
6. 지반공학 시리즈 5(사면안정)(1997), 지반공학회.
7. 이승호, 암반사면해석, 건설기술교육원.
8. 배규진 외(2008), 사면공학실무, 예문사.
9. 이정인(2007), 암반사면공학, 건설정보사.
10. 정형식(2006), 암반역학, 새론.
11. 조태진 외(2008), 21C 암반역학, 건설정보사.

# 4-6. 사면안정 해석의 전단파괴 이론(마찰 이론 및 모어 쿨롱 이론)

## 1. 단일 Block의 파괴(미끄러짐) 메커니즘

전단응력($T$)이 임계 [한계]전단저항($N$)에 도달하면 전단파괴 발생

[Terzaghi의 마찰 이론] : 강체운동(미끄러짐과 저항관계), 정역학적 평형

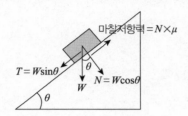

> $N = W\cos\theta$  : 연직력
> $T = W\sin\theta$  : 미끄러지는 힘=활동력=전단응력
> 극한평형상태(한계평형상태)
> ① $T = N$ ② $W\cos\theta = W\sin\theta$

1) 미끄러지는 힘(전단력)($T$)이 임계전단저항($N$)에 도달하면 전단파괴 발생

2) 마찰저항력=연직력×마찰계수= $N \times \mu$

3) 안전율($F_s$) : $F_s = \dfrac{\text{마찰저항력}}{\text{미끄러지는 힘}} = \dfrac{N \times \mu}{T} = \dfrac{W\cos\theta \times \mu}{W\sin\theta}$

## 2. Mohr's Law : 전단강도 $s = f(\sigma_n)$ : 연직력($\sigma_n$)의 함수

## 3. Mohr-Coulomb 이론 : 실제의 흙의 $C$(점착력), $\phi$(내부마찰각) 고려

1) 전단강도 $s = c + \sigma\tan\phi$

2) 전체 전단 저항력 ($\sum S$)

$\quad \sum S = A \cdot s$

$\quad$ 즉,

$\quad \sum S = cA + \sigma A\tan\phi$

$\qquad = cA + N \cdot \tan\phi$

$\qquad = cA + W\cos\theta \cdot \tan\phi \; [\because \sigma = \dfrac{N}{A}]$

3) 안전율 : $F_s = \dfrac{\text{전체 전단저항력}}{\text{전단력(미끄러지는 힘)}} = \dfrac{cA + W\cos\theta \cdot \tan\phi}{W\sin\theta}$

## 4. 전단응력($\tau$)과 전단강도($s$)

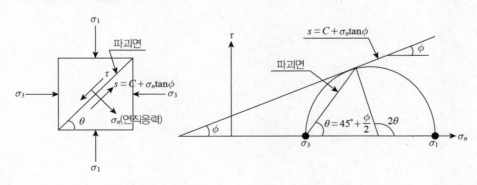

## ■ 참고문헌 ■

1. 한국암반공학회(2007), 사면공학, 건설정보사, pp.201~224.
2. Bishop and Bjerrum(1960).
3. 서진수(2006), Powerful 토목시공기술사(1, 2권), 엔지니어즈.
4. 서진수(2009), Powerful 토목시공기술사 단원별 핵심기출문제, 엔지니어즈.
5. 박영태(2013), 토목기사실기, 건기원.
6. 지반공학 시리즈 5(사면안정)(1997), 지반공학회.
7. 이승호, 암반사면해석, 건설기술교육원.
8. 배규진 외(2008), 사면공학실무, 예문사.
9. 이정인(2007), 암반사면공학, 건설정보사.
10. 정형식(2006), 암반역학, 새론.
11. 조태진 외(2008), 21C 암반역학, 건설정보사.

# 4-7. 절편법(분할법)(Method of Slices)

## 1. 개요

균질한 **흙**으로 구성된 **유한사면**은 원형 파괴면을 가지므로 원호파괴 안정해석을 실시한다. 여러 가지 방법 중 **절편법**(Method of Slices)이 **실무에 널리 통용**되고 있다.

## 2. 절편법의 종류

절편법은 절편에서의 평형방정식의 수보다 절편에 작용하는 힘들이 더 많아서 **정역학적으로 풀이가 불가능**하여 **부정정 차수만큼 가정**을 설정한다. 가정 설정방법에 따라 절편법의 종류가 구분된다.

1) Fellenius 방법(일반적인 절편법)
   (1) 가정
      절편의 양쪽에 작용하는 힘의 합력＝0
      ① 연직방향의 합력(수직력)(양측면상의 전단력의 합력)＝0 : $X_1 - X_2 = 0$
      ② 수평방향의 합력(양측면상의 수직력의 합력)＝0 : $E_1 - E_2 = 0$
   (2) 계산 간단
2) Bishop 방법(간편법)
   (1) 가정
      연직방향의 합력(수직력)(양측면상의 전단력의 합력)＝0 : $X_1 - X_2 = 0$
   (2) 계산 복잡
3) 기타
   Janbu, Morgenstern and Price, Spencer

## 3. 절편법에 의한 사면안정 해석법 [안전율 식의 유도 과정]

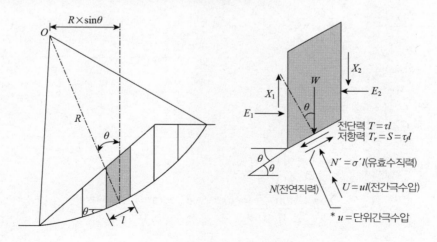

1) 모멘트 평형 고려한

안전율 $F_s = \dfrac{M_R}{M_D}$

$$= \dfrac{R\sum(c' + \sigma'\tan\phi')l}{R\sum W\sin\theta} = \dfrac{\sum(c' + \sigma'\tan\phi')l}{\sum W\sin\theta} = \dfrac{\sum c'l + \sum N' \times \tan\phi'}{\sum W\sin\theta}$$

[여기서 $N' = N - U$ 이고, $\sigma' = \sigma - u$, 전단강도 $\tau_f = c' + \sigma'\tan\phi'$]

(1) 절편 측면의 작용외력의 모멘트는 상쇄

(2) 활동모멘트 $M_D = \sum W \times R\sin\theta = R\sum W \times \sin\theta$

(3) 저항모멘트 : 절편바닥에 작용하는 전단력의 반대방향으로 저항력 작용(한계평형법의 개념)

$\quad M_R = \sum T_f \times R = R \times \sum \tau_f l = R \times \sum(c' + \sigma'\tan\phi')l$

$\quad$ 전단강도 $\tau_f = c' + \sigma'\tan\phi'$

(4) $N' = \sigma'l$(유효수직력) 계산을 위한 가정 설정에 따라 절편법의 종류가 구분됨

2) 일반적인 절편법(Fellenius 방법) 해석방법의 안전율 [Terzaghi의 마찰 이론 방법]

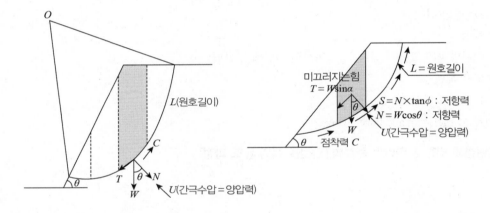

미끄러지는 힘(전단력) : $T = W\sin\theta$
연직력 : $N = W\cos\theta$
저항력 : $S = C \times l + N \times \tan\phi$
$\qquad\quad = C \times l + W\cos\theta \times \tan\phi$

(1) 건기 시 안전율 : $F_s = \dfrac{\text{전단저항력(강도)}}{\text{전단력(활동력)}}$

$$= \dfrac{\sum cl + \tan\phi\sum W\cos\theta}{\sum W\sin\theta} = \dfrac{cL + \tan\phi\sum W\cos\theta}{\sum W\sin\theta} \geq 1.5$$

(2) 우기 시 안전율 : 간극수압 고려

$$F_s = \frac{\sum c'l + \tan\phi' \sum(W\cos\theta - ul)}{\sum W\sin\theta}$$

$$= \frac{c'L + \tan\phi' \sum(W\cos\theta - ul)}{\sum W\sin\theta} = \frac{c'L + \tan\phi' \sum(W\cos\theta - U)}{\sum W\sin\theta} \geq 1.2$$

## ■ 참고문헌 ■

1. 한국암반공학회(2007), 사면공학, 건설정보사, pp.201~224.
2. 서진수(2006), Powerful 토목시공기술사(1, 2권), 엔지니어즈.
3. 서진수(2009), Powerful 토목시공기술사 단원별 핵심기출문제, 엔지니어즈.
4. 조태진 외(2008), 21C 암반역학, 건설정보사.
5. 박영태(2013), 토목기사실기, 건기원.
6. 지반공학 시리즈 5(사면안정)(1997), 지반공학회.
7. 이승호, 암반사면해석, 건설기술교육원.
8. 배규진 외(2008), 사면공학실무, 예문사.
9. 이정인(2007), 암반사면공학, 건설정보사.
10. 정형식(2006), 암반역학, 새론.

## 4-8. Culmann의 도해법(평면파괴면을 갖는 유한사면의 해석)

### 1. 개요
균질한 흙으로 된 평면 파괴면을 갖는 유한사면의 안정해석법

### 2. 해석법

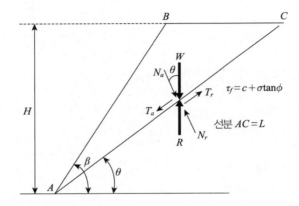

1) 쐐기의 무게(W)

   흙쐐기 삼각형의 면적(ABC)× 1× 단위중량($\gamma$)

2) 전단력 : 흙쐐기 무게(W)의 접선성분(선분 AC에 대해)

   $T_a = W\sin\theta$

3) 연직력 : 흙쐐기 무게(W)의 법선성분(선분 AC에 대해)

   $N_a = W\cos\theta$

4) 저항력

   $T_r = c(점착력) \times 선분 AC + N_a \times \tan\phi$

   $\quad = cL + N_a\tan\phi$

5) 안전율 $F_s = \dfrac{저항력}{전단력} = \dfrac{T_r}{T_a} = \dfrac{cL + W\cos\theta \times \tan\phi}{W\sin\theta}$

6) 한계고

   $H_c = \dfrac{4c}{\gamma}\left[\dfrac{\sin\beta \cdot \cos\phi}{1 - \cos(\beta - \phi)}\right]$

### ■ 참고문헌 ■

박영태(2013), 토목기사 실기, 건기원, p.173.

# 4-9. 산사태의 정의, 원인 및 대책

## 1. 산사태의 정의

1) 사면의 종류

  (1) **자연사면** : 산지, 구릉지의 경사면

   자연사면의 일부에 절, 성토를 실시한 인공적 사면이 일부 존재해도 본래의 자연사면의 특성을 가지고 있는 사면

  (2) **인공사면** : 비교적 평탄한 지역에 도로, 댐 등의 흙 구조물을 축조하는 과정에서 순전히 인공적으로 생성된 성토 경사면

2) 사면붕괴에 의한 자연재해의 종류

  (1) **산사태** : 자연사면에 발생된 경사면붕괴

  (2) **사면파괴** : 인공사면에 발생된 경사면붕괴

3) 붕괴가 발생하는 **시간적 차원**의 산사태(자연사면의 붕괴) 형태

  (1) Land Slide : 사면의 이동이 급격히 발생하는 경우, 일반적으로 인식되는 산사태, 협의의 산사태, 예측 곤란

  (2) Land Creep : 장시간에 걸쳐 사면이 서서히 이동하는 형태, 관측 가능

## 2. 산사태 발생원인 [내적요인과 외적요인]

  1) 외적요인(직접적 요인) : 강우, 융설, 지하수, 지진, 하천, 해안의 침식 등 직접적 동기

  2) 내적요인(잠재적 요인) : 지질, 토질, 지질구조, 지형의 취약성

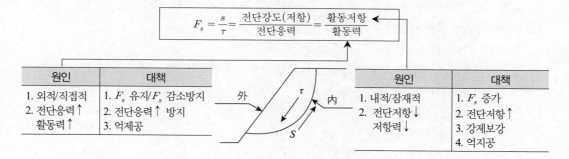

| 원인 | 대책 |
|---|---|
| 1. 외적/직접적 | 1. $F_s$ 유지/$F_s$ 감소방지 |
| 2. 전단응력↑ 활동력↑ | 2. 전단응력↑ 방지 |
| | 3. 억제공 |

| 원인 | 대책 |
|---|---|
| 1. 내적/잠재적 | 1. $F_s$ 증가 |
| 2. 전단저항↓ 저항력↓ | 2. 전단저항↑ |
| | 3. 강제보강 |
| | 4. 억지공 |

## 3. 외적요인

1) 자연적 유인 : 물의 영향

※ 2가지 현상은 동시에 발생

2) 인위적인 유인

  (1) 사면 절성토로 사면 내의 응력 변화 : **철도, 도로 건설**

  (2) **절토** : 전단 저항 저하

(3) **성토** : 성토 하중 증가로 활동력 증대

(4) 산사태 위험 지구에 **터널 건설**

(5) **댐 건설**에 의한 담수에 의한 **지하수위 변화**

(6) 인위적인 **지형 변화**에 의한 **지하수위 변화**

## 4. 내적요인

1) 지질, 토질, 지질구조상 조건 : 산사태가 일어나기 쉬운 지질

    (1) 제3기층 : 연암, 암석생성시대 새롭고, 고결도 불충분, 함수율 큼(15~20%), 상당한 깊이까지 풍화
        가 진행되어 점토화하는 성질 있음(일본)

    (2) 파쇄대 : 지질구조선, 단층선에 따라 암석이 파괴되는 지대(일본)

    (3) 온천지 : 화산암류의 변질에 의한 점토화

2) 지형상 소인

    (1) 조개껍질을 엎어 놓은 형태

    (2) 하천, 해안의 침식작용으로 사면선단의 세굴

## 5. 사면안정 해석법

※ 많은 방법이 있으나 대부분 한계 평형법으로 해석함

1) 한계평형 이론(한계평형법)

    (1) 활동토괴가 **한계평형상태**(임계평형상태＝극한평형상태)에 있을 때를 가정, 활동력(활동모멘트)
        과 저항력(저항모멘트)을 비교하여 사면안정 여부를 판단하는 것. 즉, 가상파괴면 상부의 활동토
        괴에 대해서 평형조건과 파괴기준을 적용시켜 안정 해석을 실시하는 것

    (2) 한계평형법에 의한 사면안정 해석 시 가정

        ① 흙은 Mohr-Coulomb의 파괴기준을 만족하는 재료이다.

        ② 강도의 점착력 성분과 마찰력 성분에 의한 안전율은 동일하다.

        ③ 전 절편에 대한 안전율은 동일하다.

    (3) 한계평형법 적용의 문제점

        ① 사면안전율 산정에 대한 가정이 불합리

        ② 흙의 강도에 변형 미고려 : 변형에 따라 첨두강도, 한계강도, 잔류강도로 구분됨

        ③ 각 절편의 절편력 산정이 어려움 : 절편력은 부정정, 정확한 결정이 어려움

    (4) 안전율 산정식

$$F_s = \frac{S(전단강도)}{\tau(전단응력)}$$

    ※ 상기가정 (1), (2) 조건하에 성립, 실제 가정의 성립에 다소 무리가 있음

2) 산사태 발생 Mechanism(원인) 및 안정해석법

    (1) **원호활동 사면**의 산사태 발생 메커니즘

        ① 산사태의 안전율은 파괴면 하부에 작용하는 **피압지하수**에 의한 **양압력**(Up Lift Pressure) 크기

에 의해 좌우됨

② 산사태 발생 메커니즘

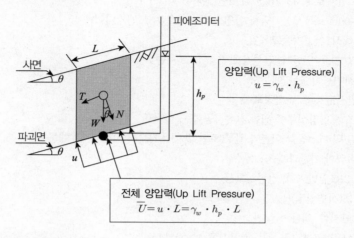

ⓐ 전단력 $T = W\sin\theta$

ⓑ 전단저항력 $S = CL + (N - \overline{U})\tan\phi = CL + (W\cos\theta - \overline{U})\tan\phi\ [\because N = W\cos\theta]$

ⓒ 안전율 $F_s = \dfrac{S}{T} = \dfrac{CL + (W\cos\theta - \overline{U})\tan\phi}{W\sin\theta}$

(2) **암반사면(평면파괴)**의 산사태 발생 메커니즘

① 암반(사면) 내 **지하수**(비배수 상태 암반 사면) 및 **인장균열 내 수압** 작용으로 산사태 발생함

② 산사태 발생 메커니즘 및 안정 해석

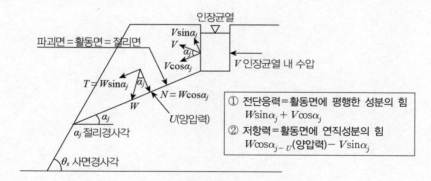

$$\therefore\ \text{안전율} = \frac{\text{저항력}}{\text{전단력}} = \frac{CA + (W\cos\alpha_j - U - V\sin\alpha_j)\cdot\tan\phi}{W\sin\alpha_j + V\cos\alpha_j}$$

[그림] 암반사면의 평면파괴(활동) Modeling

# ■ 참고문헌 ■

1. 서진수(2006), Powerful 토목시공기술사(1, 2권), 엔지니어즈.
2. 서진수(2009), Powerful 토목시공기술사 단원별 핵심기출문제, 엔지니어즈.
3. 이승호, 암반사면해석, 건설기술교육원.
4. 한국암반공학회(2007), 사면공학, 건설정보사.
5. 배규진 외(2008), 사면공학실무, 예문사.
6. 이정인(2007), 암반사면공학, 건설정보사.
7. 김수삼 외 27인(2007), 현장실무를 위한 건설시공학, 구미서관.
8. 이춘석(2005), 토질 및 기초공학 이론과 실무(토질 및 기초기술사 시험대비), 예문사.
9. 김상규(1997), 토질역학 이론과 응용, 청문각.
10. 조태진 외(2008), 21C 암반역학, 건설정보사.
11. 지반공학 시리즈 5(사면안정)(1997), 지반공학회.
12. 정형식(2006), 암반역학, 새론.
13. 권현호, 남광수(2008), 광해방지공학, 동화기술, pp.33~40.
14. 지반공학 시리즈 5(사면안정)(1997), 지반공학회.

## 4-10. 평사투영법(Streo Graphic) 이해를 위한 관련 용어 설명
### [경사진 지질구조 = 사면, 불연속면 = 절리의 지질 용어, 기하학적 용어]

### 1. 면 구조 투영과 선 구조 투영의 기하학적 용어 [작도원리]

1) 면 구조와 선 구조의 비교

| 구분 | 면 구조 | 선 구조 |
|------|---------|---------|
| 정의 | 공간적으로 면을 나타내는 지질 구조 | 공간 속에서 선으로 나타나는 지질 구조 |
| 종류 | 1. 불연속면 : 절리, 단층, 층리, 엽리 등<br>2. 절취사면 | 1. 단층　　　　　2. Slicken Side<br>3. 습곡축　　　　4. 터널 축<br>5. 광물편향배열　6. 시추공 |

2) 면 구조(사면, 불연속면) 기하학적 용어

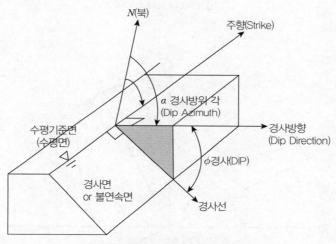

[그림] 면 구조의 기하학적 용어

① 주향 : 수평면에서 관측할 수 있는 사면의 궤적(수평면과 경사면의 교선 궤적)
② 경사방향 : 경사선의 수평 궤적
③ 경사방향각 : 북에서 시계방향 측정
④ 경사 : 수평면과 경사면의 최대 경사각(진경사)
⑤ 주향과 경사방향 : 직각
⑥ 주향과 경사선 : 직각

## 2. 평사투영의 기본 원리 및 투영 작도 원리(등각 투영법)

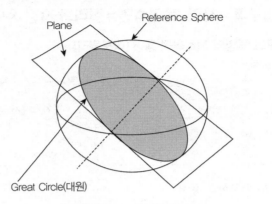

[그림] Reference Sphere

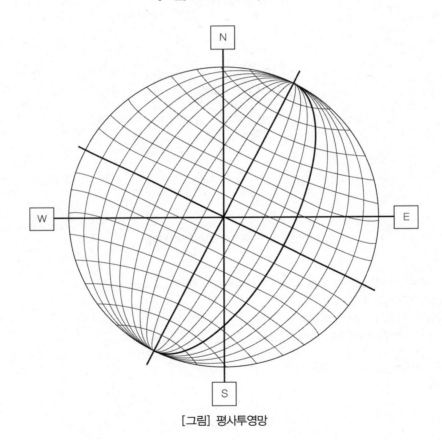

[그림] 평사투영망

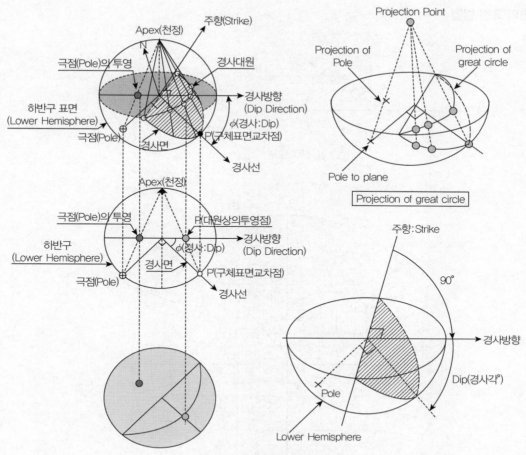

[그림] 면 구조 투영 기본원리

1) 대원(Great Circle)

　구면체의 중심을 통과하는 **면이 구체 표면**과 만나는 **교차점의 투영점**을 연결한 선 : 면을 직접 투영

2) 극점(Pole)

　구면체의 중심에서 O점을 지나는 **경사면**에 **직각인 수선**이 **구체 표면**과 만나는 점

3) 극점의 궤적 : 극점의 투영점, 면과 수직관계인 극점 투영

## 3. 면의 표현 방법

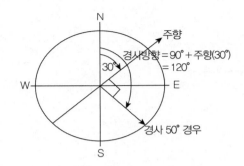

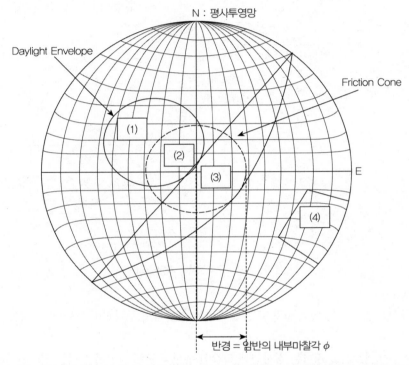

| 구분 | 주향/경사 | 경사방향/경사 또는 경사/경사방향 |
|---|---|---|
| 표현방법 | N30E/50SE | 120(3자리)/50(2자리) [∵ 경사방향＝주향＋90°] |
| 적용성 | 지질 전문가가 주로 사용 | 1. 평사투영법 안정해석 프로그램 사용 시 대량의 컴퓨터 해석 시, 간결, 편리함<br>2. 사면 형상 계산 용이함 |

[그림] 평사투영망(Streo Net)

# ■ 참고문헌 ■

1. 한국암반공학회(2007), 사면공학, 건설정보사, pp.201~224.
2. 서진수(2006), Powerful 토목시공기술사(1, 2권), 엔지니어즈.
3. 서진수(2009), Powerful 토목시공기술사 단원별 핵심기출문제, 엔지니어즈.
4. 조태진 외(2008), 21C 암반역학, 건설정보사.
5. 박영태(2013), 토목기사실기, 건기원.
6. 지반공학 시리즈 5(사면안정)(1997), 지반공학회.
7. 이승호, 암반사면해석, 건설기술교육원.
8. 배규진 외(2008), 사면공학실무, 예문사.
9. 이정인(2007), 암반사면공학, 건설정보사.
10. 정형식(2006), 암반역학, 새론.
11. 권현호, 남광수(2008), 광해방지공학, 동화기술, pp.33~40.

## 4-11. 평사투영법(Streo Graphic)에 의한 암반 절취사면 안정성 판단 방법 [암반사면의 붕괴 형태]

### 1. 평사투영법에 의한 암반사면의 안정성 판단 방법 Flow

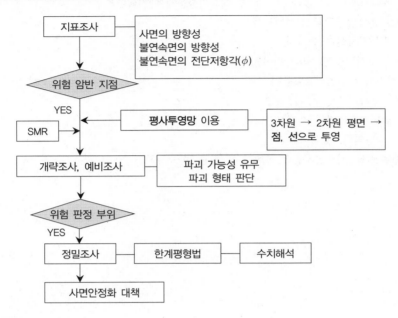

### 2. 평사투영법의 정의

절리면, 단층면 등의 **3차원적인 형태**를 불연속면의 주향과 경사를 측정하여 ⇒ 절리면(불연속면=파괴면)의 Pole(극점)을 2차원적인 **평면**인 Streo Net(투영망)에 투영하여 ⇒ 불연속면의 극점의 밀도 분포를 작성한 후 ⇒ 절취면(사면)의 **주향, 경사**, 암반의 **내부마찰각($\phi$) 3요소로 암반사면의 안정성을 평가하**는 방법임

### 3. 필요한 사항

1) 절취사면의 주향, 경사 : 도면, 도상 이용
2) 불연속면(절리)의 주향, 경사 측정
   (1) Clino Compass
   (2) BHTV(Bore Hole Televiewer : 시추공 내 텔레뷰어)
   (3) BIPS(Bore Hole Image Processing System : 시추공 영상 촬영)
3) 불연속면의 전단 저항각 : 내부마찰각($\phi$)
   (1) Tilt 시험(경사도 시험)
   (2) 절리면 전단시험 : 현장 ,실내
   (3) **Barton 경험식**(절리면의 전단강도식) 이용 : **거칠기 효과 배제**

$$\text{최대전단강도 } \tau = \sigma \cdot \tan\left(JRC \cdot \log\frac{JCS}{\sigma} + \phi_b\right)$$

① 최대마찰각 $\phi' = JRC \cdot \log\dfrac{JCS}{\sigma} + \phi_b$

② JRC(Joint Roughness Coefficient : 거칠기계수) : Profile Gage로 측정

③ JCS(Joint Wall Compressive Strength : 절리면 압축강도) 측정 : Schmidt Hammer, Point Load Test (점하중시험), 일축압축강도시험

④ $\sigma$ : 유효수직응력($\sigma_n$으로도 표시)

⑤ $\phi_b$ : 기본 마찰각(절리면의 거칠기 효과 고려하지 않은 마찰각)

(4) **Barton & Chouby 식 : 거칠기 효과 고려**

$$\tau_p = \sigma_n \cdot \tan\left[JRC \cdot \log\frac{JCS}{\sigma_n{'}} + \phi_r\right]$$

여기서) $\phi_r$ : 잔류마찰각

(5) **Patton의 2중 선형 관계식**

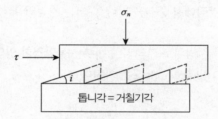

[그림] Saw Tooth Model

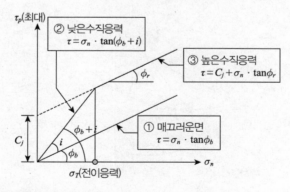

## 4. 평사투영에 의한 안정성 평가 방법, 순서

1) 불연속면 조사

2) 불연속면의 Pole(극점)의 밀도 분포도 작성

3) 사면(절취면)의 대원 작성

4) 사면(절취면)에 대한 Daylight Envelope 작성 : 평면, 쐐기파괴 불안정 영역

5) Friction Cone(마찰각원) 작도 : 파괴에 대한 안정 영역

6) Toppling Zone 작도 : 전도파괴 불안정 영역

## 5. Daylight Envelope 작도 : Markland가 제안

1) Daylighting

    (1) 사면(절취면)의 경사각($\theta_s$) > 불연속면(절리면)의 경사각($\alpha_j$) → **불연속면이 사면에 노출**

    (2) Daylighting 사면 모식도

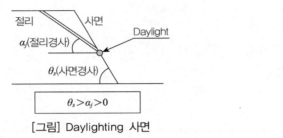

| [그림] Daylighting 사면 | [그림] Daylighting 발생 없음 |

2) Daylight Envelope 작도

    (1) 사면 대원(Great circle)의 각점에서 중심을 지나 90°되는 지점의 궤적(Pole) : 대원 각점의 Pole을 작도한 것

    (2) 절취사면의 경사각보다 작은 범위로 그려지며 **내부는 불안정한 영역**이 됨

    (3) 사면의 경사각이 클수록 Daylight Envelope는 커진다.

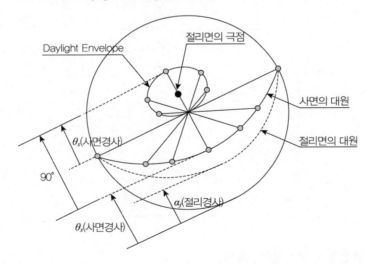

[그림] Daylight Envelope 작도

## 6. Toppling Envelope 작도

1) 절취 경사면의 대원 작도

2) 대원+마찰각($\phi$) 반영한 대원 작도

3) 경사방향 양쪽에 ±10°의 소원작도

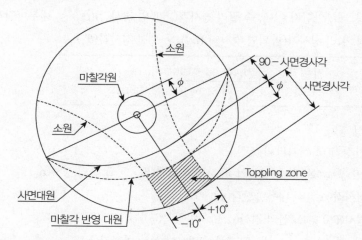

## 7. 안정성 판단(평가) : 평사투영에 의한 안정성 평가 방법

[그림] Daylighting 사면

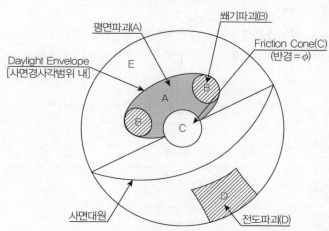

[그림 암반 사면 파괴 불안정 영역

1) **평면파괴** 안정성 평가 : 절리의 극점(Pole)의 궤적 밀도의 위치로 판정함

　(1) **A 영역**(절리의 극점밀도 위치) : **불안정 영역**(**평면파괴 조건임**)

　　① 사면과 절리면의 주향 : 평행 또는 ±20° 이내

　　② Daylight함 : Daylight Envelope 이내 **사면 경사각**($\theta_s$) > **절리 경사각**(파괴면 경사각)($\alpha_j$)

③ 사면 경사각($\theta_s$) > 절리 경사각(파괴면 경사각)($\alpha_j$) > 내부마찰각($\phi$)

(2) C 영역 : 안정, 내부마찰각 이내, 즉 절리 경사각(파괴면 경사각)($\alpha_j$) < 내부마찰각($\phi$)

(3) E 영역 : 안정, 절리 경사각(파괴면 경사각)($\alpha_j$) > 사면 경사각($\theta_s$)

(4) **안전율**
$$F_p = \frac{\text{저항력}}{\text{전단응력}} = \frac{W\cos\alpha_j \cdot \tan\phi}{W\sin\alpha_j} = \frac{\tan\phi}{\tan\alpha_j}$$

2) **쐐기파괴** 안정성 평가

(1) B 영역 : **불안정** 영역(쐐기파괴 조건임)

① Daylight 함 : Daylight Envelope 이내, **사면의 경사**($\theta_s$) > **교선의 경사**($\alpha_i$)

② **교선의 경사각**($\alpha_i$) > **내부마찰각**($\phi$)

③ **사면의 경사**($\theta_s$) > **교선의 경사**($\alpha_i$) > **마찰각**($\phi$)

(2) C 영역 : **안정**, 내부마찰각 이내, 즉 **교선의 경사**($\alpha_i$) > **마찰각**($\phi$)

(3) **안전율**
$$F_w = \frac{\sin\beta}{\sin\left(\frac{1}{2}\xi\right)} \cdot \frac{\tan\phi}{\tan\alpha_i} = K \cdot \frac{\tan\phi}{\tan\alpha_i} = K \cdot F_p$$

여기서 $\xi$ = 사잇각, $K$ = 쐐기 계수

3) **전도파괴** : D 영역 : 불안정 영역

**안전율**
$$F = \frac{\tan\phi\,(available)}{\tan\phi\,(required)}$$

(1) $\tan\phi\,(available)$ : 암반층들에서 작용하고 있다고 생각되는 마찰각 기울기

(2) $\tan\phi\,(required)$ : 지지력 T가 주어질 때 평형상태 유지하는 데 필요한 마찰각의 기울기

4) **원호파괴**

(1) 파괴조건, 특징 : 불연속면의 극점(Pole)의 밀도 **불규칙** : 넓게 분포(분산), 방향성 없음

(2) 원호파괴 **안전율**
$$F_s = \frac{\text{미끄러짐에 저항하는 유효전단강도}}{\text{파괴면을 따라 작용하는 전단응력}} = \frac{C + \sigma\tan\phi}{\tau(\text{전단응력})}$$

## 8. 평사투영법의 장단점

| | |
|---|---|
| 장점 | 1. 판단이 용이 – 2차원<br>2. 기하학적 파괴 형태 판단 가능 |
| 단점 | 사면안정성 평가에 중요한 요소 미반영<br>1. 단위중량(암체), 점착력($C$), 지하수위(간극수압), 사면 높이 미고려<br>2. 내부마찰각($\phi$)만 고려됨 |

## 9. 평사투영법 적용 시 주의사항(요구사항 : 다음 사항이 요구됨)

1) 특정 불연속면 고려

2) 지역 구분

3) 현장 상황 종합검토

4) 불연속면 연장성 고려

## 10. 맺음말

평사투영법은 지표조사(SMR등) 결과 **위험한 암반 지점의 개략적인 사면안정 해석방법**이므로 평사 투영 결과 **위험 판정 부위**는 **한계평형법**과 **수치 해석**으로 **정밀 안정 해석**이 필요하다.

## ■ 참고문헌 ■

1. 한국암반공학회(2007), 사면공학, 건설정보사, pp.201~224.

2. 서진수(2006), Powerful 토목시공기술사(1, 2권), 엔지니어즈.

3. 서진수(2009), Powerful 토목시공기술사 단원별 핵심기출문제, 엔지니어즈.

4. 조태진 외(2008), 21C 암반역학, 건설정보사.

5. 박영태(2013), 토목기사실기, 건기원.

6. 지반공학 시리즈 5(사면안정)(1997), 지반공학회.

7. 이승호, 암반사면해석, 건설기술교육원.

8. 배규진 외(2008), 사면공학실무, 예문사.

9. 이정인(2007), 암반사면공학, 건설정보사.

10. 정형식(2006), 암반역학, 새론.

11. 권현호, 남광수(2008), 광해방지공학, 동화기술, pp.33~40.

## 4-12. 평면파괴(Planar Failure)

### 1. 개요
쐐기파괴의 특수한 경우(2면의 경사방향/경사가 동일한 경우)의 암반 사면의 파괴형태이며, 실제 암반에서는 드문 형태임

### 2. 평면파괴 발생 조건 : 한 방향(평행), ±20°

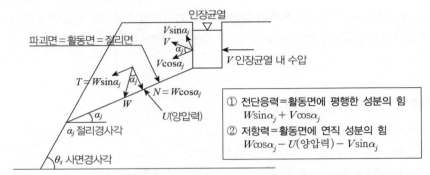

① 전단응력=활동면에 평행한 성분의 힘
$W\sin\alpha_j + V\cos\alpha_j$

② 저항력=활동면에 연직 성분의 힘
$W\cos\alpha_j - U(양압력) - V\sin\alpha_j$

[그림] 암반 내 지하수 영향 : 양압력, 인장균열 내 수압 작용

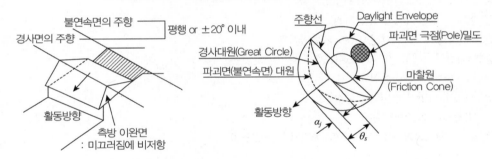

1) 사면 경사각($\theta_s$) > 절리 경사각(파괴면 경사각)($\alpha_j$) > 내부마찰각($\phi$)

2) Daylight할 것 : 파괴면(불연속면, 절리면)의 극점 밀도 밀도가 Daylight Envelope 내에 위치

   (1) 파괴면이 경사면에 노출

   (2) $\theta_s > \alpha_j$

3) **측방 이완면** 존재 : 측면 경계부에 존재, 미끄러짐에 비저항

4) 경사면의 주향(방향)과 불연속면의 주향(방향) : **평행, 또는 ± 20° 이내**

5) 점판암과 같이 질서 정연한 지질구조를 갖는 암반에서 평면 파괴 발생

### 3. 평면 파괴 안전율

1) 점착력, 암반 내 **지하수 영향 고려** $\therefore F_p = \dfrac{저항력}{전단응력}$

$$= \frac{CA + (W\cos\alpha_j - U - V\sin\alpha_j) \cdot \tan\phi}{W\sin\alpha_j + V\cos\alpha_j}$$

2) 점착력, 암반 내 **지하수 영향** 미고려($CA = 0$, $U = 0$, $V = 0$)

$$\therefore F_p = \frac{저항력}{전단응력} = \frac{W\cos\alpha_j \cdot \tan\phi}{W\sin\alpha_j} = \frac{\tan\phi}{\tan\alpha_j}$$

## ■ 참고문헌 ■

1. 한국암반공학회(2007), 사면공학, 건설정보사, pp.201~224.
2. 서진수(2006), Powerful 토목시공기술사(1, 2권), 엔지니어즈.
3. 서진수(2009), Powerful 토목시공기술사 단원별 핵심기출문제, 엔지니어즈.
4. 조태진 외(2008), 21C 암반역학, 건설정보사.
5. 박영태(2013), 토목기사실기, 건기원.
6. 지반공학 시리즈 5(사면안정)(1997), 지반공학회.
7. 이승호, 암반사면해석, 건설기술교육원.
8. 배규진 외(2008), 사면공학실무, 예문사.
9. 이정인(2007), 암반사면공학, 건설정보사.
10. 정형식(2006), 암반역학, 새론.
11. 권현호, 남광수(2008), 광해방지공학, 동화기술, pp.33~40.

# 4-13. 쐐기파괴

## 1. 쐐기파괴의 정의
암반 내 2개의 불연속면을 따라 암석 Block이 미끄러지는 파괴 형태

## 2. 쐐기파괴의 개념

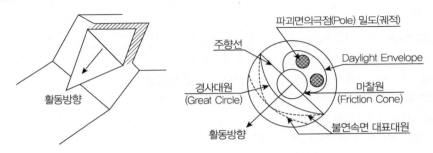

## 3. Markland의 쐐기파괴 조건(미끄러짐 조건 = 활동조건)의 기하학적 형상

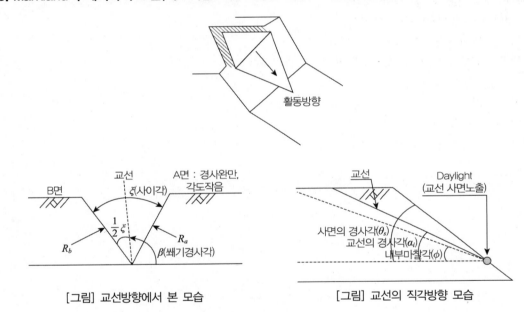

[그림] 교선방향에서 본 모습  [그림] 교선의 직각방향 모습

1) 사면의 경사($\theta_s$) > 교선의 경사($\alpha_i$) > 마찰각($\phi$)

2) 2개 이상의 **불연속면이 교차** : 접촉 유지

3) Daylight 조건일 것 : 교선이 경사면에 노출
   : 즉, 사면의 경사($\theta_s$) > 교선의 경사($\alpha_i$)

## 4. 쐐기파괴의 활동방향(미끄러짐 방향)

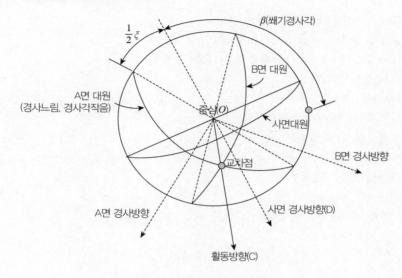

활동방향(C) : 교선의 경사방향

A, B 대원의 교차점과 중심 O를 있는 직선방향

## 5. 평면파괴와 쐐기파괴의 관계

1) 2개의 면의 경사방향/경사가 동일하고
2) 면의 전단강도가 오직 마찰에만 기인할 때는
3) 쐐기 형태가 평면으로 바뀐 경우이며 평면파괴 발생

## 6. 쐐기파괴의 안전율과 쐐기계수

1) $F_w = \dfrac{\sin\beta}{\sin\left(\dfrac{1}{2}\xi\right)} \cdot \dfrac{\tan\phi}{\tan\alpha_i} = K \cdot \dfrac{\tan\phi}{\tan\alpha_i} = K \cdot F_p$

여기서, $\xi$=사잇각, $K$=쐐기 계수

2) $\beta$(쐐기각) $< \dfrac{1}{2}\xi$이면, $K=1$이 되고 $F_w = F_p$가 되어 평면파괴가 됨

---

$\therefore \ F_w = \dfrac{(R_A + R_B)\tan\phi}{W\sin\alpha_i} = \dfrac{W\cos\alpha_i \cdot \sin\beta}{\sin\dfrac{1}{2}\xi} \cdot \dfrac{\tan\phi_i}{W\sin\alpha_i}$

[A, B면 상의 수직반력 $R_A + R_B = \dfrac{W\cos\alpha_i \cdot \sin\beta}{\sin\dfrac{1}{2}\xi}$]

$\therefore$ 점착력, 암반 내 지하수 영향 미고려($CA=0, U=0, V=0$) 시 평면파괴 안전율

$F_p = \dfrac{저항력}{전단응력} = \dfrac{W\cos\alpha_j \cdot \tan\phi}{W\sin\alpha_j} = \dfrac{\tan\phi}{\tan\alpha_j}$이므로

---

## ■ 참고문헌 ■

1. 한국암반공학회(2007), 사면공학, 건설정보사, pp.201~224.
2. 서진수(2006), Powerful 토목시공기술사(1, 2권), 엔지니어즈.
3. 서진수(2009), Powerful 토목시공기술사 단원별 핵심기출문제, 엔지니어즈.
4. 조태진 외(2008), 21C 암반역학, 건설정보사.
5. 박영태(2013), 토목기사실기, 건기원.
6. 지반공학 시리즈 5(사면안정)(1997), 지반공학회.
7. 이승호, 암반사면해석, 건설기술교육원.
8. 배규진 외(2008), 사면공학실무, 예문사.
9. 이정인(2007), 암반사면공학, 건설정보사.
10. 정형식(2006), 암반역학, 새론.
11. 권현호, 남광수(2008), 광해방지공학, 동화기술, pp.33~40.

## 4-14. 쐐기계수(K)(Wedge Factor)

### 1. 쐐기파괴의 안전율

$$\therefore F_w = \frac{(R_A + R_B)\tan\phi}{W\sin\alpha_i} = \frac{W\cos\alpha_i \cdot \sin\beta}{\sin\frac{1}{2}\xi} \cdot \frac{\tan\phi_i}{W\sin\alpha_i}$$

[A, B면 상의 수직반력 $R_A + R_B$]

$$= \frac{W\cos\alpha_i \cdot \sin\beta}{\sin\frac{1}{2}\xi} = K \cdot \frac{\tan\phi}{\tan\alpha_i} = K \cdot F_p$$

### 2. 쐐기계수(K)(Wedge Factor)

1) 쐐기계수 $K = \dfrac{\sin\beta}{\sin\left(\dfrac{1}{2}\xi\right)}$

2) 쐐기계수 도표 : 쐐기형상의 함수로 나타낸 도표

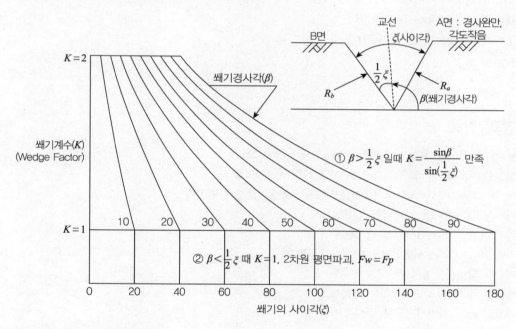

3) 쐐기계수($K$)와 안전율 관계

(1) $\beta$(쐐기각) $> \dfrac{1}{2}\xi$일 때, $K = \dfrac{\sin\beta}{\sin\left(\dfrac{1}{2}\xi\right)}$ 만족

(2) $\beta$(쐐기각) $< \dfrac{1}{2}\xi$일 때, $K = 1$이 되고 $F_w = F_p$가 되어 **평면파괴(2차원)** 안전율이 됨

4) 쐐기의 경사각(Angle of Tilt)($\beta$), 쐐기의 사잇각($\xi$) 구하는 방법

   (1) 현장에서 직접 측정 불가능

   (2) 점착력, 수압 고려할 경우 수식 복잡해짐

   (3) 평사투영도의 대원으로 구함

   (4) 경사/경사방향 작도하여 완전한 해석 가능

## 3. 쐐기계수 영향인자

1) 쐐기 사잇각(Included Angle) : $\xi$

2) 쐐기의 경사각(Angle of Tilt) : $\beta$

## 4. 쐐기파괴 안전율 영향인자

1) 교선의 경사각($\alpha_i$)

2) 쐐기의 사잇각($\xi$) : 기하학적 형상

   (1) $\xi < 90°$일 때, 쐐기작용 영향 큼

   (2) $\xi$ 작을수록 쐐기파괴 안전율은 커짐

3) 쐐기의 경사각(Angle of Tilt) : $\beta$

4) 불연속면의 전단강도($R_A + R_B$)

5) 쐐기의 계수 : $K$

■ 참고문헌 ■

1. 한국암반공학회(2007), 사면공학, 건설정보사, pp.201~224.

2. 서진수(2006), Powerful 토목시공기술사(1, 2권), 엔지니어즈.

3. 서진수(2009), Powerful 토목시공기술사 단원별 핵심기출문제, 엔지니어즈.

4. 조태진 외(2008), 21C 암반역학, 건설정보사.

5. 박영태(2013), 토목기사실기, 건기원.

6. 지반공학 시리즈 5(사면안정)(1997), 지반공학회.

7. 이승호, 암반사면해석, 건설기술교육원.

8. 배규진 외(2008), 사면공학실무, 예문사.

9. 이정인(2007), 암반사면공학, 건설정보사.

10. 정형식(2006), 암반역학, 새론.

11. 권현호, 남광수(2008), 광해방지공학, 동화기술, pp.33~40.

## 4-15. 전도파괴

### 1. 정의

전도파괴는 암주 또는 암석 Block들이 고정된 어떤 기준점에서 회전하는 것을 수반하여 전도되는 파괴현상

### 2. 전도파괴의 종류

1) 굴곡전도파괴 : 급경사의 경암사면

2) Block 전도파괴 : 경암의 각암주들이 간격이 넓은 직교절리에 의해 Block 형태로 붕괴

3) 복합전도파괴 : 굴곡＋블록 형태

4) 낙석, Block 붕괴

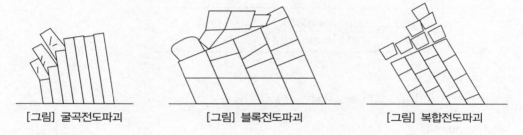

[그림] 굴곡전도파괴    [그림] 블록전도파괴    [그림] 복합전도파괴

### 3. 전도파괴 발생원인

1) 암반 내 발달된 불연속면의 주향이 절취면과 유사하고

2) 불연속면의 **경사 방향이 절취면과 반대**

3) 불연속면의 경사각 : 수직에 가까울 때, 급한 경우 급경사 불연속면에 의해 분리된 주상구조 형성한 경암암반

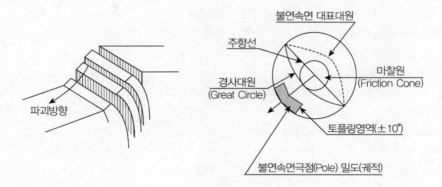

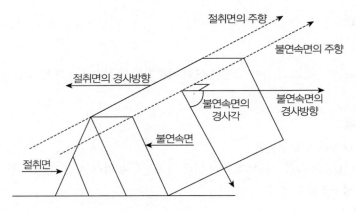

절취면의 주향

불연속면의 주향

절취면의 경사방향

불연속면의 경사각

불연속면의 경사방향

불연속면

절취면

## 4. 전도파괴 안전율

$$F = \frac{\tan\phi\,(available)}{\tan\phi\,(required)}$$

1) $\tan\phi\,(available)$

   암반층들에서 작용하고 있다고 생각되는 마찰각 기울기

2) $\tan\phi\,(required)$

   지지력 T가 주어질 때 평형상태 유지하는 데 필요한 마찰각의 기울기

## ■ 참고문헌 ■

1. 한국암반공학회(2007), 사면공학, 건설정보사, pp.201~224.
2. 서진수(2006), Powerful 토목시공기술사(1, 2권), 엔지니어즈.
3. 서진수(2009), Powerful 토목시공기술사 단원별 핵심기출문제, 엔지니어즈.
4. 조태진 외(2008), 21C 암반역학, 건설정보사.
5. 박영태(2013), 토목기사실기, 건기원.
6. 지반공학 시리즈 5(사면안정)(1997), 지반공학회.
7. 이승호, 암반사면해석, 건설기술교육원.
8. 배규진 외(2008), 사면공학실무, 예문사.
9. 이정인(2007), 암반사면공학, 건설정보사.
10. 정형식(2006), 암반역학, 새론.
11. 권현호, 남광수(2008), 광해방지공학, 동화기술, pp.33~40.

## 4-16. 원호파괴(Circular Failure)

### 1. 개요
1) 토질(토사)등 연약물질 사면, **풍화암, 파쇄 심한 암반사면**의 파괴형태임
2) 원호파괴는 평사투영에 의해서는 안전율 구할 수 없음

### 2. 원호파괴 형태 : 불규칙
1) 파괴조건, 특징 : 불연속면의 극점(Pole)의 밀도 **불규칙**, 넓게 분포(분산), **방향성 없음**
2) 암반조건 : 일정한 지질구조 형태를 보이지 않는 표토, 풍화, 심한 파쇄암반에서 일어남

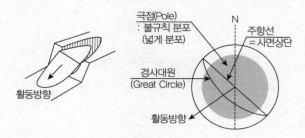

### 3. 원호파괴 도표(사면안정 도표) 이용  안정성 검토(안전율 구하는) 방법
1) 일반 조건(가정 조건)
　(1) 재료의 전단강도(강도정수)
　　　$S = C + \sigma \tan\phi$의 점착력($C$), 마찰각($\phi$)로 규정
　(2) 재료의 역학적 성질 : ① 구성 물질 균등, ② 하중작용 방향에 따라 불변
　(3) 지하수 조건의 범위
　　　① 건조사면(완전배수)완전 포화사면 범위(5가지 유형)
　　　② $\phi$, 비배수 조건
　(4) 인장균열과 파괴면
　　　① 사면상부 또는 경사면의 인장균열에서 사면하단을 통과하는 원호파괴면을 따라 발생
　　　② 사면의 기하학적 형상과 지하수 조건에 따라 사면안전율이 최소가 되는 곳에 위치

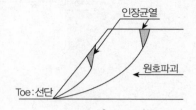

2) 원호파괴 안전율

$$Fs = \frac{\text{미끄러짐에 저항하는 유효전단강도}}{\text{파괴면을 따라 작용하는 전단응력}}$$

$$F = \frac{C + \sigma\tan\phi}{\tau_{mb}(\text{전단응력})}$$

## 4. 원호파괴 도표 사용 안정성 검토

1) 지하수 유동조건에 따른 원호파괴 도표(안전율 결정 도표) 유형 5가지

: 인장균열 고려

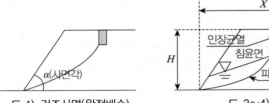

도 1) 건조사면(완전배수)

도 2~4) 침윤선

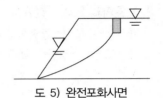

도 5) 완전포화사면

| 단면 | 유동조건(지표수 위치) |
|------|------------------------|
| 도면 1 | 완전배수(건조사면) |
| 도면 2 | $X=8H$ |
| 도면 3 | $X=4H$ |
| 도면 4 | $X=2H$ |
| 도면 5 | 완전포화사면 |

2) 안전율

$$F = \frac{C + \sigma\tan\phi}{\tau_{mb}(\text{전단응력})} \quad \therefore \text{전단응력 } \tau_{mb} = \frac{C}{F} + \frac{\sigma\tan\phi}{F}$$

$\sigma = \gamma H$이므로, 양변을 $\sigma = \gamma H$로 나누면

$$\frac{\tau_{mb}}{\gamma \cdot H} = \frac{C}{\gamma HF} + \frac{\tan\phi}{F}$$

3) 도표 해석 방법

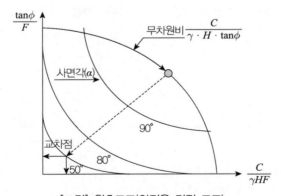

[그림] 원호도표(안전율 결정 도표)

(1) 지하수 조건에 따른 도표 선택(5가지 유형 중 1가지)

(2) 무차원비 계산 : $\dfrac{C}{\gamma \cdot H \cdot \tan\phi}$

(3) 사면각($\alpha$)과의 교차점 구함

(4) $\dfrac{\tan\phi}{F}$ 와 $\dfrac{C}{\gamma HF}$ 중 편리한 것 선택하여 안전율 $F$ 계산

(5) $C$, $\phi$, $\gamma$ 알면 도표 이용하여 간편하게 계산할 수 있음

## ■ 참고문헌 ■

1. 한국암반공학회(2007), 사면공학, 건설정보사, pp.201~224.
2. 서진수(2006), Powerful 토목시공기술사(1, 2권), 엔지니어즈.
3. 서진수(2009), Powerful 토목시공기술사 단원별 핵심기출문제, 엔지니어즈.
4. 조태진 외(2008), 21C 암반역학, 건설정보사.
5. 박영태(2013), 토목기사실기, 건기원.
6. 지반공학 시리즈 5(사면안정)(1997), 지반공학회.
7. 이승호, 암반사면해석, 건설기술교육원.
8. 배규진 외(2008), 사면공학실무, 예문사.
9. 이정인(2007), 암반사면공학, 건설정보사.
10. 정형식(2006), 암반역학, 새론.
11. 권현호, 남광수(2008), 광해방지공학, 동화기술, pp.33~40.

## 4-17. 암반사면의 파괴 형태

### 1. 암반사면의 파괴 형태

1) 평면파괴 : 불연속면 한 방향, $\pm 20°$

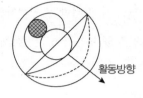

$$F_p = \frac{저항력}{전단응력} = \frac{W\cos\alpha_j \cdot \tan\phi}{W\sin\alpha_j} = \frac{\tan\phi}{\tan\alpha_j}$$

2) 쐐기파괴 : 두 불연속면 교차

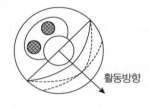

$$F_w = \frac{\sin\beta}{\sin\left(\frac{1}{2}\xi\right)} \cdot \frac{\tan\phi}{\tan\alpha_i} = K \cdot \frac{\tan\phi}{\tan\alpha_i} = K \cdot F_p$$

3) 전도파괴 : 불연속면이 경사면과 반대 방향

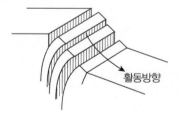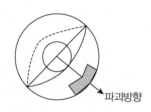

$$F = \frac{\tan\phi\,(available)}{\tan\phi\,(required)}$$

4) 원호파괴 : 불연속면 분포 불규칙

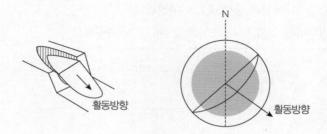

$$F_s = \frac{C + \sigma\tan\phi}{\tau_{mb}(전단응력)} = \frac{\text{미끄러짐에 저항하는 유효전단강도}}{\text{파괴면을 따라 작용하는 전단응력}}$$

## 2. 평사투영법에 의한 암반사면의 안정성의 종합적 판단

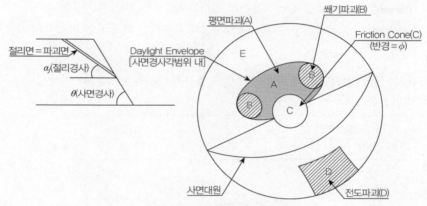

[그림] 암반 사면파괴 불안정 영역

1) 평면파괴 안정성

  (1) A 영역(절리의 극점밀도 위치) : **불안정 영역**(평면파괴조건임)

    ① 사면과 절리면의 주향 : 평행 또는 ± 20° 이내

    ② Daylight함 : Daylight Envelope 이내 사면 경사각($\theta_s$) > 절리 경사각(파괴면 경사각)($\alpha_j$)

    ③ **사면 경사각($\theta_s$) > 절리 경사각(파괴면 경사각)($\alpha_j$) > 내부마찰각($\phi$)**

  (2) C 영역 : **안정, 내부마찰각 이내, 즉 절리 경사각(파괴면 경사각)($\alpha_j$) < 내부마찰각($\phi$)**

  (3) E 영역 : **안정, 절리 경사각(파괴면 경사각)($\alpha_j$) > 사면 경사각($\theta_s$)**

  (4) **안전율**  $F_p = \dfrac{\text{저항력}}{\text{전단응력}} = \dfrac{W\cos\alpha_j \cdot \tan\phi}{W\sin\alpha_j} = \dfrac{\tan\phi}{\tan\alpha_j}$

2) 쐐기파괴 안정성 평가

  (1) B 영역 : **불안정 영역**(쐐기파괴 조건임)

    ① Daylight함 : Daylight Envelope 이내, 사면의 경사($\theta_s$) > 교선의 경사($\alpha_i$)

② 교선의 경사각($\alpha_i$) > 내부마찰각($\phi$)

③ **사면의 경사($\theta_s$) > 교선의 경사($\alpha_i$) > 마찰각($\phi$)**

(2) C 영역 : 안정, 내부마찰각 이내, 즉 교선의 경사($\alpha_i$) > 마찰각($\phi$)

(3) 안전율
$$F_w = \frac{\sin\beta}{\sin\left(\frac{1}{2}\xi\right)} \cdot \frac{\tan\phi}{\tan\alpha_i} = K \cdot \frac{\tan\phi}{\tan\alpha_i} = K \cdot F_p$$

여기서, $\xi$ = 사잇각, $K$ = 쐐기계수

3) 전도파괴 : D 영역 : **불안정 영역**

안전율
$$F = \frac{\tan\phi\,(available)}{\tan\phi\,(required)}$$

(1) $\tan\phi\,(available)$ : 암반층들에서 작용하고 있다고 생각되는 마찰각 기울기

(2) $\tan\phi\,(required)$ : 지지력 T가 주어질 때 평형상태 유지하는 데 필요한 마찰각의 기울기

4) 원호파괴

(1) 파괴조건, 특징 : 불연속면의 극점(Pole)의 밀도 **불규칙** : 넓게 분포(분산), 방향성 없음

(2) 원호파괴 안전율

$$F_s = \frac{\text{미끄러짐에 저항하는 유효전단강도}}{\text{파괴면을 따라 작용하는 전단응력}} = \frac{C + \sigma\tan\phi}{\tau(\text{전단응력})}$$

## ■ 참고문헌 ■

1. 서진수(2006), Powerful 토목시공기술사(1, 2권), 엔지니어즈.
2. 서진수(2009), Powerful 토목시공기술사 단원별 핵심기출문제, 엔지니어즈.
3. 지반공학 시리즈 5(사면안정)(1997), 지반공학회.
4. 이승호, 암반사면해석, 건설기술교육원.
5. 한국암반공학회(2007), 사면공학, 건설정보사.
6. 배규진 외(2008), 사면공학실무, 예문사.
7. 이정인(2007), 암반사면공학, 건설정보사.
8. 김수삼 외 27인(2007), 현장실무를 위한 건설시공학, 구미서관.
9. 이춘석(2005), 토질 및 기초공학 이론과 실무(토질 및 기초 기술사 시험대비), 예문사.
10. 김상규(1997), 토질역학 이론과 응용, 청문각.
11. 조태진 외(2008), 21C 암반역학, 건설정보사.
12. 지반공학 시리즈 5(사면안정)(1997), 지반공학회.
13. 정형식(2006), 암반역학, 새론.
14. 권현호, 남광수(2008), 광해방지공학, 동화기술, pp.33~40.

# 4-18. 토사사면(단순사면)의 붕괴 형태

- 집중호우에 발생 가능한 대절토 토사사면의 사면붕괴 형태를 예측하고, 붕괴 원인 및 보강대책 설명(109회, 2016년 5월)

## 1. 사면파괴 형태 : 붕괴 유형(형태)

| 토사 | 암반(Hoek& Bray) | Varnes | Epoch | Skempton |
|---|---|---|---|---|
| 저부파괴 | 원호파괴 | 낙하(Fall) | 낙하 | 붕락 |
| 선단파괴 | 평면파괴 | 전도 | 전도 | 회전활동 |
| 사면 내 파괴 | 쐐기파괴 | 활동 | 활동 | 병진활동 |
| 무한사면 활동 | 전도파괴 | 퍼짐 | 퍼짐(수평 퍼짐) | 복합활동 |
| 대수나선 활동 | – | 유동 | 흐름 | 유동 |
| 복합곡선 활동 | – | – | 복합 | – |

## 2. Taylor의 원형 활강면법 [회전활동]

: 토사사면의 파괴 형태＝단순사면의 파괴 형태

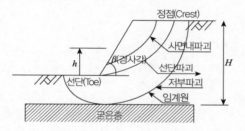

$$심도계수\ D(nd) = \frac{H}{h}$$

## 3. 토사사면의 안정성

| 파괴형태 | 심도계수 D(nd) | 안정성 |
|---|---|---|
| 1. 저부파괴 | D＝2~4 | 1. 안정<br>2. D > 4 : 사면 경사각 무관 안정 |
| 2. 사면선단파괴 | D＝1.5~2 | 1. 안정성 : 보통<br>2. 경사각($\beta$) > 53° 급한 사면 : D 무관 사면선단파괴 |
| 3. 사면 내 파괴 | D＝1~1.5 | D＝1 : 불안정 |

## 4. 심도계수와 파괴형태 관계

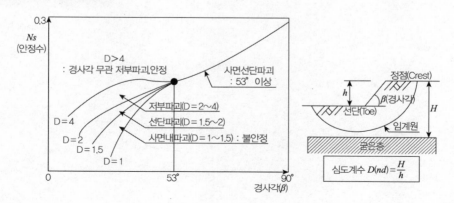

1) 경사각($\beta$) > 53° : 항상 사면선단 파괴(임계원은 항상 사면 선단)
2) 경사각($\beta$) < 53° : 심도계수에 따라 파괴형태(임계원) 달라짐

| 파괴형태 | 심도계수 D(nd) | 특징 | 안정성 |
|---|---|---|---|
| 1. 저부파괴 | D = 2~4 | 1. 연약점성토<br>2. 기반암 깊을 때 : 하부에 굳은 층 있을 때<br>3. 경사각($\beta$) 작을 때(느림) | 1. 안정<br>2. D > 4<br>   : 사면경사각 무관 안정 |
| 2. 사면선단파괴 | D = 1.5~2 | 1. 점성토, 균일한 흙<br>2. 기반암 중간<br>3. 경사각($\beta$) 큼 (급경사) | 1. 안정성 : 보통<br>2. 경사각($\beta$) > 53° 급한 사면 : D<br>   무관 사면선단 파괴 |
| 3. 사면 내 파괴 | D = 1~1.5 | 1. 여러 성토층, 사면 중간 굳은 층<br>2. 기반암 얕을 때 | D = 1 : 불안정 |

## ■ 참고문헌 ■

1. 한국암반공학회(2007), 사면공학, 건설정보사, pp.201~224.
2. 서진수(2006), Powerful 토목시공기술사(1, 2권), 엔지니어즈.
3. 서진수(2009), Powerful 토목시공기술사 단원별 핵심기출문제, 엔지니어즈.
4. 조태진 외(2008), 21C 암반역학, 건설정보사.
5. 박영태(2013), 토목기사실기, 건기원.
6. 지반공학 시리즈 5(사면안정)(1997), 지반공학회.
7. 이승호, 암반사면해석, 건설기술교육원.
8. 배규진 외(2008), 사면공학실무, 예문사.
9. 이정인(2007), 암반사면공학, 건설정보사.
10. 정형식(2006), 암반역학, 새론.
11. 권현호, 남광수(2008), 광해방지공학, 동화기술, pp.33~40.

# 4-19. SMR(Slope Mass Rating) : 사면 등급 분류(105회 용어, 2015년 2월)

## 1. SMR 정의

1) Romana가 제안

2) RMR 근거로 사면에 대한 **보정요소 4가지로 보정**, 등급에 따라 **예상파괴 형태, 안정성** 등을 예비적 (1차)으로 평가

3) $$SMR = \mathrm{RMR_{basic}} + (\mathrm{F_1 \times F_2 \times F_3}) + \mathrm{F_4}$$

## 2. 보정요소

1) 보정요소와 계산식

| 구분 \ 요소 | $F_1$ | $F_2$ | $F_3$ | $F_4$ |
|---|---|---|---|---|
| 1. 보정 내용 | 사면과 절리의 주향방향 차(경사방향차)(A) | 절리경사각에 대한 보정치 | 사면과 절리의 경사각차 | 굴착방법에 대한 보정 |
| 2. 계산식 | $F_1 = (1 - \sin A)^2$ | $\lvert \beta_j \rvert$ 사용 | 항상$(-)$값 | 도표 이용 |
| 1) 평면파괴(P) | $A = \lvert \alpha_j - \alpha_s \rvert$ | $F_2 = \tan^2 \beta_j$ | $F_3 = \beta_j - \beta_s$ | |
| 2) 전도파괴(T) | $A = \lvert \alpha_j - \alpha_s - 180 \rvert$ | $F_2 = 1$(모두 동일) | $F_3 = \beta_j + \beta_s$ | |

2) 주향$(\alpha_j, \alpha_s)$, 경사각$(\beta_j, \beta_s)$ 모식도

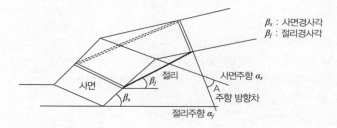

$\beta_s$ : 사면경사각
$\beta_j$ : 절리경사각

절리

사면주향 $\alpha_s$

사면

$\beta_j$

A
주향 방향차

$\beta_s$

절리주향 $\alpha_j$

3) $F_4$(굴착방법에 대한 보정치)

| 굴착방법 | 자연사면 | Presplitting (선균열발파) | Smooth Blasting | 일반발파 기계적 굴착 (Ripping) | Poor Blasting 불완전 발파 채석장 |
|---|---|---|---|---|---|
| $F_4$ | 15 | 10 | 8 | 0 | -8 |

## 3. SMR 분류등급과 사면안정성, 예상 파괴 형태, 지보 방법

| 등급 | SMR | 판정 | 안정성 | 예상 파괴 형태 | 지보 방법 |
|---|---|---|---|---|---|
| I | 81~100 | 매우 양호 | 매우 안정 | − | 불필요, 부석 정리 |
| II | 61~80 | 양호 | 안정 | 전도파괴 = 약간 Block | 국부적 지보 : R/B, Anchor, 펜스, 망 |
| III | 41~60 | 보통 | 부분적 안정 | 일부 불연속면, 다수 쐐기파괴 | 체계적 지보 : Shotcrete, 선단옹벽(Toe Wall) |
| IV | 21~40 | 불량 | 불안정 | 평면파괴, 큰 쐐기형 파괴 | 큰지보, 배수처리 |
| V | 0~20 | 매우 불량 | 매우 불안정 | 대규모 평면파괴, 원호파괴(토사형 파괴) | 재굴착, 선단옹벽(Toe Wall) |

## 4. SMR 특징

1) **채굴방법** 고려($F_4$ : 굴착 방법에 대한 보정치)

2) **정량적 평가** : 점수

3) **파괴형태** 제시 : 전도, 쐐기, 평면, 원호

4) **보강 방안** 제시 : 지보 방법

5) **풍화불고려**

## 5. 맺음말

1) 암반사면의 **해석(평가) 방법**으로는

　　① SMR, ② **평사투영법**, ③ **한계평형해석(LEM)**, ④ **수치해석법**이 있으며 사면의 현지 여건에 따라 적절한 방법 선정해야 함

2) 해석 순서(절차)

　　(1) **사면조사** 후 **위험 암반 지점**(불안정 부위) → SMR에 의한 사면등급 분류와 **평사투영법**에 의한 개략조사(예비조사) 후 **위험 부위 판정**

　　(2) 위험 판정 부위는 **한계평형법** 또는 **수치해석**으로 **정밀안정성 검토** 후

3) 적절한 **보강 방법**을 선정하여 **사면을 안정화**시켜야 함(설계시공함)

## ■ 참고문헌 ■

1. 한국암반공학회(2007), 사면공학, 건설정보사, pp.201~224.

2. 서진수(2006), Powerful 토목시공기술사(1, 2권), 엔지니어즈.

3. 서진수(2009), Powerful 토목시공기술사 단원별 핵심기출문제, 엔지니어즈.

4. 조태진 외(2008), 21C 암반역학, 건설정보사.

5. 박영태(2013), 토목기사실기, 건기원.

6. 지반공학 시리즈 5(사면안정)(1997), 지반공학회.

7. 이승호, 암반사면해석, 건설기술교육원.

8. 배규진 외(2008), 사면공학실무, 예문사.

9. 이정인(2007), 암반사면공학, 건설정보사.

10. 정형식(2006), 암반역학, 새론.

11. 권현호, 남광수(2008), 광해방지공학, 동화기술, pp.33~40.

## 4-20. 사면의 붕괴 원인과 대책 = 산사태 원인과 대책
## = 사면활동 요인과 대책
## = 대절토 사면 시공 시 붕괴 원인과 파괴형태, 방지 대책
## = 지하수가 사면안정성에 미치는 영향 : 산사태의 원인

- 균열과 절리가 발달된 암반 비탈면의 안정대책공법(106회, 2015년 5월)
- 집중호우 후에 발생가능한 대절토 토사사면의 사면붕괴 형태를 예측하고, 붕괴 원인 및 보강대책 설명(109회, 2016년 5월)

### 1. 개요

1) 사면활동(붕괴, 산사태)의 원인은 **전단응력이 전단강도(저항) 초과 시** → 한계평형상태 초과 →사면 **파괴 발생**, 즉 호우(강우), 융설, 배수불량, 지진, 진동 등에 의해 연약화되어 전단응력이 전단강도(저항)를 초과할 때 발생함 [전단응력이 임계 전단저항력에 도달(전단저항력이 임계전단응력만큼 감소)]

2) 사면활동의 분류
   (1) 사면붕괴 : 강우 시 인장균열 속의 수압, 흙의 단위중량증가, **활동력(전단응력) 증가**로 발생
   (2) 산사태 : 피압 지하수 [양압력(Up Lift Pressure)]에 의한 **전단저항력 감소**

3) 붕괴발생 Mechanism

   (1) 안전율
   $$F_s = \frac{s}{\tau} = \frac{전단강도(저항)}{전단응력} = \frac{활동저항}{활동력}$$

   (2) 붕괴
   ① $\tau$(전단응력) 증대 → $F_s$(안전율) 감소
   ② $S$(전단저항) 감소 → $F_s$(안전율) 감소

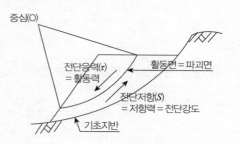

### 2. 사면붕괴 원인과 대책

$$F_s = \frac{s}{\tau} = \frac{전단강도(저항)}{전단응력} = \frac{활동저항}{활동력}$$

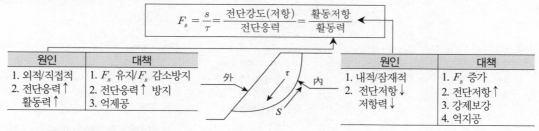

| 원인 | 대책 |
| --- | --- |
| 1. 외적/직접적 | 1. $F_s$ 유지/$F_s$ 감소방지 |
| 2. 전단응력↑<br>  활동력↑ | 2. 전단응력↑ 방지 |
|  | 3. 억제공 |

| 원인 | 대책 |
| --- | --- |
| 1. 내적/잠재적 | 1. $F_s$ 증가 |
| 2. 전단저항↓<br>  저항력↓ | 2. 전단저항↑ |
|  | 3. 강제보강 |
|  | 4. 억지공 |

### 3. 사면활동 Mechanism(요인)

전단강도 $\tau = C + (\sigma - U)\tan\phi$ 에서

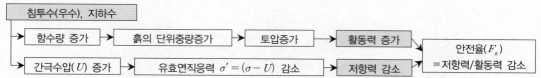

침투수(우수), 지하수

함수량 증가 → 흙의 단위중량증가 → 토압증가 → 활동력 증가

간극수압($U$) 증가 → 유효연직응력 $\sigma' = (\sigma - U)$ 감소 → 저항력 감소

안전율($F_s$) = 저항력/활동력 감소

## 4. 사면활동 요인(사면붕괴, 산사태 원인)(1안)

| 구분 | | 작용 및 원인 |
|---|---|---|
| 활동력 증가 요인<br>= 전단응력($\tau$) 증대<br>(외적, 직접적) = 사면붕괴 | 자연적 원인 | 1. 강우, 2. 세굴, 3. 진동 |
| | 인위적 원인 | 1. 절토, 2. 굴착, 3. 상재하중, 4. 진동 |
| 저항력 감소요인<br>= 전단저항($S$) 감소<br>(내적, 잠재적) = 산사태 | 자연적 원인 | 1. 강우, 2. 풍화, 3. 지층조건, 4. 수위급강하, 5. 터널, 6. 채굴 |

## 5. 사면활동 요인(사면붕괴, 산사태 원인)(2안)

| 구분 | | 작용 및 원인 |
|---|---|---|
| 활동력 증가 요인<br>= 전단응력($\tau$) 증대<br>(외적, 직접적) = 사면붕괴 | 자연적 원인 | 1. 강우 : 인장 균열 내 수압<br>2. 세굴<br>3. 진동 |
| | 인위적 원인 | 1. 절토 : 도로공사, 경사 증대<br>2. 굴착: 선단 굴착, 수동토압 감소(활동저항 감소, 활동력 증가)<br>3. 상재하중 : 성토, 건물, 교통하중<br>4. 진동 : 지진, 발파, 차량 |
| 저항력 감소요인<br>= 전단저항($S$) 감소<br>(내적, 잠재적) = 산사태 | 자연적 원인 | 1. 강우 : 지하수, 양압력(Up Lift Pressure) 증대<br>2. 풍화<br>3. 지층조건 : 단층, 절리, 연약대<br>4. 수위급강하 : 댐, 제방 수위급강하 : 수압(저항력) 감소<br>5. 터널 : 편압 작용 |

## 6. 사면활동 요인(사면붕괴, 산사태 원인)(3안)

| 구분 | | 작용 및 원인 |
|---|---|---|
| 전단응력($\tau$) 증대<br>(외적, 직접적) | 자연적 원인 | 1. 우수(침투수) → 수압증가 → 단위중량증가<br>2. 사면하단 세굴 → 사면경사증대 |
| | 인위적 원인 | 1. 상재하중 증대 → 사면길이(장), 높이 증가<br>2. 사면하단 절취 → 사면경사증대<br>3. 지진, 발파, 진동 : 수평분력 발생, 토립자 구조 파괴<br>4. 지하 굴착에 의한 토지 이동 |
| 전단저항($S$) 감소<br>(내적, 잠재적) | 자연적 원인 | 1. 함수비 증가 : 점착력($C$) 감소<br>　　　　　　전단강도 $S = C + \sigma\tan\phi$ 감소<br>2. 지하수위 상승 → 과잉간극수압($u$)<br>　　　　　　→ 수직압력(유효연직응력 : $\sigma' = \sigma - u$) 감소<br>　　　　　　→ 지내력 감소, 저항력 감소<br>　* 암반사면인 경우 : 양압력($u$) 증가 → 수직압력(저항력) 감소 → 산사태<br>　* $S = C + (\sigma - u)\tan\phi$<br>3. 지반의 풍화 : 점토층 형성 → 윤활면 → 미끄러짐, 지활, 평활 |

## 7. 사면안정화 대책

### 1) 사면안정 해석(검토) 순서

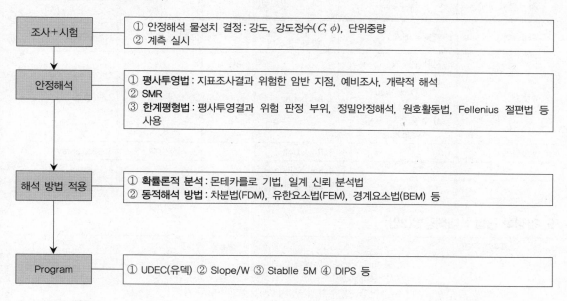

| 조사+시험 | ① 안정해석 물성치 결정 : 강도, 강도정수($C$, $\phi$), 단위중량<br>② 계측 실시 |

| 안정해석 | ① **평사투영법** : 지표조사결과 위험한 암반 지점, 예비조사, 개략적 해석<br>② SMR<br>③ **한계평형법** : 평사투영결과 위험 판정 부위, 정밀안정해석, 원호활동법, Fellenius 절편법 등 사용 |

| 해석 방법 적용 | ① **확률론적 분석** : 몬테카를로 기법, 일계 신뢰 분석법<br>② **동적해석 방법** : 차분법(FDM), 유한요소법(FEM), 경계요소법(BEM) 등 |

| Program | ① UDEC(유덱) ② Slope/W ③ Stablle 5M ④ DIPS 등 |

### 2) 조사와 시험

| 구분 | 조사 항목 및 내용 |
|---|---|
| 1. 지표지질조사 | 1. 지형<br>2. 암종<br>3. 불연속면 : 방향, 연속성, 강도, 충전물, 간격, 틈새, 투수도<br>4. 평사투영법<br>5. 물리탐사 : 전기비저항 등 |
| 2. 시추조사 | 1. 암반분류 : TCR, RQD, RMR, Q, 풍화도, 균열계수, 절리 간격<br>2. SPT : N치<br>3. LU-Test(수압시험) 및 지하수위<br>4. 공내 검층 : BHTV, BIPS<br>5. 공내 재하 : 측압계수<br>6. 시료 채취(Sampling) |
| 3. 현장시험 | 1. 강도시험 : Schmidt Hammer(일축강도), Point Load Test(점하중)<br>2. 절리면시험 : Tilt Test(경사각), Profile gauge(거칠기) |
| 4. 암석시험(실내) | 1. 일축압축강도 : 포아송비, 탄성계수, 탄성파속도, 비중, 흡수율<br>2. 삼축압축 : 강도정수($C$, $\phi$)<br>3. 절리면 전단시험 |

## 8. 안정화 공법 : 대책공법(1안)

| 사면경사 변경 | 배수처리 | 강제보강 | 식생 | 법면보호<br>(표층안정) |
|---|---|---|---|---|
| 1. 구배완화 | 1. 지표수 배제 | 1. 억지공(Support)<br>① 말뚝, ② 옹벽 | 1. 나무, 초목 | 1. Shotcrete |
| 2. 배토공 | 2. 지하 수배제<br>  1) 수직보링<br>    ① Deep Well<br>    ② Well Point<br>  2) 수평(경사) 보링<br>   : Weep hole | 2. Anchoring | 2. 식생 구멍 | 2. 녹생토 |
| 3. 압성토공 | – | 3. Rock Bolt | 3. 식생망태 | 3. Seed Spray |
| – | – | 4. Soil Nailing | – | 4. Coir net |
| – | – | 5. FRP 보강 Grouting | – | 5. Con'c 격자 틀 |

## 9. 안정화 공법 : 대책공법(2안)

| 구분(원리) | 대책공법 |
|---|---|
| 1. 활동력 감소<br>  = 안전율 유지<br>  = 외적/직접적 요인 대응<br>  = 억제공 위주<br>[원리]<br>①자연적원인 대응<br>② 안전율<br>  감소 방지<br>③ 억제공 | 1. 표면배수= 지표수 배제공<br>  ① 산마루측구<br>  ② 인장균열 우수 침투방지 Con'c(수밀처리)<br>  ③ 도수로<br><br>2. 지하수 배제공(배수)<br>  ① 집수정 : Deep Well, Well Point<br>  ② 횡보링 : Weep Hole(수발공 : 경사보링)<br><br>3. 경사 완화<br>  ① 구배 + 소단<br>  ② 배토공(성토중량제거)<br><br>4. 표층 안정공<br>  ① 약액주입 ② Micro Pile ③ FRP 보강 Grouting ④ Mass Nailing ⑤ Dowel + Dental<br>  ⑥ Shotcrete ⑦ 석회처리<br><br>5. 사면 보호공(법면보호)= 법면피복공<br>  1) 식생(식물)에 의한 방법<br>    ① 떼 ② 식수 ③ 녹생토 ④ Seed Spray(파종) ⑤ Coir Net ⑥ 짚거적<br>  2) 구조물공<br>    ① Con'c Block ② 격자틀 ③ 돌쌓기(붙이기) ④ Gabion Wall(돌망태) ⑤ Shotcrete ⑥ Texol |
| 2. 저항력 증가<br>  = 안전율 증가<br>  = 내적/잠재적 요인대응<br>  = 억지공 위주<br>[원리]<br>① 저항력 증가<br>② 구조물/강제보강<br>③ 억지공 | 1. 구조물사용= 억지공<br>  ① 옹벽공 ② 억지말뚝 ③ Rock Bolt ④ Anchor ⑤ Soil Nailing ⑥압성토공<br><br>2. 화학처리(지반보강)<br>  ① 약액주입 : Jet Grouting ② 석회처리<br><br>3. 보강재설치 : Geosynthetics(토목합성물질 = 토목섬유) |
| 3. 기타 | ① 지반보강 : 약액주입(Grouting)<br>② 낙석 방지책<br>③ 낙석 방지망<br>④ 펜스 |

## 10. 산사태 방지 대책공법

※ 학자, 기관에 따라 많은 분류방법이 있음

1) Schuster : 배수공(Drainage), 절토공(Slop Modification), 토공(Earth Butresses), 지반보강공(Earth Retention system)

2) 산전(山田) : 억제공(抑制工), 억지공(抑止工)

3) 산사태 방지 기능별 분류 : 산사태 방지 대책공법＝사면안정화 공법

| 구분 | 대분류 | 세분류 |
|---|---|---|
| 안전율 감소방지법<br>＝사면(법면)보호공 | 물리역학적 방법 | 배수공 : 지표수 배제공, 지하수 배제공 |
| | | 블록공＝격자틀공법 |
| | 생물화학적 방법 | 피복공<br>1. 식생공법<br>2. 돌, 블록 쌓기<br>3. 돌, 블록 붙임공<br>4. 모르타르 및 콘크리트 뿜어붙이기(Shotcrete) |
| | | 표층안정공 : 주입재를 암반에 주입 |
| 안전율 증가법<br>＝사면보강공법 | 활동력 감소법 | 절토공＝경사완화공법 |
| | | 압성토공 |
| | 저항력 증가법 | 억지말뚝공 : 쐐기말뚝, 복합말뚝, 전단말뚝 |
| | | 앵커공 : 마찰형, 지압형, 복합형 |
| | | 네일공법 |
| | | 락볼트 |
| | | 옹벽공 |
| | | 고압분사주입공 |

※ 더 세부적으로 분류할 수 있음, 시공 단면도(그림)등을 학습할 것

## 11. 안정화 공법 시행 후 유지관리 : 사면계측＝사면거동예측

1) 개요

  **사면의 설계, 사면붕괴 거동 예측, 사면의 유지관리, 동태 관찰을 위해 계측을 실시함**

2) 사면거동 예측 방법(계측방법)의 종류

  (1) 계측기 설치

  (2) 광섬유 센서

  (3) 산사태 예측도(Land Slide Probability Map)

    : GIS 이용하여 확률론적 방법의 지도 작성

3) 계측 단면도

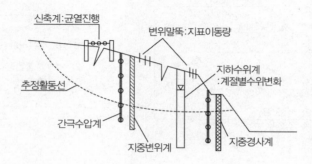

4) 광섬유 센서

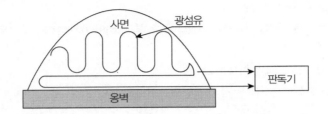

## 12. 맺음말

사면의 조사, 계획, 설계, 시공 전반에 걸친 시공 계획을 수립하여, 시공관리를 철저히 해야 하고,완공 후에는 사면점검 및 유지관리에 만전을 기해야 함 [대사면 절토 공사 현장에서는 착공 전의 조사 시험 및 시공 계획과 시공 중의 시공 관리, 시공 완료 후의 사면 점검 및 유지관리에 유의해야 함]

### 사면활동 원인 모식도

## 1. 전단응력($\tau$) 증대 = 활동력 증가 요인

1) 강우(Rain fall), 침투수 영향 : 우수(침투수) → 수압 증가 → 단위 중량 증가

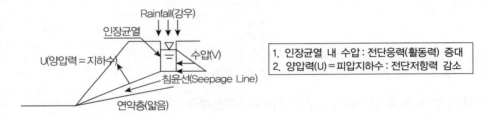

2) 사면하단 세굴 → 사면경사증대 : 하천 호안등

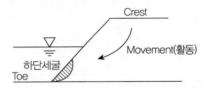

3) 성토량(퇴적량) 증대(상재하중 증대) → 사면길이(장), 높이 증가

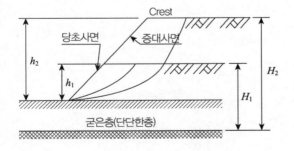

1. 안정조건

   1) 심도계수(nd) = $\dfrac{H}{h}$ > 4 : 안정

   2) nd≒1 : 불안정

2. $\dfrac{H_1}{h_1}$ > $\dfrac{H_2}{h_2}$ : nd 감소, 불안정

4) 상재하중 : 성토 ,자재, 건물, 교통량

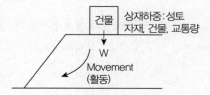

5) 사면하단 절취(굴착) → 사면경사 증대, 수동토압 감소

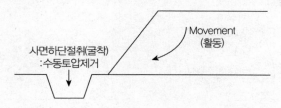

6) 지진, 발파, 진동 : 수평분력 발생, 토립자 구조 파괴

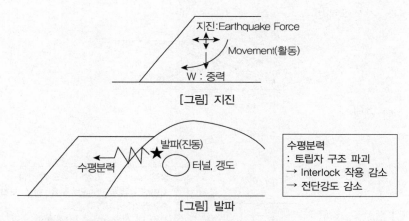

7) 지하공동(터널)에 의한 토지 이동 : 편압 증대, 지압 증대

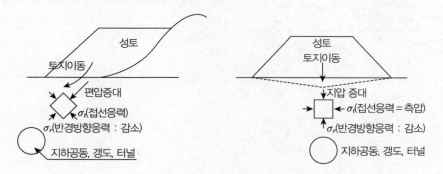

## 2. 전단저항($S$) 감소

### 1) 지하수위 상승

성토 중량 증대 → 과잉간극수압($u$) 증대 → 수직압력(유효연직응력 : $\sigma' = \sigma - u$) 감소, 전단응력 증대 → 지내력 감소, 저항력 감소 → 안전율($F_s$) 감소 : 산사태(활동)

\* $S = C + (\sigma - u)\tan\phi$

(1) 성토사면 상부 : 댐, 저수지 건설, 강우에 의한 피압지하수(양압력) 증대

(2) 성토와 계곡 사이 수류지 형성 : 성토의 가장 위험한 붕괴 요인

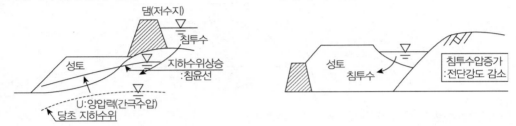

### 2) Sandwitch 현상 : 적설의 해빙

### 3) 수위급강하 : 댐, 제방

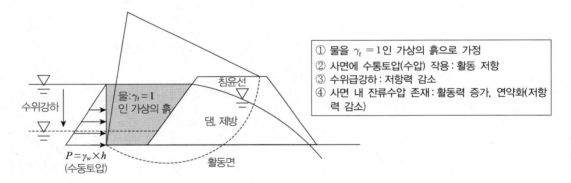

① 물을 $\gamma_t = 1$인 가상의 흙으로 가정
② 사면에 수통토압(수압) 작용 : 활동 저항
③ 수위급강하 : 저항력 감소
④ 사면 내 잔류수압 존재 : 활동력 증가, 연약화(저항력 감소)

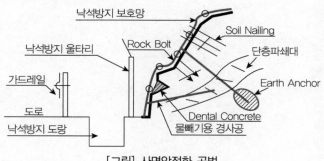

[그림] 사면안정화 공법

## 1. 활동력 감소

1) 지표수 배제공 : 표면배수

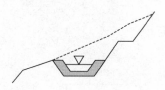

[그림] 지표수 배제공

2) 지하수 배제공

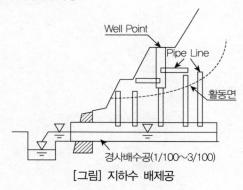

[그림] 지하수 배제공

3) 경사 완화

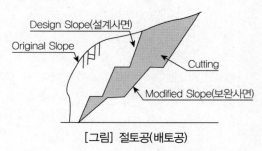

[그림] 절토공(배토공)

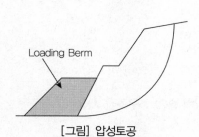

[그림] 압성토공

## 4) 사면 보호공법

### (1) 식생공법

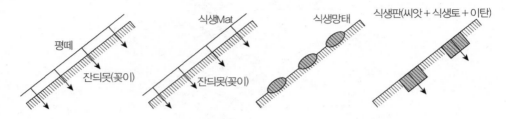

### (2) 구조물에 의한 방법

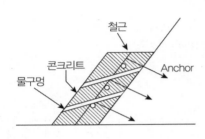

[그림] 콘크리트 붙임공

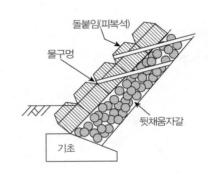

[그림] 콘크리트 블록붙임공, 돌붙임공

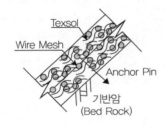

[그림] 피복공(Texsol)

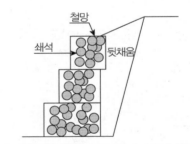

[그림] 지오셀(Geo Web, Gabion) 옹벽

## 2. 저항력 증가 : 구조물 사용

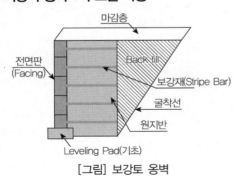

[그림] 보강토 옹벽

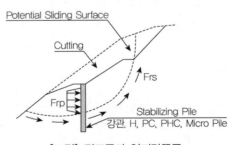

[그림] 절토공과 억지말뚝공

[그림] Rock Bolt

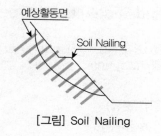

[그림] Soil Nailing

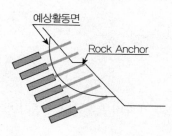

[그림] Rock Anchor

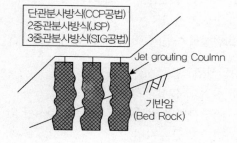

[그림] 고압분사 주입공법(Jet Grouting)

## ■ 참고문헌 ■

1. 서진수(2006), Powerful 토목시공기술사(1, 2권), 엔지니어즈.

2. 서진수(2009), Powerful 토목시공기술사 단원별 핵심기출문제, 엔지니어즈.

3. 이승호, 암반사면해석, 건설기술교육원.

4. 한국암반공학회(2007), 사면공학, 건설정보사.

5. 배규진 외(2008), 사면공학실무, 예문사.

6. 이정인(2007), 암반사면공학, 건설정보사.

7. 김수삼 외 27인(2007), 현장실무를 위한 건설시공학, 구미서관.

8. 이춘석(2005), 토질 및 기초공학 이론과 실무(토질 및 기초기술사 시험대비), 예문사.

9. 김상규(1997), 토질역학 이론과 응용, 청문각.

10. 조태진 외(2008), 21C 암반역학, 건설정보사.

11. 지반공학 시리즈 5(사면안정)(1997), 지반공학회.

12. 정형식(2006), 암반역학, 새론.

13. 권현호, 남광수(2008), 광해방지공학, 동화기술, pp.33~40.

# 4-21. Land Slide와 Land Creep

- 인공사면과 자연사면을 구분하고 자연사면의 붕괴 원인과 대책(62회)
- Land Creep(66회 용어)

## 1. 사면의 종류(분류)

1) 인공사면(조성사면)

   (1) 비교적 평탄한 지역에 도로, 댐 등의 흙 구조물을 축조하는 과정에서 순전히 인공적으로 생성된 성토 경사면

   (2) 절성토 사면(주로 댐, 제방 등의 성토사면 : 사면 파괴 발생 가능)

2) 자연사면

   (1) 산지, 구릉지의 경사면

      자연사면의 일부에 절, 성토를 실시한 인공적 사면이 일부 존재해도 본래의 자연사면의 특성을 가지고 있는 사면

   (2) 주로 **암반사면**(산사태 발생 가능)

      우리나라 대부분의 지역의 도로 절토 사면은 암반사면임

## 2. 사면붕괴에 의한 자연재해의 종류

1) **산사태** : 자연사면에 발생된 경사면붕괴

2) **사면파괴** : 인공사면에 발생된 경사면붕괴

※ 사면의 붕괴 : 사면이 본래의 형태를 유지하지 못하고 중력의 작용으로 아래로 미끄러져 내려오는 것

## 3. 사면활동의 분류

1) **산사태** : 피압지하수 [양압력(Up Lift Pressure)]에 의한 **전단저항력 감소**

2) **사면붕괴** : 강우 시 인장균열 속의 수압, 흙의 단위중량 증가, **활동력(전단응력) 증가**로 발생

## 4. 붕괴가 발생하는 시간적 차원의 산사태(자연사면의 붕괴) 형태

1) Land Slide

   (1) 사면의 이동이 급격히 발생하는 경우, 일반적으로 인식되는 산사태, 협의의 산사태

   (2) 예측 곤란

2) Land Creep

   (1) 장시간에 걸쳐 사면이 서서히 이동하는 형태

   (2) 관측(예측) 가능

## 5. 자연사면의 붕괴 원인, 형태, 대책

1) 자연사면의 붕괴 원인 : Land Slide와 Land Creep

2) Land Slide와 Land Creep 정의

(1) Land Slide : 사면 급경사, 순간적

(2) Land Creep : 사면 완경사, 느리고, 연속적

| No | 구분 | Land Slide | Land Creep |
|---|---|---|---|
| 1 | 원인 | 호우, 융설, 지진 | 강우, 융설, 지하수위 상승 |
| 2 | 발생 시기 | 호우 중 | 강우 후 어느 정도 시간 경과 후, 침식 |
| 3 | 지질 | 풍화암, 사질토(투수성이 큰 흙) | 파쇄대, 연질암 |
| 4 | 사면경사(지형) | 경사 30도 이상 급경사 | 경사 5~20도 완경사 |
| 5 | 활동면(토질) | 불연속층 | 점성토, 연질암, 퇴적층이 이동 |
| 6 | 속도(발생상태) | 빠르고, 순간적 | 느리고 연속적 |
| 7 | 활동 토괴 | 교란됨 | 원형 |
| 8 | 발생규모 | 작다 | 크다 |
| 9 | Sliding 구배 | 급하다 | 완만(완경사) |
| 10 | 대책공법 | 배수＝유공관, U측구<br>옹벽 : 보강토<br>법면보호공 : 식생, 식수공 | 배수＝표면배수＋지하배수＋수평보링<br>지하수 차단공, 옹벽, 말뚝, 압성토배토공, 치환(가벼운 흙) |

## 6. 방지대책 [4-20강 내용 참고]

## ■ 참고문헌 ■

1. 서진수(2006), Powerful 토목시공기술사(1, 2권), 엔지니어즈.
2. 서진수(2009), Powerful 토목시공기술사 단원별 핵심기출문제, 엔지니어즈.
3. 이춘석(2005), 토질 및 기초공학 이론과 실무(토질 및 기초기술사 시험대비), 예문사.

## 4-22. 비탈면 점검시설

- 절성토 비탈면의 점검 시설 설치의 필요성을 열거하고 설치시 유의사항에 대하여 서술(62회)

### 1. 개요
점검 시설의 중요성은 1) **사면 점검, 유지관리**로 2) **붕괴 사고 사전 예방**

### 2. 점검 시설의 종류
1) **콘크리트 계단** : 대피 통로, 점검 통로, 유지관리 보수용 통로
2) **철제 조립식 계단** : 대피 통로, 점검 통로, 유지관리 보수용 통로
3) **소단 자체** : 대피 통로, 점검 통로, 유지관리 보수용 통로
4) **콘크리트 포장** 진입로 : 대피 통로, 점검 통로, 유지관리 보수용 통로
5) 사면 안정 관리용 **계측 시설**
6) **경보시설** : 사면붕괴 시 위험 예고용 방송, Bell, 사이렌 시설
7) **낙석 신호등**

### 3. 점검 시설의 설치 필요성(목적)
1) 고절·성토 비탈면 점검용이
2) 취약 지점 수시 점검
3) 유지관리 효율성 증대
4) 보수용 통로로 이용 : 장비, 자재 반입, 인원의 통로
5) 사면 점검 유지관리 철저히 하여
6) 붕괴 사고 사전 예측, 예방
7) 붕괴 징후 시 : 계측 실시, 대책공 수립
8) 인명, 재산 보호

### 4. 점검로 설치 대상 법면 [설치 시 유의사항]
1) 고절토부 비탈면으로 접근이 곤란한 지점
2) 유지관리상 수시로 점검이 필요한 지점

### 5. 법면의 점검 및 유지관리 [방법]
1) 정기 점검
2) 수시 점검
3) 정밀(상세) 점검
   (1) 해빙기
   (2) 폭우, 집중 강우, 연속 강우 발생하는 여름철
   (3) 필요한 계측기 설치, 안정성 검토
   (4) 특히 발파 후 인접 구역, 구조물 점검

(5) 지진 발생 후에는 필히 실시

## 6. 사면의 점검 및 조사 요령 [주요 검사 사항 및 점검 방법] [설치 시 유의사항]

1) 예비 조사

2) 현지답사

3) 토질 조사 시험

4) 지하수 조사

5) 사면의 높이, 구배, 소단 확인

6) 비탈면 보호공의 파괴, 변형 상태 확인

7) 비탈면의 용수 발생 및 용수의 혼탁 여부(토사 성분이 섞여 있는지 여부 확인)

8) 비탈 끝의 옹벽 파손, 변형 확인

9) 비탈면의 동결 융해 여부 확인 : 해빙기

10) 상기 사항들은 육안, 계측을 통해 실시

## 7. 성토 법면의 점검 시설 예 〈계곡부 고성토〉

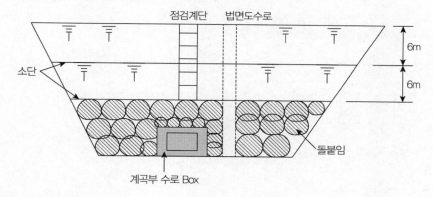

## 8. 절토부 점검 시설 예

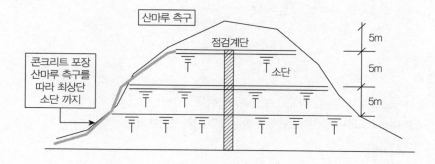

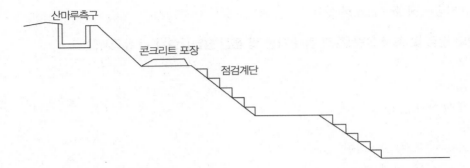

## 9. 사면붕괴 발생 시 방재 요령(맺음말 문구)

1) 붕괴 징후 발견 시 즉각 임시 대책공 마련

　(1) 배토공

　(2) 산마루 측구, 소단 측구 배수공 정비

　(3) 비닐 덮기

　(4) 비탈면 보호공 보수

　(5) 석축, 옹벽의 보수

　(6) 장비 동원하여 구배 완화, 소단 정비

2) 아주 위험한 경우

　(1) 주민 대피 후 보수 작업 실시

　(2) 보수 작업 시 대피 공간 확보 : 소단

　(3) 도로인 경우 차량 통제

　(4) 2차재해 예방 : 인명, 차량 재산 손실 방지

3) 붕괴 발생 시

　(1) 원인 조사 : 조사와 시험

　(2) 사면 안정 검토, 2차 붕괴 여부 예측, 빠른 시간 내에 대책공 실시

　(3) 향후 추가 붕괴 없도록 완벽한 공법 선택

### ■ 참고문헌 ■

1. 서진수(2006), Powerful 토목시공기술사(1, 2권), 엔지니어즈.

2. 서진수(2009), Powerful 토목시공기술사 단원별 핵심기출문제, 엔지니어즈.

3. 한국 도로공사 설계실무 자료집 참고.

# 4-23. 사면계측 = 사면거동예측 = 사면유지관리 = 사면점검 = 산사태 조사 [사면안정화 논문 작성 시 후반부 결론부에 응용]

## 1. 개요

사면의 설계, 사면붕괴 예측, 사면의 유지관리, 동태 관찰을 위해 **계측(사면거동 예측)**을 실시함 [사면 유지관리 시(점검 시) 계측을 실시하여 붕괴사고 사전 예방]

## 2. 사면계측의 목적

※ 사면설계, 시공, 유지관리 전반에 대해 사면의 안정 해석 자료로 활용 [자료 : 토질 정수($C$, $\phi$값), 지하수위, 간극수압]

1) 거동예측

2) 법면 점검시설 : 법면 유지관리, 사면의 붕괴조짐, 동태관찰, 점검, 보수

3) 조사와 시험목적

4) 사면 설계 시 안정 검토 자료로 활용

5) 법면 붕괴 시 안정 검토 및 대책공 수립 자료

6) 붕괴 후 대책공 실시 후 대책공의 효과 확인, 추가 붕괴 진행 사항 파악, 2차재해 방지

7) 유지관리계측

    (1) 주기적 계측 결과로 만약의 사태 대비

    (2) 복구 대책 강구

    (3) 주민 대피

    (4) 인접 구조물, 건물 방호대책 수립

## 3. 사면거동 예측 방법(계측방법)의 종류

1) **계측기** 설치

2) **광섬유** 센서

3) **산사태 예측도**(Land Slide Probability Map) : GIS 이용하여 확률론적 방법의 지도 작성

## 4. 계측의 시기

1) 유지관리, 동태 관측 계측 : 붕괴 조짐 징후 발견 후 바로 필요한 계측기 설치

2) 사면안정 대책공 실시를 위한 계측 : 대책공 실시 전 계측

## 5. 계측기 설치 방법

1) 계측기의 종류 및 설치 위치

| 구분 | 계측기 | 계측 항목 | 계측 위치 |
|------|--------|-----------|-----------|
| 지표 | ① 신축계 | 지표 이동량, 이동 속도 | 균열 부전 후 |
|      | ② 지반경사계 | 지반의 경사량 | 지표에 설치 |
|      | ③ 이동말뚝 | 지표의 이동량, 표고차 | 균열 부전 후 |
| 지중 | ① 지중변위계 | 지중 이동량, 융기, 침하량 | 활동면보다 깊게 |
|      | ② 지중경사계 | 깊이별 이동량, 활동면의 위치 | 활동면보다 깊게 |
|      | ③ 지하수위계 | 지하수위 변동 | 활동면 내, 외 |
|      | ④ 간극수압계 | 간극수압 | 활동면의 각 위치 |

## 2) 계측 단면도

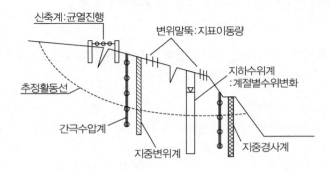

## 3) 보링 구멍 배치도 예시

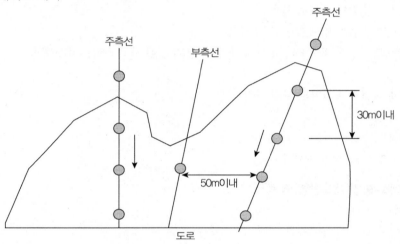

## 4) 산사태 변동 계측도 예시

### (1) 신축계

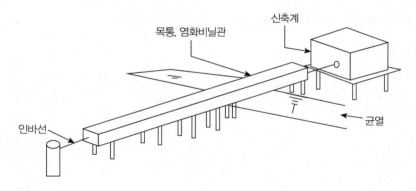

(2) 변위판

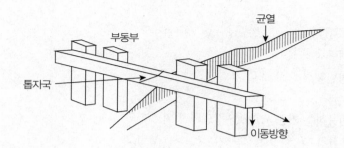

(3) 변위 말뚝

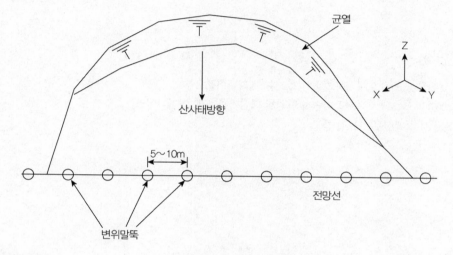

## 6. 광섬유 센서

1) 광섬유 이용 산사태 감시체계(계측) : 일본에서 연구 및 응용단계, 한국건설기술연구원에서 연구 중
2) 산사태 위험도를 등급으로 구분한 위험지도 작성 후 산사태 위험 지역에 광섬유 설치
3) 비탈면, 옹벽 연구실, 관리사무소 등에서 판독기로 산사태 범위와 규모 예측, 비용 비쌈

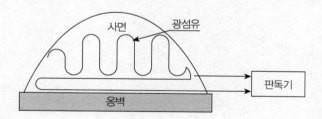

## 7. 맺음말

1) 절·성토 사면의 **설계, 시공, 유지관리** 단계에서 **계측자료**를 통하여 **거동을 예측**하고, 계측 자료를 활용하여 **사면안정을 검토**함
2) 사면의 안정 검토(사면안정 해석) 목적
   Failure(파괴), Serviceability(기능), Derformation(변형)에 대한 안정 검토

3) 안정검토(해석) 방법

   (1) 조사와 시험

   (2) 사용프로그램 : ① Slope/W, ② Stable 5M, ③ DIPS

   (3) 평사투영법(개략적 해석)

   (4) 한계평형법(정밀해석)으로 해석

4) 허용 안전율

   (1) 국내외에서 적용하는 기준 : 1.1~1.5 정도의 범위

   (2) 절토사면 : ① 건기 : $F_s > 1.5$, ② 우기 : $F_s > 1.1$~$1.2$

   (3) 성토사면 : $F_s > 1.3$

## ■ 참고문헌 ■

1. 서진수(2006), Powerful 토목시공기술사(1, 2권), 엔지니어즈.
2. 서진수(2009), Powerful 토목시공기술사 단원별 핵심기출문제, 엔지니어즈.
3. 한국 도로공사 설계실무 자료집 참고.

## 4-24. 사면붕괴를 사전에 예측할 수 있는 시스템 설명 [107회, 2015년 8월] [사면유지관리 시스템(계측)에 대한 실제 현장 사례]

### 1. 개요

1) 우리나라는 **국토의 70%**(대부분)가 산지로 이루어져 있고, 대부분의 고속도로는 **절토사면**이 많이 분포함

2) 고속도로는 고속의 차량 통행량이 많아 작은 **낙석**이나 **절토사면의 붕괴**는 대형 참사를 유발할 가능성이 매우 높음

3) 따라서 절토사면의 유지관리 및 안정성 확보는 대단히 중요함

### 2. 고속국도 건설유지관리 시스템 [HCMS : 한국도로공사]

* HCMS : Highway Construction & Maintenance System

1) 4개의 시스템으로 구분

   (1) **설계정보**

   (2) **건설정보**

   (3) **도로 유지관리** – 절토사면 유지관리 시스템(취약 지점 관리 시스템)

   (4) **관리자** 정보

2) 고속국도 절토사면 유지관리 시스템

   사면정보화 : 자료 DB 시스템

   | 구분 | 정보 내용 |
   |------|-----------|
   | 기본 정보 | 관리 정보, 위치 정보, 외형 정보, 시설 정보, 대책공법 정보, 건설 정보, 관련 도면 및 사진 |
   | 상세 정보 | 1. 지질 정보<br>2. 암질 정보<br>3. 불연속면 정보<br>　: 평사투영망 작성(평면, 쐐기, 전도 파괴 여부), 절리 정보(주향, 경사, 거칠기, 틈새 등)<br>4. 낙석 유무<br>5. 관련 도면, 사진 : 지표지질도, Streo Net, 보강단면도, 보강 전후 사진 |
   | 문서 정보 | 사면 검토 보고서, 조사 보고서, 기타 |

3) 고속국도 상시 계측 시스템

   (1) 최근 기상이변 등에 의한 집중호우, 지진 등에 의한 사면붕괴에 의한 재난을 예방, 대응하기 위한 **과학적, 첨단화된 재난예방 시스템**의 필요성 대두

   (2) **취약사면의 위험요인 상시감지** 및 **자동 경보체계 구축**을 위해 사면의 **상시계측 시스템** 구축이 효과적임

   (3) 사면계측기의 종류

   ① **표면계측** 시스템 : 사면변위계, GPS, 영상 계측(카메라)

   ② **지중경사계**

③ 지하수위계

④ 우량계

⑤ 함수량계

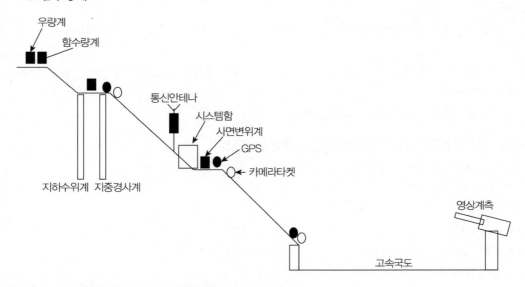

## 3. 일반국도 사면유지관리 시스템의 상시계측 시스템

1) 절토사면의 지반변위를 **원격자동** 계측하여 측정결과(거동상태)를 실시간으로 **관리자에게 통보**

   : 관리자의 PC, 핸드폰

2) 붕괴 위험 징후를 사전에 감지, 낙석 신호등 운용으로 **도로 차단** 등의 **응급조치로 피해 최소화**

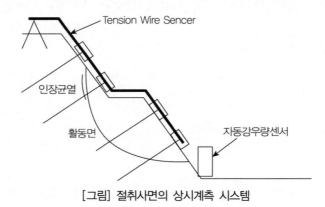

[그림] 절취사면의 상시계측 시스템

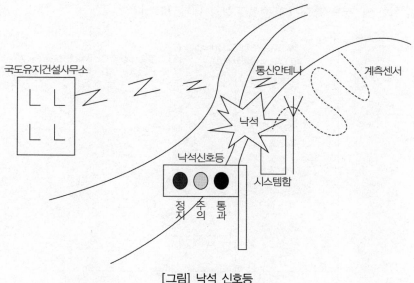

[그림] 낙석 신호등

## 4. 산사태 유지관리 시스템

1) 사면붕괴감지 및 관측 시스템의 구성

  (1) 위험지 선정기준검토

  (2) 감지 및 관측을 통한 예·경보 자료 분석

  (3) 예·경보 전달방법

  (4) 대피등 대응 방안

2) 위험지 선정 : 산사태 위험 지역의 지형적 조건과 사회적 조건

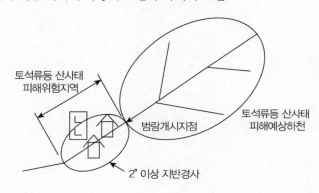

3) 유지관리를 위한 예·경보 및 대피 표준선의 설정, 대피권고 시점

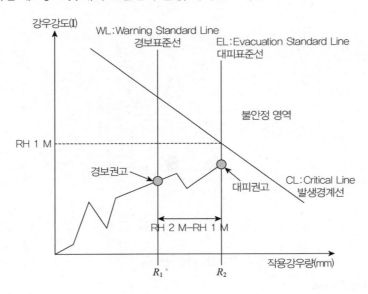

■ 참고문헌 ■

배규진 외(2008), 사면공학실무, 예문사, pp.205~230.

# 4-25. TDR(Time Domain Reflectometry)에 의한 사면계측 기법

## 1. 정의
시간 영역 반사법 측정계라고 하며 레이더 원리 이용, 송신 장치에서 송신한 신호가 반사되어 돌아오는 시간을 측정하여 사면등의 지반 변위(인장변형과 전단 변형)를 측정함

## 2. TDR 원리
송신장치로부터 송신된 신호가 반사되어 돌아오는 시간을 측정하여, 사용 케이블에 결함이 발생하면 송신된 신호 에너지의 일부분이 반사되어 돌아오고 이를 감지하여 결함발생 위치 및 종류 규명

## 3. 설치 및 측정방법
1) 설치
    (1) 시추공이용 원하는 심도까지 전체 구간에 케이블 매설
    (2) 동축 Cable에 일정한 간격으로 Crimp(주름)을 만들어 시추공 내 삽입

2) 측정방법
    (1) 케이블의 변형이 발생한 곳에 전달된 신호와 반사 신호의 시간 차를 측정
    (2) 암반 변위 발생 → Cable에 단선, 합선 발생 → 송신된 Puls가 결함부에서 반사 → Cable 시험기에 나타남
    (3) 결함 발생 위치, 반사 계수의 부호, 길이, 크기 → 변형의 위치, 종류, 정도 계측

## 4. TDR System 장비의 구성도
1) 인장 변형에 의한 반사 신호

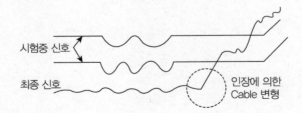

2) 전단 변형에 의한 반사 신호

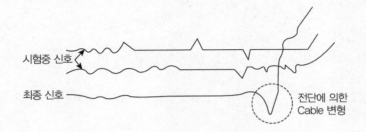

## 5. TDR의 적용

1) 터널 지역 지반 변위 측정

2) 산사태, 암반사면의 변형 파악

3) 지반 오염물질의 종류, 이동경로 파악

4) 지반의 함수비 변화 Monitoring

5) 지하수위 변동 측정

## 6. TDR 장단점

| 장점 | 1. 케이블 이용, 연속적 지반 변위 관찰 가능<br>2. 대심도, 지하터널 계측 시 : 경제적, 효율적<br>3. 장기적인 침하 계측 관리에 적합 |
|---|---|
| 단점 | 1. 정성적 계측<br>　　지반 침하량 정량 분석 곤란(정성적임)<br>2. 케이블 설치 시 고난이 기술 요구<br>3. 반사 신호 해석에 충분한 경험 필요<br>4. 현재는 기술 및 기술자 부족으로 사용되지 않는 방법임 |

### ■ 참고문헌 ■

권현호, 남광수(2008), 광해방지공학, 동화기술, p.194.

## 4-26. 광섬유 계측 기법＝광섬유 센서 Cable(Optical senser Cable) 이용 계측 ＝분포 개념의 온도 및 변형률 계측 기법

### 1. 개요

절토사면 등에서 **지하수 유동감시, 지반변위 감시, 사면거동 감시** 등의 **계측에 활용**, 일반적으로 계측은 **점개념 계측과 분포개념 계측**으로 대별되며 광섬유 계측 기법은 분포 개념 계측임

[점개념과 분포개념 계측의 차이점]

| 구분 | 점개념 계측(기존의 계측기) | 분포개념 계측(새로운 계측기법) |
|---|---|---|
| 1. 계측지점(범위) | 특정 지점 계측에 국한 | 광범위 지역 계측 |
| 2. 계측방법 | 경사계, 지표침하계, 지중침하계, 지하수위계 등 | 광섬유 Cable 이용, 온도, 변형률 |
| 3. 효율성 | 소(적음) | 대(큼) |
| 4. 특징 | 계측기 설치 지점 외 정보비제공(제공 못함) | 광범위(광활)한 3차원적인 영역의 온도, 변형률 변화 동시 계측 |

### 2. 기술 개요(개념)

1) TDR의 발전한 형태 : **정성＋정량적** Data

2) **댐/교량** 등 구조물에 적용 예 많음

### 3. 특징

1) **광케이블 자체가 센서 역할** : 약 30Km

2) **광범위 지역 적용 가능, 분포형 변형률 계측**

### 4. 광섬유 센서 Cable 이용 기술의 원리(근본 원리)

1) 광섬유 Senser Cable에 좁은 폭의 **레이저파** 입사, 극히 일부분 산란되는 **산란파** 이용

2) 산란파의 종류와 기능

| 산란파 | 기능 |
|---|---|
| 1. Rayleigh(레일리)산란파 | 광손실 점검 |
| 2. Raman 산란파 | 온도 측정 |
| 3. Brillouin(브릴로인) 산란파 | 온도, 변형률 측정 |

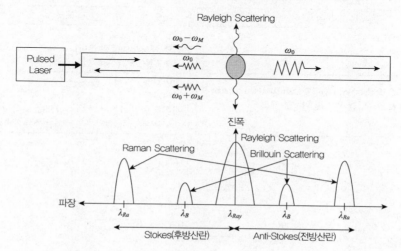

(1) 광섬유 Cable로 폭이 대단히 좁은 Lase 파 신호 입사(보내면) ⇒ 그중 일부 반사, 입사광보다 대단히 작은 진폭의 반사파가 광다이오드에 수신

(2) 광케이블 주변 환경(온도, 변형, 압력) 변화 발생 : **3가지 종류의 산란 현상 나타남**

　① Rayleigh Scattering

　　큰 진폭, 케이블 주위 **밀도 변화**와 관련, 파장변위 없음

　② Raman Scattering

　　레이저파 진행방향 전후에서 케이블 주변 **온도 변화**에 영향을 받음, 파장 변위 폭이 큼 → 온도 측정 분해능 높임

　③ Brillouin Scattering

　　광파와 자연발생 음파 사이의 상호작용에 의해 Brillouin 반사 발생, **온도**, **변형률**, **압력** 등에 영향을 받음

　　온도 변화에 따라 변형률 변함 → Brillouin 산란파로 **온도 측정** 가능

(3) 온도 및 변형률 변화에 따른 Brillouin 산란신호의 변화 예

　① Cable 주변 온도 변하면 Stokes 및 Anti-Stokes 신호의 진폭 변화

　② 변형률 변화 : 주파수 특성 변화

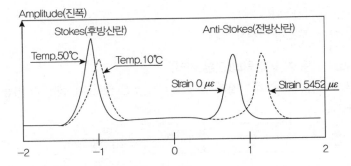

## 5. 광섬유 센서의 적용 및 온도계측으로 얻을 수 있는 정보

| 구분 (모니터링 종류) | 적용 |
|---|---|
| 1. 온도 모니터링(DTS)<br>　Distributed temperature Sensing | 1. 터널 내부 온도 측정<br>2. 터널 화재감시(소방 분야)<br>3. 목조건물 화재감시 |
| 2. 변형률 모니터링(DTSS) : 온도 + 변형률(Distributed temperature & Strain Sensing) 분포 개념의 온도 및 변형률 계측 | 1. 지반침하<br>2. 사면거동<br>　절성토 법면 안정성 감시(사면 Sliding 감시)<br>3. 댐체 거동 감시, 교량구조물 거동감시(계측) |

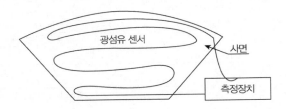

## 6. DTSS(분포개념 온도 및 변형률 계측) 특징

1) 계측범위 : 30Km까지 가능

2) 변형 특성의 계측 범위

   (1) 1mm/m(1m당 1mm 범위)

   (2) 변위 발생 위치

   (3) 변위 진행방향 계측 가능

3) 온도 계측 범위

   (1) 0.01℃ 해상도

   (2) −160~600℃까지 계측 가능

4) 계측 내용(획득 정보)

   (1) **지하공동(터널) 벽면 변위, 거동** : 온도변화에 따라 변형률 변화로 수축과 이완

   (2) **터널 상반** 지반 변위

   (3) **터널의 붕괴/낙반** 감지

   (4) 암반 내 **지하수** 등락, 유출

   (5) **터널 내부 온도**

   (6) **터널 주변 거동, 사면 변위거동, 지하수 유출**

   (7) **숏크리트 터널 벽면의 균열**

   (8) **터널 내 환기**

## 7. 결론

장기적인 자동화 계측, 정보화 계측, 원격제어 계측 가능함

■ **참고문헌** ■

권현호, 남광수(2008), 광해방지공학, 동화기술, p.194.

# 4-27. 법면점검시설 및 사면 계측 기출 문제 사례

문) 암반 사면에서 비탈면 유지관리 계획을 수립하고자 한다.
   다음 사항에 대하여 설명 [76회 토질]
   ① 주요 검사 사항 및 점검 방법
   ② 비탈면 유지관리를 위한 계측 시스템을 3가지 이상 비교 검토
   ③ 계측 시스템 설치 계획 및 선정 시 유의사항

## 1. 개요
1) 우리나라는 국토의 70%(대부분)가 산지로 이루어져 있고, 대부분의 고속도로는 암반 절토 사면이 많이 분포함
2) 고속도로는 고속의 차량 통행량이 많아 작은 낙석이나 절토사면의 붕괴는 대형 참사를 유발할 가능성이 매우 높음
3) 따라서 법면 점검시설 및 계측설비를 설치하여 절토 사면의 유지관리 및 안정성 확보하는 것이 대단히 중요함

## 2. 주요 검사 사항 및 점검 방법 [사면의 점검 및 조사 요령]
1) 주요 검사 사항
   (1) 예비 조사
   (2) 현지 답사
   (3) 토질 조사 시험
   (4) 지하수 조사
   (5) 사면의 높이, 구배, 소단 확인
   (6) 비탈면 보호공의 파괴, 변형 상태 확인
   (7) 비탈면의 용수 발생 및 용수의 혼탁 여부(토사 성분이 섞여 있는지 여부 확인)
   (8) 비탈 끝의 옹벽 파손, 변형 확인
   (9) 비탈면의 동결 융해 여부 확인 : 해빙기
   (10) 상기 사항들은 육안, 계측을 통해 실시

2) 점검방법 : 법면의 점검 및 유지관리
   (1) 정기 점검
   (2) 수시 점검
   (3) 정밀(상세) 점검
       ① 해빙기
       ② 태풍, 폭우, 집중 강우, 연속 강우 발생하는 여름철
       ③ 필요한 계측기 설치, 안정성 검토
       ④ 특히 발파 후 인접 구역, 구조물 점검
       ⑤ 지진 발생 후에는 필히 실시

## 3. 비탈면 유지관리를 위한 계측 시스템을 3가지 이상 비교 검토

\* 제 4-22강~24강 내용 중에서 선택해서 기술

## 4. 계측 시스템 설치 계획 및 선정 시 유의사항

1) 점검 시 계측을 실시하여 붕괴 사고 사전 예방

2) 계측기의 종류 및 설치 위치 [계측 시스템의 비교]

| 구분 | 계측기 | 계측 항목 | 계측 위치 |
|---|---|---|---|
| 지표 | ① 신축계 | 지표 이동량, 이동속도 | 균열 부전 후 |
| | ② 지반경사계 | 지반의 경사량 | 지표에 설치 |
| | ③ 이동말뚝 | 지표의 이동량, 표고차 | 균열 부전 후 |
| 지중 | ① 지중변위계 | 지중 이동량, 융기, 침하량 | 활동면보다 깊게 |
| | ② 지중경사계 | 깊이별 이동량, 활동면의 위치 | 활동면보다 깊게 |
| | ③ 지하수위계 | 지하수위 변동 | 활동면 내, 외 |
| | ④ 간극수압계 | 간극수압 | 활동면의 각 위치 |

3) 계측의 목적

 (1) 법면 점검 시설 : 법면 유지관리, 사면의 붕괴 조짐, 동태 관찰, 점검, 보수

 (2) 조사와 시험

 (3) 사면 설계 시 안정 검토 자료로 활용

 (4) 법면 붕괴 시 안정 검토 및 대책공 수립 자료

 (5) 붕괴 후 대책공 실시 후 대책공의 효과 확인, 추가 붕괴 진행 사항 파악, 2차재해 방지

 (6) 유지관리 계측

   ① 주기적 계측 결과로 만약의 사태 대비

   ② 복구 대책 강구

   ③ 주민 대피

   ④ 인접 구조물, 건물 방호 대책 수립

 (7) 설계 시공, 유지관리 전반에 대해

   ① 사면의 안정 해석 자료로 활용

   ② 토질 정수($C$, $\phi$ 값)

   ③ 지하수위, 간극수압

4) 계측의 시기

 (1) 유지관리, 동태 관측 계측 : 붕괴 조짐 징후 발견 후 바로 필요한 계측기 설치

 (2) 사면 안정 대책공 실시를 위한 계측 : 대책공 실시 전 계측

5) 계측기 설치 방법
  (1) 단면도

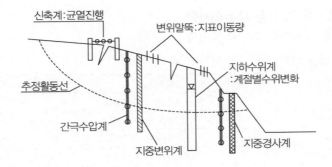

  (2) 보링 구멍 배치도 예시

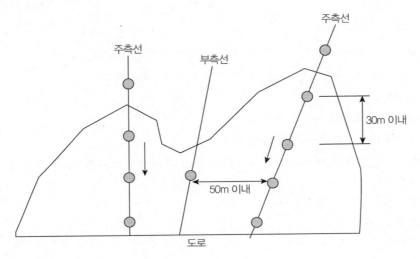

  (3) 사태 변동 계측도 예시
    ① 신축계

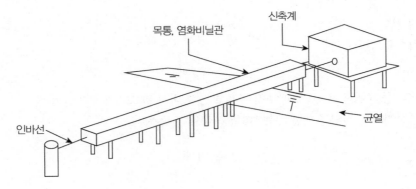

② 변위판

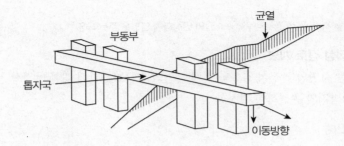

③ 변위 말뚝

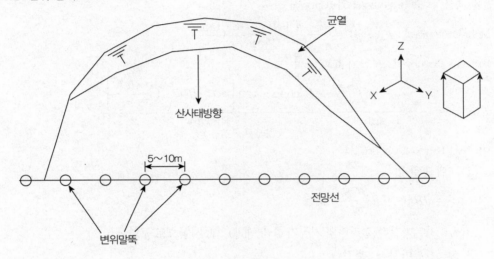

■ 참고문헌 ■

1. 서진수(2006), Powerful 토목시공기술사(1, 2권), 엔지니어즈.
2. 배규진 외(2008), 사면공학 실무, 예문사.

# 4-28. 암반사면에서 구배완화, 소단설치 이유

- 암반사면에서 사면높이, 기울기(경사＝구배), 소단이 안정화에 영향을 주는 요인

## 1. 소단설치 시 안정성 검토 개요
1) 1개 소단까지 작은 사면의 안정성 검토와 전체 사면의 평균기울기에 대한 안정성 검토 필요
2) 소단의 폭은 낙석방지와 관련하여 결정함

## 2. 사면안정성 비교 예
1) 기본 사면 높이 H＝30m, 불연속면(절리)경사＝45도, 연직벽을 예로 비교사면의 안정성 비교
2) 안전율 계산식 : Mohr-Coulomb와 Barton식 적용

   (1) Mohr-Coulomb식 : $F(c, \phi) = \dfrac{C \cdot A + W\cos\alpha \cdot \tan\phi}{W\sin\alpha}$

   (2) Barton & Chouby식 : 거칠기 효과 고려

$$F(c, \phi) = \frac{W\cos\alpha \cdot \tan\phi'}{W\sin\alpha} = \frac{W\cos\alpha \cdot \tan\left[\phi_r + JRC \cdot \log\dfrac{JCS}{\sigma_n}\right]}{W\sin\alpha}$$

   여기서, Barton & Chouby 식
   ① 최대 마찰각

$$\phi' = JRC \cdot \log\frac{JCS}{\sigma_n} + \phi_r$$

   ② $\phi_b$ : 기본마찰각(절리면의 거칠기 효과 배제), Tilt 시험으로 구함
   ③ $\phi_r$ : 잔류마찰각 : 추정
   ④ $\sigma_n$ : 유효수직응력
   ⑤ JRC(Joint Roughness Coefficient : 거칠기계수) : Profile Gage로 측정
   ⑥ JCS(Joint Wall Compressive Strength : 절리면 압축강도)
      : Schmidt Hammer, Point LoadTest(점하중시험), 일축압축강도시험
   (3) Patton의 2중 선형 관계식 : 잔류마찰각 결정

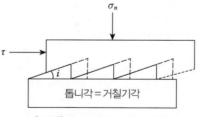

[그림] Saw Tooth Model

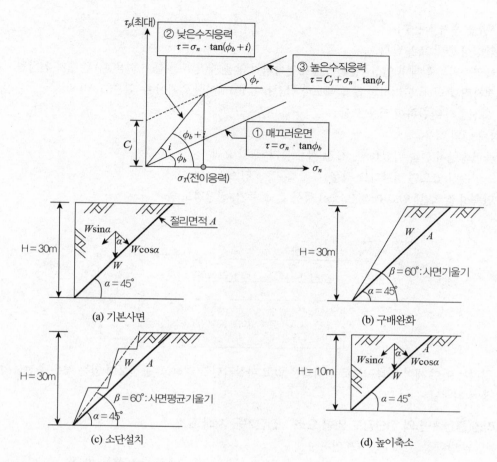

図中のラベル:

$\tau_p$(최대)

② 낮은수직응력
$$\tau = \sigma_n \cdot \tan(\phi_b + i)$$

③ 높은수직응력
$$\tau = C_j + \sigma_n \cdot \tan\phi_r$$

$\phi_r$

① 매끄러운면
$$\tau = \sigma_n \cdot \tan\phi_b$$

$C_j$

$\phi_b + i$

$i$

$\phi_b$

$\sigma_T$(전이응력)

$\sigma_n$

절리면적 $A$

$W\sin\alpha$

$W\cos\alpha$

$W$

$\alpha$

$H = 30\text{m}$

$\alpha = 45°$

(a) 기본사면

$H = 30\text{m}$

$W$

$A$

$\beta = 60°$ : 사면기울기

$\alpha = 45°$

(b) 구배완화

$H = 30\text{m}$

$W$

$A$

$\beta = 60°$ : 사면평균기울기

$\alpha = 45°$

(c) 소단설치

$H = 10\text{m}$

$W\sin\alpha$

$W\cos\alpha$

$W$

$\alpha$

$A$

$\alpha = 45°$

(d) 높이축소

3) 상기 식으로 계산해 보면 **안전율(F)**은

(a) 기본사면(0.98) < (b) 구배완화(1.25) = (c) 소단설치(1.25) < (d) 높이축소(1.37) 순으로 커짐

∴ 높이감소, 구배완화, 소단설치로 안정성 증대 효과 있음

[∵ 점착력 C×A가 강도에 영향을 미치므로]

## 3. 불연속면의 활동파괴가 예상되는 경우 사면높이 감소, 기울기의 완화와 안정성 관계
## = 암반사면에서 구배, 소단 적용 시 주의사항

1) 사면높이 감소, 기울기의 완화로 사면안정성 증대 여부는 불확실함

2) **점착력(C)이 없는 경우**

: 잔류마찰성분에 의해 불연속면의 전단저항력(강도) 발휘되는 경우

(1) **배수조건하** : 불연속면 위의 암체를 완전제거하기 전에는 **안전율 불변**

(2) **비배수 조건하** : 경우에 따라 **안전율 저하 초래**(Hoek & Bray)

(∵ 절리면에서 상향의 지하수압력(=양압력)으로 **연직응력 감소**)

3) **점착력(C) 있는 경우**

= 불연속면에서 점착력 발휘, 전단변형 시 팽창변형, 표면파괴(불연속면 표면요철 전단파괴 시 = 높

은 수직응력 작용 시)

(1) **안정성 증대 효과 발휘**

(2) **불연속면의 점착력 인정** : 불연속면이 연속되지 않을 때(일부분 붙어 있을 때) 존재가 인정됨

(3) 점착력 고려 시 고려하지 않을 때보다 안전율이 100% 이상 증가할 수 있음(ISRM)

   ∴ **신중히 판단하여 적용** 요함

4) 점착력(C)의 적용

(1) **불연속면이 연속** 되었을 때 : **C 값 적용 불가**, 주의 요함

   – 연속성 있으면 전단강도 적음 : C 값 없고, $\phi$ 감소

(2) **연속성 짧으면** : 암교(Rock Bridge) 형성, C, $\phi$ 증가, 전단강도 큼

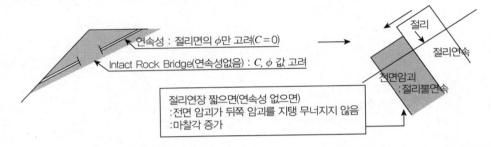

(3) 절리는 이미 깨어진 틈이므로 점착력은 없고 마찰각만 고려하고, 충전물이 있는 경우 충전물의 특
성에 지배됨

## 4. 절리면(불연속면)의 전단강도 영향 요소 : 전단거동 지배 요소

| | | |
|---|---|---|
| 1) 절리면의 **방향성** | 2) **연속성** | 3) **강도** |
| 4) **충전물질** | 5) **간격** | 6) **틈새**(간극) |
| 7) **투수도** | 8) **절리군의 수**(Number of Set) | 9) **굴곡도**(깊이, 폭) |
| 10) **거칠기**(JRC=Roughness) | 11) **암괴의 크기 및 형태** : 전단면의 크기효과(Scale Effect) | 12) **절리빈도** |

∴ 신중히 판단하여 적용요함

## 5. 암반 구조물 배수 시스템의 합리적인 설계

1) 수압 고려 : 안정성 검토, 수리전도도, 수압시험

2) 물의 유동 Pattern 파악

3) 지하수 상태 평가 방법

   – 수리전도도, 수압 측정

   – 사면 관찰 : 표면의 얼음으로 지하수면 위치, 불연속면 위치 파악 가능

### ■ 참고문헌 ■

김명모, 암사면안정대책, 토목시공 고등기술강좌, Series2, 대한토목학회, pp.368~370.

# 4-29. Discontinuity(불연속면)(87회 용어)

## 1. 개요
1) **암반사면**은 토사사면과 달리 **불연속면**이 존재하고
2) 암반사면의 안정성은 **불연속면의 특성**에 의해 크게 좌우됨
3) 불연속면의 빈도, 형상, 상태 등은 암반의 공학적 성질을 크게 좌우함
4) **암반사면의 안정성 평가**를 위해 **불연속면의 정량적, 공학적 성질을 파악**해야 한다.

## 2. 불연속면의 정의
암반이 지각변동, 기상작용, 지열 등에 의해 형성된 암반 내 있는 **연속성이 없는 면**으로 **구조적 취약 부**분임. **암반 결함의 원인이 됨**

## 3. 불연속면의 종류
1) **절리**(Joint) : 응력변화로 발생, 상대변위(움직임) 없음
2) **단층**(Fault) : 응력변화, 상대변위 발생, 대규모의 갑작스러운 붕괴유발, 대규모 지질구조와 관련
3) **파쇄대**(Fracture Zone) : 띠 모양, 단층의 풍화, 지하수 용출, 대규모 지질구조와 관련
4) **열극**(Fissure) : 절리보다 작은 규모의 개구성 균열
5) **층리**(Bedding Plane) : 퇴적암에 존재, 퇴적암 성층작용, 다른 층간의 경계면, 퇴적물이 고르게 쌓여 만들어짐
6) **편리** : 변성암에 존재, 변성암의 편암, 평행조밀한 선구조, 암석이 고온 고압 ⇒ 재결정 작용, 운모
7) **엽리** : 퇴적암의 조밀한 평행선, 띠 모양의 선구조

## 4. 불연속면의 특징

| 구분 | 단층 | 절리 |
|---|---|---|
| 생성 | 지각변동 등의 큰 움직임 | 암석 생성 시 응력변화 |
| 상태(연장성) | 수 m~수천 Km(연장 길다) | 수 cm~수 m(연장 짧다) |
| 특징 | 단층면, 단층점토, 파쇄대, 용수대 수반 | 절리를 통하여 풍화 시작함 |
| 현장의 영향 | 건설공사 곤란함(치명적임)<br>댐, 교량, 관로, 운하 하부에 존재 시<br>대규모 암반붕괴 가능성 큼 | 쐐기파괴, 지하수 유동(용수)<br>사면붕괴<br>단층보다는 경미함 |

## 5. 불연속면과 암사면붕괴 형태와의 관계

| 파괴형태 | 원호파괴 | 평면파괴 | 쐐기파괴 | 전도파괴 |
|---|---|---|---|---|
| 불연속면 | 다수, 불규칙하게 발달 | 한 방향 | 2~3방향, 교차 | 반대(역) 방향 발달 |

## 6. 불연속면의 조사 요소(암사면 안정 해석 시 고려사항)

1) 절리의 방향성, 연속성, 강도, 충전물질, 간격, 틈새, 투수도, 불연속면의 종류, 불연속면의 수, 주향과 경사, 면의 거칠기, 면의 강도, 암괴의 크기

2) 암반 분류 시 조사항목 : 암반 사면 해석 시 주요 조사항목(물성치)

   (1) 암반(암석)의 강도

   (2) 지하수 유동 및 집적

   (3) 불연속면(절리)의 특성

   ① 절리면의 **방향성**(주향/경사, 경사방향/주향)

   ② 절리면의 **연속성**

   ③ 절리면의 **강도**(Wall Strength)

   ④ **충전물질**

   ⑤ 절리의 **간격**(Spacing)

   ⑥ 절리의 **틈새**(Aperture) : 간극

   ⑦ **투수도**(지하수 상태)(Seepage)

   ⑧ **절리군의 수**(Number of Set) = 종류 수

   ⑨ **굴곡도**(굴곡길이, 폭)

   ⑩ **거칠기**(Roughness)

   ⑪ **암괴**의 크기 및 형태(Block Size & Shape)

   ⑫ **절리의 빈도**

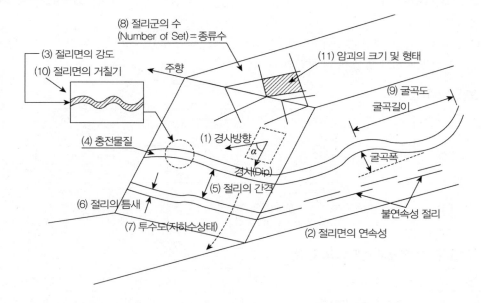

## 7. 불연속면의 중요성(의의 : 적용성)

1) **암사면 안정 해석**, 터널의 굴진 시, 안정문제 해석 시

 : 불연속면의 방향성, 연속성, 강도, 간격, 충진물질, 틈새, 투수성 고려

2) RMR에 의한 암반분류법의 매개변수로써 중요

## 8. 암반 불연속면 시공 대책

1) 사면 보강 : Rock Anchor, Soil Nailing, Rock Bolt, Shotcrete, 옹벽

2) 터널 굴착 : **보조 지보재(Rock Bolt, Shotcrete), 보조공법**(강관 다단 Grouting, Fore Poling)

3) 암발파 시

 (1) **제어발파**

 (2) **조절발파**(Line Drilling, Cushion Blasting, Presplitting, Smooth Blasting) 실시

## 9. 암반 사면안정성에 영향 미치는 요소 [암반사면 안정 영향 요소]

| 구분 | 영향 미치는 요소 |
|---|---|
| 저항력<br>감소요인 | 1. 불연속면의 존재<br> 1) 절리(Joint) : 응력변화로 발생, 상대변위(움직임) 없음<br> 2) 단층(Fault) : 응력변화, 상대변위발생, 대규모의 갑작스러운 붕괴유발<br> 3) 파쇄대(Fracture Zone) : 띠 모양, 단층의 풍화, 지하수 용출<br> 4) 열극(Fissure) : 절리보다 작은 규모의 개구성 균열<br> 5) 층리(Bedding Plane) : 퇴적암 성층작용, 다른 층간의 경계면<br> 6) 편리 : 변성암의 편암, 평행조밀한 선구조<br> 7) 엽리 : 퇴적암의 조밀한 평행선, 띠 모양의 선구조 |
| | 2. 암석의 풍화(Weathering) |
| | 3. 수압 : 암반 내 존재하는 간극수, 사면안정 영향 |
| 전단응력<br>증가요인 | 1. 상부사면 하중증가 : 상재하중<br>2. 사면의 굴착 등 |

## 10. 평가

1) 암반 조사 시에는 현장암반강도와 함께 **불연속면의 방향성** 및 **간극 측정**이 필수적임

2) 암반 지하수의 유동 및 집적은 절리의 틈새(분리면＝간극)를 통해 이루어지므로 특히 틈새 및 충전물의 특성이 중요함

## ■ 참고문헌 ■

1. 정형식(2006), 암반역학, 새론, p.58~59.
2. 배규진 외(2008), 사면공학 실무, 예문사.

# Chapter 05

# 암반공학 · 터널 · 발파

# 05 암반공학·터널·발파

## 5-1. 암반의 분류방법

### 1. 개요
암반구조물(암반사면, 터널)의 **안정성 평가**를 위해 **암반의 특성을 공학적으로 판정**하기 위한 것

### 2. 암반의 공학적 분류 목적
1) 암반거동 영향인자 추출
2) 암체의 암반 분류 등급
3) 설계용 : 정량적 자료도출(암반조건을 수치화), 타당성조사, 예비조사 단계에서 활용
4) 암반구조물 시공 : 경제적, 능률적 굴착
5) 지보지침 추천 : 터널, 지하공동, 광산
6) 사면안정 필요 자료 제공

### 3. 암반의 분류방법

| 구분 | 분류방법 | 제안자 |
|---|---|---|
| 암반 | 1. TCR(Total Core Recovery) | |
| | 2. RQD(Rock Quality Designation : 암질지수) | Deree |
| | 3. RMR(Rock Mass Rating) = CSIR | Bieniawski |
| | 4. Q-System(Rock Mass Quality System) = NGI 기준 | Barton |
| | 5. SMR(Slope Mass Rating) : 사면등급분류 | Romana |
| | 6. GSI(Geological Strength Index) = 지질강도지수 | Hoek & Brown |
| | 7. RSR(Rock Structure Rating) | |
| | 8. RMI(Rock Mass Index) | |
| 암석 | 1. Dree & Muller | |
| | 2. 풍화도 | |
| | 3. Ripperability | |
| | 4. 균열계수 | |

### 4. 암반의 주요 조사항목(물성치)
1) 개요
  (1) **암반사면**은 토사사면과 달리 **불연속면이 존재**하고
  (2) 암반사면의 안정성은 **불연속면의 특성**에 의해 크게 좌우됨

(3) **불연속면의 빈도, 형상, 상태** 등은 암반의 **공학적 성질**을 크게 좌우함

(4) 암반사면의 **안정성 평가**를 위해 불연속면의 정량적, 공학적 성질 파악함

2) 암반분류 시 조사항목 : 암반사면 해석 시 주요 조사항목(물성치)

[암반 구조물 설계, 시공 시 고려사항

(1) 암반(암석)의 강도

(2) 지하수 유동 및 집적

(3) **불연속면(절리)의 특성**

| | |
|---|---|
| ① 절리면의 **방향성**(주향/경사, 경사방향/주향) | ② 절리면의 **연속성** |
| ③ 절리면의 **강도**(Wall Strength) | ④ **충전물질** |
| ⑤ 절리의 **간격**(Spacing) | ⑥ 절리의 **틈새**(Aperture) : 간극 |
| ⑦ **투수도**(지하수 상태)(Seepage) | ⑧ **절리군의 수**(Number of Set)=종류수 |
| ⑨ **굴곡도**(굴곡 길이, 폭) | ⑩ **거칠기**(Roughness) |
| ⑪ **암괴의 크기** 및 형태(Block Size & Shape) | ⑫ **절리의 빈도** |

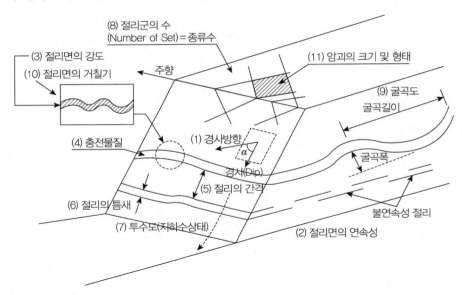

(1) 절리(Joint) : 응력변화로 발생, 상대변위(움직임) 없음

(2) 단층(Fault) : 응력변화, 상대변위발생, 대규모의 갑작스러운 붕괴유발

(3) 파쇄대(Fracture Zone) : 띠 모양, 단층의 풍화, 지하수 용출

(4) 열극(Fissure) : 절리보다 작은 규모의 개구성 균열

(5) 층리(Bedding Plane) : 퇴적암 성층작용, 다른 층간의 경계면

(6) 편리 : 변성암의 편암, 평행조밀한 선구조

(7) 엽리 : 퇴적암의 조밀한 평행선, 띠 모양의 선구조

## 5. 암반사면 안정성에 영향 미치는 요소 [암반사면 안정 영향 요소]

| 구분 | 영향 미치는 요소 |
|---|---|
| 저항력<br>감소요인 | 1. 불연속면의 존재<br>　1) 절리(Joint) : 응력변화로 발생, 상대변위(움직임) 없음<br>　2) 단층(Fault) : 응력변화, 상대변위발생, 대규모의 갑작스러운 붕괴유발<br>　3) 파쇄대(Fracture Zone) : 띠 모양, 단층의 풍화, 지하수 용출<br>　4) 열극(Fissure) : 절리보다 작은 규모의 개구성 균열<br>　5) 층리(Bedding Plane) : 퇴적암 성층작용, 다른 층간의 경계면<br>　6) 편리 : 변성암의 편암, 평행조밀한 선구조<br>　7) 엽리 : 퇴적암의 조밀한 평행선, 띠 모양의 선구조 |
| | 2. 암석의 풍화(Weathering) |
| | 3. 수압 : 암반 내 존재하는 간극수, 사면안정 영향 |
| 전단응력<br>증가요인 | 1. 상부사면하중 증가 : 상재하중 |
| | 2. 사면의 굴착 등 |

## 6. 맺음말

1) 암반조사 시에는 **현장 암반강도**와 함께 **불연속면의 방향성 및 간극 측정**이 필수적임
2) 암반 지하수의 유동 및 집적은 **절리의 틈새**(분리면＝간극)를 통해 이루어지므로 특히 틈새 및 충전물의 특성이 중요함

## ■ 참고문헌 ■

1. 지반공학 시리즈 5(사면안정)(1997), 지반공학회.
2. 이승호, 암반사면해석, 건설기술교육원.
3. 한국암반공학회(2007), 사면공학, 건설정보사.
4. 배규진 외(2008), 사면공학실무, 예문사.
5. 이정인(2007), 암반사면공학, 건설정보사.
6. 정형식(2006), 암반역학, 새론.
7. 조태진 외(2008), 21C 암반역학, 건설정보사.
8. 도덕현 외 2인(2003), 암반공동의 설계와 시공, 건설정보사.
9. 황정규(1997), 지반공학의 기초이론, 구미서관.
10. 지반공학 시리즈 7(터널)(1997), 지반공학회.
11. 정의봉(2003), 화약류관리(기술사 및 기사 2차 실기시험), 동화기술.
12. 터널 공사 표준시방서(2015), 터널설계기준(2007).
13. 서진수(2006), Powerful 토목시공기술사(1, 2권), 엔지니어즈.
14. 서진수(2009), Powerful 토목시공기술사 단원별 핵심기출문제, 엔지니어즈.
15. 한국도로공사(1992), 도로설계요령(제4권) - 터널.
16. 시설물의 손상 및 보수 - 보강사례(교량, 터널, 사면)(2006), 건교부, 한국시설안전기술공단.
17. 건설교통부, 한국시설 안전기술공단(2006), 시설물의 안전취약 요소발굴 및 대책방안(교량, 터널, 사면).
18. 이춘석(2005), 토질 및 기초공학 이론과 실무(토질 및 기초 기술사 시험대비), 예문사.
19. 신희순(1998), 터널기본계획, 조사, 시험, 암반분류, 토목시공 고등기술강좌 Series 11, 대한토목학회, pp.69~128.

## 5-2. TCR(Total Core Recovery) : Core 회수율, 채취율

### 1. 정의

1) $TCR = \dfrac{\text{회수된 } Core \text{ 길이}}{\text{시추공길이}} \times 100\%$

2) 지반물성치 및 역학적 특성을 파악하기 위해 시추조사 시 Core 채취기(Core Barrel)로 **파쇄되지 않은 상태로 회수되는** Core의 정도

### 2. 판정법

1) TCR 작을 때 : 균열, 절리 많음, 풍화 심함, 단층파쇄대, 암질 불량
2) TCR 클 때 : 양호

### 3. TCR 적용성

1) 암석 강도 추정
2) Ripperability 판정

| 구분 | 리핑암 | 발파암 | 비고 |
|---|---|---|---|
| TCR | 20% 이하 | 20% 이상 | 1. Double Core barrel 사용 |
| RQD | 0% | 10% 이상 | 2. NX-bit : 공경 76.2mm, Core 직경 53.9mm |

3) 불연속면(절리, 층리 등)의 간격, 상태 파악
4) 절리 내 충전물 유무판정
5) RQD 판정
6) 사면시공 시 구배, 소단 결정 : 도로공사

### ■ 참고문헌 ■

1. 지반공학 시리즈 5(사면안정)(1997), 지반공학회.
2. 이승호, 암반사면해석, 건설기술교육원.
3. 한국암반공학회(2007), 사면공학, 건설정보사.
4. 배규진 외(2008), 사면공학실무, 예문사.
5. 이정인(2007), 암반사면공학, 건설정보사.
6. 정형식(2006), 암반역학, 새론.
7. 조태진 외(2008), 21C 암반역학, 건설정보사.
8. 도덕현 외 2인(2003), 암반공동의 설계와 시공, 건설정보사.
9. 지반공학 시리즈 7(터널)(1997), 지반공학회.
10. 서진수(2006), Powerful 토목시공기술사(1, 2권), 엔지니어즈.
11. 서진수(2009), Powerful 토목시공기술사 단원별 핵심기출문제, 엔지니어즈.
12. 신희순(1998), 터널기본계획, 조사, 시험, 암반분류, 토목시공 고등기술강좌 Series 11, 대한토목학회, pp.69~128.

# 5-3. RQD(Rock Quality Designation : 암질지수)

## 1. 정의

1) Deere가 제안

2) 시추조사 시 Core 채취, 암반의 상태분류, 판단

## 2. RQD 산정

1) Core 채취 가능한 경우

$$RQD = \frac{\sum 10\text{cm 이상 Core 길이}}{\text{천공장}} \times 100\%$$

2) Core 채취 불가능 시 : 간접적 추정

   (1) 현장암반의 **탄성파 속도** 측정(P파)

$$RQD = \left(\frac{V_F}{V_L}\right)^2 \times 100\%$$

      여기서, $V_F$ : 현장암반 P파속도, $V_L$ : 무결암의 P파속도

   (2) **점토층 비 함유** 암반 경우

$$RQD = 115 - 3.3J_V$$

      여기서, $J_V$ : 단위체적당 절리 수효

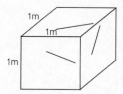

## 3. RQD 분류 기준(5등급)

| 등급 | 1 | 2 | 3 | 4 | 5 |
|---|---|---|---|---|---|
| RQD | ≤25 | 25~50 | 50~75 | 75~90 | 90~100 |
| 암질 | Very Poor | Poor | Fair | Good | Excellent |
| RMR 적용 점수 | 3 | 8 | 13 | 17 | 20 |

## 4. RQD의 이용(적용성)

1) RMR 분류의 매개변수

2) Q-System

3) 지지력 추정 [Peck]

4) 변형계수(탄성계수) : 변형률 저감계수(MRF) [Peck]

5) 지보방법 [Merritt]

## 5. 지지력 산출 – Peck

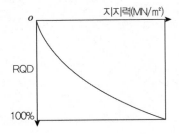

## 6. 변형계수 – Peck

$$MRF(변형률\ 저감계수) = \frac{E_M}{E_L}$$

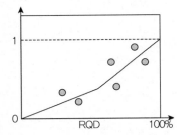

MRF(Modulus Reduction Factor)

$$= \frac{E_d}{E_r} = \frac{현장암반\ 변형계수}{암석의\ 변형계수}$$

## 7. 지보방법–Merritt의 경험적 지보방법

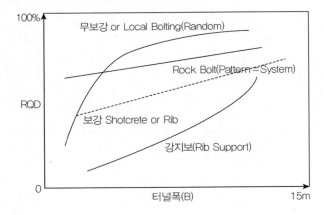

## 8. RQD 분류 시 유의사항 : 문제점 및 대책

1) 시추조사 중 **깨진 것(기계적 파손)**은 RQD에 포함시킴

2) RQD 양호하다고 암질 양호한 것은 아님 : 이암의 경우

3) NX-bit, Double Core Barrel 사용 필수

4) RQD는 토질의 N치처럼 설계에 많이 적용함

   Core 채취기술에 따라 차이 있음, 시추 기준이 아닌 암반 상태에 따라 분류되어야 함

5) 대책

   (1) RMR, Q-System 적용

   (2) 풍화도에 의한 분류법 적용

   (3) Ripperability 분류법 적용

   (4) 절리 간격에 의한 분류법 적용

## ■ 참고문헌 ■

1. 정형식(2006), 암반역학, 새론.

2. 서진수(2006), Powerful 토목시공기술사(1, 2권), 엔지니어즈.

3. 신희순(1998), 터널기본계획, 조사, 시험, 암반분류, 토목시공 고등기술강좌 Series 11, 대한토목학회, pp.69~128.

## 5-4. TCR과 RQD [106회 용어, 2015년 5월]

**1.** $TCR = \dfrac{\Sigma\ \text{회수된}\ core\ \text{길이}}{\Sigma\ \text{시추길이}} \times 100\%$

**2.** $RQD = \dfrac{\Sigma\ 10\text{cm}\ \text{이상}\ core\ \text{길이}}{\Sigma\ \text{시추길이}} \times 100\%$

### 3. RQD 계산 방법

수직 절리를 포함하여 계산, 경사진 절리 경우 절리면의 중간 지점 산정하여 계산

[전체 시추길이 200cm 경우]

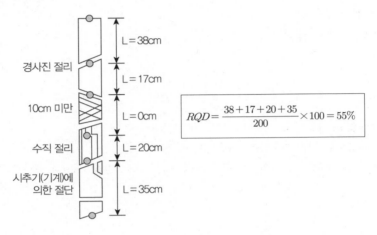

경사진 절리    L=38cm

L=17cm

10cm 미만    L=0cm

$$RQD = \frac{38+17+20+35}{200} \times 100 = 55\%$$

수직 절리    L=20cm

시추기(기계)에
의한 절단    L=35cm

### 4. 시추주상도 예

[시추주상도 예]

| 사업 명 | | 공번 | BH-1 | 조사일 | |
|---|---|---|---|---|---|
| 위치 | | 목적 | 지반안정성조사 | 표고 | 198m |

| 굴진심도 | 25m | 시추방법 | 회전수세식 | 시추자 | | 지하수위 | GL-2m |
|---|---|---|---|---|---|---|---|
| 케이싱심도 | 3m | 시추기 | OP150형 | 작성자 | | 공경 | NX(76mm) |

| 지층 명 | 주상도 | 심도 | 두께 | SPT Core 회수율 | 기술 | 암질 (RQD 등) | 절리 간격 (그림 포함) | 비고 |
|---|---|---|---|---|---|---|---|---|
| 매립층 | | | | | | | | |
| 연암 | | | | | | | | |
| 보통암 | | | | | | | | |

## 5. RQD와 TCR 차이점

| 구분 | RQD | TCR |
|---|---|---|
| 1. 불연속면의 판단 | 간격 구분 용이 | 난이 |
| 2. 풍화 특성 | 값 차이 큼 | 차이 미비 |
| 3. 공학적 가치 | 이용가치 큼 | 작음 |

## ■ 참고문헌 ■

1. 정형식(2006), 암반역학, 새론.
2. 서진수(2006), Powerful 토목시공기술사(1, 2권), 엔지니어즈.
3. 신희순(1998), 터널기본계획, 조사, 시험, 암반분류, 토목시공 고등기술강좌 Series 11, 대한토목학회, pp.69~128.

# 5-5. RMR(Rock Mass Rating)

## 1. 정의

1) 남아공의 CSIR 분류법, Bieniawski가 제안
2) 현장 자료 이용, 5개의 분류인자(매개변수)별로 점수를 매겨 암반을 평가 분류함
3) 보정인자 1개 사용 : 절리면과 구조물의 상대적 변위

## 2. RMR 분류기준 : 5개의 Parameter(분류인자 = 매개변수)

| Parameter(분류인자 = 매개변수) | 평점(만점) | 비고 |
|---|---|---|
| 1. 일축압축강도 | 15 | 점하중강도, 일축압축강도 |
| 2. 지하수 상태(절리 내부) | 15 | 수압시험, 육안 판단(건습) |
| 3. RQD(암질지수) | 20 | 시추조사 |
| 4. 간격(불연속면 간격) | 20 | 2m~6cm 범위 내에서 분류 |
| 5. 상태(불연속면) | 30 | 굴곡, 연속성, 틈새, 크기, 충전물 두께, 풍화상태 |
| 계 | 100점 | |
| 6. 보정인자 | | 절리면과 구조물의 상대적 변위 |

## 3. RMR 분류 등급

| 분류등급 | I | II | III | IV | V |
|---|---|---|---|---|---|
| 평점 | 100~81 | 80~61 | 60~41 | 40~21 | 20 이하 |
| 기술적 상태 | Very Good Rock | Good Rock | Fair | Poor | Very Poor |
| | 매우 양호 | 양호 | 보통 | 약간 약함 | 아주 약함 |

1) Face Mapping

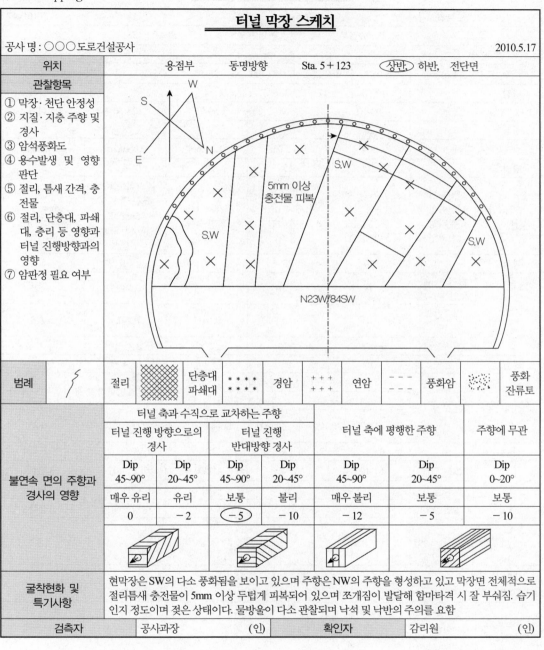

## 터널 막장 스케치

공사 명 : ○○○도로건설공사 　　　　　　　　　　　　　　　　　　　　　2010.5.17

| 위치 | 용점부　　동명방향　　Sta. 5+123　　상반, 하반, 전단면 |
| --- | --- |

| 관찰항목 | |
| --- | --- |
| ① 막장·천단 안정성<br>② 지질·지층 주향 및 경사<br>③ 암석풍화도<br>④ 용수발생 및 영향 판단<br>⑤ 절리, 틈새 간격, 충전물<br>⑥ 절리, 단층대, 파쇄대, 층리 등 영향과 터널 진행방향과의 영향<br>⑦ 암판정 필요 여부 | 5mm 이상 충전물 피복<br><br>N23W/84SW |

| 범례 | 〜 | 절리 | ▨ | 단층대 파쇄대 | * * * * | 경암 | + + + | 연암 | − − − | 풍화암 | ▦ | 풍화 잔류토 |
| --- | --- | --- | --- | --- | --- | --- | --- | --- | --- | --- | --- | --- |

| 불연속 면의 주향과<br>경사의 영향 | 터널 축과 수직으로 교차하는 주향 | | | | 터널 축에 평행한 주향 | | 주향에 무관 |
| --- | --- | --- | --- | --- | --- | --- | --- |
| | 터널 진행 방향으로의 경사 | | 터널 진행 반대방향 경사 | | | | |
| | Dip 45~90° | Dip 20~45° | Dip 45~90° | Dip 20~45° | Dip 45~90° | Dip 20~45° | Dip 0~20° |
| | 매우 유리 | 유리 | 보통 | 불리 | 매우 불리 | 보통 | 보통 |
| | 0 | −2 | −5 | −10 | −12 | −5 | −10 |

| 굴착현화 및 특기사항 | 현막장은 SW의 다소 풍화됨을 보이고 있으며 주향은 NW의 주향을 형성하고 있고 막장면 전체적으로 절리틈새 충전물이 5mm 이상 두껍게 피복되어 있으며 쪼개짐이 발달해 함마타격 시 잘 부숴짐. 습기 인지 정도이며 젖은 상태이다. 물방울이 다소 관찰되며 낙석 및 낙반의 주의를 요함 |
| --- | --- |

| 검측자 | 공사과장　　　　(인) | 확인자 | 감리원　　　　(인) |
| --- | --- | --- | --- |

2) RMR 판정

## 터널 암판정 검측 대장

공사 명 : ○○○도로건설공사 　　　　　　　　　　　　　　　　　　　　2010.5.17

| 위치 | | 종점부 | 동명방향 | Sta. 5 + 123 | | 상반 |
|---|---|---|---|---|---|---|

**1. 항목별 평가**

| ① 일축압축강도(Mpa) | | > 250 | 100-250 | 50-100 | 25-50 | 5-25 | 1-5 | < 1 |
|---|---|---|---|---|---|---|---|---|
| 평점 | | 15 | 12 | 7 | ④ | 2 | 1 | 0 |

| ② RQD(%) | | 90-10 | | 75-90 | 50-75 | | 25-50 | | 25 미만 |
|---|---|---|---|---|---|---|---|---|---|
| 평점 | | 20 | | 17 | 13 | | ⑧ | | 3 |

| ③ 불연속면의 간격 | | 2.0m 이상 | | 0.6-2.0m | 0.2-0.6m | | 0.06-0.2m | | < 0.06m |
|---|---|---|---|---|---|---|---|---|---|
| 평점 | | 20 | | 15 | 10 | | ⑧ | | 5 |

| ④ 불연속면의 상태 | 거칠기 연속성 분리성 신고성 | 매우 거칠 표면 연속성 없음 틈새 없음 벽면 신선 | | 거친 표면 틈새< 1mm 벽면 약간 풍화 | 약간 거친 표면 틈새< 1mm 벽면 심한 풍화 | | 매끄러운 표면 또는 가우지 < 5mm 또는 틈새 1-5mm 연속성 | | 연약한 가우지 > 5mm 또는 틈새> 5mm 연속성 |
|---|---|---|---|---|---|---|---|---|---|
| 평점 | | 30 | | 25 | 20 | | ⑩ | | 5 |

| ⑤ 지하수 | 터널 10m당 유입량(ℓ/분) | 0 | | < 10 | 10-25 | | 25-125 | | > 125 |
|---|---|---|---|---|---|---|---|---|---|
| | 수압/주응력의 비 | 0 | | < 0.1 | 0.1-0.2 | | 0.2-0.5 | | > 0.5 |
| | 건습상태 | 완전 건조 | | 습윤 | 젖음 | | 물방울 떨어짐 | | 지하수가 흐름 |
| 평점 | | 15 | | 10 | ⑦ | | 4 | | 0 |

| ⑥ 절리방향에 따른 보정 | | 주향이 터널 방향과 수직 | | | | 주향이 터널 방향과 평행 | | 주향과 무관 |
|---|---|---|---|---|---|---|---|---|
| | | 경사방향 | | 경사 반대방향 | | | | |
| | | 45~90° | 20~45° | 45~90° | 20~45° | 45~90° | 20~45° | 0~20° |
| 점수 | | 0 | − 2 | ⑤ − 5 | − 10 | − 12 | − 5 | − 10 |

| 암반평가 | RMR 평점 | 81-100 | | 61-80 | 41-60 | | 21-40 | | ≤ 20 |
|---|---|---|---|---|---|---|---|---|---|
| | 등급 | I | | II | III | | ⑭ IV | | V |
| | 일반상태 | 매우 좋은 암반 | | 좋은 암반 | 양호한 암반 | | 불량한 암반 | | 매우 불량한 암반 |

| 2. 총점 (①＋②＋③＋④＋⑤) －⑥ | 32 | 3. 지보 TYPE 결정 | IV |
|---|---|---|---|

| 4. 계측 변위량 | | 5. 보강내용 | |
|---|---|---|---|

| 6. 강지보재 | 간격 :　　　m | 7. 록볼트 | 간격 : 종　　m/횡　　m |
|---|---|---|---|

| 8. 쇼크리트 두께(cm) | 구분 | 1차 | 2차 | 3차 | 계 |
|---|---|---|---|---|---|
| | 일반 | | | | |
| | 강섬유 | | | | |

| 9. PREGROUTING | | 10. F-POLING | |
|---|---|---|---|

## 4. RMR의 특징 : 장단점

| 장점 | 단점 |
|---|---|
| 1. 세계적 보편화된 분류법<br>2. 불연속면 방향성(암반거동 주요요소) 주안점<br>3. RQD보다 신뢰성 우수<br>4. 개인적 오차 작음 | 1. Q-System의 현장응력체계 미고려<br>2. 터널굴진에 따른 응력변화체계 파악 불가능<br>3. 유동성, 팽창성 암반에 부적당<br>4. 보강방법이 개략적 제시됨 |

## 5. RMR의 문제점(단점)

1) 분류기준 부적합, 통일성 부족

2) 분류 용어 혼용에 따른 불합리성

3) 설계 시 암반 공학적 개념 부족

4) 시추 결과와 현장지질 상태 괴리

## 6. 현장적용 시 유의사항 : 단점에 유의

1) RQD에 비해서는 신뢰성 우수

2) 전문가 평가 필요

3) 터널굴진에 따른 **응력변화체계** 파악 불가능

4) 대책 : Q-System 사용

: $Q$ = 블록의 크기× 블록의 전단강도× 주동응력(Active Stress = 활성응력)

$$Q = \frac{RQD}{J_n} \times \frac{J_r}{J_a} \times \frac{J_w}{SRF}$$

## 7. RMR 결과 이용

1) 결과 이용

(1) 강도정수($C$, $\phi$) 추정

(2) 무지보거리 – 유지시간

(3) 지보하중 – 터널 폭

(4) 변형계수

(5) Hoek & Brown 파괴기준

(6) 지보 패턴 : 설계·시공 시 지보 패턴 설계

(7) SMR

(8) 채탄법 : 탄광 갱도

2) 암반의 **전단강도 정수** 추정 : Bieniawski

(1) 강도($C$) = 0.5× RMR

(2) 마찰각($\phi$) = 0.5× RMR + 5°

3) 무지보거리 − 유지시간[터널 최대 안전폭 판단 - Bieniawski

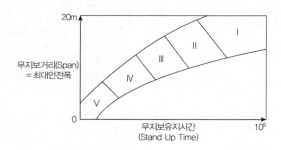

4) **지보하중**(Support Load : 지보에 미치는힘) - Unal

$$P(\text{t/m}^2) = \frac{100 - RMR}{100} \times \gamma \cdot B$$

여기서, $\gamma$ : 단위중량, $B$ : 터널폭

예) RMR=70%, P=0.3× $\gamma \cdot B$

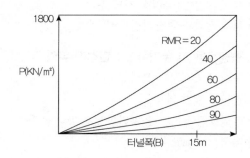

5) **변형계수** : 현장암반

MRF(Modulus Reduction Factor)

[변형률 저감계수]

$$MRF = \frac{E_d}{E_r} = \frac{\text{현장암반 변형계수}}{\text{암석의 변형계수}}$$

$$E_d = E_R \times MRF$$

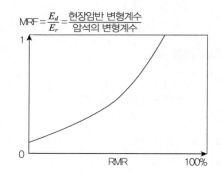

6) 암반기초에 대한 **변형률** 추정 = 현장암반 **변형계수** $E_d$ 추정

(1) RMR < 50

$$E_d = 10^{(RMR-10)/40}$$

(2) RMR > 50

$$E_d = 2R\,MR - 100$$

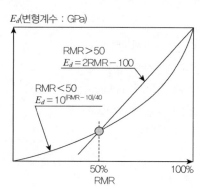

7) Hoek & Brown **파괴기준**에 이용

　(1) Hoek & Brown 파괴기준식

$$\frac{\sigma_1}{\sigma_3} = \frac{\sigma_3}{\sigma_c} + \sqrt{m \cdot \frac{\sigma_3}{\sigma_c} + S}$$

$$\sigma_1 = \sigma_3 + \sqrt{m \cdot \sigma_c \cdot \sigma_3 + S \cdot \sigma_c^2}$$

　(2) 암석물성 관련 계수＝파괴기준상수＝강도정수 $m$, $S$ 결정식

| 구분 | $m/m_i$(무결암 $m_i = 1$) | $S$ |
|---|---|---|
| 교란암반 | $m/m_i = \exp^{\left(\frac{RMR - 100}{14}\right)}$ | $S = \exp^{\frac{(RMR - 100)}{6}}$ |
| 비교란암반 | $m/m_i = \exp^{\left(\frac{RMR - 100}{28}\right)}$ | $S = \exp^{\frac{(RMR - 100)}{9}}$ |

- 교란암반 : 굴착에 의해 교란이 비교적 큰 경우 : 사면, 발파로 손상된 굴착
- 비교란암반 : 비교적 교란이 적은 암반, 제어발파, 기계 굴착

---

**참고**　Hoek-Brown 파괴 기준

### 1. 정의
1) 암반거동 경험치와 모형시험을 이용하여 파괴기준 결정
2) Griffith 파괴이론개념＋삼축압축시험 자료 분석

### 2. 기준 적용 시 필요한 내용
1) 경험치 : RMR, $Q$ 값으로 GSI(지질 강도지수) 산정 → 파괴기준상수($m$, $S$) 산정
2) 시험 : 일축압축강도($\sigma_c$), 일축인장강도($\sigma_t$), 삼축압축강도($\sigma_1, \sigma_3$)

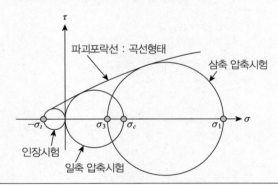

---

8) 채탄법(탄광)에 이용

　(1) MRMR(Modified RMR)

　　① 기본값＝RMR

　　② 조정인자 : 원위치응력(1차 응력), 유도응력(2차 응력), 응력변화, 발파, 풍화

　　③ 적용 : Caving 채탄법 지보지침 제안

(2) MBR(Modified Basic RMR)

① 기본값=RMR 분류 변수 평점 상이하게 부여

② 조정인자 : 유도응력(2차 응력), 발파손상, Caving 블록 크기

③ 적용 : Caving 채탄법 지보지침 제안

## ■ 참고문헌 ■

1. 정형식(2006), 암반역학, 새론.
2. 조태진 외(2008), 21C 암반역학, 건설정보사.
3. 도덕현 외 2인(2003), 암반공동의 설계와 시공, 건설정보사.
4. 지반공학 시리즈 7(터널)(1997), 지반공학회.
5. 서진수(2006), Powerful 토목시공기술사(1, 2권), 엔지니어즈.
6. 신희순(1998), 터널기본계획, 조사, 시험, 암반분류, 토목시공 고등기술강좌 Series 11, 대한토목학회, pp.69~128.

# 5-6. Q-System(Rock Mass Quality System)＝NGI 기준

## 1. 개요

1) NGI(노르웨이지반연구소)의 Barton이 제안

2) 스칸디나비아의 200개 터널조사 자료에 의한 분류법, 6개의 분류인자 사용, 터널굴착을 위한 암반의 분류등급, 판단지표를 Q값으로 나타냄

3) 암반의 상태와 보강과의 관계를 분석함

## 2. Q값(Rock Mass Quality)

$$Q = \frac{RQD}{J_n} \times \frac{J_r}{J_a} \times \frac{J_w}{SRF} = \frac{RQD}{절리군수} \times \frac{거칠기}{풍화도} \times \frac{지하수\ 상태}{응력저감계수}$$

$Q$ ＝ 블록(암괴)의 크기× 블록의 전단강도× 주동응력(Active Stress＝활성응력)

## 3. 평가요소 6가지

1) RQD(Rock Quality Designation)

2) Jn(Joint Set Number) : 절리군의 수＝종류수

3) Jr(Joint Roughness) : 절리면의 거칠기

4) Ja(Joint Alteration Number) : 절리면의 풍화(변질) 정도(풍화도)

5) Jw(Joint Water Reduction) : 지하수 상태＝지하수 유입감소지수＝간극수압

6) SRF(Stress Reduction Factor) : 응력감소지수＝응력변화계수＝응력저감계수

## 4. 분류 등급

1) 9등급 : 지극히 불량~지극히 우수

2) 분류등급표(약식으로 표기함) : 점수 0.001~1000까지 부여

| | 지극히 불량 | 극히 불량~불량 | 양호 | 우수~극히 우수 | 지극히 우수 |
|---|---|---|---|---|---|
| $Q$ | 0.01 이하 (0.001~0.01) | 0.01~4 | 4~10 | 10~400 | 400~1000 |

## 5. Q–System의 특징(장단점)

| 장점 | 단점 |
|---|---|
| 1. 현장응력고려 : 암반전단강도 주안점<br>2. 대단면 터널 적합<br>3. 유동성, 팽창성 암반 등 취약지반적합<br>4. 구체적, 체계적 보강방법 제시<br>　: 세밀한 암반분류 | 1. 절리방향성 미고려<br>2. 시추조사로 6가지 요소 정확한 판단 곤란 : Face Mapping, 지표지질조사, BHTV, BIPS 등 추가 필요<br>3. 분류복잡 : 지식, 경험 필요<br>4. 개인 오차 큼 : 숙련도에 따라 |

## 6. 터널공법과 RMR, Q 비교

| 터널공법 | 분류법 |
|---|---|
| NATM | RQD, RMR, Q-System |
| NMT(Norwegion Method of Tunnelling) ＝ PCL(Precast Concrete Lining) 공법 | 수정 Q'-System |

## 7. Q–System의 이용

### 1) 이용

(1) 지보 Pattern 결정 - Barton

(2) Rock Bolt 길이

(3) 무지보 굴진장

(4) 영구지보 압력(P)

(5) 변형계수(E)

(6) P파속도($V_p$)

(7) RMR $= 9 \ln Q + 44$

### 2) 지보 Pattern 결정 - Barton

(1) $De$ 결정 : 38가지의 영구적 보강 방법 제시

(2) 등가직경＝터널 유효 크기($De$) 계산식

$$De = \frac{D(직경) \ or \ H(벽면높이)}{ESR}$$

여기서) ESR(Excavation Support Ratio) : 굴착보강비＝굴착지보율

(3) ESR : 표 이용함, 0.8~5의 범위

① 터널 중요도 크면 ESR 작고, $De$ 커짐

② 도로터널 ESR＝1.0

③ 광산 임시갱도 ESR＝3~5

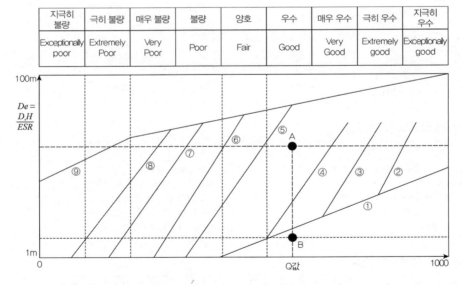

• A의 경우 : 중요한 터널($De$ 값이 큼 : 토목용) : 동일한 $Q$ 값에서도 FRSC(섬유보강 Shotcrete)로 보강

• B의 경우 : 중요도가 낮은 터널($De$ 값이 작음 : 탄광용 임시갱도) : 동일한 $Q$ 값에서도 무지보
(Unsupport)

| 번호 | 지보 Pattern |
|------|------------|
| ① | 무지보(Unsupport) |
| ② | Spot Rock Bolt |
| ③ | System Rock Bolt |
| ④ | System Rock Bolt + Shotcrete |
| ⑤, ⑥, ⑦ | FRSC(섬유보강 Shotcrete) : 두께 다름 |
| ⑧ | FRSC + Rock Bolt |
| ⑨ | Lining Concrete |

3) Rock Bolt 길이 제안

(1) 천정부 : $L = \dfrac{2 + 0.15B}{ESR}$

(2) 측벽부 : $L = \dfrac{2 + 0.5H}{ESR}$

4) 무지보굴진장(최대 굴진장) : $M_{max} \, Span = 2ESR \times Q^{0.4}$

5) 영구지보압력(천정) : $P(\mathrm{kgf/cm^2}) = \dfrac{2}{J_r} \times Q^{-\frac{1}{3}}$

6) 변형계수(E) : $E = 10 \times Q^{\frac{1}{3}}(GPa) = 100{,}000 \, Q^{\frac{1}{3}}(\mathrm{kgf/cm^2})$

7) P파속도 : $V_p = \log Q + 3.5 \, (\mathrm{km/sec})$

8) SMR에 적용 : $SMR = R\,MR_{basic} + (F_1 \times F_2 \times F_3) + F_4$

9) RMR과 $Q$ 관계 : $RMR = 9\ln Q + 44$

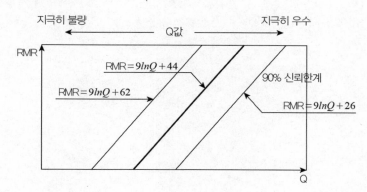

# ■ 참고문헌 ■

1. 정형식(2006), 암반역학, 새론.

2. 조태진 외(2008), 21C 암반역학, 건설정보사.

3. 도덕현 외 2인(2003), 암반공동의 설계와 시공, 건설정보사.

4. 지반공학 시리즈 7(터널)(1997), 지반공학회.

5. 서진수(2006), Powerful 토목시공기술사(1, 2권), 엔지니어즈.

6. 신희순(1998), 터널기본계획, 조사, 시험, 암반분류, 토목시공 고등기술강좌 Series 11, 대한토목학회, pp.69~128.

# 5-7. RMR과 Q-System 비교(109회 용어, 2016년 5월)

## 1. 개요

터널공사에서 설계시공 시 **암반의 공학적 특성과 안정성정도를** 정량화하여 **등급을 부여**한 것

## 2. RMR과 Q-system의 적용성

1) 지보방법(Pattern) 결정 : shotcrete, 강지보(Steel Rib), Rock bolt

2) 지보 시간, 무지보 간격 결정

3) 굴착공법 결정

4) 발파공법 결정 [Drill & Blasting]

## 3. 비교

| 구분 | RMR | Q-system |
|---|---|---|
| 1. 인자 | 일축압축강도, 지하수상태, RQD, 절리 간격, 절리상태 | $Q = \dfrac{RQD}{J_n} \times \dfrac{J_r}{J_a} \times \dfrac{J_w}{SRF}$ |
| 2. 등급(점수) | 0~100(5등급) | 0.001~1000(9등급) |
| 3. 주된 분류기준 | 1. 절리 방향성 고려<br>2. 현장응력 미고려 | 1. 절리방향성 미고려<br>2. 현장응력 고려 : 전단강도 |
| 4. 분류 특성 | 1. 응력 평가 항목 무(응력 미고려)<br>2. 분류 간단, 개인차 작음<br>3. $q_u$(일축압축강도) 직접 사용 | 1. SRF 적용(응력감소지수)(응력고려)<br>2. 분류복잡, 개인편차 큼<br>3. 조사자료 많이 필요(지질, 막장)<br>4. 경험 필요 |
| 5. 적용성 | 1. 취약지반 부적합<br>2. 소단면 | 1. 취약지반적합(유동성, 팽창성 지반)<br>2. 대단면 |
| 6. 변형계수(현장암반) | 1. RMR < 50 : $E_d = 10^{(RMR-10)/40}$<br>2. RMR > 50 : $E_d = 2RMR - 100$ | 1. $E = 10 \times Q^{\frac{1}{3}}$(GPa)<br>2. $E = 25\log Q$ |
| 7. 결과 이용 | 1. 강도정수($C, \phi$) 추정<br>2. 무지보거리 [최대안전폭]-유지시간<br>3. 지보하중-터널폭<br>4. Hoek & Brown 파괴기준<br>5. 지보 패턴 : 설계 시공<br>6. SMR<br>7. 채탄법 : 탄광 갱도 | 1. 지보 방법(Pattern) 결정-Barton<br>2. Rock Bolt 길이<br>3. 무지보 굴진장<br>4. 영구지보 압력(P)<br>5. P파속도($V_p$) $V_p = \log Q + 3.5$(km/sec) |
| 8. 적용터널 | NATM | NATM, NMT(수정 $Q$ 사용) |
| 9. 보강방법(지보체계) | 개략적(단순) | 구체적(세분) 9가지 |
| 10. 상관성 | RMR$= 9\ln Q + 44$ | |

## ■ 참고문헌 ■

1. 정형식(2006), 암반역학, 새론.
2. 조태진 외(2008), 21C 암반역학, 건설정보사.
3. 도덕현 외 2인(2003), 암반공동의 설계와 시공, 건설정보사.
4. 지반공학 시리즈 7(터널)(1997), 지반공학회.
5. 서진수(2006), Powerful 토목시공기술사(1, 2권), 엔지니어즈.
6. 신희순(1998), 터널기본계획, 조사, 시험, 암반분류, 토목시공 고등기술강좌 Series 11, 대한토목학회, pp.69~128.

# 5-8. NATM과 NMT 비교

## 1. 개요

1) NATM : New Austrain Tunnelling Method

2) NMT : Norwegion Method of Tunneilling

## 2. 비교

1) 개념적 비교(차이점)

| 구분 | NATM | NMT |
|------|------|-----|
| 1. 조사 | 개략적 | 구체적(상세조사) |
| 2. 분류법 | RQD, RMR ,Q-System | 수정 Q'-System |
| 3. 설계법 | 예비설계 | 상세설계 |
| 4. 해석 | 연속체 해석 | 불연속체 해석 |
| 5. 보강재 | 1. 주요보강재 : S/C + W/M<br>2. 보조 : R/B + S/R | 1. 주요보강재 : R/B + SFRC, Single shell<br>2. 보조 : RRS<br>3. S/C.W/M 불가 |
| 6. 지반조건 | 1. 기계, 인력굴착 가능<br>2. 연암 이하<br>3. 절리발달 미구별 | 1. 발파, TBM 가능<br>2. 경암 이상<br>3. 절리발달암 |
| 7. 굴착방법 | 천공→ 발파, 여굴 미발생 | 천공→ 발파→ 보강 |
| 8. 계측 | 모든 지반에 필요 | 불량지반에 한정 실시 |
| 9. 보강방법 | 1. 계측결과를 바탕으로 암반조건에 따라 변경<br>2. Random Bolt system | 암반분류 시 사전 예측 지보 system(미리 정해져 있음) |
| 10. Lining | 현장 타설 | PCL(Precast Concrete Lining) |
| 11. 적용 사례 | 도로, 지하철 터널 | 대형 지하공동, 원유비축기지<br>: 정밀 시공 요구됨 |

• RRS : 강지보 대신 유연한 철근을 밀착하여 숏크리트 타설
• Single shell : 콘크리트라이닝을 실시하지 않은 것

2) 특징

| 구분 | NATM | NMT |
|------|------|-----|
| 1. 설계변경 | 가능 : 보강량 조정 | 불가 : 보강량 확정설계 |
| 2. 안정성 | 낮다 | 높다 |
| 3. 정보화시공(계측) | 가능 : 모든 지반 계측 | 곤란 : 불량지반만 계측 |
| 4. 공사기간(굴진속도) | 길다 | 짧다 : 경제적 |
| 5. 경험 | 풍부 | 부족 |

## ■ 참고문헌 ■

1. 정형식(2006), 암반역학, 새론.
2. 조태진 외(2008), 21C 암반역학, 건설정보사.
3. 도덕현 외 2인(2003), 암반공동의 설계와 시공, 건설정보사.
4. 지반공학 시리즈 7(터널)(1997), 지반공학회.
5. 서진수(2006), Powerful 토목시공기술사(1, 2권), 엔지니어즈.
6. 신희순(1998), 터널기본계획, 조사, 시험, 암반분류, 토목시공 고등기술강좌 Series 11, 대한토목학회, pp.69~128.

# 5-9. 우리나라 지질 특성과 중생대 변성작용(지각운동 = 변동 = 조산운동)

## 1. 우리나라의 지질 특성

1) 지표면의 반 이상 화강암, 편마암

2) 해성층 적고, 육성층 많음

3) **중생대**(백악기 ← 쥐라기 ← 트라이아스기)

  (1) 우리나라 지각 운동 가장 활발했던 시기

  (2) **광역 변성작용** : 압축 응력에 의한 **수축 운동**

| 지질시대 | | 변동<br>(조산운동) | 지질 특성 |
|---|---|---|---|
| 신생대 | 제4기 | 화산활동 | 백두산, 제주도, 울릉도, 독도 |
| | 제3기 | 경동운동 | 동고서저형(동해안 융기, 서해 침강) |
| 중생대 | 제3기 초~백악기 말 | 불국사 변동 | 경상계 퇴적 후 불국사 화강암 관입 |
| | 백악기 초~쥐라기 말 | 대보변동 | 1. 대보변동 → 한반도 지각변동 중 규모, 강도 가장 큰 것<br>2. 한반도 전역 지층 → 변형, 변성 |
| | 쥐라기 초~트라이아스기 말 | 송림변동 | 한반도 북부 지역 화성활동 |
| 고생대 | 페름기, 석탄기, 데본기~캄브리아기 | 해성층<br>조륙운동 | 1. 고생대 후반~신생대까지 육성층 많음<br>2. 고생대 전반 : 해성층, 조륙운동 |
| 원생대 | 선캄브리아기 | – | – |
| 시생대 | – | – | – |

## 2. 접촉변성작용(화강암 관입)

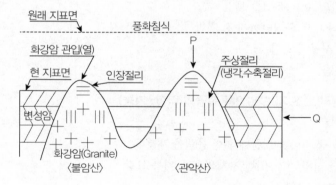

## ■ 참고문헌 ■

1. 정형식(2006), 암반역학, 새론.

2. 조태진 외(2008), 21C 암반역학, 건설정보사.

3. 도덕현 외 2인(2003), 암반공동의 설계와 시공, 건설정보사.

4. 지반공학 시리즈 7(터널)(1997), 지반공학회.

5. 서진수(2006), Powerful 토목시공기술사(1, 2권), 엔지니어즈.

# 5-10. NATM의 개념 = 정의, 특성, 설계시공 원리

## 1. NATM의 정의(특성, 개요, 개념, 설계 시공 원리)

: NATM 개요 = 정의 = 계측의 목적, 이유 = 보조 지보재 설치 이유 = Shotcrete, Lining 설치 이유

1) **암반 자체가 주 지보재** : 굴착 단면이 원형이므로 응력 집중 방지(Arch 효과)

: 암반 토질 역학적 원리를 바탕으로 터널 굴진 시 **보조 지보재(Shotcrete, Wire Mesh, Steel Rib, Rock Bolt) 사용**하여 **암반(주 지보재) 보강**

(1) 암반이 Arch 기능에 의해 응력 재배치되어 평형 상태 유지

(2) **변위를 허용**하되, 계측을 실시하여 **변위가 지반 강도를 상실하지 않는 범위 내에서 평형**을 이루도록 하는 설계 개념

2) 굴착과 동시 보조 지보재로 암반 이완 방지 : 암반의 Arch 기능 형성

3) 해석적인 검토와 토압론적인 검토가 있으며

4) 토압론적인 검토는 굴착 시 주변 지반 상태에 따라 발생하는 이완 하중을 지보재와 Lining이 부담하는 개념

5) 계측으로 경제성, 안전성 평가, 설계 시공에 Feed Back

(1) 암반 응력의 평형 상태, 안정성(안전성) 평가

(2) 굴착 방법, 발파 Pattern, 지보 Pattern의 설계와 시공의 차이점을 계측을 통해 비교, 수정

## 2. NATM 공법의 특징

1) **주 지보재 : 암반 자체**가 주 지보재로 **Arching Effect**

2) **보조 지보재** : 암반의 Arch Effect를 보강

3) 적용성 : 토사, 연약지반, 극경암까지 전 지반

4) 계측 실시로 설계 시공에 반영

5) 안전하고, 경제성 큼

## 3. NATM의 기본 원리(보조 지보재, 2차 복공의 역할, 기능)

1) 보조 지보재의 역할

(1) Shotcrete(1차 복공) : 암반 이완에 의한 **응력을 재분배**

(2) Rock Bolt : 암반 이완 방지, 암반 자체의 **Arch 기능 보강**

2) 2차 복공(Concrete Lining)의 설치시기

(1) 암반의 변형 어느 정도 허용

(2) 변위가 수렴되고 암반이 안정 되었을 때 실시

(3) 팽창성 지반

: 굴착과 동시 지보재 실시, 가축성 지보(능동적 지보) 설치

## 4. NATM 공법의 설계 및 시공 특성

: 설계와 시공의 차이점＝안정성 평가 어려운 점＝계측하는 이유

1) 터널 설계 방법과 어려운 점(문제점)

   (1) 설계 방법

       ① 조사＋시험 : 지질 조건 파악

       ② 굴착 방법, 지보 Pattern 결정

   (2) 문제점

       ① 조사＋시험 : 경제적, 기술적으로 현실적이지 못함

       ② 조사자의 주관적 판단 내재

       ③ 지반 공학적 특성이 굴착 지반을 대표할 만큼 정확성 부족

       ④ 지반 거동, 지보 효과 : 설계 단계에서 정확한 판단 불가능

2) 대책(설계와 시공의 차이점 대책)

   (1) 시공 중 계측 : 지반 거동, 지보 효과 판단

   (2) **계측 결과를 설계치와 시공치 비교**

       ① 추가 지반 조사 실시

       ② 보조 공법(암반보강)

       ③ 보조 지보재(터널보강) Pattern 수정, 변경, 추가

       ④ 굴착 방법 변경

   (3) 계측으로 안정성, 경제성 확보, Feed Back

## 5. 맺음말

: **NATM 시공 관리 주안점**(작업조 및 작업 요령과 관련한 문제점 및 대책)

1) 작업 단계별 시공 이행 상태 불량

   (1) 2단계 이상 시공 금지

   (2) 적정한 순서 이행

2) 공종별 작업조가 달라 상호 연속 시공 상태 미흡

   : 단계별 시공이 중단되지 않도록 작업조 단일화 시급

3) 막장 비울 때 유의

   (1) 교대 시 막장에서 교대하고

   (2) 막장 비우지 말 것 : 휴식, 식사 시간 시

4) NATM **굴착 공법 선정 및 시공 시에는** [굴착공법 맺음말]

   (1) 계측을 실시하여, 설계 단계부터 검토하여

   (2) 안전하고, 경제적으로 시공

5) **보조 지보재 시공 관리 주안점** [보조 지보재 맺음말]

   (1) 지보재 설치 불량에 유의

      지보재는 암반 자체의 Arching 효과 보조하므로 굴착면에 밀착 시공해야 함

(2) 계측 실시하여 막장 자립 시간, 지반 상태 확인하여 안전하고, 경제적으로 시공
6) 보조공법 맺음말
    (1) 보조 공법은 NATM 계측을 실시하여 지반 조건, 인접 구조물의 영향 파악 후 시행
    (2) 계측의 종류와 단면도 : 도표 및 단면도 그릴 것

## ■ 참고문헌 ■

1. 지반공학 시리즈 5(사면안정)(1997), 지반공학회.
2. 이승호, 암반사면해석, 건설기술교육원.
3. 한국암반공학회(2007), 사면공학, 건설정보사.
4. 배규진 외(2008), 사면공학실무, 예문사.
5. 이정인(2007), 암반사면공학, 건설정보사.
6. 정형식(2006), 암반역학, 새론.
7. 조태진 외(2008), 21C 암반역학, 건설정보사.
8. 도덕현 외 2인(2003), 암반공동의 설계와 시공, 건설정보사.
9. 황정규(1997), 지반공학의 기초이론, 구미서관.
10. 지반공학 시리즈 7(터널)(1997), 지반공학회.
11. 정의봉(2003), 화약류관리(기술사 및 기사 2차 실기시험), 동화기술.
12. 터널 공사 표준시방서(2015), 터널설계기준(2007).
13. 서진수(2006), Powerful 토목시공기술사(1, 2권), 엔지니어즈.
14. 서진수(2009), Powerful 토목시공기술사 단원별 핵심기출문제, 엔지니어즈.
15. 한국도로공사(1992), 도로설계요령(제4권) - 터널.
16. 시설물의 손상 및 보수 - 보강사례(교량, 터널, 사면)(2006), 건교부, 한국시설안전기술공단.
17. 건설교통부, 한국시설 안전기술공단(2006), 시설물의 안전취약 요소발굴 및 대책방안(교량, 터널, 사면).
18. 이춘석(2005), 토질 및 기초공학 이론과 실무(토질 및 기초 기술사 시험대비), 예문사.

## 5-11. 1차 지압과 2차 지압＝터널 현지 응력

### 1. 1차 지압＝초기응력

1) 공사(굴착) 전 암반에 작용하는 응력

2) 초기응력의 종류(원인)

   (1) 암반자중에 의한 응력

   (2) 재결정, 변성작용, 퇴적작용, 경화 및 탈수작용 등에 의한 응력

   (3) 지각운동에 의한 응력 포함

### 2. 2차 응력

공사가 진행(굴착 후)됨에 따라 주변의 **응력변화**가 생기게 됨

### 3. 터널, 공동 주변에서 야기되는 현상

1) 지하암반 내 터널, 공동 굴착 ⇒ 상호 평형을 이루던 압력이 **평형상태 파괴** ⇒ 물리적인 **변형** ⇒ 변형은 공동을 **수축(내공변위)** ⇒ **붕락현상** 발생

2) 터널 굴착 ⇒ 굴착면 주변지압 ⇒ 원래의 **3축 응력 상태** ⇒ **2축 응력 상태**의 평면변형률 조건 ⇒ 반경 방향의 응력 감소 ⇒ **반경방향 응력** [1차 지압($P_o$)]이 Zero(0)가 됨

3) 반경방향 응력이 감소하면 응력집중으로 **접선방향 응력증가** ⇒ 등방응력 상태 가정한 경우 굴착과 동시 1차 지압($P_o$)이 2~3배($2P_o$) 증가 ⇒ **암반의 강도 < 지압** ⇒ **터널 붕괴**

4) 이러한 **응력 재분배**는 시간이 경과하면서 굴착 벽면에서 **내공변위**와 함께 외측으로는 **이완 영역(소성 영역)**을 발생시키며, 암반이 강한 경우에는 **충분한 시간**이 있으므로 NATM 터널에서는 굴착 후 어느 정도의 시간을 두고 어느 정도로 줄어든 반경방향 응력 크기만큼의 강성을 갖는 지보(경제적 지보)를 채용할 수 있다. 이것을 "**가축성 지보**"라고 하고, **NATM의 최대 장점**이다.

### ■ 참고문헌 ■

1. 정형식(2006), 암반역학, 새론.

2. 조태진 외(2008), 21C 암반역학, 건설정보사.

3. 도덕현 외 2인(2003), 암반공동의 설계와 시공, 건설정보사.

4. 지반공학 시리즈 7(터널)(1997), 지반공학회.

5. 서진수(2006), Powerful 토목시공기술사(1, 2권), 엔지니어즈.

6. 이춘석(2005), 토질 및 기초공학 이론과 실무(토질 및 기초 기술사 시험대비), 예문사.

7. 김승렬(1998), 터널 일반설계, 토목시공 고등기술강좌 Series 11, 대한토목학회, pp.131~170.

8. 류충식(1998), 터널 해석 및 안정성 평가, 토목시공 고등기술강좌 Series 11, 대한토목학회, pp.171~216.

# 5-12. 1차 지압(Primary stress, Initial stress)=1차 응력=초기지압=초기응력=굴착 전(시공 전) 원지압(=잠재지압)

## 1. 정의

1) 지하 암반에 **공동(터널)**이 굴착되지 않은 경우 암반상의 **피복토양 및 암반의 중량**에 의해 어떤 변형 상태에 있게 되는 지압
2) 암반 전체에는 **역학적 평형상태** 유지됨

## 2. 1차 응력

1) 가정 조건 : 탄성체, 균질등방의 암반, 비등방 응력 상태(수직, 수평 응력이 다름)
2) 수직응력 $\sigma_v = \gamma \cdot h$
3) 수평응력 $\sigma_h = K \cdot \sigma_v = K \cdot \gamma \cdot h = \left(\dfrac{\nu}{1-\nu}\right)\gamma h$

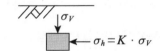

## 3. 측압계수(초기지압비) : 수평응력과 수직응력의 비(수직응력에 대한 수평응력의 비)

$$K = \left(\frac{\nu}{1-\nu}\right) = \frac{\sigma_h}{\sigma_v}$$

여기서, $\nu$ : 포아송비

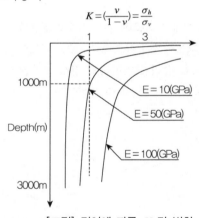

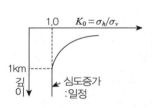

[그림] 깊이에 따른 $K$ 값 변화

\* 포아송비(Poisson's Ratio)

$$\upsilon = \frac{\epsilon_1}{\epsilon_3(-)} = \frac{\Delta l_1}{\Delta l_2} = -\frac{\epsilon_x}{\epsilon_y} = \frac{\text{가로 변형률}}{\text{세로 변형률(음)}}$$

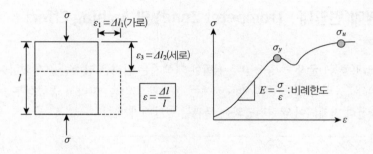

## 4. 암반의 초기 지압 측정 방법

1) 응력 해방법(Overcoring)

2) 수압 파쇄법

3) 응력 회복법

4) AE법(Acoustic Emission) 등이 있음

## 5. 초기 지압의 활용

1) 터널의 노선계획 결정

2) 지하 공간 배치계획

3) 보강방법 및 보강량 결정(록볼트 및 숏크리트 등)

## ■ 참고문헌 ■

1. 정형식(2006), 암반역학, 새론.

2. 조태진 외(2008), 21C 암반역학, 건설정보사.

3. 도덕현 외 2인(2003), 암반공동의 설계와 시공, 건설정보사.

4. 지반공학 시리즈 7(터널)(1997), 지반공학회.

5. 서진수(2006), Powerful 토목시공기술사(1, 2권), 엔지니어즈.

6. 이춘석(2005), 토질 및 기초공학 이론과 실무(토질 및 기초 기술사 시험대비), 예문사.

7. 김승렬(1998), 터널 일반설계, 토목시공 고등기술강좌 Series 11, 대한토목학회, pp.131~170.

8. 류충식(1998), 터널 해석 및 안정성 평가, 토목시공 고등기술강좌 Series 11, 대한토목학회, pp.171~216.

## 5-13. 면압권대(면압대 : Trompeter Zone) 및 Arching Effect

### 1. 정의

암반 내부에 Tunnel(공동) 굴착 ⇒ 공동상부 천반에 가해지는 압력은 양측반을 우회하여 주변 암반으로 전달(Stress Transfer : 응력전이) ⇒ 바닥(Invert)에는 전달되지 않음. 따라서 **공동상부**는 **수직압력(지압) 작용**으로부터 **완전히 면제**되어 **압력전달과는 무관**한 면압대가 생김

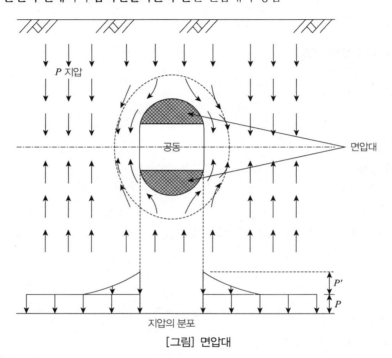

지압의 분포

[그림] 면압대

### 2. Arching Effect

굴착 벽면 주변응력은 1차 지압(P)보다 **큰(약 2~3배) 지압(집중응력)**이 작용. 증가된 지압(응력)은 주변 암반에 전이되고 **주변 암반의 강도가 크면** 응력은 **2차 응력 상태로 재분배**되어 **새로운 평형상태 유지**하는데, 이를 Arching Effect라 함

### ■ 참고문헌 ■

1. 정형식(2006), 암반역학, 새론.
2. 조태진 외(2008), 21C 암반역학, 건설정보사.
3. 도덕현 외 2인(2003), 암반공동의 설계와 시공, 건설정보사.
4. 지반공학 시리즈 7(터널)(1997), 지반공학회.
5. 서진수(2006), Powerful 토목시공기술사(1, 2권), 엔지니어즈.
6. 이춘석(2005), 토질 및 기초공학 이론과 실무(토질 및 기초 기술사 시험대비), 예문사.
7. 김승렬(1998), 터널 일반설계, 토목시공 고등기술강좌 Series 11, 대한토목학회, pp.131~170.

# 5-14. 2차 지압(Secondary Stress, Induced Stress) : 굴착 후(시공 후) 지압 = 2차 응력 = 유도지압(응력) = 유기지압(응력) = 동지압 = 종국지압 = 부가지압

## 1. 정의

1) 암반 중 터널등 공동 굴착 ⇒ 굴착 후 응력해방(Relieved Dome : 면압대) ⇒ 공동주위 암반 ⇒ 새로운 변형상태 일으킴

2) 변형은 약 저항면(공동 주위의 새로운 자유면)을 향해 작용하여 ⇒ 공동 주변 **암석의 팽창파괴**가 나타나며

3) 암반이 강한 경우에는 **시간 경과** ⇒ **응력 재분배** ⇒ 최초 1차 응력(잠재지압)과 다른 힘의 분포를 나타내는 **2차적인 평형상태**에 도달하는 것을 ⇒ **2차 지압**이라 함

[∵ 암반의 시간 의존적 거동인 Creep 변형]

4) Arching Effect

굴착 벽면 주변응력은 1차 지압(P)보다 큰(약 2~3배) 지압(집중응력)이 작용. 증가된 지압(응력)은 주변 암반에 전이되고 **주변 암반의 강도가 크면**, 응력은 **2차 응력 상태로 재분배** 되어 새로운 평형상태 유지하는데, 이를 Arching Effect라 함

5) 이때 **2차 응력 > 주변 암반의 강도**일 때 터널 파괴 발생

## 2. 이방 응력 상태의 원형 수평 터널의 지압(지중 응력)

> 측압계수(초기지압비 : K)에 따른 굴착 후 터널 주변지반의 거동
> = 탄성지반 굴착면 주변응력 = 탄성지반의 2차 응력(굴착 후 응력)
> = 초기지압 크기에 따른 터널의 내공 변위 거동

1) 조건 : **탄성지반 굴착, 이방 응력 상태**($\sigma_v \neq \sigma_h$), 측압계수 = 초기지압비 $\left( K = \dfrac{\sigma_h}{\sigma_v} \right)$ [$\sigma_h = K \cdot \sigma_v$]

2) 이방 응력 상태, 탄성지반의 2차 응력(굴착 후 응력)

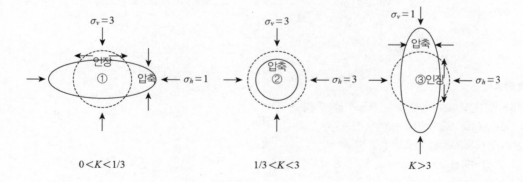

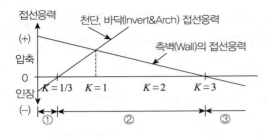

- $K$값 ① 영역
  - Invert와 arch : 인장응력(−) 발생
  - Wall(측벽부) : 압축응력(+) 발생
- $K$값 ② 영역 : 수평과 연직방향응력 동일 등방압축조건
  - 측벽과 바닥, 천정 : 동일한 압축응력발생
- $K$값 ③ 영역 : 연직응력 < 수평응력
  - Invert와 arch : 압축응력(+)
  - Wall(측벽부) : 인장응력(−) 발생

## 3. 등방 응력 상태의 터널 주변 지중응력

> = 원형 수평 터널에서 터널굴착 후 탄소성 상태의 주변 암반의 응력 상태
> = 터널 굴착 후 주변 암반의 탄소성 상태의 터널 주변응력
> = 등방 응력지반에서 원형단면 굴착 시 응력배치 상태와 탄성, 소성 영역

1) 가정 조건

  (1) **등방 응력 상태**

    $\sigma_h = K \cdot \sigma_v$에서 $K = 1$, 즉 $\sigma_h = \sigma_v = P_0$(초기응력)

  (2) **탄성터널**(암반을 탄성체로 가정)

2) 터널 굴착 시 굴착 벽면 주변 응력(지중응력) : 탄성지반의 굴착과 굴착면 주변의 응력분포

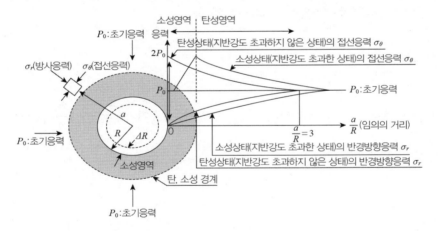

---

**[용어의 개념]**

- 탄성상태(지반강도 초과하지 않은 상태)의 접선응력 $\sigma_\theta$
  = 최대 접선 응력 = 굴착 직후 벽면의 접선응력
- 소성상태(지반강도 초과한 상태)의 접선응력 $\sigma_\theta$
  = 균열 후 접선응력 $\sigma_\theta$
- 방사응력($\sigma_r$) = 반경방향의 응력
- a = 굴착 벽면에서 지중 속으로 임의 거리
- $R$ = 굴착 직후 변형 전 터널 반경
- $\Delta R$ = 소성변형 후 내공 변위

3) 탄성 영역 내 굴착 직후(변형된) 응력 상태

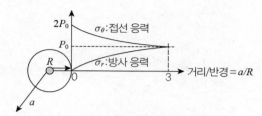

[그림] 탄성 상태 터널 주변응력

(1) 접선방향 응력 : $\sigma_\theta = P_0\left(1 + \dfrac{R^2}{a^2}\right)$

　• 굴착 벽면($R$＝a) : $\sigma_\theta = 2P_0$

(2) 반경방향 응력 : $\sigma_r = P_0\left(1 - \dfrac{R^2}{a^2}\right)$

　• 굴착 벽면($R$＝a) : $\sigma_r = 0$

4) 소성변형(시간경과 후 2차 응력)

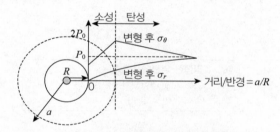

[그림] 탄, 소성 상태 터널 주변응력

(1) 터널굴착 ⇒ 지반 매체에 형성되는 응력 상태(2차 응력) ⇒ 탄성한계 초과 시 발생
(2) 이완영역(소성영역)에서는 큰 접선 응력 발생
(3) 소성변형 후 최대 응력집중
　　① 터널 벽면이 아니라 이완영역 밖에서 발생함
　　② 이완영역이 크면 클수록 응력재분배로 터널 주변 응력이 초기 응력보다 현저히 크게 됨을 의미

5) **쌍설 터널이 굴착될 경우 2개 터널의 이격거리**
　(1) 탄성영역 내 지반의 경우 : 2개 터널 중 큰 터널의 직경 해당 거리 유지
　(2) 이완영역 발생 지반의 경우
　　 : 응력중첩에 의한 이완영역 확장 고려, 넓은 이격거리 유지

6) 공동 경계로부터 **거리(a)에 따른 응력 거동**
　해석범위＝영향거리
　(1) 반경($R$)의 3배 이후 : 탄성 거동영역

(2) 반경($R$)의 3배 이내 : 소성영역, 영향거리

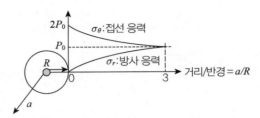

[그림] 탄성 상태 터널 주변응력

7) 지보가 없는 경우 : 이완 파괴 영역발생

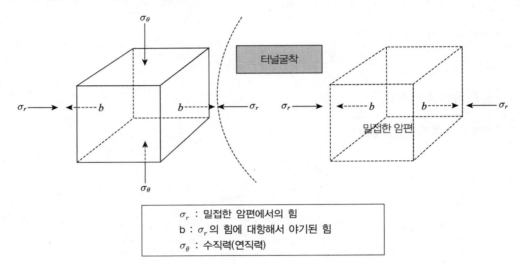

| $\sigma_r$ : 밀접한 암편에서의 힘 |
| b : $\sigma_r$의 힘에 대항해서 야기된 힘 |
| $\sigma_\theta$ : 수직력(연직력) |

(1) 벽면 변위(내공방향 $\Delta R$) 증가 → 반경 방향 응력($\sigma_r$) 저감 → $\sigma_r = 0$, 전단응력$= \dfrac{1}{2}(\sigma_\theta - \sigma_r)$

　　최대 → 암반 파괴 → 이완 파괴 영역 발생

(2) 따라서, 굴착 후 이완 파괴 전 지압과 지보의 균형유지 필요 → **지주(보조 지보재) 설치 이유임**

---

**이론의 시험문제(논문) 적용**

## 1. 터널 보강공법 설계 시공

1) 터널 보조공법

2) 터널 보조 지보재

## 2. 지보재 설치하여 지보력($P_i$) 작용 시

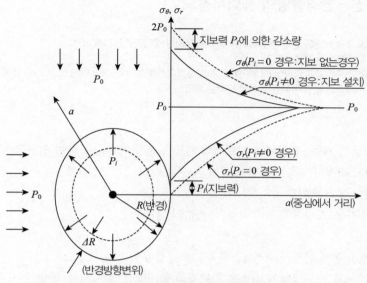

[그림] 탄성 등방상태 원형 터널 주변응력과 지보력

## ■ 참고문헌 ■

1. 정형식(2006), 암반역학, 새론.
2. 조태진 외(2008), 21C 암반역학, 건설정보사.
3. 도덕현 외 2인(2003), 암반공동의 설계와 시공, 건설정보사.
4. 지반공학 시리즈 7(터널)(1997), 지반공학회.
5. 서진수(2006), Powerful 토목시공기술사(1, 2권), 엔지니어즈.
6. 이춘석(2005), 토질 및 기초공학 이론과 실무(토질 및 기초 기술사 시험대비), 예문사.
7. 김승렬(1998), 터널 일반설계, 토목시공 고등기술강좌 Series 11, 대한토목학회, pp.131~170.
8. 류충식(1998), 터널 해석 및 안정성 평가, 토목시공 고등기술강좌 Series 11, 대한토목학회, pp.171~216.

# 5-15. 암반반응(반력) 곡선(Ground Reaction curve) = 지반반력곡선 = 원지반 응답곡선 = 반경방향의 응력저감도

> 1. 터널 굴착 시 지보공이 터널의 안정성에 미치는 효과를 원지반 응답(곡)선으로 설명
> 2. 터널 설계(시공) 시 지보재 적정성 평가
> 3. NATM 공법에 의하여 터널을 굴착할 때 얻어지는 지반응력곡선(Ground Reaction Curve)의 대표적인 유형을 제시하고 지반 및 지보조건 변화에 따른 곡선의 변화를 설명

## 1. 개요

1) 지하구조물, 터널의 거동, 즉 **암반과 지보재의 거동**은 **현장 계측**을 통하여 **정량적 자료**를 얻고, 계측 중에서 **지반 변위 측정이 가장 유용한 방법**이 될 수 있다.

2) 지반 변위 측정이 유리한 이유

   (1) 직접 측정이 가능, 지속적 측정이 가능, 측정값의 편차 적음

   (2) 응력 측정

   ① 다른 측정을 통해 간접적 측정, ② 지속적인 측정이 어렵다.

3) 공동(터널)의 거동과 지보체계의 기능은 **지보재의 설치방법, 설치시기, 암반과 지보재의 하중-변형 특성**에 좌우된다.

4) 암반과 지보재 사이의 상호작용은 **암반 반응곡선으로 정성적으로 설명**할 수 있다.

## 2. 암반 반응곡선(Ground Reaction Curve) 정의

Deree가 제안, **탄성, 등방응력** 상태의 터널 굴착 후 주변지반 응력 중 시간경과에 따른 반경방향의 응력 **변화를 정성적(% 개념)**으로 나타낸 곡선

1) **지반반력곡선, 원지반 응답곡선, 반경방향의 응력저감도**라고도 하며

2) **지보재의 역할과 지반의 거동특성**(NATM)을 설명하는 곡선임

3) **지보재에 작용**하는 응력과 굴착면의 **변위관계**를 나타내는 곡선임

4) NATM의 시공 시기와 지압, 벽면 변위의 관계

5) 암반과 지보재의 **상호 작용 메커니즘**을 나타내며, **터널의 안정성에 미치는 효과**를 설명함

## 3. 암반 반응곡선

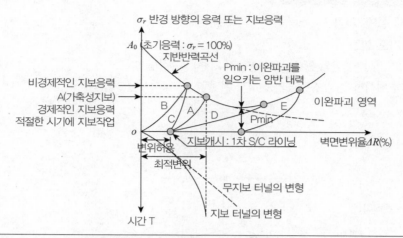

> • $A_0$(초기응력 : $\sigma_r$ =100%) : 변위 $\Delta R$을 허용하지 않을 때의 반경방향 응력=100%
> • 벽면변위율 $\Delta R$(%) : 반경방향의 이완변위=내공변위
> • Pmin : 이완파괴를 일으키는 암반 내력
> • 곡선 O–$A_0$ : 지보재 작용하중=초기응력($A_0$) 동일
> • 곡선 B, C : 지보 너무 강함, 비경제적
> • 곡선 A : 가축성 지보, 경제적인 지보응력, 적절한 시기에 지보 작업 [가축성이 있는 적절한 강성의 경제적 지보, 변위 허용]
> • 곡선 D : 지보 너무 약함, 위험 초래
> • 곡선 E : 지보시기 놓친 경우=지보 작업이 늦은 경우

## 4. 암반반응곡선의 해석(적용) : 지보재 설계, 시공, 계측 관리 기준 설정

1) 지보재는 가급적 **빠른 시기에** 설치하여, 초기 암반변형이 터널 주위에 아치(Arch) 변형과 전단응력을 형성시켜, **암반 자체가 지보능력을** 갖게 함과 동시 **지보재도 지보하중(반경방향 하중)을** 발생시키는 것이 좋다. **암반 상태가 나쁠수록 지보재를 일찍 설치**한다.

2) **능동적 지보가 수동적 지보보다 효과적**

   (1) 능동적 지보 : **암반 자체의 지보능력**을 이용, 작은 지보재 소요, 신속히 설치

   (2) 수동적 지보 : 이완된 암반의 **전체 하중을** 지지해야 함

## 5. 평가

암반 반응곡선의 문제점

1) 학자들에 의해 많이 연구되었으나 이론적으로 정의되지 못하고 있음

2) 이론에 의해 반응 곡선이 예측된다 해도 지역에 따라 시공절차, 방법이 다양하므로

3) 특정지보의 하중-변형 특성이 분명 하게 이해되기 힘듦

4) 반응곡선에 의한 실제 지보설계의 유용성이 희박함. 또한 정량적인 자료를 얻을 수 없고, **정성적인 판단임**

5) 지보하중과 암반 반응거동 에 대한 **정량적 자료 취득 방법**

   **유일한 방법은 계측뿐임.** 계측을 통해 시간대별로 터널면의 반경방향응력 및 반경방향 지중변위 측정하여, 지보하중확인, 터널 안정화 과정 확인

## 1. 보조 지보재 설계, 시공

## 2. 계측 관리 기준 설정

지보재 증설시기(계측 결과의 활용)＝계측 관리 기준치 설정방법

: 터널계측 결과 해석하여, 반경방향의 응력과 지보력 파악, 지보를 보강함

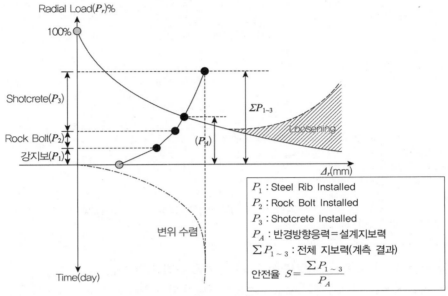

[그림] 터널 계측 결과 예

### ■ 참고문헌 ■

1. 정형식(2006), 암반역학, 새론.

2. 조태진 외(2008), 21C 암반역학, 건설정보사.

3. 도덕현 외 2인(2003), 암반공동의 설계와 시공, 건설정보사.

4. 지반공학 시리즈 7(터널)(1997), 지반공학회.

5. 서진수(2006), Powerful 토목시공기술사(1, 2권), 엔지니어즈.

6. 이춘석(2005), 토질 및 기초공학 이론과 실무(토질 및 기초 기술사 시험대비), 예문사.

7. 김승렬(1998), 터널 일반설계, 토목시공 고등기술강좌 Series 11, 대한토목학회, pp.131~170.

8. 류충식(1998), 터널 해석 및 안정성 평가, 토목시공 고등기술강좌 Series 11, 대한토목학회, pp.171~216.

# 5-16. NATM 터널의 보강공법

## 1. 터널 보강공법 분류

| 분류 | 원리 | 공법의 종류 |
|------|------|-------------|
| 보조공법 | • 막장 굴착 전 터널 지반 보강<br>• Arching Effect 증대로 암반의 주 지보재 증대 : 암반의 강도 > 증가된 응력(지압) | • Fore Poling<br>• Pipe Roofing<br>• 강관다단 그라우팅<br>• 약액 주입(Jet, JSP, LW, SGR 등) |
| 보조<br>지보재 | • 막장 굴착 후 내압작용으로 소성영역 확대 방지<br>• 2축 응력 상태를 3축 응력 상태로 환원<br>• 굴착 벽면 주변에 Grand Arch 형성 | • Shotcrete<br>• Wire Mesh<br>• Rock Bolt<br>• Steel Rib |

## 2. 보조공법 원리

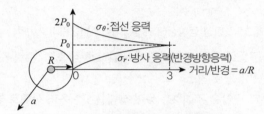

[그림] 탄성 상태 터널 주변응력

- 굴착 벽면의 **접선방향** 응력 : $\sigma_\theta = 2P_0$
- 굴착 벽면의 **반경방향** 응력 : $\sigma_r = 0$

1) 굴착 벽면의 **증가된 응력** $2P_0$ > **주변 암반의 강도** ⟹ 터널 주변 **지반 파괴**

2) 보조공법으로 **주변 암반 보강**하여 붕괴 방지

## 3. 보조 지보재 원리

1) **내공 변위를 허용**하면서 반경방향의 감소된 응력 크기만큼의 강성을 갖는 **가축성 지보** 채용

2) 내압작용(구속압 증대)

  : 내공 변위 방지, **3축 응력 상태** 유지, **내하력이 높은** Arch 형성 효과

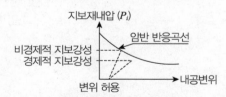

[그림] 지보재 설치하여 지보력($P_i$) [내압] 작용

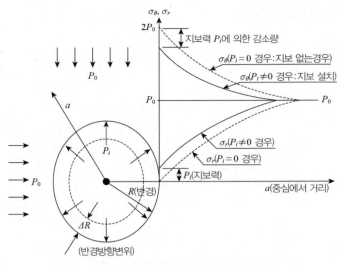

[그림] 탄성 등방상태 원형 터널 주변응력과 지보력

(1) Rock Bolt의 인장력과 동등한 힘이 **터널벽면에 내압으로 작용**

(2) **1차 구속 효과**로 원지반 강도 유지

　　지보재로 벽면 외측으로 내압을 주어 **2축 응력 상태**를 **3축 응력 상태로 환원**

　　[2축 응력 상태 → 3축 응력 상태 환원 효과 : 구속압(측압)의 증대효과]

(3) 지반강도 또는 내하력 저하 억제

(4) 터널 안쪽에서 Rock Bolt 등으로 내압(P)을 가하면 **구속압력 상승**으로 전단강도 증가, **취성파괴 형태**에서 **연성파괴 형태**로 바뀐다.

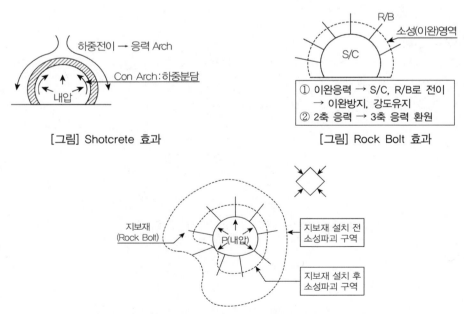

[그림] Shotcrete 효과　　　　　　　　[그림] Rock Bolt 효과

[그림] 터널 지보재가 소성파괴 구역에 미치는 영향(지하 600m)

# ■ 참고문헌 ■

1. 정형식(2006), 암반역학, 새론.
2. 조태진 외(2008), 21C 암반역학, 건설정보사.
3. 도덕현 외 2인(2003), 암반공동의 설계와 시공, 건설정보사.
4. 지반공학 시리즈 7(터널)(1997), 지반공학회.
5. 서진수(2006), Powerful 토목시공기술사(1, 2권), 엔지니어즈.
6. 이춘석(2005), 토질 및 기초공학 이론과 실무(토질 및 기초 기술사 시험대비), 예문사.
7. 김승렬(1998), 터널 일반설계, 토목시공 고등기술강좌 Series 11, 대한토목학회, pp.131~170.
8. 류충식(1998), 터널 해석 및 안정성 평가, 토목시공 고등기술강좌 Series 11, 대한토목학회, pp.171~216.
9. 박남서(1998), 터널 붕괴유형과 보강공법, 토목시공 고등기술강좌 Series 11, 대한토목학회, pp.289~347.

# 5-17. 터널의 지보개념 = 지보재 설치에 따른 응력 거동
## [탄성지반의 굴착과 굴착면 주변의 응력분포] [NATM의 기본 이론]

### 1. 지보재의 정의
1) 지보재란 보통 보조 지보재를 말함 : Shotcrete, Wire Mesh, Rock Bolt, Steel Rib
2) NATM에서 **암반이 주 지보재로서 암반의 Arching(Ground Arching) 효과**를 유지하지만 **보조 지보재**를 사용하여 **암반의 Arching을 형성**하는 것을 도와준다.

### 2. 지보재의 설계방법
= 지보재 적정성 평가 방법(설계방법)
= 지보재가 터널 안정성에 미치는 효과 판단
1) RQD 이용 : RQD 이용 경험적인 터널 지보방법(Merrit)
2) RMR 이용
  (1) Bieniawski의 RMR에 의한 무지보 유지시간(Stand Up Time) − 무지보 간격(Span)
  (2) 지보압(P = t/m²) 계산 이용 : P = (100-RMR)/100× 흙의 유효단위중량× 터널폭
3) NGI 기준에 의한 Q-System(NGI 분류법)
4) 탄성지반 굴착면 주변의 지중응력 분포와 암반 반응곡선(지반반력 곡선) 이용

### 3. 지보재 설계 시 고려사항
1) 지보재 : (1) 강지보 : 강성, 단면계수 (2) Rock Bolt : 축저항 (3) 숏크리트 : 인장강도
2) 지반(암반) : (1) 강도정수($C$, $\phi$) (2) 변형계수(E) (3) 지하수 (4) 불연속면의 특성

### 4. 주변응력 분포와 지보력 관계
1) 지보가 없는 경우 : 이완 파괴 영역 발생
  : 지반의 강도 < $P_0$ (초기지압) ⇒ 터널 불안정 상태
  [터널굴착 시 지반의 강도가 응력 $P_0$보다 작을 경우 지보재를 설치하지 않으면 굴착공동은 불안정한 상태가 됨]

  ■ 벽면 변위(내공방향 $\Delta R$) 증가 → 반경 방향 응력($\sigma_r$) 저감 → $\sigma_r = 0$, 전단응력 = $\frac{1}{2}(\sigma_\theta - \sigma_r)$
    최대 → 암반 파괴 → 이완 파괴 영역 발생
  ■ 따라서, 굴착 후 이완 파괴 전 지압과 지보의 균형유지 필요 → **지주(보조 지보재) 설치 이유임**

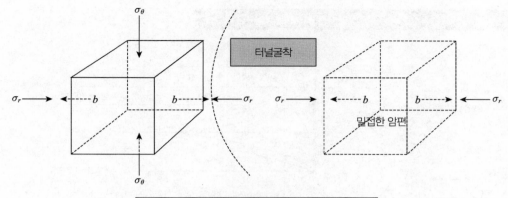

$\sigma_r$ : 밀접한 암편에서의 힘

$b$ : $\sigma_r$의 힘에 대항해서 야기된 힘

$\sigma_\theta$ : 수직력(연직력)

(1) 탄성 영역 내 굴착 직후(변형된) 응력 상태

① 반경방향 응력 : $\sigma_r = P_0\left(1 - \dfrac{a^2}{r^2}\right)$

• 굴착 벽면($R$=a) : $\sigma_r = 0$

② 접선방향 응력 : $\sigma_\theta = P_0\left(1 + \dfrac{a^2}{r^2}\right)$

• 굴착 벽면($R$=a) : $\sigma_\theta = 2P_0$

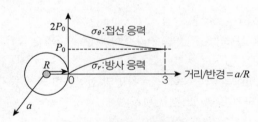

[그림] 탄성 상태 터널 주변 응력

(2) 소성변형

① 터널굴착으로 인해 지반매체에 형성되는 응력 상태(2차 응력)가 탄성한계를 초과할 경우 발생

② 이완영역에서는 큰 접선 응력이 발생

(3) 최대 응력집중

① 터널벽면이 아니라 이완영역 밖에서 발생함

② 이완영역이 크면 클수록 응력재분배로 터널 주변 응력이 초기응력보다 현저히 크게 됨을 의미

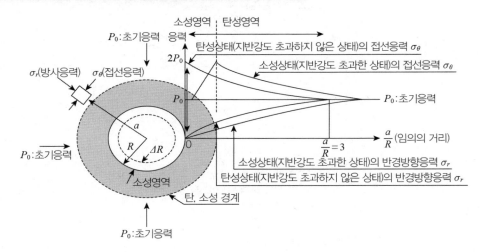

1. 등방체(측압계수 K=1)이므로 **굴착 전**의 반경방향응력과 접선방향 응력은 **초기응력($P_0$)**으로 동일

2. 터널 굴착 굴착면 주변지압 원래의 **3축 응력 상태** ⇒ **2축 응력 상태**의 평면변형률 조건 ⇒ 반경 방향의 응력 감소

   * 반경방향응력 : $\sigma_r = P_0\left(1 - \dfrac{R^2}{a^2}\right)$

   > **반경방향의 응력($\sigma_r$)**
   >
   > ㉠ 굴착과 동시 굴착면에서 영(zero)이며,
   >
   > ㉡ 굴착면에서 멀어질수록 급격히 증가. 어느 거리 이상에서는 원래의 응력($P_0$)과  동일한 상태로 도달

3. 감소되는(소멸되는) 반경방향의 지중응력 ⇒ 굴착면의 **접선응력 크게 증가(2배 정도)**시킴 ⇒ 내공변위발생 [굴착면의 변위가 굴착공동 내측으로 발생]

   * 접선방향 응력 : $\sigma_\theta = P_0\left(1 + \dfrac{R^2}{a^2}\right)$

   > **접선방향의 응력($\sigma_\theta$)의 영향범위**
   >
   > ㉠ 굴착과 동시 터널벽면에서 최대가 됨
   >    원래응력($P_0$)의 2배=$2P_0$로 증가 : 응력집중 현상
   >
   > ㉡ 굴착면에서 멀어질수록 거리($r$) 제곱에 반비례. 급속히 감소 어느 거리 이상에서는 원래의 응력($P_0$)과 동일한
   >    상태로 도달 : 굴착 영향범위임

4. 벽면의 변위 증가 ⇒ 반경방향의 응력 점점감소 ⇒ 변형이 어느 한계 초과 ⇒ 지반 이완 시작 ⇒ 지반 강도 완전상실 ⇒ 터널주변 지반은 지보공에 하중으로 작용함 ⇒ 지보재 설치 필요

## 2) 지보재 설치하여 지보력($P_i$) 작용 시

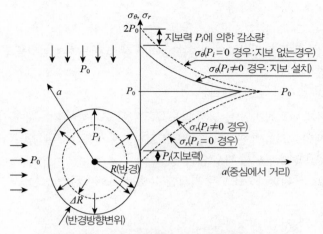

[그림] 탄성 등방상태 원형 터널 주변응력과 지보력

(1) 굴착면의 접선응력($\sigma_\theta$)는 $P_i$만큼 감소(탄성영역, 지보력 고려)

$$\sigma_\theta = P_0\left(1 + \frac{R^2}{a^2}\right) - \frac{P_i R^2}{a^2}$$

(2) 반경방향응력(탄성영역, 지보력 고려) : 지보재에는 $P_i$만큼의 응력이 작용함

$$\sigma_r = P_0\left(1 - \frac{R^2}{a^2}\right) + \frac{P_i R^2}{a^2}$$

(3) 반경방향변위 : $\Delta R = \dfrac{(P_0 - P_i)}{E}\dfrac{R^2}{a^2}(1+\nu)$

여기서, $P_i$ : 지보력, $P_0$ : 초기응력, $R$ : 터널반경, $a$ : 터널 중심에서 임의의 거리, $E$ : 탄성계수, $\nu$ : 포아송비

## 5. 지보재의 역할과 지반의 거동 특성

※ 지보재에 작용하는 하중과 굴착면의 변위 관계

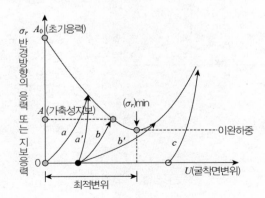

1) 굴착과 동시 초기응력($A_0$)과 동일한 응력을 굴착면에 적용

   : 지보재 작용하중＝초기응력($A_0$) 동일

2) 이완영역(이완하중) : 곡선 b', c

   굴착면의 변위를 허용하면, 반경방향의 하중은 급격히 감소, 어느 한계범위를 넘으면 지반은 이완 되고, 반경방향 응력은 오히려 증가

3) $(\sigma_r)$min : 이완파괴 발생하는 암반내력

   굴착면의 변위가 한계치(최적변위)를 넘지 않도록 적절히 조치하여 지보재에 가해지는 응력을 최소화시킴 → 지반 자체의 지보능력 활용으로 최소 지지지보재 사용하여 굴착공동 안정 도모

4) 지반이 자체 지보능력 없다 판단될 경우(없을 경우)

   : 막중한 지보재 필요 → 지반하중을 모두 지탱할 수 있는 지보재 사용

5) 지보 곡선

   (1) 곡선 a, a' : 지보 너무 강함, 비경제적

   (2) 곡선 b : 가축성이 있는 적절한 강성의 경제적 지보(가축성 지보, 변위 허용)

   (3) 곡선 b' : 지보 너무 약함, 위험 초래

   (4) 곡선 C : 지보시기 놓친 경우

6) 지보의 설계

   (1) 가축성 지보재 사용하여 지보력 A에서 평형유지

   (2) 변위를 허용하되, 지보능력을 상실하지 않는 범위 내에서 지보력과 지보재에 작용하는 지반응력이 평형상태가 되도록 설계함＝합리적인 터널 설계개념＝가축성 지보

   (3) 가축성 지보 : 변위허용, 응력전이, Arch 작용, 원지반 강도 활용

## 6. 지보재 증설시기(계측 결과의 활용) : 계측 관리 기준치 설정방법

터널 계측 결과를 해석하여, 반경방향의 응력과 지보력 파악, 지보 보강함

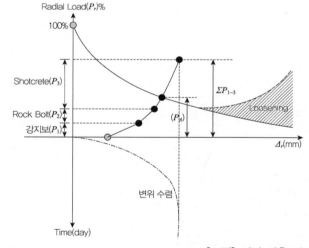

| $P_1$ : Steel Rib Installed |
| $P_2$ : Rock Bolt Installed |
| $P_3$ : Shotcrete Installed |
| $P_A$ : 반경방향응력＝설계지보력 |
| $\Sigma P_{1 \sim 3}$ : 전체 지보력(계측 결과) |
| 안전율 $S = \dfrac{\Sigma P_{1 \sim 3}}{P_A}$ |

[그림] 터널 계측 결과 예

## 7. 지보재 설계, 시공 시 유의사항

1) 지반 자체(암반)가 주 지보재

2) Shotcrete, Rock Bolt, 강지보재 등은 지반이 주 지보재가 되도록 보조해주는 수단

3) 계측으로 지보의 효과와 지반의 거동상태를 관측하여 시공의 안정성 도모

4) 시공 시 및 시공완료 후에도 터널 주변 지반을 보호해주어야 함(∵ 지반 자체도 지보재이므로)

## 8. 평가(맺음말)

1) 실제 터널 굴착 시 지반의 변화 및 지보재 설치 이유로는

   (1) 탄성지반으로 가정한 경우 터널벽면의 응력

      ① 최대접선응력($\sigma_\theta$) 발생

      ② 반경방향응력($\sigma_r$)=0이 됨

   (2) 실제 터널 굴착 시 응력

      ① 발파등에 의해 응력저감 → 소성변형발생 → 터널 내측에 소성 영역대 발생 → 암반 내 균열 발생

      ② 암반 내 균열이 발생하면

        암반의 내력 저하 → 최대 접선응력($\sigma_\theta$)은 벽체 안쪽(지중)으로 이동, 반경 방향의 응력($\sigma_r$)이

        적어지므로

      ③ 지보재 설치하여

        ㉠ 반경 방향의 응력($\sigma_r$)을 지지하여, ㉡ 소성 영역대의 확대를 방지해야 함

2) 터널 굴착 전후의 응력 상태파악 방법

   (1) 암반의 초기 지압 측정 방법

      ① 응력 해방법(Overcoring)

      ② 수압 파쇄법

      ③ 응력 회복법

      ④ AE법(Acoustic Emission)

   (2) 실측(계측)

3) 따라서 터널 굴착에 따른 응력 재분배에 대한 지반거동을 해석해야 함

## ■ 참고문헌 ■

1. 정형식(2006), 암반역학, 새론.

2. 조태진 외(2008), 21C 암반역학, 건설정보사.

3. 도덕현 외 2인(2003), 암반공동의 설계와 시공, 건설정보사.

4. 지반공학 시리즈 7(터널)(1997), 지반공학회.

5. 서진수(2006), Powerful 토목시공기술사(1, 2권), 엔지니어즈.

6. 이춘석(2005), 토질 및 기초공학 이론과 실무(토질 및 기초 기술사 시험대비), 예문사.

7. 김승렬(1998), 터널 일반설계, 토목시공 고등기술강좌 Series 11, 대한토목학회, pp.131~170.

8. 류충식(1998), 터널 해석 및 안정성 평가, 토목시공 고등기술강좌 Series 11, 대한토목학회, pp.171~216.

9. 박남서(1998), 터널 붕괴유형과 보강공법, 토목시공 고등기술강좌 Series 11, 대한토목학회, pp.289~347.

# 5-18. 보조 지보재의 설계, 시공 원리 [NATM 터널 안전시공 방법(터널붕괴 방지대책)]

- 터널지보공인 숏크리트와 록볼트의 작용효과설명 [106회, 2015년 5월]

## 1. 지보원리

1) 터널 하중(응력) 전이(Arching, Load Transfer)

: 굴착에 따라 **변위 다소 허용** → **하중전위** → ① 터널은 원래 받고 있던 압력

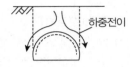

보다 작은 압력을 받고, ② 터널 주변지반은 더 큰 압력을 받음

2) 가축 지보재

(1) NATM 터널에서 변위발생을 억제하려면 **큰 강성의 지보재가 필요, 비경제적이 됨**

(2) 가축성 지보재 사용

① 어느 정도 변위되는 **가축성 지보** 사용 ⇒ 하중전이 발생 ⇒ **경제적인 단면** 시공 가능

② 어느 정도 변위 허용 → 하중전이 발생

→ 압력돔(응력 Arch) → 압력돔 내부에 면압대(Trompeter Zone) 형성

→ 원지반 강도 활용 → **경제적 방법**

(3) 너무 약한 지보재 사용하면 큰 변위 발생, 이완되어 붕괴

(4) NATM은 **재래식의 강성 지보**(강지보공 개념)보다는 **변위가 일부 허용** 되는 **가축성 지보의 융통성**

있는 채용이 필요

 **– 가축성 지보로 원암반의 강도를 이용함이 핵심원리(특징)임**

 – 굴착 즉시 시공함이 중요

## 2. Shotcrete 작용효과 : 터널 Shotcrete의 기능(효과, 목적)

1) **1차 구속** 효과 : Rock Bolt + Shotcrete

(1) 원지반 강도 유지

(2) 지반 이완 방지

(3) 이완응력 재분배

2) **Concrete Arch**로써 하중분담

(1) 응력의 전달(외력의 분배효과)(Load Transfer)

(2) 암반이완에 의한 응력 재분배, 지반의 이완방지

① 1차 구속 : 원지반 강도 유지　　② Concrete Arch 효과(하중전이) : 하중분담(응력전달)

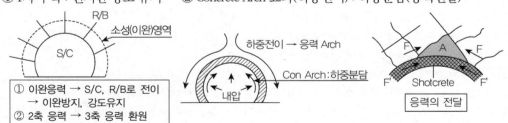

③ 응력 집중방지(완화) ④ 암괴붕괴방지 ⑤ 전단저항 효과

: 암괴의 전단이동 방지

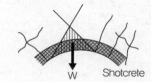

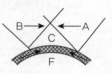

⑥ 절리의 봉합 ⑦ 가오지(단층점토)＝연약한파쇄대＝Gauge의 봉합

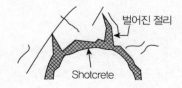

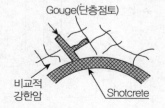

## 3. Rock Bolt의 기능과 작용효과

1) **봉합**작용 : 터널, 사면 보강

　(1) 매달기 효과(Suspension Effect)

　　: 이완 지반을 견고한 지반에 매다는 효과(결합)

　(2) 엇물림 효과(Keying Effect)

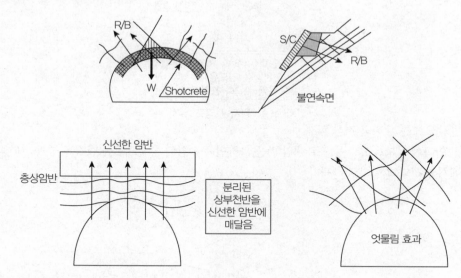

2) **보형성** 작용(터널, 사면)

　(1) 터널주변 층상(절리) 암반 → 분리→ 겹침보 거동

　(2) Rock Bolt로 절리면 사이를 조임 → 전단력의 전달 가능 → 합성보로 거동케 함 → 마찰효과

　　(Friction Effect)

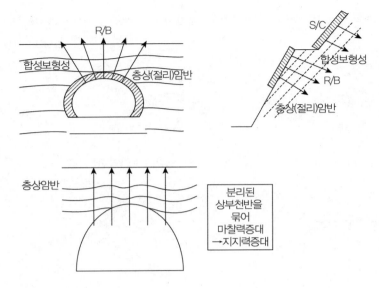

3) **내압작용**(구속압 증대)
: 내공 변위 방지, 3축 응력 상태 유지, 내하력이 높은 Arch 형성 효과
(1) Rock Bolt의 인장력과 동등한 힘이 터널 벽면에 내압으로 작용
(2) **2축 응력 상태 → 3축 응력 상태 환원** 효과 : **구속압(측압)의 증대** 효과

(3) 지반강도 또는 내하력 저하 억제
(4) 터널 안쪽에서 Rock Bolt 등으로 내압(P)을 가하면 구속압력 상승으로 전단강도 증가, 취성파괴 형태에서 연성파괴 형태로 바뀐다.

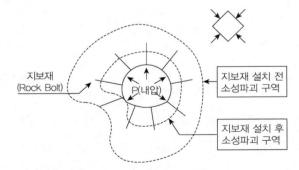

[그림] 터널 지보재가 소성파괴 구역에 미치는 영향(지하 600m)

## 4) Arch 형성 효과

   (1) System Rock Bolt의 내압효과로 일체화 → 굴착면 주변 내하능력 증대

   (2) 굴착면 주변지반은 내공 측으로 일정하게 변형 → 내하력이 큰 Grand Arch 형성

   (3) Rock Bolt 설치 후 인장력 가하면(Pretensioned Bolt), 주변 암반에 압축권이 형성, 각 Bolt에 의한 압축권은 서로 연결되어 아치형태의 압축대 형성

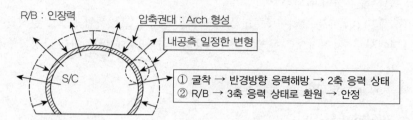

## ■ 참고문헌 ■

1. 정형식(2006), 암반역학, 새론.

2. 조태진 외(2008), 21C 암반역학, 건설정보사.

3. 도덕현 외 2인(2003), 암반공동의 설계와 시공, 건설정보사.

4. 지반공학 시리즈 7(터널)(1997), 지반공학회.

5. 서진수(2006), Powerful 토목시공기술사(1, 2권), 엔지니어즈.

6. 이춘석(2005), 토질 및 기초공학 이론과 실무(토질 및 기초 기술사 시험대비), 예문사.

7. 김승렬(1998), 터널 일반설계, 토목시공 고등기술강좌 Series 11, 대한토목학회, pp.131~170.

8. 류충식(1998), 터널 해석 및 안정성 평가, 토목시공 고등기술강좌 Series 11, 대한토목학회, pp.171~216.

9. 박남서(1998), 터널 붕괴유형과 보강공법, 토목시공 고등기술강좌 Series 11, 대한토목학회, pp.289~347.

# 5-19. 터널 주변 암반의 크립(creep) 현상
## = 시간의존적인 거동(time-dependent behavior)

## 1. 개요
1) 암반 내의 **초기응력**은 굴착 시 굴착 지점에 **응력집중**이 발생하고, 응력집중은 **전체 응력을 재분포**시켜 **압축** 또는 **인장**을 유발하게 된다.
2) 이상적인 탄성체인 경우에는 응력집중현상을 계산 또는 광탄성 모형시험 등으로 분석할 수 있으나
3) 실제 현장조건에서는 3차원적으로 동적하중이 작용하거나, 변형이 너무 커서 탄성이론을 적용할 수 없는 경우도 있고
4) **일정 하중 하에서 Creep로 변형**하는 경우도 있음

## 2. 시간 의존성 거동(변형)의 정의
1) 암석에 가해진 **응력의 크기가 변하지 않는데도** 불구하고 **계속적으로 변형이 발생**하는 것
2) 시간의존성 변형의 대표적인 예 : (1) Creep와 (2) 피로현상(Fatigue)임

## 3. Creep
1) Creep 정의
   **일정한 크기의 하중**을 계속적으로 시험편에 가하는 경우, **탄성변형률**이 순간적으로 발생한 후, **계속적으로 변형률이 증가**하는 현상
2) Creep 거동에 대한 시간 – 변형률 Graph

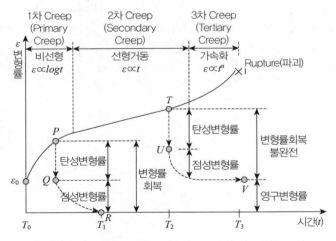

[그림] Theoretical Strain Curve at Constant Stress

(1) 1차 Creep(Primary Creep) : Transient Creep(전이 Creep) : 1차 전이 크립
   ① 거동 : **비선형 거동**, 아래로 오목한 형태
   ② 1차 Creep 지속시간 : 보통 1일 이내로 짧음
   ③ 변형률 회복 : PQR 궤적으로 회복, 영구 변형률 남지 않음
      ㉠ PQ : 탄성 변형률로 응력제거와 동시 곧바로 회복

ⓛ QR : 점성변형률 : 시간에 따라 회복

④ 1차 Creep 구간의 시간($t$)에 따른

---

1차 Creep 변형률 : $\epsilon \propto \log t$

---

(2) 2차 Creep(Secondary Creep)＝Steady State Creep : 2차 정상 Creep

① 거동 : **선형거동**(선형적인 변형률 증가)

② 2차 Creep 지속시간 : 비교적 긴 편, 적용하중의 크기에 따라 달라짐

③ 변형률 회복 : TUV 궤적으로 회복, 완전 회복되지 않음, 영구변형률(Permanent Deformation) 발생

④ 2차 Creep 구간의 Creep 변형률 : 시간 $t$와 선형적으로 비례

---

2차 Creep 변형률 : $\epsilon \propto t$

---

(3) 3차 Creep(Tertiary Creep)

① 거동 : **Creep 변형률 가속화**되는 구간, 시험편 파괴 발생

② 3차 Creep 지속시간 : 매우 짧음

③ 3차 Creep 구간의 Creep 변형률 : 시간 $t$의 $n$승에 비례

---

3차 Creep 변형률 : $\epsilon \propto t^n$

---

3) **암석의 Creep 거동**에 **영향**을 미치는 요인

(1) 응력의 종류(단축압축, 단축인장, 휨, 비틂 등)

(2) 응력의 크기

(3) 구속압

(4) 온도

(5) 반복하중

(6) 수분

(7) 암석의 구조적 특성 : 입자 크기, 입자 방향, 공극률 등

## 4. NATM 터널시공 시 Creep 판단을 위한 계측 [Creep Test]

1) 1축 or 3축 시험에서 시험편에 일정한 하중을 가했을 때 시간의 경과에 따라 시험편에 일어나는 변형을 측정

2) **터널 등의 현지암반** : 현장에서 Creep 현상의 판정은 **내공변위, 천단침하의 계측**으로 판정함

## 3) Creep 영역 판정도

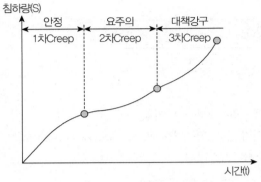

[그림] Creep 영역 판정도

| Creep | 안정 상태 여부 |
|---|---|
| 1차 Creep 영역에 수렴 | 안정 |
| 2차 Creep 영역으로 변위 이동 | 요주의(계측 결과 계속 관찰) |
| 3차 Creep 영역에 포함 | 즉각 침하 및 붕괴에 대한 대책강구 |

## 4) 내공변위 측정 후 지보재 증설 예

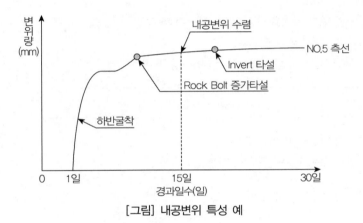

[그림] 내공변위 특성 예

## ■ 참고문헌 ■

1. 정형식(2006), 암반역학, 새론.
2. 조태진 외(2008), 21C 암반역학, 건설정보사.
3. 도덕현 외 2인(2003), 암반공동의 설계와 시공, 건설정보사.
4. 지반공학 시리즈 7(터널)(1997), 지반공학회.
5. 서진수(2006), Powerful 토목시공기술사(1, 2권), 엔지니어즈.
6. 김승렬(1998), 터널 일반설계, 토목시공 고등기술강좌 Series 11, 대한토목학회, pp.131~170.
7. 류충식(1998), 터널 해석 및 안정성 평가, 토목시공 고등기술강좌 Series 11, 대한토목학회, pp.171~216.
8. 박남서(1998), 터널 붕괴유형과 보강공법, 토목시공 고등기술강좌 Series 11, 대한토목학회, pp.289~347.

# 5-20. NATM 터널 안전시공을 위한 계측

- 도심지 내 NATM 터널을 시공할 경우 터널 내 계측항목, 측정빈도 및 활용방안 설명(110회, 2016년 7월)

## 1. 계측의 정의

계측이란 지반의 **움직이는 상태(거동)**를 파악하는 것이며, 계측은 NATM 기본 원리에 충실하기 위해 시행함. NATM 시공 시에는 **설계와 시공의 차이**를 계측을 통해 확인 및 보완함

## 2. 계측의 목적, 기능, 활용(이용, 용도)

1) 시공 관리
   (1) 안전 관리
   (2) 복공 시기(Shotcrete) 판단
   (3) Ring 폐합 시기 판단
2) 거동분석
3) 설계 타당성 평가 : 굴착 공법, 지보 방법에 대한 설계와 시공의 부합성 판단
4) 안전진단 및 평가(주변 환경에 대한 영향 평가) : 인접 구조물, 지상 구조물, 매설물 보호
5) 관리기준치 설정
6) 분쟁의 증거자료 확보
7) 설계 시공에 Feed Back(반영)

## 3. 계측절차

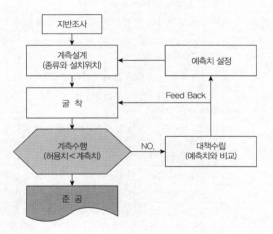

## 4. 계측의 종류

| A계측(일상 계측) : 매 12m마다 측정, 시공에 이용 | B계측(대표 계측) : 매 300m~500m마다 측정, 설계에 이용 |
| --- | --- |
| Face Mapping(갱내외 관찰 조사) | Shot Crete 응력 |
| 지표침하 | Lining 응력 |
| 천단침하 | R/B 축력 |
| 내공변위 | 지중변위 |
| R/B 인발 | 지중침하 |
| | 지하수위 |

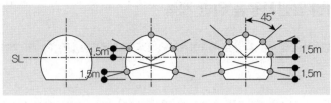

(a) 측점수 3　　　(b) 측점수 5　　　(c) 측점수 7

| (그림 a) 전단면 굴착 경우임. Bench Cut인 경우 Spring부의측점을 1.5m 높게 함 |
| --- |
| (그림 b, c) 지중변위, 록볼트축력, 숏크리트응력, 복공응력측정, 작용하중 측정 |

[그림] 각종 계측의 계기 배치 사례

## 5. 계측항목별 주요 평가사항

| 계측항목 | | 주요 평가사항(조사항목) |
| --- | --- | --- |
| A계측(일상 계측) : 매 12m마다 측정, 시공에 이용 | 갱내 관찰 조사 (Face Mapping) | 1. 막장의 안정성 : 자립성<br>2. 암질, 파쇄대, 변질대 등의 지질상황 및 용수상태<br>3. 각 시공 구간(막장)의 안정성 : 지보재 변상 파악<br>4. 지반 재분류 및 재평가 : 설계 시 지반 구분의 평가 |
| | 지표침하 | 1. 터널 굴착에 따른 지표 침하량 측정 → 지상의 굴착(지표침하) 영향 범위 파악<br>2. 주변구조물의 안전도 분석, 침하방지 대책수립 및 효과 파악 |
| | 천단침하 | 터널천단의 절대침하량 측정 → 단면변형 상태 파악, 터널천단, 지보재 안정성 판단 |
| | 내공변위 | 1. 변위량, 변위속도, 변위 수렴상황으로<br>2. 주변 지반의 안정성<br>3. 1차 지보 설계 및 시공의 타당성<br>4. 2차 Lining 타설 시기 등을 판단 |
| | R/B 인발 | 인발력(인발내력) 측정 → 적절한 Rock Bolt 선택, 정착상태 판단 |
| B계측(대표 계측) : 매 300m~500m 마다 측정, 설계에 이용 | Shot Crete 응력 | Lining의 내부응력 상태 측정 → 배면토압 및 축방향 응력 측정 : 터널의 안정성 평가 |
| | Lining 응력 | |
| | R/B 축력 | 보강효과 확인 및 Rock Bolt 시공타당성 평가 |
| | 지중변위 (터널 내부) | 주변지반의 이완영역의 범위판단 → 지반안정도, 설계 및 시공의 타당성 검증 : Rock Bolt 길이 등 |
| | 지표, 지중 침하 (터널 외부) | 1. 터널 굴착에 따른 지표, 지중침하량 측정 → 굴착이 주변구조물에 미치는 영향 평가<br>2. 지상의 굴착 영향 범위 파악<br>3. 지중매설물 안정성 파악 |
| | 지하수위 | 굴착에 따른 지하수위 변동파악 : 차수 Grouting 효과 등 |
| | 간극수압 | 지중에 작용하는 수압 측정 : 차수 Grouting 주입압력 판단 |
| | 강지보공응력측정 | 1. 강지보공의 치수, 형상, 설치 간격 결정<br>2. 강지보공에 작용하는 토압의 크기, 방향, 측압계수(K) 등 추정 |
| | 갱내탄성파속도(TSP) | 1. 이완영역의 변위<br>2. 균열대, 변질 정도 |
| | 지반의 팽창성 | Invert의 필요성, 효과 판정 |
| | 지반진동 | 발파진동의 측정 |
| | 지표, 지중, 수평변위 | 1. 터널 굴착에 지상의 굴착 영향범위 파악<br>2. 수평방향의 지반 이완영역 및 절리경사방향 판단 |

## 6. 계측 위치 및 선정 시 고려사항

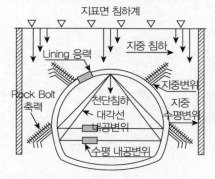

**[계측 측정 위치 선정 시 고려 사항]**

1) 갱구 부근
2) 지반의 변화 지점
3) 토피가 적은 곳
4) 연약지반 : 단층, 파쇄대

## 7. 계측 시기

1) 막장 도달 전 충분히 빠르게 실시
2) 초기치가 중요

## 8. NATM 공법의 설계 및 시공 특성과 계측 [계측의 목적, 계측을 하는 이유]

1) NATM의 개념, 설계 시공 원리
   (1) 암반 자체가 주 지보재(Arch 효과) : 굴착 단면이 원형이므로 응력 집중 방지
   (2) 굴착과 동시 보조 지보재로 암반 이완 방지 : 암반의 Arch 기능 형성
   (3) 암반이 Arch 기능에 의해 응력 재배치되어 평형 상태 유지

2) 계측으로 경제성, 안전성 평가, 설계 시공에 Feed Back
   (1) 암반 응력의 평형 상태, 안정성(안전성) 평가
   (2) 굴착 방법, 발파 Pattern, 지보 Pattern의 설계와 시공의 차이점을 계측을 통해 비교 수정

3) 터널 설계 방법과 어려운 점(문제점)
   (1) NATM은 설계와 시공의 차이점이 있어 안정성 평가가 어렵다.
   (2) 설계 방법
      ① 조사＋시험 : 지질 조건 파악
      ② 굴착 방법, 지보 Pattern 결정
   (3) 문제점
      ① 조사＋시험 : 경제적, 기술적으로 현실적이지 못함
      ② 조사자의 주관적 판단 내재

③ 지반 공학적 특성이 굴착 지반을 대표할 만큼 정확성 부족

④ 지반 거동, 지보 효과 : 설계 단계에서 정확한 판단 불가능

4) 대책(설계와 시공의 차이점 대책)

  (1) 시공 중 계측 : 지반 거동, 지보 효과 판단

  (2) 계측 결과를 **설계치와 시공치 비교**

    ① 추가 지반 조사 실시

    ② 터널 보강(보조 공법)

    ③ 암반 보강(보조 지보재) Pattern 수정, 변경, 추가

    ④ 굴착 방법 변경

  (3) 안정성, 경제성 확보, Feed Back

## 9. 암반 반응곡선과 계측

암반 반응곡선의 문제점은

1) 학자들에 의해 많이 연구되었으나 이론적으로 정의되지 못하고 있음

2) 이론에 의해 반응곡선이 예측된다 해도 지역에 따라 시공절차, 방법이 다양하므로

3) 특정지보의 하중-변형 특성이 분명 하게 이해되기 힘듦

4) 반응곡선에 의한 실제 지보설계의 유용성이 희박함

5) 정량적인 자료를 얻을 수 없고, **정성적인 판단임**

6) 지보하중과 암반 반응거동 에 대한 **정량적 자료 취득 방법**

  (1) **유일한 방법은 계측뿐임**

  (2) 계측을 통해 시간대별로 터널면의 반경방향응력 및 반경방향 지중변위 측정하여

  (3) 지보하중 확인, 터널 안정화 과정 확인

## 10. 내공변위 및 천단침하 계측

1) 내공변위 측정 개념(개요)

  내공변위 측정은 **갱내 관찰조사, 천단침하 측정** 자료와 병행하여 **주변지반의 안정성** 및 **지보의 적합성 판정, 2차 라이닝 및 인버트 타설 시기 검토** 등을 위해 수행하며 그 목적에 부합되는 정밀도를 갖는 계기로 측정해야 함

2) 내공변위 측정 주요 평가사항(목적)

  (1) 변위량, 변위속도, 변위 수렴상황에 의해

  (2) 주변지반의 안정성

  (3) 1차 지보 설계, 시공의 타당성

  (4) 2차 라이닝의 타설 시기등을 판단

3) 내공변위 측정 방법

  (1) 목적에 맞는 정밀도를 보장하는 내공변위 측정용기기를 이용하여 측점간 거리를 인장력을 주어

계측함

① 터널 벽면의 반경방향 응력 측정함

② 터널 양쪽 벽면의 2점 사이의 내공변위 측정함

(2) 내공변위 측정 장치

① 천장 또는 양벽에 고정된 핀과 2측점 간의 거리변화 측정

② 측선의 최대길이＝25m로 제한

③ 측정 : 판독장치를 테이프와 고정 핀에 연결하여 측정값 읽음

4) 내공변위 및 천단침하 측선의 배치

| 굴착공법＼구간 | 일반 구간 | 특수 구간 | | | |
|---|---|---|---|---|---|
| | | 갱구부근 | 토피 2D 이하 | 팽압, 편압 예상 구간 | 계측 B 실시 하는 위치 |
| 전단면 굴착 | 수평 1측선 | – | 3 or 6측선 | – | 3 or 6측선 |
| 반단면 굴착 | 수평 2측선 | 4 or 6측선 | | | |
| 분할 굴착 | 각 벤치마다 수평 1측선 | 각 벤치마다 3측선 | | | |

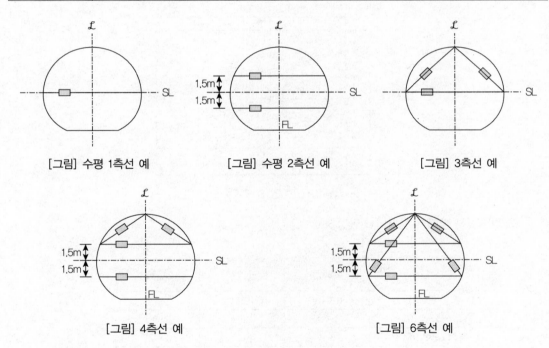

[그림] 수평 1측선 예　　　[그림] 수평 2측선 예　　　[그림] 3측선 예

[그림] 4측선 예　　　　　　[그림] 6측선 예

5) 내공변위 및 천단침하 측정 빈도

내공변위 및 천단침하의 측정 빈도는 수렴할 때까지의 기간, 변위량, 폐합 시기, 굴착방법에 따라 다르나 일반적으로 변위속도 및 막장과의 간격으로 정함

| 측정 빈도 | 변위속도 | 막장으로부터 거리 |
|---|---|---|
| 1~2회/1일 | 10mm/day 이상 | 0~1D |
| 1회/1일 | 10~5mm/day | 1~2D |
| 1회/2일 | 5~1mm/day | 2~5D |
| 1회/주(7일) | 1mm/day 이하 | 5D 이상 |

6) 내공변위 및 천단침하 계측 관리기준

(1) 주의 레벨 Level

① 주의 Level 1 : 지반은 안정, 이완영역 발생한계, 굴착에 약간 주의

② 주의 Level 2 : 이완영역 발생

③ 주의 Level 3 : 이완영역 명확하게 발생, 안전문제, 시공 곤란 예상, 굴착방법, 지보공법 등의 변경 요함

(2) 천단침하 관리기준(일본) : 터널반경 5m 경우

① 변형률에 따른 주의 레벨

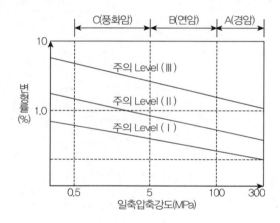

② 천단침하 관리기준치(터널 반경 5m)

(단위 cm)

| 레벨 \ 지반 | A(경암) | B(연암) | C(풍화) |
|---|---|---|---|
| 주의 Level(I) | 0.3~0.5 | 0.5~1 | 1~3 |
| 주의 Level(II) | 1~1.5 | 1.5~4 | 4~9.5 |
| 주의 Level(III) | 3~4 | 4~11 | 11~27 |

(3) 내공변위량 관리기준

| 단면 \ 등급 | V~II | I | 특수 |
|---|---|---|---|
| 단선 | 25mm 이하 | 25~75mm | 75mm 이상 |
| 복선 | 50mm 이하 | 50~150mm | 150mm 이상 |

### (4) ASCE 관리기준 및 처치

| 주의 레벨 | 관리기준 | 처치 |
|---|---|---|
| 1 | 1. 막장 내공변위 속도 > 5mm/day<br>2. Shotcrete의 부분적인 Crack 발생<br>3. 지하수 침투 | 책임기술자에게 보고 |
| 2 | 1. 막장의 내공변위 속도 > 10mm/day<br>   후방 변위속도 > 5mm/day<br>2. Shotcrete의 상당한 Crack 발생<br>3. 지하수 침투 | 1. 책임기술자에게 보고와 동시<br>2. 지보공, Rock Bolt, Shotcrete 추가 시공 |
| 3 | 1. 변위 가속<br>2. Crack, 지하수 침투가 Level 2를 넘는다. | 1. 책임기술자에게 보고<br>2. 굴착정지, 강지보와 긴 길이의 Rock Bolt로 시공<br>3. 조사 실시 |

### 7) 천단침하량에 의한 Creep 영역 판정도

: 현장에서 **Creep 현상의 판정**은 **내공변위, 천단침하** 등의 계측으로 판정함

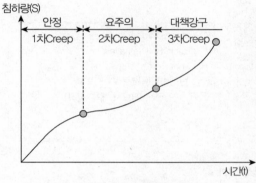

[그림] Creep 영역 판정도

| Creep | 안정 상태 여부 |
|---|---|
| 1차 Creep 영역에 수렴 | 안정 |
| 2차 Creep 영역으로 변위 이동 | 요주의(계측 결과 계속 관찰) |
| 3차 Creep 영역에 포함 | 즉각 침하 및 붕괴에 대한 대책강구 |

### 8) 내공변위 측정결과 변위가 발생 시 지보재 증설

\* 내공변위 측정 예 : 변위량 경시변화 Graph

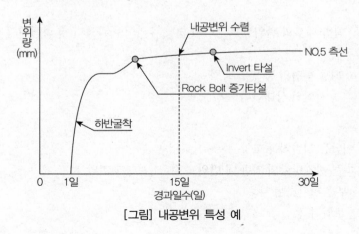

[그림] 내공변위 특성 예

9) 내공변위 계측 결과의 활용 : 평가와 설계시공에의 반영

    (1) 내공변위 계측은 계측결과를 평가하여 설계시공에 반영함

    (2) 지질조건, 시공법 등을 충분히 고려하여 그때까지 얻은 계측, 관찰결과를 병행하여 종합적 판단함

        ① 지질조건 : 용수변화, 풍화, 단층, 파쇄대, 균열

        ② 설계조건 : 지보, 변형 여유, 인버트의 변형과 콘크리트 두께, 일차 폐합 등

        ③ 시공방법 : 지보시기, 1굴진장(1막장), 추가 굴착단면, 벤치 길이, 굴착방법

## 11. 지보재 계측 관리 기준치 설정(숏크리트, Rock Bolt, 강지보)

: 터널계측 결과 해석하여, **반경방향의 응력과 지보력 파악**, **지보보강**, **지보재 증설시기** 판단함

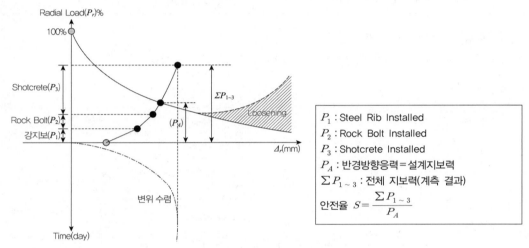

[그림] 터널 계측 결과 예

## 12. 지중변위 측정

1) 개요

    (1) 지중변위 측정은 내공변위, 천단침하 측정결과와 관련시켜 **최심부의 변위 발생 여부**를 판단할 수 있음

    (2) 지중변위계는 **암반 내부의 변위**를 측정하여 터널 주위의 **이완영역** 및 **파쇄대의 범위**와 거동에 관한 정보를 제공함

    (3) 굴착으로 인한 **터널 벽면의 총 변위** 측정

    (4) 공내 선정된 점들 사이의 **상대변위** 측정

2) 지중변위 측정 목적

    (1) 터널 주변의 이완등 **지반거동** 파악

    (2) 터널 굴착에 따른 **반경방향의 지반 내 변위** 측정 : 이완형태 파악

    (3) 1차 지보의 적부를 판단하는 자료

    (4) Shotcrete 배면 토압 추정

3) 지중변위 측정방법

  (1) **시추공 내에** 1공으로 다측점 측정 가능한 **지중변위계를** 매설

  (2) 터널 벽면과 시추공 내 측점 Anhor 사이의 **상대변위** 측정

    : Dial Gage, 전기변환식 변위계 사용

  (3) 정착방식 : 모르터 고정방식, 기계 고정방식

  (4) 측점

    – 측점수 : 1공에 4~5개 정도 : 지반과 Rock Bolt 길이에 따라 다름

    – 설치 깊이(길이)

      ① 경암인 경우 : Rock Bbolt 길이＋2~3m

      ② 큰변위 예상 지반 : Rock Bbolt 길이의 2배. 터널 직경(D)과 같은 깊이

  (5) 지중변위계(측정장치)의 구성 : 선단부, 변위 전달장치, 고정점과 고정 앵커 3부분

4) 지표, 지중 침하(변위) 주요 평가사항

  (1) 터널 굴착에 따른 **지표, 지중침하량 측정** → 굴착이 주변구조물에 미치는 영향 평가

  (2) 지상의 굴착 영향범위 파악

5) 지중변위 측정으로 분석하는 내용

  (1) Rockbolt 축력과 Shotcrete 응력과 종합 분석함

  (2) **지반의 이완영역** 정도 및 분포 예측

  (3) **지보재 설계타당성** 확인 : ① Roc kbolt 시공길이 및 ② Shotcrete 두께 적합성

6) 이완영역(느슨한 영역)의 판단(추정)

: 이완영역 내에서는 암반 내 균열발생 및 균열 열림

  (1) 지중변위 분포 불연속　(2) Dilatancy에 의한 변위 급격 증가

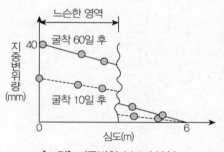

[그림] 지중변위 분포 불연속

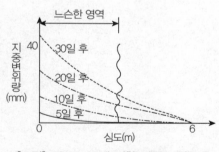

[그림] Dilatancy에 의한 변위 급격증가

7) 지중변위계 계측 결과의 해석

(1) **지중변위계(Bore Hole Extensometer)** 설치

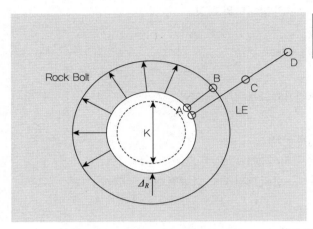

SE : Short Extensometer
LE : Long Extensometer
K : Convergence Measurement(수렴)

① 지중변위계는 **암반 내부의 변위**를 측정하여 터널 주위의 **이완영역** 및 **파쇄대의 범위**와 거동에 관한 정보를 제공함
② 굴착으로 인한 터널 **벽면의 총 변위** 측정
③ 공내 선정된 점들 사이의 **상대변위** 측정
④ 지중 변위계(측정 장치)의 구성 : 선단부, 변위 전달장치, 고정점과 고정 앵커 3부분

(2) 시간 - 변형률 곡선 분석 예

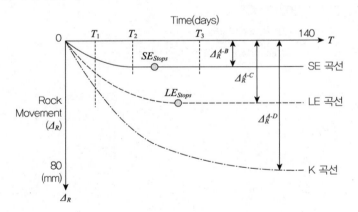

① 짧은 지중변위계 SE(A-B 구간) : 팽창 시작, 터널 내부로 $\Delta_R$만큼 이동(변위)
② 긴 지중 변위계 LE의 B-C 구역

　　다소 늦게 변형, 반경방향 변위 $\Delta_R^{A-C}$ 유발

③ 초기($T_1$) : SE와 LE 곡선 거의 일치
④ 시간 경과 : LE 곡선은 SE로부터 멀어짐
⑤ 체계적인 Rock Bolt의 영향으로 : A-B 구역은 시간 $T_2$에서 안정화됨

⑥ 동시에 LE 및 K 곡선 : 터널 내부로 변형이 진행되고 Rock Bolt에 의해 형성된 암반 Arch는 전체적으로 내부 방향으로 이동하고, 접선방향으로는 수축이 됨
⑦ BC 지역도 동일한 변형과정 발생
⑧ 최종적으로 긴 지중변위계 LE에 의한 변형은 측정되지 않음
⑨ K 곡선은 LE에서 더욱 멀어짐
⑩ 변위 속도의 계속적인 감소에 의해 C 외곽 지역은 점차적으로 안정됨
　 K 곡선은 수평 형태를 취함 : 변위수렴
⑪ 일반적으로 응력의 크기 및 방향과 지보재의 효율성에 따라 **일정한 시간 후에는 변형이 정지됨**
⑫ 1차 지보재 설치에 의해 **평형상태가 확보**되면 **최종 콘크리트 라이닝은 전혀 하중을 받지 않음**
⑬ K 곡선이 안정화되는 데는 오랜 시간 소요됨

## ■ 참고문헌 ■

1. 정형식(2006), 암반역학, 새론.
2. 조태진 외(2008), 21C 암반역학, 건설정보사.
3. 도덕현 외 2인(2003), 암반공동의 설계와 시공, 건설정보사.
4. 지반공학 시리즈 7(터널)(1997), 지반공학회.
5. 서진수(2006), Powerful 토목시공기술사(1, 2권), 엔지니어즈.
6. 이춘석(2005), 토질 및 기초공학 이론과 실무(토질 및 기초 기술사 시험대비), 예문사.
7. 김승렬(1998), 터널 일반설계, 토목시공 고등기술강좌 Series 11, 대한토목학회, pp.131~170.
8. 류충식(1998), 터널 해석 및 안정성 평가, 토목시공 고등기술강좌 Series 11, 대한토목학회, pp.171~216.
9. 박남서(1998), 터널 붕괴유형과 보강공법, 토목시공 고등기술강좌 Series 11, 대한토목학회, pp.289~347.

## 5-21. 지표침하 5요소 = 지표침하에 의한 피해 5요소 = 지반 운동의 5요소 = 토지운동 5요소

### 1. 개요

1) 지하의 **지하수 유출**등 다양한 원인에 의해 형성된 **지하공동**, **터널**, 광산 지역의 **채굴적**(석탄 굴착 후 방치된 갱도)에 의한 **지표침하 현상**은 **지표구조물에 피해**, 안전사고 발생

2) 지하 공동(터널)에 의한 피해현상은

   (1) 지표면 침하(Subsidence)

   (2) 경사(Slope)

   (3) 신축(수평변형률 = Strain)

   (4) 만곡(Curvature)

   (5) 수평이동(Horizontal Displacement)

### 2. 지표침하 5요소(지반운동 5요소 = 광해 5요소)에 의한 피해현상

1) 지반운동 5요소 중 **신축**과 **불균등침하**가 지상구조물에 가장 큰 **피해 유발**하여 균열, 파괴, 침하 유발(일으킴)

2) 지상구조물의 피해는 몇 개의 요소가 복합적으로 작용하여 더욱 심각한 피해를 유발하기도 한다.

| 지반운동 요소 | 피해 현상 |
|---|---|
| ① 침하(Subsidence) | 1. 침하 ⇒ 가옥, 지표 구조물 침수 ⇒ 골조 변형<br>2. 농경지 관수 ⇒ 습지화 ⇒ 농작물 피해, 배수 불가능<br>3. 지하천부 채굴적 붕락 ⇒ 구조물의 순간적 파괴, 인명사고 |
| ② 신축(수평변형률 = Strain) | 1. 건축물(가옥)의 골조 변형 ⇒ 벽, 축대 균열발생<br>2. 가스관등(배관류) : 조인트의 이완, 인장<br>   ⇒ 배관 열 개(균열로 갈라짐)에 의한 누설<br>3. 도로 : 균열<br>4. 철도 : 궤조 연결부 간격 증대, 게이지의 변화 유발<br>5. 농경지 : 균열 ⇒ 건수, 고갈현상 발생 |
| ③ 만곡(Curvature) | 1. 지표구조물의 골조 변형<br>2. 가스관등(도관류) : 만곡현상, 누설<br>3. 댐등 콘크리트 구조물 : 균열, 파괴 원인 |

### 3. 지표침하 5요소(지반운동 5요소 = 광해 5요소)

1) 침하(Subsidence)

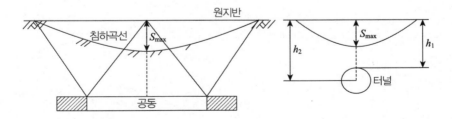

(1) 침하곡선 : sin 곡선과 유사

(2) $S_{max}$ (최대침하): 공동 중앙 직상부

2) 경사(Slope)

(1) 지표상 임의의 2점 간의 침하량 차

(2) 최대경사량 : 공동 단부 직상부(C, D점)

(3) 경사량 zero : 공동 중앙 직상부

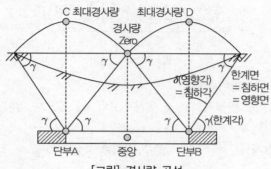

[그림] 경사량 곡선

3) 신축(수평변형률=Strain)

(1) 인장 변형 : 채굴단~침하단 사이

(2) 압축변형 : 채굴적 내부

(3) 신축량 Zero(0)

① 공동 단부직상부(C, D)

② 침하단(E, F)

③ 침하분 중심(P=공동 중앙)

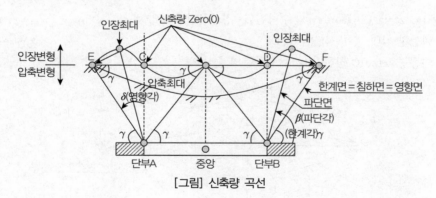

[그림] 신축량 곡선

(4) 대표적인(이상적인) Trough 침하 형상 Model 곡선 : 침하＋경사＋신축

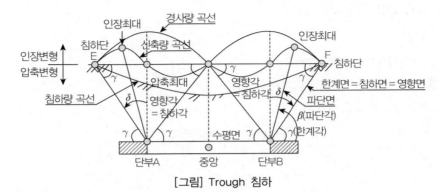

[그림] Trough 침하

4) 만곡(Curvature) : 신축곡선과 반대 모양

(1) 지표구조물에 만곡응력을 발생시키는 것, 침하곡선의 곡률 정도를 의미

(2) 곡률 최대 : 곡짓점 4개

(3) 곡률 Zero(0) : 침하단(지표), 채굴적단 직상부, 침하분 중심부(P)

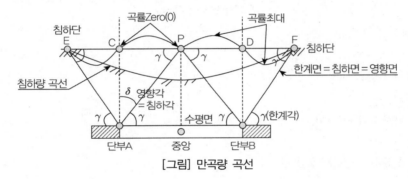

[그림] 만곡량 곡선

5) 수평이동(Horizontal Displacement) : 수평변위 : 경사곡선과 모양 비슷함

(1) 수평 이동량 최대 : 단부 직상부(C, D)

(2) 수평 이동량 Zero(0) : 침하단(E, F), 침하분의 중심(P)

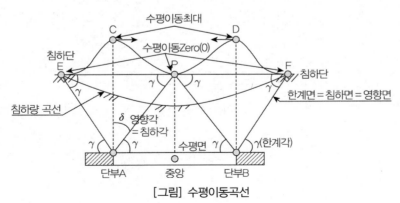

[그림] 수평이동곡선

■ 참고문헌 ■

1. 권현호, 남광수(2008), 광해방지공학, 동화기술, p.109.
2. 광해방지 단기강좌 3회.

# 5-22. 싱크홀(Sink Hole) = 지반함몰(침하)(Trough, sink hole)

## 1. 개요

1) 공동(터널) 주변의 응력 상태(Arch 내의 응력)가 공동의 천정, 바닥의 강도를 초과하여 파괴 및 붕괴함

2) 굴착 후 시간의 경과에 따라

    (1) 지반강도의 감소

    (2) 지반의 Creep 변형

    (3) 침투수압에 의한 Migration(전이)

    (4) 지하수에 의한 풍화로 강도감소 요인에 의해 파괴 → 지표침하

    * 지표침하 과정 : 응력 Arching → Bulking → B/f 작을 때 상부전이 → 침하

## 2. 침하의 원인

1) 탄광 채굴적, 지하공동, 터널

: 침하의 가장 큰 원인, 규모와 형태, 심도(천부 → 침하), 상반암석의 종류

2) 천반파괴(Roof failure)

    (1) 휨파괴(Flexural Failure) : 수직응력 > 수평응력

    (2) 전단파괴(Shear Failure) : 수평응력 > 수직응력

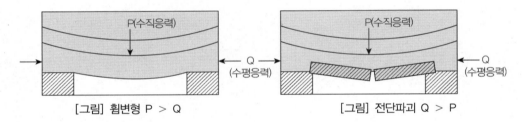

[그림] 휨변형 P > Q      [그림] 전단파괴 Q > P

3) 지질구조

    (1) Chimney Caving : 단층, 파쇄대, 절리에 의한 것

    (2) Crown Hole

    (3) Plug형 침하

    (4) Solution Caving

4) 지하수 영향 : 풍화

## 3. 도심지의 지반 함몰(Sink Hole)

1) 원인

    (1) 지하터 파기

        인접지역의 **지하수 유출**로 인한 **지하공동**발생

(2) 무분별한 지하수 개발

**지하수 고갈** 후 **지하공동** 발생

(3) 구조물 되메우기 불량으로 침하

건물, 지하 매설물(상, 하수 관로, 전기, 통신관로, 도시가스 관로 등) **시공 후 되메우기 불량**

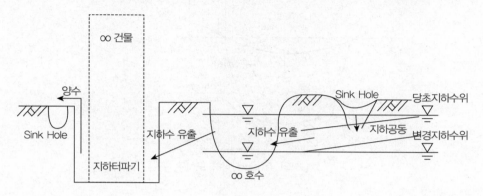

2) 대책

(1) 광역적 지하 공동 현황조사

: 물리탐사(탄성파), 전기비저항 탐사 등 각종 지하 탐사 후 Data 수집 후 관리

[물리탐사 종류]

| 위치 | 분류 | 세 분류 |
|---|---|---|
| 지표탐사 | 전기탐사 | ① 전기비저항, ② 유도분극(IP), ③ 자연전위(SP) |
| | 탄성파(지진파) | ① 굴절법, ② 반사법 |
| | GPR | 반사법, 유전율 현상 이용 |
| | 기타 | ① 중력탐사, ② 자력탐사, ③ 전자탐사, ④ 방사능탐사 |
| 시추공탐사 | 단일시추공 | ① DHT(Down Hole Test : PS 검층), ② UHT(Up Hole Test) |
| | 시추 공간 탄성파 | CHT(Cross Hole Test), 탄성파속도 이용 |
| | 시추 공간 토모그래피 | ① 탄성파, ② 비저항, ③ 레이더 |
| 물리검층 (시추공) | 전기전도도 | ① 전기검층, ② 전기비저항, ③ 자연전위(SP) |
| | 탄성파속도 | ① 음파검층, ② Sonic Logging |
| | 방사능 | ① 밀도검층, ② 자연감마, ③ 감마-감마 |
| 시추공영상 | 텔레뷰어(BHTV) | 공벽 영상 |
| | BIPS | 광파 및 초음파 이용 |
| | 카메라 | ─ |

(2) 도심지 지하터 파기 공사 시 **지하수 유출방지** : 차수공사등

(3) **지하공동 보강공사** 실시

## 4. 광산 지역에서 Pliiar Failure(광주 파괴)

### 1) 광주 파괴 모식도

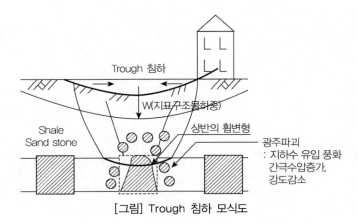

[그림] Trough 침하 모식도

### 2) 광주 파괴 원인

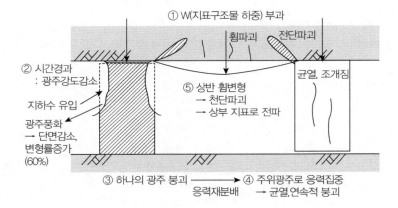

## 5. Pillar Punching

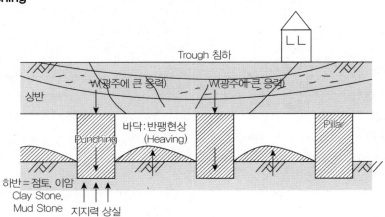

지하수에 의한 연약화로 Punching

① 지하수 유입 → 간극수압($u$) 증가 → 유효응력($\sigma' = \sigma - u$) 감소

② $\tau = C + (\sigma - u)\tan\phi$ 에서 전단강도 감소 → 지지력 감소 → Punching

③ 채굴바닥 융기(밀려나옴)

## 6. 천반파괴 Mechanism [지하공동 상부의 함몰 현상 메커니즘]

1) 지하공동, 탄광 채굴적 상반이 Mass Rock(층상이 아닌 경우)

   (1) 응력 Arch(Pressure Dome) 내의 **응력 > 암석의 강도** ⇒ 천반파괴

   (2) 면압대(Trompeter Zone) 형성하여 주변암석 강도가 저하되면 **파괴(붕괴)는 계속 상부로 전이**

   (3) 지보 or 파쇄 암석의 Bulking에 의해 지지력을 가지는 Arch Effect 나타날 때 까지 상부로 파괴(붕괴) 전파

   (4) 지표침하

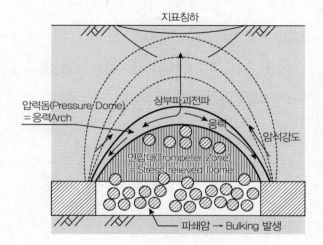

2) 지하공동, 채굴적 상반이 층상 암반인 경우 [Beam-기둥이론]

   : 층분리 → 연속 Beam 거동 → 휨인장 응력 → 휨파괴, 전단파괴

    천반 암층 연약한 경우 → **전단응력 > 천반(암반) 전단강도** ⇒ **전단파괴**

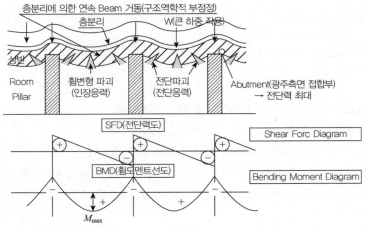

휨인장응력 $\sigma = \dfrac{M_{\max}}{I}y$ 최대 → 인장균열 → 휨변형 파괴

**(1) 휨파괴 (Flexural Failure)**

① 천반의 응력 휨인장응력 $\sigma = \dfrac{M_{\max}}{I}y$ 최대 → 인장균열 → 휨변형 파괴

② **인장응력 > 암석의 인장강도** ⇒ 균열, 파괴됨

③ Griffith의 파괴 기준

　㉠ **암석의 인장강도$(\sigma_t)$ ≒ 압축강도$(\sigma_c)$의 10% = 10% $\sigma_c$**

　㉡ 잠재균열(Crack)에 응력이 집중, **인장응력 > 인장강도 초과** → 인장파괴 발생

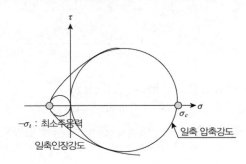

**(2) 전단 파괴**

① Pillar 측면 접합부(Abutment)에 전단 응력 발생

② **전단응력 > 천반의 전단강도** ⇒ **전단균열**(파괴 발생)

**■ 참고문헌 ■**

1. 광해방지 단기강좌 3회.
2. 권현호, 남광수(2008), 광해방지공학, 동화기술, p.109.

# 5-23. 특수 지역의 교량 및 도로 구조물 시공

## 1. 특수 지역

광산지역 ; 강원도 태백, 정선, 경상도 문경, 기타 탄광 지역의 채굴적(채굴 후 남겨둔 갱도)의 붕괴로 지표면 침하 발생 지역

## 2. 지반 침하 유형

1) Trough = 연속형(Continuous Subsidence)
2) SinkHole = 불연속형(Discontinuous Subsidence) : 함몰, 원통형

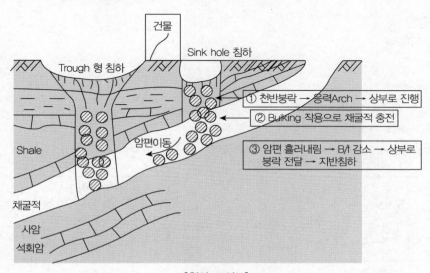

[침하 모식도]

### 함몰형 침하 파괴 진행과정

- 최초 천정부 파괴 → 상부로 진행 → Bulking으로 공동 채워져 지보효과 나타날 때까지 진행
- 진행과정 모식도

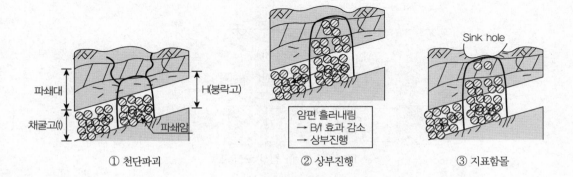

① 천단파괴    ② 상부진행    ③ 지표함몰

- 굴착 후 시간의 경과에 따라
  ① 지반강도의 감소
  ② 지반의 Creep 변형
  ③ 침투수압에 의한 Migration(전이)
  ④ 지하수에 의한 풍화로 강도감소 요인에 의해 파괴
    → 지표침하
- 지표침하 과정 : 응력 Arching → Bulking → B/f 작을 때 상부전이 → 침하

---

## 3. 침하의 원인

1) 채굴적, 지하공동

2) Pillar 파괴

3) Pillar Punching

4) 천반파괴(Roof failure)

   (1) 휨파괴(Flexural Failure) : 수직응력 > 수평응력

   (2) 전단파괴(Shear Failure) : 수평응력 > 수직응력

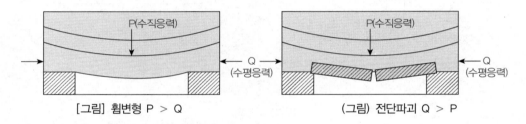

[그림] 휨변형 P > Q       (그림) 전단파괴 Q > P

**Pliiar Failure(광주파괴)**

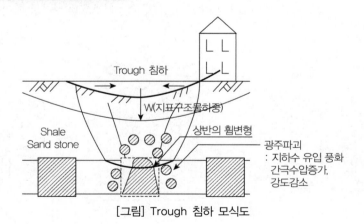

[그림] Trough 침하 모식도

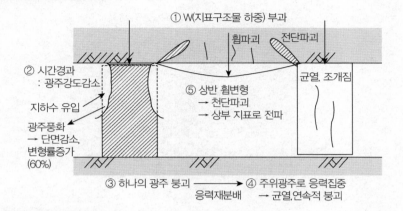

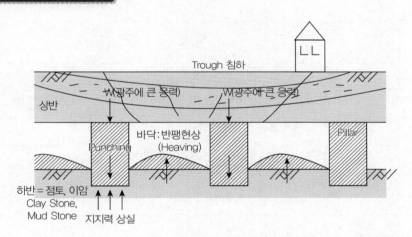

---

**지하수에 의한 연약화로 Punching**

① 지하수 유입 → 간극수압($u$) 증가 → 유효응력($\sigma' = \sigma - u$) 감소

② $\tau = C + (\sigma - u)\tan\phi$에서 전단강도 감소 → 지지력 감소 → Punching

③ 채굴바닥 융기(밀려나옴)

---

**천반파괴 Mechanism**

① 응력 Arch(Pressure Dome) 내의 응력 > 암석의 강도 ⇒ 천반파괴

② 면압대(Trompeter Zone) 형성하여 주변암석 강도 저하되면 파괴(붕괴)는 계속 상부로 전이

③ 지보 or 파쇄 암석의 Bulking에 의해 지지력 가지는 Arch Effect 나타날 때 까지 상부로 파괴(붕괴) 전파

④ 지표침하

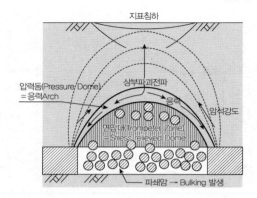

## 4. 지반 침하 방지 대책

### 1) 물리탐사

| 위치 | 분류 | 세 분류 |
|---|---|---|
| 지표탐사 | 전기탐사 | ① 전기비저항, ② 유도분극(IP), ③ 자연전위(SP) |
| | 탄성파(지진파) | ① 굴절법, ② 반사법 |
| | GPR | 반사법, 유전율 현상 이용 |
| | 기타 | ① 중력탐사, ② 자력탐사, ③ 전자탐사, ④ 방사능탐사 |
| 시추공탐사 | 단일시추공 | ① DHT(Down Hole Test : PS 검층), ② UHT(Up Hole Test |
| | 시추 공간 탄성파 | CHT(Cross Hole Test), 탄성파 속도 이용 |
| | 시추 공간 토모그래피 | ① 탄성파, ② 비저항, ③ 레이더 |
| 물리검층 (시추공) | 전기전도도 | ① 전기검층, ② 전기비저항, ③ 자연전위(SP) |
| | 탄성파속도 | ① 음파검층, ② Sonic Logging |
| | 방사능 | ① 밀도검층, ② 자연감마, ③ 감마-감마 |
| 시추공영상 | 텔레뷰어(BHTV) | 공벽 영상 |
| | BIPS | 광파 및 초음파 이용 |
| | 카메라 | ― |

### 2) 계측자료 이용, 지반침하 안정성 평가(전체)

> 계측조사 개념도(모식도)

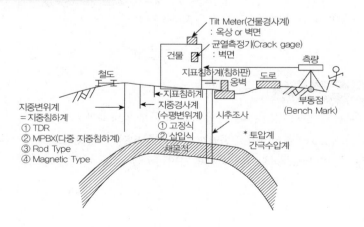

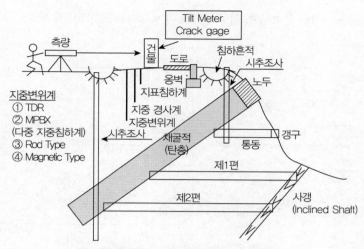

[그림] 정밀조사 단면도 : 시추조사 및 계측

### 3) 지반침하 사업 흐름도

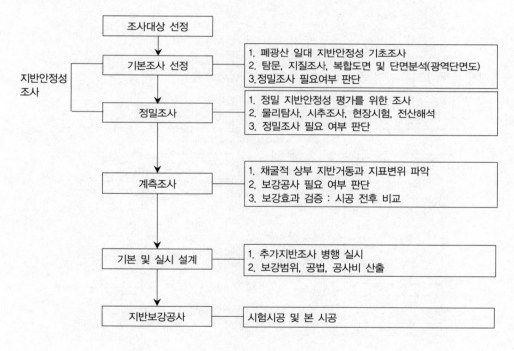

## 4) 도식법에 의한 지반 안정성 분석 : GIS 활용 영향범위($\gamma_H$, $\gamma_L$) 도출(SEH, NCB)

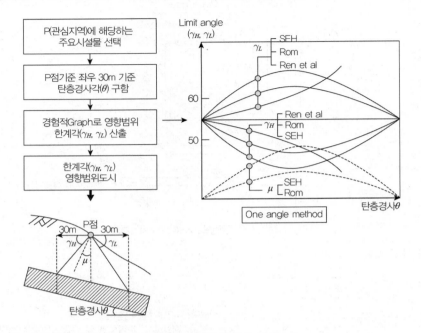

## 5) 체적팽창 이론에 의한 안정성 분석 : 붕락고(H), 붕락범위 도출

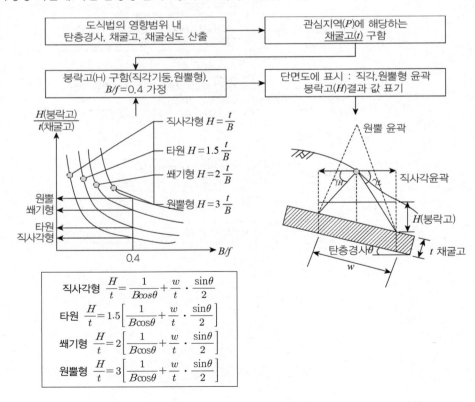

$$\text{직사각형} \quad \frac{H}{t} = \frac{1}{B\cos\theta} + \frac{w}{t} \cdot \frac{\sin\theta}{2}$$

$$\text{타원} \quad \frac{H}{t} = 1.5\left[\frac{1}{B\cos\theta} + \frac{w}{t} \cdot \frac{\sin\theta}{2}\right]$$

$$\text{쐐기형} \quad \frac{H}{t} = 2\left[\frac{1}{B\cos\theta} + \frac{w}{t} \cdot \frac{\sin\theta}{2}\right]$$

$$\text{원뿔형} \quad \frac{H}{t} = 3\left[\frac{1}{B\cos\theta} + \frac{w}{t} \cdot \frac{\sin\theta}{2}\right]$$

6) 보강사례

(1) 국내 많이 사용 중인 방법 : Micro Pile＋Grout 충전

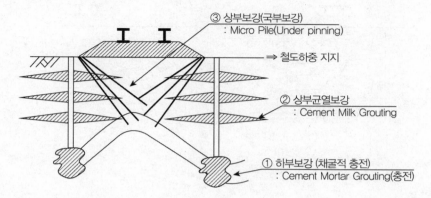

③ 상부보강(국부보강)
  : Micro Pile(Under pinning)

⇒ 철도하중 지지

② 상부균열보강
  : Cement Milk Grouting

① 하부보강 (채굴적 충전)
  : Cement Mortar Grouting(충전)

(2) 공동 Grout 충전＋상부 Micro Pile 보강

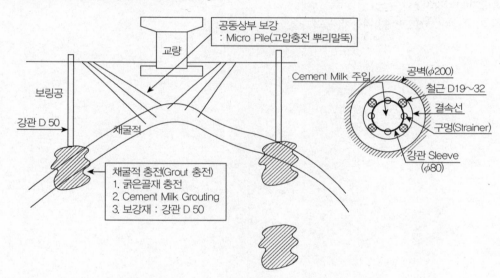

공동상부 보강
  : Micro Pile(고압충전 뿌리말뚝)

교량

보링공

강관 D 50

채굴적

채굴적 충전(Grout 충전)
1. 굵은골재 충전
2. Cement Milk Grouting
3. 보강재 : 강관 D 50

Cement Milk 주입

공벽(φ200)
철근 D19~32
결속선
구멍(Strainer)
강관 Sleeve (φ80)

(3) 공동 Grout 충전＋상부 TAM Grouting＋상부 Micro Pile 보강

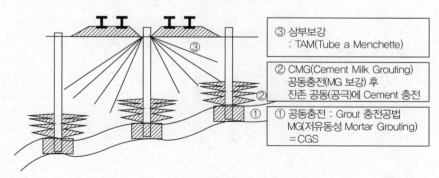

③ 상부보강
  : TAM(Tube a Menchette)

② CMG(Cement Milk Grouting)
  공동충전(MG 보강) 후
  잔존 공동(공극)에 Cement 충전

① 공동충전 : Grout 충전공법
  MG(저유동성 Mortar Grouting)
  ＝CGS

(4) 공동 Cement Mortar Grouting(충전) + 상부 Cement Milk Grouting + 강관보강

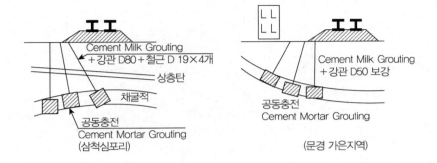

## ■ 참고문헌 ■

1. 광해방지 단기강좌 3회.
2. 권현호, 남광수(2008), 광해방지공학, 동화기술.

# 5-24. NATM 터널 시공 시 1) 굴착 직후 무지보 상태, 2) 1차 지보재(shotcrete) 타설 후, 3) 콘크리트라이닝 타설 후의 각 시공단계별 붕괴형태를 설명하고, 터널 붕괴원인 및 대책에 대하여 설명(93회)

- 근접병설터널(109회 용어, 2016년 5월)

## 1. NATM 공법의 개발

1) 1944년 L.V.Rabcewicz 교수의 이론적 연구 시작

2) 1964년 Water Power지에 "The New Austrain Tunnelling Method" 논문 게재

3) 일본신간센 터널 공사에 성공적 적용

4) 국내 : 1980년 이후 지하철 공사에 적용

## 2. 터널 공법의 분류

| 터널 공법 | 분류법 |
|---|---|
| NATM | RQD, RMR, Q-System |
| NMT(Norwegion Method of Tunnelling) = PCL(Precast Concrete Lining) 공법 | 수정 Q'-System |

## 3. NATM 기본 개념

굴착 후 지반지지력이 한계에 이르기 전 ⇒ 적절한 보강재(S/C, R/B.S/R) 타설(설치) ⇒ **지반의 지지력을 향상시키는 것**

## 4. NATM 시공 시 가장 기본적인 요구사항

굴착면에 S/C, R/B.S/R, Lining 등의 지보재를 설치하는 데 **충분한 시간 동안 터널을 지탱하는 지반의 잠재력 요구(필요)**

## 5. NATM 시공 시 일반적인 문제점

1) 국내지반조건 ⇒ 2~3개의 절리군 분포

2) 도심지 지하철 경우 ⇒ 지표의 전석층(토피가 얇음 : 약 30m 이내)

3) 산악터널인 경우 ⇒ 계곡부의 단층(Fault Zone), 파쇄대 등의 불량연약 지반, 습곡 등

## 6. 터널 시공 중 붕락·붕괴 사고의 원인

1) 사전지반조사 부족

2) 설계 오류

3) 시공상 오류

4) 시행착오

## 7. 터널의 붕락 형태 : 시공 단계에 따른 붕락 형태

1) 발파 후 무지보 상태에서 터널막장 붕락 : 굴착 직후

(1) Bench Failure

　　Bench 부분에서 상반굴착 후 터널시공 중 형상의 구조적 결함에 의한 파괴

(2) **천정부 파괴**(Crown Failure)

    ① 발파 후 천정부의 절리군의 블록형성에 의한 쐐기형 파괴

      : 굴착으로 인한 터널주변응력의 재배치와 중력하에서 개별 암블록의 미끄럼(Slip)과 회전(Rotate)이 일어나는 절리암에서 무지보공동의 천부에서 일어나는 파괴형태

    ② 불연속면의 경사가 굴진방향 후면으로 발달된 경우 발생

    ③ 쐐기형 파괴는 측벽, 막장 전면에서도 천정부와 동일 메커니즘으로 발생

    ④ 대책 : 발파 후 빠른 시간 내에 지보재시공

(3) **전막장 파괴**(Full Face Failure)

    ① 연약지층에서 굴착 후 시간이 경과함에 따라 주변지지력이 허용한계 이하로 적을 때(주변 응력이 허용지지력을 초과)막 장면 전체에서 붕락하는 진행성 파괴형태

    ② 점토지반의 Crack 발생 : 막장면에서 Greasy-Back라는 큰 점토괴를 형성하여 붕락, 점토괴의 크기는 막장면의 크랙의 방향에 의해 결정됨

(4) **연약대 파괴**(Weakness)

    ① 수 mm~수 m 두께의 연약대가 막장굴진면에 수직 or 30~40도 이상 경사로 발달된 연약대를 따라 Sliding 파괴형태 발생

    ② 습곡과 단층대에서 빈번히 발생

    ③ 원지반 응력이 파쇄대의 전단강도를 벗어나면 파쇄대를 따라 거대한 전단파괴 발생

      : 파쇄대 충전물질의 물리적 특성과 파쇄대와 모암 사이의 전단 특성에 따라 진행성 파괴 or 일시적 파괴 발생

(5) **표토층 붕락**

    ① 터널 직경에 비해 표토층이 너무 얇아 발파진동 등에 기인하여 막장 표토층의 함몰이 일어나는 붕괴형태

    ② 도심지 지하철 터널 굴착 시 가장 일반적인 붕락 패턴, 지상구조물 및 인접구조물에 막대한 피해 초래

2) **1차 S/C(Sealing) 타설 후 붕락**

(1) **Creep Failure** – 굴착 후 많은 시간 경과 후 SC 타설 ⇒ S/C 미경화 상태 ⇒ 주변지반 거동 ⇒ 1차 지보재(S/C)가 한계강도에 도달 ⇒ Creep 파괴 ⇒ 터널 붕락

(2) **진행성 여굴** : 팽창성 지반

(3) 대책 : 2, 3차 S/C 타설 후 강지보재의 설치 및 전방굴진속도 조절로 안정성 확보

(4) S/C 타설 후 터널 막장 붕괴 패턴

| 1차 숏크리트 타설 후 | 2, 3차 숏크리트 타설 후 |
| --- | --- |
| 1. 굴착 후 지반의 지지력 부족에 의한 침하 ⇒ 상반 인버트하부(Elephant's feet)의 침하 or 상반 인버트의 전단파괴<br>2. 터널 측압으로 인한 바닥면의 부풀림 현상 및 측벽부 붕괴 | 1. 연약지반에서 1차 숏크리트 타설 후 지반이완이 거의 일어난 후 타설로 막장붕괴 : 보강시기 놓침<br>2. 측압 등 국부적인 집중하중 고려하지 못한 숏크리트 두께 설계<br>3. 지하수 유출이 많아 숏크리트 강도 저하 |

### 3) 터널 라이닝 후 링 폐합 후 붕락

(1) 지보재 시공 후 붕락이 일어나는 파괴

(2) 터널 설계의 오류 등의 구조적인 문제

(3) 터널 시공 및 품질관리 부실

(4) 터널 운용 중 유지관리 소홀

(5) 암반의 Creep 파괴

(6) 지진진동

(7) 편토압, 수압

(8) 근접하여 신설 터널 시공(근접병설터널)

### 4) 붕락 형태 모식도

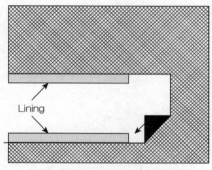

[그림] Bench Failure(벤치 붕락)

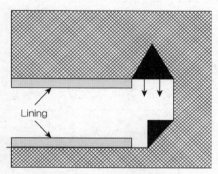

[그림] Crown Failure(천장부 붕락)

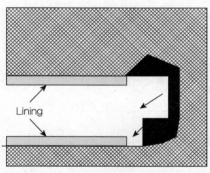

[그림] Full face Failure(전막장 붕락)

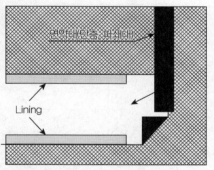

[그림] Weakness Strata Failure(연약대 붕락) Plug 형 (함몰) 침하

\* Plug 형 침하

① 수직 지질구조 : Dike(암맥), 단층(Fault)

② 90° 파단각

③ 전단강도 작은 면 따라 자중으로 미끄러짐

④ 갑자기 붕락, 붕락고 큼, 위험

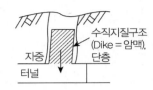

\* 함몰침하 Mehanism 모식도

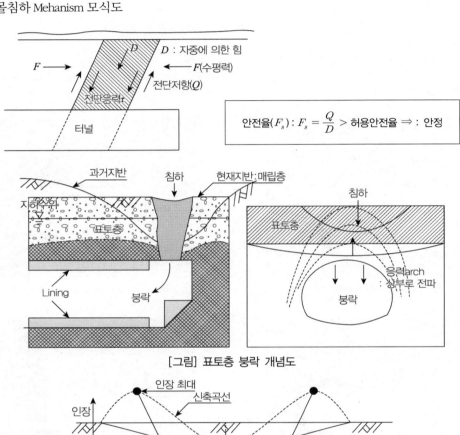

안전율$(F_s)$ : $F_s = \dfrac{Q}{D} >$ 허용안전율 $\Rightarrow$ : 안정

[그림] 표토층 붕락 개념도

[그림] 지표면침하 횡단도(쉴드 터널 등의 연약지반)

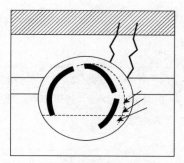

[그림] creep 형태 파괴

## 8. 최근 NATM 기술 동향 : 한국건설기술연구원 개발

"터널붕괴위험도지수(KTH지수)"

"터널시공위험도관리시스템(THAM 시스템 · Tunnel Hazard Management System)"개발

1) 개요 : 공사 중인 터널의 붕괴사고 예방, 터널의 안전성을 객관적으로 평가

2) 인공지능 자료 분석 시스템 ⇒ 100여 개의 기존 터널 붕괴사례 Data Base를 학습해 얻은 지식을 바탕
⇒ 터널 붕괴 영향인자별(13개) 민감도를 파악해 산출

[터널 붕괴 13개 영향인자]

| 조건 | 영향인자 |
|---|---|
| 기하학적 조건 | 터널굴착 단면적, 터널심도비 |
| 지반조건 | 지반강도, 막장풍화도, 지반 등급 |
| 불연속면조건 | 불연속면의 상태와 기하학적 특성 |
| 지하수조건 | 지하수 유입량·터널 길이, 지하수위 |
| 굴착조건 | 굴착방법·효율 |
| 지보·보강수준 | 지보 패턴 수준, 보조공법 |

* 항목별 터널 붕괴 취약도를 5~6등급으로 분류

3) "터널붕괴위험도지수(KTH지수)"

: 인공지능 시스템이 터널 공사 현장의 특징에 맞게 위험도 산출 ⇒ 붕괴사고의 위험감소 기대

4) 터널붕괴위험도 평가표와 지수값을 비교 ⇒ 관리자들이 해당 터널붕괴 위험도 평가표의 대처방법대로 터널붕괴 위험에 대처

5) 적용 사례 : 울산 대암댐 보조 여수로 터널 공사(한국수자원공사 발주, 삼성건설시공) 적용

6) 기대 효과

(1) 작업의 효율성을 증대

(2) 향후 10년간 약 1000억 원의 경제적 피해 절감 기대

## 9. 붕괴 방지 대책 : 다음 내용에 대해서 상세하게 기술할 것

1) 보조 지보재 : S/C, 강지보, Rock bolt

2) 보조공법 : Fore Poleing, 약주입, 강관다단 등

3) 터널지하수, 용수 등의 배수처리, 방수

## 4) 계측으로 안전 시공

| 문 | NATM터널 시공 시 1) 굴착 직후 무지보 상태, 2) 1차 지보재(shotcrete) 타설 후 |
|---|---|
| | 3) 콘크리트 라이닝 타설 후의 각 시공단계별 붕괴형태를 설명하고 |
| | 터널붕괴원인 및 대책에 대하여 설명(93회) |

**답**

### 1. 개요

터널굴착 시 1차 응력은 굴착 후 2차 응력 상태 로 변하고, 주변지반 응력 >

주변 암반의 강도 이면면 터널 붕괴가 유발됨

∴ 보조공법 및 보조 지보재로 지반의 지지력을 향상시켜 터널을 보강함

### 2. 시단공계별 붕락 형태

| 시공 단계 | 붕락형태 |
|---|---|
| 무지보 상태 | (1) Bench Failure<br>(2) 천정부 파괴(Crown Failure) : 쐐기형 파괴<br>(3) 전막장 파괴(Full Face Failure)<br>(4) 연약대 파괴(Weakness)<br>(5) 표토층 붕락 |
| 1차 지보재(S/C) 타설 후 | (1) Creep Failure<br>(2) 진행성 여굴 |
| 터널 라이닝 후,<br>링 폐합 후 붕락 | (1) 암반의 Creep 파괴<br>(2) 지진진동 : 라이닝 콘크리트 파괴<br>(3) 편토압, 수압 : 라이닝콘크리트 전단균열<br>(4) 근접하여 신설 터널 시공<br>　　: 터널 잡아 당겨짐, 라이닝 콘크리트 균열 |

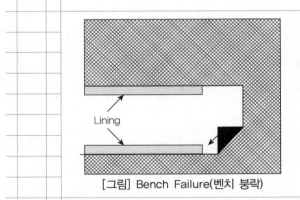

[그림] Bench Failure(벤치 붕락)

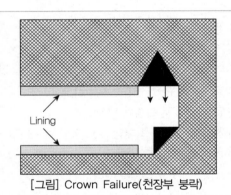

[그림] Crown Failure(천장부 붕락)

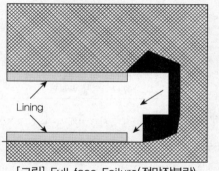

[그림] Full face Failure(전막장붕락)

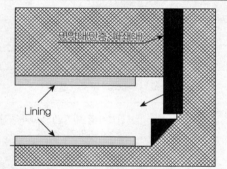

[그림] Weakness Strata Failure(연약대 붕락)
Plug 형(함몰) 침하

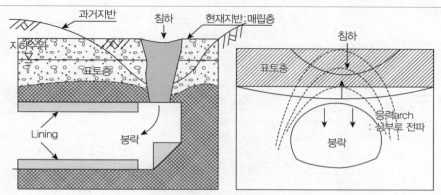

[그림] 표토층 붕락 개념도 : Sink Hole

3. 터널시공 중 일반적인 붕락붕괴의 원인

   1) 사전지반조사 부족     2) 설계 오류

   3) 시공상 오류        4) 시행착오

4. 일반적인 붕괴방지대책

   1) 굴착 전 지반 보강 : 보조공법 적용

      Fore Poling , 약주입, 강관다단 등

   2) 굴착 후 지반 보강 : 보조 지보재 적용

      S/C, 강지보, Rock bolt

   3) 터널지하수, 용수 등의 배수처리, 방수공

   4) 계측으로 안전시공

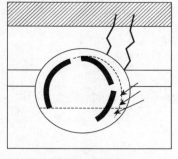

[그림] creep 형태 파괴

5. 맺음말(결론)

터널붕괴 방지 최근 NATM 기술 동향 : 한국건설기술연구원이 개발한 붕괴사고 감소

"터널시공위험도관리시스템(THAM시스템)"

1) 100여 개의 기존 터널 붕괴 사례 Data Base로

2) "터널붕괴위험도지수(KTH지수)" 산출. 끝.

## 1. 무지보 상태 붕락 형태별 원인 및 대책

| 붕락 형태 | 원인 | 대책 |
|---|---|---|
| Bench Failure | Bench의 구조적 결함 | 막장 지지코어, 링폐합<br>막장 숏크리트 및 락볼트 |
| 천정부 파괴<br>(Crown Failure)<br>쐐기형 파괴 | − 암블록의 미끄럼(Slip)과 회전(Rotate)<br>− 불연속면의 경사방향 | 발파 후 즉시 지보재 시공(S/C, R/B, S/R) |
| 전막장 파괴<br>(Full Face Failure) | − 진행성 파괴<br>− 연약지층(점토지반)에서 시간이 경과 후 주변 지<br>  지력이 허용한계 초과 | 보조공법 |
| 연약대 파괴<br>(Weakness) | 연약대(습곡과 단층대)의 Sliding 파괴 | − 막장 전방 지질 조사 : 선진보링, TSP<br>− 막장 보강<br>− 지하수 처리 |
| 표토층 붕락 | − 표토층이 너무 얇아 발파 진동으로 함몰<br>− 도심지 지하철 터널의 일반적인 붕락패턴 | 보조공법 |

## 2. 1차 지보재(shotcrete) 타설 후

| 붕락 형태 | 원인 | 대책 |
|---|---|---|
| Creep<br>Failure | 많은 시간 경과 후 1차 지보재(S/C) 타설<br>⇒ S/C 미경화 상태로 주변지반 거동<br>⇒ 1차 지보재가 한계강도에 도달<br>⇒ Creep 파괴 ⇒ 터널붕락 | − 2, 3차 S/C 타설 후 강지보재의 설치<br>− 전방굴진속도 조절로 안정성 확보 |
| 진행성 여굴 | 팽창성 지반 | |

## 3. 터널 라이닝 후, 링 폐합 후 붕락

| 원인 | 대책 |
|---|---|
| (1) 지보재 시공 후 붕락이 일어나는 파괴<br>(2) 터널설계의 오류 등의 구조적인 문제<br>(3) 터널시공 및 품질관리 부실<br>(4) 터널 운용 중 유지관리 소홀<br>(5) 암반의 Creep 파괴<br>(6) 지진진동<br>(7) 편토압, 수압<br>(8) 근접하여 신설 터널 시공(근접병설타설) | − 방수시공 철저<br>− 배수처리 철저 : 편토압, 수압방지<br>− 라이닝 콘크리트 상부 공동그라우팅<br>− 근접 시공 시 이격거리 유지 |

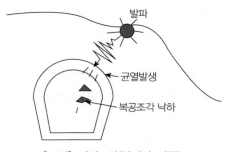

[그림] 지진, 진동(지반 진동)

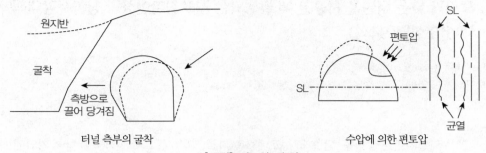

터널 측부의 굴착

수압에 의한 편토압

[그림] 편토압, 수압

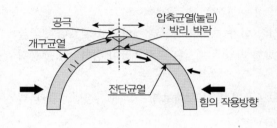

[그림] 편토압 등에 의한 라이닝 균열

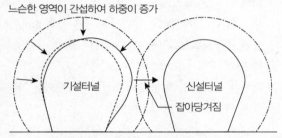

[그림] 근접하여 신설 터널 시공(터널 병설)

## ■ 참고문헌 ■

1. 정형식(2006), 암반역학, 새론.
2. 조태진 외(2008), 21C 암반역학, 건설정보사.
3. 도덕현 외 2인(2003), 암반공동의 설계와 시공, 건설정보사.
4. 지반공학 시리즈 7(터널)(1997), 지반공학회.
5. 서진수(2006), Powerful 토목시공기술사(1, 2권), 엔지니어즈.
6. 토목고등기술강좌, 대한토목학회.
7. 한국도로공사(1992), 도로설계요령(제4권) − 터널.
8. 시설물의 손상 및 보수−보강사례(교량, 터널, 사면)(2006), 건교부, 한국시설안전기술공단.
9. 건설교통부, 한국시설 안전기술공단(2006), 시설물의 안전취약 요소발굴 및 대책방안(교량, 터널, 사면).
10. 이춘석(2005), 토질 및 기초공학 이론과 실무(토질 및 기초 기술사 시험대비), 예문사.
11. 김수삼 외 27인(2007), 건설시공학, 구미서관, pp.544~546.
12. 박남서(1998), 터널 붕괴유형과 보강공법, 토목시공 고등기술강좌 Series 11, 대한토목학회, pp.289~347.

## 5-25. 토피가 낮은 터널을 시공할 때 발생되는 지표침하현상과 침하저감대책에 대하여 설명(94회)

- 도로지반 함몰 [107회 용어, 2015년 8월]
- NATM 터널 막장면 보강공법 설명 [107회, 2015년 8월]

### 1. 개요

1) 토피가 얕은 터널지반은 **충적층, 단층대, 성토매립층**(자갈, 전석) 등으로 연약하여 상부 지압에 의한 응력 Arch(하중전이)에 의한 **소성영역(이완영역)** 확대가 터널 암반의 강도에 의한 **Arching Effect 형성** 보다 클 때 [Grand Arch 형성이 미약] 지표까지 전파되어 붕괴 가능성 증대함

   즉, **지압(2차 지압) > 암반강도**이면 **응력 Arch(소성영역)가 지표면 상부로 전파**되고 지표면 상부는 **함몰침하(Sink hole)** 등이 발생하여 토사 지반의 지하철 터널 등에서는 **도로포장이** 침하되고 교통장해 등의 대형사고 발생함

2) 대책은 지표면상 및 터널 막장에서 시행되는 각종 **보조공법** 및 **보조 지보재** 등의 **보강공법**으로 터널 **주변 지반강도를 크게 해야 함**

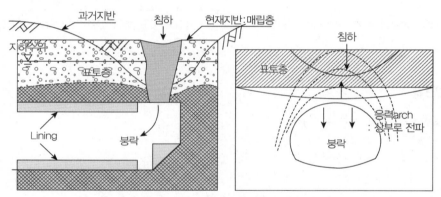

[그림] 표토층 붕락 개념도

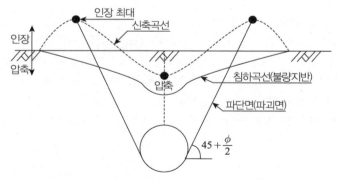

[그림] 지표면 침하 횡단도(쉴드 터널 등의 연약지반)

## 2. 터널 주변 지반의 응력(지압)

### 1) 이방응력 상태 [의 터널의 지압(지중 응력)]

(1) 1차 응력 상태의 지압 : 공사(굴착) 전 암반에 작용하는 응력

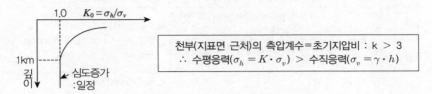

천부(지표면 근처)의 측압계수＝초기지압비 : $k > 3$
∴ 수평응력$(\sigma_h = K \cdot \sigma_v) >$ 수직응력$(\sigma_v = \gamma \cdot h)$

(2) 2차 응력 상태 : 공사가 진행(굴착 후)됨에 따라 주변의 응력변화가 생기게 됨

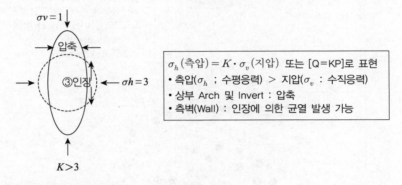

$\sigma_h$ (측압)$= K \cdot \sigma_v$ (지압) 또는 [Q=KP]로 표현
- 측압$(\sigma_h$ ; 수평응력$) >$ 지압$(\sigma_v$ : 수직응력$)$
- 상부 Arch 및 Invert : 압축
- 측벽(Wall) : 인장에 의한 균열 발생 가능

### 2) 등방상태, 탄성지반 가정한 터널의 지압(주변응력)

(1) 균질등방체, 등방응력 상태 개념 : $\sigma_v = \sigma_h = P_o$(1차 지압)

(2) 굴착(발파) 후 터널의 거동 : 2차 응력 상태

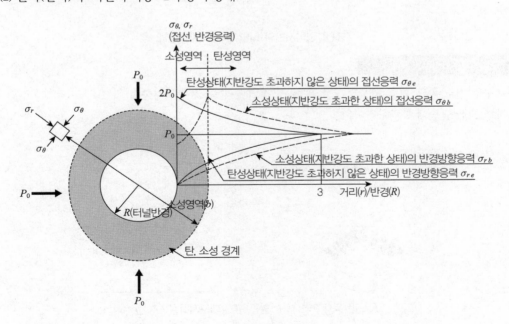

## 3. 지표 침하의 원인과 대책

| 원인 | | 대책 |
|---|---|---|
| 1. 지하수배수 | 지하수위 저하 ⇒ 유효응력 증가 ⇒ 토사재배열 ⇒ 재배열 토사가 간극을 메움⇒ 침하발생 | 지하수 유출 차단 약액주입공<br>: LW, 우레탄, SGR, Jet, JSP 등 |
| 2. 막장자립성불량 | 토사지반 경우 자립성 매우 불량 ⇒ 굴착과 동시 지보를 설치해도 지표 침하 발생 | 보조공법적용<br>: 강관다단 Grouting, Forepoling, 수발공, 막장면 Shotcrete, 분할굴착 공법 |
| 3. 소성(이완)영역 증대 | 터널 굴착 이완하중에 의한 소성영역이 지표까지 도달⇒ 지표 침하 발생 | |
| 4. 지지력 부족<br>(터널구조물 침하) | 굴착 저면의 지지력 약할 때 터널 측벽 침하<br>⇒ 터널상부의 전토피하중이 지보재에 전달<br>⇒ 침하 계속 진행 | 1. 지지 Core<br>2. 가 Invert<br>3. 수발공<br>4. 상반 측벽하부에 확대기초 설치<br>5. 측벽하부에 지지말뚝 역할의 보강 Groutimg<br>6. Steel Rib 사이에 H-Beam 삽입<br>7. 측벽에 Anchor 설치<br>8. 보조공법 : Fore poling 등 |

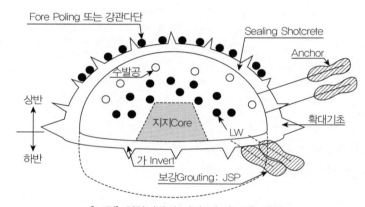

[그림] 연약지반의 터널 지보(보강) 대책

**강관다단 그라우팅 사례**

: 동대구역 철도 횡단 구간, 서울지하철 영등포구청역 통과 구간(상부지하철)
동해 신광산 단층대 통과구간

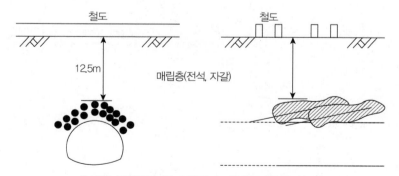

[그림] 동대구역 철도 횡단 구간(대구지하철 1호선)

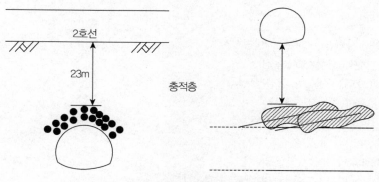

[그림] 서울 지하철 영등포구청역 통과 구간

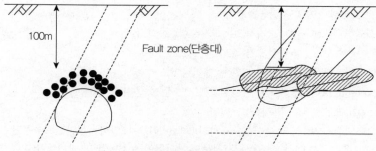

[그림] 동해 신광산 단층대 통과 구간

### 4. 맺음말

1) 터널 굴착 시 **지반의 불균형(편압), 조사 및 시험의 한계성**(보링조사등)등에 따라 **설계 시 지반의 예상거동**과 **시공 시에는 현저한 차이**가 나타나는 이상거동이 보일 때가 있다.

2) 이상거동의 종류

천단침하, 내공변위, 지표침하, 터널거동 등이 있으므로 그 원인을 잘 파악하여 대책을 수립하여 안전시공해야 함

3) 대책공법 수립 및 시공 시에는 계측을 실시하여 지반 조건 및 거동을 파악 후 시행해야 함

\* 계측의 종류와 시공단면도

(1) 계측의 종류

| A 계측(일상)<br>: 매 12m마다 측정, 시공에 이용 | B 계측(대표 계측)<br>: 매 300m~500m, 설계에 이용 |
|---|---|
| 지표침하 | Shot Crete 응력 |
| 천단침하 | R/B 축력 |
| 내공변위 | Lining 응력 |
| 갱내외 관찰조사 | 지중변위 |
| R/B 인발 | 지중침하 |
| | 지하수위 |

(2) 계측 단면도

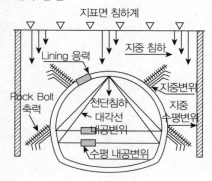

# ■ 참고문헌 ■

1. 지반공학 시리즈 5(사면안정)(1997), 지반공학회.
2. 이승호, 암반사면해석, 건설기술교육원.
3. 한국암반공학회(2007), 사면공학, 건설정보사.
4. 배규진 외(2008), 사면공학실무, 예문사.
5. 이정인(2007), 암반사면공학, 건설정보사.
6. 정형식(2006), 암반역학, 새론.
7. 조태진 외(2008), 21C 암반역학, 건설정보사.
8. 도덕현 외 2인(2003), 암반공동의 설계와 시공, 건설정보사.
9. 황정규(1997), 지반공학의 기초이론, 구미서관.
10. 지반공학 시리즈 7(터널)(1997), 지반공학회.
11. 정의봉(2003), 화약류관리(기술사 및 기사 2차 실기시험), 동화기술.
12. 터널 공사 표준시방서(2015),  터널설계기준(2007).
13. 서진수(2006), Powerful 토목시공기술사(1, 2권), 엔지니어즈.
14. 서진수(2009), Powerful 토목시공기술사 단원별 핵심기출문제, 엔지니어즈.
15. 한국도로공사(1992), 도로설계요령(제4권) − 터널.
16. 시설물의 손상 및 보수 − 보강사례(교량, 터널, 사면)(2006), 건교부, 한국시설안전기술공단.
17. 건설교통부, 한국시설 안전기술공단(2006), 시설물의 안전취약 요소발굴 및 대책방안(교량, 터널, 사면).
18. 이춘석(2005), 토질 및 기초공학 이론과 실무(토질 및 기초 기술사 시험대비), 예문사.
19. 김수삼 외 27인(2007), 건설시공학, 구미서관, pp.544~546.
20. 박남서(1998), 터널 붕괴유형과 보강공법, 토목시공 고등기술강좌 Series 11, 대한토목학회,  pp.289~347.

# 5-26. NATM 터널 굴진 Cycle [NATM 굴진 공법(방법)=굴착 공법]

## 1. 개요

NATM의 굴진 Cycle은 **굴착(천공 및 발파) → 보조 지보재** 설치 → **보조 공법** 실시 → **계측**을 통해 안전 시공하는 것임 [NATM의 굴진 Cycle은 조사+측량 → Drill & Blast(천공, 발파) → 환기, 버력 처리 → 보조 지보재 설치(강섬유 보강 Shotcrete, steel Rib, Rock bolt) → 보조 공법(순서가 바뀔 수도 있음) → 계측 → 방수(배수형, 비배수형) → 2차 Concrete Lining → 뒤채움(Grouting)의 반복 작업임(콘크리트 라이닝은 최종적으로 타설할 수도 있음)]

## 2. 굴진 Cycle

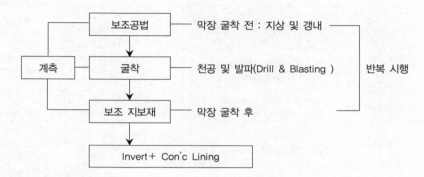

## 3. 터널(지반) 보강공법 분류

| 분류 | 원리 | 공법의 종류 |
|---|---|---|
| 보조공법<br>(암반보강=<br>터널지반보강공법) | • 막장 굴착 전 터널 지반 보강<br>• Arching Effect 증대로 암반의 주 지보재 기능 증대 : 암반의 강도 > 증가된 응력(지압) | • Fore Poling<br>• Pipe Roofing<br>• 강관다단 그라우팅<br>• 약액 주입(Jet, JSP, LW, SGR 등) |
| 보조 지보재(터널 보강) | • 막장 굴착 후 내압작용으로 소성영역 확대 방지<br>• 2축 응력 상태를 3축 응력 상태로 환원<br>• 굴착 벽면 주변에 Grand Arch 형성 | • Shotcrete 또는 강섬유보강 S/C<br>• Wire Mesh<br>• Rock Bolt<br>• Steel Rib |

## 4. 굴착 공법(방법)의 종류

## 5. 계측의 종류

## ■ 참고문헌 ■

1. 서진수(2006), Powerful 토목시공기술사(1, 2권), 엔지니어즈.

2. 이춘석(2005), 토질 및 기초공학 이론과 실무(토질 및 기초 기술사 시험대비), 예문사.

3. 토목고등기술강좌, 대한토목학회.

4. 김수삼 외 27인(2007), 건설시공학, 구미서관, pp.544~546.

## 5-27. NATM 굴착공법(방법) [굴진공법]

- 터널 굴착공법 중 굴착단면 형태에 따른 굴착공법 비교 설명 [107회, 2015년 8월]

### 1. 개요

터널 굴착공법(단면)은 **터널의 규모** [내공폭(직경)], **토질, 지상(상부)의 구조물**에 따라 달라지고, 종류로는 **전단면 굴착, 롱벤치, 숏벤치, 미니벤치, 멀티벤치** 등이 있고, 그 외 지상 중요한 구조(철도역, 건물 하부 통과) 하부 통과 시에 **2-Arch 터널, 3-Arch 터널** 등의 시공 사례도 있다.

### 2. NATM 굴착공법 : 토질별, 터널 규모별 굴착공법 예시

| NO | 구분 | 소단면<br>(내공폭 3m 내외) | 중단면<br>(직경 5m 이상,<br>내공폭 5m 내외) | 대단면<br>(직경 7m 이상,<br>내공폭 8m 내외) | 특수 대단면<br>(내공폭 10m 이상) |
|---|---|---|---|---|---|
| 1 | 풍화토 | ① Full Face Cut<br>② Short Bench Cut<br>③ Ring Cut + Short Bench | ① Ring Cut + Short Bench<br>② Short Bench + 가인버트 | ① Ring Cut + Short Bench<br>② Long Bench Cut + 가인버트 | ① Side Wall Gallery<br>② Multi Bench Cut + 가인버트 |
| 2 | 풍화암 | ① Full Face Cut | ① Short Bench<br>② Long Bench + 가인버트 | ① Short Bench<br>② Long Bench + 가인버트 | ① Side Wall Gallery<br>② Multi Bench Cut |
| 3 | 연암 | ① Full Face Cut | ① Full Face<br>② Long Bench | ① Short Bench<br>② Long Bench | ① Short Bench<br>② Long Bench<br>③ Multi Bench Cut |
| 4 | 경암 | ① Full Face Cut | ① Full Face | ① Full Face | ① Full Face<br>② Long Bench<br>③ Multi Bench Cut |

### 3. 굴착공법(단면 형태)별 특징

| 굴착공법<br>(단면형태) | 장점 | 단점 |
|---|---|---|
| 1. 전단면공법 | 양호한 지반(경암지반), 소단면 터널에 적용 | 지반의 안정성 요구 시 채택곤란 |
| 2. 벤치컷공법 | 막장 자립 곤란 시 적용 | 시공기계와 작업 공간의 합리적 배치 요구됨 |
| 3. 측벽 선진도갱공법 | – 비교적 큰 단면의 지지력 부족, 토피 적은 곳에서 지표침하 적극 억제 시 적용<br>– 도갱 굴착으로 지질 확인 가능 | 공기 길다. |
| 4. 중벽 분할공법 | – 지표면 침하 방지<br>– 토피 낮은 도심 터널에 적용 | 공기 길다. |

### 4. 시공개요도와 적용성

1) Full Face Cut(전단면 굴착) : 소단면(D=3.5m 정도), 통신구, 전력구 터널, 경암 지반

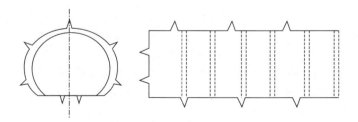

## 2) Ring Cut

(1) **지지 Core** 남기는 방법, 상하반 독립 굴착

(2) 풍화토, 연암 지반, 막장 자립 곤란한 곳

(3) 시공 순서(굴착 순서) : ① → ② → ③ → A → B → C

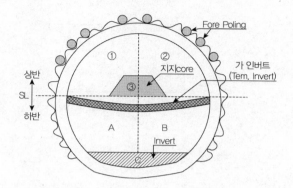

## 3) Long Bench Cut

(1) **연암**, 안정된 지반, Benching 장 50m

(2) 굴착 순서 : 1 → 2 → 3 → A → B → C

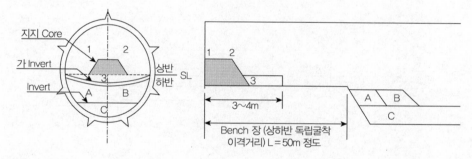

## 4) Short Bench Cut

(1) **풍화토, 풍화암**

(2) 지반 조건이 나쁜 경우

(3) Bench 길이 **L = 10 ~ 50m**

(4) 굴착 순서 : 1 → 2 → 3 → 4 → 5

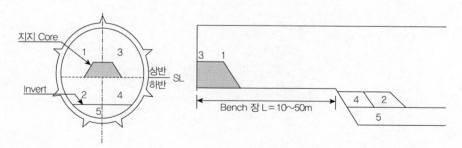

### 5) Mini Bench Cut

(1) **지지력 부족** 지반

(2) Bench장 L=3~4m(10m 이하)

(3) 굴착순서 : 1 → 2 → 3 → 4 → 5

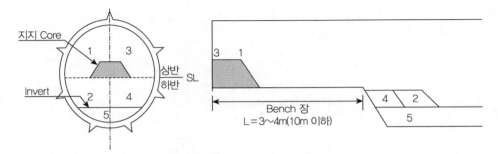

### 6) Multi Bench Cut(다단벤치컷)

(1) **막장 자립이 불량**한 경우

(2) 대단면

(3) 굴착 순서 : 1 → 2 → 3 → 4 → A → B → C

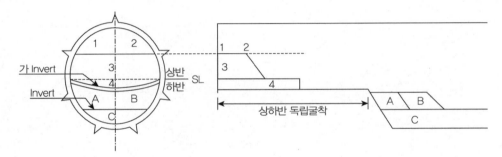

### 7) Side Wall Gallery(측벽 선진도갱)

(1) 지반 조건 불량한 경우

(2) 굴착 순서 : 1 → 2 → 3 → 4 → A → B → C → D → E

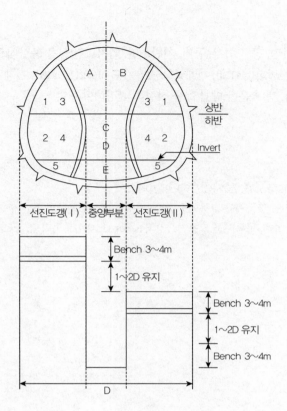

8) 중벽 분할 공법

   (1) 하반 양호, 상반 불량

   (2) 굴착 순서 : 상반 1 → 상반 2 → 하반 3 → 인버트 4

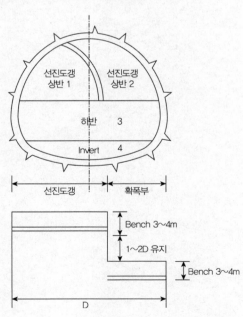

## 5. 맺음말

터널의 시공법은 **터널 단면**, **공구 연장**, **공기**, **지반조건**, **입지조건** 등을 종합적으로 검토 후 **굴착공법**(단면 형태), **굴착방식** [인력, 발파(NATM), 기계굴착(자유단면 : Road Header), 기계굴착(전단면 : TBM, Shield 등)], **지보방식**, **보조공법**, 갱내 운반 방법 등을 적절히 선정해야 함

## ■ 참고문헌 ■

1. 서진수(2006), Powerful 토목시공기술사(1, 2권), 엔지니어즈.
2. 이인근(1995), 터널의 시공, 토목시공 고등기술강좌 Series 5, 대한토목학회, pp.339~357.
3. 김승렬(1998), 터널 일반설계, 토목시공 고등기술강좌 Series 11, 대한토목학회, pp.131~170.

## 5-28. 막장 지지코어 공법(97회 용어)

### 1. 막장 지지코어 공법 정의(개념)

NATM 굴착공법에서 상하반 분할굴착 공법의 Ring Cut, Long Bench Cut, Short Bench Cut, Mini Bench Cut 등에서 상반 막장 중심부에 일부 굴착을 하지 않고 남겨두어 막장자립의 안정성을 크게 하는 공법

### 2. 적용(용도)

1) 상반 굴착 후 하반굴착이 들어갈 때 당분간 막장을 비워두므로 지지코어를 설치하고 숏크리트를 타설함. 경우에 따라서는 Fiber Glass 계열의 록 볼트를 시공하기도 함

2) 명절 등으로 장기간 막장을 비워야 할 때 지지코어를 남겨둠

   (막장 Rock Bolt 및 Shotcrete : 일시 작업 중단 시 막장면 안정)

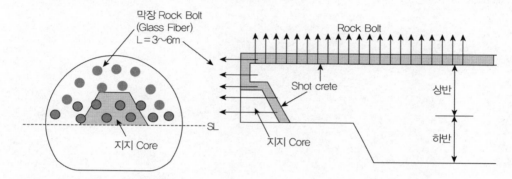

### 3. 막장 자립 불량 시 문제점과 대책

1) 문제점

   토사지반 경우 **자립성 매우 불량** ⇒ 굴착과 동시 지보를 설치해도 **지표 침하** 발생

2) 대책

   (1) 보조공법 적용 : 강관다단 Grouting, Forepoling, 수발공, 막장면 Shotcrete, 분할굴착 공법

   (2) 지지 Core

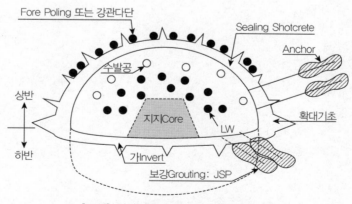

[그림] 연약지반의 터널 지보(보강) 대책

## ■ 참고문헌 ■

1. 서진수(2006), Powerful 토목시공기술사(1, 2권), 엔지니어즈.
2. 김수삼 외 27인(2007), 건설시공학, 구미서관, pp.544~546.
3. 김승렬(1998), 터널 일반설계, 토목시공 고등기술강좌 Series 11, 대한토목학회, pp.131~170.

# 5-29. 터널(지반) 보강 공법 [연약지반 터널 보강공법 = 보조 공법]

- 터널 천단부와 막장면의 안정에 사용되는 보조공법의 종류와 특징을 설명(95회)
- NATM 터널의 막장면 보강공법 설명 [107회, 2015년 8월]

## 1. 터널(지반) 보강공법의 목적

1) 터널 주변 지반의 전단강도 강화

   (1) $\tau_f = C' + \sigma' \tan \phi'$ 에서

   (2) 주입재의 특성과 지반의 특성이 상호 결합하여 강도정수($C'$, $\phi'$)를 향상시켜 터널의 안정성 향상

2) **압축 특성 개선으로 주변지반 침하 억제**

   (1) 안정제, 주입 등에 의해 형성된 결합물질에 토립자가 접착되어 **지반의 골조 강성 증가, 압축성 개선**

   (2) 결합물질의 간극 충전으로 **변형 감소**

   (3) ∴ 굴착에 따른 주변 지반 **침하 억제**

3) **투수성** 개선

   (1) 시멘트몰탈, 시멘트 밀크, 약액을 원위치 혼합 또는 주입으로 지반 간극 충전

   (2) ∴ 투수성 감소시켜 지하수 유출에 의한 터널 안정성 저해요소 감소

4) 지반의 **변형 및 파괴방지**

   지반강화 및 구조적 보강으로 지반변형 및 파괴 방지 도모

## 2. 터널보강 적용대상 [보조 공법의 정의(적용성)]

1) 토피가 작은 경우

2) 지반이 연약하여 막장 자립이 곤란할 때 : 막장 보강공법

3) 터널 인접구조물(상부에 구조물, 건물 등이 있어 하중이 큰 경우) 보호를 위한 지표 및 지중변위 억제

4) Tunnel 굴진 시 단층, 파쇄대 등의 피압수로 인한 용수 대책 공법

   : 용수로 인한 지반의 연약화 및 이완진행 방지로 터널 안정성 확보

5) 편 토압, 심한 이방성 지반

6) 특수 지형 조건이 예상되는 경우

   (1) **하천 횡단, 해저 터널**인 경우 지반 보강목적

   (2) **탄광지역의 채굴적에 의한 Sink Hole 예상** 지역(강원도 태백, 삼척, 경상도 문경)

## 3. 터널 시공에 따른 침하발생 원인과 문제점 및 대책

: 터널 천단부와 막장면의 불안정 시에는 터널의 붕괴 및 지표면의 침하 발생함

| 원인 | | 대책 |
|---|---|---|
| 1. 지하수 배수 | 지하수위 저하 ⇒ 유효응력 증가 ⇒ 토사재배열 ⇒ 재배열토사가 간극을 메움⇒ 침하 발생 | 지하수 유출 차단 약액주입공 : LW, 우레탄, SGR, Jet, JSP 등 |
| 2. 막장자립성 불량 | 토사지반 경우 자립성 매우 불량 ⇒ 굴착과 동시 지보를 설치해도 지표 침하 발생 | 보조공법적용 : 강관다단 Grouting, Forepoling, 수발공, 막장면 Shotcrete, 분할굴착 공법 |
| 3. 소성(이완) 영역 증대 | 터널 굴착 이완하중에 의한 소성영역이 지표까지 도달⇒ 지표 침하 발생 | |
| 4. 지지력 부족(터널구조물 침하) | 굴착 저면의 지지력 약할 때 터널 측벽 침하 ⇒ 터널 상부의 전토피하중이 지보재에 전달 ⇒ 침하 계속 진행 | 1. 지지 Core 2. 가 Invert 3. 수발공 4. 상반 측벽하부에 확대기초 설치 5. 측벽하부에 지지말뚝 역할의 보강 Grouting 6. Steel Rib 사이에 H-Beam 삽입 7. 측벽에 Anchor 설치 8. 보조공법 : Fore poling 등 |

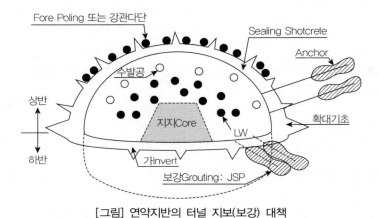

[그림] 연약지반의 터널 지보(보강) 대책

## 4. 터널 보강 보조공법의 종류(1안)

* 터널 보강 목적에 따른 분류

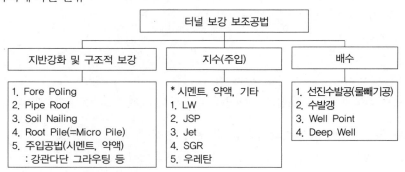

## 5. 보조 공법의 종류와 기능 [종류별 특징] (2안)

| NO | 기능, 적용성 | 공법의 종류 | 적용성(특징) |
|---|---|---|---|
| 1 | 천단부 안정 | ① Fore Poling | 국부적인 낙반방지 |
| | | ② Pipe Roofing | 단면 형상 자유, 반원, 정방형 |
| | | ③ Soil Nailing | 터널 입구 보강, 사면 보강 |
| | | ④ Root Pile(Micro Pile) | 터널 상부 보강, Under Pinning |
| | | ⑤ 약액주입공법(지수, 주입공법) | 지반 강도 증가, 지반 변형 방지 |
| | | ⑥ 동결공법 | – |
| 2 | 막장 안정 | ① 막장 Shotcrete | 일시 작업 중단 시, 막장 안정 |
| | | ② 지지 Core(Ring Cut) | 막장 자립 곤란한 곳 |
| | | ③ Rock Bolt : Glass Fiber | 막장 안정 |
| | | ④ 약액 주입 | 지반 강도 증가, 지반 변형 방지 |
| 3 | 용수 대책 (배수) | ① 수발 Boring(물빼기공＝수발공) | 굴진, Shotcrete 타설 시 용수 대책 |
| | | ② 수발갱 | |
| | | ③ Well Point | |
| | | ④ Deep Well | |
| | | ⑤ 약액주입공법 | |
| | | ⑥ 압기공법 | |
| | | ⑦ 동결공법 | |

## 6. 보조 공법종류별 시공법 개념도와 특징

1) Fore Poling : 국부적 낙반 방지

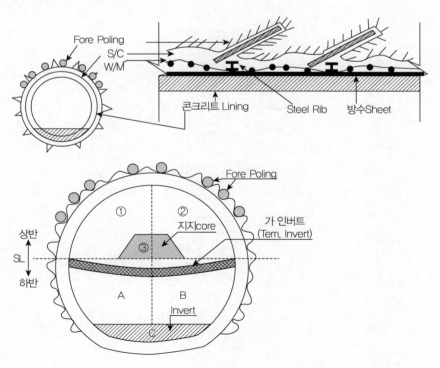

## 2) Pipe Roofing

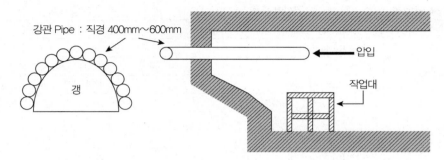

## 3) Soil Nailing : 갱구 보강, 사면 보강

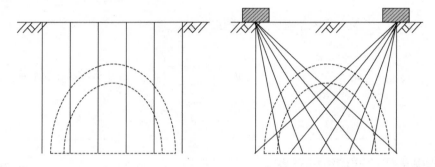

## 4) Root Pile(Micro Pile)

: 터널 상부 보강, Under Pinning, 갱구부 사면 보강

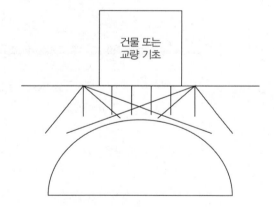

5) 막장 안정(막장보강)

(1) 막장 붕괴 보강 대책 : 막장 전방 우레탄 보강 및 SGR 충전

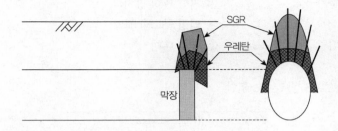

(2) 막장 Rock Bolt 및 Shotcrete : 일시 작업 중단 시 막장면 안정

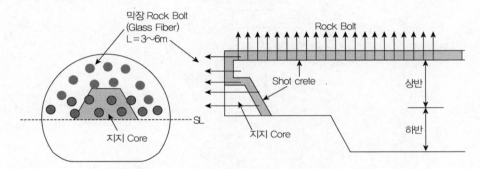

6) 터널 용수(지하수) 대책 : 용수 대책공 예시

(1) 수발갱(우회갱)

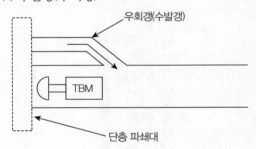

(2) 수발 보링

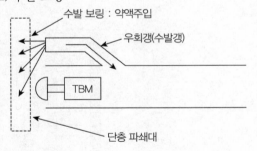

(3) 지반 주입 공법

(4) 배수공법

Deep Well 또는 Well Point

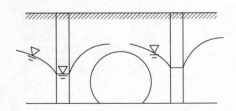

7) 약액 주입 : LW, JSP, JET, SGR, 우레탄

  (1) 적용성(효과)

    ① 지반 강도 증가     ② 지반 변형 방지

    ③ 차수 효과         ④ 인접 구조물 보호

    ⑤ 연약 지반 터널     ⑥ 용수 대책

    ⑦ 하천 횡단

  (2) 상부 구조물 보호(고가교 기초 횡단) : 언더피닝

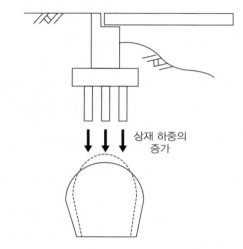

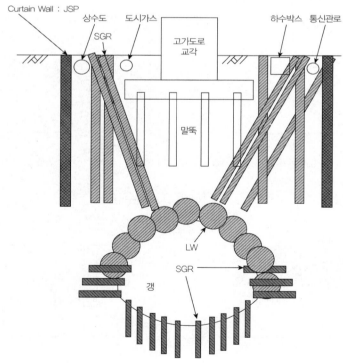

(3) 갱내에서 LW Grouting(하천 횡단, 해저 터널)

　: 중앙 내 삽법으로 1차, 2차, 3차 순으로 주입(외측에서 내측으로)

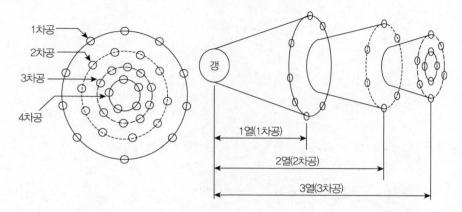

(4) 지상의 교량, 하천, 건물 횡단 : JSP, JET(평면도)

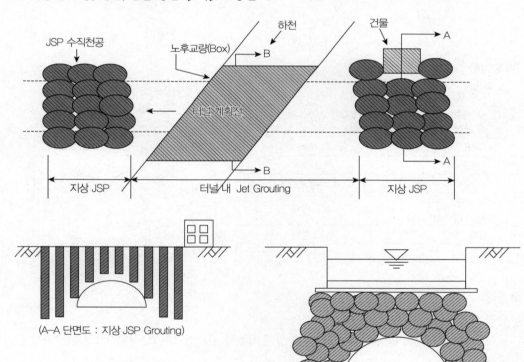

하수암거 및 박스 횡단 : 부산 지하철 현장 모라교 시공 사례

(5) 우레탄 주입 : Lining 배면지반 공동 충전, 지반 강화

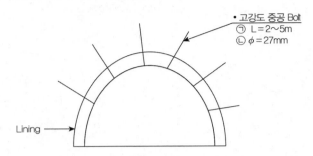

(6) 강관다단 그라우팅 : Pipe Roofing 기능＋ForePoling 기능＋약액 주입

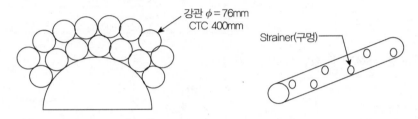

## 7. 계측 실시

(1) 계측의 종류

| A 계측(일상 계측)<br>: 매 12m마다 측정, 시공에 이용 | B 계측(대표 계측)<br>: 매 300m~500m, 설계에 이용 |
| --- | --- |
| 지표침하 | Shot Crete 응력 |
| 천단침하 | R/B 축력 |
| 내공변위 | Lining 응력 |
| 갱내외 관찰조사<br>(Face Mapping) | 지중변위 |
| R/B 인발 | 지중침하 |
| | 지하수위 |

(2) 계측 단면도

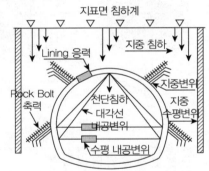

## 8. 맺음말

시공 관리 주안점

NATM은 1) 계측 실시하여 막장 자립 시간, 지반 상태 확인하여 2) 안전하고, 경제적으로 시공해야 함

### ■ 참고문헌 ■

1. 서진수(2006), Powerful 토목시공기술사(1, 2권), 엔지니어즈.
2. 박남서(1998), 터널 붕괴유형과 보강공법, 토목시공 고등기술강좌 Series 11, 대한토목학회, pp.289~347.
3. 김수삼 외 27인(2007), 건설시공학, 구미서관, pp.544~546.

# 5-30. NATM에 의한 터널 공사 시 배수처리방안을 시공단계별로 설명(96회)

**- 터널 시공 시 용수대책**

## 1. 개요
1) 터널 시공 시 **지하수(용수) 발생**은 굴착 시, Shotcrete 타설 시, Lining 콘크리트 타설 후의 단계별로 발생하고, 단계에 따라 배수처리를 하여야 한다.
2) 터널의 **배수와 방수**는 완성된 터널의 유지관리 시 터널 내부의 각종 **시설물**과 **구조물**에 미치는 **나쁜 영향**을 감소시키고 물에 의한 Linung Concrete 내부의 **철근 부식** 등에 의한 **열화**(내구성 저하) 현상을 방지하는 기능을 갖고 있다.

## 2. 배수의 기능
: 터널 Concrete Lining 배면에 **지하수가 체류**하면 **과대한 수압**이 작용하여 **터널의 안정성 저하** 및 **콘크리트의 균열 유발함**. 이를 방지하기 위해 배수처리 함

## 3. 방수의 기능
1) 누수방지
    (1) 터널라이닝 콘크리트로부터 누수현상은 터널 내부 설비 및 구조의 기능저하 발생시킴
    (2) 운행 차량의 부식, 궤도(Rail)의 부식, 누전 등을 유발, 미관저하시킴
2) Concrete Lining의 열화 방지 : 누수에 의해 철근의 녹 및 균열 발생 방지
3) 분리 기능
    (1) 라이닝 콘크리트와 Shotcrete 사이의 분리 기능
    (2) 마찰저항 감소(콘크리트의 구속도 적게 함)하여 건조수축 시 라이닝 콘크리트의 균열방지

## 4. 시공단계별 배수처리 방법

| 시공단계 | 배수처리 |
|---|---|
| 굴착단계 | 보조공법에 의한 용수 대책공 |
| shotcrete 타설 전후 | 호수 및 임시배수측구 |
| Lining 콘크리트 타설 전후 | 터널방수 및 배수공 : 부직포 + 방수 Sheet |

## 5. 용수 대책공(굴착 시 배수처리)
1) 종류
    (1) 수발 Boring(물 빼기 보링공)
    (2) 수발갱(우회갱)
    (3) Well Point(강제배수)
    (4) Deep Well(중력배수)
    (5) 약액 주입 공법
    (6) 압기공법

(7) 동결 공법

2) 용수 대책공 예시

   (1) 수발갱(우회갱)

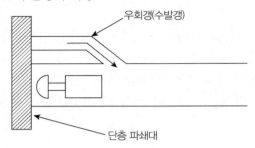

   (2) 수발 보링

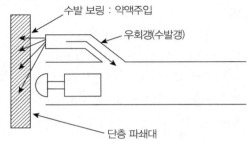

   (3) 지반 주입 공법

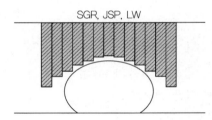

   (4) 배수공법

     Deep Well 또는 Well Point

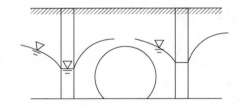

## 6. S/C 타설 전 준비사항(배수대책)

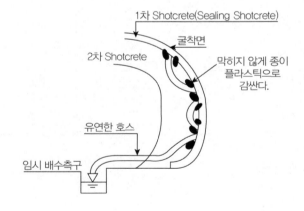

(1) 청소

(2) Rock Bolt 두부 정리, 요철부 평활 처리 : 응력 집중 방지(2차 lining 콘크리트)

(3) 용수 처리(배수)

(4) 배합의 점검

(5) 장비 점검

(6) 용수 대책 예시

## 7. 방수막 주변의 지하수 처리

1) 배수형 터널 : 내부 배수, 외부 배수

2) 비배수형 터널

## ■ 참고문헌 ■

1. 서진수(2006), Powerful 토목시공기술사(1, 2권), 엔지니어즈.

2. 김승렬(1998), 터널 일반설계, 토목시공 고등기술강좌 Series 11, 대한토목학회, pp.131~170.

3. 박남서(1998), 터널 붕괴유형과 보강공법, 토목시공 고등기술강좌 Series 11, 대한토목학회,  pp.289~347.

# 5-31. 터널방수 [배수형, 비배수형 터널]

- NATM 터널에서 방수의 기능(역할)을 설명하고, 방수막 주변의 지하수 처리 방법에 따른 방수형식을 분류하고 그 장단점을 기술(78회)

## 1. 개요

터널의 **배수와 방수**는 완성된 터널의 유지관리 시 터널 내부의 각종 **시설물**과 **구조물**에 미치는 **나쁜 영향**을 감소시키고 물에 의한 Linung Concrete 내부의 **철근 부식** 등에 의한 **열화**(내구성 저하) 현상을 방지하는 기능을 갖고 있음

## 2. NATM 터널에서 배수 및 방수의 기능(역할)(목적, 효과)

1) 배수의 기능

: 터널 Concrete Lining 배면에 **지하수가 체류**하면 **과대한 수압**이 작용하여 터널의 **안정성 저하** 및 **콘크리트의 균열 유발함**, 이를 방지하기 위해 배수함

2) 방수의 기능

(1) 누수방지

① 터널라이닝 콘크리트로부터 누수현상은 터널 내부 설비 및 구조의 기능 저하 발생시킴

② 운행 차량의 부식, 궤도(Rail)의 부식, 누전 등을 유발, 미관저하시킴

(2) Concrete Lining의 열화 방지 : 누수에 의해 철근의 녹 발생 및 균열 발생

(3) 분리 기능

① 라이닝 콘크리트와 Shotcrete 사이의 분리 기능

② 마찰저항 감소(콘크리트의 구속도 적게 함)하여 건조수축 시 라이닝 콘크리트의 균열방지

## 3. 방수막 주면의 지하수 처리 방법에 따른 방수형식(배수조건에 따른 터널 분류)

1) 배수형 터널

(1) 정의 : Lining 배면의 지하수를 유도하는 배수공 매설

(2) 터널의 구조개념(설계 개념) : 콘크리트 라이닝에 수압이 작용하지 않도록 하는 개념

(3) 허용누수량 : 단선 터널 기준 외국 사례 및 우리나라 실정 감안, 1.0$l$/분/100m

(4) 종류

① 내부 배수 : 라이닝 내부에 배수로 설치

② 외부 배수(전주형 방수＝서울 지하철 건설 본부 용어임)

: 라이닝 외부에 배수로 설치

2) 비배수형 터널

(1) 정의

굴착 후 Lining 주변을 완전 방수하여 Lining 내부에 지하수가 침투하지 못하게 하는 방법

(2) 터널의 구조 개념(설계 개념)

터널 내부의 지하수를 배제하지 않으므로 Tunnel 구조물(라이닝＋방수막)을 지하수압에 견디도록 설계

(3) 적용성
① 지하수위 저하로 인한 터널 주변 지반 침하방지로 지상의 주요 시설물 보호
② 차수공법으로 지하수 유입량 감소 불가능할 때 : 하천횡단, 해저 터널

## 4. 단면개념도

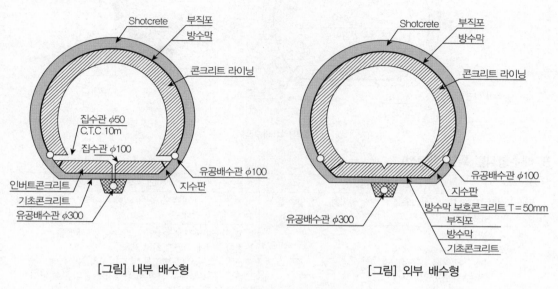

[그림] 내부 배수형　　　　　　　　[그림] 외부 배수형

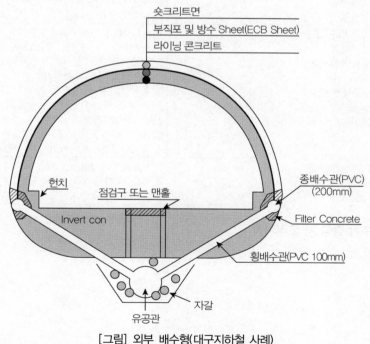

[그림] 외부 배수형(대구지하철 사례)

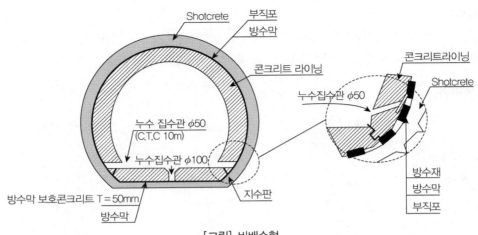

[그림] 비배수형

## 5. 배수형식별 특징(장단점)

| 구분 | 배수형 터널 | 비배수형 터널 |
|---|---|---|
| 개념<br>(정의) | 방수포(막)를 천정부와 측벽부에 설치하고 유입수를 터널 내부로 유도 배수처리 | 터널 전단면에 방수포(막)에 의한 차수층 설치하여 지하수 유입을 완전 차단 |
| 장점 | 1. 단면 형상 자유<br>2. 경제적인 Lining(두께 얇음)<br>3. 비배수에 비해 시공성 양호<br>   – 특수 대단면 터널 시공 가능<br>4. 누수 시 보수용이<br>5. 시공비 적게 듦 | 1. 유지관리비 적게 듦 : 양수, 배수비용 적게 듦<br>2. 지하수위에 영향 미치지 않음<br>   근접시공 유리(주변건물 영향 미치지 않음)<br>3. 터널 구조체, 내부 시설물, 운행차량 등의 부식 방지<br>4. 터널 내부 청결하여 관리 용이 |
| 단점 | 1. 유입수 배수처리(Pumping) 비용<br>2. 지하수위 저하로<br>   1) 지하수원 고갈<br>   2) 주변 지반 침하<br>   3) 인접구조물 피해<br>3. 내부 습도 증가로 시설물과 차량의 부식 촉진<br>4. 배수시설 기능 마비 시 구조물의 안정 해침 | 1. 높은 수준의 방수 기술 요구됨<br>   완벽한 방수공 시공이 어려워 누수 우려<br>2. Lining 구조체의 두께가 커지고, 비경제적임<br>3. 누수 발생 시 위치 확인이 어렵고 보수가 곤란(완전 보수 못함), 비용이 많이 듦<br>4. 콘크리트 타설 시 방수막 손상에 의한 누수 우려됨<br>5. 단면형상의 제한<br>6. 시공비 많이 듦<br>7. 특수 대단면은 단면이 커서 비경제적 |
| 적용성 | 1. 지질조건이 양호한 곳<br>2. 주변에 구조물이 없을 때<br>3. 지하수가 낮을 때 | 1. 지질 조건 불량한곳<br>2. 지하수위가 높거나, 지하수의 공급이 많을 때<br>3. 도심지 주변에 중요 구조물이 존재할 때 |

## 6. 배수형, 비배수형 결정 시 고려사항

1) 안전성(안정성)

2) 경제성

3) 시공성

4) 방수기술의 수준

5) 지반 조건

6) 지하수 조건(하저, 해저 터널 등)

7) 주변 시설물의 종류, 규모, 크기, 중요도

## 7. 맺음말

1) 배수와 비배수 터널은 각각의 장단점이 있으므로
2) 형식 결정 시에는 제반 고려사항을 잘 검토하여 결정하여야 함

## ■ 참고문헌 ■

1. 서진수(2006), Powerful 토목시공기술사(1, 2권), 엔지니어즈.
2. 김주봉(1998), 방·배수 개념의 터널설계, 터널토목 고등기술강좌 Series 11, pp.349~381, 대한토목학회
3. 김승렬(1998), 터널 일반설계, 토목시공 고등기술강좌 Series 11, 대한토목학회, pp.131~170.

## 5-32. NATM 터널 시공 시 지보 패턴을 결정하기 위한 공사 전 및 공사 중 세부 시행 사항을 설명(86회)

### 1. 개요
NATM 터널 시공 시 지보 패턴을 결정하기 위해 **공사 전**에는 **조사**를 시행하고 **공사 중**에는 **계측**을 통하여 **설계 패턴과 시공의 차이점을 규명**하여 패턴 변경 및 안전시공함

### 2. 지보재의 정의
1) 지보재란 보통 **보조 지보재**를 말함 : Shotcrete, Wire Mesh, Rock Bolt, Steel Rib
2) NATM에서 **암반이 주 지보재**로서 암반의 Arching(Ground Arching) 효과를 유지하지만 **보조 지보재**를 사용하여 **암반의 Arching을 형성**하는 것을 도와준다.

### 3. NATM 공법의 설계 및 시공 특성
[설계와 시공의 차이점＝안정성 평가 어려운 점＝계측하는 이유]
1) 터널 설계 방법과 어려운 점(문제점)
  (1) 설계 방법
    ① 조사＋시험으로 지질 조건 파악
    ② 굴착 방법(발파 패턴), 지보 Pattern 결정
  (2) 문제점
    ① 조사＋시험 : 경제적, 기술적으로 현실적이지 못함
    ② 조사자의 주관적 판단 내재
    ③ 지반 공학적 특성이 굴착 지반을 대표할 만큼 정확성 부족
    ④ 지반 거동, 지보 효과 : 설계 단계에서 정확한 판단 불가능

2) 대책(설계와 시공의 차이점 대책)
  (1) 시공 중 계측 : 지반 거동, 지보 효과 판단
  (2) 계측 결과를 설계치와 시공치 비교
    ① 추가 지반 조사 실시
    ② 터널 보강(보조 공법)
    ③ 암반 보강(보조 지보재) Pattern 수정, 변경, 추가
    ④ 굴착 방법 변경
  (3) 계측으로 안정성, 경제성 확보, Feed Back

### 4. 터널 설계 및 시공의 흐름(특성)
1) 설계단계
  (1) 사전조사, 시험 결과로 지질조건 파악
  (2) 굴착 방법, 지보 패턴 설정
    유사지반 조건의 사고사례, 설계표준안, 단면 형상, 토피, 지반공학적 특성 고려

(3) 수치해석 수행

　① 시공 중, 완성 후의 터널 및 지반의 안정성 예측

　② 지보재 응력, 변형 파악, 굴착 및 지보패턴에 대한 설계표준단면 결정

(4) 설계단계 에서의 어려움

　① 조사에 의해 파악된 지반 공학적 특성이 굴착지반을 대표할 만큼 정확성 부족

　② 설계단계에서 지반거동, 지보 효과를 정확히 판단 불가능

## 2) 시공단계

(1) 시공 중 직접 지반의 거동, 지보효과 등을 계측을 통해 실측

(2) 계측 결과를 설계치와 시공관리치를 비교 분석

　터널 보강조치 시행, 추가 지반조사실시, 굴착 패턴, 지보 패턴 수정하여, 안전하고, 경제적인 시공 수행

## 3) 계측의 평가 및 활용

설계와 시공을 Feed Back한 결과를 토대로 계측결과와 수치해석결과의 차이점을 비교, 검토 후 차후 설계 및 시공의 지침 자료로 활용

## 5. 공사 전 지보 패턴 결정방법

1) 지보재의 설계방법(적정성 평가 방법)(터널 안정성에 미치는 효과 판단)

(1) RQD 이용 : 경험적인 터널 지보방법(Merrit)

(2) RMR : 무지보 유지시간(Stand Up Time)과 Span 관계(Bieniawski의 RMR에 의한 무지보 유지시간, 무지보 간격 결정법)

(3) 지보압($P = t/m^2$) 계산 이용 : $P = (100\text{-RMR})/100 \times$ 흙의 유효단위중량 $\times$ 터널폭

(4) NGI 기준에 의한 Q-System(NGI 분류법)

(5) 암반 반응곡선(지반 반반력 곡선)에 의한 방법

2) 지보재 설계 시 고려사항

(1) 지보재

　－강지보 : 강성, 단면계수

　－Rock Bolt : 축저항

　－숏크리트 : 인장강도

(2) 지반(암반)

　－강도정수($C$, $\phi$)

　－변형계수(E)

　－지하수

　－불연속면의 특성

[RQD 이용 : RQD 이용한 Merritt의 경험적 지보방법]

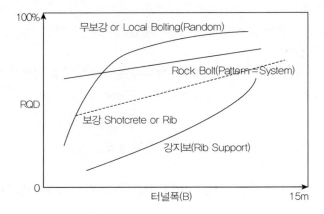

[RMR 이용 : 무지보 유지시간] Bieniawski의 RMR에 의한 무지보 시간 – 무지보 간격 결정법

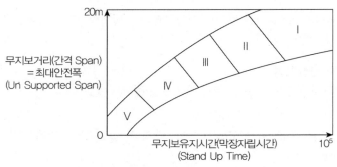

[그림] 남아공화국 CSIR 분류법

• CSIR : South African Council for Scientific and Industrial Research

[지보압(P=t/m²) 계산 이용]

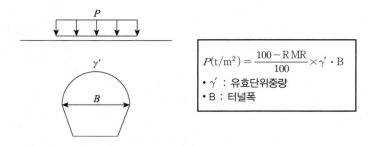

$$P(\text{t/m}^2) = \frac{100 - \text{RMR}}{100} \times \gamma' \cdot B$$

• $\gamma'$ : 유효단위중량
• B : 터널폭

## 6. 암반 반응곡선에 의한 지보공 패턴 결정

1) 암반 반응곡선(Ground Reaction Curve) 정의

 (1) Deree가 제안하였고, 지반반력곡선, 원지반 응답곡선, 반경방향의 응력저감도라고도 하며

 (2) 지보재의 역할과 지반의 거동 특성(NATM)을 설명하는 곡선임

 (3) 지보재에 작용하는 응력과 굴착면의 변위관계를 나타내는 곡선임

(4) NATM의 시공 시기와 지압, 벽면 변위의 관계

(5) 암반과 지보재의 상호 작용 메커니즘을 나타내며, 터널의 안정성에 미치는 효과를 설명함

2) 터널 지중 응력(굴착면 주변 지반응력)

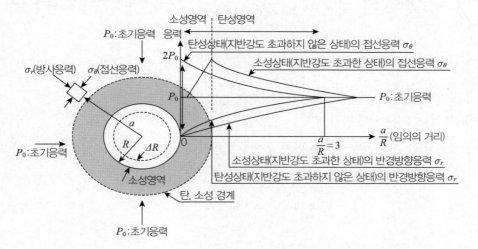

---

**용어의 개념**

- 탄성상태(지반강도 초과하지 않은 상태)의 접선응력 $\sigma_\theta$

  =최대 접선 응력=굴착 직후 벽면의 접선응력

- 소성상태(지반강도 초과한 상태)의 접선응력 $\sigma_\theta$

  =균열 후 접선응력 $\sigma_\theta$

- 방사응력($\sigma_r$)=반경방향의 응력

- a=굴착 벽면에서 지중 속으로 임의 거리

- R=굴착 직후 변형 전 터널 반경

- $\Delta R$=소성변형 후 내공 변위

---

※ 간략한 그림으로 그려보면

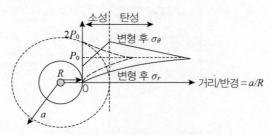

[그림] 탄, 소성 상태 터널 주변응력

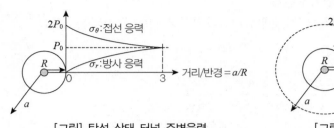

[그림] 탄성 상태 터널 주변응력    [그림] 탄, 소성 상태 터널 주변응력

3) 지보재와 터널의 안정성 관계(암반 반응곡선으로 설명)

　※ 지보가 없는 경우 : 이완 파괴 영역

　　① 벽면 변위($\Delta_r$) 증가 → 반경 방향 응력($\sigma_r$) 저감 → $\sigma_r = 0$, $\tau_{\max} = \dfrac{1}{2}(\sigma_\theta - \sigma_r)$이 최대 →

　　암반 파괴 → 이완 파괴 영역

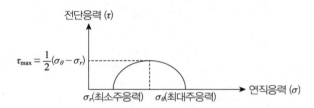

　　② 따라서, 굴착 후 이완 파괴 전 지압과 지보의 균형유지가 필요 → 보조 지보재 설치 이유

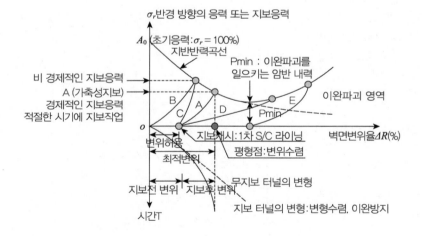

- $A_0$ (초기응력 : $\sigma_{r_i}$ =100%) : 변위 $\Delta_r$ 을 허용하지 않을 때의 반경방향 응력=100%
- 벽면변위율 $\Delta R$(%) : 반경방향의 이완변위=내공변위
- Pmin : 이완파괴를 일으키는 암반 내력
- 곡선 O-$A_0$ : 지보재 작용하중=초기응력($A_0$) 동일
- 곡선 B, C : 지보 너무 강함, 비경제적
  ① 조기에 지보재 설치한 경우
  ② 강성이 너무 높은 지보재 설치한 경우
- 곡선 A : 가축성 지보, 경제적인 지보응력, 적절한 시기에 지보 작업
      [가축성이 있는 적절한 강성의 경제적 지보, 변위허용]
      ① 곡선 B, C에 비해
      ② 지보 설치시기, 강성 등이 경제적
- 곡선 D : 지보 너무 약함, 위험 초래
- 곡선 E : 지보시기 놓친 경우=지보 작업이 늦은 경우
        ① 이미 암반이 파괴되고, 이완 파괴 상태가 되어 있으므로
        ② 점진적으로 소성 이완 하중이 증가되므로 파괴 위험

4) 암반 반응곡선의 해석(적용)

(1) 지보재는 가급적 빠른 시기에 설치하여, 초기 암반변형이 터널 주위에 아치(Arch) 변형과 전단응력을 형성시켜, 암반 자체가 지보능력을 갖게 함과 동시 지보재도 지보하중(반경방향 하중)을 발생시키는 것이 좋다. 암반 상태가 나쁠수록 지보재를 일찍 설치한다.

(2) 능동적 지보가 수동적 지보보다 효과적
   − 능동적 지보 : 암반 자체의 지보능력을 이용, 작은 지보재 소요, 신속히 설치
   − 수동적 지보 : 이완된 암반의 전체 하중을 지지해야 함

5) 암반 반응곡선의 문제점

(1) 학자들에 의해 많이 연구되었으나 이론적으로 정의되지 못하고 있음

(2) 이론에 의해 반응곡선이 예측된다 해도 지역에 따라 시공절차, 방법이 다양하므로

(3) 특정지보의 하중-변형 특성이 분명하게 이해되기 힘듦

(4) 반응곡선에 의한 실제 지보설계의 유용성이 희박함. 정량적인 자료를 얻을 수 없고, 정성적인 판단임

(5) 지보하중과 암반 반응거동에 대한 정량적 자료 취득 방법 : 유일한 방법은 계측뿐임
   계측을 통해 시간대별로 터널면의 반경방향응력 및 반경방향 지중변위 측정하여, 지보하중 확인, 터널 안정화 과정 확인함

## 7. 시공 중 지보 패턴 결정(변경)

1) 터널 설계의 특성
   − 지반에 관한 정보의 불확실성
   − 설계단계에서 많은 가정 설정
   − 터널은 연속적 선형구조물이므로, 조사 등의 실시가 경제적 기술적으로 현실적이지 못함
   − 극히 제한된 정보에 의해 해석, 설계 실시
   − 설계단계의 해석과 시공 중의 실제 거동이 다름
   − 설계단계에서의 안정성 평가는 상당히 어려우므로

− 시공단계에서 계측과 시공결과 분석에 의해 안정성 평가가 이루어짐

2) 터널 설계단계에서 안정성 평가가 어려운 점(터널 설계의 제한성)
    (1) 지반의 특성변화
        − 지질학적 형성과정의 특성 변화 : 불균일성, 이방성, 시간 의존성
        − 암종별 거동 특성 변화 : 화성암, 변성암, 퇴적암
        − 암반풍화, 파쇄, 절리의 주향, 경사에 따른 거동변화
    (2) 지질조사의 한계
        − 국부조사에 의한 지층 구분 직선화 가정
        − 조사자의 주관적 판단이 내재된 암반분류
        − 실내 시험에 의한 원지반 강도 특성 추정
        − 원형의 현장시험 곤란
    (3) 터널 해석방법의 단순성 및 다양성
        − 원지반 상태의 수학적인 가정
        − 해석 모델의 단순화
        − 해석 Parameter의 추정 및 획일적인 적용
        − 경험적 통계자료 및 계측자료의 부족
    (4) 주변구조물의 영향 예측 한계
        − 수치해석에 의한 응력-변형 추정의 한계
        − 관리기준치 설정의 한계

3) 터널 시공의 안정성 평가(계측) 및 지보 패턴 결정
    (1) 터널 시공의 안정성 평가 방법
        − 시공관리 기준치 설정(방법)
            ① 과거의 유사한 시공실적
            ② 같은 터널의 시공실적
            ③ 수치해석
            ④ 주변구조물의 안전 확보 차원에서 기준치 설정 후
        − 시공 중 계측 결과로부터 주변 암반 및 지보재의 안정성 평가
        − 시공 중의 평가
            ① 계측의 결과로 터널 설계의 안전성, 경제성 판정
            ② 설계시공에 Feed Back

(2) 계측의 종류

| A계측(일상 계측) : 매 12m마다 측정, 시공에 이용 | B계측(대표 계측) : 매 300m~500m마다 측정, 설계에 이용 |
|---|---|
| 지표침하 | Shot Crete 응력 |
| 천단침하 | R/B 축력 |
| 내공변위 | Lining 응력 |
| 갱내외 관찰조사 | 지중변위 |
| R/B 인발 | 지중침하 |
| | 지하수위 |

(3) 계측 위치 및 선정 시 고려사항

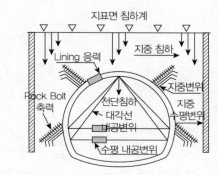

[계측 측정 위치 선정 시 고려 사항]

1) 갱구 부근

2) 지반의 변화 지점

3) 토피가 적은 곳

4) 연약지반 : 단층, 파쇄대

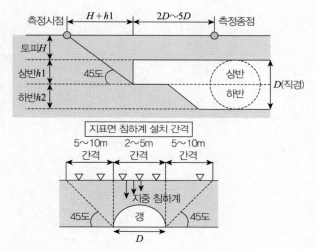

## 8. 맺음말

NATM은 설계와 시공의 차이점이 크므로

1) 시공 중 계측을 실시하여

  (1) 지반 거동, 지보 효과 판단하고

  (2) 계측 결과를 설계치와 시공치 비교

    ① 추가 지반 조사 실시

    ② 터널 보강(보조 공법)

    ③ 암반 보강(보조 지보재) Pattern 수정, 변경, 추가

    ④ 굴착 방법 변경

2) 계측으로 안정성, 경제성 확보, Feed Back(다음 시공에 반영)

■ **참고문헌** ■

1. 서진수(2006), Powerful 토목시공기술사(1, 2권), 엔지니어즈.
2. 이인근(1995), 터널의 시공, 토목시공 고등기술강좌 Series 5, 대한토목학회, pp.343~346.
3. 김승렬(1998), 터널 일반설계, 토목시공 고등기술강좌 Series 11, 대한토목학회, pp.131~170.
4. 류충식(1998), 터널 해석 및 안정성 평가, 토목시공 고등기술강좌 Series 11, 대한토목학회 pp.171~216.
5. 배규진(1998), 터널 계측 및 주변 지반의 거동평가, 토목시공 고등기술강좌 Series 11, 대한토목학회, pp.217~280.
6. 박남서(1998), 터널 붕괴유형과 보강공법, 토목시공 고등기술강좌 Series 11, 대한토목학회, pp.289~347.

# 5-33. 보조 지보재(터널의 보강 공법)

- NATM 터널 시공 시 지보공의 종류와 시공순서에 대하여 설명하고, 시공상 유의사항(81회)
- NATM 터널 안전시공 방법(터널붕괴 방지대책)

## 1. 보조 지보재의 종류와 기능(역할)

1) 보조 지보재의 기능

   (1) 지반 이완 방지

   (2) 원지반이 주 지보재이므로 주 지보재를 보조

   (3) 원지반의 강도 활용하여 원지반의 Arching Effect를 증대시켜 터널 안정 도모(암반 자체의 Arching 효과로, 암반 자체가 주 지보재 역할을 하도록 보조)

2) 종류별, 기능, 효과

| NO | 종류 | 기능, 효과 |
|---|---|---|
| 1 | Shotcrete | ① 지반 이완 방지<br>② 하중 분담 : Arch 역할<br>③ 응력 집중 방지 |
| 2 | Steel Rib | ① 지반 붕락 방지<br>② Fore Poling의 반력지보<br>③ S/C 경화 전 지보<br>④ 터널 형상 유지<br>⑤ 갱구 보강 |
| 3 | Wire Mesh | ① S/C의 전단보강<br>② S/C의 부착력 증대 |
| 4 | Rock Bolt | ① 봉합 효과<br>② 보강 효과<br>③ 내압 효과<br>④ 보형성 효과 |

## 2. 보조 지보재 시공순서

1) 시공순서

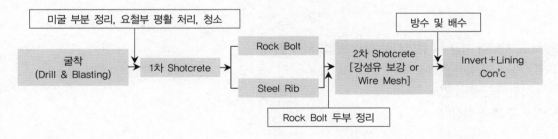

## 2) 보조 지보재 시공 종단면도

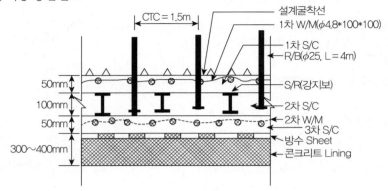

## 3) 횡단면도 : 지하철 유도배수 터널의 경우

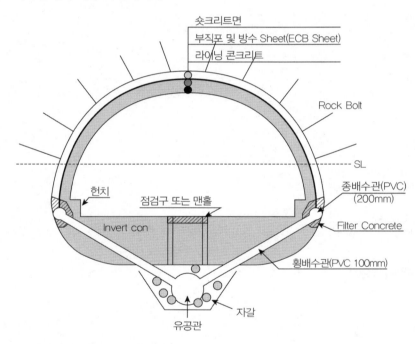

## 3. 보조 지보재 시공 시 유의사항(설치 방법, 시공 원칙)

1) 굴착면에 **밀착 시공**(Wire Mesh, S/C, S/R)

2) 막장면에 **근접 시공**(Steel Rib)

3) 시공 후 **계측 실시**

## (1) 계측의 종류

| A 계측(일상) : 매 12m 마다 측정, 시공에 이용 | B 계측(대표 계측) : 매 300m~ 500m, 설계에 이용 |
|---|---|
| 지표침하 | Shot Crete 응력 |
| 천단침하 | R/B 축력 |
| 내공변위 | Lining 응력 |
| 갱내외 관찰조사 | 지중변위 |
| R/B 인발 | 지중침하 |
| | 지하수위 |

## (2) 계측 단면도

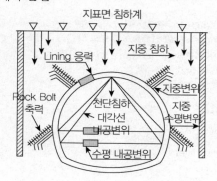

## 4. 맺음말

보조 지보재 시공 관리 주안점

NATM은 1) 계측 실시하여 막장 자립 시간, 지반 상태 확인하여 2) 안전하고, 경제적으로 시공해야 함

## ■ 참고문헌 ■

1. 서진수(2006), Powerful 토목시공기술사(1, 2권), 엔지니어즈.
2. 김승렬(1998), 터널 일반설계, 토목시공 고등기술강좌 Series 11, 대한토목학회, pp.131~170.
3. 박남서(1998), 터널 붕괴유형과 보강공법, 토목시공 고등기술강좌 Series 11, 대한토목학회, pp.289~347.

## 5-34. 터널의 Shotcrete 시공관리

1. Shotcrete 지보를 적용할 수 있는 암반조건 및 효과, 타설방식에 대해서 설명하고 타설방식의 장단점
2. Shotcrete의 작용효과를 모두 나열하고 각각 설명
3. Shotcrete의 기능과 시공 시 주의사항
4. Rebound 저감대책

### 1. 개요

1) Shotcrete의 정의

Concrete나 Mortar를 Aliva(취부기)를 사용, 압축공기를 이용, Hose로 압송하여 노즐로 시공면에 뿜어붙이는 것

2) 숏크리트는 **시멘트, 골재, 급결재, 물 등을 혼합하여 터널 및 사면굴착 후 표면에 뿜어붙이는 공법**으로 안정성 증대를 위한 지보재(보조 지보재)임

3) 특히 터널은 **암반이 주 지보재**이고 **암반의 Arch 효과를 증대시키기 위해 보강하는 보조 지보재**

### 2. 적용할 수 있는 암반 조건(숏크리트 지보재의 보강 원리)

1) 등방 응력지반에서 원형단면 굴착 시 응력배치상태와 탄성, 소성 영역

**[터널굴착 후 주변 암반의 탄소성 상태의 터널주변응력]**

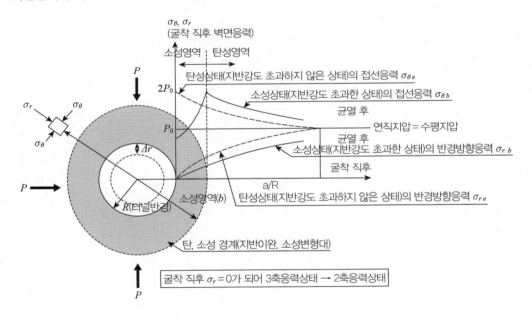

2) 지반 반응곡선(Ground reaction curve) : Shotcrete(보조지보재) 적용암반 조건

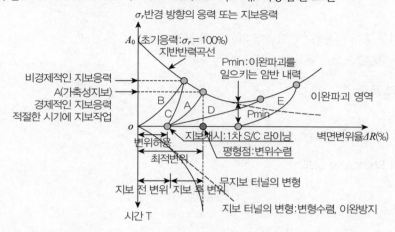

- $A_0$(초기응력 : $\sigma_r$ =100%) : 변위 $\Delta_r$ 을 허용하지 않을 때의 반경방향 응력=100%
- 벽면변위율 $\Delta R$(%) : 반경방향의 이완변위=내공변위
- Pmin : 이완파괴를 일으키는 암반 내력
- 곡선 O–$A_0$ : 지보재 작용하중=초기응력($A_0$) 동일
- 곡선 B, C : 지보 너무 강함, 비경제적
  ① 조기에 지보재 설치한 경우
  ② 강성이 너무 높은 지보재 설치한 경우
- 곡선 A : 가축성 지보, 경제적인 지보응력, 적절한 시기에 지보 작업
      [가축성이 있는 적절한 강성의 경제적 지보, 변위허용]
      ① 곡선 B, C에 비해
      ② 지보 설치시기, 강성 등이 경제적
- 곡선 D : 지보 너무 약함, 위험 초래
- 곡선 E : 지보시기 놓친 경우=지보 작업이 늦은 경우
      ① 이미 암반이 파괴되고, 이완 파괴 상태가 되어 있으므로
      ② 점진적으로 소성 이완 하중이 증가되므로 파괴 위험

## 3. Shotcrete의 지보원리

1) 터널 하중(응력) 전이(Load Transfer, Arching )

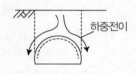

(1) 정의 : 터널 변위에 따른 하중 분포현상을 말함

(2) 굴착에 따라 변위 다소 허용 → 하중전이 → ① 터널은 원래 받고 있던 압력보다 작은 압력을 받고 ② 터널 주변 지반은 더 큰 압력을 받음

2) 가축 지보재

(1) NATM 터널에서 **변위발생을 억제**하려면 **큰 강성의 지보재 필요**로 비경제적이 됨

(2) 가축성 지보재 사용 : 어느 정도 변위 허용 → 하중전이 발생 → 압력돔(응력 Arch) → 압력돔 내부에 면압대(Trompeter Zone) 형성 → 원지반 강도 활용 → **경제적 방법**

(3) 너무 약한 지보재를 사용하면 큰 변위 발생, 이완되어 붕괴될 수 있음

(4) **어느 정도 변위되는 가축성 지보**를 하면 **하중전이 발생**으로 **경제적인 단면**으로 시공가능함

(5) NATM은 재래식의 강성 지보(강지보공개념)보다는 변위가 일부 허용되는 **가축성 지보의 융통성 있는 채용**이 필요하며, 가축성 지보로 원암반의 강도를 이용함이 핵심원리(특징)임. 굴착 즉시 시공

(6) NATM은 수동적 지보보다는 능동적 지보가 선호됨

(7) 종류

    ① U형 지보 등이 사용됨 : 겹이음에 의한 가축 지보 가능

    ② 세그멘트(Segement) 형식의 지보재

U형지보

## 4. Shotcrete의 용도

1) 비탈면 보강

2) 터널 암반 보강 : 1차 지보(1차 Lining : 보조 지보재)

## 5. 광산 갱도의 Shotcrete 용도

1) 일반적인 사용

    (1) 기초지보

    (2) 최종 라이닝

    (3) 공기접촉 시 변화하는 표면 보호

    (4) 보호피막용 : 암석낙하 방지용인 철재, 목재지보, Rock Bolt, 판, 와이어매쉬

    (5) 피복 고정 물체로 사용 : 목재 또는 철재 지보

    (6) 광미장, 폐석장 사면 보호, 세굴, 침투 방지용

2) 용도

    (1) 암석밀폐용 : 가습, 건조 작용에 의한 갱도 내의 암석변화, 낙석 방지

    (2) 안전대책용 : 낙반, 붕락 방지용

    (3) 구조물 지보용

    (4) NATM 시공법에 적용

## 6. Shotcretednl 작용효과 : 터널 Shotcrete의 기능(효과, 목적)

[Shotcrete 지보를 적용할 수 있는 암반조건]

1) 1차 구속 효과 : Rock Bolt + Shotcrete

    (1) 원지반 강도 유지

    (2) 지반 이완 방지

    (3) 이완응력 재분배

2) Concrete Arch로써 하중분담

    (1) 응력의 전달(외력의 분배효과)(Load Transfer)

    (2) 암반이완에 의한 응력 재분배, 지반의 이완방지

3) 응력집중방지(응력집중 완화=응력재분배) : 굴착면에 밀착 시공, 리바운드 대책에 유의

4) 암괴의 붕괴방지 : 낙반 방지

5) 전단저항효과(암괴의 전단이동방지)

6) 절리(Joint)의 봉합(약층보강)

7) Gauge(가오지 = 연약한 파쇄대 : 단층점토)의 봉합(약층보강)

8) 풍화, 세굴방지

9) 원지반강도 활용, 터널안정 도모

① 1차 구속 : 원지반 강도 유지

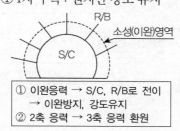

① 이완응력 → S/C, R/B로 전이
   → 이완방지, 강도유지
② 2축 응력 → 3축 응력 환원

② Concrete Arch 효과(하중전이) : 하중분담(응력전달)

③ 응력 집중방지(완화)

④ 암괴붕괴방지

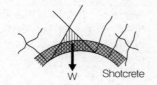

⑤ 전단저항 효과
   : 암괴의 전단이동 방지

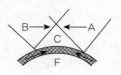

⑥ 절리의 봉합

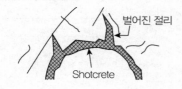

⑦ 가오지(단층점토) = 연약한파쇄대 = Gauge의 봉합

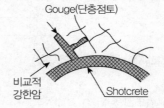

## 7. 타설 방식과 타설 방식의 장단점

1) 타설 방식 : 건식, 습식 계통도

　(1) 습식

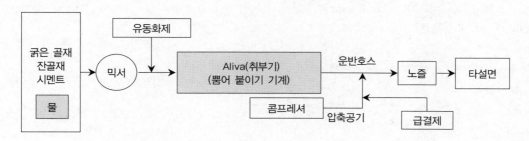

(2) 건식

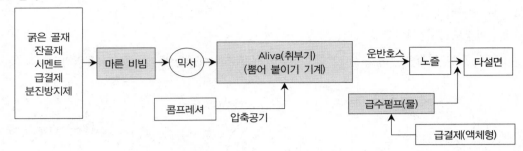

- 혼화제 : 믹서 또는 Aliva에서 배합(파우더형인 경우)

2) 타설 방식의 장단점(종류별 특징 비교)

| 구분 | 습식 | 건식 | 레미탈(죽령 터널 사례) |
|---|---|---|---|
| 콘크리트 특성 | 물 + 골재 사전에 계량, 혼합 : 품질 관리 쉬움 | 노즐, 호수 중간에서 물 + 마른 비빔재료와 혼합 : 작업원의 숙련도에 따라 품질 영향 | 혼합물 품질 일정 : Shot Patch 레미탈 공법(미리 혼합된 포대) 습식, 건식의 단점 보강 |
| 작업의 제약 | 재료 공급에 제약 | 마른 재료 공급 : 제약 덜 받음 | 배합 필요 없고, 바로 즉시 시공 가능, 신속보강, 터널 안정성 확보, 기계 매몰 방지 |
| 작업 공간 | 많이 필요, 믹서 설치 | 많이 필요, 믹서 설치 | 협소한 공간(TBM 직경 5m)에서 굴착 작업 효율 |
| 압송 거리 | 짧다 : 100M 이내 | 장거리 압송 : 500M | 장거리 압송 : 500M |
| 분진, 비산 | 적다 | 많음 | 아주 적음 |
| Rebound | 많음 | 많음 | 4.8% 저감 |

## 8. Rebound 저감대책(시공 시 유의사항)

1) 배합상의 대책

(1) 초기 응결 시간 : 최소 90초, 최대 5분

(2) 최종 응결 시간 : 최소 12분, 최대 20분

(3) 압축강도

- 1일 강도 : 10MPa 이상
- 28일 강도 : 21MPa 이상

(4) 부착상태 양호해야 함

(5) Rebound 저감 : Silica Fume 사용

| 구분 | 기준 | 내용 |
|---|---|---|
| 굵은 골재 최대 치수 | 10~15mm | 압송성이 좋고, Rebound 적음 |
| S/a | 55~75% | 너무 크면 Rebound 큼 |
| 단위수량 | 적절하게 시험에 의해 결정 | • 적으면 : Rebound 크고, 분진 많음<br>• 너무 크면 강도 저하, 박리 |
| W/C | 40~60% | |
| 강도 | • 1일 강도 : 10MPa 이상<br>• 28일 강도 : 21MPa 이상 | |
| 단위 Cement | 400~600kg/m$^3$ | • 적으면 Rebound 큼<br>• 많으면 압송성 저하 |
| 혼화 재료 | • 급결제 + AE제 + 분진저감제<br>• Rebound 저감하기 위해 성능 시험 후 사용 | |
| 시멘트 | • 보통 Portland Cemento. 조강, 초속경 Cement(급속시공)<br>• 고로Cement : 염분 영향받는 곳 | |
| 기타 대책 | • SFRC : 부착력, 인성<br>• Silica Fume : Rebound 저감 | |

(6) Wire Mesh 시공(리바운드 대책)

① Wire Mesh 효과

– S/C 전단 보강

– S/C 부착력 증대

② Wire Mesh 크기

– $\phi$5mm× 100mm× 100mm

– $\phi$5mm× 150mm× 150mm

③ 시공 시 유의사항

– 밀착 시공

– 겹이음 30cm 이상

(7) SFRC의 장단점

| | |
|---|---|
| 장점 | 취성 재료로서의 콘크리트 성능 개선, 에너지 흡수 능력 우수<br>1) 인성 및 연성　　2) 인장강도　　3) 휨강도　　4) 전단강도<br>5) 균열저항성　　6) 내충격성　　7) 피로강도 저항　　8) 내마모성<br>9) 내열성　　10) 동결융해 저항성 |
| 단점 | 1) 조직의 Fiber Ball 발생<br>2) 섬유 균등 분산 및 부착강도 확보 곤란<br>　 : 내부진동기 금지, 외부진동기 사용하여 분산성 확보<br>3) 타설 중 재료분리 방지<br>4) Workability 유지 곤란<br>5) 배합, Mixing 어려움<br>6) 강섬유 고가 : 일반 콘크리트의 3~5배 고가 |

2) 타설 전 준비 사항(리바운드 대책)

  (1) 배합의 점검

  (2) 장비점검

  (3) 청소

  (4) Rock Bolt 두부 정리, 요철부 평활 처리 : 응력집중방지(2차 Lining 콘크리트타설 시 대비)

  (5) 용수처리(배수) : 배수공 먼저 시공 후 타설

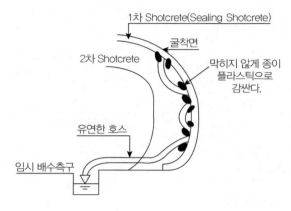

3) 시공상의 대책(시공 시 유의사항)

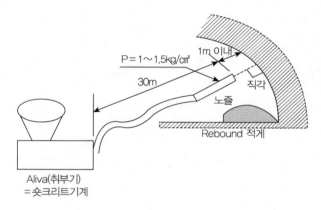

  (1) 굴착 즉시 가능한 한 최단 시간 내에 타설 → 굴착면 보호

  (2) 굴착면에 밀착하여 타설

  (3) 지반변형 억제해야 하므로 타설 장비는 항상 막장면에 근거리

     : 노즐과 벽면의 거리＝1m 이내 유지 : 반발률 저감

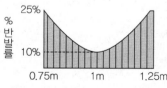

[타설면 거리와 리바운드 관계]

(4) 타설 각도 : 탄설면과 90도(직각), 수평면과 0도 : 반발률 저감

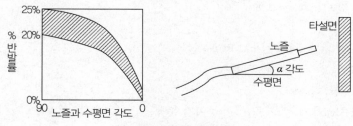

[노즐각도와 반발률]

(5) Aliva 위치(Aliva와 노즐 거리) : 30m 이내 유지

(6) 타설 압력 : $P = 1\sim1.5kg/cm^2$

(7) 타설 두께 : 1회에 5~7cm

(8) 타설 순서 : 저면에서 상면으로(사면, 터널 공통)

(9) 타설 방법 : 원형, 타원형 경로로 서로 겹치게 타설

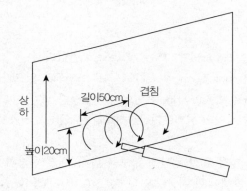

(10) 상하이동 작업대 이용

높이 조절 가능한 가동식 대차 이용, 적당한 타설 거리 확보

(11) 부착 강도 증진 : 1차 철망을 Pin으로 지반에 고정 후 타설

(12) 타설 중단 : 작업 금지

① 0℃ 이하(동절기 : 한중) ; 급격한 온도 강하 시 → 골재 표면수 동결로 워커빌리티 및 응결시간
에 영향을 주므로 주의

② 25℃ 이상(하절기 : 서중)

③ 강풍이 불 때

④ 용수 심하고 동상 심한 곳 사용금지

## 9. Shotcrete 품질관리(시공관리) 항목

1) 배합

2) 뿜어 붙이기 두께(시공 두께)

(1) 타설 두께 : 1회에 5~7cm

(2) 연암까지 : 최소 두께 ≥ 설계 두께

(3) 연암이상 ; 평균 두께 ≥ 설계 두께

3) 압축강도

(1) 단기강도(초기 강도 : 1일 강도) : 10MPa 이상

(2) 장기강도(28일 강도) : 21MPa 이상

4) Rebound율(반발률) Check

(1) Rebound율＝Rebound된 S/C량/뿜어 붙이기 총량

(2) 설계반영 : 30~35%

## 10. 지하철터널에서의 실제 Rebound 발생 사례와 현황 S/C 절감 대책

1) 설계반영 Rebound율

(1) Rebound율＝(Rebound된 S/C량)÷(뿜어 붙이기 총량)

(2) 설계반영 : 30~35%

2) 실제 Shotcrete 손실량

(1) 여굴에 따른 손실량 증가

① 여굴량의 채움

㉠ 설계에서 허용하는 Pay Line의 50%는 Shotcrete로 반영되고

㉡ 나머지 50% 정도는 Lining Concrete(2차 복공)로 반영되고 있으나

② 발파 굴착 시 여굴량은 보통 Pay Line을 넘어서는 실정임

③ 따라서 S/C의 손실량은 거의 설계량의 160~180% 정도임(Rebound 30%＋여굴에 의한 추가 손실 50%＝80%)

④ 더군다나, 방수공 시행을 위한 평탄성 확보를 위해  실제 현장의 S/C면 검측 과정에서는 2차 Concrete Lining이 분담해야 할 여굴량을 대부분 S/C로 시공하고 있는 실정임

(2) 손실량에 대한 대책

① Pay Line에 대한 규정의 수정이 필요함(즉, 불가피한 여굴량을 설계 반영 시 증가가 필요함)

② 시공자의 절감 노력 필요

㉠ 터널 내부 소운반 시 흘리거나 남아서 폐기하는 경우가 많음

㉡ Aliva 호퍼에 S/C 투입 시 흘러서 손실되는 경우가 있음

㉢ 운반, 투입 시 유실량을 줄이고

㉣ 생산과 시공물량을 정확히 산출하여 작업 완료 후 남아서 폐기되는 양을 줄여야 함

③ 굴착 시 여굴량 최소화 필요함

㉠ 전기 뇌관, (MS, DS) 사용한 조절발파공법 시행하고

㉡ 굴착면 가까이는 무장전공으로 발파 패턴 설계를 하여 자유면을 주어 평활한 발파 굴착면 확보

㉢ 또는 정밀 장약으로 평활한 굴착면 확보하여 여굴량 줄임

## 11. 맺음말

Shotcrete 강도를 좌우하는 품질관리의 주요 요소는 배합설계, 두께(시공 두께), 시멘트, 골재, SFRC(강섬유)등 여러 요소가 있지만, 실제 현장에서는 기능공의 숙련도, 타설 장비, 급결재의 양 등에 달려 있음

## ■ 참고문헌 ■

1. 정형식(2006), 암반역학, 새론.
2. 조태진 외(2008), 21C 암반역학, 건설정보사.
3. 도덕현 외 2인(2003), 암반공동의 설계와 시공, 건설정보사.
4. 지반공학 시리즈 7(터널)(1997), 지반공학회.
5. 서진수(2006), Powerful 토목시공기술사(1, 2권), 엔지니어즈.
6. 김승렬(1998), 터널 일반설계, 토목시공 고등기술강좌 Series 11, 대한토목학회, pp.131~170.
7. 박남서(1998), 터널 붕괴유형과 보강공법, 토목시공 고등기술강좌 Series 11, 대한토목학회, pp.289~347.

# 5-35. Shotcrete 시공상의 친환경적인 시공대책

## 1. 친환경 시공관리 주안점

1) Rebound 양 적게 시공 : 폐기물 발생 감소

2) 분진저감 : 습식 사용

3) **손실량 적게**

   (1) 숏크리트 B/P에서의 생산단계, 운반단계, 아리바 호퍼에 투입 단계에서 **다량의 손실량 발생**

   (2) 손실의 원인

      현장에서 주로 덤프트럭, 페이로더 등으로 운반, 투입하는 과정에서 손실량 많이 생김

## 2. 친환경적인 개선안

1) 습식 장비 사용으로 **분진 저감**

2) 숏크리트 운반, 투입 방법 개선으로 **손실량 감소시켜 폐기물 발생을 적게 함**

3) Rebound 저감으로 **폐기물 발생량 적게 함**

   (1) 분진 적고, 리바운드량이 적은 Shot Patch 레미탈 공법 사용 : 미리 혼합된 포대 사용

   (2) 배합, 시공 단계에서 Rebound 저감 대책 수립

4) 숏크리트 시공 시 환기 시설 가동 및 관리 철저

   터널 환기방식의 종류

   (1) 반횡류 방식

   (2) 횡류 방식

## 3. 터널 내 발생 오·폐수 처리 시설

1) 터널 내 발생 오·폐수

   (1) 굴착 중

     ① 황화광물(Sulfide)인 **황철석(Pyrite : $FeS_2$)을** 포함한 경우 **강한 산성의 ARD**(Acid rock drainage : 산성암반 배수) 발생

     ② **알칼리성의 중화제 사용**(산성폐수용 중화제)

       석회석($CaCO_3$ Limestone ), 소석회 [Lime : $Ca(OH)_2$], 가성소다(NaOH)

   (2) Shotcrete 타설 중 급결재

     ① **강알칼리성 폐수**

     ② **산성의 중화제 사용**(알칼리성 폐수용 중화제 = 산화제)

       $H_2SO_4$, HCl(염산), $CO_2$(탄산가스)

2) 오·폐수 처리 시설

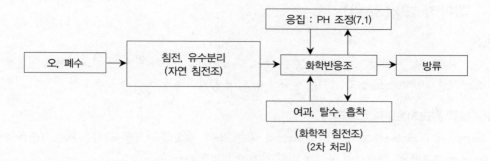

## 4. 맺음말

1) 터널 숏크리트 시공 시 주로 발생하는 **환경문제**는

  (1) **분진**

  (2) 리바운드 및 손실에 의해 발생하는 **폐 숏크리트**

  (3) **숏크리트와 혼합**된 토사 및 버력

  (4) 숏크리트와 섞인 터널 내부의 **지하수 오염**이며

2) 특히 폐 숏크리트의 발생을 줄이는 일이 대단히 중요하다.

3) **폐 숏크리트양의 감소에 따른 효과**는

  (1) **토양 오염 방지**

  (2) **지하수 오염 방지**

  (3) Eco-Concrete의 개념에 충실

    ① 골재, 시멘트 자원 절약

    ② 시멘트 절약으로 **지구 환경 부하** 저감

      : 시멘트 생산 시 발생하는 $CO_2$ 가스 저감으로 지구온난화 방지에 효과

## ■ 참고문헌 ■

1. 도덕현 외 2인(2003), 암반공동의 설계와 시공, 건설정보사.

2. 지반공학 시리즈 7(터널)(1997), 지반공학회.

3. 서진수(2006), Powerful 토목시공기술사(1, 2권), 엔지니어즈.

4. 김승렬(1998), 터널 일반설계, 토목시공 고등기술강좌 Series 11, 대한토목학회, pp.131~170.

5. 박남서(1998), 터널 붕괴유형과 보강공법, 토목시공 고등기술강좌 Series 11, 대한토목학회, pp.289~347.

## 5-36. 터널 시공 시 강섬유보강 콘크리트의 역할과 발생되는 문제점 및 장단점에 대하여 설명(84회)

### 1. 개요
터널 시공 시 강섬유 보강 콘크리트의 적용은 주로 Shotcrete에 적용하며, 이는 **콘크리트에 인성을 부여**하여 보조 지보재인 **Wire Mesh의 시공을 생략**할 수 있어 **공기단축** 등 시공성이 우수함

### 2. 섬유 보강 콘크리트(FRC)의 정의
Fiber Reinforced Concrete는 Mortar나 Concrete에 **금속, 유리, 합성섬유** 등의 단섬유(지름 0.3~0.6mm)를 넣어 Concrete의 인성을 개선시켜 **균열에 대한 저항성**을 높인 Concrete

### 3. FRC의 종류
1) SFRC(Steel Fiber Reinforced Concrete)
2) PFRC(Plastic Fiber Reinforced Concrete)
3) GFRC(Glass Fiber Reinforced Concrete)
4) CFRC(탄소섬유보강 콘크리트)
5) AFRC(아라미드섬유 보강 콘크리트)
6) VFRC(비닐론섬유 보강 콘크리트)

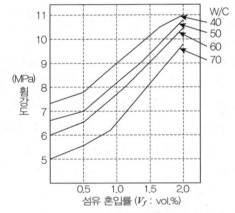

[그림] SFRC의 휨강도와 섬유 혼입률 관계

### 4. SFRC의 역할(특징) : 개선 내용
1) 인성
2) 인장강도
3) 휨강도
4) 전단강도
5) 균열저항성
6) 내충격성
7) 피로강도 저항
8) 내마모성
9) 내열성
10) 동결융해 저항성

### 5. SFRC의 공종별 적용성(이용) : 역할
1) 무근콘크리트 구조물의 성능 향상 : 포장, 터널 Lining, Shotcrete
2) 철근콘크리트 구조물의 대체 : 원심력 콘크리트관
3) 도로 포장
  (1) 도로, 활주로, 교면포장에서
  (2) 포장두께 얇게 할 수 있고
  (3) 신축이음 간격 연장 : 간격 5배 연장

(4) 포장수명 연장 : Ascon 수명의 7배

4) Tunnel

    (1) 터널의 1차 Lining : SFRC Shotcrete

    (2) 터널의 2차 Lining : Lining Concrete

5) 도로 교량 바닥판

    (1) 전단, 피로, 동결융해 저항성으로

    (2) 바닥판 손상 방지

6) 법면 보호공

    (1) SFRC Shotcrete 타설로 Wire Mesh 생략

    (2) Shotcrete 두께 감소

7) 댐, 수리구조물

    (1) Spilway : 침식, 마모, 공동 현상 방지

    (2) 도수터널: 압력 수로 터널

    (3) 하천의 사방댐, 보

    (4) 표면마모 작용에 저항(내마모성)

8) 원자로 차폐벽

9) 기계기초 : 내충격

10) 해양구조물

## 6. 발생되는 문제점 : Shotcrete 위주

1) 환경오염

2) Rebound에 의한 경제적 손실

## 7. FRC의 장단점

| | |
|---|---|
| 장점 | 취성 재료로서의 콘크리트 성능 개선, 에너지 흡수 능력 우수<br>1) 인성 및 연성    2) 인장강도    3) 휨강도    4) 전단강도<br>5) 균열저항성    6) 내충격성    7) 피로강도 저항    8) 내마모성<br>9) 내열성    10) 동결융해 저항성 |
| 단점 | 1) 조직의 Fiber Ball 발생<br>2) 섬유 균등 분산 및 부착강도 확보 곤란<br>    : 내부진동기 금지, 외부진동기 사용하여 분산성 확보<br>3) 타설 중 재료분리 방지<br>4) Workability 유지 곤란<br>5) 배합, Mixing 어려움<br>6) 강섬유 고가 : 일반 콘크리트의 3~5배 고가 |

## 8. 맺음말

1) SFRC는 균열 저항성, 연성능력, 에너지흡수 능력이 우수하여 취성 재료인 콘크리트 성질을 개선하지만

2) 터널 숏크리트 시공 시에는 주로 환경 문제 발생

   (1) 분진

   (2) 리바운드 및 손실량 증가에 의해 발생하는 폐 숏크리트

   (3) 숏크리트와 혼합된 토사 및 버력

   (4) 숏크리트와 섞인 터널 내부의 지하수오염이며

3) 특히 폐 숏크리트의 발생을 줄이는 일이 대단히 중요하다.

4) 폐 숏크리트양의 감소에 따른 효과는

   (1) 토양오염 방지

   (2) 지하수오염 방지

   (3) Eco-Concrete의 개념에 충실

      ① 골재, 시멘트 자원 절약

      ② 시멘트 절약으로 지구환경 부하 저감

        : 시멘트 생산 시 발생하는 $CO_2$ 가스 저감으로 지구온난화 방지에 효과

## ■ 참고문헌 ■

1. 서진수(2006), Powerful 토목시공기술사(1, 2권), 엔지니어즈.

2. 한국콘크리트학회(2005), 최신 콘크리트공학, 기문당, p.737.

3. 김승렬(1998), 터널 일반설계, 토목시공 고등기술강좌 Series 11, 대한토목학회, pp.131~170.

# 5-37. Rock Bolt의 시공효과를 3가지 이상 쓰고 간단히 설명

## 1. 개요

NATM에서 **암반이 주 지보재**로서 암반의 Arching(Ground Arching) 효과를 유지하지만 **보조 지보재**(지보재)를 사용하여 **암반의 Arching을 형성**하는 것을 도와준다. 보조 지보재로는 Shotcrete, Wire Mesh, Rock Bolt, Steel Rib가 있다.

## 2. 지보재의 설계방법

1) RQD

2) RMR : 무지보 유지시간(Stand Up Time)과 Span 관계

3) NGI 기준에 의한 Q-System(NGI 분류법)

4) 암반 반응곡선(지반 반력곡선)

## 3. 지보재 적정성 평가 방법(설계방법)(터널 안정에 미치는 효과 판단)

1) RQD 이용 : RQD 이용 경험적인 터널 지보방법(Merrit)

2) RMR 이용 : Bieniawski의 RMR에 의한 무지보 시간, 무지보 간격 결정법

3) 지보압($P = t/m^2$) 계산 이용

4) 암반 반응곡선 = 지반 반력곡선( = Ground Reaction Curve) : Deree가 제안

## 4. 지보재 설계 시 고려사항

1) 지보재

   (1) 강지보 : 강성, 단면계수

   (2) Rock Bolt : 축저항

   (3) 숏크리트 : 인장강도

2) 지반(암반)

   (1) 강도정수($C$, $\phi$)

   (2) 변형계수(E)

   (3) 지하수

   (4) 불연속면의 특성

## 5. Rock Bolt(보조 지보재) 설치 종·단면도 예

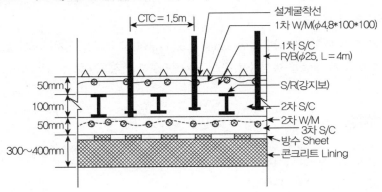

## 6. Rock Bolt의 효과(기능)

1) 개요 : Rock Bolt의 기능(작용, 효과)은

    ① **봉합작용**, ② **보형성**, ③ **내압작용**, ④ **아치형성**, ⑤ **지반보강(개량)**

2) Rock Bolt의 기능과 작용 효과

  (1) **봉합작용** : 터널, 사면 보강 : 이완 지반을 견고한 지반에 매다는 효과(결합)

    ① 발파등에 의한 불연속면 이완으로 발생한 암괴를 이완되지 않은 원지반에 고정하여 낙하방지

    ② 균열, 절리가 발달한 암반에서 Shotcrete와 병행

    ③ 매달기 효과(Suspension Effect)

    ④ 엇물림 효과(Keying Effect) : 경사진 절리군, 취약면을 Bolting하여 변위제어, 암반고정 → 천반 안정

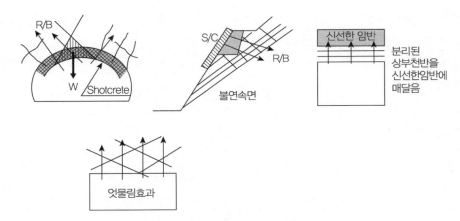

  (2) **보형성 작용**(터널, 사면)

    ① 터널주변 층상(절리) 암반 → 분리 → 겹침보 거동

    ② Rock Bolt로 절리면 사이를 조임 → 전단력의 전달 가능 → 합성보로 거동케 함 → 마찰효과 (Friction Effect)

③ 마찰효과(Friction Effect) : 자체지지력이 없는 층들을 함께 묶어 마찰력을 증가시켜 각 층들의 개별적 거동 저지 → 자체지지력을 증가시킴

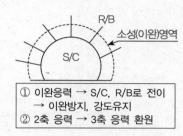

[1차 구속 : 원지반 강도 유지]

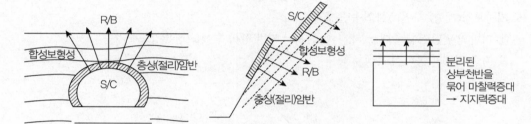

(3) 내압작용(구속압 증대)

: 내공 변위 방지, 3축 응력 상태 유지, 내하력이 높은 Arch 형성 효과

① Rock Bolt의 인장력과 동등한 힘이 터널 벽면에 내압으로 작용

② **2축 응력 상태 → 3축 응력 상태 환원 효과**

 : 구속압(측압)의 증대효과

③ 지반강도 or 내하력 저하 억제

④ 터널 안쪽에서 Rock Bolt 등으로 내압(P)을 가하면 구속압력 상승으로 전단강도 증가, 취성파괴 형태에서 연성파괴 형태로 바뀐다.

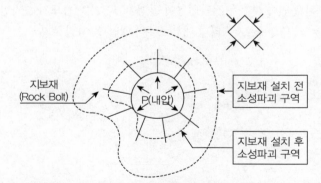

[그림] 터널 지보재가 소성파괴 구역에 미치는 영향(지하 600m)

(4) Arch 형성 효과

① System Rock Bolt 의 내압효과로 일체화 → 내하능력 증대

② 굴착면 주변지반은 내공 측으로 일정하게 변형 → 내하력이 큰 **Grand Arch 형성**

③ Rock Bolt 설치 후 인장력 가하면(Pretensioned Bolt), 주변 암반에 압축권이 형성, 각 Bolt에 의한 압축권은 서로 연결되어 아치형태의 압축대 형성

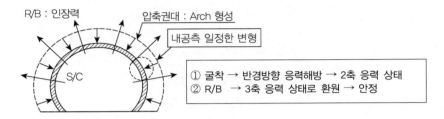

(5) **지반보강(개량)**(사면) : 불연속면 보강

① 지반의 전단저항 증대 → 내하력 증대 → 지반 항복 후에도 잔류강도증가

② 지반 전체가 공학적 특성치 증대

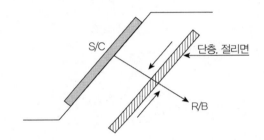

## 7. Rock Bolt 보강력 발휘 메커니즘

1) Rock Bolt 시공에 의한 전단변형 구속효과

　(1) 전단변형 시에는 불연속면에 수직방향으로 팽창하려 하나, 수직방향이 완전히 구속되어 있으므로 팽창 대신 수직응력($\sigma_n$)이 증가한다.

　(2) Rock Bolt로 구속된 불연속 블록은 전단변형이 발생하면서 전단강도가 증가한다.

　　$\tau_f = \sigma_n \tan\phi$ : $\sigma_n$의 영향으로 $\tau_f$(터널 내부로부터 내압)을 가한 효과

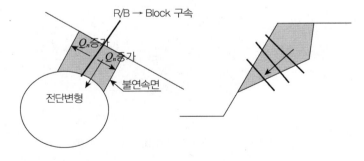

2) R/B와 암반과의 부착력

3) 매달기 효과 : 소성변형 구간 대폭 축소 → 안정화

4) 사면의 Rock Bolt 메커니즘(Anchor도 동일)

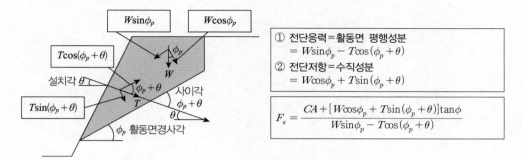

① 전단응력=활동면 평행성분
$$= W\sin\phi_p - T\cos(\phi_p + \theta)$$
② 전단저항=수직성분
$$= W\cos\phi_p + T\sin(\phi_p + \theta)$$

$$F_s = \frac{CA + [W\cos\phi_p + T\sin(\phi_p + \theta)]\tan\phi}{W\sin\phi_p - T\cos(\phi_p + \theta)}$$

(1) 설치각도 $\theta \uparrow$ : $F_s$ 증가, 지나치게 크면 활동력 증가

(2) 가장 효율적인 설치각도 : $\theta = \phi - \phi_p$

## 8. Rock Bolt 설계 시 Q값의 활용

1) 터널 지보 방법 제시

Q치와 터널의 등가 치수 제안(터널의 유효 크기), Q값에 의한 지보 방법은 터널의 유효 크기 $D_e$에 따라 결정됨

$$D_e = \frac{B(터널굴진장, 직경, 높이)}{ESR}$$

  (1) ESR(Excavation Support Ratio)

    =굴착 지보율=터널 용도에 따라 요구되는 안정성 지수=안전율의 역수 개념

  (2) $D_e$가 결정되면 이에 상응하는 38개의 영구적인 보강 방법 제시

2) Rock Bolt 길이 제안

  (1) 터널 천정부

$$L = \frac{2 + 0.15B}{ESR}$$

  (2) 터널 측벽부

$$L = \frac{2 + 0.5H}{ESR}$$

[$B$ : 터널 폭, $H$ : 터널 높이]

## 9. Rock Bolt의 분류

1) 정착(고정) 방법별 분류

  (1) 선단 정착(고정)형 : 지반압축, 봉합효과, 견고한 지반(경암, 보통암)

① 쐐기형(Wedge Type)

② 레진형(Resin Type)

③ 익스펜션형(Expansion Type)

(2) 전면접착형 : 전장을 지반에 정착, 토사~경암

충전형(Cement Mortar)

주입형(Cement Milk)

(3) 혼합형 : 선단, 전면 병용형

(4) Swellex

### 2) 재질별 분류

(1) 이형철근 : D22~29

(2) 유리섬유(Glass Fiber) : 터널 막장면

(3) FRP

(4) 철관(Swellex)

## 10. Rock Bolt의 시공

### 1) 타설 패턴(배치)

(1) Random Bolt : 필요 부분만 설치, 선단정착식 사용

(2) System Bolt : 일률적으로 설치, 전면접착식 사용

### 2) Rock Bolt의 제원(배치 간격 및 길이)

(1) 이완영역 이상

타설 길이(L) > 1/3~1/5× 터널폭(B) or L > t(지보면과 막장면까지 거리)

(2) Bolt 영향범위 중첩 : 타설 길이(L) > 2× 타설 간격(P : 간격＝Pitch)

∴ 간격(P) < 0.5L

(3) 봉합작용 : 간격(P) ≤ 3D(암괴의 평균수치)

(4) 절리 관계 : 타설 길이(L) > 3× 절리 평균 간격

(5) 보통 L＝4m

(6) 타설 길이 계산식 : L＝1.4＋0.18B [B : 터널폭]

(7) Rock Bolt 개수 계산식

$N = F \cdot W/B$

[$N$ : 개수, $B$ : 록볼트 인장강도, $W$ : 록볼트 재하하중, $F$ : 안전율]

(8) 직경 : $\phi = 25mm$

### 3) 재료

(1) Bolt : 인장 특성이 좋은 재질 사용, SD30, SD35 이상의 것, 직경 16~25mm 사용

(2) 정착 재료 : Cement 밀크, Cement 모르타르, Cement 계 고착재, Resin

## 11. Rock Bolt 시공 관리(시공 시 유의사항)

1) Rock Bolt 길이는 지반에 따라 Random으로 하는 것이 좋음 : 3~6m

2) 설치시기 : 지반에 따라 다르나 2~3 막장 이내가 좋음

3) 설치간격 및 배치

   갱구부, 수직구 등 굴착 초기에는 종방향 간격을 촘촘하게 함 : 약 50cm 간격, 매 막장마다 엇갈리게 (Zig Zag) 배치

4) 정착재, Rock Bolt 등의 재료는 사용 전 품질 확인함

5) 타설 : 굴착면에 직각으로 타설

## 12. 맺음말

시공 관리 주안점

NATM은 1) 계측 실시하여 막장 자립 시간, 지반 상태 확인하여 2) 안전하고, 경제적 시공

## ■ 참고문헌 ■

1. 도덕현 외 2인(2003), 암반공동의 설계와 시공, 건설정보사.

2. 지반공학 시리즈 7(터널)(1997), 지반공학회.

3. 서진수(2006), Powerful 토목시공기술사(1, 2권), 엔지니어즈.

4. 김승렬(1998), 터널 일반설계, 토목시공 고등기술강좌 Series 11, 대한토목학회, pp.131~170.

## 5-38. NATM 공법에 의한 터널굴착 시 Rock Bolt와 Shotcrete에 의한 지보방식 기술

### 1. 개요

NATM에서 **암반이 주 지보재로서 암반의 Arching(Ground Arching) 효과**를 유지하지만 보조 지보재(지보재)를 사용하여 **암반의 Arching을 형성**하는 것을 도와준다. 보조 지보재로는 Shotcrete, Wire Mesh, Rock Bolt, Steel Rib가 있다.

### 2. 지보원리 : 지보재 증설시기(계측결과의 활용)

터널계측 결과 해석하여, 반경방향의 응력과 지보력 파악, 지보 보강함

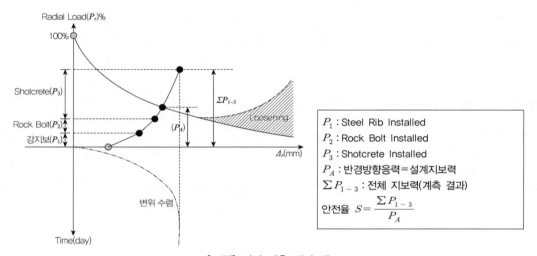

[그림] 터널 계측 결과 예

### 3. Shotcrete 지보 : 숏크리트 전반에 대해서 기술
### 4. Rock Bolt 지보 : R/B 전반에 대해서 기술

■ 참고문헌 ■

1. 도덕현 외 2인(2003), 암반공동의 설계와 시공, 건설정보사.

2. 지반공학 시리즈 7(터널)(1997), 지반공학회.

3. 서진수(2006), Powerful 토목시공기술사(1, 2권), 엔지니어즈.

4. 김승렬(1998), 터널 일반설계, 토목시공 고등기술강좌 Series 11, 대한토목학회, pp.131~170.

# 5-39. 보조 지보재(터널의 암반 보강 공법) 중 강지보공(Steel Rib)

## 1. Steel Rib 효과(기능)

1) 지반 붕락 방지

2) Fore Poling 의 반력 지보

3) S/C 경화 전 지보

4) 터널의 형상 유지

5) 갱구 보강

## 2. 강재지보공의 기능의 분류

1) 일시적인 초기 지보효과

   (1) 세우기와 동시 그 기능을 발휘하여 Shotcrete가 충분한 강도를 발휘할 때까지 일시적인 초기지보 효과를 얻어 굴착한 곳의 안정을 도모하기 위해 사용하는 지보

   (2) 절리가 많고 붕괴의 염려가 있는 원지반에서 초기단계의 비교적 작은 붕괴를 방지하는 목적

   (3) 일반적으로 **가벼운 지보** 사용

2) **실토압, 팽창성 토압**이 작용하는 원지반에서 **Shotcrete와 일체성**을 유지하고, **내압효과**를 기대할 때 사용하는 지보

   (1) 굴착 현장의 막장 자립시간이 짧은 토사지반에서 **내압 효과**를 얻기 위한 지보

   (2) 지반의 변형이 큰 **터널의 지보**

   (3) 부재단면이 큰 H형 지보, U형 지보 등을 사용

   (4) 지보공에 축소할 수 있는 기구를 만들어 변형을 조절해야 한다.

   (5) Slide식 이음 사용 : **가축성 지보**

## 3. 강지보공의 형상(종류)

1) H 형강

2) 강관

3) U 형강

4) 삼각 격자 지보(레티스 거더 : Lattice Girder) 〈용어 설명 기출 문제〉

5) 가축성 지보

## 4. 강지보 설치 간격

1) 매 막장마다 : 보통 C.T.C 1.5m

2) 지반이 좋은 경우 : 수막장마다, 또는 생략

3) 길이 방향 연결 : 철근

## 5. 맺음말

시공 관리 주안점

NATM은 1) 계측 실시하여 막장 자립 시간, 지반 상태 확인하여 2) 안전하고, 경제적 시공

**■ 참고문헌 ■**

1. 도덕현 외 2인(2003), 암반공동의 설계와 시공, 건설정보사.
2. 지반공학 시리즈 7(터널)(1997), 지반공학회.
3. 서진수(2006), Powerful 토목시공기술사(1, 2권), 엔지니어즈.
4. 김승렬(1998), 터널 일반설계, 토목시공 고등기술강좌 Series 11, 대한토목학회, pp.131~170.

# 5-40. 가축성 지보(64회)

## 1. 가축성 지보 정의

1) **팽창성 지반 등**에서 **지보의 크기, 길이 조절 가능한 지보**

2) Tunnel에서 지보에 작용하는 하중이 커서 지보하중(동바리 축력)이 일정값보다 커지면

3) 이음부에 일정한 저항값을 보유하며, 움직일 수 있게 제작 : Slide식 이음

## 2. 가축성 지보의 종류

1) U형지보 등이 사용됨 : 겹이음에 의한 가축지보 가능

2) 세그먼트(Segement) 형식의 지보재

U형지보

## 3. NATM과 가축성 지보

1) 터널 하중(응력) 전이(Arching, Load Transfer)

   (1) 정의 : 터널 변위에 따른 하중 분포현상을 말함

   (2) 굴착에 따라 변위를 다소 허용하면 터널은 원래 받고 있던 압력보다 적고,

       터널 주변은 큰 압력이 작용함

하중전이

2) NATM 터널에서 **변위발생을 억제**하려면 **큰 강성의 지보재 필요로 비경제적**이 됨

3) 너무 약한 지보재를 사용하면 큰 변위 발생, 이완되어 붕괴될 수 있음

4) **어느 정도 변위되는 가축성 지보**를 하면 **하중전이발생**으로 **경제적인 단면**으로 시공 가능함

5) NATM은 재래식의 강성 지보(강지보공 개념)보다는 변위가 일부 허용되는 **가축성 지보의 융통성 있는 채용**이 필요하며, **가축성 지보로 원암반의 강도를 이용**함이 핵심원리(특징)임

6) NATM은 **수동적 지보**보다는 **능동적 지보**가 선호됨

7) 터널의 보강은 두꺼운 라이닝에 의해서가 아닌 Rock Bolt, 철망, 강지보의 조합에 의해 이루어짐

## 4. 계측 실시

1) 계측의 종류

| A 계측(일상) : 매 12m마다 측정, 시공에 이용 | B 계측(대표 계측) : 매 300m~500m, 설계에 이용 |
|---|---|
| 지표침하 | Shot Crete 응력 |
| 천단침하 | R/B 축력 |
| 내공변위 | Lining 응력 |
| 갱내외 관찰조사 | 지중변위 |
| R/B 인발 | 지중침하 |
| | 지하수위 |

2) 계측 단면도

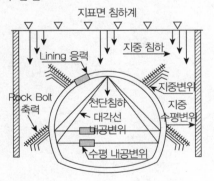

## 5. 맺음말

시공 관리 주안점

NATM은 1) 계측 실시하여 막장 자립 시간, 지반 상태 확인하여 2) 안전하고, 경제적 시공

**■ 참고문헌 ■**

1. 도덕현 외 2인(2003), 암반공동의 설계와 시공, 건설정보사.
2. 지반공학 시리즈 7(터널)(1997), 지반공학회.
3. 서진수(2006), Powerful 토목시공기술사(1, 2권), 엔지니어즈.
4. 김승렬(1998), 터널 일반설계, 토목시공 고등기술강좌 Series 11, 대한토목학회, pp.131~170.

# 5-41. 터널 라이닝(Lining)과 인버트(Invert)(106회 용어, 2015년 5월)

- 터널에서의 콘크리트 라이닝 기능(83회 용어)
- 터널의 인버트 정의 및 역할(94회 용어)

## 1. Lining concrete(2차 복공)의 정의
터널 굴착 시 굴착면의 안전성을 확보하기 위한 **콘크리트 구조물**, 무근 콘크리트 또는 철근 콘크리트로 함

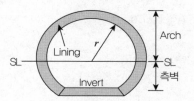

## 2. 복공(Lining)의 기능(역할)

| | |
|---|---|
| 지보구조적 측면 | • NATM 공법에서 변형 수렴 후 복공 타설을 원칙으로 함<br>• 변위수렴이 장기간으로 예상되는 팽창성 지반, 토사지반 : 변위 수렴 전 복공 타설<br>• 외력지지 : 토압, 수압, 침투압, 상재하중<br>• 굴착면 안정, 풍화방지<br>• 지반 불균일, Shotcrete 품질 불균질, Rock Bolt 부식, 기능저하 등 불확정 요소에 대한 안전율 증가<br>• 공용 후(사용개시 후) 외력의 변화, 지반 및 지보재의 약화에 대비<br>• 구조물로서의 내구성 향상 |
| 공용성 측면 | • 누수방지, 수밀성 확보<br>• 수로터널의 조도계수 향상<br>• 도로 터널의 부착물(조명, 환기시설 등) 지지<br>• 차량 전조등의 산란 균등 확보<br>• 운전자의 심리적 안정 |

## 3. 복공의 형식
1) 무근 콘크리트 : 지반 양호한 곳
2) 철근 콘크리트 : 토사지반, 토피 작은 곳, 편압, 수압받는 곳, 갱구부 등

## 4. 복공의 형식과 적용성

| 형식 | 적용성 |
|---|---|
| 측벽 직립형 | 지반이 양호한 경우 아치와 측벽 시공 |
| 마제형 | – |
| 인버트 설치형 | 지반 조건 나쁠 때 Invert 설치하여 Ring 폐합 |
| 원형 | 수로 터널, 수압, 토압이 큰 곳 |

## 5. 복공의 두께 결정방법
1) Terzaghi 공식

$$t = 0.19C \cdot r^{1/2}$$

여기서, $C$ : 탄성파속도에 의해 결정되는 암석에 의한 계수

     $r$ : 터널 내부 Arch 반지름(m)

2) 장기적인 안정 목적인 경우 : 30~40cm

3) 내공단면폭 2m : 20cm

4) 내공단면폭 5m : 20~25cm

5) 내공단면폭 10m : 30~40cmm

## 6. 2차 복공 (Concrete Lining)의 설치시기

1) 암반의 변형 어느 정도 허용

2) **변위가 수렴되고 암반이 안정되었을 때** 실시

3) 팽창성 지반

  : 굴착과 동시 지보재 실시, 가축성 지보(능동적 지보) 설치

## 7. 터널 공법별 복공의 종류

| 터널공법 | 라이닝 |
|---|---|
| NATM | 현장타설 |
| NMT(Norwegion Method of Tunnelling) | PCL(Precast Concrete Lining) |
| Shield - TBM | 세그먼트(Segment)<br>1) 1차 복공(Segment 종류)<br>  (1) 현장타설 콘크리트 라이닝<br>  (2) H 지보공 흙막이<br>  (3) Precast Concrete Segment 조립<br>  (4) 철제 Segment<br>2) 2차 복공 : Segment 보강, 방수 방청<br>3) 복공의 두께<br>  : 단면에 따라 다름, 보통 25~90cm |

## 8. 터널의 인버트 정의

1) 터널의 Invert는 터널 내 **암반의 지반변위**와 **이완하중**을 지지할 수 있도록 **Ring 폐합**을 시키는 중요 구조물임

2) 터널 Invert 종류

  (1) Shotcrete : 가Invert 등에 주로 사용, 상·하반 분할 굴착하는 Ring Cut이나 Bench Cut에 적용

  (2) Concrete Invert : 영구 구조물

## 9. 인버터 콘크리트(invert concrete)의 역할 : 필요한 경우 = 기능 = 목적

1) 지반이 불량한 경우 Lining(복공)과 일체가 되어 **Ring을 형성**하여 구조체로서 강도를 증가시켜 지압에 대응(저항)함

2) 터널 주변의 원지반의 안정 도모 : 조기에 **터널 단면을 폐합**하여 **내공변위 제어**

## 10. 인버트 단면도

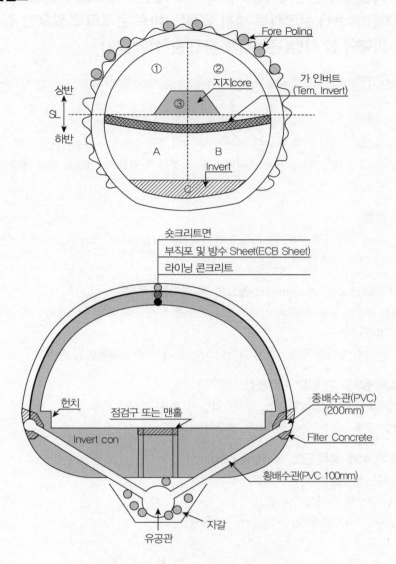

## ■ 참고문헌 ■

1. 도덕현 외 2인(2003), 암반공동의 설계와 시공, 건설정보사.
2. 지반공학 시리즈 7(터널)(1997), 지반공학회.
3. 서진수(2006), Powerful 토목시공기술사(1, 2권), 엔지니어즈.
4. 김승렬(1998), 터널 일반설계, 토목시공 고등기술강좌 Series 11, 대한토목학회, pp.131~170.

## 5-42. 장대 터널공사 현장에서 인버트(Invert) 콘크리트를 타설하고자 한다. 인버트(Invert) 콘크리트 설치 목적(인버트 콘크리트 필요한 경우)과 타설 시 유의해야 할 사항(콘크리트 치기 순서)(75회)

- 터널 공사에 있어서 인버트 콘크리트(invert concrete)가 필요한 경우를 들고, 콘크리트 치기 순서에 대해서 설명(67회)

### 1. 개요
1) Shotcrete(1차 복공)는 터널 지반 변위에 따른 하중 지지, Lining concrete는 이완영역의 전 하중을 지지
2) 터널의 Invert는 터널 내 암반의 지반 변위와 이완 하중을 지지할 수 있도록 Ring 폐합을 시키는 중요 구조물임

### 2. 터널 Invert 종류
1) Shotcrete : 가 Invert 등에 주로 사용, 상·하반 분할 굴착하는 Ring Cut이나 Bench Cut에서 가 인버트 시공 시
2) Concrete Invert : 영구 구조물

### 3. 인버터 콘크리트(invert concrete)가 필요한 경우(기능)(목적)
1) 지반이 불량한 경우 Lining(복공)과 일체가 되어 Ring을 형성하여 구조체로서 강도를 증가시켜
2) 지압에 대응(저항)
3) 터널 주변의 원지반의 안정 도모 : 조기에 터널 단면을 폐합하여 내공변위 제어

### 4. 터널 인버트의 설치시기 판단 : 적용성
1) 지반 융기, 측벽의 압출(측압, 편토압, 팽창), 암질인 경우
2) 지질이 불량한 경우 : 용수, 단층, 파쇄대, 팽창성 점토

### 5. 가 Invert 및 인버트 설치 단면 예 [Ring Cut]
1) 지지 Core 남기는 방법
2) 풍화토, 연암 지반, 막장 자립 곤란한 곳
3) 시공 순서(굴착 순서) : ① → ② → ③ → A → B → C

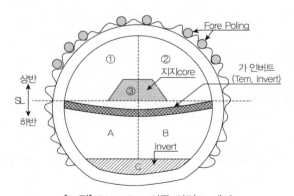

[그림] Ring Cut 시공 단면도 예시

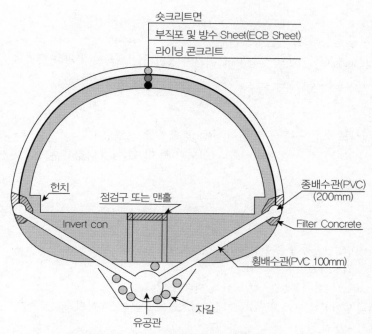

라이닝 콘크리트
부직포 및 방수 Sheet(ECB Sheet)
숏크리트면

헌치
점검구 또는 맨홀
종배수관(PVC)
(200mm)
Invert con
Filter Concrete
횡배수관(PVC 100mm)
자갈
유공관

[그림] Invert 시공 단면도 예시(지하철 터널인 경우)

## 6. Invert 콘크리트 치기 순서

1) 터널 내부 Lining 시공 순서

: 굴착 → 보조 지보재 → 1차 lining(Shotcrete) → 1차 Invert(Shotcrete) → 2차 Invert(콘크리트 Invert) →
2차 Lining Concrete

2) Invert 콘크리트 치기 순서

(1) 종횡 배수관 설치

(2) Filter concrete 타설

(3) 철근 가공 조립 + 거푸집 설치

(4) Invert 콘크리트 줄눈 설치 : 신축 줄눈, 수축 줄눈, 시공 줄눈

(5) Invert 콘크리트 타설 : 배관, 펌프차, 중간 압송 펌프(2차) 설치

(6) 헌치 콘크리트 타설, 또는 Abutment 타설

(7) Invert는 배합, 운반, 치기, 다지기, 마무리, 양생 전 과정에 걸쳐 시방 준수, 정밀 시공

## 7. Invert 콘크리트 시공(타설 시) 유의사항

1) 펌프차 타설 시 유의사항

(1) 콘크리트 압송 거리 고려한 펌프 용량, 중간 압송 펌프 설치

(2) 예비 펌프차, 예비 배관 준비 : 배관 막힘, 터짐에 대비

(3) 레미콘 공장과 긴밀한 연락 체계 유지

(4) 콘크리트 중단에 따른 Cold joint 예방

2) 줄눈의 시공

    (1) 신축 줄눈, 시공 줄눈의 위치 선정

       향후 타설될 Lining Concrete의 시공 Joint 위치와 정확히 일치시키기 위한 정밀 시공

    (2) 줄눈부에는 Key, 지수판, 지수동판 설치

3) 양생 및 마무리

    (1) 습윤 양생 실시로 소성 수축 균열, 침하 균열, 건조 수축 균열방지

    (2) 마무리 : 침하 균열방지를 위해 타설 후 경화되기 전(약 30분)에 나무흙손으로 재 마무리

■ 참고문헌 ■

1. 도덕현 외 2인(2003), 암반공동의 설계와 시공, 건설정보사.
2. 지반공학 시리즈 7(터널)(1997), 지반공학회.
3. 서진수(2006), Powerful 토목시공기술사(1, 2권), 엔지니어즈.
4. 김승렬(1998), 터널 일반설계, 토목시공 고등기술강좌 Series 11, 대한토목학회, pp.131~170.
5. 대구 지하철 2호선 시방서.

# 5-43. Lining Con의 균열

- 터널구조물 시공 중 발생하는 균열원인과 물처리 공법(57회)
- 터널라이닝콘크리트(Linning Concrete) 균열발생원인 및 균열저감방안 설명 [105회 2015년 2월]
- 기존 터널에서 내구성 저하로 성능이 저하된 경우 보수방법과 보수 시 유의사항 [105회 2015년 2월]

## 1. Lining 균열의 원인(종류)(시공 중 발생하는 균열) : 그림 3~5개 그릴 것

1) 재료적인 원인

    (1) 콘크리트 타설 시 **수화열에 의한 균열, 열응력, 온도응력**

    (2) 경화 시 **건조수축**에 의한 균열

2) **시공불량**에 의한 균열

    (1) 콘크리트 **급속 타설**에 의한 균열

    (2) **불완전한 배수처리로 수압 증가**로 인한 균열

    (3) **시공조인트** 부위의 횡균열

3) **품질 불량**에 의한 균열

4) **외력**에 의한 균열

    (1) **이완토압** : 종방향 균열

    (2) **편토압**

    (3) **팽창성토압**

        ① 측벽 아아치 양 어깨부에 복잡한 수평균열 발생

        ② 아아치와 측벽부의 시공이음 단차 발생

    (4) **수압 및 동상압**

    (5) **동결, 융해**의 반복작용

    (6) **복공배면의 원지반 동결**

    (7) **돌발성 붕괴**에 의한 균열

    (8) **지반 활동**에 의한 균열

    (9) **지지력 부족**에 의한 균열

    (10) **화재, 표면가열**에 의한 균열

5) **자연기상, 화학적** 작용

    (1) 부재 양면의 **온도차, 습도차**에 의한 균열

    (2) **염해, 중성화, 알칼리 골재 반응**

## 2. 물 처리 방법(지하수, 용수 처리)

1) 시공 중 물 처리 대책

    (1) 굴착 시 용수 처리 : 보조공법 사용(주로 약액주입)

    (2) Shotcrete 타설 시 : 배수 처리

2) Lining Concrete 타설 시

    (1) 방수 처리함 : 부직포＋방수 Sheet 시공

    (2) 유도배수 터널과 비배수 터널 개념이 있음

## 3. 터널에서 가장 많이 일어나는 균열 형태

### 1) 천단부의 종방향 균열

    (1) 전체 균열 중 가장 많은 비중 차지

    (2) 균열이 크고

    (3) 균열의 연장이 길다 : 1Span에 걸쳐 발생

    (4) 구조적인 취약부가 되고

    (5) 터널의 건전도를 저해하는 요인이 됨

    (6) 이완토압 : 종방향 균열, 외력에 의한 균열

### 2) 천단부의 종방향 균열 발생원인

    (1) 콘크리트 시공법 잘못(시공 불량)

    (2) 천단부 콘크리트 치기 시, 펌프 타설할 때, 콘크리트 자중에 의해 측벽 쪽으로 유동

    (3) 천단부 마지막으로 타설

    (4) 천단부에 배면 공동 발생 : 주입 Pipe 매설 후, Grouting

    (5) Lining 두께 부족

        ① 공동현상 발생

        ② 단면감소량 : 30% 정도 발생

        ③ 균열에 대한 내하력 : 40% 정도 감소

        ④ 파괴 하중에 대한 내하력 : 30% 정도 감소

        ⑤ 처짐량

            ㉠ 공동이 없는 경우 : 1.2mm

            ㉡ 공동이 있는 경우 ; 1.3mm

## 4. 균열 원인별 발생형태 및 보수·보강대책 : 내구성 저하된 터널의 보수방안

| 원인 | 발생형태 | 예방 및 보수대책 |
|---|---|---|
| 콘크리트 재료 특성<br>(건조수축과 열응력) | | − 표면처리공법(0.3mm 미만)<br>− 주입공법(0.3mm 이상) |
| 환경변화의 천이영역에 따른 균열<br>− 시공 조인트부의 횡균열 | 반달형 횡균열<br>시공조인트<br>− 기체의 흐름이 달라지는 영역에서 발생 | − 균열충전(에폭시 주입)<br>− 배면 그라우트<br>− 신축이음설치<br>− 온도 및 배력 철근 증가 |
| 온도차에 의한 내부균열<br>(건조수축과 온도균열) | − 위에서 아래로 터널 내부에 수직방향균열 | − U-cut(단열재 삽입공법 : 동결상태 소규모,<br>한냉정도 적은 경우<br>− 표면 단열재공법 : 동결이 면상이고, 내공<br>단면에 여유 있을 때 |
| 중성화 및 염화물에 의한 철근의 녹 | 거북 등 균열<br>− 콘크리트 표면요철, 균열, 재료분리, 박탈<br>발생 | 타일 개량 압착공법 |
| 수화열 | − 측벽의 수직균열<br>− 심하면 관통균열보임 | − 온도철근 증가<br>− 시멘트의 종류 및 배합개선<br>− 타설 길이와 타설 높이의 조절 |
| 편토압 및 팽창성 토압 | SL<br>℄<br>편토압<br>SL<br>균열 | − 주입공(에어모르터, 에어밀크, 그라우트<br>스토퍼)<br>− 록볼트<br>− 그라우트 앵커공<br>− 인버트공<br>− 지반침하에 의한 모멘트철근 고려<br>− 시공줄눈, 신축줄눈 정밀시공 |
| 동상압 | 수압 및 동상압 : 수평균열<br>℄<br>측압 ← → 측압<br>SL을 따라<br>균열발생 | 주입공<br>: 에어모르터, 에어밀크, 그라우트 스토퍼 |

| 원인 | 발생형태 | 예방 및 보수대책 |
|---|---|---|
| 수압<br>- 불완전한 배수 | 수압작용으로 인한 측벽부의 종방향 균열<br> | 록볼트, 유도배수공법 |
| 계곡부의 지표수, 지하수 유입 :<br>균열, 누수 | | - 계곡부 수로정비<br>- 록볼트<br>- 지반보강 그라우팅<br>- 모르터 스프레이<br>- 유도배수공 |
| 댐 및 계곡수로의 지하수 유입 :<br>균열 및 누수 | | 전면 그라우팅공법 |
| 동해(한랭지)<br>- 동결, 융해의 반복작용 | Pop-out, 스케일링 현상(모르타르, 콘크리트부위)<br> | - 방호 넷트 설치<br>- 숏크리트<br>- 내부라이닝 콘크리트로 보수 |
| 콘크리트 부식<br>- 산, 염분에<br>- 산성지하수 유입<br>  (황산이온 농도 높음) | 라이닝면에 적색을 띤 산성수가 면 위로 누수,<br>심한 박락<br> | - 내황산 시멘트 그라우팅공법<br>- 유도배수공 적용 |
| 배변동공<br>- 하중의 증가<br>- 단면 부족 시 | 외력에 의한 균열<br><br>이완토압 : 종방향 균열<br><br>상부 아치 중앙부 하면의 종방향 균열 | - 배변그라우팅(내부 균열을 에폭시 충전)<br>- 온도철근 및 배력철근 증가 필요 |

## 5. 균열저감방안

콘크리트 구조물의 균열저감방안과 동일함

## 6. 보수·보강 시 유의사항

### 1) 균열의 평가

(1) 보수보강 여부 판정

(2) 평가 기준 항목 : 균열폭, 균열길이, 균열깊이, 균열 관통 유무, 균열의 진행성, 균열밀도

### 2) 보수기준 검토

(1) 구조적 안정성 기준 : 구조부재인 경우 보수 여부 판정

(2) 내구성 기준 : 내구성에 의한 보수 여부 판정

(3) 방수성 기준 : 방수성에 의한 보수 여부 판정

(4) 균열 진행성 유무에 의한 보수 여부 판정

(5) 전문기술자 판단에 의한 보수 여부 판정

### 3) 보수재료 선정 및 평가

(1) 보수재료의 요구 조건 검토

(2) 보수재료 선정 : 수지계, 시멘트계, 실링계

### 4) 보수공법 선정

(1) 보수설계

(2) 보수범위 선정 : 부분적 보수, 전면적 보수

(3) 보수시기의 결정(열화단계와 보수시기)

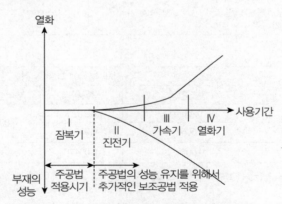

[그림] 주입 및 충전공법의 적용시기 : 보수시기

- Ⅰ(잠복기) : 콘크리트 속으로 외부 염화물 이온의 침입 및 철근 근방에서 부식발생 한계량까지 염화물 이온이 축적 되는 단계
- Ⅱ(진전기) : 물＋산소의 공급하에서 계속적으로 부식이 진행되는 단계
- Ⅲ(가속기) : 축방향 균열 발생 이후의 급속한 부식단계
- Ⅳ(열화기) : 부식량 증가, 부재로서의 내하력에 영향 미치는 단계

### 5) 보수공사 품질관리

6) 보수 후 평가 및 평가방법
  (1) Core 채취 : 육안관찰, 실내시험(경사전단시험, 직접전단시험, 일축인장시험)
  (2) 비파괴기법: 초음파시험, 충격음법
  (3) 현장 부착강도시험
  (4) 하중시험

7) 보수 합격 기준 확인
  (1) 표면처리공법 : 시공 흔적이 남았는가?
  (2) 주입공법: 균열심부까지 잘 주입되었는가? 주입 깊이는?
  (3) 충전공법; 마감도재와의 부착은 잘되었는가? 마감도재에 변색은 없는가?

### 균열의 보수기준

| 분류 | 평가 | 균열폭 | | |
|------|------|--------|---|---|
| | | 구조적 안정성기준 | 내구성기준 | 방수성기준 |
| 미세균열(Fine) | 구조적 문제없음<br>보수불필요<br>균열관찰관리 | 구조적 허용균열폭<br>$W_a$ 이하 | 환경조건별 허용균열폭<br>$W_a$ 이하 | 0.1mm 이하 |
| 중간균열<br>(Medium) | 구조적 문제검토<br>균열보수<br>균열부위 관찰관리 | $W_a$~0.5mm | $W_a$~0.5mm | 0.1~0.2mm |
| 대균열(Wide) | 구조 내하력 저하<br>구조적 검토필요<br>즉각적인 균열보수 | 0.5mm 이상 | 0.5mm 이상 | 0.2mm 이상 |

### * 구조적 허용균열폭

| 강재의 종류 | | 강재 부식에 대한 환경조건 | | | |
|-------------|---|--------|--------|--------|--------|
| | | 건조환경 | 습윤환경 | 부식성환경 | 고부식성환경 |
| 이형철근 | 건물 | 0.4mm | 0.3mm | $0.004\,t_c$ | $0.0035\,t_c$ |
| | 기타 구조물 | $0.006\,t_c$ | $0.005\,t_c$ | | |
| 프리스트레싱긴장재 | | $0.005\,t_c$ | $0.004\,t_c$ | - | - |

• $t_c$ : 콘크리트 최소 피복 두께(최외단철근 표면과 콘크리트 표면 사이)

### * 내구성 기준 허용균열폭

| 조건 | 허용균열폭(mm) |
|------|----------------|
| 건조환경 | 0.40 |
| 습윤환경 | 0.30 |
| 부식성환경 | 0.20 |
| 고부식성환경 | 0.15 |
| 수밀성구조 | 0.10 |

* 균열진행성 유무에 의한 보수 여부 판정

| 구분 | 내용 |
|---|---|
| 휨변형 | 상부슬래브, 보 등과 같이 활하중과 Creep에 의한 휨변형 증대에 의한 균열 진행 |
| 온도변형 | 일조에 의한 온도상승이 현저한 부재와 그에 인접한 부재와의 온도차에 의해 발생하는 균열, 계절별로 반복되는 균열 |
| 건조수축 | 완공 후 수년(2~3년)의 구조물은 건조수축이 진행됨 |
| 건습의 반복 | 습윤팽창과 건조수축에 의한 균열폭의 변동 |
| 철근부식 | 염해에 의한 부식균열은 진행이 빠르고, 주입보수를 해도 재균열이 발생할 가능성이 높은 균열 |

### Lining Concrete 원인별 균열 형태 상세내용

1) 콘크리트 타설 시 수화열에 의한 균열

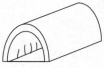

2) 건조수축과 열응력

3) 건조수축과 온도균열

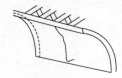

4) 시공 불량 : 콘크리트 급속 타설에 의한 균열

5) 시공 불량 : 불완전한 배수처리로 수압 증가로 인한 균열

6) 시공 불량 : 시공 조인트 부위의 횡균열

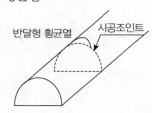

반달형 횡균열    시공조인트

7) 외력에 의한 균열(중요)

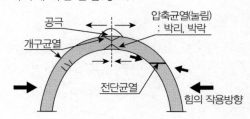

공극    압축균열(눌림) : 박리, 박락
개구균열    전단균열    힘의 작용방향

8) 이완토압 : 종방향 균열

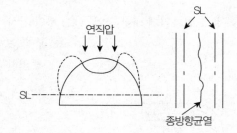

연직압    SL
SL    종방향균열

9) 편토압

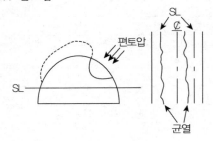

10) 팽창성 토압(외력에 의한 균열)
 - 측벽 아아치 양 어깨부에 복잡한 수평균열 발생
 - 아아치와 측벽부의 시공이음 단차 발생
 - SL을 따라 수평균열 발생

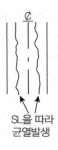

11) 수압 및 동상압 : 수평균열

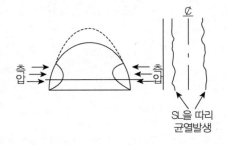

12) 동결, 융해의 반복 작용

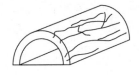

13) 돌발성 붕괴에 의한 균열    14) 지반 활동에 의한 균열    15) 지지력 부족에 의한 균열종단
                                                              면도

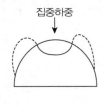
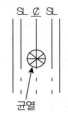
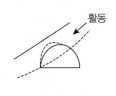

16) 화재, 표면가열에 의한 균열    17) 자연 기상, 화학적 작용       18) 자연 기상, 화학적 작용
                              (1) 부재양면의 온도차, 습도차        (2) 염해, 중성화, 알칼리 골재
                                  에 의한 균열                      반응, 내부 철근 녹(거북등
                                                                  균열, Mapping Crack)

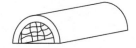

| 원인 | 발생형태 | 예방 및 보수대책 |
|---|---|---|
| 콘크리트 재료 특성<br>[건조수축(재료 특성에 따른 환경조건 변화) + 시공조건에 따른 원인이 복합적 작용으로 발생한 초기균열이 수년간에 걸쳐 발달] | 건조수축과 열응력<br><br>– 아치부 전 구간에 종방향 균열<br>– 시공 이음부를 경계로 어긋나 있음<br>– 균열폭 = 0.1~0.8mm, 일부는 관통균열 | – 표면처리공법(0.3mm 미만)<br>– 주입공법(0.3mm 이상) |
| 환경변화의 천이영역에 따른 균열<br>(급속한 타설로 신, 구 콘크리트 간의 불일치) | 아치, 벽체에 횡방향 균열<br>반달형 횡균열<br><br>시공조인트<br>– 시공 조인트부의 횡균열<br>– 기체의 흐름이 달라지는 영역에서 발생 | – 균열충전(에폭시주입)<br>– 배면 그라우트<br>– 신축이음설치<br>– 온도 및 배력철근 증가 |
| 온도차에 의한 내부 균열<br>(건조수축 및 외기와 원지반의 온도차) | 건조수축과 온도균열<br><br>– 위에서 아래로 터널 내부에 수직방향균열 | – U-cut(단열재 삽입공법 : 동결상태 소규모, 한랭 정도 적은 경우)<br>– 표면단열재공법 : 동결이 면상이고, 내공단면에 여유 있을 때 |
| 중성화 및 염화물에 의한 철근의 녹<br>(차량 매연 등의 오염물질 두껍게 덮여 있고, 청소 곤란한 경우) | 거북 등 균열<br><br>– 콘크리트 표면요철, 균열, 재료분리, 박탈 발생 | 타일 개량 압착공법 |
| 수화열<br>(시공 중의 구속과 수화열에 의한 온도응력의 차이로 건조수축과 맞물려 균열증가) | <br>– 측벽의 수직균열<br>– 심하면 관통균열 보임 | – 온도철근 증가<br>– 시멘트의 종류 및 배합개선<br>– 타설 길이와 타설 높이의 조절 |
| 편토압 및 팽창성토압<br>(풍화된 원지반에 점토광물 존재 시 원지반 체적팽창, 소성변형 수반) | <br>편토압<br>SL<br>SL<br>Ø<br>균열 | – 주입공(에어모르터, 에어밀크, 그라우트스토퍼)<br>– 록볼트<br>– 그라우트 앵커공<br>– 인버트공<br>– 지반침하에 의한 모멘트철근 고려<br>– 시공줄눈, 신축줄눈 정밀시공 |

| 원인 | 발생형태 | 예방 및 보수대책 |
|---|---|---|
| 동상압<br>(지하수의 결빙에 따른 동상압) | 수압 및 동상압 : 수평균열<br><br>ℂ<br>층압 ← → 층압<br>SL을 따라 균열발생<br><br>− 아치하부에서 측벽까지 영역(주동압영역)에 의해 터널단면이 위로 돌출되어 아치의 천단(수동영역)이 노면을 들어 올림<br>− 융해 시는 노면을 침하시킴 | 주입공 : air mortar, 에어밀크, 그라우트 스토퍼 |
| 수압<br>− 불완전한 배수로 수압증가<br>− 수압 비 고려한 설계<br>− 방수층 배면에 불완전한 유도 배수층의 형성으로 방수층 전면에 포켓형 수압 발생 | 수압작용으로 인한 측벽부의 종방향 균열 | 록볼트, 유도배수공법 |
| 계곡부의 지표수 및 지하수 유입에 의한 균열, 누수<br>(배변 지반의 수직절리 발달로 지표수 및 지하수 유입) | 갱문, 측벽, 포장노면에 균열로 인한 누수발생 | − 계곡부 수로 정비<br>− 록볼트<br>− 지반보강 그라우팅<br>− 모르터 스프레이<br>− − 유도배수공 |
| 댐 및 계곡수로에 의한 지하수 유입에 따른 균열 및 누수<br>(주변 지반이 절리 및 파쇄대. 인접 댐, 계계곡수로에서 지하수 유입) | 여수로 유입부의 균열 및 시송이음부의 누수로 균열진전, 철근부식, 콘크리트 열화 | 전면그라우팅공법 |
| 동해(한랭지)<br>− 동결, 융해의 반복작용(콘크리트 중의 수분의 동결 및 융해)에 따른 팽창압 | Pop-out, 스케일링 현상(mortar, 콘크리트부위) | − 방호 넷트 설치<br>− 숏크리트<br>− 내부라이닝 콘크리트로 보수 |
| 콘크리트 부식<br>− 산, 염분에 의한 화학작용<br>− 산성지하수 유입(황산이온 농도 높음)<br>− 라이닝두께 부족<br>− 보강라이닝 콘크리트 수밀성 부족 | 라이닝면에 적색을 띤 산성수가 면 위로<br><br>누수, 심한 박락 | − 내황산 시멘트 그라우팅공법<br>− 유도배수공 적용 |

| 원인 | 발생형태 | 예방 및 보수대책 |
|---|---|---|
| 배변동공<br>– 배면동공이나 침강 후 온도 및 건조 수축으로 균열 진전<br>– 하중의 증가<br>– 단면 부족 시 | 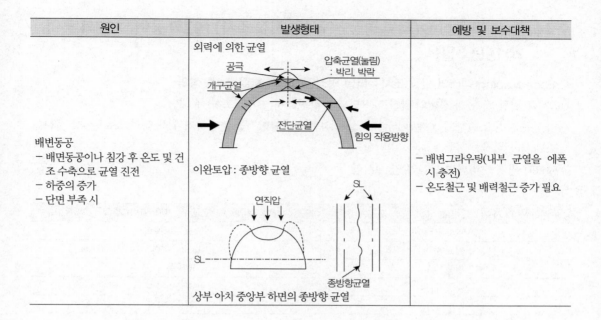 | – 배변그라우팅(내부 균열을 에폭시 충전)<br>– 온도철근 및 배력철근 증가 필요 |

## ■ 참고문헌 ■

1. 도덕현 외 2인(2003), 암반공동의 설계와 시공, 건설정보사.
2. 지반공학 시리즈 7(터널)(1997), 지반공학회.
3. 서진수(2006), Powerful 토목시공기술사(1, 2권), 엔지니어즈.
4. 토목고등기술강좌, 대한토목학회.
5. 전조연(1996), 콘크리트의 균열과 대책, 건설도서.
6. 한국콘크리트 학회(1997), 콘크리트 구조물의 균열(제7회 기술강좌).
7. 콘크리트 구조물의 균열, 균열예방설계 및 시공(2000), 연세대학교 토목공학과, 농업기반공사 교육원, pp.34~78.

# 5-44. Face Mapping(터널 막장면에서의 지질 조사) [93회 용어, 107회 용어, 2015년 8월]

## 1. Face Maping(갱내외 관찰 조사 = 터널 막장면에서의 지질 조사) 정의

1) A계측(일상 계측)의 **갱내외 관찰조사**(터널 막장면에서의 지질조사)에 해당

2) 가정된 지반 조건하에 설계된 터널이, 실제 지반에 적합한가를 판단하기 위해 육안으로 관찰조사하여 스케치하는 것

3) RMR과 **병행**하여 **터널 보강 방안** 제시함

4) 계측의 종류

| A계측(일상 계측) : 매 12m마다 측정, 시공에 이용 | B계측(대표 계측) : 매 300m~500m마다 측정, 설계에 이용 |
|---|---|
| 갱내외 관찰조사 | Shot Crete 응력 |
| 지표침하 | Lining 응력 |
| 천단침하 | R/B 축력 |
| 내공변위 | 지중변위 |
| R/B 인발 | 지중침하 |
| | 지하수위 |

## 2. 터널 막장면 지질 조사(Face Maping)의 목적(필요성)

1) **지반조사의 불확실성 보완**

   : 설계 단계에서 가정한 암반 상태를 최종 터널 막장면의 암반 상태와 같은가를 확인

2) **지반변화 예측**

3) **지반 붕락 가능성 예측**

4) 굴진장 및 지보재의 **설계 변경자료**

   : 설계상의 시공 방법이 위험하다고 판단될 때 현장 지질 조사등을 추가 실시하여 굴착 방법의 변경, 암반 보강 방법(보조 지보재)의 변경, 보조 공법의 선택 등을 신속히 함

5) **계측 분석 및 시공안정성 확인의 기초자료**

## 3. 주요 평가사항(조사항목) : 관찰항목

1) 막장 및 천단의 안정성 : 자립성

2) 암질, 파쇄대, 변질대 등의 지질상황 및 용수상태

   (1) 지질, 지층 주향 및 경사

   (2) 암석 풍화도

   (3) 용수발생 및 영향 판단

   (4) 절리, 틈새 간격, 충전물

   (5) 불연속면(절리, 단층대, 파쇄대, 층리)의 주향과 경사와 터널 진행방향과의 영향

   (6) 암판정 필요 여부

3) 각 시공 구간(막장)의 안정성 : 지보재 변상 파악

4) 지반 재분류 및 재평가 : 설계 시 지반 구분의 평가

## 4. Face Maping의 장점

1) 실제 암반 상태 확인 가능

2) 설계 시 예측된 표준 단면의 암반 분류와 현장 암반 상태를 비교 검토하여, **지보 방법의 변경, 부분 굴착(분할 굴착),** Fore Poling의 시공, 그 외 **보조 공법** 등의 대책 강구 가능

3) 불규칙한 절리 등에 의한 붕괴 위험 발견, Rock Bolt 보강

4) 설계 시 예기치 못한 점토 충전의 단층 발견 시, 계측 전에 붕괴, 지하수 유출 등의 사고가 일어날 수 있으므로 신속 대처 가능

## 5. Face Maping의 한계(단점)

1) 육안 관찰이므로 절리나, 단층의 정확한 파악이 어렵다.

2) 관찰자의 **주관적 판단**에 의존하며, 관찰 시 **완벽한 지질 구조 확인은 어렵다.**

3) **계측과 병행**해서 시행해야 한다.

## 6. Face Maping의 활용

1) 위험 단층 파악

2) Rock Bolt System 변경

3) Random Bolt의 효율적인 시공

4) 굴착 지보 패턴(Pattern) 선정

5) 연약층 지반의 보강공법 선정

6) 용수 지반 : 선진 보링 등에 의한 배수공

7) Fore Poling 등의 시공 여부 결정

8) 굴착 단면의 선정

   (1) 전단면

   (2) 반단면

## 7. Face Maping의 활용 예

1) 위험 단층 파악에 활용

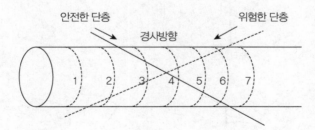

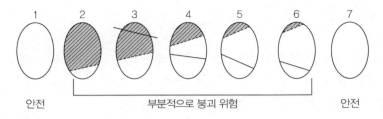

| 안전 | | 부분적으로 붕괴 위험 | | 안전 |

(1) 안전한 단층 : **굴진 방향과 반대로 경사진** 단층

(2) 위험 가능한 단층 : **굴진 방향으로 경사**된 단층, 두꺼운 점토 충전

2) Rock Bolt System 변경에 활용

(1) 단층이 있는 경우

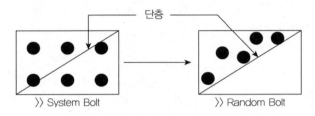

(2) 파쇄가 많은 경우

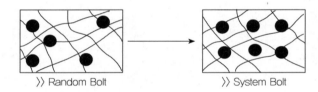

3) Random Bolt의 효율적인 시공에 기여 : 붕괴 발생시 Random Bolt로 변경

(1) 방향 변경

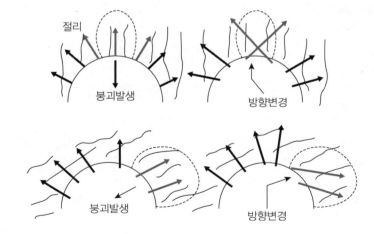

(2) 길이 변경

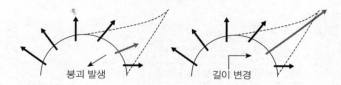

붕괴 발생　　　길이 변경

4) 굴착 지보 패턴(Pattern) 선정 : RMR 이용, 5개 분류인자와 1개 보정인자 적용, 5등급으로 분류

(1) RMR 분류기준 : 5개의 Parameter(분류인자＝매개변수＝평가인자＝분류변수)

| Parameter<br>(분류인자＝매개변수) | 평점<br>(만점) | 비고 |
|---|---|---|
| 1. 일축압축강도 | 15 | 점하중강도, 일축압축강도 |
| 2. 지하수 상태(절리 내부) | 15 | 수압시험, 육안 판단(건습) |
| 3 .RGD(암질지수) | 20 | 시추조사 |
| 4. 간격(불연속면간격) | 20 | 2m~6cm 범위 내에서 분류 |
| 5. 상태(불연속면) | 30 | 굴곡, 연속성, 틈새, 크기, 충전물 두께, 풍화상태 |
| 계 | 100점 | |
| 6. 보정인자 | | 절리면과 구조물의 상대적 변위 |

(2) RMR 분류 등급

| 분류 등급 | I | II | III | IV | V |
|---|---|---|---|---|---|
| 평점 | 100~81 | 80~61 | 60~41 | 40~21 | 20 이하 |
| 기술적<br>상태 | Very Good Rock | Good Rock | Fair | Poor | Very Poor |
| | 매우 양호 | 양호 | 보통 | 약간 약함 | 아주 약함 |

## 8. Face Mapping과 RMR 사례

1) Face Mapping

### 터널 막장 스케치

| 공사 명 : ○○○도로건설공사 | | | | 2010.5.17 |
|---|---|---|---|---|
| 위치 | 용점부 | 동명방향 | Sta. 5 + 123 | 상반, 하반, 전단면 |
| 관찰항목 | | | | |

관찰항목
① 막장·천단 안정성
② 지질·지층 주향 및 경사
③ 암석풍화도
④ 용수발생 및 영향 판단
⑤ 절리, 틈새 간격, 충전물
⑥ 절리, 단층대, 파쇄대, 층리 등 영향과 터널 진행방향과의 영향
⑦ 암판정 필요 여부

5mm 이상 충전물 피복

S.W

N23W/84SW

# 터널 막장 스케치

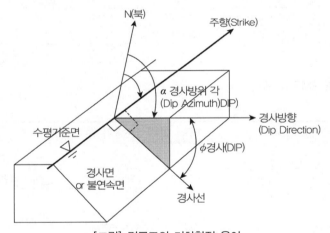

| 공사 명 : ○○○도로건설공사 | | | | | | | | | | 2010.5.17 |
|---|---|---|---|---|---|---|---|---|---|---|
| 범례 | ⌇ | 절리 | ▨ | 단층대<br>파쇄대 | * * * *<br>* * * * | 경암 | + + +<br>+ + + | 연암 | - - -<br>- - - | 풍화암 | ⣿ | 풍화<br>잔류토 |

| 불연속 면의 주향과<br>경사의 영향 | 터널 축과 수직으로 교차하는 주향 | | | | 터널 축에 평행한 주향 | | 주향에 무관 |
|---|---|---|---|---|---|---|---|
| | 터널 진행 방향으로의<br>경사 | | 터널 진행<br>반대방향 경사 | | | | |
| | Dip<br>45~90° | Dip<br>20~45° | Dip<br>45~90° | Dip<br>20~45° | Dip<br>45~90° | Dip<br>20~45° | Dip<br>0~20° |
| | 매우 유리 | 유리 | 보통 | 불리 | 매우 불리 | 보통 | 보통 |
| | 0 | − 2 | − 5 | − 10 | − 12 | − 5 | − 10 |

| 굴착현황 및<br>특기사항 | 현 막장은 SW의 다소 풍화됨을 보이고 있으며, NW의 주향을 형성하고 있고, 막장면 전체적으로 절리<br>틈새 충전물이 5mm 이상 두껍게 피복되어 있으며, 쪼개짐이 발달해 함마 타격 시 잘 부서짐. 습기가<br>인지될 정도로 젖은 상태이며, 낙석, 낙반의 주의를 요함. 암반평가는 RMR IV(불량한 암반) 등급으로<br>보강 요함 |
|---|---|

| 검측자 | 공사과장 | (인) | 확인자 | 감리원 | (인) |
|---|---|---|---|---|---|

(1) 주향과 경사

[그림] 면구조의 기하학적 용어

① 주향 : 수평면에서 관측할 수 있는 사면의 궤적(수평면과 경사면의 교선 궤적)

② 경사방향 : 경사선의 수평궤적

③ 경사방향각 : 북에서 시계방향 측정

④ 경사 : 수평면과 경사면의 최대 경사각(진경사)

⑤ 주향과 경사방향 : 직각

⑥ 주향과 경사선 : 직각

(2) 주향, 경사 표현방법

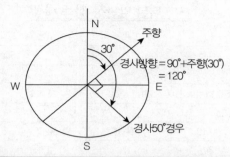

| 구분 | 주향/경사 | 경사방향/경사 또는 경사/경사방향 |
|------|-----------|----------------------------------|
| 표현방법 | N30E/50SE | 120(3자리)/50(2자리) [∵ 경사방향= 주향+ 90°] |

(3) [N23W/84SW 경우 표현법 : 주향/경사]

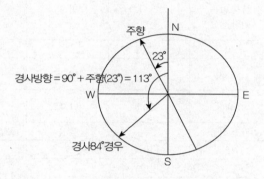

2) RMR 판정

## 터널 암판정 검측 대장

공사 명 : ○○○도로건설공사                                          2010.5.17

| 위치 | | 종점부 | 동명방향 | Sta. 5 + 123 | 상반 |
|---|---|---|---|---|---|

### 1. 항목별 평가

| ① 일축압축강도(Mpa) | > 250 | 100-250 | 50-100 | 25-50 | 5-25 | 1-5 | < 1 |
|---|---|---|---|---|---|---|---|
| 평점 | 15 | 12 | 7 | (4) | 2 | 1 | 0 |

| ② RQD(%) | 90-10 | | 75-90 | | 50-75 | 25-50 | 25 미만 |
|---|---|---|---|---|---|---|---|
| 평점 | 20 | | 17 | | 13 | (8) | 3 |

| ③ 불연속면의 간격 | 2.0m 이상 | | 0.6-2.0m | | 0.2-0.6m | 0.06-0.2m | < 0.06m |
|---|---|---|---|---|---|---|---|
| 평점 | 20 | | 15 | | 10 | (8) | 5 |

| ④ 불연속면의 상태 | 거칠기 연속성 분리성 신고성 | 매우 거칠 표면 연속성 없음 틈새 없음 벽면 신선 | | 거친 표면 틈새 < 1mm 벽면 약간 풍화 | 약간 거친 표면 틈새 < 1mm 벽면 심한 풍화 | 매끄러운 표면 또는 가우지 < 5mm 또는 틈새 1-5mm 연속성 | 연약한 가우지 > 5mm 또는 틈새 > 5mm 연속성 |
|---|---|---|---|---|---|---|---|
| 평점 | | 30 | | 25 | 20 | (10) | 5 |

| ⑤ 지하수 | 터널 10m당 유입량(ℓ/분) | 0 | | < 10 | 10-25 | 25-125 | > 125 |
|---|---|---|---|---|---|---|---|
| | 수압/주응력의 비 | 0 | | < 0.1 | 0.1-0.2 | 0.2-0.5 | > 0.5 |
| | 건습상태 | 완전 건조 | | 습윤 | 젖음 | 물방울 떨어짐 | 지하수가 흐름 |
| 평점 | | 15 | | 10 | (7) | 4 | 0 |

| ⑥ 절리방향에 따른 보정 | | 주향이 터널 방향과 수직 | | | | 주향이 터널 방향과 평행 | | 주향과 무관 |
|---|---|---|---|---|---|---|---|---|
| | | 경사방향 | | 경사 반대방향 | | | | |
| | | 45~90° | 20~45° | 45~90° | 20~45° | 45~90° | 20~45° | 0~20° |
| 점수 | | 0 | − 2 | (− 5) | − 10 | − 12 | − 5 | − 10 |

| 암반평가 | RMR 평점 | 81-100 | | 61-80 | | 41-60 | 21-40 | ≤ 20 |
|---|---|---|---|---|---|---|---|---|
| | 등급 | I | | II | | III | (IV) | V |
| | 일반상태 | 매우 좋은 암반 | | 좋은 암반 | | 양호한 암반 | 불량한 암반 | 매우 불량한 암반 |

| 2. 총점 (①+②+③+④+⑤) −⑥ | 32 | 3. 지보 TYPE 결정 | IV |
|---|---|---|---|
| 4. 계측 변위량 | | 5. 보강내용 | |
| 6. 강지보재 | 간격 :  m | 7. 록볼트 | 간격 : 종  m/횡  m |

| 8. 쇼크리트 두께(cm) | 구분 | 1차 | 2차 | 3차 | 계 |
|---|---|---|---|---|---|
| | 일반 | | | | |
| | 강섬유 | | | | |

| 9. PREGROUTING | | 10. F-POLING | |
|---|---|---|---|

## ■ 참고문헌 ■

1. 도덕현 외 2인(2003), 암반공동의 설계와 시공, 건설정보사.
2. 지반공학 시리즈 7(터널)(1997), 지반공학회.
3. 서진수(2006), Powerful 토목시공기술사(1, 2권), 엔지니어즈.
4. 배규진(1998), 터널 계측 및 주변 지반의 거동평가, 토목시공 고등기술강좌 Series 11, 대한토목학회, pp.217~280.

## 5-45. 여굴의 원인과 대책 설명(94회 용어, 43, 60, 74회)

### 1. 개요

1) 터널 굴착 시 **여굴이 발생**하면 Pay Line을 넘게 되어 재료 낭비, 공기 지연, 토압에 불리, 공사비 증가 등 **비경제적 시공**이되므로

2) 조절발파(Control Blasting) 등을 적용하여 **여굴을 최소화해야 함**

### 2. 여굴의 정의

1) 터널 숏크리트의 설계선(설계굴착선) 외측에 여분으로 굴착된 부분으로 화약의 낭비, 여분의 버력반출, 숏크리트 및 2차 콘크리트(라이닝콘크리트) 충전량 증가 등의 **공사비 증대 요인**이 됨

2) 여굴량은 발주처마다 **지불선(Pasy Line)**을 정하여 보통 **15~25cm까지 인정**해줌

3) 여굴 부분의 충전은 보통 숏크리트 50%, 라이닝 콘크리트 50%로 하게 됨

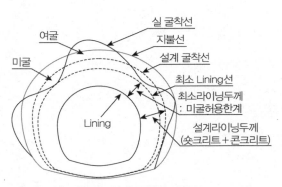

[그림] 지불선, 설계 굴착선, 최소 Lining 선

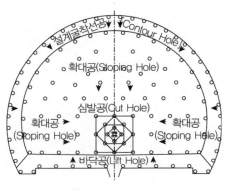

[그림] 터널발파 Lay Out(패턴도)

### 3. 여굴의 원인

1) **천공 위치 및 천공 기능에 의한 원인** : 작업자의 숙련도 및 천정부 등 작업 위치

2) **천공 롯드의 휨에 의한 원인** : 지반상태에 따른 드릴 롯드의 휨 현상

3) **착암기 사용 잘못** : 위치, 각도 부적당

4) **불가피한 여굴** : 착암기 작업각도

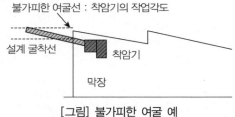

[그림] 불가피한 여굴 예

5) **사용 발파법에 의한 원인** : 발파공법에 따른 주변지반 손상 정도

6) **천공 및 발파 잘못** : 계획선 이상 굴착 또는 Pay Line 이상 굴착

7) **전단력**이 약한 지반 : Silt층, 모래층

8) **지질구조적** 원인 : 파쇄대, 절리면 교차 지점에서 발생

9) **진행성** 여굴 : 팽창성 지반에서 발생

## 4. 여굴 방지 대책

1) 적정 장비 사용 및 작업자의 숙련

2) 천공 위치, 각도 정확히 하여 굴착

3) 연약지반 처리 후 발파 : 약액 주입 등의 보조공법 : 막장 연약대에 선진그라우팅 실시

   (1) 인위적으로 신선한 무결암화

   (2) 발파에 의한 손상영역 최소화, 이완영역 최소화

4) 미고결층(각력암 포함) 굴착 공정에서의 지반 보강

   (1) 막장 보강 : 막장 지지 Core 남김, 가 인버트, 대구경 강관 그라우팅

   (2) 여굴대책 : 배수관, H 형강, 보강숏크리트

   (3) 낙반대책 : 보강 Rock bolt, Forepoling, 강관다단 그라우팅

   (4) 용수대책공 : 선진수발공, 차수그라우팅

5) 적정량의 폭약 사용

6) 조절 발파(제어 발파) ; ABS(Aqua Blasting)에 의한 Smooth Blasting

   (1) 지발 뇌관(전기 뇌관 MS, DS) 사용

   (2) ABS(Aqua Blasting)에 의한 Smooth Blasting : Decoupling 효과

**[발파로 인한 터널 막장면의 영향 범위와 Smooth Blasting에 의한 대책]**

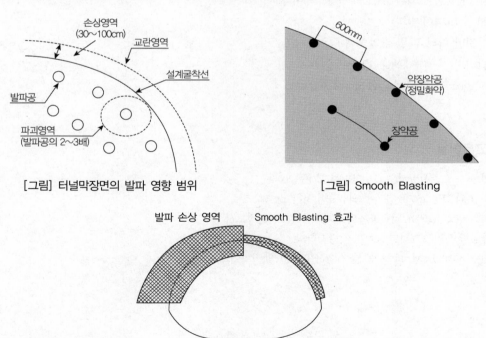

[그림] 터널막장면의 발파 영향 범위

[그림] Smooth Blasting

7) Decoupling 효과 발휘 : $D_c$(Decoupling 계수) 크게 하여 여굴 감소

　(1) 지름비

$$D_c = \frac{R_h(천공지름)}{R_c(폭약지름)} ≒ 2\sim3(\text{Smooth Blasting 목표값})$$

　(2) 체적비

$$D_c = \frac{V_h(천공\text{Hole 내 체적})}{v_c(장약량의 체적)} ≒ 4\sim6(\text{SmoothBlasting 목표값})$$

8) 진행성 여굴 방지 : 계측으로 사전조사 후 지반보강

9) 공법의 변경 : TBM, Shield TBM

10) 여굴 발생 시 대책

　 : 여굴의 규모와 형태에 따라 적절한 보강방법 제시

　(1) 소규모인 경우 : 모르타르 채움재로 채우고, Rock Bolt 보강 후, 숏크리트로 표면 처리

　(2) 대규모인 경우 : 배수 처리 후, 숏크리트 표면 처리한 후에 응력집중방지를 위해 모르타르 충전, Rock Bolt 보강, 강재로 보강 후 숏크리트 처리

## 5. 맺음말

: 여굴을 적게 하는 방법

1) 천공 위치, 각도 정확히

2) 지발 뇌관(전기 뇌관 MS, DS) 사용 : 제어 발파

3) 조절 발파(제어 발파)

4) 연약지반 처리 후 발파(약액 주입)

5) 공법의 변경 : TBM, Shield TBM

6) ABS(Aqua Blasting)에 의한 Smooth Blasting

### ■ 참고문헌 ■

1. 터널 공사 표준시방서(2015), 터널설계기준(2007).

2. 김수삼 외 27인(2007), 건설시공학, 구미서관, pp.542~544.

3. 도덕현 외 2인(2003), 암반공동의 설계와 시공, 건설정보사.

4. 지반공학 시리즈 7(터널)(1997), 지반공학회.

5. 서진수(2006), Powerful 토목시공기술사(1, 2권), 엔지니어즈.

# 5-46. NATM 터널의 진행성 여굴의 발생원인 열거하고, 사전예측 방법 및 차단대책(62회)

## 1. 진행성 여굴의 원인

1) 지하수위 이하의 충적토층 굴착

2) **자연 공동** : 강원도, 영월, 태백 등의 탄광 지역, 충청도 단양, 충주 등의 석회암 동굴 지역

3) **모래나 자갈**의 Lenses(렌즈 모양)

4) 시추, 조사공의 불충분한 채움

5) 과다한 화약의 사용

6) 부주의한 기계 굴착

7) 지보 설치 지연

8) 부적합한 지보 설치

9) 너무 긴 굴진장 : 보통의 굴진장은 0.8~1.5m임

10) 시공 기술의 미숙

## 2. 진행성 여굴의 예측과 대응(방지 대책)

1) 예측

  (1) 진행성 여굴은 전 막장 상태로부터 위험 미리 예측, 예방 가능

  (2) TSP 탐사, Preboring, Face Mapping 등의 계측 실시하여

  (3) 막장, 천단 등 전방 굴진 예정 지반 보강 : 보조공법 등 사용

2) 발생 시 대응

선조치 후 후보고 체계 확립

발생 시 : 작업반이 **응급대책 즉각 실시** 후 보고하는 체계 수립

3) 방지 대책

  (1) 막장 인부들의 경계심, 관찰력

  (2) 충분한 인력 배치

  (3) 징후의 정확한 예견 및 신속한 판단

  (4) Shotcrete 타설 장비 : 막장에서 30m 이내, 즉시 타설할 수 있게 준비

  (5) 즉시 타설 가능한 충분한 양의 건식 배합재 확보

  (6) 응급조치용 자재 확보

     : 철망, 철근, 나무 쐐기, 각목, 대패 나무 밥, 천조각, 강관, 호스 등

  (7) 노출면 막장의 신속한 폐합

  (8) 시공 중 배수 대책

  (9) Shotcrete 타설 시 수발공(Relief hole) 설치 : 과도한 수압 방지

  (10) 지보 상태가 불충분한 상태에서 작업 중단되지 않게 연속 작업

## 3. 진행성 여굴의 차단 방법(종류별 대책)

1) 시간

    (1) 발생 초기 즉각적 조치

    (2) 막장 노출면의 신속한 폐합

    (3) 작업반장의 조치 권한 강화

2) 건조한 비점착성 토사(주로 모래, 실트질) 흘러내림

    (1) Fore Poling 사이로 소규모 비점착성 건조 토사 흘러내릴 때

       : 즉시 틀어막아 더 이상 진전되지 않게 조치

    (2) 짚, 대패 밥, 천조각으로 틀어막아 진행 중단

    (3) 숏크리트 타설

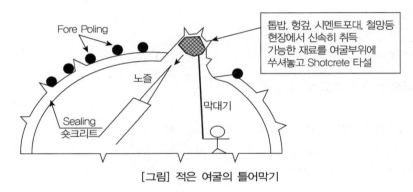

[그림] 적은 여굴의 틀어막기

    (4) 점착력 확보를 위해 급 결재 사용량 증가

    (5) 공극은 완전히 채워야 한다.

    (6) 연약한 토층 : Fore Poling 대신 Lagging Sheet 사용

    (7) 원통형 철망 설치 : 탄력에 의해 밀착 후 Shotcrete 타설

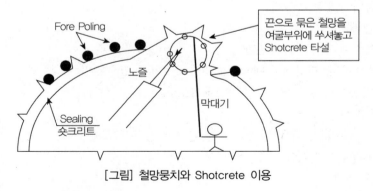

[그림] 철망뭉치와 Shotcrete 이용

3) 지하수 유입에 따른 진행성 여굴

    (1) 매우 어렵다.

    (2) 1~2 막장 후방에 방사선형의 수발공 설치하여 사전 예방

(3) 토사 유출 방지를 위해 유공관 설치

(4) 유입수(물)가 어느 정도 잡히면 철망과 Shotcrete 채움

4) 진행성 여굴 차단 후 여굴 지역 복구 방법

  : 철망, Cement 모르타르, Shotcrete로 더채움 실시

5) 보조 공법 사용

(1) Fore Poling : 설치 각도를 최대한 수평 유지, 강지보재 바깥쪽에 설치

(2) Relief Hole 설치(수발공) : 최대한 수평 유지, 강지보재 바깥쪽에 설치

(3) 약액 주입(지반 주입)

    : 지반 조건, 공법별 특성을 잘 파악하여 실시하여 잘못 적용되지 않도록 유의

## 4. 맺음말

1) 진행성 여굴은 터널의 안정성, 작업 인부의 안전에 영향을 미치므로

2) 예상 지역에서는 인원, 장비를 미리 대기시켜, 발생 시 신속한 대응조치 강구

3) 발생 즉시 현장에서 사용 가능한 재료를 동원하여 신속히 여굴의 진행을 방지

### ■ 참고문헌 ■

1. 터널 공사 표준시방서(2015), 터널설계기준(2007).
2. 도덕현 외 2인(2003), 암반공동의 설계와 시공, 건설정보사.
3. 지반공학 시리즈 7(터널)(1997), 지반공학회.
4. 서진수(2006), Powerful 토목시공기술사(1, 2권), 엔지니어즈.

# 5-47. 지불선(Pay Line = 수량 계산선)(33, 56, 75, 96회 용어)

## 1. 정의

1) 터널 공사에서 설계선의 외측에 **여굴을 고려**하여 설정한 **지불의 수량을 산출** 하는 수량 계산선

2) 여굴이 많아 지불선을 초과 하면 시공비를 받을 수 없으므로 여굴 방지 대책을 수립해야 함

## 2. 지불선, 설계 굴착선, 최소 Lining 선

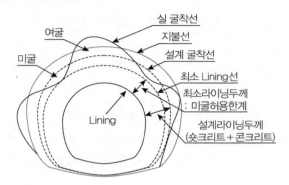

## 3. Pay Line과 여굴 대책

1) 여굴

  (1) 터널 숏크리트의 설계선(설계굴착선) 외측에 여분으로 굴착된 부분으로 화약의 낭비, 여분의 버력반출, 숏크리트 및 2차 콘크리트(라이닝콘크리트) 충전량 증가 등의 **공사비 증대 요인**이 됨

  (2) 여굴이 많아 굴착선이 Pay Line을 초과할 경우 공사 대가를 받을 수 없고 **고가의 숏크리트로 여굴 부분을 채워야 하므로 경제적 손실**이 발생하고, 특히 숏크리트는 일반 콘크리트보다 고가이므로 여굴 방지 대책에 유의해야 함

  (3) 여굴량은 발주처마다 지불선(Pasy Line)을 정하여 보통 15~25cm까지 인정해줌

  (4) 여굴 부분의 충전은 보통 숏크리트 50%, 라이닝 콘크리트 50%로 하게 됨

2) 여굴을 적게 하는 방법

  (1) 천공 위치, 각도 정확히

  (2) 지발 뇌관(전기 뇌관 MS. DS) 사용 : 조절 발파(제어 발파)

  (3) 연약지반 처리 후 발파(약액 주입)

  (4) 공법의 변경 : TBM, Shield TBM

  (5) ABS(Aqua Blasting)에 의한 Smooth Blasting

## ■ 참고문헌 ■

서진수(2006), Powerful 토목시공기술사(1, 2권), 엔지니어즈.

# 5-48. 자유면과 최소 저항선, 누드지수

- 자유면(많게 하는 공법)(44회 용어, 36회)

## 1. 자유면(Free surface)의 정의

1) 발파에 의해서 파괴되는 물체(암석)가 **외계(공기 또는 물)와 접하고 있는 면**. 면의 수에 따라 1~6개의 자유면이 있다.
2) 즉, 파괴되는 물체가 떨어져 나오는 면을 자유면이라 한다.
3) 자유면 수가 많을수록 발파는 쉽게 된다.
4) **자유면이 많을수록 진동과 소음이 적다.**

## 2. 자유면의 특성

1) 자유면의 수가 많을수록 동일한 장약량으로 발파할 경우 **파쇄효과가 좋아진다.**
2) 6 자유면의 경우 1 자유면의 25% 정도의 폭약으로 동일 **발파 효과**를 얻을 수 있다.
3) 자유면이 확보될수록 **진동의 감쇠**가 양호하다.

## 3. 최소저항선(Burden) [w]

폭약(장약)의 중심에서 자유면까지의 최단 거리

## 4. 누드(공) 반경(R) : 폭약에 의해 만들어진 누드공의 반경

## 5. 모식도

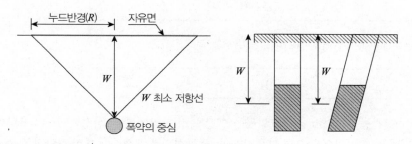

## 6. 누드지수($n$)별 장약상태 분류와 발파목적별 형태

1) 누드지수$(n) = \dfrac{\text{누드반경}\,(R)}{\text{최소저항선}\,(W)}$

2) 장약상태 분류와 발파목적별 형태

| 장약상태 | 과장약 $n > 1$ | 표준장약 $n = 1$ | 약장약 $n < 1$ |
|---|---|---|---|
| 발파목적 및 형태 | 터널발파,<br>골재생산발파 | 일반건설발파<br>조절발파 | 도심지발파<br>제어발파 |

(1) 표준장약 : 누드지수$(n) = \dfrac{\text{누드반경}\,(R)}{\text{최소저항선}\,(W)} = 1 \ (R = W)$

(2) 과장약 : 누드지수$(n) = \dfrac{누드반경\,(R)}{최소저항선\,(W)} > 1 \;\; (R > W)$

(3) 약장약 : 누드지수$(n) = \dfrac{누드반경\,(R)}{최소저항선\,(W)} < 1 \;\; (즉,\; R < W)$

## 7. 하우저(Hauser)의 장약량 산정공식(가장 많이 사용)

1) 일반식의 장약계수＝발파계수$(C_v)$를 분석하여 관계식 보완

$$L = f(n) \cdot g \cdot e \cdot d \cdot W^3 \text{ [kg]}$$

(1) $f(n)$ : 누드함수(누드지수에 의해 변하는 함수)

(2) 발파계수 $C = g \cdot e \cdot d$

① 암석 항력계수(암석계수 : 암석의 종류 및 성질에 관한 항력계수)

$g = \dfrac{L}{f(n) \cdot e \cdot d \cdot W^3}$ [$e$ ＝폭약의 위력계수, $d$ ＝전색계수]

② $e$ : 폭약의 위력계수

③ $d$ : 전색계수 (다짐정도에 따른 계수)

2) 표준장약일 때

누드반경$(r)$＝저항선$(W)$ 같음, 즉 누드지수 $n = 1$

$$L = g \cdot e \cdot d \cdot W^3$$

3) 완전전색$(d = 1)$, 폭약위력계수 $e = 1$ 경우

$$L = g \cdot W^3$$

4) **시험 발파**에서 각종 암석 1m³당 소요약량을 어떤 특정 폭약에 대해 산정한 후, 이 폭약에 대한 각종 폭약의 에너지 비를 구하여 놓으면 **하우저(Hauser) 공식**으로 채석량에 대한 **장약량 산출** 가능

## 8. 자유면 많게 하는 공법

1) 심빼기

2) Bench cut

## ■ 참고문헌 ■

1. 서진수(2006), Powerful 토목시공기술사(1, 2권), 엔지니어즈.

2. 우재억(2009), 자원개발공학(상), 원화, p.271.

# 5-49. 특수발파(제어발파와 조절발파)

- 산악지역 터널 굴착 시 제어 발파에 대하여 기술(70회)

## 1. 특수발파 분류

건설현장에서 적용되는 "특수발파"란 크게 "제어발파"와 "조절발파"로 분류

## 2. 특수발파의 정의

| 구분 | 정의 | 주요 원리 | 공법 종류 |
|------|------|-----------|-----------|
| 제어발파 | 진동 및 소음과 같은 발파공해를 관리 기준 이하로 배출하기 위해 적용되는 발파공법 | 대상지반의 진동감쇠특성을 파악하여, 허용 지발당 장약량 이하로 발파를 실시 | • 진동제어발파<br>• 완충발파<br>• 선행이완발파 |
| 조절발파 | 영구 굴착사면 또는 터널 등에서 절취면을 미려하게 하고, 잔류암반의 부상(Damage)을 최소화하기 위해 적용되는 발파공법 | 공경(Decoupling)효과를 이용하거나, 인장 응력파의 중첩에 의한 인접공간 파단면을 형성하는 발파 실시 | • Smooth Blasting<br>• Pre-splitting<br>• Line drilling<br>• Buffer blasting |

## 3. 제어발파

1) 제어발파란(정의)

"지반진동 및 소음(폭풍압)"을 관리기준 이내로 준수하면서도 원활한 암반파쇄를 달성할 수 있는 발파공법의 총칭

2) 제어발파 특성

정형화된 발파 패턴은 존재하지 않으나 그 원리는 아래와 같은 특성 가짐

(1) 지반진동 발생량이 비교적 적은 "저비중, 저폭속" 폭약을 사용

(2) 소구경 및 짧은 천공을 실시

(3) MS 및 DS 지연시차를 가지는 뇌관을 적용

(4) 공경효과(Decoupling Effect) 이용 : (필요한 경우) 천공직경과 폭약직경의 차이를 이용

(5) 발파설계를 위한 "시험 발파" 실시하여 해당 지반의 "진동감쇠특성" 파악

(6) 허용관리기준을 준수할 수 있는 "거리 – 지발당 장약량 Nomogram" 작성

3) 제어발파 시행 요령

발파공해에 의한 영향이 예상 되는 지역에서의 제어발파 진행절차

```
                        ┌─────────────────┐
                        │    문제 검토     │
                        └─────────────────┘
                        ┌─────────────────┐
                        │ 굴착지역 주변환경 및 구조물 │
                        │     상황조사     │
                        └─────────────────┘
                        ┌─────────────────┐
                        │  발파영향권 검토  │
                        └─────────────────┘
                        ┌─────────────────┐
                        │ 발파공해 허용기준치 설정 │
                        └─────────────────┘
                        ┌─────────────────────────┐
                        │ 공사기간에 따른 경제성·안정성 검토 │
                        └─────────────────────────┘
```

| 발파가능 지역 | | 발파 불능 지역 |
|---|---|---|
| 제어발파 공법 적용 | ↔ 최적 발파 설계 ↔ | 비발파 공법 검토 |
| 발파 효율성 증대 | | 시공성, 경제성 고려 |

```
                        ┌─────────────────┐
                        │  발파공법 선정   │
                        └─────────────────┘
                        ┌─────────────────┐
                        │ 시공계획 수립 및 수행 │
                        └─────────────────┘
                        ┌─────────────────┐
                        │ 시험 발파 계획 및 설계 │
                        │  [발파진동식 추정] │
                        └─────────────────┘
                        ┌─────────────────┐
                        │   주민 홍보      │
                        └─────────────────┘
```

| 진동 및 폭풍압 측정 | ↔ | 시험 발파 실시 | ↔ | 결과해석·전산처리 |
| 지발당 허용장약량 산정 | ↔ | 해당 지역 발파진동식 결정 | | |

```
                        ┌─────────────────────────┐
                        │ 본 발파 설계 발파공해 경감대책 수립 │
                        └─────────────────────────┘
```

| 시공·감독 | ↔ | O.K | | |
| (필요시)매 발파 시 계측수행 및 관리 | ↔ | 본발파 수행 | ↔ | 지질조건 변화 시 발파설계 변경 |

4) 제어발파 주요 고려사항

(1) 굴착대상 지역발파 환경 영향성 검토

① 발파작업에 의해 발생되는 주요 공해

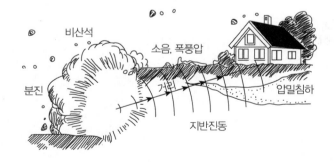

② 발파공해가 주변에 미치는 영향 : 일시적인 것과 영구적인 것

| 환경요소 | 영향내용 | 원인 | 기간 |
|---|---|---|---|
| 대기 | 소음(Noise)<br>오염 | 천공 : 매연, 분진, 소음발생<br>발파 : 후가스/먼지비산 | 단기간<br>(공사 기간 중) |
| 지반 | 진동<br>변형 | 발파: 지반진동, 진동압밀침하 | 영구 |
| 지하수 | 변동(저하, 고갈) | 지하수 이동경로 변화 | 장기간 |
| 구조물 | 진동<br>파손/침하 | 발파에 의한 지반진동 구조물의 진동 응답 | 영구 |
| 사회환경 | 거주환경저해<br>불안/고통/공포 | 발파 시 폭풍압/소음 비산석에 의한 피해 | 단기간<br>(공사 기간 중) |

③ 발파작업 대상 부지의 지리적 상황을 고려하여 조사 및 설계 시 고려사항

| 조사항목 | 고려사항 | 조사내용 | 설계고려사항 | 대상물 |
|---|---|---|---|---|
| 부지의 상황 | 면적, 형태, 고저 | 고저차 25m | 소음·비산거리 증대 | |
| | 암종의 구성 상태 | 연암~경암 | 파쇄공법, 환경영향 | |
| | 지리적 위치 | 부도심 | 진동·소음·비산 | |
| 주변도로 교통상황 | 도로폭, 교통량 | N/A | N/A | |
| 전기·상하수도 | 용량, 위치 | 상수관 | 진동에 의한 누수 | |
| 지중·지상장애물 | 균열 및 파손 | N/A | 지중진동영향 | |
| 인접구조물 현황 | 종류, 중요도, 인접거리 | 주거 건물 | 발파공해 전반 | |
| 부지주변사정 | 지역 주민 성향 | 중산층 | 진동·소음방지 대책 | |
| 기타 | 현재 민원에 의한 소송이 진행 중임 | | | |

(2) 발파영향권 검토

발파작업에 의해 발생되는 영향권의 범위는 작업방식(터널, 노천) 및 규모 등에 따라 변화함

㉠ 한국토지공사

지장물의 거리에 따른 발파공법 선정기준

| 발파원과의<br>거리(m) | 30m 이내 | 30~50m | 50~100m | 100~300m | 300m 이상 |
|---|---|---|---|---|---|
| 구분 | 미진동 발파 | 특수 발파 | 소규모 진동<br>제어 발파 | 중규모 진동<br>제어 발파 | 일반 발파 |
| 적용방법 | 팽창성 파쇄제+<br>기계굴착 | C.C.R 또는<br>선행이완발파 | 진동제어<br>발파 | 진동제어<br>발파 | 재래식 발파 |
| 천공장비 | SINKER<br>DRILL+<br>RIPPING | SINKER<br>DRILL+<br>RIPPING | SINKER DRILL | CRAWLER<br>DRILL | CRAWLER<br>DRILL<br>+ 소할 |
| 천공직경 | $\phi$40mm 이내 | $\phi$40mm 이내 | $\phi$40mm 이내 | $\phi$51~75mm | $\phi$75mm |
| 사용폭약 | 팽창성 파쇄기 | 미진동 파쇄기<br>또는 함수폭약 | $\phi$25mm 폭약 | $\phi$32~50mm<br>폭약 | $\phi$50mm 폭약 |
| BENCH 높이<br>(천공장) | 1.0m | 1.5m 내외 | 1.5m~3.0m | 3.0~6.0m | 6.0~12.0m 이내 |

ⓒ 한국도로공사

대절토부 발파 공법 적용 기준(인근 지장물 : 배수지 콘크리트 구조물)

| 구분 | 발파원과의 거리 | | |
|---|---|---|---|
| | 30m 이내 | 30m~60m | 60m 이상 |
| 소음 및 공기에 영향이 없을 경우 | 브레이카 파쇄공법 | 미진동 발파공법 | 일반 발파 |
| 소음 및 공기에 영향이 있을 경우 | 무진동 파쇄공법 | 미진동 발파공법 | 일반 발파 |

☞ 여기서 일반발파라 함은 제어발파를 포함함

ⓒ 한국주택공사

"암절취 시방 기준"에 의하면 지장물과의 거리에 따라 적용

| 지장물과의 거리 | 굴착 공법 |
|---|---|
| 50m 이내 | 대형 BREAKER 또는 유압 파쇄공법 |
| 50~100m | 미진동 소발파 |
| 100m 이상 | 일반 발파 |

☞ 여기서 일반발파라 함은 제어발파를 포함함

ⓔ 한국수자원공사

| 발파원과 이격 거리 | 30m 이내 | 30~50m | 50~80m | 80~100m |
|---|---|---|---|---|
| 적용방법 | 무진동 굴착 또는 BREAKER | 미진동 발파 | 소규모 진동 제어 발파 | 중규모 진동 제어 발파 |
| 천공장 | − | 1.0m | 2.0m 이내 | 3.0m 이내 |

(3) 발파공해 허용 기준치 설정

국내 허용기준(지반진동)

| 구분 | 진동 속도에 따른 규제 기준 | |
|---|---|---|
| | 건물 종류 | 허용 진동치 |
| 서울시 지하철<br>건설 본부 | 문화재 | 0.2 |
| | 결함 또는 균열이 있는 건물 | 0.5 |
| | 균열이 있고 결함 없는 건물 | 1.0 |
| | 회벽이 없는 공업용 콘크리트 구조물 | 1.0~4.0 |
| 주택공사 | 문화재, 정밀기기 설치건물 | 0.2 |
| | 주택, 아파트 | 0.5 |
| | 상가, 사무실, 공공건물 | 1.0 |
| | RC, 철골조 공장 | 4.0 |
| | 인체가 진동을 느끼지만 불편이나 고통을 호소하지 않는 범위 | 1.0 |
| 토지개발 공사<br>(암발파 기법에 관한 연구) | 문화재 | 0.2 |
| | 결함 또는 균열이 있는 건물 | 0.5 |
| | 균열이 있고 결함 없는 빌딩 | 1.0 |
| | 회벽이 없는 공업용 콘크리트 구조물 | 1.0~4.0 |
| 환경부 중앙환경분쟁<br>조정위원회, 대법원 판례 등 | 구조물의 형식 및 진동 노출 기간, 이해 당사자 간의 문제해결 노력 등을 참조하여 판결하나, 발파진동에 의한 피해기준은 0.3cm/sec 기준, 적용 추세 | |

생활 진동 규제 기준(2009년 1월 1일) : 환경부     (단위 dB(V))

| 대상 지역 | 주간(06~22) | 야간(22~06) |
|---|---|---|
| 주거, 녹지, 취락, 관광, 휴양, 자연환경 보전, 그 밖의 지역의 학교, 병원, 도서관 | 65 | 60 |
| 그 밖의 지역 | 70 | 65 |

        * 발파진동 : 주간에만 규제기준치 + 10dB

(4) 발파진동이 인체에 미치는 영향

진동속도에 따른 인체의 반응(Wiss, 1968)

| 구분 | 진동속도 수준(cm/sec) |
|---|---|
| 인지가능(Perceptible) | 0.08~0.2 |
| 인식가능(Notable) | 0.2~0.38 |
| 불편한계 | 0.38~0.8 |
| 심리적 교란(Disturbing) | 0.8~1.3 |
| 불쾌감(Objectionable) | 1.3~2.0 |

(5) 폭풍압의 허용기준치

    ① 일본보고 : 120dB(L)에서 고통을 받기 시작해서 150dB(L)에서 고막이 손상

    ② 미국의 Dupont社 : 인체에 영향을 미치지 않는 음압수준을 115dB(L)로 제안

    ③ 미광무국(U.S Bureau of Mine, 1980)

        구조물 및 시설물에 피해를 미치지 않는 폭풍압의 허용치는

        - 0.1Hz High Pass Filter를 가진 측정기의 경우 134dB

        - 2Hz의 경우 133dB

        - 6Hz의 경우 129dB이라고 한다.

(6) 주파수 대역

    - 미광무국(US Bureau of Mine)은 진동 허용기준치를 5.0cm/sec로 추천하였으나,

    - 미국의 노천채광청(美, OSM)에서는 피해한계를 30Hz의 주파수 경계로 하였다.

(7) 시험 발파 계획

    ① 발파작업이 계획된 부지의 인근에 피해가 예상되는 구조물, 주택이 위치 시작업 수행 전에 계획된 발파설계에 따라 발파가 실시되었을 때의 발파진동 수준과 영향 범위를 파악해야 함

    ② 발파진동이 허용 수준 이상으로 전파될 것이 예상되고, 피해가 발생할 가능성이 있다면 발파설계를 수정, 보완, 특별한 경감대책이 고려되어야 함

5) 제어발파 설계

(1) 제어 발파설계 개요

    ① 발파설계는 시설 목적물에 대한 용도, 주변 여건, 지반조건 등에 따라 다양하게 변환 가능

    ② 설계 시 주안점은 작성된 설계 도면만으로 착암공이 천공을 하고, 장약공이 표준장약을 할 수

있도록 세심한 부분까지 도시해야 함

③ 견적 및 원가관리업무를 수행하는 토목기술자들이 작성된 발파설계서에 의해 해당 업무를 수행할 수 있도록 하여야 한다.

(2) 제어 발파공법의 구분

지질 구조적으로 정상적인 조건하에 있는 암반을 대상으로 발파작업을 실시할 경우, 지반진동을 고려한 발파

| 구분 | | 보안물건 및 영향권 | 발파비용 | 시공성 | 비고 |
|---|---|---|---|---|---|
| 일반 발파(대발파) | | 대발파 시 발파공해 영향권 밖에 위치 | 저렴 | 우수 | 기본설계 |
| 진동제어발파 | 일반 진동제어발파 | 발파공해 영향권 내 위치<br>폭원에 약간 근접하여 위치 | 보통 | 보통 | 실시설계 필요<br>계측관리 고려 |
| | 정밀 진동제어발파 | 발파공해 영향권 내 위치<br>폭원에 근접하여 위치 | 고가 | 난이 | 정밀설계 필요<br>계측관리 필요 |
| | 특수 진동제어발파 | 발파공해 영향권 내 위치<br>폭원에 아주 근접하여 위치 | 매우 고가 | 매우 난이 | 특수설계 필요<br>계측관리 필요 |

## 4. 조절발파

: 다음 강좌(5-50강)에서 설명 예정임

## ■ 참고문헌 ■

1. 서진수(2006), Powerful 토목시공기술사(1, 2권), 엔지니어즈.

2. 우재억(2009), 자원개발공학, 원화.

3. 정의봉(2003), 화약류관리(기술사 및 기사 2차 실기시험), 동화기술.

# 5-50. 조절발파(Control Blasting = 신발파 = 잔벽 발파)
## (70, 75회 용어, 56, 59, 61, 63회 용어, 22, 32, 42, 45, 59, 70회)

- 터널 갱내 발파나 노천 발파에서 갱도 주벽 또는 최종 사면에 손상을 최소화하기 위해 사용하는 발파 방법과 기본 원리
- Line Drilling Method(74회 용어)
- Cushion Blasting(63회 용어)
- Pre Splitting(선균열 발파)(56, 81회 용어)

## 1. 개요
시행방법 및 원리에 따라 다음과 같은 다양한 방법이 있다.

1) Line Drilling

2) Cushion Blasting

3) Pre Splitting

4) Smooth Blasting

## 2. 조절발파의 정의
1) 조절발파란 "잔존 암반의 피해를 줄이고, 낙석 및 암반이 미끄러지는 것을 방지하기 위해서 실시하는 특수발파의 일종"

2) 폭약 고유의 위력을 약화시켜 적용하는 방법과

3) 최소저항선을 무한대로 확장시킨 후 인접공간의 제발발파(일제발파)에 의한 선균열(Pre-splitt)을 형성하는 방법이 주로 적용된다.

## 3. Control Blasting 목적(정의)
1) 자유면 많게 하여 진동, 소음 저감

2) 폭약장약량절감

3) 여굴 방지(Shotcrete 절감)하여 경제적 시공 ; 최소화, S/C 절감

4) 안전시공

5) 암반(원지반) 손상감소 : 낙석감소, 보강작업감소

6) 민원 방지 공법임

## 4. Control Blasting의 특징
1) 원지반 손상이 적다.

2) 평활한 굴착면 확보

3) 여굴 적다.

4) 뜬돌(부석) 발생 적다.

5) 안전하다.

## 5. 조절발파 공법 종류별 특징(1안)

| 구분 | Line Drilling(방진공) | Cushion Blasting | PreSplitting | Smooth Blasting |
|---|---|---|---|---|
| 개념도 | 300mm / 무장약공 (102mm) / 장약공 | 자유면 / 장약공 / Cushion Blasting공 연결선이 발파직전 자유면이 됨 | 자유면 / 장약공 / Presplitting의 연결선이 최종 발파 후 자유면(선행발파) | 600mm / 약장약공 (정밀화약) / 장약공 |
| 천공형태 (천공간격) | • 공경의 2~4배 : 공경(75mm) ×4 = 300mm<br>• 전열최소저항선의 0.5~0.75배→<br>  S : W = (0.5~0.75) : 1 | • 넓은 공간격 | • 공경에 비례<br>• S.B보다 좁은 공간격으로 천공 | • S : W=(0.5~0.8) : 1<br>  S, 공간격<br>  W, 최소저항선 |
| 장점 및 단점 | • 진동경감<br>• 암반균열 최소<br>• 무장약<br>• 과도한 천공비용<br>• 숙련공 필요 | • L.D보다 공수적음<br>• 불량암질에서도 효과적임<br>• 부분장약(분산장약)<br>• 주발파 후 시행<br>• 장약 시 주의 요 | • 균질한 암반에서 효과적<br>• 암반균열 최소<br>• 선행 발파 시 소음·진동 우려<br>• 숙련공 필요 | • 장약이 용이<br>• 주변 암반 이완 및 손상 최소<br>• 여굴량 작고 평활한 굴착면 확보 |
| 용도 | • 노천발파, 터널발파 | • 노천발파 | • 노천발파 | • 노천발파, 터널발파 |

## 6. 조절발파 공법 종류별 특징(2안)

### 1) Line drilling 공법

(1) Line Drilling 공의 배치(노천발파)

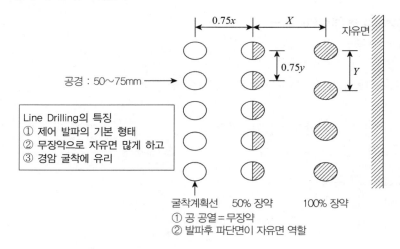

(2) 공법 설명

① Line drilling 천공

- 굴착계획선(채굴면=발파 시 파괴될 면)을 따라 작은 직경의 구멍을 좁은 간격으로 천공하여 약한 면을 만든다.
- 천공 직경 : 75mm 이내, 천공 간격 : 구멍 직경의 2~4배 정도

② Line drilling 천공 바로 인접공

실제 저항선과 공 간격을 20~24%로 줄이고(0.75X, 0.75Y), 장약량을 약 50%까지 적게 함

③ 자유면과 인접공 : 100% 장약

(3) 적용범위 : 터널발파, 대부분 노천발파

(4) 장단점(특징)

| 장점 | 단점 |
|------|------|
| 1. 적은 장약으로도 굴착선 이상으로 손실을 일으킬 때 이용<br>2. 균질한 암질에서 가장 효과적<br>3. crack이 많은 암석구조에서는 Smooth Blasting과 pre-spliting 이 보다 효과적 | 1. 거의 균질한 암석을 제외하고는 좋은 결과를 예상할 수 없다.<br>2. 간격이 좁아서 천공비용이 높다.<br>3. 천공의 구멍수가 많아서 시간이 많이 소비<br>4. 천공 시 아주 작은 편향도 결과를 나쁘게 함 |

2) Cushion Blasting

(1) Cushion Blasting 공의 배치 예(노천발파)

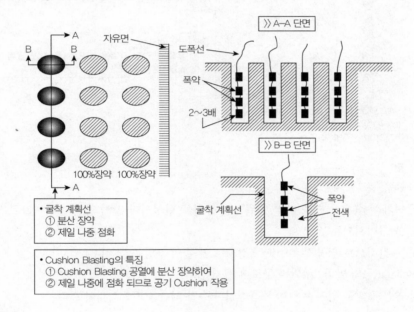

(2) 공법설명

① Cushion Blasting 공

- 굴착계획선(채굴면＝발파 시 파괴될 면)에 분산장약(장약을 적게), 주요 발파공을 발파 후에 점화(Cushion 공의 장약은 발파공 사이에 동시 또는 최소한의 지연으로 점화)

- 아래 부분에는 전색을 피하고, 구멍 사이의 전단파괴를 촉진시키기 위하여, 구멍 아래 부분에서는 장약 밀도(kg/m)를 높여야 한다.

② 저항선과 공 간격은 주변공의 공경에 따라 변화한다.

③ 폭약 : Cushion 발파용 연속 폭약(Tovex)

현장 제작용 Cushion 폭약(도폭선＋폭약)

④ 소음이나 폭풍의 문제가 없는 곳 : 도폭선에 의한 발파효과가 가장 좋다.

(3) 적용범위 : 주로 노천발파에 사용

(4) 장단점

| 장점 | 단점 |
|---|---|
| 1. 공 간격이 넓어서 천공은 줄어든다.<br>2. 좋은 암질이 아니라도 좋은 결과를 얻는다.<br>3. 장약의 균질한 폭발력에 의해 공간을 균일하게 절단하여 깨끗한 절단면을 형성<br>4. Cushion 발파가 90도 각으로 사용할 경우 pre-spliting과 결합시키면 더 좋은 결과를 얻을 수 있다. | 1. Cushion 발파공을 점화하기 전에 주 발파를 마칠 필요가 있다.<br>2. pre-splitting과 같은 다른 방법과 결합하지 않고 90도로 발파하기가 어렵다. |

3) Pre-spliting 공법

(1) Pre Splitting(선균열 발파) 공의 배치 예(노천발파)

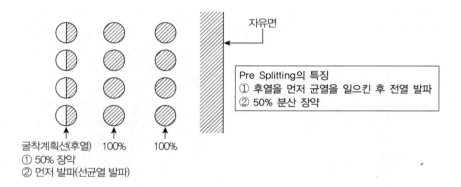

자유면

Pre Splitting의 특징
① 후열을 먼저 균열을 일으킨 후 전열 발파
② 50% 분산 장약

굴착계획선(후열)  100%  100%
① 50% 장약
② 먼저 발파(선균열 발파)

(2) 공법 설명

① Pre-spliting 천공
- 굴착계획선(채굴면)을 따라 인위적인 균열을 형성시켜 잔여 암반의 암벽으로부터 발파 지역을 격리시키는 것
- 좁은 간격으로 천공경 30~64mm 정도로 한 줄의 구멍을 뚫는다.
② pre-spliting 공의 발파 : 주발파 공보다 먼저 점화
③ 가장 좋은 결과를 얻기 위하여 도폭선이나 순발 뇌관을 기폭시켜야 한다.

(3) pre-splitting 발파 공법 적용 방법

| 방법 | 장점 | 단점 |
|---|---|---|
| 도폭선을 이용하는 방법 | - 천공경 내의 약량이 일정하므로 모암의 손상은 최소화한다.<br>- 작업이 간편한다.<br>- 풍화 변질이 많은 암석에서도 탁월한 효과가 있다. | 고폭속으로 소음이 심하며, 폭약의 비용이 많이 든다. |
| 도폭선과 폭약을 이용하는 방법 | 일반 폭약을 사용하므로 화약비가 저렴하다. | 도폭선에 일정 간격으로 폭약을 매달아야 하므로 작업이 번거롭다. |
| 정밀폭약을 이용하는 방법 | 작업이 간단하다. | - 천공경에 따라서 과장약이 될 수 있어 여굴의 우려가 있다.<br>- 풍화변질이 많은 암석에서는 약량의 조절이 어려워 여굴의 우려가 있다. |

(4) 적용범위 : 터널에서보다는 노천 영구사면 굴착 시 주로 이용

(5) pre-spliting 발파에 영향을 미치는 요소

    ① Decoupling 계수, 천공의 정밀도, 천공 간격

    ② 지질학적 요인(crack, 절리의 발달상태), 암석의 풍화, 변질 정도, 기폭방법

(6) 장단점

| 장점 | 단점 |
|---|---|
| • 낙석이나 낙반의 위험이 적어지므로 안전성이 좋다.<br>• 지나친 굴착이 적어지므로 콘크리트 타설량이 감소되고 공사비용이 적게 든다. | • 발파 시 지반진동 및 소음공해가 크다.<br>• 암반에 층리가 발달한 경우 부분적으로 여굴이 발생할 수 있다. |

4) Smooth Blasting(노천발파)

  (1) Smooth Blasting 공 배치

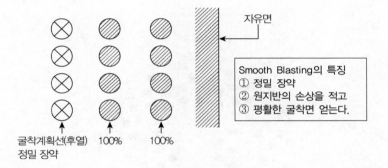

Smooth Blasting의 특징
① 정밀 장약
② 원지반의 손상을 적고
③ 평활한 굴착면 얻는다.

자유면

굴착계획선(후열)  100%  100%
정밀 장약

  (2) 공법 설명

    ① 원리는 Cushion 발파와 거의 같지만, smooth 발파의 공은 나머지 공과 함께 점화. 따라서 주 발파부분을 미리 굴착할 필요가 없다.

    ② 벽면의 암벽 상태는 공 간격과 저항선의 비율에 크게 영향을 받는다.

  (3) 적용범위 : 노천에서보다는 지하 터널굴착 시 주로 이용된다.

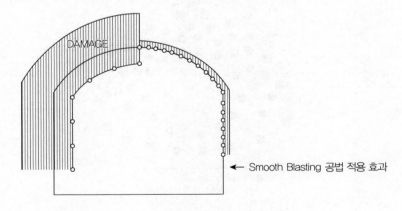

DAMAGE

← Smooth Blasting 공법 적용 효과

(4) 장단점

| 장점 | 단점 |
|---|---|
| 1. 낙석이나 낙반의 위험이 적어지므로 안전성이 좋다.<br>2. 지나친 굴착(여굴)이 적어지므로 콘크리트 타설량이 감소되고 공사비용이 적게 든다.<br>3. 수로 터널에서는 수류의 마찰이 적어지며 광산의 통기갱도에서는 통기효율이 좋아진다. | 1. 암석이 천매암, 결정 편암과 같이 절리, 층리, 편리 등이 발달한 암석에서는 효과가 적다.<br>2. SB공의 공간 간격과 최소 저항선과의 차이에 조화와 정확도를 요구함으로써 고도의 천공기술이 요구된다.<br>3. SB공의 천공 간격이 보통의 발파법보다 좁기 때문에 천공 수가 많게 된다.<br>4. 천공과 장약에 경비가 든다. |

## 7. 터널 발파 패턴도 예시(심빼기)

\* 연시초시(지연시간)

- MSD : 뇌관 번호×20ms 예) 2번 뇌관＝2× 20ms＝40ms＝40/1000s＝0.04s

- DSD : 뇌관 번호×100ms 예) 3번 뇌관＝3× 100ms＝300ms＝300/1000s＝0.3s

1) V-cut

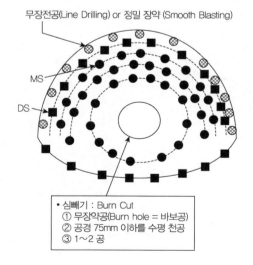

2) Burn Cut

## ■ 참고문헌 ■

1. 서진수(2006), Powerful 토목시공기술사(1, 2권), 엔지니어즈.
2. 우재억(2009), 자원개발공학, 원화.
3. 정의봉(2003), 화약류관리(기술사 및 기사 2차 실기시험), 동화기술.

# 5-51. 디커플링 지수(계수)(Decoupling Index : 완충지수)

## - Decoupling Effect(공경효과)

### 1. Decoupling 계수 정의

1) 발파에서 천공경과 폭약경과의 비(폭약지름에 대한 천공지름의 비)를 말하며, 밀장전의 경우에는 1.0
   이 된다.

2) Decoupling 계수가 클수록 폭속이 저하됨

$$D_c(Decoupling \ 계수) = \frac{R_h(천공지름)}{R_c(폭약지름)}$$

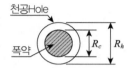

### 2. Decoupling 효과

1) 정의

천공경과 약경을 조절하여 **약포와 공벽 사이의 공간**이 순간적인 **압축변형**에 대한 Cushion **작용**으로
Energy를 제어하는 효과

2) 제어 발파의 원리임

폭발력을 조절하여 발파 예정선을 따라 **여굴 발생**이 없게 하고, 기존 **암반 이완**을 최대한 방지할 목적임

3) 천공직경보다 작은 약포의 폭약을 장약하여 약포와 천공경 사이에 공간을 두면 **폭약의 충격효과**가
   감소되고 **파괴 범위**가 제어됨

4) Decoupling 계수 클수록 폭속 저하, 전체적으로 대상(帶狀)의 응력 분포를 나타냄

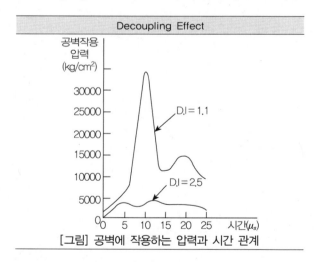

[그림] 공벽에 작용하는 압력과 시간 관계

### 3. Decoupling 지수(계수)의 특징

1) 디커플링 지수값이 크게 되면 천공 내 벽에 작용하는 폭굉압은 급격히 저하하고, 폭약에서 일정거리
   에서 측정한 파장의 진폭이 지수적으로 감소하여 발파효과가 나쁘게 된다.

2) 절취사면, 터널의 설계굴착선 등은 디커플링 지수를 크게 하여(약 2.5 내외) 인위적으로 폭력을 제어하는 이른바 "공경효과(Decoupling Effect)"를 이용하는 발파공법을 적용한다.

## 4. $D_c$(Decoupling 계수) 산정법의 종류

1) 지름비

$$D_c(Decoupling \ 계수) = \frac{R_h(천공지름)}{R_c(폭약지름)} ≒ 2~3(Smooth \ Blasting시 \ 목표값)$$

2) 체적비

$$D_c(Decoupling \ 계수) = \frac{V_h(천공 Hole 내 체적)}{v_c(장약량의 체적)} ≒ 4~6(SmoothBlasting시 \ 목표값)$$

## 5. Decoupling 계수의 적용성

1) Smooth Blasting 경우

   (1) $D_c = 1.5~2.0$ 정도로 함

   (2) 현장 실무에서 폭약직경 25mm, 천공경 50mm로 하여 그 사이에 간격재 사용하기도 함

2) ABS 공법 : 천공 구멍 속에 장약 후 잔여 공간을 비압축성 물질인 물을 채움

## 6. 발파진동 경감 방법

1) 폭약에 의한 방법 : 저폭속, 저비중 폭약 사용

2) 전기 뇌관 사용한 다단발파 : MSD 및 DSD에 의한 시차발파

3) 비전기 뇌관 사용 다단발파 : 무한단수 발파

4) 심빼기발파

5) 약량 제한에 의한 방법

6) 폭파방식 변경에 의한 방법 : Decoupling 효과(제어발파), 분할발파 실시, 1회 발파 진행장 제한

## ■ 참고문헌 ■

1. 서진수(2006), Powerful 토목시공기술사(1, 2권), 엔지니어즈.

2. 우재억(2009), 자원개발공학, 원화.

3. 정의봉(2003), 화약류관리(기술사 및 기사 2차 실기시험), 동화기술.

# 5-52. ABS(Aqua Blasting System)

## 1. ABS 정의

1) 제어발파의 일종임

2) 천공 구멍 속에 장약 후 잔여 공간을 비압축성 물질인 물을 채워 Decoupling 효과로 발파 시 충격 전달을 유도함

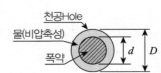

3) 제어발파의 원리

   (1) 지발효과

   (2) Decoupling 효과

   (3) Tamping 효과(전색효과)

## 2. Decoupling 효과

1) DI(Decoupling Index)=D/d=천공지름/폭약지름

2) DI가 클수록 폭속이 저하됨

## 3. ABS 시공방법 및 순서

천공 → 장약 → 물충전 → Cap → 뇌관설치 → 발파

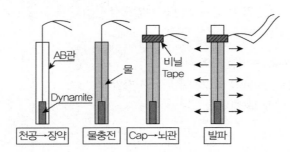

## 4. ABS공법의 특징

1) 모암 손상 최소화됨

2) 진동 적음

3) 충격파 작용범위 커짐

## 5. 충격파의 전달 모식도

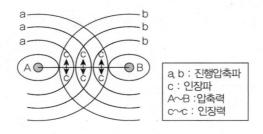

## 6. 재래공법과 ABS공법의 차이점

| 구분 | 재래공법 | ABS |
|---|---|---|
| 충격파형 | 구면파 | 원관파 |
| 진행방향 | 45° | 90° |
| 진동의 크기 | 큼 | 작음 |
| 작용범위 | 좁음 | 넓음 |

## ■ 참고문헌 ■

서진수(2009), Powerful 토목시공기술사 용어정의 기출문제.

## 5-53. 기폭 System(뇌관)의 분류

### 1. 뇌관(detonator, cap) 정의
폭약 또는 화약을 폭발하기 위해 **점폭약** 또는 **점화약**을 관체에 장전한 것으로 공업 뇌관, 전기 뇌관, 비전기 뇌관, 전자 뇌관 등이 있다.

### 2. 뇌관의 종류
1) 공업용 뇌관
   (1) 6호 뇌관(일반용)
   (2) 8호 뇌관(심수용, 둔감 폭약용)

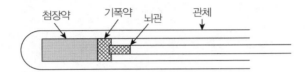

2) 전기식 뇌관(Electric Detonator)
   점화장치로 **전기를 이용**하는 것으로 뇌관체 안에 있는 **발열제(백금선)**를 발열시켜, 즉 전기에너지를 열에너지로 변형하여 뇌관을 폭발시킴
3) 비전기식 뇌관(Non Electric Detonator)
   점화장치로 **열(화염)을 이용**하는 것으로 열에너지를 뇌관에 전달시켜 폭분을 기폭시키는 뇌관
4) 전자 뇌관(Electronic Detonator)
   전자식 뇌관은 화약을 이용한 기존의 뇌관에 지연제 부분과 점화장치 부분을 **마이크로 칩**을 대체한 뇌관으로 **정밀한 지연시차를 임의로 조절**할 수 있는 특성이 있다.

### 3. 특수 기폭장치
1) 다단식 발파기(Sequential Blasting Machine)
2) 비전기식 뇌관(Nonelsystem)
* 다단식 발파기 : 현재 국내에서 시판되는 전기 뇌관은 지발전기 뇌관의 경우 MS 시차는 20단이 있으며, 지발당 장약량을 제한받는 경우 1회 발파당 최대 20공만 기폭시킬 수 있음. 따라서 여러 번 발파를 시행해야 함. 다단식 발파기를 사용하여 20단 이상의 경우 시차를 기계적으로 설정하여 사용

## 4. 각 기폭방식별 특성은 아래와 같이 요약된다.

| 구분 | 전기식 뇌관 | 비전기식 뇌관 | 전자 뇌관 |
|---|---|---|---|
| 뇌관 모양 | | | |
| 사용 및 시공성 | • 비전기식 뇌관의 보급 확대로 숙련공 확보 문제없음<br>• 장약공 장전시간은 큰 차이 없음<br>• 결선 소요 시간은 비전기식 뇌관방식이 다소 단축 | | • 수입, 통관 문제 수반<br>• 국내 도입실적 전무<br>• 별도의 전용 장비 소요 |
| 경제성 | • 비전기식에 비해 저렴 | 전기식에 비해 다소 고가 | • 고가(비전기식의 10배) |
| 사용 단수 | • MS 시리즈 : 20단차<br>• LP 시리즈 : 25단차<br>• MS+LP 최대 조합단수<br>⇨ 42단차 | • MS 시리즈 : 20단차<br>• LP 시리즈 : 25단차<br>• TLD/Bunch : 7단차<br>(0, 17, 25, 42, 67, 109, 176ms)<br>• Bunch 적용으로 무한단차구현 | • 프로그램 Unit를 사용하여 1ms 이상의 초시를 설정 가능 |
| 외부 전류 | • 미주전류, 정전기, 유도전류, 전파 등의 전기적 요인에 민감 | • 물리적 외력, 미주전류, 정전기, 전파 등에 대해 안전 | • 물리적 외력과 미주전류, 정전기, 전파에 안전 |
| 낙뢰 | • 낙뢰에 대해서는 양자 모두 위험. 원칙적으로 낙뢰발생 시 화약류 취급 금지, 대피(I.M.E Safety Library Publication 4) | | • 알려진 바 없음 |
| 결선 확인 | • 계기에 의한 점검 | • 육안에 의한 점검 | • 결선상태 확인 점검 |
| 효율성 | • 다단식 발파기 적용 시 단차 확장 가능 | • 지연초시 편차 극소화<br>• 진동 및 소음저감 효과 우수 | • 특수발파 적용 |
| 선정 | • 일반발파 지역 | • 전기적인 위험이 있는 지역<br>• 지연단차를 확장시킬 경우 | • 국내 적용사례 없음 |

■ 참고문헌 ■

1. 서진수(2006), Powerful 토목시공기술사(1, 2권), 엔지니어즈.

2. 우재억(2009), 자원개발공학, 원화.

3. 정의봉(2003), 화약류관리(기술사 및 기사 2차 실기시험), 동화기술.

# 5-54. 전기 뇌관(Electric Detonator)
## [Milisecond Detonator(MSD), Decisecond Detonator(DSD)]

- 지발 뇌관(전기 뇌관)(21, 47회 용어)

### 1. 전기 발파의 정의
전기 뇌관(Electric Detonator)을 이용하여 발파하는 것

### 2. 발파의 종류
1) 단발발파

   공과 공 사이, 열과 열 사이에 적당한 **시차**를 취하여 발파하는 방법을 지칭
2) 순발발파(일제발파)

   단발발파의 반대 의미

### 3. 전기 뇌관의 정의
공업용 뇌관에 전기적 점화장치를 한 것 : 순발, 지발 전기 뇌관이 있다.

### 4. 전기 뇌관의 종류
1) 순발 전기 뇌관 : 직접 기폭약이 순간적으로 폭발, 연시약이 없음

   (뇌관의 기폭과 동시에 폭약을 폭굉시킴)
2) 지발 전기 뇌관
   - 뇌관이 기폭되면 뇌관 내의 **지연작용**에 의하여 **일정시간 지연시킨 후** 폭약을 폭굉시킴
   - 점화옥과 기폭약 사이에 **연시약(지연 요소＝시간 연기 화약)**을 삽입하여 시간 격차를 주어 폭발을
     단계적으로 지연시켜 순차적으로 폭파시키는 것
     ① MSD( Milisecond Detonator)
     ② DSD(Decisecond Detonator)

3) 특수 전기 뇌관
   [전기 뇌관의 형태]

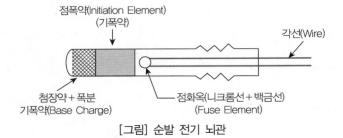

[그림] 순발 전기 뇌관

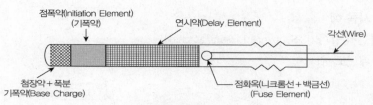

[그림] 지발 전기 뇌관

## 5. 단수(지발 수, Number of Delay)

1) 지발 뇌관의 **단차수**를 말하며(총 사용 뇌관의 수가 아님)
2) 만약, 어느 현장의 MS 전기 뇌관의 **단수가 6단**이라면 **6종류의 지연시차**를 가지는 뇌관을 사용하였다는 것을 의미함
3) 현재 국내에서 생산되는 뇌관의 조합 가능한 단수 현황
   (1) MS 뇌관만을 적용할 경우는 최대 20단차
   (2) MS 및 LP 뇌관을 조합할 경우 최대 42단차의 실현이 가능함

## 6. 지연초시

1) DSD : Decisecond Detonator(DSD)
   (1) 1/10초 전기 뇌관
   (2) 지연시간 0.1초 이상인 것
   (3) **단간격 : 0.25초**(2.5Deci Second)

$$단차 사이 간 지연시간 : \frac{100 \sim 500}{1000} \sec$$

   (4) 지연시간 계산 방법
    : 제품(고려 화약인 경우 예)의 뇌관 번호× 100ms(100/1000초＝0.1초)
2) MSD : Milisecond Detonator(MSD)
   (1) 1/1000초 전기 뇌관
   (2) 지연시간 0.01초 이상인 것
   (3) **단간격 : 0.025초**(25ms)

$$단차 사이 간 지연시간 : \frac{20 \sim 25}{1000} \sec$$

   (4) 지연시간 계산
    : 제품(고려 화약인 경우)의 뇌관 번호× 20ms(20/1000초＝0.02초)

## 7. 지발 뇌관(전기 뇌관)의 효과(특징)

1) 폭음이 적다.
2) 진동이 적어, **암반 이완**이 적고, **모암 손상**이 적다.
3) **비산**이 적다.
4) **버력 처리**가 쉽다.
5) Cut off(잔류 화약＝폭파되지 않은 화약)가 적다.

## 8. 전기 뇌관의 사용 예

: 다단식 발파(다단식 발파기 : Sequantal Blasting Machine)

**[터널 상반 발파 패턴도 예]**

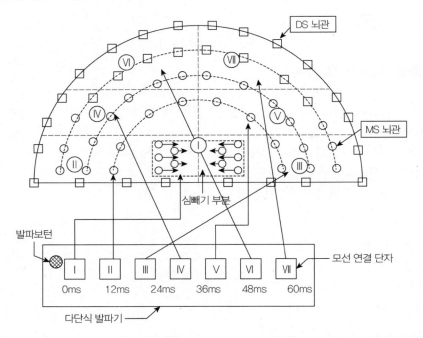

| 발파기 단자 | I | | | II | | | III | | | IV | | | |
|---|---|---|---|---|---|---|---|---|---|---|---|---|---|
| 단자의 연시 초시 | 0ms | | | 12ms | | | 24ms | | | 36ms | | | |
| 뇌관 번호 | ms4 | ms5 | ms6 | ms12 | ms13 | ms14 | ms12 | ms13 | ms14 | ms12 | ms13 | ms14 | DS 8 |
| 뇌관 속의 연시 초시 | 80 | 100 | 120 | 240 | 260 | 280 | 240 | 260 | 280 | 240 | 260 | 280 | 800 |
| 뇌관＋발파 단자(누적 지연 초시) | 80 | 100 | 120 | 252 | 272 | 292 | 264 | 284 | 304 | 276 | 296 | 316 | 836 |

\* 뇌관의 연시 초시(지연 초시)

- MS : 뇌관 번호× 20ms
- DS : 뇌관 번호× 100ms

## ■ 참고문헌 ■

1. 서진수(2006), Powerful 토목시공기술사(1, 2권), 엔지니어즈.

2. 우재억(2009), 자원개발공학, 원화.

3. 정의봉(2003), 화약류관리(기술사 및 기사 2차 실기시험), 동화기술.

## 5-55. 전기 뇌관(전기발파)의 결선(접속) 방법

### 1. 개요
전기 뇌관의 접속법에는 일반 전기저항의 접속법과 같이 직렬 ,병렬, 직병렬 결선

### 2. 결선방법
1) 직렬연결(직결)

    (1) 인접한 전기 뇌관의 각선을 순차적으로 연결, 양단의 2개 각선을 각각 발파모선에 접속

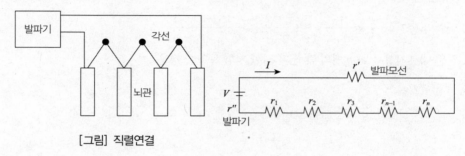

[그림] 직렬연결

    (2) 특징

       ① 전류회로 1개

         - 도통시험 용이

         - 단선 확인용이 : 발파 전 단선부, 결선 불량부 발견용이, Cut Off 없다.

       ② 저항 크다 : 큰 전류 필요, 전류에 의한 화약 사고 적다.

    (3) 저항계산

       ① 발파회로의 전저항

$$R = r'(모선저항) + r''(발파기저항) + r_1 + r_2 + r_3 + \ldots + r_{n-1} + r_n$$

       ② 전원 내부저항무시, $n$개의 각 전기 뇌관 저항 동일한 경우

         - 저항 $R = r'(모선저항) + nr$

         - 전원전압 $V = I \times (r' + nr)$

2) 병렬연결

    (1) 전기 뇌관의 각선을 각각 발파 모선에 직접 접속

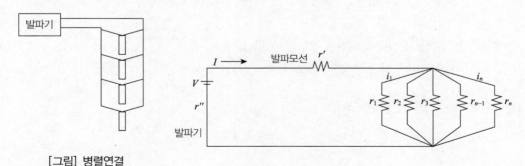

[그림] 병렬연결

(2) 특징

　① 단순한 도통시험으로 단선부 확인이 어렵다.
　　－ Cut off 발생해도 확인이 어렵다
　　－ 엄밀한 저항측정으로 전기 뇌관수와 비교해야 함
　② 저항이 작다 : 적은 전류로도 폭파(전류의 크기는 저항에 반비례)
　③ 대발파에 이용

(3) 저항계산

　① 뇌관의 총저항 $\dfrac{1}{R}=\dfrac{1}{r_1}+\dfrac{1}{r_2}+\dfrac{1}{r_3}+\ldots+\dfrac{1}{r_{n-1}}+\dfrac{1}{r_n}$

　② 전원 내부저항무시, $n$개의 각 전기 뇌관 저항 동일한 경우

　　총저항 $R=r'+\dfrac{r}{n}$

　③ 전류($I$) : 뇌관을 흐르는 전류 동일한 경우

　　$I=i_1+i_2+i_3+\ldots+i_{n-1}+i_n=n\,i_n$

　④ 전류전압 : $v=IR=n\,i_n\left(r'+\dfrac{r}{n}\right)$

3) 직, 병렬 연결

(1) 직렬과 병렬을 혼합한 것, 직렬결선 회로를 다시 여러 개 병렬로 연결, 많은 뇌관을 1회에 발파 시 사용

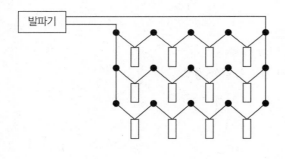

[그림] 직, 병렬 연결

(2) 특징

　① 적당한 전력으로 다수의 뇌관을 점화할 수 있다.
　② 작업 복잡, 결선 누락 우려 있다

(3) 전저항 $\dfrac{1}{R}=\dfrac{1}{R_f}+\dfrac{1}{R_s}+\dfrac{1}{R_t}$

## ■ 참고문헌 ■

1. 서진수(2006), Powerful 토목시공기술사(1, 2권), 엔지니어즈.
2. 우재억(2009), 자원개발공학, 원화.
3. 정의봉(2003), 화약류관리(기술사 및 기사 2차 실기시험), 동화기술.

# 5-56. 비전기 뇌관(Non-electric detonator)

## 1. 정의

전기적인 위험에 안전한 뇌관으로 최근 낙뢰 및 지중전류로 인한 **사고발생** 여파에 따라 적용이 점차 늘고 있으며 **진동제어**에도 매우 유용하나 전기식 뇌관에 비해 가격이 높은 편임

## 2. 전기 발파의 문제점

전기 발파 작업 시 불안전 문제 요인(발파작업 시 사고 발생요인) : 발파작업 시 전기적인 요인에 의해 발생하는 사고원인

1) 미주전류(Stray current)

2) 정전기

3) 낙뢰 시

4) 무선전파 에너지

5) 고압선의 유도전류

6) 순간 누전

7) 누설전류 측정 불이행

## 3. 비전기 뇌관의 특징

| | |
|---|---|
| 장점 | 1. 비전기적 방법이므로 외부전류(누설 전류 등)에 의한 화약 사고 방지<br>　※ 외부전류 : 미주전류, 정전기, 낙뢰, 무선전파 에너지, 지전류, 고압선의 유도전류 장약 중 전기기계 사용<br>2. 지전류, 누설 전류, 낙뢰 등에 의한 폭발 사고가 발생하는 전기 뇌관에 비해 안전사고 방지에 유리 : 노천발파에 유리<br>3. 물, 습기 등이 있는 곳에 유리<br>4. 대발파, 대량의 발파를 연속적으로 짧은 시간에 발파 가능<br>5. 연결 작업 신속 : 몇 개씩을 한 묶음으로 연결<br>6. 비전기 뇌관 튜브는 외부의 충격, 열 등 기계적인 에너지에 강하다.<br>　: 불로 태워도 비폭발, 고온(50℃)에도 안전 |
| 단점 | 1. 뇌관값이 다소 고가<br>2. Cut-off 발생 우려 |

## 4. 비전기 뇌관의 형태

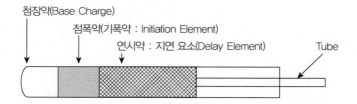

첨장약(Base Charge)

점폭약(기폭약 : Initiation Element)

연시약 : 지연 요소(Delay Element)

Tube

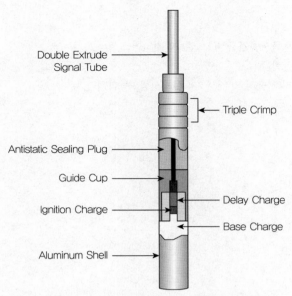

[그림] 비전기 뇌관의 구조(HiNEL-(주)한화)

## 5. 비전기 뇌관의 결속

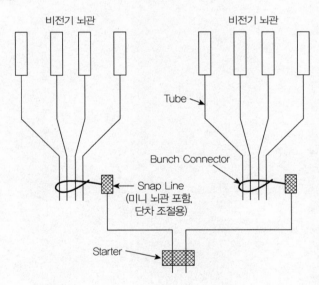

## 6. 맺음말

비전기 뇌관은 전기 뇌관에 비해 **가격이 고가**, 측정기로 **결선확인 불가**, 불발뇌관 및 Cut off로 인한 발파중단 및 안전사고 등의 문제점이 있으나, **낙뢰, 누설전류** 등에 대한 **전기적인 안전**이 보장되고, 민원 발생 우려 지역의 발파진동, 소음, 비산 감소효과 우수함. 트렌치 발파 시 다량 발파가능, 벤치 발파 시 채석량 증가, 파쇄입도 양호, 대량 발파 가능. 터널발파 시 굴진장 증가, 진동, 소음 감소효과 우수함

## ■ 참고문헌 ■

1. 서진수(2006), Powerful 토목시공기술사(1, 2권), 엔지니어즈.
2. 우재억(2009), 자원개발공학, 원화.
3. 정의봉(2003), 화약류관리(기술사 및 기사 2차 실기시험), 동화기술.

# 5-57. 심빼기 발파 [심발 발파 : Center Cut Blasting](52, 68회 용어)

## 1. 심빼기 발파(심발공, 심발 폭파) 개요

1) 자유면 많게 하여 발파 효율 증대, 소음 진동 저감

2) 자유면 많게 하는 방법 : 심빼기, Bench Cut

## 2. 심빼기 발파의 정의

1) 자유면 많게 하여 소음, 진동 적게 함

2) 터널 공사의 막장에 주로 이용

3) 단면 직경 3.5m 이하의 전단면 발파에 효율적

　: 전력구, 통신구 터널, 소규모 수로 터널

4) 직경이 큰 터널인 경우 상, 하반 분할 굴착의 Bench Cut 발파에도 적용

---

**상세 설명**

1) 터널 굴진 발파에서 최초의 발파면은 자유면이 하나이므로 굴진 방향에 자유면을 새로 만들어 제2자유면 발파로
   바꾸기 위해 발파 전단면 일부분을 발파로 먼저 뽑아서 새로운 자유면을 하나 더 만드는 발파

2) 인위적으로 자유면 많게 하여 발파 효율 증대, 소음 진동 저감, 여굴 방지, 발파 효율 높아짐

3) 터널 공사의 막장에 주로 이용하며, 단면 직경 3.5m 이하(전력구, 통신구 터널, 소규모 수로 터널)의 전단면
   발파에 효율적임

4) 직경이 큰 터널인 경우 상, 하반 분할 굴착의 Bench Cut 발파에도 적용

5) 자유면 많게 하는 방법으로는 심빼기, Bench Cut이 있음

---

## 3. 심빼기 발파의 종류

1) 경사공(각굴) 심빼기(Angled Cut)

　(1) V-Cut

　(2) 설형심발법 : ① Wedge Cut　② Prism Cut

　(3) 추형심발법 : ① Diamond Cut ② Pyramid cut

2) 평행공 심빼기(Parallel Cut)

　(1) Burn Cut : 무장약공(Burn hole : 공경 75mm 이하)을 수평 천공

　　　① 크로버잎형 번컷

　　　② 상자형(Box Cut)

　　　③ 선형(Line Cut)

　(2) Cylinder Cut : 번컷의 진보된 방법, 공경 75mm~200mm

3) 기타

　(1) NO-Cut

　(2) 실린더(Cylinder) Cut : 공경 75mm~200mm 6)

　(3) 코로만트 컷트 법(Coromant Cut)

## 4. 심빼기 발파의 효과(목적)

1) 자유면 많게 하여 소음, 진동 저감

2) 여굴 방지 : Shotcrete 절감, 경제적 시공

3) 발파 안전 확보

4) MS 전기 뇌관 사용하여 중앙부터 순차적으로 폭파 : 효과가 크다.

5) 버력의 비산이 적다.

6) 작업이 단순화되어 발파 설계 단일화 : 설계대로 시공된다.

7) 비교적 적은 장약량으로 효과가 크다.

8) 경제적 : 고능률, 대형 기계 이용

## 5. 심발공법의 특징

[심발공법 특징]

| 구분 | 경사공 심빼기(Angle cut) | | 평행공 심빼기(Parallel cut) | |
|---|---|---|---|---|
| 장점 | • 굴진장 2.0m 내외에서 평행심발공법 대비천공 시간 단축효과 발휘<br>• 보조심발(Baby cut) 적용으로 진동저감 가능<br>• 심발부 파쇄암편의 크기가 크므로 비산거리 단축<br>• 천공이 용이하여 천공기사 선호 | | • 1발파당 굴진장 증대 및 터널 폭에 제한받지 않음(장공발파 및 소단면 터널 유리)<br>• 장공발파나 경암발파에 효율성 증대<br>• 천공위치 선정 시간 단축<br>• 확대공 발파 시 저항선 설정 용이<br>• 무장약공 및 1공씩 지연발파 시행으로 발파진동 경감<br>• 파쇄암편의 크기가 작으며 버력이 막장주위에 집중 집적되어 버력처리 효율 증대 | |
| 단점 | • 각도천공에 의해 실굴진장 단축으로 천공효율 저하<br>• 장공 발파 시 대칭 공간 거리가 멀어 저항증대로 대괴발생 및 진동관리에 불리<br>• 지발당 장약량 증대(대칭공 제발발파)<br>• 터널 규격에 제한을 받으나 대단면 터널에서는 무관 | | • 정밀 천공기술 요구(심발공 천공 간격 좁음)<br>• 심발부 천공수 증가에 따른 천공 시간 증대<br>• 심발공 채석용적이 적어 전체 폭약 사용량 증대<br>• 단공에서는 경사공 심빼기보다 효율 저하<br>• 심발 영역 잔류공에 의해 차기 천공위치 설정 제한<br>• 강력한 폭약 사용 시 소결현상 발생 | |
| 개요도 | 100~150mm<br>60° 60°<br>Double V-Cut | 100~150mm<br>60°<br>V-Cut | 76~127mm<br>Cylinder-Cut | 38~45mm<br>Burn-Cut |
| 특징 | • V-cut와 동일하나 진동 감소, 굴진 효율 증대, 심빼기 신뢰성 향상을 위해 소규모 보조 Cut 추가 | • 가장 오랜 공법<br>• 중심선 기준 대칭<br>• 천공각도 : 60~70°<br>• 천공장은 터널 폭에 영향 받음 | • Burn-Cut에서 진보된 공법<br>• 진동제어 유리<br>• 고속 장공발파 적합<br>• 숙련공 필요 | • 자유면에 수직천공<br>• 소단면 터널에서 소형, 경량 착암기로 장공발파를 위해 개발된 공법 |

[신기술 심발공법 특징]

| 구분 | 경사공＋평행공 심빼기(Supex-Cut) | 대구경 무장약공들과 선균열에 의한 터널의 심빼기 방법 | 선균열과 상부 심빼기를 이용한 환경 친화적 터널발파공법 | 다중 심발공에 의한 V-Cut 다단장약발파방법 |
|---|---|---|---|---|
| 개요도 | | | 설계공착선공(선균열막과)<br>천반<br>심빼기공<br>(상향청공)<br>←굴진장→ | ⑥⑤④⑤⑥<br>③②①②③ |
| 특징 | • 심발부 최소 저항선 다단계 분할 발파<br>• 터널축에 평행천공＋각도공천공(천공 길이 다양) | • 대구경 무장약공을 동심원상으로 배열하고 심빼기공에서 선균열을 이용<br>• 지름이 650mm되는 대구경공으로 시추를 실시하여 인공적으로 자유면을 형성<br>• 심발부에서 선균발파에 의한 진동 감소 및 굴진 효율을 증대시키는 방법 | • 심빼기 부분 천반부 위치시키고, 심빼기 부분 주변선 균열(Pre-splitting) 발파 후<br>• 설계굴착선공 선균열 발파를 실현하여 일(一) 방향 영역분할 방법 적용한 공법으로 진동, 소음·발파풍발생억제 및 소멸시키는 발파 메커니즘 | • 보조 심발공과 같은 깊이로 심발공과 확대공을 다단장약하여 먼저 보조심발공을 발파하여 신자유면을 형성<br>• 자유면 상태를 넓게 유지한 후 암반 구속력이 큰 심부에서 최소 저항선이 짧게 되어 발파 효율이 증대 |

[암반등급별 심발공법 적용(예)]

| 암반등급 | 천공배치도 | 단면 A-A | | |
|---|---|---|---|---|
| Type-1 | Cylinder-Cut | | | |
| Type-2 | | 기폭 전 | 1차기폭 후 | 2차기폭 후 |
| Type-3 | V-Cut | | | |
| Type-4 | | | | |
| Type-5, 6 | 200 / 1800 / 60° / 1100 1100 | 기폭 전 | 1차기폭 후 | 2차기폭 후 |

[모식도]

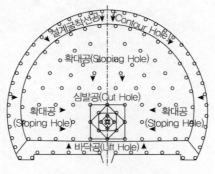

[그림] 터널 발파 Layout

## 1) 경사공

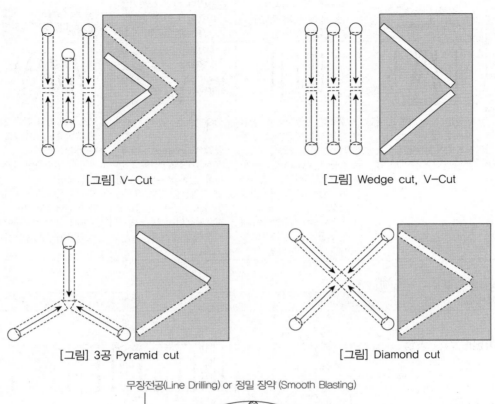

[그림] V-Cut

[그림] Wedge cut, V-Cut

[그림] 3공 Pyramid cut

[그림] Diamond cut

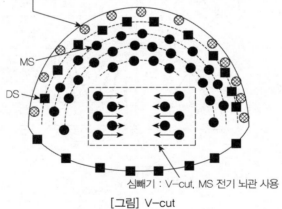

무장전공(Line Drilling) or 정밀 장약 (Smooth Blasting)

MS

DS

심빼기 : V-cut, MS 전기 뇌관 사용

[그림] V-cut

## 2) 번컷(Burn Cut)

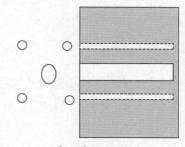

[그림] Burn cut

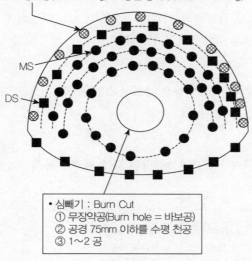

무장전공(Line Drilling) or 정밀 장약 (Smooth Blasting)

MS

DS

• 심빼기 : Burn Cut
① 무장약공(Burn hole = 바보공)
② 공경 75mm 이하를 수평 천공
③ 1~2 공

## ■ 참고문헌 ■

1. 서진수(2006), Powerful 토목시공기술사(1, 2권), 엔지니어즈.
2. 우재억(2009), 자원개발공학, 원화.
3. 정의봉(2003), 화약류관리(기술사 및 기사 2차 실기시험), 동화기술.

# 5-58. Bench Cut 발파 [계단식 발파 = 벤치발파](Bench Cut Blasting)(60회 용어, 24회)

## 1. 계단발파의 개요

1) 자유면 많게 하는 방법(심빼기, Bench Cut)

2) 보통 계단 발파는 자유면에 수직이나 그에 가까운 천공을 해서 발파하는 것으로 이해하고 있으나 경우에 따라서는 자유면이 없어서, 계단 발파를 하여 자유면 확보하여 발파함

## 2. Bench Cut 발파의 정의

1) 위로부터 평탄한 여러 단의 Bench를 조성하여 굴착이 진행됨에 따라 아래로 파내려감

2) 하나 또는 수 개의 수평한 벤치에서 발파하는 채굴법, 계단 채굴법이라고도 한다.

3) 보안의 확보, 조업의 안전성, 품질관리, 기계화, 발파석의 입도 조절의 면에서 종래의 발파보다 우수하여 석회석 채굴에서는 거의 이 방법으로 실시함

## 3. 적용성

대규모 석산과 같이 장기적인 채굴이 가능한 장소에서 적용되는 것으로, 대부분의 건설현장에서 적용되는 발파방식과는 차이가 있음

## 4. 계단발파 목적

자유면 발파로써 석회석 채굴이나 노천에서 다량의 채석, 채광을 목적

## 5. Bench Cut 발파 특징

| | |
|---|---|
| 장점 | 1. 자유면 많아 진동, 소음 적다.<br>2. 계획적 채굴이 되며, 다량 채석 가능, 생산량 확보 가능<br>3. 작업이 단순화되어 발파 설계 단일화 : 설계대로 시공된다.<br>4. 평지에서 작업이 가능하고 낙석, 붕괴 위험이 적고, 안전<br>5. 품질 관리 유리 : 암층변화 있어도 선별하여 채굴<br>6. 각종 고성능의 대형기계류 도입이 가능하므로 경제적이다.<br>7. 옥석의 발생이 적다.<br>8. 저 비중의 안포(ANFO) 폭약 등 값싼 폭약 사용 |
| 단점 | 1. Bench 조성을 위한 벌채, 절토, 진입로 등의 준비공사가 많다<br>2. 기계매입 등의 초기투자가 크다.<br>3. 다른 노천채굴법에 비교해서 개발공사 기간이 길다. |

## 6. Bench Cut 단면도 예시

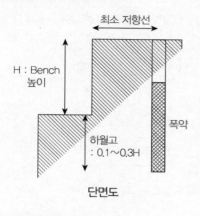

단면도

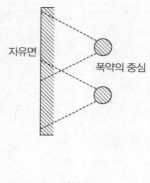

평면도

## 7. Bench의 규정(기준)

1) Bench 폭 B＝2*H

2) Bench 높이 H＝10m 전후(광산 보안법 : 15m)

3) Dump Truck 적재량에 따라 Bench 폭 결정

   (1) 4Ton : B＝10.5m

   (2) 15Ton : B＝29m

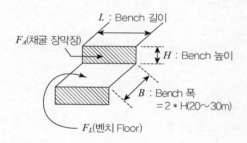

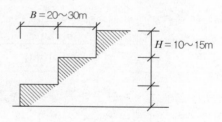

## 8. 계단발파 준비

1) 팬 커트를 하는 것이 좋다.

2) 저항선은 천공의 기저 부분에 있는 장약 밀도를 고려하여 계산되어야 함

3) 팬커트(부채꼴 심발)는 비석위험이 있으므로, 특히 발파공 지름이 40mm보다 큰 천공경을 천공할 때에는 주의가 필요함

## 9. 계단발파 시공방법

1) 장약량 산출 기본식

$$L = C \cdot W \cdot 2 \cdot H \text{ or } L = C \cdot W \cdot S \cdot H$$

($C$ : 발파계수, $W$ : 저항도(최소 저항선), $S$ : 공 간격, $H$ : 계단높이)

2) 발파계수( $C$ )

| 구분 | Emulite | ANFO |
|---|---|---|
| 연암의 경우 | 0.1~0.2 | 0.2~0.3 |
| 중경암의 경우 | 0.2~0.3 | 0.3~0.4 |
| 경암의 경우 | 0.3~0.4 | 0.4 이상 |

3) 천공 간격

(1) 최소 저항선이 적절하다면

이론적 계산 천공 간격 :

$$S = 1.2W$$

(2) 일반적 천공간격

$$S = 0.8 \sim 1.0W$$

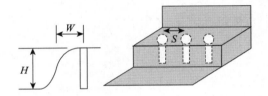

(3) 현장에서 가장 많이 채용하고 있는 것

$$S = 1.0W$$

(4) 천공 간격을 좁게 하면 공과 공 사이가 깨끗하게 잘리고

(5) 천공 간격 크게 하면 공과 공 사이의 오목, 볼록이 크게 된다.

4) 천공각도

(1) 일반적인 경사각도 : 60~70°로 한다.

(2) 천공각도의 효과

① 파쇄효과 약간 좋게 됨

② 뿌리의 절단효과가 좋아짐

③ 채굴장에 경사가 만들어져 붕괴의 위험이 적어짐

④ 백브레이크가 방지되어 다음번의 발파를 용이하게 함

5) 천공경

(1) 천공경을 크게 할 경우

① 최소 저항선을 크게 할 수 있음 : 채석입도는 약간 크게 되지만 채석량은 증대

② 천공속도가 떨어지므로 적당한 직경으로 하여야 한다.

(2) 천공경과 약경의 간격

    ① 적어지면 공 내부가 거칠 경우 장전하기에 곤란할 수가 있음

    ② 너무 차가 생길 경우

      : channel effect를 일으킬 수 있으므로 사용할 폭약의 약포경에 맞추어 결정

(3) 일반적인 천공경

$$천공경 = 약포경 + 20\sim25\%$$

---

**측벽효과(Channel Effect)**

1. 측벽효과(Channel Effect) 정의

한 개의 공내에서 전폭약포가 기폭되었는 데도 불구하고 폭약이 잔류되는 현상을 "측벽효과(Channel Effect)"라고 한다.

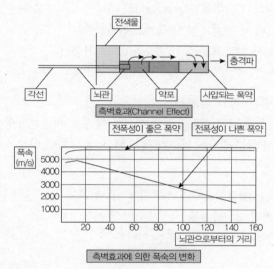

측벽효과(Channel Effect)

측벽효과에 의한 폭속의 변화

2. 측벽효과 사례(종류) 및 원인

1) 측벽효과(Channel Effect)

    공경에 비해서 비교적 가는 약포를 장전하여 발파하면 측벽효과에 의해 폭약이 잔류되는 경우가 있다. 디카플링지수(Decoupling Index) 클 때 발생

2) 디카플링지수(Decoupling Index) = 발파공외경/폭약외경으로 나타냄

    ① 다이나마이트의 경우 : D.I = 1.12~3.82($\psi$25mm)에서 잔류약 남을 수 있고

    ② 함수폭약의 경우 : D.I = 1.28~3.56($\psi$25mm)에서 잔류약이 남을 수 있음

3) 외부 측벽효과(External Channel Effect)에 의한 불폭현상

    수직공으로 각 공마다 물이 차 있는 상태로 발파를 하면 외부 측벽 효과에 의해 불폭이 다량 발생하는 경우가 있다.

3. 방지방법

1) 가능한 밀장전을 하여 발파공내의 빈 공간이 없도록 하는 것이 좋으며(D.I = 1에 가깝도록).

2) 전폭성이 우수한 폭약(다이너마이트)을 사용하도록 한다.

3) 역기폭 또는 중기폭을 사용하거나 중간에 측벽차단장치를 삽입하는 방법으로 측벽효과에 의한 잔류약을 줄일 수는 있으나, 완전한 방법은 아니다.

6) 천공길이

(1) 수직공의 경우

$$l = H + 0.3W$$

(2) 경사공의 경우

$$l = (H + 0.3W)/\sin\theta$$

7) 천공방법 : 뿌리박기를 잘하기 위해서 Sub-drilling 또는 Toe hole식으로 천공한다.

(1) Sub-drilling : 바닥면보다 약간 깊게 (0.3~0.2fw) 천공한다.

(2) Toe hole : 막장을 향해서 수평 또는 약간 하부(5-10°)로 천공한다.

8) 메지물과 Tamping 길이

(1) 메지에는 암분, 혼합 흙, 모래 등을 사용

(2) 메지의 길이 : 보통 비석과 발파 효과를 좋게 하기 위해 최소 저항선과 동일하게 함

(3) 메지 길이를 길게 하면 상부의 파쇄 입도가 크게 되고, 짧게 하면 비석의 원인이 됨

9) 기폭위치

(1) 동종의 폭약을 사용하는 경우와 ANFO 폭약 사용 시 : 정기폭

(2) 뿌리 절단을 잘할 목적일 때 : 역기폭

(3) 분산 장약의 경우 : 각 장약마다 기폭장치를 둔다.

---

**기폭, 정기폭, 역기폭**

1. 기폭의 정의

1) 폭약에 충격, 마찰, 전기, 열 등의 외적작용에 의하여 폭약을 폭발시키는 것을 기폭이라고 한다.

2) 천공장과 장약장이 클수록 강력한 기폭약을 사용하여야 완전한 폭력의 발휘를 할 수 있다.

2. 전폭약포(Priming explosive)

1) 정의

일명 기폭약포라고도 하며, 폭약에 뇌관을 결합한 것을 의미한다.

2) 분류(구분)

전폭약포가 천공 내에 위치하는 장소에 따라

(1) "정기폭 : 공구 쪽에 위치"

(2) "중기폭 : 천공 중간 부위에 위치"

(3) "역기폭 : 천공 하부에 위치"

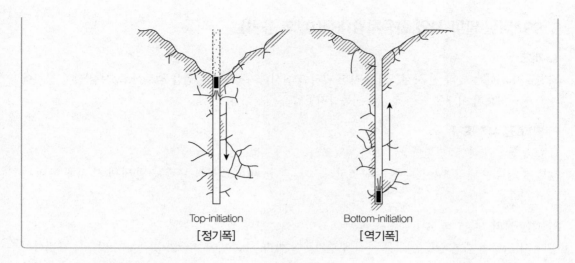

Top-initiation
[정기폭]

Bottom-initiation
[역기폭]

10) 계단식 발파 점화 패턴
(1) 발파공들 사이 또는 열들 사이의 연시초시
: 후속되는 열들을 발파시키기 위한 자유면 형성에 충분한 시간이어야 함
(2) 열간의 지연시간
① 10ms/m(경암)~30ms/s(연암)
② 일반적으로 저항선 거리당 HMS가 가장 적절한 시간임
③ 연시초시는 비석을 조절하고 암석을 잘 파쇄시키는 데 중요한 역할을 함
④ 열들 간에 연시초시가 너무 짧을 경우 : 뒷열에 있는 암석은 수평적 이동 대신 위 방향으로 올라가는 경향이 있다.
⑤ 연시초시가 너무 길 경우 : 비석의 위험, 폭음 및 대괴 발생의 원인이 됨

## ■ 참고문헌 ■

1. 서진수(2006), Powerful 토목시공기술사(1, 2권), 엔지니어즈.
2. 우재억(2009), 자원개발공학, 원화.
3. 정의봉(2003), 화약류관리(기술사 및 기사 2차 실기시험), 동화기술.

# 5-59. 터널 발파 시의 진동저감대책(97회 용어)

## 1. 개요
터널발파 시에는 발파 전 사전조사와 시험 발파를 실시하여 **발파영향권을 검토**하고, 시험 발파 결과에 따라 **진동허용치** 이내에 드는 적절한 **진동방지공법**을 선정해야 한다.

## 2. 발파 전 사전조사
1) 발파 영향권 검토 : 발파현장에 대한 현황조사
2) 발파 영향권 내의 모든 시설물의 균열상태조사 : 사진, 비디오 촬영, 추후 민원 발생 시 피해 여부 판단 자료

## 3. 시험 발파
발파 시 진동에 대한 영향 여부를 사전에 평가하여 발파 시 주위에 피해가 발생하지 않도록 대비하기 위한 **사전조사계획**과 **영향평가**를 위한 방법으로 시공회사는 발파 시에 설계도서를 검토하고 발파 영향권 내 보안물건 등을 조사하여 시험 발파, 본발파, 계측관리계획을 수립하여 시행한다.

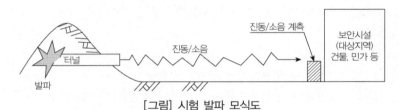

[그림] 시험 발파 모식도

## 4. 발파 진동 소음 허용치
1) 대구, 서울 지하철 터널 현장 : **민원 감소 차원 관리기준치 : 0.3Kine [cm/sec]**
2) 발파공해 허용 기준치 설정 [국내 허용기준(지반진동)]

| 구분 | 진동 속도에 따른 규제 기준 | |
|---|---|---|
| | 건물종류 | 허용 진동치 |
| 서울시 지하철 건설 본부 | 문화재 | 0.2 |
| | 결함 또는 균열이 있는 건물 | 0.5 |
| | 균열이 있고 결함 없는 건물 | 1.0 |
| | 회벽이 없는 공업용 콘크리트 구조물 | 1.0~4.0 |
| 주택공사 | 문화재, 정밀기기 설치건물 | 0.2 |
| | 주택, 아파트 | 0.5 |
| | 상가, 사무실, 공공건물 | 1.0 |
| | RC, 철골조 공장 | 4.0 |
| | 인체가 진동을 느끼지만 불편이나 고통을 호소하지 않는 범위 | 1.0 |
| 토지개발 공사 (암발파 기법에 관한 연구) | 문화재 | 0.2 |
| | 결함 또는 균열이 있는 건물 | 0.5 |
| | 균열이 있고 결함 없는 빌딩 | 1.0 |
| | 회벽이 없는 공업용 콘크리트 구조물 | 1.0~4.0 |
| 환경부 중앙환경분쟁조정위원회, 대법원 판례 등 | 구조물의 형식 및 진동노출 기간, 이해 당사자 간의 문제해결 노력 등을 참조하여 판결하나, 발파진동에 의한 피해기준은 0.3cm/sec 기준, 적용 추세 | |

## 3) 생활 진동 규제 기준(2009년 1월 1일) [환경부]

(단위 dB(V))

| 대상지역 | 주간(06~22) | 야간(22~06) |
|---|---|---|
| 주거, 녹지, 취락, 관광, 휴양, 자연환경 보전, 그 밖의 지역의 학교, 병원, 도서관 | 65 | 60 |
| 그 밖의 지역 | 70 | 65 |

\* 발파진동 : 주간에만 규제기준치 + 10dB

---

**진동 단위 중 카인(kine, cm/sec)과 dB(V)의 차이점, 그 적용범위는?**

1. 우리나라 환경부에서 규정한 건설 진동의 측정, 평가 기준
   : "진동가속도 V(수직) 성분"에 대해서만 정의되어 있고, 진동속도(cm/sec, kine)에 대해서는 아직 설정되어 있지 않다.

2. 진동가속도 표현
dB로 표현되며 이는 주로 인체의 감각에 대해 표현

3. 진동속도 표현 [cm/sec, kine]
구조물의 피해에 대해 표현되고 있다.

4. 우리나라 환경법에 규정한 건설 진동의 규제치
1) 70dB(V)
2) 이를 환산식을 이용하여 계산하면 약 0.089cm/sec [Kine]에 해당, 이는 인체가 감지할 수 있는 수준으로 매우 비현실적인 규제기준이라 할 수 있다.

---

## 4) 생활 소음 규제 기준(2009년 1월 1일)

(단위 dB(A))

| 대상지역 | 시간대 / 소음원 | 조석 (05~08, 18~22) | 주간 (08~18) | 야간 (22~05) |
|---|---|---|---|---|
| 주거, 녹지, 취락, 관광, 휴양, 자연환경 보전, 그 밖의 지역의 학교, 병원, 도서관 | 공장/사업장 | 50 | 55 | 45 |
| | 공사장 | 60 | 65 | 50 |
| 그 밖의 지역 | 공장/사업장 | 60 | 65 | 55 |
| | 공사장 | 65 | 70 | 50 |

\* 발파소음 : 주간에만 규제기준치 + 10dB

## 5. 진동 소음 저감 대책 공법(발파 진동 경감 방법)

시험 발파 후 발파 설계 및 시공하여 공해 방지함

1) 저폭속의 폭약 사용

2) 미진동 파쇄기 사용

3) 팽창제 : Calm-mite, S-mite

4) 다단 발파 방법 : 전기 뇌관(MS,DS) 발파

   (1) DSD

(2) MSD

(3) 비전기식 뇌관에 의한 분할 점화

5) 약량의 제한

6) 심발 발파(심빼기)

7) Control Blasting(조절 발파)

(1) Line Drillung

(2) Cushion Blasting

(3) Pre Spilliting

(4) Smooth Blasting

## ■ 참고문헌 ■

1. 서진수(2006), Powerful 토목시공기술사(1, 2권), 엔지니어즈.

2. 우재억(2009), 자원개발공학, 원화.

3. 정의봉(2003), 화약류관리(기술사 및 기사 2차 실기시험), 동화기술, p.113.

## 5-60. 발파진동이 구조물에 미치는 영향을 기술하고, 진동영향평가방법을 설명(87회)

### 1. 발파진동이 구조물에 미치는 영향

1) 지하철 터널, 도심지 건설 공사 발파 시

2) 진동 소음 비산 먼지 등의 **환경오염**, **발파** 사고 문제 야기

3) 구조물에 미치는 영향

   (1) 진동, 소음, 분진 : 천공, 발파, 버력 상차 시

   (2) 인명 피해 : 발파 사고

   (3) 근접 구조물 피해 : 발파 진동, 균열, 침하, 지반 액상화

### 2. 발파진동 소음 허용치

1) 대구, 서울 지하철 터널 현장 : **민원 감소 차원 관리기준치 : 0.3Kine [cm/sec]**

2) 발파공해 허용 기준치 설정 [국내 허용기준 (지반진동)]

| 구분 | 진동 속도에 따른 규제 기준 | |
|---|---|---|
| | 건물종류 | 허용 진동치 |
| 서울시 지하철 건설 본부 | 문화재 | 0.2 |
| | 결함 또는 균열이 있는 건물 | 0.5 |
| | 균열이 있고 결함 없는 건물 | 1.0 |
| | 회벽이 없는 공업용 콘크리트 구조물 | 1.0~4.0 |
| 주택공사 | 문화재, 정밀기기 설치건물 | 0.2 |
| | 주택, 아파트 | 0.5 |
| | 상가, 사무실, 공공건물 | 1.0 |
| | RC, 철골조 공장 | 4.0 |
| | 인체가 진동을 느끼지만 불편이나 고통을 호소하지 않는 범위 | 1.0 |
| 토지개발 공사 (암발파 기법에 관한 연구) | 문화재 | 0.2 |
| | 결함 또는 균열이 있는 건물 | 0.5 |
| | 균열이 있고 결함 없는 빌딩 | 1.0 |
| | 회벽이 없는 공업용 콘크리트 구조물 | 1.0~4.0 |
| 환경부 중앙환경분쟁조정위원회, 대법원 판례 등 | 구조물의 형식 및 진동노출 기간, 이해 당사자 간의 문제해결 노력 등을 참조하여 판결하나, 발파진동에 의한 피해기준은 0.3cm/sec 기준, 적용 추세 | |

### 3) 생활 진동 규제 기준(2009년 1월 1일) [환경부]

(단위 dB(V))

| 대상지역 | 주간(06~22) | 야간(22~06) |
|---|---|---|
| 주거, 녹지, 취락, 관광, 휴양, 자연환경 보전, 그 밖의 지역의 학교, 병원, 도서관 | 65 | 60 |
| 그 밖의 지역 | 70 | 65 |

\* 발파진동 : 주간에만 규제기준치 + 10dB

4) 생활 소음 규제 기준(2009년 1월 1일)

(단위 dB(A))

| 대상지역 | 소음원 시간대 | 조석 (05~08, 18~22) | 주간 (08~18) | 야간 (22~05) |
|---|---|---|---|---|
| 주거, 녹지, 취락, 관광, 휴양, 자연환경 보전, 그 밖의 지역의 학교, 병원, 도서관 | 공장/사업장 | 50 | 55 | 45 |
| | 공사장 | 60 | 65 | 50 |
| 그 밖의 지역 | 공장/사업장 | 60 | 65 | 55 |
| | 공사장 | 65 | 70 | 50 |

* 발파소음 : 주간에만 규제기준치 + 10dB

## 3. 진동영향평가 방법 = 발파 환경영향평가

1) 개요

  (1) 발파 전 **사전조사와 시험 발파** : 발파 환경영향평가 실시함

  (2) 발파에 의한 파쇄도, 비석의 정도, 발파 진동치, 소음측정, 비석방지망의 적합 여부, 인근 주민의 반응 등을 종합적으로 Check하여 검토

2) 발파 전 사전조사

  (1) **발파 영향권 검토** : 발파현장에 대한 현황조사

  (2) 발파 영향권 내의 모든 **시설물의 균열상태** 조사

    : 사진, 비디오 촬영, 추후 민원 발생 시 피해 여부 판단 자료

3) 발파효과에 영향을 주는 **발파 관련 변수**

  (1) **조절 가능한 변수**

    ① 자유면 : 자유면수 多 ⇒ 장약량 적어짐, 발파효과 증가

    ② 약포직경 : 천공경과 약포 밀폐 장전 ⇒ 발파효과 증대

    ③ 천공 간격 : 균열암반 ⇒ 천공 간격 좁으면 폭파열과 압력 ⇒ 인접공 유폭

    ④ 시차에 의한 발파 효과 : ㉠ 제발발파  ㉡ 지발발파

  (2) **조절 불가능한 변수** : 암석의 특성 및 성질(발파계수)

    ① 암반의 역학적 특성의 영향

      ㉠ 물리적 성질  ㉡ 압축강도  ㉢ 전단강도  ㉣ 인장강도  ㉤ 동적하중 특성

    ② 암반의 구조적 특성의 영향

      ㉠ 불연속면과 에너지의 전달　　　㉡ 지역적 절리분포 특성

      ㉢ 절리의 발달방향　　　　　　　㉣ 절리면 성질

4) 시험 발파

다음 강(5-61강) 참고

## 4. 맺음말

1) 발파 시 진동에 의한 **주변 구조물의 피해를 방지**하기 위해서는 발파 전 **발파 영향권** 내 보안물건 등의 **사전조사와 시험 발파**를 통하여 **진동에 대한 영향여부를 사전에 평가**하여 본발파 및 계측계획(진동/소음)을 수립하여 민원 및 피해 발생을 방지해야 하며

2) 시험 발파 시 유의사항으로는
   (1) 발파 안전에 유의
   　① 작업원의 안전
   　② 유자격자가 화약류 운반, 취급, 장약, 발파 실시
   　③ 외부 차량, 주민의 안전 : 통제 철저
   (2) 불발 시 조치 사항 철저

### ■ 참고문헌 ■

1. 서진수(2006), Powerful 토목시공기술사(1, 2권), 엔지니어즈.
2. 우재억(2009), 자원개발공학(상), 원화, p.271.
3. 정의봉(2003), 화약류관리(기술사 및 기사 2차 실기시험), 동화기술, p.113.

## 5-61. 시험 발파 목적, 시행 방법, 결과의 적용(68회)

### 1. 개요
터널, 사면 등의 현장에서 **발파 시** 주변피해발생 방지를 위해 **설계 시에는 진동에 대한 영향 여부를 사전**에 조사·평가하고, 발파 시공 시에는 설계도서를 검토하고 발파 영향권 내 보안물건 등을 조사하여 **시험 발파, 본발파, 계측관리계획을 수립**하여 시행한다.

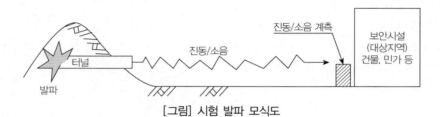

[그림] 시험 발파 모식도

### 2. 시험 발파의 정의
1) 발파작업을 하기 전 발파할 암석과 선정된 폭약에 대한 **암석계수와 장약계수**를 구하기 위한 시험이다.
2) 표준발파 채택 : 파괴암석의 크기, 비산의 정도, 채석의 목적, 안전도, 경제성 고려하여 채택
3) 실제 발파 시의 저항선, 장약량, 공경, 공심 등이 결정 : 효과적, 안전성, 경제적인 발파

### 3. 발파 전 사전조사
1) 발파 영향권 검토 : 발파현장에 대한 현황조사
2) 발파 영향권 내의 모든 시설물의 균열상태조사 : 사진, 비디오 촬영, 추후 민원 발생 시 피해 여부 판단 자료

### 4. 시험 발파 목적 [시험 발파 실시 목적]
1) 발파 설계단계
  (1) 정확한 설계인자 산출하여
    ① 현장 특성 반영
    ② 공사비 절감
    ③ 효율적인 발파 설계
  (2) ∴ 발파 목적에 맞는 적합한 시험방법을 계획,수립하여 실시
  (3) **실시 설계 시** 발파 공법 적용 ⇒ 현장 지반 조건, 지형적 특성에 맞는 **현장 발파 진동 추정식** 산출
    목적 ⇒ 이격 거리별 **지발당 허용 장약량** 산출하여
  (4) 발파 공법 적용 구간 설정 및 발파 패턴 설계 자료로 활용

2) **발파 시공 시**(본시공 전)
  (1) **계측실시**(진동, 소음)하여 법적기준의 진동, 소음 기준치 확인
    : 인근 상가 및 주택 등의 진동 소음 민원 발생 방지
  (2) 현장의 암질에 적합한 본발파 Pattern 설계수정
    ① 적정 장약량 산정

② 적정 굴진장 산정

(3) 발파의 경제성, 안전성, 시공성 확보

[참고] 생활 진동 규제 기준(2009년 1월 1일)                    (단위 dB(A))

| 대상지역 | 주간<br>(06~22) | 야간<br>(22~06) |
|---|---|---|
| 주거, 녹지, 취락, 관광, 휴양, 자연환경 보전, 그 밖의 지역의 학교, 병원, 도서관 | 65 | 60 |
| 그 밖의 지역 | 70 | 65 |

* 발파소음 : 주간에만 규제기준치 +10dB

## 5. 시험 발파 계획서 기재 항목(시행 방법)

| NO | 항목 | 세부내용 |
|---|---|---|
| 1 | 발파 위치 | ① 공사 명  ② 시험 발파 위치  ③ 시험 발파 일시 |
| 2 | 교통 통제 계획 및 발파 안전 계획 | ① 발파 전 : 작업원 안전 교육, 화약 관리자가 화약 운반, 취급, 장약, 발파 시 작전 경보 방송, 사이렌, 주민, 차량 통제 깃발, 신호수<br>② 발파 후 : 통제 해제, 불발 화약 확인 |
| 3 | 계측 계획 | ① 진동, 소음 계측기 설치 현황, 위치도 |
| 4 | 발파 패턴 계획 | ① 암반의 종류  ② 천공 장비, 천공 방법<br>③ 사용 화약의 종류  ④ 공당 장약량<br>⑤ 사용 뇌관 번호 |
| 5 | 천공 및 장약 배치도 | – |
| 6 | 인원 동원 계획 | ① 시공 팀장  ② 화약관리 보안 책임자(화약주임)<br>③ 신호수  ④ 인부<br>⑤ 착암공  ⑥ 장약공 |
| 7 | 기타 준비물 및 참고 사항 | ① 발파기 : 단발, 다단  ② 앰프 시설, 사이렌<br>③ 수기  ④ 도통 시험기<br>⑤ 누설 전류 측정, 차단기  ⑥ 무전기 |
| 8 | 발파 작업 순서도 | – |
| 9 | 화약의 도난 방지, 운반 | – |
| 10 | 발파에 따른 행정 조치 사항 | ① 화약류 양도, 양수 허가 : 경찰서<br>② 화약류 허가 : 경찰서<br>③ 화약 수령 : 청경 입회<br>④ 화약, 운반 반납 : 화약 주임<br>⑤ 현장에 임시 화약고 운영<br>⑥ 화약과 뇌관 분리 보관<br>⑦ 화약 1일 사용량 수령 후 잔량은 당일 날 즉시 반납 |

## 6. 시험 발파 시 유의사항

1) 발파 안전에 유의

(1) **작업원**의 안전

(2) 화약은 **허가된 관리자**의 통제 하에 운반, 취급, 장약, 발파 실시

(3) **외부 차량**, 주민의 안전

① 주민 통제, 차량 통제 : 발파 예고 방송 및 사이렌, 수기

② 발파 시작 20분 전 경찰 입회 요청

2) 불발 시 조치 사항

| NO | 불발원인 | 응급조치 | 예방책 |
|---|---|---|---|
| 1 | 발파기 상태 불량 | 3~4회 반복 점화 | 뇌관 및 도전선의 회로<br>시험 : 도통 시험 |
| 2 | 뇌관 및 도전선 불량 | ① 발파기로부터 도전선 분리<br>② 폭약과 뇌관 분리 | ① 회로 연결의 정확성<br>② 병렬인 경우 불발 확인이 힘듦 : 주의<br>요망 |
| 3 | 전회로 연결 및 작동 미숙 | 전회로 및 연결 부분 확인 | 연결 부분 습기, 물 제거 |

## 7. 시험 발파 결과의 이용 [시험 발파로 얻은 DATA의 활용]

1) 진동소음으로 인한 **피해 영향권** 분석 : **소음, 진동 허용치** 확인

2) 대상암반에 적합한 **적정 화약량** 산출을 위한 계수 선정

3) 발파공법의 적합성 판단 자료

4) 본 발파 Pattern의 설계 수정

   (1) 심빼기 발파 종류 변경 : 예) Burn Cut에서 V-cut

   (2) 발파 천공수의 조정

   (3) 여굴 방지 차원의 정밀 화약 사용 검토

   (4) MS, DS 전기 뇌관 번호 조정

      ① 발파 시간(지연 시간, 발파 간격)

      ② 소음, 진동의 조정

   (5) 장약량의 조정

   (6) 천공량의 조정

   (7) 굴진 Cycle(천공장, 막장 길이) 조정

   (8) 천공 장비, 천공경, 천공 방법, 공의 간격과 배치, 장약 방법 조정

## 8. 시험 발파 적용 대상

1) 일반 발파, 대 발파를 제외한 **암파쇄, 정밀 진동, 진동 제어**(소규모, 중규모) 발파를 적용한다.

2) 시험 발파는 보안 시설물이 있는 경우 **4km 범위 내에서 1회**를 적용하되, 암반 특성 및 현장 여건에 따라 조정, 적용할 수 있다.

| 보안시설물에 대한 진동, 폭음 허용기준치 설정 | |
|---|---|
| • 가축 : 0.1cm/sec<br>• 유적 문화재 : 0.2cm/sec<br>• 주택 아파트 : 0.3 ~ 0.5cm/sec<br>• 철근 콘크리트 및 공장 : 1.0 ~ 5.0cm/sec | 폭음 65 ~ 70dB(A) |

↓

보안 시설물과의 이격 거리 ⇒ 사거리 기준

↓

### 보안 시설물과의 이격 거리와 진동 수준에 적합한 지발당 장약량 산출

설계 **발파 진동 추정식**(설계 단계에서 예비검토) : 미광무국 경험식

$$V = 160 \left( \frac{D}{W^{\frac{1}{2}}} \right)^{-1.6}$$

↓

### 발파 설계(실시 설계) : 약량별 표준 발파 패턴 선정

| 구분 | TYPE-I | TYPE-II | TYPE-III | TYPE-IV | TYPE-V | TYPE-VI |
|---|---|---|---|---|---|---|
| 발파공법 | 암파쇄<br>굴착공법 | 정밀진동<br>제어발파 | 진동제어<br>(소규모) | 진동제어<br>(중규모) | 일반발파 | 대규모<br>발파 |

↓

현장 적정 발파 공법 선정 : 진동허용기준(cm/sec) 고려, TYPE-I~TYPE-VI

↓

| 시험 발파 실시 및 분석 | 발파 설계(현장 설계) | 공사 실시 |
|---|---|---|
| • 시험 발파 계획서 작성<br>• 시험 발파 실시 및 진동 측정<br>• 현장 발파 진동 추정식 산출<br>• 이격 거리별 지발당장약량 산출 | → • 폭약의 종류 및 지발당장약량<br>• 종류 및 배열 방법<br>• 이격 거리에 따른 발파 패턴 설계<br>• 발파 공사 시방서 | → 계측 실시 |

**시험 발파에 의한 발파 설계 과정 : 시험 발파 세부 절차, 시험 발파 방법**

* 시험 발파 현장 적용 순서 : 시험 발파 방법(순서)

1) 현장 발파 진동 추정식 산출

2) 경험식과 비교, 검토

3) 이격 거리별 지발당 허용 장약량에 따른 발파 공법 선정

4) 당초 설계 대비 시험 발파 결과에 따른 굴착 공법 적용 구간 비교

5) 현장 적용 발파 공법 선정

6) 발파 패턴 설계 : TYPE별 발파 설계

   (1) TYPE I : 암파쇄 굴착 공법

   (2) TYPE II : 정밀 진동 제어 발파

   (3) TYPE III : 진동 제어(소규모) 발파

   (4) TYPE IV : 진동 제어(중규모) 발파

   (5) TYPE V : 일반 발파

   (6) TYPE VI : 대 발파

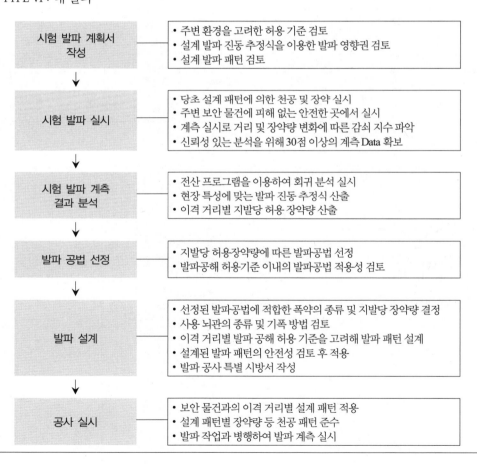

| 시험 발파 계획서 작성 | • 주변 환경을 고려한 허용 기준 검토<br>• 설계 발파 진동 추정식을 이용한 발파 영향권 검토<br>• 설계 발파 패턴 검토 |
| --- | --- |
| 시험 발파 실시 | • 당초 설계 패턴에 의한 천공 및 장약 실시<br>• 주변 보안 물건에 피해 없는 안전한 곳에서 실시<br>• 계측 실시로 거리 및 장약량 변화에 따른 감쇠 지수 파악<br>• 신뢰성 있는 분석을 위해 30점 이상의 계측 Data 확보 |
| 시험 발파 계측 결과 분석 | • 전산 프로그램을 이용하여 회귀 분석 실시<br>• 현장 특성에 맞는 발파 진동 추정식 산출<br>• 이격 거리별 지발당 허용 장약량 산출 |
| 발파 공법 선정 | • 지발당 허용장약량에 따른 발파공법 선정<br>• 발파공해 허용기준 이내의 발파공법 적용성 검토 |
| 발파 설계 | • 선정된 발파공법에 적합한 폭약의 종류 및 지발당 장약량 결정<br>• 사용 뇌관의 종류 및 기폭 방법 검토<br>• 이격 거리별 발파 공해 허용 기준을 고려해 발파 패턴 설계<br>• 설계된 발파 패턴의 안전성 검토 후 적용<br>• 발파 공사 특별 시방서 작성 |
| 공사 실시 | • 보안 물건과의 이격 거리별 설계 패턴 적용<br>• 설계 패턴별 장약량 등 천공 패턴 준수<br>• 발파 작업과 병행하여 발파 계측 실시 |

## 9. 시험 발파 방법

1) 발파 공사의 중요도 및 위험요인을 감안, 발파 전문기관에 의뢰

   (1) 엔지니어링기술진흥법에 의한 용업업체(화약류관리)

   (2) 기술사법에 의한 화약류 관리기술사 사무소등

2) 해당 지역 발파진동식 추정

   (1) $V = K\left(\dfrac{D}{W^b}\right)^n$

   (2) $K$, $n$ 값

     ① 정량적으로 평가할 수 없는 인자에 의한 영향을 대표하는 값

     ② 지질조건, 발파방법, 화약류 종류에 따라 변화함

     ③ 시험 발파에 의한 계측결과 분석하여 그 현장에 적합한 발파진동식 추정

3) 거리에 따른 감쇠지수 파악

   (1) 지발당 장약량을 고정시키고 계측지점을 달리하여 측정

   (2) 3~4대 이상의 계측기로 일직선상으로 거리 달리하여 30측점 이상 계측, 결과치 분석

## 10. 시험 발파의 분류와 분석변수

시험 발파 종류별 분석변수 = 시험 발파 방법 및 분석변수

| 종류 | 분석변수 |
|---|---|
| 시추공 발파(Bore hole Blasting Test) | 진동 영향권 분석(진동 영향 상수 획득) |
| 누드공 발파(Crater Test) | 표준 장약량 산출(표준 장약 상수 획득) |
| 실규모 발파<br>(Actual Dimensions Blasting Test) | 대상암반과 동일한 암종에서 동일한 Case로 발파공법 선정(진동, 소음, 파쇄도, 비장약량등 전반적인 발파설계 인자 획득) |
| 요소 발파<br>(Important Factor Blasting Test) | 설계제원 및 인자(특정한 목적)를 선정(계획의 적합성 분석) |

* 구조물의 용도 및 중요도에 따라 시험방법 선택적으로 적용

---

**시추공 발파(Bore hole Blasting Test)**

1. 방법 : 계획노선상에 천공된 시추공 이용, 장약량과 심도를 달리하여 수회의 발파 실시, 진동을 측정 분석하여 진동상수 획득
2. 발파심도 : 수십 m 이내
3. 파쇄효과 확인 : 불가
4. 소음감쇠 여향 분석 : 곤란
5. 용도 : 진동 영향 상수 획득

### 누드공 발파(Crater Test)

1. 방법
계획노선상의 노출된 암반을 이용, 암반에 파괴시킬 수 있는 정도의 폭약량을 기폭시켜 표준장약량 산정
2. 발파심도 : 1m 이내
3. 파쇄효과 확인 : 가능
4. 소음감쇠 여향 분석 : 가능
5. 용도 : 표준장약량 상수 획득
 ① 장약량 산정 일반식 : $L = C_v W^3$ [$C_v$ : 장약계수]
 ② 하우저(Hauser)의 장약량 산정공식
  $L = f(n) \cdot g \cdot e \cdot d \cdot W^3$ [kg]
 ③ 암석 항력계수(암석계수 : 암석의 종류 및 성질에 관한)
  $g = \dfrac{L}{f(n) \cdot e \cdot d \cdot W^3}$ [$e$ = 폭약의 위력계수, $d$ = 전색계수]
 ④ 표준장약일 때 : 누드반경($r$) = 저항선($W$) 같음, 즉 누두지수 $n = 1$
  $L = g \cdot e \cdot d \cdot W^3$
 ⑤ 완전전색($d = 1$), 폭약위력계수 $e = 1$ 경우 : $L = g \cdot W^3$
 ⑥ 누드지수($n$)별 장약상태 분류와 발파목적별 형태
  $$누드지수(n) = \dfrac{누드반경(R)}{최소저항선(W)}$$

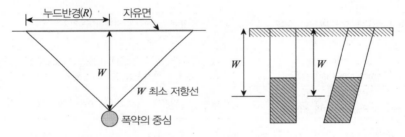

| 장약상태 | 과장약 $n > 1$ | 표준장약 $n = 1$ | 약장약 $n < 1$ |
|---|---|---|---|
| 발파목적 및 형태 | 터널 발파,<br>골재생산 발파 | 일반 건설 발파<br>조절 발파 | 도심지 발파<br>제어 발파 |

### 실규모 발파(Actual Dimensions Blasting Test)

1. 방법 : 계획노선 주변의 채석장을 대상(현지암반대상)으로 실규모 발파를 실시하여 파쇄도, 진동, 소음 측정, 분석 대상암반과 동일한 암종에서 동일한 Case로 발파공법 선정
2. 발파심도 : 3~12m
3. 파쇄효과 확인 : 가능
4. 소음감쇠 영향 분석 : 가능
5. 용도 : 진동, 소음, 파쇄도, 비장약량 등 전반적인 발파설계인자 획득

## 11. 시험 발파 검토내용(분석대상 변수)

1) 전산 프로그램을 이용하여 **회귀 분석** 실시

2) **현장 특성**에 맞는 **발파 진동 추정식** 산출 : **발파영향권 분석**

설계 발파 진동 추정식(설계 단계) : 미광무국 경험식

$$V = 160 \left( \frac{D}{W^{\frac{1}{2}}} \right)^{-1.6} \quad [D = 폭원으로부터\ 이격거리\ m,\ W = 지발당\ 장약량(kg/delay)]$$

3) 발파진동 추정식 이용하여 이격 거리별 **지발당 허용 장약량** 산출

4) 회귀분석에 의한 발파진동식을 산출 방법

(1) 발파진동식 추정 : 시험 발파로부터 얻어진 자료들을 회귀분석

$$V = K \left( \frac{D}{W^b} \right)^n$$

① 모회귀 직선 : 미지의 직선관계

$$y = \alpha + \beta x$$

② 최소제곱법 적용

: 모회귀직선을 생성 시 발생하는 오차($e_i$)들의 제곱 합을 최소로 하는 추정방법

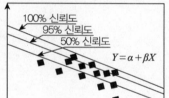

Peak Partical Velocity(cm/sec)

100% 신뢰도
95% 신뢰도
50% 신뢰도

$Y = \alpha + \beta X$

Scale Distance

회귀분석에 의한 발파진동식 산출

(2) **설계 발파 진동 추정식**(설계 단계) : 미광무국 경험식

① 50% 신뢰도 공식 경우 : 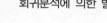 $V = 160.13 \left( \dfrac{D}{W^{\frac{1}{2}}} \right)^{-1.63}$

② 95% 신뢰도 공식 경우 : 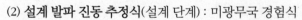 $V = 213.7 \left( \dfrac{D}{W^{\frac{1}{2}}} \right)^{-1.63}$

여기서, $V$ : 지반의 진동속도(cm/sec, mm/sec, in/sec)

　　　　$D$ : 발파원으로부터의 거리(m), $W$ : 지발당 장약량(Kg)

　　　　$K,\ n$ : 지질암반조건, 발파조건 등에 따르는 상수

　　　　$b$ : 1/2 또는 1/3

■ **참고문헌** ■

1. 서진수(2006), Powerful 토목시공기술사(1, 2권), 엔지니어즈.
2. 우재억(2009), 자원개발공학(상), 원화, p.271.
3. 정의봉(2003), 화약류관리(기술사 및 기사 2차 실기시험), 동화기술, p.113.

## 5-62. 도심지 발파 작업 재해 원인 대책(공해, 안전)

### 1. 개요
1) 지하철 터널, 도심지 건설 공사 발파 시
2) 진동 소음 비산 먼지 등의 환경오염, 발파 사고 문제

### 2. 도심지 터널 예시(지하철)

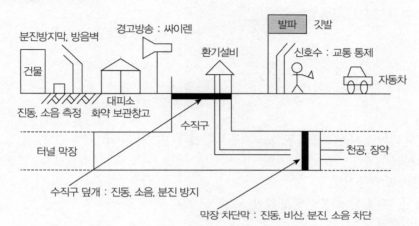

### 3. 재해의 종류 및 원인(공해의 원인 및 대책)
1) 진동, 소음, 분진 : 천공, 발파, 버력 상차
2) 인명 피해 : 발파 사고
3) 근접 구조물 피해 : 발파 진동, 균열, 침하

### 4. 재해(안전) 대책(발파 시 안전 대책)
1) 화약류 취급에 주의
    (1) 화약, 뇌관, 공급 운반 취급 시 관련 법규 준수
    (2) 발파 작업 일지 작성
    (3) 화약, 뇌관 사용 대장 관리
    (4) 화약 반납 대장 관리

2) 현장에서 발파 시 안전, 주의 사항
    (1) 발파 깃발 설치 : 적색
    (2) 안내 방송, 경고 사이렌
    (3) 갱내 작업원, 장비 대피
    (4) 신호수 배치 : 교통 통제, 민간인 통제
    (5) 갱내 진동 소음 저감용 차단막 설치
    (6) 수직구 상부에 진동 소음 저감용 차단막 덮개 설치(산악 터널인 경우 갱구부에 설치)

3) 화약 장전 시 주의사항

   (1) 화약 + 전색 + 뇌관 작업 시 나무봉 사용 : 정전기 방지

   (2) 누전 차단기

   (3) 누설 전류 측정기

   (4) 저항 측정기

   (5) 뇌관 번호 확인 철저

   (6) 각선과 각선 및 모선 결속상태 확인

4) 발파 후 조치

   (1) 환기

   (2) 불발 화약, 뇌관 조사, 제거

## 5. 시험 발파

본발파 전 시험 발파 실시하여 진동 및 소음 기준치 확인 후 본발파 Pattern 설계 수정

1) 시험 발파 목적

   (1) 발파 전 시험 발파 시행

   (2) 설계에 명시된 진동, 소음 기준치 확인

   (3) 적정 장약량의 산정

   (4) 적정 굴진장의 산정

   (5) 발파 패턴 확인 및 조정

2) 시험 발파 시 유의사항 : 상기(대제목 4항목) 발파 안전대책 기술하면 됨

## 6. 발파 진동 소음 저감 대책

1) 대구, 서울 지하철 터널 현장 : **민원 감소 차원 관리기준치 : 0.3Kine [cm/sec]**

   [환경부 중앙 환경분쟁 위원회 및 대법원 판례]

2) 생활 진동 규제 기준(2009년 1월 1일) [환경부]

(단위 dB(V))

| 대상지역 | 주간(06~22) | 야간(22~06) |
|---|---|---|
| 주거, 녹지, 취락, 관광, 휴양, 자연환경 보전, 그 밖의 지역의 학교, 병원, 도서관 | 65 | 60 |
| 그 밖의 지역 | 70 | 65 |

\* 발파진동 : 주간에만 규제기준치 + 10dB

## 3) 생활 소음 규제 기준(2009년 1월 1일)

(단위 dB(A))

| 대상지역 | 시간대 / 소음원 | 조석 (05~08, 18~22) | 주간 (08~18) | 야간 (22~05) |
|---|---|---|---|---|
| 주거, 녹지, 취락, 관광, 휴양, 자연환경 보전, 그 밖의 지역의 학교, 병원, 도서관 | 공장/사업장 | 50 | 55 | 45 |
| | 공사장 | 60 | 65 | 50 |
| 그 밖의 지역 | 공장/사업장 | 60 | 65 | 55 |
| | 공사장 | 65 | 70 | 50 |

\* 발파소음 : 주간에만 규제기준치＋10dB

## 4) 진동 소음 저감 대책 공법

   (1) 심빼기 발파

   (2) 전기 뇌관(MS, DS) 발파

   (3) 조절 발파 : Line Drilling, Cushion Blasting, Presplitting, Smooth Blasting

## ■ 참고문헌 ■

1. 서진수(2006), Powerful 토목시공기술사(1, 2권), 엔지니어즈.
2. 정의봉(2003), 화약류관리(기술사 및 기사 2차 실기시험), 동화기술, p.113.

## 5-63. 2차 폭파(소할 = 조각발파)(Boulder blasting, Secondary blastind)

### 1. 2차 폭파의 정의

1) 대발파로 설계된 폭파에서 생긴 바위 덩이의 크기가 **건설장비**(Shovel)**로 처리할 수 없을 경우**, 즉, 장비로 **덤프트럭에 상차 및 하차 불가능한 크기의 대 전석**인 경우에 소할하여 조각을 냄(잘게 쪼개기)

2) 발파 작업 시 소기의 목적보다 큰 규모의 암석이 발생되면 여러 문제가 발생(적재의 어려움, 운반의 문제, Crushing의 효율저하 등등)한다. 따라서 **큰 규격의 암석을 재차 발파**하여 **원하는 크기로 만드는 발파**를 말함

3) 조각을 내기 위한 발파를 **2차 발파** 또는 **조각 발파**라 함

### 2. 2차 폭파의 방법

1) Block boring 방법(천공법)

바위덩어리의 중심부를 수직으로 천공하여 장약 후 흙으로 전색(채움). 보통 사용하는 방법, 가장 양호

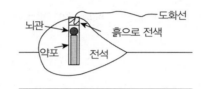

2) Snake Boring(사혈법)

천공할 시간이 없거나, 바위 덩어리의 대부분이 흙에 묻혀 있을 때 적용. 바위 덩어리의 아래쪽에 장약

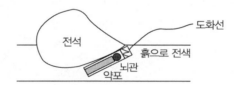

3) Mud Caping(복토법) : 부착법

바위덩어리의 직경이 적은 곳에 폭약을 놓고 그 위에 굳은 점토로 덮어서 발파하는 방법

장약량 $L = CD^2$

      $C$ : 발파계수(0.15~0.2)

      $D$ : 암석의 최소의 직경(cm)

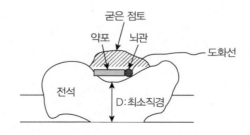

## 3. 유의사항

소할 발파 시에는 불의의 **비석발생**으로 인한 **사고**가 많이 발생하므로 **대형** Breaker에 의한 방법이 **안전상 효과적**일 수 있다.

## ■ 참고문헌 ■

1. 서진수(2006), Powerful 토목시공기술사(1, 2권), 엔지니어즈.
2. 우재억(2009), 자원개발공학, 원화.
3. 정의봉(2003), 화약류관리(기술사 및 기사 2차 실기시험), 동화기술.

# 5-64. 산성암반 배수(ARD = Acid Rock Drainage)(99회 용어) [AMD = Acid Mine Drainage = 산성광산배수]

## 1. 정의

암반 터널, 사면 굴착 시 **황화광물(Sulfide)**인 **황철석(Pyrite : $FeS_2$)**이 포함된 암반인 경우 및 발파암으로 **도로 성토 시**에 강우 시 배수와 **침출수**는 산소와 반응하여 산화되어 **산성수 유출**과 암반 자체의 **중금속이 용출**되어, 하천으로 흘러가면 **노란색의 침전물**(수산화물 : $Fe(OH)_3$ 일명 Yellow Boy)을 형성시켜 **환경훼손, 수서 생태계 훼손, 중금속 오염** 등의 심각한 **환경문제**가 발생한다. 즉, 공기($O_2$), 강우($H_2O$) → Sulfide 산화 → 산성배수, 중금속, AS(음이온) 유출 → 하천, 지하수, 농경지(토양) 오염 → 인체 건강 위협

## 2. 암반 산성수 발생 반응식 : Pyrite(황철석 $FeS_2$) 분해과정(산화 = 분해, 용해 = 용출)

| Mechanism(기제) | 화학반응식(이온식) | 비고 |
|---|---|---|
| 1. 산소, 물 접촉 ($FeS_2$ 산화) | $2FeS_2 + 7O_2 + 2H_2O \rightarrow 2Fe^{+2} + 4SO_4^{-2} + 4H^+$ (식1) | 자유수소이온 $H^*$ 황철석 용해 |
| 2. 미생물(Bacillus) $Fe^{+2}$(2가철) $\Rightarrow Fe^{+3}$(3가철) | $4Fe^{+2} + O_2 + 4H^+ \rightarrow 4Fe^{+3} + 2H_2O$ (식2) | $H^*$ 소모 산성환경에서 활동 |
| 3. 수산화물 침전 $Fe^{+3}$(3가철) $\Rightarrow$ 수산화물침전 | $4Fe^{+3} + 12H_2O$ $\rightarrow 4Fe(OH)_3 \downarrow (yellowboy$ 갈색침전물$) + 12H^+$ (식3) | 빠른 반응, PH 감소 |
| 식2 + 식3 | $4Fe^{+2} + O_2 + 10H_2O \rightarrow 4Fe(OH)_3(\textit{Tellow Boy}) + 8H^+$ | |
| 4. 화학적 산화 ($FeS_2$ 산화) | $FeS_2 + 14Fe^{+3} + 8H_2O \rightarrow 15Fe^{+2} + 2SO_4^{-2} + 16H^+$ | $Fe^{+3}$ = 강산화제 |

## [Sulfide(황화광물) 산화반응의 의미]

1) $Fe^{+2}$(2가철)/$Fe^{+3}$ (3가철) 존재 $\Rightarrow$ 산화/환원

2) $Fe(OH)_3(\textit{Yellow Boy})/Fe \cdot O \cdot OH$ 침전물

3) 침전 시 $\Rightarrow 12H^*$ 발생 $\Rightarrow$ Acidity 증가(PH 감소)

4) $Fe^{+2}$(2가철)/$Fe^{+3}$ (3가철) 발생 시 Acidity 발생량은 다름 $\Rightarrow$ PH 조정, 중화량에 영향을 미침

5) $Fe$ 농도 $\Rightarrow Eh$ (산화환원전위)에 의존

**[황산광산배수(산성광산배수 : AMD) 산화반응(화학반응식) 모식도]**

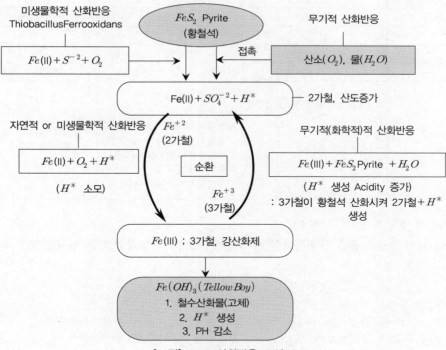

[그림] AMD 산화반응 모식도

## 3. 하천에 미치는 영향

: AMD 오염도와 BOD/COD/ 중금속 농도(용해도), 침전

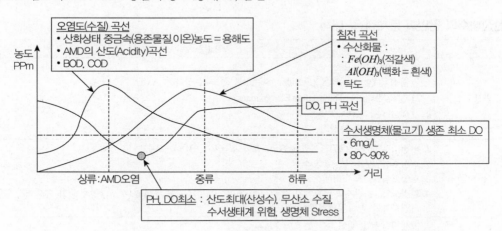

| 수질항목 | 상류 | 중류(합류점) | 하류 |
|---|---|---|---|
| 1. 중금속 농도(용해도) | 고농도 | 농도 과포화→ 침전, 탁도 | 감소↓(최소) |
| 2. Acidity(산도) | 최대↑ | ↓감소 | 중성(최소↓) |
| 3. BOD, COD | 최대↑ | ↓감소 | 최소↓ |
| 4. PH | 최소↓(감소) | 증가↑ | PH 중성 |
| 5. DO | 최소↓(감소) | 증가↑(산소공급 : 본류) | DO(회복(최대↑)) |
| 수질 특성 | AMD(산성수) 및 중금속 오염지역<br>1) 산화(산소소모)<br>2) 무산소 수질<br> (용존산소 최저)<br>3) 수서생태계 파괴 수서생명체<br> 위험 | 지류와 본류 합류점<br>1) 산소 증가<br>2) 하천 바닥<br> 침전물/탁도 발생 → 수질악화/<br> 자연경관 훼손(Yellow Boy)<br>3) 수서생태계 파괴<br> 수서생명체 서식지 파괴 | 오염 회복 하류 어느 정도(수십 km)<br>까지 침전 계속 발생 |

## [AMD의 환경적 영향(하천수질 영향)]

낮은 PH(산성) ⇒ 중금속 용출 ⇒ 환경오염(하천/지하수/토양) ⇒ 농작물 피해, 인체흡수 ⇒ 수서생태계 파괴

1. 중금속 오염원
2. 용존산소 소모 : 철 56mg 침전 ⇒ DO 8mg/L 소모 ⇒ 무산소 수질 ⇒ 수서생명체 위험
3. 탁도 발생 및 퇴적(침전)물 : $Fe(OH)_3(Tellow\ Boy)$ ⇒ 자연경관 훼손/수서환경훼손
4. 용수가치 저하 : 수질악화, 이용제한
5. 공학적 피해 : 하천구조물 부식(콘크리트, 철근)
6. 인간환경파괴 : 중금속 ⇒ 식수, 농업용수, 토양오염 ⇒ 건강 위해

## 4. 산성배수의 원인과 문제점 및 대책

| 구분 | 내용 |
|---|---|
| 1. 발생원인 | 1. 발생원인 물질 4요소<br> 1) 황철석(Pyrirte : $FeS_2$)(Sulfide) : Sulfide 산화⇒ 산성화⇒ AMD<br> 2) 철/황 박테리아 Thiobacillus Ferrooxidans<br> 3) 산소($O_2$) : 접촉, 산화<br> 4) 물($H_2O$) : 접촉, 산화 |
| 2. 문제점 | 1. 하천의 황화 $Fe(OH)_3(Yellow\ Boy)$/백화 $Al(OH)_3(White\ Boy)$<br>2. 수질오염 : 상수원, 농공용수<br>3. 토양오염 : 농경지 피해<br>4. 환경오염 : 주변지역 민원야기, 용존산소(DO) 감소, 수서생태계 파괴, 수서생명체 위험, 인간건강 위험<br>5. 하천구조물 부식(콘크리트, 철근) |
| 3. 처리대책<br>(정화처리) | 1. 발생원인 물질 제어<br>2. 터널배수 수량 多↑ ⇒ 물리/화학적 처리<br>3. 터널배수 수량 小↓ ⇒ 자연정화법<br>4. 황철석 성토 시 대책<br> 1) Cementation(시멘트 고형화 공법)<br> 2) 알칼리 차수제 Capping 법<br> 3) 복솔공법(Bauxol) |

## 1. 산성광산배수(AMD) 발생기구 = 원인 = 생성원인

1) 발생원인 4요소(산성 광산배수에 관여하는 요인)

  (1) Sulfide : Sulfide 산화 ⇒ 산성화 ⇒ AMD

  (2) 철/황 박테리아

    ① 철산화균

      o.A.Ferrooxidans(Acidi Thiobacillus Fettooxidans : 유황박테리아 철산화균) : 호산성

      o.L.Ferrooxidans(Leptospirillum Ferrooxidans = 렙토스피릴륨)

    ② 황산화균 : 철산화균 성장시킴

      o.A.Thiooxidans(황산화균) : 호산성

      o.T.Thiooxidans(Thiobacillus Thiooxidans 황산화유황박테리아)

    ③ 철/황 산화균 : 철/황 모두 산화, 번식력 강함

      T.Ferrooxidans(Thiobacillus Ferrooxidans 철/황 산화균)

  (3) 산소($O_2$) : 접촉, 산화

  (4) 물($H_2O$) : 접촉, 산화

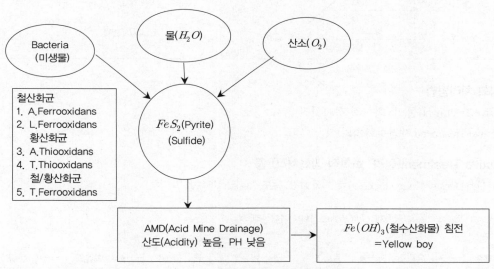

[그림] AMD 발생 4요소(요인)

## 2. $H^*$ 이온의 중요성

1) 자유 수소이온(Radical) ⇒ 물에 녹을 수 있음

2) $H^*$ 계속증가 ⇒ PH 감소 ⇒ Acidity 증가 ⇒ 산성화

3) 산성 환경 ⇒ 박테리아 성장환경제공

## 3. 미생물(박테리아)의 연속적 순환과정의 중요성

1) Thiobacillus Ferrooxidans 등이 $Fe^{+2}$(2가철) ⇒ $Fe^{+3}$(3가철)로 산화시킴

2) $Fe^{+3}$(3가철)은 강 산화제로 $FeS_2$(Pyrite)를 산화 ⇒ $Fe^{+2}$(2가철)$+4\,H^*$ 생성

3) $H^*$ ⇒ 산성환경조성 ⇒ 박테리아 영양분, 성장 증가

## 4. PH 정의

1) Hydrogen in Activity＝수소이온 활동도

2) PH(수소이온활동도＝수소이온전위) : 수소이온농도$[H^+]$의 측정 단위임

3) 용액의 산성(Acid) or 염기성(Alkaline 알칼리성)을 나타내는 값

$$PH = -\log_{10}[H^+]$$

PH＝7(중성)일 때, $1 \times 10^{-7}$mol 의 $[H^+]$ 이온 존재

즉, PH＝$-\log_{10}(1 \times 10^{-7}) = 7$

∴ PH값 1 증가 ⇒ $[H^+]$ 농도 10배 감소

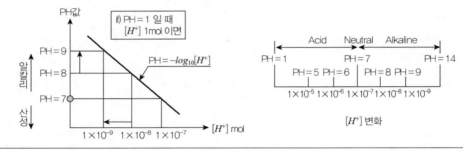

## 5. 정화 처리방법

1) Active Treatment(물리 · 화학적 정화처리)

2) Passive Treatment(자연정화처리)

## 6. Active Treatment(물리 · 화학적 정화처리) 중

HDS(High Density Sludge Process)＝소석회 고농도 Sludge 반송법

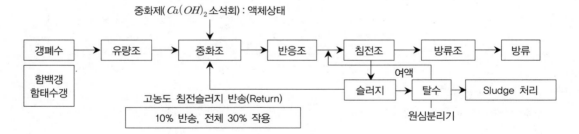

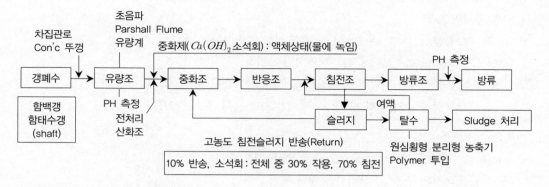

## 7. Passive Treatment(자연정화처리)

1) SAPS : 연속적 알칼리생성시스템(Successive Alkalinity Producing system)

  (1) 혐기성 상태 : SRB에 의한 환원반응 → 황화물(MS＝CuS 등) 침전

  (2) 흐름방향 : Vertical Flow(중력식, 하향, 수직), AMD＋유기물＋석회석 접촉효율 증가

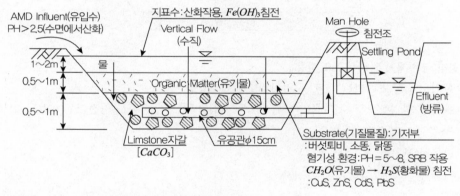

  \* SRB(Sulfate Reducing Bacteria)＝황산염 환원 박테리아

  (3) SAPS 반응과정

    ① 산화환경 : SAPS 상부 수면에서 약 1일 정도 공기접촉 ⇒ 산화 SAPS 이전 산화조 설치 ⇒ 수산화
물 침전 $[Fe(OH)_3]$

    ② 혐기성 환경(혐기성 소택지와 동일)

      SRB에 의한 환원반응 ⇒ 기질물질이 SRB의 영양분 ⇒ 황화물 침전(CuS 등)

      ㉠ 황산염$(SO_4^{-2})$ 환원 : $2CH_2O$(유기물, 기질물질)$+ SO_4^{-2} \rightarrow H_2S(g)\uparrow +2HCO_3^-$

                                               환원

      ㉡ $8Fe^{+3}+H_2S+H_2O \rightarrow 8Fe^{+2}+SO_4^{-2}+10H^*$

      ㉢ 황화물침전 : $M^{+2}+H_2S+2HCO_3^- \rightarrow \underline{MS_{(s)}}\downarrow +2H_2O+2CO_2$

                                황화물 침전→중금속 불용화

          $M_e^{+2}+HS^- \rightarrow M_eS_{(s)}\downarrow +H^*$    $Cu+HS^- \rightarrow CuS_{(s)}\downarrow +H^*$

    ③ 석회석 $CaCO_3$ : PH 증가(산도제거), 중화, 금속제거

(4) SAPS 통과한 AMD

① $Fe^{+2}$(2가철)로 존재, 30~50g/d · $m^2$의 산도제거 가능

② 산도제거율 : 소택지보다 ↑(큼) ⇒ 면적감소 가능

③ SAPS + 산화/침전지 등의 후처리 공정 있으면 효과 증대

$Fe^{+2}$(2가철) + 공기(산화조) ⇒ $Fe^{+3}$(3가철)로 산화 ⇒ $Fe(OH)_3$ 침전

2) 인공소택지(호기성, 혐기성)

(1) Aerobic Wetland(호기성) = Surface Flow Wetland(지표 흐름)

: 호기성 소택지의 구조도 : 산화반응 증대 목적

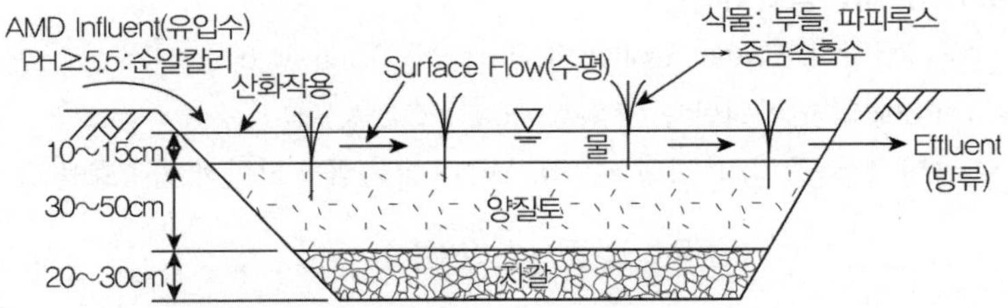


**[처리원리(금속제거 원리 = 주요 작용)]**

① 유입수 적합 PH : PH ≥ 5.5 : 순알칼리(Net Alkaline)

② 호기성 환경 : 상부 수층(물) → Fe, Mn 등 산화작용 → 수산화물 침전 [$Fe(OH)_3$, $Al(OH)_3$]

→ 중금속 불용화

③ 반응식(산화반응)

㉠ $4Fe^{+2} + O_2 + 4H^* \rightarrow 4Fe^{+3} + 2H_2O$

㉡ $4Fe^{+3} + 12H_2O \rightarrow 4Fe(OH)_3 \downarrow + 12H^+$

㉠+㉡ $4Fe^{+2} + O_2 + 10H_2O \rightarrow 4Fe(OH)_3 \downarrow + 8H^*$

〈호기성, 혐기성 공통〉

④ 식물 : 중금속 흡수

⑤ 토양(무기성, 유기성) : 흡착 및 교환 작용(양, 음이온)

⑥ Filtration(여과) 기능 : 부유물질 여과

(2) Anaerobic Wetland(혐기성) = Vertical Flow Wetland(수직) = SubSurface(지하)

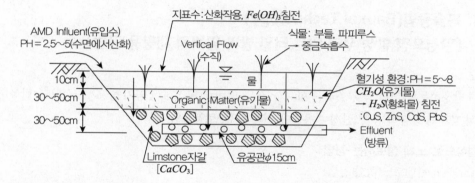

## [처리 원리]

① 유입수 적합 PH : PH＝2.5~5 → 수면에서 산화

② 상부 수층(지표수 : 물) → Fe, Mn 등 산화작용 → 수산화물 침전$[Fe(OH)_3, Al(OH)_3]$ → 중금속 불용화

③ 혐기성 환경 : 기저부(혐기성조건＝환원환경)

　㉠ PH＝5~8에서 SRB 작용 → 황화물 침전(CuS, ZnS, CdS, PbS) : Cu, Zn, Cd, Pb, As에 적합

　㉡ Cu, Zn, Cd, Pb 등은 PH ≥ 8 이상에서 침전

　㉢ As 흡착 : PH ≥ 8 이상에서 $Fe(OH)_3$가 양전하, As(음이온) 흡착

④ Eh(산화 환원전위) < −100mV 이하

⑤ 반응식 : SRB(황산염 환원균) → 황산염($SO_4^{-2}$)을 환원 → $H_2S$ 생성 → PH 상승(산도↓, 알칼리도↑)

　㉠ $2CH_2O$(유기물, 기질물질)$+ SO_4^{-2} \rightarrow H_2S(g)\uparrow + 2HCO_3^-$
　　　　　　　　　　　　　　　　환원

　㉡ $M^{+2} + H_2S + 2HCO_3^- \rightarrow \underline{MS_{(s)}} \downarrow + 2H_2O + 2CO_2$
　　　　　　　　　황화물 침전 → 중금속 불용화

〈호기성, 혐기성 공통〉

⑥ 식물 : 중금속 흡수

⑦ 토양(무기성, 유기성) : 흡착 및 교환 작용(양, 음이온)

⑧ Filtration(여과) 기능 : 부유물질 여과

## ■ 참고문헌 ■

1. 광해방지 단기강좌 3회.
2. 권현호, 남광수(2008), 광해방지공학, 동화기술.

## 5-65. 복솔공법(Bauxol Technology)
## (환경오염 발생 우려 있는 터널 발파 암버력 재활용 공법)

### 1. 개요
터널 내 발생하는 암버력 중 황철석을 함유한 경우, 암버력(황철석)＋공기 중 $O_2$, $H_2O$와 반응하여 산화, 암석 자체의 **중금속 용출**, 산성수 **용출**에 의해 **수질**, **토양오염 발생**함

### 2. 황철석으로 노체 성토하는 공법
1) Cementation(시멘트 고형화 공법)
2) 알칼리 차수제 Capping법
3) 복솔공법(Bauxol)

### 3. Cementation(시멘트 고형화 공법)
1) 오염원인 황철석을 시멘트 조직 안에 가두어 $O_2$, $H_2O$를 근원적으로 차단
2) 암버력＋시멘트혼합 : Concrete 괴(Concrete Block)
3) 원지반 상부에(지하수위 상부) 1m 내외의 알칼리성 차수제 설치
4) 최초의 콘크리트 괴의 크기 : 0.8~1m
5) 층의 높이가 증가함에 따라 높이 증가
6) 양쪽 노체 하단에 Sampling용 Pit 설치

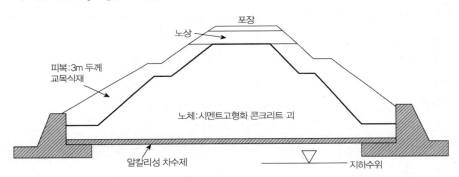

### 4. 알칼리성 차수제 캡핑 공법

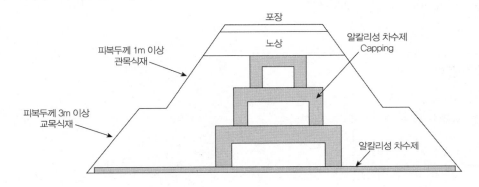

## 5. 복솔공법(Bauxol Technology) : Mineral Filter System

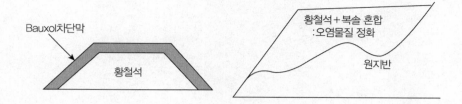

## ■ 참고문헌 ■

1. 광해방지 단기강좌 3회.
2. 권현호, 남광수(2008), 광해방지공학, 동화기술.
3. 토목시공 고등기술강좌, 대한토목학회.

Chapter **06**

# 기 초

## 6-1. 기초의 종류(분류)

| 얕은 기초 $D_f/B < 1$ | 깊은 기초($D_f/B > 1$) | | | | |
|---|---|---|---|---|---|
| | 기성말뚝 (재료별) | 기성말뚝 (공법별) | 현장타설 콘크리트말뚝 | Caisson 기초 | 특수 기초 |
| ① 전면 기초 ② Footing 기초 ㉠ 연속 ㉡ 독립 ㉢ 복합 ③ 지반개량 | ① 목 ② RC ③ PC ④ PHC ⑤ 강말뚝H, 강관 | ① 타입 공법 ㉠ 진동 Hammer ㉡ 타격 ⓐ Drop ⓑ Steam ⓒ Diesel ② 매설 (매입)공법 ㉠ 압입 ㉡ Jet ㉢ 중굴 ㉣ Preboring : SIP | ① Benoto(All Casing) ② RCD ③ Earth Drill ④ 심초(인력) ⑤ 치환식 ㉠ MIP ㉡ CIP ㉢ PIP ㉣ SCW ⑥ 관입식 ㉠ Pedestal ㉡ Franky ㉢ Raymond ㉣ Simplex ㉤ Compressol | ① Open ② Pneumatic ③ Box | ① 강관 Sheet Pile ② 다주식(주열식) ③ Slurry Wall |

## 6-2. 평판재하시험(PBT = Plate Bearing Test)

### 1. 정의 (개요)

1) 기초 지반의 **지지력 판정** 및 확인

   (1) 지반(흙) 극한하중, 항복하중, 허용 지지력 확인

   (2) 기초 저면까지 굴착 후 강성의 재하판(30×30×2.5)을 놓고 하중을 가하여 Dial Gauge로 침하량 측정, 하중과 침하(변위)관계에 의해 확인

2) **얕은 기초의 파괴 형태**(전반전단, 국부전단, 펀칭전단 파괴) 확인

3) **지반계수**(노반의 지반 반력계수) 산정 : $k = \dfrac{P(하중강도)}{S(침하량)}$

### 2. 시험방법(장치)

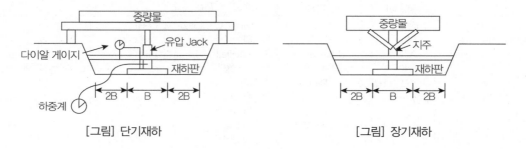

[그림] 단기재하                           [그림] 장기재하

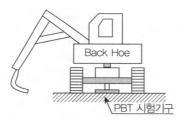

[그림] 노반의 K값 측정 장치(PBT 시험장치)

[그림 Dump Truck를 중량물로 사용한 나쁜 예]    [그림] 노반의 K값 측정 장치(PBT 시험장치 : 백호를 중량물로 사용한 좋은 예)

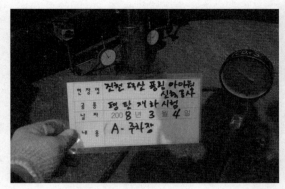

[그림] 평판재하시험장치

## 3. 결과의 정리 : 극한지지력, 항복하중, 침하량, 지반 반력계수 계산

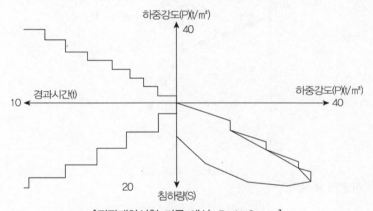

[평판재하시험 기록 예시 : Path Curve]

## 4. 극한지지력(극한하중＝파괴하중)의 결정

1) P-S 곡선에서 **침하량 축에 평행**하게 가까울 때 하중강도 하중 [증가 없이 침하＝소성상태]

2) **재하량이 부족**하여 극한지지력이 구해지지 않을 때(지반이 너무 좋은 경우)

　(1) 극한하중 : $P_u = \dfrac{3}{2} \times P_y$ [항복하중 : $P_y = \dfrac{2}{3} P_u$]

　(2) 침하량(S)이 재하판의 직경(한 변의 길이)× 10%일 때의 하중강도

## 5. 항복하중 결정 방법

1) P-S법(하중-침하 곡선) : 최대 곡률법

　(1) 초기 직선부 접선과 후기 직선부 접선의 교점(최대 만곡점＝최대 곡률점)의 하중강도 ⇒ 항복하중으로 결정

　(2) 직선부가 형성이 되지 않을 경우 적용 곤란

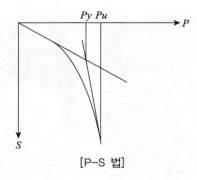

[P–S 법]

2) logP - logS 법

   (1) 대수 눈금으로 그려 절점을 찾아 그때의 하중강도 ⇒ 항복하중으로 결정

   (2) 신뢰성이 좋은 방법

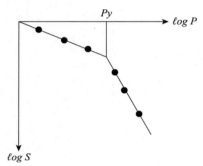

[logP − logS 법]

3) S-logt 법 : 항복하중이 근사치임

4) $\dfrac{P-dS}{d\log t}$ 법

5) Housel 법

## 6. 허용 지지력의 결정

1) 재하시험에 의한 시험결과 $q_t$ 결정

   [재하시험에 의한 기초의 장기 허용 지지력]

   $q_t = \dfrac{1}{2}q_y$와 $\dfrac{1}{3}q_u$ 중 적은값

2) 실제 기초 시공 후의 기초지반 지지력

   [실제기초는 동결깊이 이하 근입 : **근입깊이 효과고려**]

   (1) **장기** 허용 지지력 : $q_a = q_t + \dfrac{1}{3}D_f \cdot \gamma \cdot N_q$

   (2) **단기** 허용 지지력 : $q_a = 2q_t + \dfrac{1}{3}D_f \cdot \gamma \cdot N_q$

   $N_q$ : 토질에 따른 계수

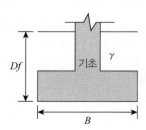

## 7. 지반반력 계수(K)의 결정

**1) 기초 지반 반력 계수**

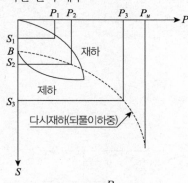

- 처녀곡선 $K_1 = \dfrac{P_1}{S_1}$

- 재재하곡선 $K_3 = \dfrac{P_3}{S_3}$

- 초기침하량곡선 $K_2 = \dfrac{P_2}{S_2 - B}$

**2) 항복하중의 1/2에 대한 하중-침하량 비로 산정**

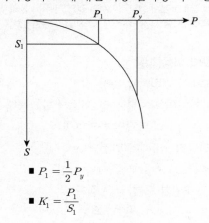

- $P_1 = \dfrac{1}{2}P_y$

- $K_1 = \dfrac{P_1}{S_1}$

## ■ 참고문헌 ■

1. 지반공학 시리즈 2(얕은 기초)(1997), 지반공학회.
2. 지반공학 시리즈 4(깊은 기초)(1997), 지반공학회.
3. 지반공학 시리즈 8(진동 및 내진설계)(1997), 지반공학회.
4. 기성말뚝 시공가이드(2002), 대한전문건설협회, 비계, 구조물해체공사업 협의회.
5. 선진말뚝 시공법연구(2005), 대한전문건설협회, 비계, 구조물해체공사업 협의회.
6. 이재동(2010), 도심지기초공, 건설기술교육원.
7. 토목고등 기술강좌 시리즈 1~12, 대한토목학회.
8. 건기원 토목시공교재(토목시공 기술사 참고서적)4-I.
9. 건기원 토목시공교재(토목시공 기술사 참고서적)4-II.
10. 김형수 외 3인(1986), 최신토목시공법, 보문당.
11. 김수삼 외 27인(2007), 현장실무를 위한 건설시공학, 구미서관.
12. 이춘석(2005), 토질 및 기초공학 이론과 실무(토질 및 기초 기술사 시험대비), 예문사.
13. 서진수(2006), Powerful 토목시공기술사(1, 2권), 엔지니어즈.
14. 서진수(2009), Powerful 토목시공기술사 단원별 핵심기출문제, 엔지니어즈.
15. 구조물 기초 설계기준(2014), 국토교통부.
16. 박영태(2013), 토목기사실기, 건기원.
17. 김상규(1997), 토질역학 이론과 응용, 청문각.

# 6-3. 평판재하시험 결과 이용

## 1. 결과의 이용(적용성)

1) 기초의 즉시 침하량 측정, 산정

2) 얕은 기초의 지지력 산정, 기초의 파괴형태 판별

    – 얕은 기초의 토질별 파괴형태

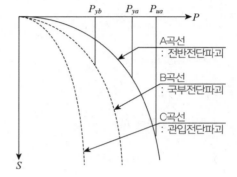

      (1) **전반전단**파괴(일반전단)

          (General Shear Failure) : A곡선

          ① 조밀한 모래, 굳은 점토

          ② 흙 전체가 전단파괴

          ③ 통상적인 기초의 파괴형태

      (2) **국부전단**파괴(Local Shear Failure)

          : B곡선 – 실트질 점토, 느슨한 모래

      (3) **관입전단**파괴(Punching Shear failure)

          : C곡선

          ① 대단히 느슨한 흙(연약 지반)

          ② 흙이 기초 아래서 가라앉기만 하고 부풀어 오르지 않는 상태

3) 다짐도 판정(도로 노상, 노체, 뒤채움)

    : 건조밀도로 다짐도 판정이 곤란한 경우(C, D, E 다짐법 최대 치수 37.5mm)

다짐도기준 – 도로공사 표준시방서

| 구분 | | 시멘트콘크리트 포장 | 아스팔트콘크리트 포장 |
|---|---|---|---|
| 침하량(cm) | | 0.125 | 0.25 |
| PBT 시험 K30<br>(지지력계수)<br>(KN/m²) | 노체 | 10 이상(98.1) | 15 이상(147.1) |
| | 노상 | 15 이상(147.1) | 20 이상(196.1) |
| | 동상방지층 | 20 이상(196.1) | 30 이상(294.2) |
| | 보조기층<br>구조물 뒤채움 | 20 이상(196.1) | 30 이상(294.2) |
| | 한국도로공사기준 ; 뒤채움인 경우 : 침하량 0.25K 값 30 이상 | | |
| 현장들밀도시험<br>(상대다짐도 RC) | 노체 90%(A, B 다짐), 노상 95%(C, D, E 다짐), 동상방지층 95%(C, D, E 다짐),<br>보조기층 95%(C, D, E 다짐) | | |

## 2. 평판재하 시험 결과 이용 시 유의사항(이질 점토층에서 결과 이용 시 유의사항)

1) 결과 이용 시 주의사항

    : 평판 재하시험 결과만으로 지내력 판정은 곤란

      (1) 지내력 [지지력 + 침해에 대한 안정은 기초 지반의 성질, 기초의 깊이, 폭, 길이,

지하수위 등의 영향을 받음. 따라서 지하수위면 변동 고려 필요

(2) PBT는 특정 지점의 단기의 지지 특성을 대표

: 단기(짧은 시간)에 실시 ⇒ 압밀 침하량 예측 못함

(3) 따라서, 시험 지점의 토질종단 (토질의 성토층 상태) 파악

⇒ 연약층의 전단 압밀 특성 고려

2) **이질 점토층**에서 **결과 이용 시 주의사항**

(1) 재하판 아래의 토질이 실제 기초 폭과 기초 깊이까지 균질하지 않으면 신뢰도가 약함

(2) 시험한 지점의 토질종단 [이질 점토층, 토질(모래, 점토), 성토층] 상태 파악

: 연약 층의 전단 특성, 압밀 특성 고려

3) **Scale Effect** 고려 : 실제 구조물과 재하판의 차이

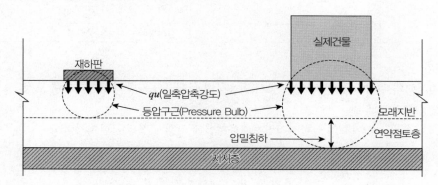

(1) 시험결과 극한지지력은 재하판에 대한 것이므로 주의

∴ Scale Effect 고려(등압 구근, 재하판 크기의 영향)해야 함

: 응력(침하)의 영향범위 : 재하판 직경의 2~3배(60~90cm)

(2) Scale Effect(구조물 기초의 크기 효과)에 대한 보정

※ 실제 구조물과 재하판의 크기 차이 및 토질에 따른 Scale Effect

[1안]

| 구분 | 토질 | 재하판의 크기 [폭 B]와 관계 |
|---|---|---|
| 지지력 계수 (K) | 순수점토 | 재하판의 크기와 무관 |
| | 순수모래 | 폭 B에 비례 지지력이 크게 됨 |
| 침하량 | 순수점토 | 폭 B에 비례해서 커짐 |
| | 순수모래 | 약간 커짐 폭 B에 비례하지는 않는다. |

※ 실제 구조물과 재하판의 크기 차이 및 토질에 따른 Scale Effect
 [2안]

| 구분 | 토질 | 재하판의 크기 [폭 B]와 관계 |
|---|---|---|
| 지지력 계수 (K) | 순수점토 | 재하판의 크기와 무관<br>$q_{u(F)} = q_{u(P)}$ |
| | 순수모래 | 폭 B에 비례하여 지지력이 큼<br>$q_{u(F)} = q_{u(P)} \times \dfrac{B_F}{B_P}$ |
| 침하량 | 순수점토 | 폭 B에 비례해서 커짐<br>$S_F = S_P \times \dfrac{B_F}{B_P}$ |
| | 순수모래 | 약간 커짐. 폭 B에 비례하지는 않는다.<br>$S_F = S_P \times \left(\dfrac{B_F}{B_P}\right)^2 \times \left(\dfrac{B_P+30}{B_F+30}\right)^2$ |
| | 실트질 | 점성토와 사질토의 중간값 |

## [상세설명]

1) **극한지지력의 추정**(보정) : Terzaghi 공식 이용하여 실제 기초지반의 극한지지력 보정

 (1) 점성토 지반 : 무관

 $q_{u(F)} = q_{u(P)}$ [기초의 극한지지력＝재하시험에 의해 결정된 극한지지력]

 (2) 사질토 지반 : 폭에 비례

 $q_{u(F)} = q_{u(P)} \times \dfrac{B_F}{B_P}$ [$B_F$ : 기초 폭, $B_P$ : 재하판 직경, 한 변 길이]

2) **침하량 추정**(보정)

 (1) 점성토 지반 : 비례

 ① 점성토 지반의 탄성계수는 깊이에 따라 일정 : 재하판의 폭이 커지면 응력이 미치는 범위도 커짐

 ② 침하량은 재하판 폭(B)에 비례하여 커짐

 $S_F = S_P \times \dfrac{B_F}{B_P}$

 ($S_F$ : 실제기초 침하량, $S_P$ : 실제기초에 가해지는 하중강도와 동일한 하중 강도에서의 재하판의 침하량)

 (2) 사질토 지반 : 약간 비례

 $S_F = S_P \times \left(\dfrac{B_F}{B_P}\right) \times \left(\dfrac{B_P+30}{B_F+30}\right)^2$

 (3) 실트질 지반 : 점성토와 사질토의 중간 값

# 6-4. Terzaghi의 수정 지지력 공식 [얕은 기초의 지지력]

## 1. 지하수 무관

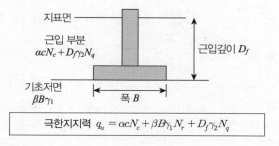

$$극한지지력 \quad q_u = \alpha c N_c + \beta B \gamma_1 N_r + D_f \gamma_2 N_q$$

여기서, $N$ : 지지력 계수($\phi$로 결정, 계산 도표에서 찾음)

$\alpha,\ \beta$ : 형상 계수

| 계수 | 연속기초 | 정방형(정사각형) | 원형기초 | 장방형(직사각형 = 구형)기초 |
|------|---------|----------------|---------|------------------------|
| $\alpha$ | 1.0 | 1.3 | 1.3 | $1 + 0.3\dfrac{B}{L}$ [$B$ : 폭, $L$ : 길이] |
| $\beta$ | 0.5 | 0.4 | 0.3 | $0.5 - 0.1\dfrac{B}{L}$ |

## 2. 지하수위가 기초 저면 위에 있을 때 [$d < 0$]

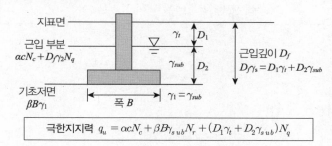

$$극한지지력 \quad q_u = \alpha c N_c + \beta B \gamma_{sub} N_r + (D_1 \gamma_t + D_2 \gamma_{sub}) N_q$$

## 3. 지하수위가 기초 저면과 일치할 때 [$d = 0$]

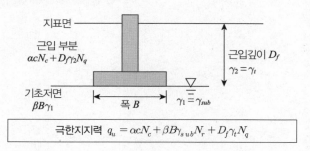

$$극한지지력 \quad q_u = \alpha c N_c + \beta B \gamma_{sub} N_r + D_f \gamma_t N_q$$

## 4. 지하수위가 기초 저면 아래 기초폭 이하일 때 $[0 < d < B]$

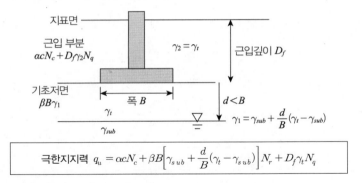

$$\text{극한지지력} \quad q_u = \alpha c N_c + \beta B \left[ \gamma_{sub} + \frac{d}{B}(\gamma_t - \gamma_{sub}) \right] N_r + D_f \gamma_t N_q$$

## 5. 지하수위가 기초 저면아래 기초폭보다 클 때 $[d \geq B$ 이상$]$

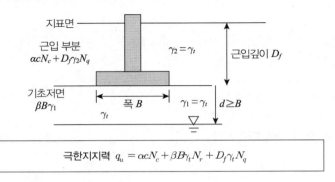

$$\text{극한지지력} \quad q_u = \alpha c N_c + \beta B \gamma_t N_r + D_f \gamma_t N_q$$

### ■ 참고문헌 ■

박영태(2013), 토목기사실기, 건기원.

# 6-5. 얕은 기초의 파괴형태

- 전반전단파괴, 국부전단파괴, 펀칭파괴(관입전단파괴)
- 얕은 기초의 전단파괴 [107회, 2015년 8월]

## 1. 얕은 기초의 정의

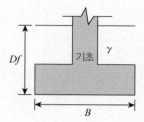

- 상부 구조물로부터 **하중을 직접 지반에 전달시키는 기초의 형태**
- $\dfrac{D_f}{B} < 1$

## 2. 얕은 기초의 적용성

1) 산간지등 지표면 가까이에 암반 노출 지반
2) 사층, 사력층 지반, 세굴의 영향이 없고, 터파기가 거의 필요 없는 경우 채택

## 3. 얕은 기초의 근입깊이 결정

: 동결깊이 아래까지 근입

## 4. 전단파괴 시 지반거동

[얕은 기초의 파괴영역(도해) : 구조물 기초의 파괴형태(지반파괴 모식도)]

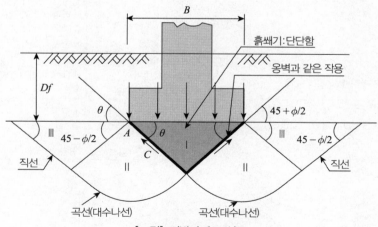

[그림] 지반파괴 모식도

(1) 영역I: **탄성영역**으로 흙쐐기, **주동토압** 영역

수평면과 파괴면의 각 : $\theta = 45 + \dfrac{\phi}{2}$

(2) 영역II : **급진적** 영역, **방사상 전단영역**

(3) 영역III : Rankine의 **수동영역**, 수평선과의 파괴 각 $\alpha = 45 - \dfrac{\phi}{2}$

(4) 파괴순서 : I → II → III

## 5. 얕은 기초의 파괴형태

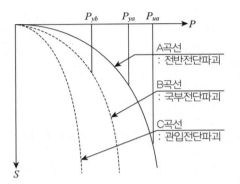

1) **전반전단**파괴(일반전단)(General Shear Failure) : A곡선

  (1) 조밀한 모래, 굳은 점토

  (2) 흙 전체가 전단파괴

  (3) 통상적인 기초의 파괴형태

2) **국부전단**파괴(Local Shear Failure)

  : B곡선 − 실트질 점토, 느슨한 모래

3) **관입전단**파괴(Punching Shear failure)

  : C곡선

  (1) 대단히 느슨한 흙(연약지반)

  (2) 흙이 기초 아래서 가라앉기만 하고 부풀어 오르지 않는 상태

## 6. 지반 파괴형태별 특징(토질별 기초 파괴형태)

| 구분 | 전반전단 | 국부전단 | 관입전단 |
|---|---|---|---|
| 정의 | 1. 지표면까지 파괴면 확장<br>2. 흙 전체가 갑작스러운 전단파괴<br>3. 주위 지반 솟아오름, 표면균열 | 1. 소성영역의 발달이 지표면까지 도달하지 않고 지반 내에서만 발생, 흙 속에서 국부적으로 전단파괴<br>2. 약간의 융기현상 | 1. 흙은 가라앉기만 하고, 부풀어 오르지 않음<br>2. 큰 침하 발생 |
| 발생토질 | 1. 압축성 낮은 흙<br>2. 조밀한 사질토<br>3. 굳은 점토 | 1. 느슨한 사질토<br>2. 연약한 점성토 | 1. 대단히 느슨한 모래지반<br>2. 대단히 연약한 점토지반<br>3. 연약지반 위 얇은 견고층<br>4. 말뚝기초<br>5. 준설초기 지반 |
| 하중침하 곡선 | 1. 재하초기 경사 완만, 직선<br>2. 항복하중도달 시 침하 급격 | 1. 전반전단 파괴에 비해 경사 급함<br>2. 뚜렷한 항복점 나타내지 않음<br>3. 활동 파괴면이 명확하지 않음 | 액상화 시 침하형태 |

1) 전반전단파괴(General Shear Failure)

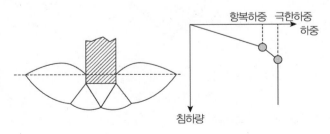

2) 국부전단파괴(Local Shear Failure)

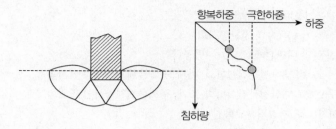

3) 관입전단파괴(Punching Shear Failure)

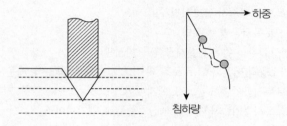

## 7. 토질별 기초 파괴형태

1) **조밀한 모래** : 국부전단과 전반전단파괴 발생, 응력의 차이 크지 않음

2) 일반적으로 흙의 응력-침하량 곡선은 다소 조밀한 모래의 모양을 따름

3) **상당히 느슨한 모래**

　(1) **펀칭파괴**(관입전단파괴) 발생

　(2) 흙이 가라앉기만 하고 부풀어 오르는 현상은 나타나지 않음

　(3) 하중－침하곡선이 직선에 가깝게 파괴됨

## 8. 전반전단파괴와 국부전단파괴 구분 방법

1) 삼축압축시험

　(1) 전반전단파괴 : 파괴 시 변형 5% 이하

　(2) 국부전단파괴 : 파괴 시 변형 15% 이상

2) 느슨한 모래 및 연약한 점토 지반

　: 국부전단파괴로 간주하여 지지력 계산함

3) 상대밀도($D_r$)과 $D_f/B$ 관계

　: 사질토의 파괴형태로 판단

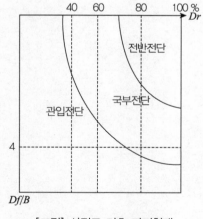

[그림] 사질토 기초 파괴형태

## ■ 참고문헌 ■

1. 지반공학 시리즈 2(얕은기초)(1997), 지반공학회.
2. 지반공학 시리즈 4(깊은 기초)(1997), 지반공학회.
3. 지반공학 시리즈 8(진동 및 내진설계)(1997), 지반공학회.
4. 기성말뚝 시공가이드(2002), 대한전문건설협회, 비계, 구조물해체공사업 협의회.
5. 선진말뚝 시공법연구(2005), 대한전문건설협회, 비계, 구조물해체공사업 협의회.
6. 이재동(2010), 도심지기초공, 건설기술교육원.
7. 토목고등 기술강좌 시리즈 1~12, 대한토목학회.
8. 건기원 토목시공교재(토목시공 기술사 참고서적)4-I.
9. 건기원 토목시공교재(토목시공 기술사 참고서적)4-II.
10. 김형수 외 3인(1986), 최신토목시공법, 보문당.
11. 김수삼 외 27인(2007), 현장실무를 위한 건설시공학, 구미서관.
12. 이춘석(2005), 토질 및 기초공학 이론과 실무(토질 및 기초 기술사 시험대비), 예문사.
13. 서진수(2006), Powerful 토목시공기술사(1, 2권), 엔지니어즈.
14. 서진수(2009), Powerful 토목시공기술사 단원별 핵심기출문제, 엔지니어즈.
15. 구조물 기초 설계기준(2014), 국토교통부.
16. 박영태(2013), 토목기사실기, 건기원.
17. 김상규(1997), 토질역학 이론과 응용, 청문각.

## 6-6. 깊은 기초(기성말뚝기초 및 현장타설 콘크리트 말뚝)의 선정기준, 종류와 특징

### 1. 깊은 기초의 정의

$$\frac{D_f}{B} > 1$$

### 2. 기성 말뚝 선정 기준

1) 상부 구조와 기초 지반의 조건 : 허용 지지력, 연약지반 등

2) 경제성, 안전성, 시공성, 환경 공해 고려

### 3. 특징 비교(선정기준)

| NO | 특징(시공조건) | RC | PC | PHC | H–Pile | 강관 |
|---|---|---|---|---|---|---|
| 1 | 경제성(원가) | < | < | < | < | < |
| 2 | 환경(진동, 소음) | 크다 | 크다 | 크다 | 크다 | 크다 |
| | ※ 시공성 | | | | | |
| 3 | 말뚝 직경(CM) | 40 | 50 | 60 | – | 80 |
| 4 | 말뚝 길이(M) | 15(20)M | 25 | | 25 이상 | 25 이상 |
| 4 | 설계기준 강도(fck) | 400 | 500 | 800 | | |
| 5 | 허용 지지력 | 30 | 90 | | | 160 |
| 6 | 허용 응력도(압축응력) | 75 | 125 | 200 | | |
| 7 | 휨 강성 | < | < | < | < | < |
| 8 | 지지 말뚝 | 가능 | 가능 | 가능 | 가능 | 가능 |
| 9 | 경사 말뚝(사항) | 불가 | 불가 | 불가 | 가능 | 가장 좋다 |
| 10 | 수평 진동 | 불가 | 불가 | 불가 | 가능 | 가장 좋다 |
| 11 | 부식 | 부식 | 안전 | 안전 | 부식 | 부식 |
| 12 | 이음길이 조절, 신뢰도 | 나쁨 | 보통 | 보통 | 좋다 | 가장 좋다 |
| 13 | 운반 취급 | 나쁨 | 보통 | 보통 | 좋다 | 좋다 |
| 14 | 개단, 폐단 | 폐단 | 폐단 | 폐단 | 개단 | 개단 |
| 15 | 균열, 응력 변화 | 크다 | 보통 | 적다 | – | – |
| 16 | 두부 파손 | 크다 | 보통 | 보통 | 적다 | 적다 |

* PC 말뚝(Prestressed Concrete pile)

* PHC 말뚝(Pretensioned supn High Strength Concrete Pile : 고강도 콘크리트 파일)

## 4. 기성말뚝기초 분류 및 특징

### 1) 지지력에 의한 분류

(1) 선단 지지말뚝 : 말뚝선단의 지지력에 의존

(2) 마찰말뚝 : 주면 마찰력에 의존하는 말뚝

(3) 하부 지반 지지말뚝 : 주면 마찰력과 선단 지지력으로 지지

### 2) 사용목적에 의한 분류

(1) 다짐말뚝(compaction pile) : 지반이 다져지는 효과를 기대, 느슨한 사질토 지반

(2) 억지말뚝(흙막이 말뚝 : stabilizing) : 사면의 활동 방지에 사용

(3) 수평력 저항말뚝(lateral resistance) : 횡 방향력에 저항

(4) 인장말뚝(tensile pile) : 인발력에 저항

(5) 주동말뚝 : 움직이는 주체가 말뚝

(6) 수동말뚝 : 움직이는 주체가 흙

[참고] 주동말뚝 수동말뚝 비교

| 구분 | 주동말뚝(Active Pile) | 수동말뚝(Passive Pile) |
|---|---|---|
| 개념(정의) | | |
| | 1) 말뚝이 움직이는 주체임<br>2) 말뚝이 지표면에서 수평력을 받는 경우 말뚝이 변형함에 따라 지반이 저항하게 됨 | 1) 지반이 움직이는 주체임<br>2) 어떤 원인에 의해지반이 먼저 변형하고 그 결과 말뚝에 측방토압이 작용하게 됨 |
| 하중전달경로 | 하중→ 말뚝→ 지반 | 하중→ 지반→ 말뚝 |
| 대상지반 | 보통지반 | 연약지반 |

### 3) 기능에 의한 분류

(1) 단항(외말뚝, 단말뚝, single pile)

① 2개 이상 말뚝이 하중을 받는 경우라도 서로 영향을 미치지 않는 말뚝

② 지중 응력이 중복되지 않는 말뚝

(2) 무리말뚝(군항, group pile) : 지중응력이 중복되어 지지력에 영향을 미치는 말뚝으로 군항의 감소 효과 고려함

### 4) 재료에 의한 분류

(1) **목 말뚝**(나무말뚝) : 지하수면 이하 사용

| 장점 | 단점 |
|---|---|
| ① 가격 저렴<br>② 가볍고<br>③ 운반<br>④ 박기 작업 용이 | ① 긴 것을 구하기 어렵다.<br>② 강도가 작다 : 압축 강도는 5Mpa(50kg/cm$^2$) 이하<br>③ 허용 지지력 : 5~15t 정도 |

(2) **원심력 콘크리트말뚝** : 중공말뚝, 제작 시 원심력으로 콘크리트의 밀도 및 강도를 높인 말뚝

| 장점 | 단점 |
|---|---|
| ① 말뚝 재료의 입수 용이<br>② 말뚝길이 15m 이하에서 경제적<br>③ 재질이 균일<br>④ 강도가 큼<br>⑤ 지지 말뚝에 적합 | ① 말뚝 이음의 신뢰성이 작음<br>② 중간 경질토(N = 30 정도)를 관통 어려움<br>③ 무게가 큼<br>④ 충격에 대하여 약하다 : 균열, 두부 파손 |

(3) **PSC말뚝**(Prestressed Concrete pile)

- 장점

  ① 강재의 부식 없다.(미세 균열이 발생해도 Prestress에 의해 방지)

  ② 내구성이 크다.

  ③ 휨강성 크다.

  ④ 박을 때 Prestress가 유효하게 작용 : 인장 파괴가 일어나지 않는다.

  ⑤ 길이 조절, 운반, 이음 신뢰성 좋다.

(4) **강말뚝**(Steel pile) : 강관말뚝, H-Pile

| 장점 | 단점 |
|---|---|
| ① 단면이 강하다.<br>  ㉠ 지내력이 큰 지층에 박아 지지력 얻을 수 있다.<br>  ㉡ 휨강성(EI)이 크다.(Bending moment에 대한 저항 크다.)<br>② 강관인 경우<br>  : 등강성(폐합 단면) 이음, 길이 조절, 운반, 박기가 쉽고 신뢰성 있다. | 부식 |

## 5. 현장타설 콘크리트 말뚝(Cast-in-place concrete pile)

: 현장 위치에 구멍을 뚫고 그 속에 concrete를 쳐서 만든 말뚝

1) 소구경 현장 타설 말뚝 〈실제 잘 사용되지 않는 공법 : 시험에 출제되지 않음, 종류만 암기하세요.〉

   (1) Pedestal 말뚝

       ① 내, 외관을 지중에 타입 후

       ② 선단부에 구근을 만든 다음

       ③ concrete 치기

       ④ casing을 끌어 올리고

       ⑤ 다짐을 되풀이 하여 만든 말뚝

   (2) Franki 말뚝

   (3) Raymond 말뚝 : 내, 외관을 동시에 타입 후 내관을 빼내고 외관 속에 concrete치는 공법

   (4) Compressol 말뚝

2) 주열식 토류벽용 말뚝(소구경 현장 타설 말뚝)〈각각 용어 설명 자주 출제됨〉

   (1) CIP

   (2) MIP

(3) SCW : 심층혼합

(4) PIP

(5) SIP(기성말뚝＋현장에서 선굴착＝Preboring, 현장 타설은 아님)

3) 대구경 현장 타설 콘크리트 말뚝

(1) BENETO

(2) RCD

(3) Earth Drill

(4) 심초 공법(인력)

## ■ 참고문헌 ■

1. 기성말뚝 시공가이드(2002), 대한전문건설협회, 비계, 구조물해체공사업 협의회.
2. 선진말뚝 시공법연구(2005), 대한전문건설협회, 비계, 구조물해체공사업 협의회.
3. 서진수(2006), Powerful 토목시공기술사(1, 2권), 엔지니어즈.
4. 서진수(2009), Powerful 토목시공기술사 단원별 핵심기출문제, 엔지니어즈.

# 6-7. 매입말뚝공법 일반

## 1. 말뚝기초공법의 종류

1) **타입말뚝공법**

   (1) 타격공법(항타공법)

   (2) 진동공법

   (3) 프리보링병용 타격공법

2) **매입말뚝공법**

   (1) 선굴착공법(Preboring 공법) : SIP공법/SAIP공법/COREX공법/SOILEX공법

   (2) 내부굴착공법(중굴말뚝공법) : PRD(Percussion Rotary Drill)

   (3) 압입공법, 회전압입공법

   (4) Jet 공법(사수공법)

3) **현장타설 말뚝공법**

   (1) 대구경말뚝 : 베노트공법/전선회식공법/RCD공법/Earth Drill 공법/심초공법

   (2) 소구경말뚝 : CIP공법/MIP공법/PIP공법

## 2. 매입말뚝기초공법의 특징

| 구분 | 장점 | 단점 |
|---|---|---|
| 매입<br>말뚝 | ① 진동, 소음이 적다.<br>② 기성 제품이므로 말뚝 본체의 품질이 좋다.<br>③ 타입하는 일이 적으므로 인접구조물에 영향이 적다. | ① 시공관리가 타입방식에 비해서 어렵다.<br>② 배토처리가 필요하다.<br>③ 콘크리트말뚝의 경우 큰 직경의 말뚝이 되면 시공장비가 대형화되고 능률이 나빠진다.<br>④ 지반을 교란하므로 지지력이 작다.<br>⑤ 타입말뚝에 비하여 공사비가 고가이다.<br>⑥ 지지력 편차가 크다. |

## 3. 매입말뚝 시공개념

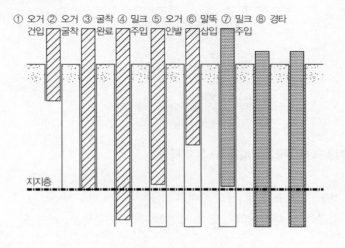

## 4. 매입말뚝 시공순서

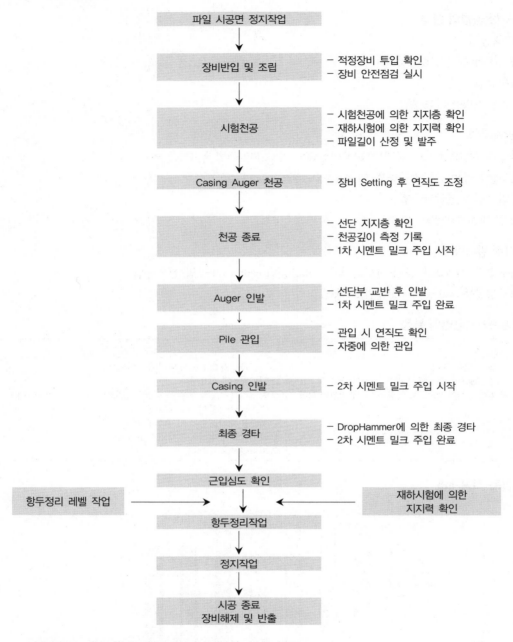

```
          파일 시공면 정지작업
                  ↓
          장비반입 및 조립        – 적정장비 투입 확인
                                – 장비 안전점검 실시
                  ↓
             시험천공            – 시험천공에 의한 지지층 확인
                                – 재하시험에 의한 지지력 확인
                                – 파일길이 산정 및 발주
                  ↓
        Casing Auger 천공        – 장비 Setting 후 연직도 조정
                  ↓
            천공 종료            – 선단 지지층 확인
                                – 천공깊이 측정 기록
                                – 1차 시멘트 밀크 주입 시작
                  ↓
            Auger 인발           – 선단부 교반 후 인발
                                – 1차 시멘트 밀크 주입 완료
                  ↓
            Pile 관입            – 관입 시 연직도 확인
                                – 자중에 의한 관입
                  ↓
           Casing 인발           – 2차 시멘트 밀크 주입 시작
                  ↓
            최종 경타            – DropHammer에 의한 최종 경타
                                – 2차 시멘트 밀크 주입 완료
                  ↓
           근입심도 확인
  항두정리 레벨 작업 →    ↓    ← 재하시험에 의한
                                 지지력 확인
           항두정리작업
                  ↓
             정지작업
                  ↓
            시공 종료
        장비해제 및 반출
```

## 5. 매입말뚝 시공계획(시공관리) : 시공 시 유의사항

1) 오거에 의한 굴착

    (1) 말뚝 중심의 정도 : 100mm 이내, 굴삭 개시 후 1m 이내에서 필히 체크

    (2) 굴삭공의 연직도 측정 : 항타기의 각도계, 트랜싯, 추이용, 경사 1/100 이내

(3) 굴진속도 : 적당한 속도로 굴진 ⇒ 안정성 있는 공벽 조성

| 지질 | 굴삭속도(m/분) |
|---|---|
| 실트, 점토, 이완된 모래 | 2~6 |
| 경질점토, 중간 굳기의 모래 | 1~4 |
| 치밀한 모래층, 사력층 | 1~3 |

(4) 오거의 인상속도, 주입액의 토출량에 주의

: 지하수위와의 균형 흐트러지면 흡입현상에 의한 Boiling 현상 발생, 지지층의 이완, 공벽의 붕괴
발생 가능

(5) 배토될 흙 공내로 낙하방지, 주변 토사 항상 제거

2) 시멘트 밀크 주입

(1) 목적 : 건입된 말뚝과 천공홀 사이의 공극 충전 ⇒ 주면마찰력, 수평지지력 등 소요 지지력 발휘

(2) 시멘트 밀크 배합비

① 지반 조건, 지하수 유입 여부 등의 현장 여건에 W/C 유동적으로 조절

② 결정된 물－시멘트(700-800kg/m³)로 시공된 말뚝에 대한 재하시험 ⇒ 말뚝의 지지력 검증

(3) 작업방법 및 순서

① 시멘트 밀크 배합 : 몰타르 믹서 이용

② 압송 : 몰타르 펌프 이용

③ 스크류 천공 후 선단을 수회 반복 주입 교반

④ 스크류 인발 시 시멘트 밀크 주입

⑤ 시멘트 밀크의 주입 : 말뚝의 전장에 대해 충분히 빈틈없이 충전 ⇒ 주입량, 횟수 조절

⑥ 파일 관입 후 침강 상황 조사 후 필요할 경우 재주입

3) 말뚝의 건입

(1) 작업방법 및 순서

① 와이어로프를 이용한 매달기 작업

② 보조크레인을 이용한 건입 및 근입(근입 시 연직도 확인)

③ 천공위치 중심에 정확히 근입

④ 근입 종료 후 천공심도 확인

⑤ 와이어로프 해체 작업

(2) 말뚝의 세우기

① 시공기계 : 견고한 지반 위의 정확한 위치에 설치 ⇒ 정확한 위치에 정확하게 말뚝 설치

② 말뚝을 정확, 안전하게 세우기

: 정확한 규준틀 설치, 중심선을 용이하게

말뚝을 세운 후 검측 : 직교하는 2방향으로부터 함

③ 말뚝의 연직도, 경사도 : 1/80 이내

④ 말뚝박기 후 평면상의 위치

: 설계도면 위치로부터 D/4(D는 말뚝의 직경)와 10cm 중 큰 값 이내

## ■ 참고문헌 ■

1. 기성말뚝 시공가이드(2002), 대한전문건설협회, 비계, 구조물해체공사업 협의회.
2. 선진말뚝 시공법연구(2005), 대한전문건설협회, 비계, 구조물해체공사업 협의회.
3. 서진수(2006), Powerful 토목시공기술사(1, 2권), 엔지니어즈.
4. 서진수(2009), Powerful 토목시공기술사 단원별 핵심기출문제, 엔지니어즈.

## 6-8. PHC Pile 시공법 및 매입공법

### 1. PHC Pile의 시공법 종류

1) 타입공법(타격공법)

2) 프리보링병용 타격공법

3) 매입공법 : 프리보링공법, 중굴공법, 회전압입공법, 각 설치방법을 병용

### 2. 프리보링병용 타격에 의한 타입공법

1) 중, 소구경 파일을 경한 중간층에 관입시키는 경우 소음진동 경감, 파일의 관입 용이하게 하여
   ⇒ 타격 횟수를 적게 하는 경우에 사용

2) 어스오가 등으로 프리보링한 후 파일을 권상 삽입하고 타격을 행하는 방법

3) 토사붕괴 우려 있는 경우 : 벤토나이트 안정액 처리

### 3. PHC Pile 매입공법

1) PHC pile의 **선보링(프리보링)**에 의한 매입공법

   (1) 어스오가 등으로 소정의 지반을 굴삭한 다음 파일을 설치하는 방법

   (2) 파일의 자중에 의한 설치를 기본으로 하고 압입, 경타 및 회전 등을 병용하기도 함

   (3) 통상, 굴삭 시에는 안정액 등이 사용

   (4) 일반적으로 시멘트 밀크 공법이 있고

   (5) 파일의 선단부를 확대 고정하는 방법 있음

2) **항내굴착(중굴공법)**에 의한 PHC Pile 매입공법

   (1) 파일의 중공부에 오가 삽입 ⇒ 파일선단지반을 굴삭 ⇒ 파일 중공부로부터 배토하여 말뚝설치

   (2) 파일의 설치 및 배토 촉진

      : 압축공기 or 물을 헤드 선단에서 분출시키며 시공 기계의 자중을 이용한 압입

        Drop Hammer에 의한 경타 등을 병용하여 설치하는 것이 일반적

   (3) 굴삭에 이용되는 굴삭기 : 어스오가, 오가버켓, 비트, 어스드릴, 햄머크랩 등이 사용

(4) 선단지지력의 발현방법

　　① 항내 굴착 후 파일에 타격을 가하는 방법

　　② 파일의 선단부를 시멘트 밀크로 고정하는 방법

　　　　- 파일의 선단부를 파일경 정도만 고정하는 경우

　　　　- 확대고정 하는 경우

　　③ 확대 고정부의 축조방법

　　　　- 오가의 선단에 장치된 확대비트에 의한 방법

　　　　- 오가헤드 또는 롯드로부터 고압 또는 저압으로 고정액을 분사하는 방법

　　　　- 이들의 방법을 병용하여 축조하는 방법

3) **회전압입**에 의한 PHC Pile 매입공법

　(1) 파일의 선단을 오가로 회전력을 주면서 압입하여 파일을 소정의 위치에 설치하는 공법

　(2) 회전 압입 시에는 물 등을 선단부로부터 분출하여 보조하는 방법도 있으며

　(3) 파일의 선단지지력의 발현방법 : 하부고정에 의한 방법이 일반적

**참고** **최근 많이 적용되는 PHC 말뚝 시공법에 관련된 제반 시공관리사항**

## 1. PHC 말뚝기초 공법의 종류

| 구분 | 직타 | 선굴착(매입말뚝) | | | |
| | | SIP | SIP + 케이싱<br>( = DRA, SDA) | T4 | T4 + 케이싱<br>( = PRD) |
| --- | --- | --- | --- | --- | --- |
| 천공장비 | 유압햄머 | 일반오거 | 일반오거<br>+ 케이싱오거 | T4 오거 | T4 오거 + 케이싱오거 |
| 굴착원리 | 햄머 타격력 | 오거 회전력 | 오거, 케이싱 회전력 | 해머비트 타격력 | 해머비트 타격력<br>+ 케이싱 회전력 |
| 굴착한계<br>(지질) | N = 50/30<br>풍화토 | N = 50/7<br>풍화암 | 좌동 | 연암<br>(기반암)이상 | 좌동 |
| 배토방법 | 해당 없음 | Auger Screw | 좌동 | 고압공기<br>(컴프레셔) | 좌동 |
| 배토/<br>비배토말뚝 | 배토<br>말뚝 | 비배토<br>말뚝 | 비배토<br>말뚝 | 비배토 말뚝 | 비배토<br>말뚝 |
| 공벽보호 | 해당<br>없음 | 불가 | 가능(케이싱) | 불가 | 가능(케이싱) |
| 지지력 | 선단지지<br>+ 주면마찰력 | 좌동 | 좌동 | 좌동 | 좌동 |
| 적용성 | 중파, 좌굴, 변위<br>발생 및 민원 우<br>려 없는 곳 | 중간전석층및공벽<br>파괴우려없는곳 | 중간전석층 없으나 공<br>벽붕괴 우려 있는 곳 | 중간전석층 존재로 오<br>거천공 불가, 공벽붕괴<br>우려 없는 곳 | 중간전석층 존재로 오<br>거천공 불가, 공벽붕괴<br>우려 있는 곳 |

[그림] 일반오거

[그림] PRD(T4 오거＋ 케이싱 오거)

1) SIP 공법(soil-cement injected precasting pile)
 (1) 정의
   Earth Auger를 사용하여 Screw 선단에 Wing Bit를 장착하여  지반을 천공하여 굴착액 및 고정액인 시멘트 밀크를
   주입하고 말뚝을 삽입 후 Drop Hammer를 사용하여 최종 경타를 실시하여 마무리하는 공법

(2) SIP 시공순서

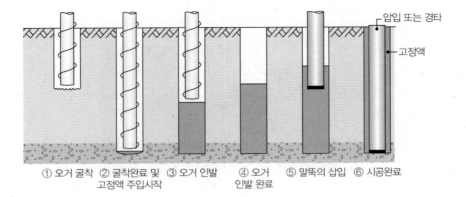

압입 또는 경타
고정액

① 오거 굴착　② 굴착완료 및　③ 오거 인발　④ 오거　⑤ 말뚝의 삽입　⑥ 시공완료
　　　　　　　고정액 주입시작　　　　　　인발 완료

(3) 장단점

| 장점 | 1.소음 진동이 적어 민원 발생 적음<br>2.시멘트 밀크(고정액) 주입함으로 주면마찰력 확보 용이함<br>3. 시멘트 밀크를 주입과 동시 선단부가 교반되어 선단부의 강도 높임<br>4.배토된 토사로 지지층의 확인 가능 |
|---|---|
| 단점 | 1.최종 경타를 실시할 경우 타격음 발생<br>2. 모래, 자갈층 천공 시 공벽붕괴 발생되어 말뚝 관입 불가한 경우 발생<br>　→ SDA, PRD 공법 필요함<br>3. 풍화암대 천공 가능하나 단단한 풍화암의 경우 천공곤란<br>　→ T4공법 필요함<br>4. 천공 시 주변 지층의 이완작용 발생 : Time Effect 고려해야 함 |

(4) 적용성

　① 말뚝 항타 시 소음, 진동  민원 발생 예상지역
　② 자갈, 전석층에서 직타로 지지층 관입 불가 시
　③ 얇은 연약층＋암반층, 경사 지층으로 말뚝 Sliding이 예상되는 경우
　④ 설계심도가 직타로 4m(10D) 이상 관입이 어렵고, 지내력 내림기초 깊이가 BL -2m 이상일 때

2) T4 공법

　(1) 정의

　　① Earth auger의 Screw 선단에 Wing Bit 대신 T4해머를 장착하여 고압의 압축공기로 피스톤을 왕복운동시켜
　　　함마 비트를 타격하여 설계심도까지 천공하는 공법
　　② SIP 공법으로 천공 불가한 전석층, 단단한 풍화암을 천공하는 공법
　　③ SIP 공법의 보완공법

　(2) 장단점

| 장점 | 1. 모든 지층의 천공이 가능<br>2. SIP로 굴착이 안 되는 매립층, 굵은 자갈, 호박돌, 전석층 천공가능<br>3. 공기압으로 슬라임 배출 용이함<br>4. 시멘트 밀크를 주입하여 지지력을 극대화 |
|---|---|
| 단점 | 1. 연약지반, 일반 토사지반에서는 SIP보다 시공속도 느림<br>2. 천공 시 비산먼지 및 소음 등의 민원발생<br>3. 모래, 자갈층 천공 시 공벽 붕괴 |

(3) 적용성

　　① 매립층, 굵은 자갈, 호박돌, 전석층

　　② 풍화암층 천공 용이, 연암(지지층)까지 천공가능

　　③ 말뚝 Sliding 예상지반, 말뚝 최소근입장(10D) 확보가 안 되는 지반

3) SIP + 케이싱 공법(＝DRA, SDA)

　(1) DRA(더블오거 케이싱 공법)

　　① 정의

　　　자갈층, 암반층에 Auger, Casing을 삽입하고 오가스크류 제거 후에 파일을 건입시키고 그라우팅 후 다시
　　　Drop Hammer 로 경타 후 케이싱을 오가에 의해 제거하는 공법

　　② 적용성

　　　진동, 소음 등 민원발생 가능성이 큰 주택가 시공에 가장 적합

　(2) SDA공법(Separation doughnet auger)

　　① 정의

　　　외측오거와 내측오거를 상호 역회전시켜 지반을 천공하는 공법
　　　외측오거에는 casing, 내측오거에는 screw를 장착하여 2중 굴진하므로 소음, 진동 민원 발생 방지공법

　　② 장단점

| | |
|---|---|
| 장점 | 1. 저소음, 저진동 공법으로 민원방지<br>2. screw, casing을 사용 : 연약층, 모래자갈층, 퇴적토 지층의 천공 가능<br>3. casing 사용으로 공벽 붕괴 방지<br>4. 지하수위가 높은 지반도 시공 가능, 지하수 영향을 받지 않음<br>5. 시멘트 밀크 주입 실시하여 지지력 확보 용이함<br>6. 배토된 토사, 암파편 확인하여 지지층의 확인 가능<br>7. SIP 및 T4공법 적용 시 공벽의 붕괴, 주변 지반의 이완, 지지층 확인 불가능한 점 해결<br>8. screw 선단 토사가 압밀되지 않아 굴착효율이 높음 |
| 단점 | 1. 호박돌층 및 지층의 불안정 시 천공이 용이하지 않음<br>2. 케이싱 인발 후 경타하는 것이 좋음(케이싱과 말뚝이 같이 딸려나오는 경우도 있음) |

　(3) 시공순서도

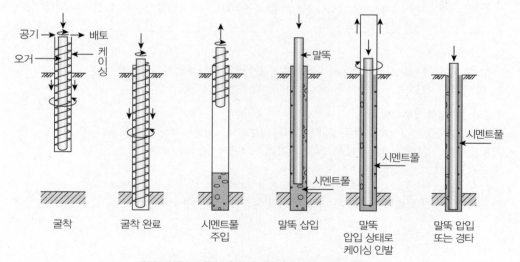

매입 말뚝 공법별 시공 순서도 [SDA(DRA) 공법]

4) PRD 공법 (Percussion Rotary Drill)

[T4 오거＋케이싱오거 공법]

(1) 정의

① SDA 공법과 T4 공법을 조합한 공법으로서 SDA공법시 천공이 어려운 호박돌층 및 연약층의 천공이 가능한 공법

② 기존의 SDA 공법은 외측오거에는 casing을 내측오거에는 screw를 장착하나 PRD 공법에는 Screw 선단에 T4 햄머를 장착하여 천공이 불가능한 매립층 및 호박돌층 등 모든 지층의 천공이 가능한 공법

(2) PRD 시공순서도

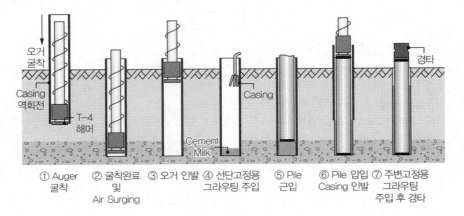

① Auger 굴착　② 굴착완료 및 Air Surging　③ 오거 인발　④ 선단고정용 그라우팅 주입　⑤ Pile 근입　⑥ Pile 압입 Casing 인발　⑦ 주변고정용 그라우팅 주입 후 경타

(3) 장단점(SDA, PRD 공통)

| 장점 | 1. 모든 지층의 천공이 가능함<br>2. SDA 공법과 동일<br>　－ 저소음, 저진동 공법으로 도심지공사 민원방지<br>　－ 지하수위가 높은 지반도 케이싱 설치로 시공 가능, 지하수 영향을 받지 않음<br>　－ 배토된 토사, 암파편 확인하여 지지층의 확인 가능 |
|---|---|
| 단점 | 1. 굵은 자갈, 호박돌층 천공 어려움<br>2. 2개의 전동기 장착으로 타공법에 비해 하중 과다로 전도의 위험 있음. 단, T4의 경우 컴프레셔를 별도로 설치하여 비교적 안전 |

(4) 적용성

① SIP,T4 공법 적용 시 발생하는 공벽붕괴, 주변지반 이완, 지지층 확인 불가 문제 해결

② 연약층, 사질토층, 자갈층(직경 100mm 이하),공벽 형성되지 않는 지층

5) 말뚝 시공 공법의 검토사항

(1) 구조물 기능을 손상시키는 변위, 침하 발생하지 않도록 지지성능에 적합한 공법 선택

(2) 말뚝 부상, 위치변화, 말뚝 밀림 등 연약지반의 경우 강관 말뚝이나 H-형강 말뚝적용 고려

(3) 지지층 도달 전 중간 전석층 존재 시 T4 사용

(4) 소음, 진동 민원 예상 시 선굴착공법 검토

(5) 항타 필요 공간 확보, 기자재의 반출입로 확보, 적치장소 확보, 지형상태 등 검토

6) 장비 조합

| 구분 | 직타 | 선굴착(매입말뚝) | | | |
|---|---|---|---|---|---|
| | | SIP | SIP + 케이싱<br>( = DRA, SDA) | T4 | T4 + 케이싱<br>( = PRD) |
| 천공<br>장비 | 유압<br>햄머 | 일반오거 | 일반오거 + 케이싱오거 | T4 오거 | T4 오거 + 케이싱오거 |
| 장비<br>구성 | 크레인<br>리더<br>유압해머<br>발전기 | 크레인<br>리더<br>항타기<br>발전기<br>오거용전동기<br>공기압축기(저압)<br>스크루 오거<br>오거비트 | 크레인<br>리더<br>항타기<br>발전기<br>오거용전동기<br>케이싱용전동기<br>공기압축기(저압)<br>스크루 오거<br>오거비트<br>케이싱 | 크레인<br>리더<br>항타기<br>발전기<br>오거용전동기<br>공기압축기(고압2대)<br>스크루 오거<br>T4 해머 비트 | 크레인<br>리더<br>항타기<br>발전기<br>오거용전동기<br>공기압축기(고압2대)<br>스크루 오거<br>T4 해머 비트<br>케이싱 |

## 2. 말뚝기초 시공 순서

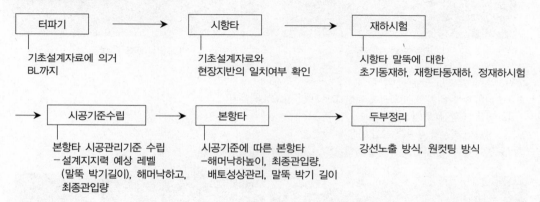

터파기
→ 기초설계자료에 의거
BL까지

시항타
→ 기초설계자료와
현장지반의 일치여부 확인

재하시험
→ 시항타 말뚝에 대한
초기동재하, 재항타동재하, 정재하시험

시공기준수립
→ 본항타 시공관리기준 수립
－설계지지력 예상 레벨
(말뚝 박기길이), 해머낙하고,
최종관입량

본항타
→ 시공기준에 따른 본항타
－해머낙하높이, 최종관입량,
배토성상관리, 말뚝 박기 길이

두부정리
→ 강선노출 방식, 원컷팅 방식

## 3. 말뚝 위치 설정

1) 위치확인

(1) 위치좌표화

구조물(아파트인 경우 해당동)의 모서리 4개소의 X, Y 좌표를 기준으로 각말뚝의 번호 및 좌표부여, 좌표제원
표 작성, 확인

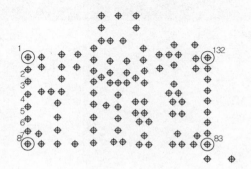

(2) 측량

기준점(BM)에서 광파기,GPS 측량기, 레벨기 사용하여 위치 측량, 확인

[그림] 광파기 측량

[그림] GPS 측량

2) 위치표시

(1) 터파기 후 위치 표시 쉽도록 지반 고르기 및 건조상태 유지

(2) 말뚝심(항심) 위치 표시

상단에 리본을 부착한 철심 이용

(3) 말뚝 구경 및 길이 방향으로 석회가루 표시(말뚝 위치 확인 용이)

[그림] 말뚝심 표시

[그림] 말뚝 위치 표시

### 4. 말뚝자재(PHC 말뚝)

1) 공장 검수

(1) 원재료 품질확인 및 제품검사

(2) 1일 생산량 및 재고확인

(3) 시험

① 휨강도(입회시험)

| 구분 | 내용 |
|---|---|
| 시료채취 | 1 Lot 에서 무작위로 2개 시료채취 |
| 시험방법 | 말뚝길이의 3/5를 지간으로 중앙에 연직하중 P를 가함 |
| 시험결과 (합격기준) | − 2개 모두 적합하면 해당롯드 전부 합격<br>− 2개 모두 부적합하면 해당롯드 전부 불합격<br>− 1개가 부적합하면 4개를 재시험하고 재시험한 4개 모두 합격하면 최초 불합격을 제외한 해당롯드 전부 합격<br>  1개라도 부적합하면 해당롯드 전부 불합격 |

[그림] 휨강도시험

② 균열검사 : 규격별 기준 균열 휨모멘트에 따라 시험 후, 육안 구별 균열폭은 0.05mm 정도

[그림] 균열검사

③ 휨파괴강도 시험 : KS 기준 적합여부
④ 축력휨강도 및 전단강도(시험성적서) : KS 기준 적합여부

2) 현장검수
  (1) 외관검사 : 균열, 길이, 외경, 휨, Shoe와 본체 연결 부위, 내부 골재분리, 두께 미달 여부, 두부 파손
  (2) 부적합품은 장외 반출
3) 운반 및 적치
  (1) 말뚝에 손상주지 않을 것
  (2) 충분히 양생된 말뚝 사용 권장
  (3) 주진입로 정비 : 배수양호, 지반견고

(4) 적치
　　① 다짐 철저히 하여 지반 침하 없게
　　② 받침대(90×90cm 각재)를 말뚝길이 1/5 지점 양쪽에 설치, 길이 13m 이상 경우 중앙부에 추가 설치, 2단 적치
　　　시는 동일 연직선상에 설치
　　③ 쐐기로 고정하여 말뚝 유동방지
　　④ 충격받지 않도록 주의

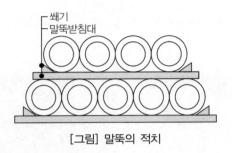

[그림] 말뚝의 적치

4) 길이 표시
　(1) 시항타 : 붉은색 페인트로 상단부 3m까지는 10cm 간격, 그 하부는 50cm 또는 100cm 간격
　(2) 본항타 : 공장 표시눈금 사용

## 5. 시항타

1) 말뚝 시공 흐름도

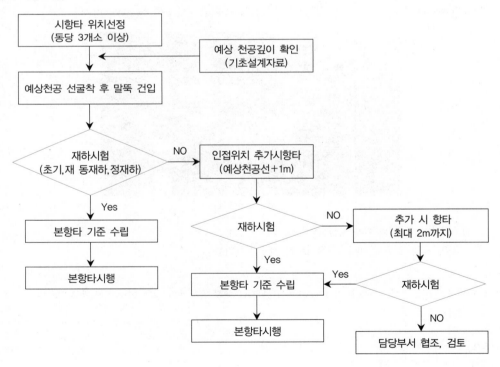

2) 시항타 방법(시항타 시 고려사항)

  (1) 목적 : 항타장비의 적합성, 지반굴착 가능 여부, 지반조건 등을 확인

  (2) 방법

     ① 본항타와 동일한 말뚝, 본항타 말뚝길이 + 2~3m 사용

     ② 구조물당 3본 이상, 간격 15m 이내, 설계심도와 상이할 경우 시항타 본수 조정

     ③ 사진촬영 및 시공기록 작성

     ④ 선굴착 공법인 경우 굴착심도(설계심도)까지 일정속도로 천공, 항타장비의 RPM, 암페어 확인 후 본항타 천
       공심도 추정자료로 활용

## 6. 재하시험

1) 종류

| 동재하 | 정재하 | |
|---|---|---|
| | 실물재하 방식 | 반력말뚝 방식 |
| − 시험장비 간단<br>− 비용 저가<br>− 신뢰도 : 정재하의 90% | − 신뢰도 가장 높음<br>− 철근 등 사하중(중량물)을 최대 시험<br>  하중 110% 이상 준비<br>− 지지대 변위로 인한 안전에 유의 | − 앵커 시공에 따른 양생기간 필요, 비<br>  용증가<br>− 일반적으로 많이 사용 |

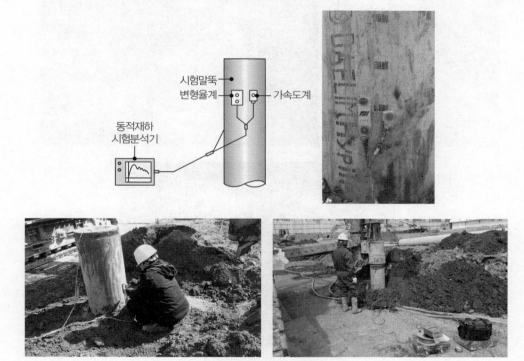

[그림] 동재하 시험장치

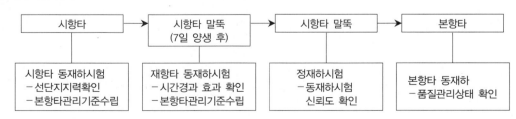

[그림] 정재하시험(반력말뚝 사용)

2) 재하시험 순서

| 시항타 | → | 시항타 말뚝<br>(7일 양생 후) | → | 시항타 말뚝 | → | 본항타 |
|---|---|---|---|---|---|---|

| 시항타 동재하시험<br>－선단지지력확인<br>－본항타관리기준수립 | 재항타 동재하시험<br>－시간경과 효과 확인<br>－본항타관리기준수립 | 정재하시험<br>－동재하시험<br>신뢰도 확인 | 본항타 동재하<br>－품질관리상태 확인 |
|---|---|---|---|

3) 재하시험 수량

(1) 구조물 기초 설계기준(2014년, 국토해양부)

| 구분 | 시험횟수 |
|---|---|
| 동재하(시공 중) | 전체 말뚝 개수의 1% 이상(말뚝이 100개 미만인 경우에도 최소 1개) |
| 동재하(시간효과 고려한 재항타) | 전체 말뚝 개수의 1% 이상(말뚝이 100개 미만인 경우에도 최소 1개) |
| 동재하(시공완료 후) | 전체 말뚝 개수의 1% 이상(말뚝이 100개 미만인 경우에도 최소 1개) |
| 정재하 | 전체 말뚝 개수의 1% 이상(말뚝이 100개 미만인 경우에도 최소 1개) 또는 구조물별로 1회 이상 실시 |

(2) 공사감독 핸드북 [2013, LH 공사]

| 구분 | | 시험횟수(아파트, 주차장) |
|---|---|---|
| 시항타 | 초기동재하 | 2회 |
| | 재항타동재하 | 2회 |
| | 정재하 | 0.5 회 |
| 본항타 | 동재하 | 1회 |

# 7. 매입말뚝 시공관리(시공 시 유의사항)

1) 시공순서

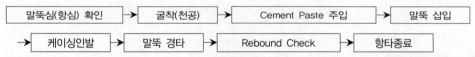

말뚝심(항심) 확인 → 굴착(천공) → Cement Paste 주입 → 말뚝 삽입 → 케이싱인발 → 말뚝 경타 → Rebound Check → 항타종료

2) 천공관리

(1) 시공위치 확보(케이싱 거치) : 말뚝 심 합판 보양, 붉은색 스프레이 페인트

(2) Auger 및 케이싱 수직상태 확인 : 오거수직상태 확인용 계기판 부착 장비, 수평대 이용

(3) 배출토 처리

① 말뚝 내 유입방지

② 소형 로더로 제거

③ 관입량 측정 지장 없게

④ SIP인 경우 2m 케이싱을 리더에 장착하여 공내 배출토 침입방지, 오거상부에 배출토 유도장치 설치

(4) 천공직경＝말뚝직경＋10cm

(5) 천공깊이＝말뚝직경의 3배 이상 지지층에 관입

(6) 케이싱사용으로 공벽 붕괴 방지

(7) 호박돌, 전석층 도달 시 조치

[그림] 배출토 유도장치

| 도달징후 | 조치방법 |
|---|---|
| 인근말뚝 보다 관입깊이가 현저하게 짧을 때 | 굴착장비로 호박돌, 전석 제거 후 재항타 |
| 소정의 깊이에 미달하고 중파되는 경우 | 선굴착(SIP )공법으로 변경시행 |
| 말뚝 관입 중 미끄러짐 발생 | 크기가 작은 호박돌인 경우 보강타 시공 |

(8) 천공선의 확인

① 전류계이용

천공장비 용량, 토층구성상태, 천공깊이에 따라 전류치 상이, 시험시공 시 확정한 전류치 관리범위 활용

② 배토 슬라임으로 토질 판단

③ 풍화암(토) : 마사 같은 슬라임 확인

④ 연암 : 돌가루, 쇄석류, 파편 확인

3) 고정액(시멘트 페이스트) 주입, 교반

(1) 배합비(W/C) : 83%(㎥당 물 730kg : 시멘트 880kg)

(2) 고정액주입, 교반

| 구분 | 주입방법 | 주의사항 |
|---|---|---|
| 선굴착공법 | 1. 오거내부의 압송로드를 통하여 주입<br>2. 오거를 상하 2~3회 왕복(3D 이상)하여 1차교반 후 말뚝 구근 형성(하부토사와 시멘트 페이스트 교반) | 1. 말뚝 1본에 소요되는 시멘트 페이스트를 전량 주입교반<br>2. 자유낙하시킨 말뚝을 1~2 m 상하 왕복시켜 2차 교반 |
| T4 천공 | 천공 후 로드 인발 후 별도의 압송 로드로 주입 | 공벽붕괴로 하부 구근형성이 곤란하므로 말뚝 삽입 시 말뚝과 공벽 사이에 압송로드 설치 후 말뚝을 상하 왕복하면서 2차 주입 |
| 케이싱 병행공법 | 1. 천공 후 케이싱 내부에 시멘트 페이스트 1차 주입<br>2. 케이싱을 상하 2~3회 왕복하여 소일시멘트 구근 형성 | – |

4) 말뚝의 삽입 및 경타관리

(1) 말뚝 세우기 : 와이어로프 2점 지지방식→ 경사지게 자유낙하되지 않게 하여 공벽붕괴 방지, 수직도 불량방지

[그림] 말뚝 세우기

(2) 공내 말뚝 삽입 : 1m 정도 삽입 후 수직도 보정

(3) 자유낙하

(4) 경타 : 수직상태 확인 후 중량 2.5t Drop Hammer로 낙하고 1m 로 경타. 천공선에서 2D 이내 관리

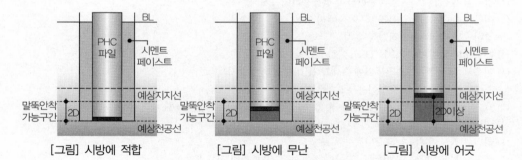

[그림] 시방에 적합          [그림] 시방에 무난          [그림] 시방에 어긋

[그림] 최종 경타

(5) Rebound Check : 지지력 확인(시공관리용)
(6) 최종관입량 확인 : 말뚝에 표시 후 사진 촬영

[그림] 최종 경타

5) 용접이음

   (1) 말뚝길이 15 m 초과 경우에 한하여 현장용접이음처리

   (2) 이음의 위치 : 전체길이의 1/2 이하에서 이음

   (3) 상하말뚝 축선 : 동일직선상 유지

   (4) 이음부의 외경치수 차이 : 2 mm 이하

   (5) 이음부 청소 철저 : 용접부위에 슬래그 등 이물질 혼입방지

   (6) 자분탐상검사 실시 : 용접이음부 20개소마다 1회 이상(KSD 0213)

   (7) 5℃ 이하 : 용접금지. 단, 기온이 5~10 ℃, 용접부 100 mm 이내 부분이 36℃ 이상 예열 시는 용접가능

6) 말뚝의 수직도 및 항타장비 전도에 대한 안전 관리

   (1) 리더 수직도 유지 : 항타장비 수평확보

   (2) 복공판 사용 : 항타 및 이동 시 지반에 균등하중 전달, 침하,전도방지

   (3) 긴말뚝 시공 시 전도에 취약하므로 주의

   (4) 연약지반 : 개량 후 작업(양질토사 및 잡석 치환)

7) 오차관리기준 및 보강타

   (1) 오차관리기준 : 항타 후 매 말뚝마다 거울, 다림추 등으로 중파 및 위치오차 여부 확인

     ① 위치오차

| 오차 | 조치사항 |
|---|---|
| 75mm 이하 | 미조치 |
| 75~150mm | 철근보강 |
| 150mm 이상 | 보강타(구조검토) |

     ② 수직오차

| 오차 | 조치사항 |
|---|---|
| 수직도 1/50 이상 기울기 | 보강타 |

   (2) 보강타 : 인접위치에 보강타 실시

     ① 지반문제로 말뚝 파손된 경우

     ② 말뚝자재와 항타의 문제로 말뚝 파손된 경우

     ③ 중파 발생 시

     ④ 말뚝 위치가 중심선에서 150mm 이상 벗어난 경우 : 구조검토 후 추가 항타

   (3) 철근 보강

     ① 위치오차 75 ~150mm 경우

       －외측으로 벗어난 경우 : 편차만큼 기초판 크기확대 및 철근 1.5배 보강

       －내측으로 벗어난 경우 : 철근만 1.5배 보강

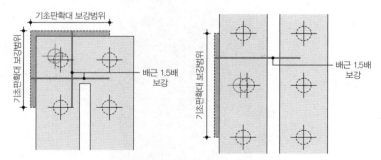

[그림] 말뚝박기 철근보강 배근 개념도

② 기초판 전체를 낮추는 경우(전반적으로 말뚝 머리가 낮은 때)

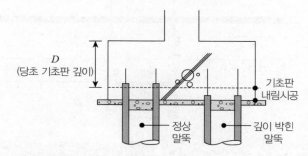

③ 말뚝 머리가 소요 위치보다 낮은 경우(부분적으로 낮은 경우)

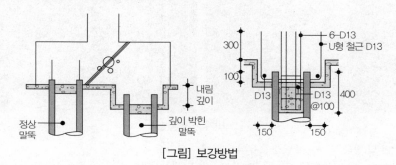

[그림] 보강방법

④ 철근 정착길이가 30cm 미만인 경우 보강 방법

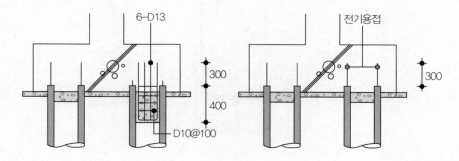

8) 두부정리

(1) 두부정리 방법 종류별 특징

| 구분 | 강선노출법(기존공법) | 원커팅공법 |
|------|------|------|
| 공기 | 보통 : 1차 커팅→파쇄→마무리 | 짧음 : 1번에 커팅 |
| 말뚝 파손 | 보통 | 적음 |
| 안전성 | 강선 노출에 의한 위험 | 없음 |
| 경제성 | 인건비소요 | 자재비 소요(캡) |

(2) 강선노출법

① 컷팅 깊이 : 1cm 이상, 강선 절단에 유의

② 컷팅선 상부 30cm 상부를 해머 및 유압식 파쇄기로 파쇄 후 강선 30cm 노출

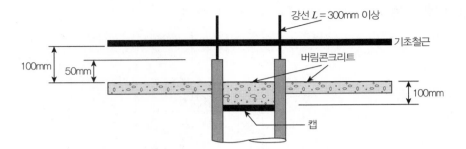

강선 $L = 300\text{mm}$ 이상

기초철근

100mm

50mm

버림콘크리트

100mm

캡

[그림] 강선노출법

③ 두부절단 및 정리 시 종균열 발생에 유의
④ 두부파손 및 균열발생시 균열부 하단까지 재절단 후 내림시공

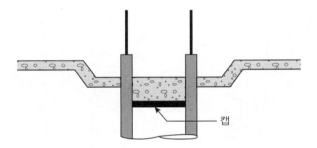

캡

(3) 원커팅공법
　　① 말뚝 두부 절단 레벨 체크
　　② 말뚝 절단기로 내부강선 함께 절단

[그림] 원커팅공법

③ 항두막이 캡설치 : 철근 노출길이 300mm 유지

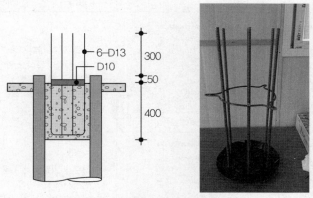

6–D13
D10
300
50
400

[그림] 두부보강(항두막이 캡 및 철근보강 )

## 8. 말뚝의 결함원인 및 대책

### 1) 말뚝 균열

| 결함 | | 원인 | 대책 |
|---|---|---|---|
| 말뚝머리파손 | | – 말뚝강도부족<br>– 과도한 항타<br>– 해머 용량 과다<br>– 말뚝 두께 결함 | – 말뚝 강도조정<br>– Cap 이용한 두부보강<br>– 항타관리 철저 |
| 전단파괴 | | – 말뚝강도부족<br>– 과도한 항타<br>– 편타<br>– 지중장애물 존재 | – 말뚝 강도조정<br>– 해머용량 및 낙차확인<br>– 말뚝 수직도 체크<br>– 항타관리 철저 |
| 종방향균열 | | – 편타에 의한 응력발생<br>– 두부 절단 시 충격 | – 쿠션보강<br>– 편타방지<br>– 두부정리 요령준수 |
| 횡방향균열 | | – 과다한 휨응력<br>– 연약지반 타격 시 인장응력<br>– 프리스트레스량 부족 | – 쿠션보강<br>– 낙하고 낮춤<br>– 프리스트레스량 큰말뚝 변경 |

2) SIP 공법 말뚝 지지력 부족

| 결함 | 원인 | | 대책 |
|---|---|---|---|
| 선단지지력 약화 | <br>〈지지층 미달〉 | <br>〈선단부 과다한 슬라임〉 | − 시항타 시 동재하시험으로 선단 지지층 도달 여부 확인, 항타공식으로 검증<br>− 느슨한 모래, 자갈, 풍화토층에서 과다한 슬라임 발생 시 케이싱 사용 |
| 주면마찰력 약화 | <br>〈고정액 한쪽 형성〉 | <br>〈고정액 충전부족〉 | − 연직도 유지하여 천공홀 중심에 삽입<br>− 케이싱사용 : 공벽유지<br>− 시멘트 페이스트의 충분한 교반 : 오거 인발속도 늦춤 |

# ■ 참고문헌 ■

1. 기성말뚝 시공가이드(2002), 대한전문건설협회,비계,구조물해체공사업 협의회.
2. 선진말뚝 시공법연구(2005), 대한전문건설협회,비계,구조물해체공사업 협의회.
3. 서진수, 2006, Powerful 토목시공기술사(1, 2권), 엔지니어즈.
4. 서진수, 2009, Powerful 토목시공기술사 단원별 핵심기출문제, 엔지니어즈.
5. LH공사, 2013, 공사감독 핸드북, 건설도서 P.71~99.

# 6-9. 선굴착공법(Preboring)

## 1. 장비

1) 연속오거 장비필요

2) 최종타격 장비필요(필요시)

## 2. 유지보수 : 공벽붕괴 방지액 주입(굴착액)

## 3. 적용 토질

1) 점성토 지반 유리

2) 느슨한 사질토층, $\phi$15cm 이상 모래자갈층 : 사용 불리, 지반천공 후 말뚝매입

## 4. 환경영향

1) 저진동, 저소음공법, 도심지 적용 유리

2) 굴착 후 토사의 비산, 폐니수(벤토나이트) 처리 문제 발생

## 5. 장단점(특징)

| | |
|---|---|
| 장점 | • 저소음 저진동, 도심지 근접시공에 적합<br>• 환경규제 및 민원 문제 최소화<br>• 조작성, 작업 능률 양호<br>• 지지력의 확인 가능 |
| 단점 | • 말뚝선단부에 유수의 흐름 ⇒ 공벽붕괴 위험 있음<br>• 굴착토사, 폐니수 처리 ⇒ 환경문제<br>• 타입공법에 비해 지지력 저하<br>• 시공비 고가 |

## ■ 참고문헌 ■

1. 기성말뚝 시공가이드(2002), 대한전문건설협회, 비계, 구조물해체공사업 협의회.

2. 선진말뚝 시공법연구(2005), 대한전문건설협회, 비계, 구조물해체공사업 협의회.

3. 서진수(2006), Powerful 토목시공기술사(1, 2권), 엔지니어즈.

4. 서진수(2009), Powerful 토목시공기술사 단원별 핵심기출문제, 엔지니어즈.

# 6-10. SIP(Soil Cement Injection Pile = Soil Cement Injected Precast Pile = Soil Cement Inserted Pile : 기성말뚝 삽입)

## 1. 공법의 개요

1) 중공의 Auger로 천공하면서, 선단과 주변에 Cement Paste와 Bentonite 혼합액을 주입하여 공벽유지

2) Auger 인발 후 기성말뚝(강관, H, RC, PC)을 자중으로 삽입하고

3) 선단부 1~1.5m를 Hammer로 타입하여 만든 말뚝, 주열식 흙막이로 사용

4) 저진동, 저소음 공법임

5) Preboring 공법 + Cement Mortar 주입의 혼합공법

## 2. SIP의 효과(특징)

1) 말뚝 선단부의 지지력 증대 : 근고용 Mortar 교반

2) 주면 마찰력의 증대 : 충전액에 의해 지반 강화

3) 말뚝 손상 방지 : 타격이 아닌 근입식이므로

4) 저소음, 저진동 공법

## 3. SIP 적용 토질 : Auger 천공이 가능한 풍화암 지반

## 4. SIP 굴진 및 충전용 약액의 배합(예)

1) Cement : 120kg

2) Bentonite : 25kg

3) 물 : 450kg

## 5. 근고용 부배합 Mortar의 배합(예)

1) C/W = 1:1.2~1:1.4

2) Cement : 400kg~800kg

## 6. SIP 시공순서

1) Auger로 기성말뚝 직경 + 10cm 구경으로 천공하면서

2) Auger Bit를 통해 Cement Paste(C/W = 1:1.2) 주입, 원지반 흙과 교반시켜 선단 지지력 확보

3) 기성 말뚝 삽입

4) 선단부 타입 : 1~1.5m를 Hammer로 타입

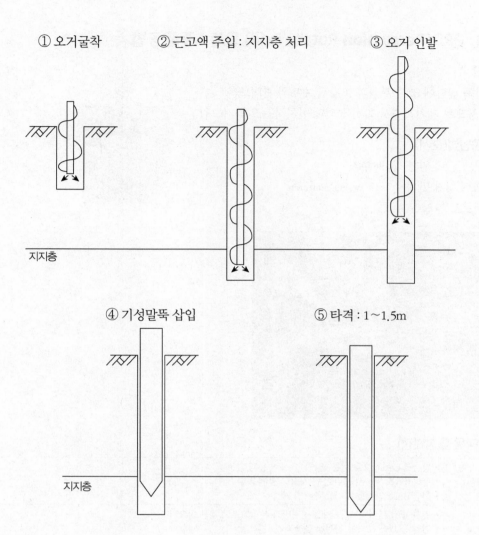

① 오거굴착　　　　② 근고액 주입 : 지지층 처리　　　　③ 오거 인발

지지층

④ 기성말뚝 삽입　　　　⑤ 타격 : 1~1.5m

지지층

## ■ 참고문헌 ■

1. 기성말뚝 시공가이드(2002), 대한전문건설협회, 비계, 구조물해체공사업 협의회.
2. 선진말뚝 시공법연구(2005), 대한전문건설협회, 비계, 구조물해체공사업 협의회.
3. 서진수(2006), Powerful 토목시공기술사(1, 2권), 엔지니어즈.
4. 서진수(2009), Powerful 토목시공기술사 단원별 핵심기출문제, 엔지니어즈.

# 6-11. PRD(Percussion Rotary Drill) 말뚝 : 중굴 공법

## 1. 개요
강관말뚝 선단에 Bit를 부착하고 강관 내부의 **관내토**를
Auger 등으로 제거하면서 회전에 의해 설치하는 말뚝기초임

## 2. 시공방법(순서)
1) 강관 선단에 원환 및 Bit 부착
2) 관내토 제거 및 배출 : Auger, Air Hammer
3) 회전으로 관입

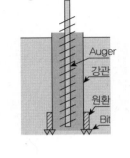

## 3. PRD 특징(장단점)

| | |
|---|---|
| 장점 | • 강관을 Casing으로 이용 : 굴착 중 공벽 붕괴 없음<br>• 항타, Preboring 시 곤란한 큰 자갈 지반에 적합<br>• 선단 Bit로 연암등 지지층에 관입 가능 |
| 단점 | • 원환이 강관 외경보다 큼 : 주변지반과 분리되므로 채움 필요함<br>• 연암 등 파쇄 조각이 완전히 배출되지 못함<br>• 강관말뚝만 가능 |

## 4. 국내 사례
1) 부산 강동교
2) 서울 한강철교

## 5. PRD 공법 적용원리와 유사한 현장 응용 공법 사례
1) CIP 토류벽 시공을 위한 천공 시 엄지말뚝(H-Pile) 삽입 : CIP는 굴착저면까지 근입하고, 통상 철근망에
   의한 CIP의 밑 넣기는 연암하 1m까지 천공함
2) CIP 연암 천공 시 PRD 공법과 동일하게 Bit 장착 강관 Casing 사용 후 인발하고 CIP 콘크리트 타설함

# ■ 참고문헌 ■

1. 기성말뚝 시공가이드(2002), 대한전문건설협회, 비계, 구조물해체공사업 협의회.
2. 선진말뚝 시공법연구(2005), 대한전문건설협회, 비계, 구조물해체공사업 협의회.
3. 서진수(2006), Powerful 토목시공기술사(1, 2권), 엔지니어즈.
4. 서진수(2009), Powerful 토목시공기술사 단원별 핵심기출문제, 엔지니어즈.

## 6-12. 매입말뚝공법의 종류를 열거하고 그중에서 사용빈도가 높은 3가지 공법에 대하여 시공법과 유의사항을 기술

### 1. 매입말뚝공법의 종류

1) 선굴착공법(Preboring 공법) : SIP공법/SAIP공법/COREX공법/SOILEX공법

2) 내부굴착공법(중굴말뚝공법) : PRD(Percussion Rotary Drill), PHC 파일

3) 압입공법, 회전압입공법

4) Jet 공법(사수공법)

### 2. 선보링(프리보링)에 의한 PHC pile 매입공법

1) **어스오가** 등으로 소정의 지반을 굴삭한 다음 파일을 설치하는 방법

2) **파일의 자중**에 의한 설치를 기본으로 하고 **압입**, **경타** 및 **회전** 등을 병용하기도 함

3) 통상, 굴삭 시에는 **안정액** 등이 사용

4) 일반적으로 **시멘트 밀크** 공법이 있고

5) 파일의 **선단부를 확대 고정**하는 방법이 있음

### 3. 항내굴착(중굴공법)에 의한 PHC Pile 매입공법

1) 파일의 중공부에 오가 삽입 ⇒ 파일선단지반을 굴삭 ⇒ 파일 중공부로부터 배토하여 말뚝설치

2) 파일의 설치 및 배토 촉진

: 압축공기 or 물을 헤드 선단에서 분출시키며 시공기계의 자중을 이용한 압입, 드롭햄머에 의한 경타 등을 병용하여 설치하는 것이 일반적

3) 굴삭에 이용되는 굴삭기 : 어스오가, 오가버켓, 비트, 어스드릴, 햄머크랩 등이 사용

4) 선단지지력의 발현방법

(1) 항내 굴착 후 파일에 타격을 가하는 방법

(2) 파일의 선단부를 시멘트 밀크로 고정하는 방법

− 파일의 선단부를 파일경 정도만 고정하는 경우

- 확대 고정하는 경우
(3) 확대 고정부의 축조방법
- 오가의 선단에 장치된 확대 비트에 의한 방법
- 오가헤드 또는 롯드로부터 고압 또는 저압으로 고정액을 분사하는 방법
- 이들의 방법을 병용하여 축조하는 방법

## 4. 회전압입에 의한 PHC Pile 매입공법

1) 파일의 선단을 오가로 회전력을 주면서 압입하여 파일을 소정의 위치에 설치하는 공법
2) 회전 압입 시에는 물 등을 선단부로부터 분출하여 보조하는 방법도 있으며
3) 파일의 선단지지력의 발현방법 : 하부고정에 의한 방법이 일반적

## 5. SIP(Soil Cement Injection pile＝Soil Cement Injected Precast Pile＝Soil Cement Inserted Pile : 기성말뚝 삽입)

[시공법＝시공순서]

1) **중공의** Auger로 기성말뚝 **직경 ＋10cm 구경**으로 천공하면서, 선단과 주변에 Cement Paste와 Bentonite **혼합액**을 주입하여 공벽 유지
2) Auger Bit를 통해 Cement Paste(C/W＝1:1.2) 주입, 원지반 흙과 교반시켜 선단 지지력 확보
3) Auger 인발 후 기성말뚝(강관, H, RC, PC)을 자중으로 삽입하고
4) 선단부 1~1.5m를 Hammer로 타입하여 만든 말뚝으로 주열식 흙막이로 사용
5) Preboring 공법＋Cement Mortar 주입의 혼합공법

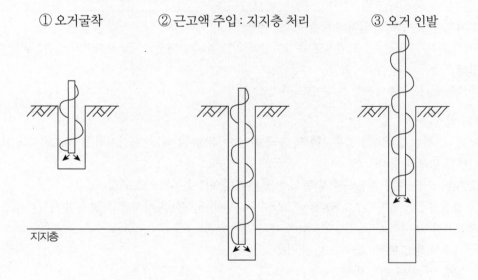

① 오거굴착    ② 근고액 주입 : 지지층 처리    ③ 오거 인발

지지층

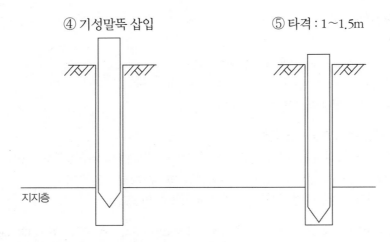

④ 기성말뚝 삽입          ⑤ 타격 : 1~1.5m

지지층

## 6. 매입말뚝 시공계획(시공관리) : 시공 시 유의사항

1) 오거에 의한 굴착

  (1) 말뚝 중심의 정도 : 100mm 이내, 굴삭 개시 후 1m 이내에서 필히 체크

  (2) 굴삭공의 연직도 측정 : 경사 1/100 이내 [항타기의 각도계, 트랜싯, 추 이용]

  (3) 굴진속도 : 적당한 속도로 굴진 ⇒ 안정성 있는 공벽 조성

| 지질 | 굴삭속도(m/분) |
|---|---|
| 실트, 점토, 이완된 모래 | 2~6 |
| 경질점토, 중간 굳기의 모래 | 1~4 |
| 치밀한 모래층, 사력층 | 1~3 |

  (4) 오거의 인상 속도, 주입액의 토출량에 주의

    (지하수위와의 균형 흐트러지면 흡입현상에 의한 Boiling 현상 발생, 지지층의 이완, 공벽의 붕괴 발생 가능)

  (5) 배토될 흙 공내로 낙하방지, 주변 토사 항상 제거

2) 시멘트 밀크 주입

  (1) 목적 : 건입된 말뚝과 천공홀 사이의 공극 충전 ⇒ 주면마찰력, 수평지지력 등 소요지지력 발휘

  (2) 시멘트 밀크 배합 비

    ① 지반 조건, 지하수 유입 여부 등의 현장 여건에 W/C 유동적으로 조절

    ② 결정된 물−시멘트(700~800kg/m³)로 시공된 말뚝에 대한 재하시험 ⇒ 말뚝의 지지력 검증

  (3) 작업방법 및 순서

    ① 시멘트 밀크 배합 : 몰타르 믹서 이용

    ② 압송 : 몰타르 펌프 이용

    ③ 스크류 천공 후 선단을 수회 반복 주입 교반

    ④ 스크류 인발 시 시멘트 밀크 주입

    ⑤ 시멘트 밀크의 주입 : 말뚝의 전장에 대해 충분히 빈틈없이 충전 ⇒ 주입량, 횟수조절

⑥ 파일 관입 후 침강 상황 조사 후 필요할 경우 재주입

3) 말뚝의 건입

(1) 작업방법 및 순서

① 와이어로프를 이용한 매달기 작업

② 보조크레인을 이용한 건입 및 근입(근입 시 연직도 확인)

③ 천공위치 중심에 정확히 근입

④ 근입종료 후 천공심도 확인

⑤ 와이어로프 해체 작업

(2) 말뚝의 세우기

① 시공기계 : 견고한 지반 위의 정확한 위치에 설치 ⇒ 정확한 위치에 정확하게 말뚝 설치

② 말뚝을 정확, 안전하게 세우기 : 정확한 규준틀 설치, 중심선을 용이하게

말뚝을 세운 후 검측 : 직교하는 2방향으로부터 함

③ 말뚝의 연직도, 경사도 : 1/80 이내

④ 말뚝박기 후 평면상의 위치

: 설계도면 위치로부터 D/4(D는 말뚝의 직경)와 10cm 중 큰 값 이내

## ■ 참고문헌 ■

1. 기성말뚝 시공가이드(2002), 대한전문건설협회, 비계, 구조물해체공사업 협의회.

2. 선진말뚝 시공법연구(2005), 대한전문건설협회, 비계, 구조물해체공사업 협의회.

3. 서진수(2006), Powerful 토목시공기술사(1, 2권), 엔지니어즈.

4. 서진수(2009), Powerful 토목시공기술사 단원별 핵심기출문제, 엔지니어즈.

# 6-13. 기초 조사와 시험 [기초 착공 전 준비(점검) 사항]

## 1. 지반 조사 목적

1) 지층분포 상태, 토질 특성, 암반의 공학적 특성 파악

2) 설계에 필요한 지반 공학적 자료 분석, 설계정수, 강도정수(토질정수=지반정수) $C$, $\phi$ 결정

3) 기초 허용 지지력 산정(정역학적 지지력 공식 : Terzaghi)

4) 경제적, 합리적 설계시공

## 2. 조사 시험 항목 : 토공 조사 시험과 동일

| NO | 구분(조사내용) | 시험항목 |
|---|---|---|
| 1 | 예비 조사 | 기존 자료 조사 |
| 2 | 현지 답사 | 인접 현장 시공 자료 조사 |
| 3 | 시추 조사 | ① 보링 조사(NX-bit 사용)<br>② TCR<br>③ RQD<br>④ 지하수위, Lu치, 투수도<br>⑤ SPT N치 |
| 4 | 현장원위치 | ① PBT<br>② Sounding<br>　㉠ 동적 : SPT(N치), Dynamic Cone P.T<br>　㉡ 정적 : Potable C.P.T, Dutch C.P.T, Swedish Sounding<br>　㉢ 인발 : Iskey meter<br>　㉣ 회전 : Vane Shear Test<br>③ 현장 투수 시험<br>④ Lu test(수압 시험)<br>⑤ 공내 재하 시험 |
| 5 | 실내 시험 | 함수비, 비중, 입도, LL, PL(연경도) |
| 6 | 실내 암석 시험 | 비중, 흡수율, 일축, 3축 강도, 탄성 계수, 탄성파 속도 |

## 3. 조사 결과의 정리

1) 지질도(주상도) 작성

2) 시추 위치도 작성

3) 지층 단면도 작성

4) 시추 주상도 작성 : TCR, RQD, SPT N치, 지하수위, Lu치, 투수도

5) 시험 성과표

## 4. 조사 결과의 이용

1) 기초의 지지력 산정

2) 기초 공법 선정

3) 연약지반 여부 판정 : 대책공 시행

4) 항타 장비, 공법의 선정

## 5. 허용 지지력 추정 방식

1) 정역학적 지지력 공식

   (1) Terzaghi : $R_a = \dfrac{1}{3} R_u$

   (2) Meyerhof : $R_a = \dfrac{1}{3} R_u$

2) 동역학적 지지력 공식

3) 재하시험

## ■ 참고문헌 ■

1. 지반공학 시리즈 4(깊은 기초)(1997), 지반공학회.
2. 서진수(2006), Powerful 토목시공기술사(1, 2권), 엔지니어즈.
3. 서진수(2009), Powerful 토목시공기술사 단원별 핵심기출문제, 엔지니어즈.
4. 박영태(2013), 토목기사실기, 건기원.

# 6-14. 표준관입시험(Standard Penetration Test)(SPT N치)

## 1. 개요(SPT 개요)

1) SPT 시험은 **동적 Sounding**의 일종

2) 현장 원위치에서 보링공 속에서 **흙의 경, 연 지표인** N치 측정

3) **현장 원위치에서 강도, 강도정수**($C$, $\phi$) 측정

4) 교란시료 채취(sampling) ⇒ 실내 시험 : 흙 분류를 위한 물리적 성질 구함

   [토성, 연경도(PI, LL, PL 등), 입도, 비중, 함수비 시험]

5) 지반의 지지력, 지층분포 상태 및 지질을 파악하기 위해 널리 사용되는 시험

6) KSF 2318

## 2. 시험목적

지질의 상태, 밀도측정, 시료채취

## 3. 시험방법

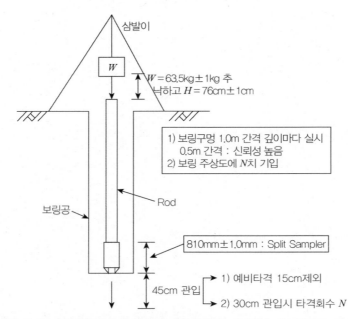

  삼발이

$W$ = 63.5kg ± 1kg 추
낙하고 $H$ = 76cm ± 1cm

1) 보링구멍 1.0m 간격 깊이마다 실시
   0.5m 간격 : 신뢰성 높음
2) 보링 주상도에 $N$치 기입

보링공 →     Rod

810mm±1.0mm : Split Sampler

45cm 관입

1) 예비타격 15cm제외
2) 30cm 관입시 타격회수 $N$

\* 30cm 관입 이전 50회 이상 타격 시 : 50회까지만 시험 후, 타격횟수 및 관입심도 기재(예 : 50/12)

## 4. 결과의 이용(N치의 활용)

1) Boring 주상도에 N치 기입

  (1) 교량, 건물 등의 깊은 기초 토질조사, 설계, 시공에 활용

  (2) 말뚝의 허용 지지력 산정

  (3) 깊이방향의 강도변화 : 지지층의 위치, 연약층의 유무

2) 구성 토질 판단(암판정)

  (1) 토사 : 50 미만(N < 50)

  (2) 리핑암(연암) : 50 이상(N ≥ 50)

3) N치로부터 직접 판정(추정)할 수 있는 사항 : 결과의 이용(적용성)

| No | 모래지반 | | 점토지반 |
|----|----------|---|----------|
| 1 | 상대밀도($D_r$ : Relative Density)<br>1) 기초지지력<br>2) 액상화<br>3) 다짐 | | 연경도(Consistency) : PI, LL 등 |
| 2 | 전단 저항각(내부마찰각 $\phi$)<br>1) Dunham 근사식<br>2) Peck 공식<br>3) Meyerhof<br>4) 오자키공식 | | 일축압축강도 $q_u = \dfrac{N}{8}$ |
| 3 | 허용 지지력(침하에 대한) | | 점착력($c$) = 비배수전단강도($C_u$)<br>$C_u = \dfrac{q_u}{2} = \dfrac{N}{16}$ |
| 4 | 지지력 계수 | | 파괴에 대한 극한지지력 |
| 5 | 탄성 계수 | | 허용 지지력 |

## 5. N치의 사용 시(활용 시) 주의사항(문제점)

1) Boring 깊이 방향 **1.0m 간격** 측정 원칙 ⇒ 50cm 간격이 신뢰도 양호

2) 실용심도 : **50m 정도**, 50m 이상 N치 과다

3) 깊어질수록 **N치 과다** : Rod 중량 증가 ⇒ 타격효율 저하

  Rod 진동, 좌굴(Buckling)

4) 토질 적용 범위 : 점토에서 조밀한 모래

  (1) 사질토 가장 유효

  (2) 직경 10cm(100mm) 이상 자갈층 ⇒ 정확한 판단 무리

  (3) N > 50 이상인 조밀한 모래 자갈층, 고결 상태 토층 Rod가 튀어 올라 타입 곤란

  (4) 연약 지반, Peat(이탄) : Rod 중량만으로 ⇒ 30cm 관입

5) 우리나라 관행상 문제점

  **N치의 과신, 과용**으로 조잡 시공, 잦은 설계변경 요인

  : Sounding 등에 의한 **지반정수**(강도정수) $C$, $\phi$ **조사** 병행 필요함

## 6. N치 오차의 원인 및 대책

1) N치 시험오차 원인

  (1) 낙하높이 유지

  (2) 낙하 정밀도

  (3) 보링공 내 남아 있는 Slime

  (4) 측정 깊이 깊을수록, Rod 자중, 타격에너지의 전달 효율 등에 영향을 받음

2) 대책 : 시험오차 원인 및 토질에 따른 실제와의 오차 해결을 위해 시험 결과를 수정

## 7. N치의 수정(N치 사용상 문제점에 대한 대책)

1) SPT 시험의 N값은 현장 적용 시 문제점이 있고

2) 시험과정의 오차 수정(문제점 해결)을 위해 N치의 수정이 필요

  (1) **Rod 길이**에 대한 수정(일본도로협회 도로하부구조 설계지침 수정식)

    (Dutch cone $q_u$ 값과 비교해서 만든 식)

    ① 심도 깊어지면 $\Rightarrow$ Rod 중량 증가 $\Rightarrow$ 타격에너지 손실 $\Rightarrow$ N치 과다

    ② 수정 $N_1 = N(측정치) \times \left(1 - \dfrac{x}{200}\right)$

    $x$ = 롯드길이(m), $N$ : 실측 측정값

  (2) **토질 수정**(포화 미세사, 실트질 모래의 수정)

    ① 포화된 미세사, Silt질 모래층(지하수위 이하)

    ② 한계 간극비 상태의 N=15로 보고 15보다 크면 $\Rightarrow$ N 값이 실제보다 크게 된다는 사실

    ③ Terzaghi & Peck 식 : 수정 $N_2 = 15 + \dfrac{1}{2}(N_1 - 15)$

      $N_1$ = Rod 길이 수정값

      $N_1 > 15$ 일 때 실시

  (3) **상재압** 수정(지표면 부근의 수정)

    ① 지표면 부근의 N 값 $\Rightarrow$ 실제보다 작게 나옴

    ② Terzaghi & Peck식 : 수정 $N' = N + \dfrac{5}{(1.4P + 1)}$

      $P$ : 유효 상재하중 $\leq 2.8 \text{kg/cm}^2$

## 8. 교란 불교란 시료의 판단

면적비 $Ar = \dfrac{D_w^2 - D_e^2}{D_e^2} \times 100(\%)$ 가 10% 이하 이면 불교란시료

$D_w$ : 샘플러 외경

$D_e$ : 샘플러 내경

## ■ 참고문헌 ■

1. 서진수(2006), Powerful 토목시공기술사(1, 2권), 엔지니어즈.

2. 서진수(2009), Powerful 토목시공기술사 단원별 핵심기출문제, 엔지니어즈.

3. 박영태(2013), 토목기사실기, 건기원.

# 6-15. 구조물 기초 설계기준상 말뚝기초 및 케이슨 기초 요약 [2014년 개정]

## 1. 깊은 기초의 설계 시 검토 사항

1) 기초의 지지력 : 작용하중에 대해 충분한 안전율 확보

2) 기초의 변위 : 상부구조물에 유해한 영향을 주지 않을 것

3) 안정성, 경제성, 시공성, 환경영향 등을 검토

## 2. 말뚝의 축방향 지지력과 변위

1) 축방향 허용 지지력

　말뚝 본체의 허용압축하중과 지반의 허용 지지력 중 작은 값 이하

2) 축방향 변위 : 상부 구조물의 허용 변위량 이내

## 3. 말뚝 본체의 허용압축하중 결정 시 고려사항

1) 강말뚝 본체

　(1) 강재의 허용압축 응력× 유효단면적 값에

　　장경비(말뚝 직경에 대한 길이의 비) 및 말뚝 이음에 의한 지지하중 감소 고려

　(2) 강말뚝의 유효단면적

　　구조물 사용기간 중의 부식을 공제한 값

　　부식 공제 시 육상말뚝과 해상말뚝으로 구분

　(3) 부식이 우려되는 경우

　　강재부식 방지공을 검토 후 결정

2) 기성 콘크리트말뚝

　(1) RC말뚝

　　콘크리트의 허용압축응력× 콘크리트의 단면적 값에 장경비 및 말뚝이음에 의한 지지하중 감소
　　고려

　(2) PC말뚝 및 PHC말뚝

　　콘크리트의 허용압축응력× 콘크리트의 단면적 값에 프리스트레스의 영향, 장경비 및 말뚝 이음
　　에 의한 지지하중 감소 고려

　(3) 지하수에 의해 부식이 우려되는 경우

　　부식 방지공을 검토한 후 결정

3) 현장타설 콘크리트말뚝

　(1) 콘크리트와 보강재로 구분하여 산정 후 두 값을 합하여 결정

　(2) 콘크리트의 허용압축하중 = 콘크리트의 허용압축응력× 콘크리트의 단면적

　(3) 보강재의 허용압축하중 = 보강재의 허용압축응력× 보강재의 단면적

　(4) 지하수에 의해 부식이 우려되는 경우

　　부식 방지공을 검토 후 결정

4) 기타 종류의 말뚝

　합성말뚝, 복합말뚝, 마이크로파일 등의 본체 허용압축하중은 해당 재료의 구조계산을 실시하여 결정

## 4. 지반의 축방향 허용 압축지지력 결정 시 고려사항

1) 외말뚝 조건

　(1) 지반의 축방향 허용압축 지지력 = 축방향 극한압축지지력/안전율

　(2) 안전율 : 축방향 극한 압축지지력을 산정하는 방법의 신뢰도에 따라 적절한 값 적용

2) 무리말뚝 조건

　외말뚝의 축방향 압축지지력에 말뚝 및 지반조건에 따라 무리말뚝효과 고려

3) 축방향 극한 압축지지력 결정 방법

　(1) 일정 규모 이상의 공사

　　시험말뚝 설치하고 압축재하시험 실시하여 확인

　(2) 적은 공사규모, 여건상 시험말뚝 시공과 압축재하시험이 곤란한 경우

　　: 원위치시험 결과를 이용한 경험식으로 계산

　　① 정역학적 지지력 공식(지반조사와 토질시험 결과 이용)

　　② 표준관입시험

　　③ 정적관입시험

　　④ 공내재하시험

　　⑥ 상기방법은 신뢰도가 극히 낮음

　　　∴ 공사 초기 실제 말뚝의 압축재하시험으로 확인

4) 항타 공법으로 말뚝을 시공하는 경우

　(1) 파동이론분석을 실시하여 항타장비 선정, 항타시공 관입성 및 지반의 축방향 극한압축지지력 등을 검토하되

　(2) 시험말뚝시공 시 동적거동 측정을 실시하여 이를 확인

## 5. 재하시험으로 축방향 허용압축지지력을 결정할 경우 고려사항

1) 말뚝 압축재하시험

　(1) 정재하시험 : 고정하중, 지반앵커의 인발저항력 또는 반력말뚝의 마찰력 이용

　(2) 양방향 재하시험 : 말뚝본체에 미리 설치된 가압셀(또는 가압잭)이

　(3) 동재하시험으로 실시

2) 압축재하시험 실시 수량(빈도)

　: 구조물의 중요도, 지반조건, 공사규모를 고려하여 결정

3) 압축재하시험 실시 시기

　Time Effect(시간효과) 확인을 위해 시공 후 일정 시간 경과 후 실시

　[∵ 말뚝의 압축지지력은 지반조건에 따라 말뚝을 시공한 후 경과한 시간에 따라 변화]

4) 동재하시험의 신뢰도 확인

　　필요시 동일한 말뚝에 대해 수행된 정재하시험 결과와 비교 평가

　　[∵ 동재하시험은 실시 기술자의 자질에 따라 신뢰도 영향 큼]

## 6. 항타 공식에 의해 축방향 허용압축지지력 결정 시 고려사항

1) 해머의 효율 측정

　　동재하시험으로 해머의 효율을 주기적으로 실측한 값 반영

　　[∵ 항타 공식의 지지력 추정은 해머의 효율에 크게 영향 받음]

2) 항타공식 계산 결과는 항타 시 말뚝의 압축지지력이므로 시간경과 효과를 추가로 고려

3) 계산 결과는 시공관리 목적으로만 사용

## 7. 부주면 마찰력 고려 시 반영사항

[침하 가능성이 있는 지반에 설치되는 말뚝]

1) 부주면 마찰력의 크기 산정

　　중립점의 위치, 침하지반의 특성, 말뚝재료의 특성 고려

2) 무리말뚝 경우 : 무리말뚝효과를 고려한 부주면 마찰력을 적용

3) 압축재하시험 실시 : 선단지지력의 크기, 주면마찰력의 크기 및 분포 판단

4) 부주면 마찰력이 큰 경우 : 부주면 마찰력 감소방법 적용

## 8. 말뚝의 허용인발저항력 결정 시 고려사항

1) 외말뚝의 허용인발저항력 : 다음 중 작은 값

　　(1) 지반의 축방향 허용인발저항력 + 말뚝의 무게

　　(2) 말뚝본체의 허용인발하중

2) 지반의 축방향 허용인발저항력 : 인발재하시험 실시하여 판정

3) 인발재하시험 결과를 얻을 수 없는 경우

　　압축재하시험에 의한 극한 압축 주면마찰력으로부터 극한인발저항력을 추정

4) 무리말뚝의 경우 : 무리말뚝의 영향 고려

## 9. 말뚝기초의 침하 결정 시 고려사항

1) 침하에 의한 구조물의 안정성 판정 시 고려사항

　　(1) 외말뚝의 침하량

　　(2) 무리말뚝의 침하량

　　(3) 부주면 마찰력에 의한 외말뚝의 침하량

　　(4) 부주면 마찰력에 의한 무리말뚝의 침하량

　　(5) 부등침하량

　　(6) 상부구조물의 특성

2) 허용 침하량 결정 : 상부구조물의 구조형식, 사용재료, 용도, 중요성 및 침하의 시간적 특성 고려

3) 외말뚝의 침하량 결정

  (1) 압축 정재하시험을 실시하여 판정

  (2) 압축 정재하시험 결과를 얻을 수 없는 경우

     침하량 산정 공식, 해석적 기법을 이용하여 추정

## 10. 말뚝의 횡방향 허용 지지력

1) 말뚝의 횡방향 지지력의 정의

  (1) 말뚝에 발생하는 휨응력이 말뚝재료의 허용 휨응력 이내 되는 값

  (2) 말뚝머리의 횡방향 변위량이 상부구조에서 정해지는 허용 변위량을 넘어서지 않는 가장 큰 값

2) 외말뚝의 횡방향 허용 지지력 결정 시 고려사항

  (1) 횡방향 재하시험을 실시하여 결정

  (2) 횡방향 재하시험 실시할 수 없는 경우

    ① 해석적 방법 : 탄성보 방법, 극한 평형법

    ② 공내재하시험 결과를 이용하여 추정

3) 무리말뚝의 횡방향 허용 지지력 결정 시 고려사항

  (1) 말뚝중심 간격에 따른 영향 고려

  (2) 무리말뚝 효과 고려 : 무리말뚝의 횡방향 재하시험 실시

  (3) 무리말뚝의 횡방향 재하시험을 실시할 수 없는 경우

    해석적 방법으로 추정

4) 주기적, 장기적으로 횡방향 하중을 받는 조건

  정적인 하중조건으로 결정된 횡방향 허용 지지력을 적절히 감소시켜 결정

## 11. 말뚝기초 설계 및 시공

1) 말뚝기초의 설계 시 고려사항

  (1) 말뚝에 작용하는 압축, 인장, 전단, 휨응력이 모두 허용응력 범위 내

  (2) 말뚝과 기초 푸팅의 연결부, 말뚝의 이음부 등은 확실하게 시공할 수 있도록 설계

  (3) 말뚝의 부식, 풍화, 화학적 침해 등에 대하여 적합한 대책 강구

  (4) 침식, 세굴 또는 인접지반의 굴착, 지하수 변동 등에 대한 검토와 대책 수립

  (5) 말뚝을 소요 지지층까지 관입시킬 수 있는 공법 선정

  (6) 시공 시 발생할 수 있는 소음, 진동 등은 환경기준을 만족

  (7) 지반의 액상화 가능성 검토

  (8) 말뚝종류 선정, 시공장비 선택, 시공법 선정, 지지층 선정, 시멘트풀 보강 여부, 무리말뚝 시공으로

    인한 말뚝 솟아오름 가능성 등에 대하여 검토

2) 말뚝간격과 말뚝배열 결정 시 고려사항

  (1) 말뚝의 배열 : 연직하중 작용점에 대하여 가능한 한 대칭, 각 말뚝의 하중 분담률이 큰 차이가 나

지 않도록 한다.

(2) 말뚝중심 간격 : 최소한 말뚝직경의 2.5배 이상

(3) 기초측면과 말뚝중심 간의 간격 : 최소한 말뚝직경의 1.25배 이상

**무리말뚝의 각 말뚝의 반력(하중분담력) 계산법 이론**

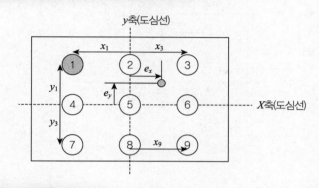

**$i$번째 말뚝의 연직하중 $P_i$ 구하기**

$$P_i = \frac{P}{n} + \frac{M_y \times x_i}{\sum x_i^2} + \frac{M_x \times y_i}{\sum y_i^2}$$

1) $P$ : 작용하중

2) $n$ : 말뚝본수

3) $M_y (y$축 중심 모멘트$) = P \times e_x$

　편심거리 $e_x$가 도심선 내측이면 (+), 외측이면 (−)

　$x_i$ : Y 도심선(중심축)에서 구하고자 하는 $i$번 말뚝까지의 $x$방향 거리

4) $M_x (x$축 중심 모멘트$) = P \times e_y$

　편심거리 $e_y$가 도심선 내측이면 (+), 외측이면 (−)

　$y_i$ : X 도심선(중심축)에서 구하고자 하는 $i$번 말뚝까지의 $y$방향 거리

5) $\sum x_i^2$ : Y축 도심선에서 $x$방향으로 각 말뚝까지 거리 제곱의 합

6) $\sum y_i^2$ : X축 도심선에서 $y$방향으로 각 말뚝까지 거리 제곱의 합

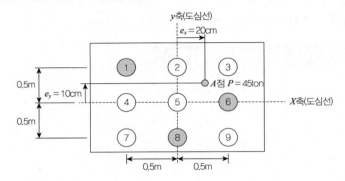

[해설] $P_i = \dfrac{P}{n} + \dfrac{M_y \times x_i}{\sum x_i^2} + \dfrac{M_x \times y_i}{\sum y_i^2}$ 에서

1) 1번 말뚝

 * $M_y$($y$축 중심 모멘트)$= P \times e_x$ 계산 시

  $e_x = 0.2$는 $y$ 도심축에서 외측이므로($-$) 부호 사용

 * $M_x$($x$축 중심 모멘트)$= P \times e_y$ 계산 시

  $e_y = 0.1$는 $x$ 도심축에서 내측이므로($+$) 부호 사용

 * $y$축 도심선에서 $x$방향으로 거리 0.5m 말뚝 6개

  $x$축 도심선에서 $y$방향으로 거리 0.5m 말뚝 6개

$$P_1 = \frac{45}{9} + \frac{45 \times (-0.2) \times 0.5}{0.5^2 \times 6개} + \frac{45 \times (0.1) \times 0.5}{0.5^2 \times 6개} = 3.5t \text{ (답)}$$

2) 6번 말뚝

 * $M_y$($y$축 중심 모멘트)$= P \times e_x$ 계산 시

  $e_x = 0.2$는 $y$ 도심축에서 내측이므로($+$) 부호 사용

 * $y$축 도심선에서 $x$방향으로 거리 0.5m 말뚝 6개

 * $x$축 도심선에서 구하는 말뚝까지 거리 : X상에 있으므로 $y = 0$

  말뚝이 $x$축 도심선에 있으므로

$$P_6 = \frac{45}{9} + \frac{45 \times (+0.2) \times 0.5}{0.5^2 \times 6개} + \frac{45 \times (-0.1) \times 0}{0.5^2 \times 6개}$$

$$= \frac{45}{9} + \frac{45 \times (+0.2) \times 0.5}{0.5^2 \times 6개} + 0 = 8t \text{ (답)}$$

3) 8번 말뚝

 * $M_x$($x$축 중심 모멘트)$= P \times e_y$ 계산 시

  $e_y = 0.1$는 $x$ 도심축에서 외측이므로($-$) 부호 사용

* $x$축 도심선에서 $y$방향으로 거리 0.5m 말뚝 6개
* $y$축 도심선에서 구하는 말뚝까지 거리 : Y축상에 있으므로 $x = 0$

   [말뚝이 $y$축 도심선에 있으므로]

$$P_8 = \frac{45}{9} + \frac{45 \times (+0.2) \times 0}{0.5^2 \times 6개} + \frac{45 \times (-0.1) \times 0.5}{0.5^2 \times 6개}$$

$$= \frac{45}{9} + 0 + \frac{45 \times (-0.1) \times 0.5}{0.5^2 \times 6개} = 3.5t \ (답)$$

4) 말뚝기초의 반력 산정 시 고려사항

(1) 말뚝기초의 연직하중은 말뚝에 의해서만 지지되는 것으로 간주, 기초판의 지지효과 무시

   (단, 기초판의 지지효과에 대하여 충분히 신뢰할 수 있는 경우에는 고려)

(2) 말뚝기초의 횡방향 하중은 말뚝에 의해서 지지되는 것으로 한다.

   (단, 기초의 깊이가 깊고 뒤채움이 잘 다져져서 횡방향 하중을 분담할 수 있다고 판단될 경우 기초 측면의 횡방향 지지력을 고려)

(3) 기초에 큰 횡방향하중이 작용 시 경사말뚝을 배치하여 횡방향 하중을 분담

---

## 12. 말뚝재하시험 [2014년 구조물 기초 설계기준 개정]

1) 종류

(1) 압축시험

(2) 인발시험

(3) 횡방향 시험

2) 재하시험 계획 시 고려사항(목적)

(1) 관련 시험규정

(2) 지지력

(3) 변위량

(4) 건전도

(5) 시공방법과 장비의 적합성

(6) 시간경과에 따른 말뚝지지력 변화 : Time Effect 확인

(7) 부주면 마찰력

(8) 하중전이 특성

(9) 시험횟수와 방법

(10) 시험실시 시기

(11) 시험 및 결과분석 기술자의 신뢰도

3) 재하시험 실시방법

(1) 정재하시험 방법 또는 동재하시험 방법 중 하나 선택

(2) 동재하시험 신뢰도 확인 필요시

    ① 기술자의 자질에 따른 신뢰도 영향 고려

    ② 필요시 동일 말뚝에 대한 정재하시험 결과와 비교 평가하여 신뢰도 확인

4) 압축 정재하시험의 수량(횟수＝빈도)

  (1) 지반조건에 큰 변화 없는 경우 전체 말뚝 개수의 1% 이상(100개 미만인 경우 최소 1개) 또는 구조물별로 1회 이상 실시

  (2) 교량기초의 경우 교대, 교각을 별도 구조물로 구분하여 적용

5) 동재하시험(end of initial driving test) 시험방법과 횟수(빈도)

  (1) 동재하시험 목적

    시공 장비의 성능 확인, 장비의 적합성 판정, 지반조건 확인, 말뚝의 건전도 판정, 지지력 확인

  (2) 수량(빈도)

    지반조건에 큰 변화 없는 경우 전체 말뚝 개수의 1% 이상(100개 미만인 경우 최소 1개)

  (3) 시험시기

    ① 동재하시험 실시 말뚝에 대한 시간경과효과 확인을 위해 시공 후 일정한 시간이 경과한 후 재항타 동재하시험(restriketest) 실시. 재항타동재하시험의 빈도 : 시공 중 동재하시험과 동일

    ② 시공 완료 후 본시공 말뚝의 품질 확인 목적으로 재항타 동재하시험 시 시험빈도는 동일

6) 교량기초의 경우

  필요시 구조물별 1회 이상의 횡방향 재하시험으로 안정성 검증

  [교량의 규모, 중요도 및 안정성을 고려]

7) 중요 구조물 경우

  시험횟수를 별도로 정할 수 있으며, 발주자와 협의하여 재하하중의 규모 증가 가능

8) 현장타설말뚝

  (1) 건전도시험 수행 : 본체의 건전성 확인

  (2) 현장타설말뚝은 현장조건에 따라 상부 기둥과 하부 말뚝이 일체화된 단일형으로 설계할 수 있다.

**구조물 기초 설계기준 개정 전 : 재하시험 횟수**

1) 압축 정재하시험 횟수 : 지반조건에 큰 변화가 없는 경우 말뚝 250개당 1회, 구조물별 1회

2) 동재하지험 횟수

| 구분 | 시험빈도(회) |
|---|---|
| 구조물별 말뚝수 1~80개까지 | 2 |
| 구조물별 말뚝수 1~160개까지 | 3 |
| 구조물별 말뚝수 160개 이상 | 4 |

■ 참고문헌 ■

1. 구조물 기초 설계기준(2014), 국토해양부.
2. 박영태(2013), 토목기사 실기, 건기원.

# 6-16. 깊은 기초(말뚝기초)의 지지력 일반

## 1. 말뚝 지지력의 정의

1) 지지력＝상부하중에 의거 지반이 파괴될 때 최대 하중

　　**지지력(전체지지력)＝상부의 작용응력을 저항하는 지반의 힘＝주면 마찰 저항＋선단저항의 합**

2) 지지력의 구성

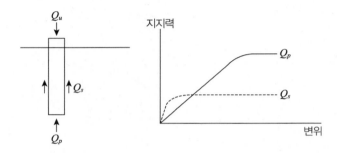

　　(1) 상부의 하중($Q_u$)에 대해 발생 **변위가 작을 때** : **주면마찰력($Q_s$)이 상부하중($Q_u$) 부담**

　　(2) **변위 증가** : **선단지지력($Q_p$)으로 하중이 전이됨**

　　(3) 극한지지력 : 2힘의 합

---

$$Q_u = Q_p + Q_s$$

---

　　$Q_u$ : 상부의 하중(극한지지력＝파괴하중)

　　$Q_p$ : 선단지지력

　　$Q_s$ : 주면 저항(주면 마찰력)

## 2. 정역학적 지지력 공식 중 Terzaghi 공식

### 1) 일반 흙(사질토+점질토)의 지지력

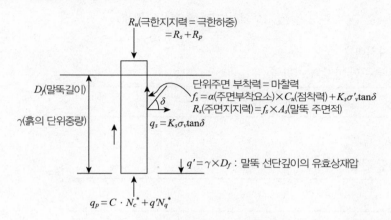

(1) 설계하중(허용 지지력)  $R_a = \dfrac{R_u(극한하중)}{Fs(안전율)} = \dfrac{R_p(선단지지력) + R_s(주면마찰저항력)}{Fs}$

(2) 극한지지력 : $R_s + R_p$

　① 주면지지력 :　$R_s = f_s \times A_s$ (말뚝 주면적)

　　㉠ 단위면적당 주면 저항(주면지지력=마찰력)

　　　$f_s = C_a(부착력) + q_s(단위면적당 마찰력)$

　　　　$= \alpha(주면부착요소) \times C_u(비배수 전단강도 = 점착력) + K_s \sigma_v' \tan\delta$

　　㉡ 점토지반의 단위면적당 마찰력($\alpha$ 계수법) :

$$C_a = \alpha C_u$$

　　　$\alpha$ = 부착력 계수($C_u$ 크기 따라 0.3~0.4)

　　㉢ 모래지반의 단위면적당 마찰력

$$q_s = K_s \sigma_v' \tan\delta$$

　　여기서, $K_s$ = 말뚝면에 작용하는 토압계수[$K_s = K_0 = 1 - \sin\phi$]

　　　　$\sigma_v'$ = 말뚝 주변 지층의 유효상재압

　　　　[고려 중인 깊이에서의 유효연직응력 : 임계깊이 $L' = 15d$(직경) 이내]

　　　　$\delta$ = 말뚝과 주변 흙 사이의 마찰각

　② 선단지지력 :　$R_p = q_p \times A_p$ (선단면적)

　　㉠ 단위면적당 선단지지력 : $q_p = C \cdot N_c^* + q' N_q^*$

여기서, $C$ = 말뚝 지지층의 점착력

$\qquad q' = \gamma \times D_f$ : 말뚝 선단깊이의 유효상재압

$\qquad N_c^*,\ N_q^*$ ; 깊은 기초의 지지력 계수($\phi$의 함수)

## 2) 모래지반의 지지력

### (1) 단위면적당 **주면 마찰력**(저항력)

$$f_s = q_s = K_s \sigma_v' \tan\delta$$

여기서, $K_s = K_0 = 1 - \sin\phi$

### (2) 단위면적당 **선단지지력**

$$q_p = q' N_q^*$$

여기서, $q' = \gamma \times D_f$

## 3) 점토 지반의 지지력

### (1) 단위면적당 **주면 마찰력(저항력)**

① $\alpha$ 계수(흙과 말뚝 사이의 부착계수 = 점착계수)법 : 전응력법

$$f_s = C_a = \alpha C_u$$

$\alpha = 0.3{\sim}0.4(C_u$ 크기 따라)

② $\beta$ 계수법 : 유효응력법(유효응력으로 구한 전단강도 정수 사용)

$$f_s = \beta \sigma_v' = K_s \sigma_v' \tan\phi_r'$$

여기서, $\beta = K_s \tan\phi_r'$

$\qquad K_s = K_0 = 1 - \sin\phi_r'$ [정규압밀점토]

$\qquad K_s = (1 - \sin\phi_r')\sqrt{OCR}$ [과압밀점토]

$\qquad \sigma_v' =$ 마찰력이 작용하는 지층의 유효상재압(고려 중인 깊이의 유효연직응력)

$\qquad \phi_r' =$ 재압밀된 후(교란된 후)의 배수전단저항각

③ $\gamma$ 계수법 : 전응력과 유효응력 조합

$$f_s = \gamma(\overline{\sigma_v'} + 2C)$$

### (2) 단위면적당 **선단지지력**

$q_p = C \cdot N_c^* + q' N_q^*$ 에서

보통 $q_p = 9C_u$ 로 계산함

### 3. 용접의 영향＝지지력과 용접의 고려 여부

1) 지지력＝선단 지지력＋주면 지지력＝$q_p \cdot A_p + f_s \cdot A_s$

   ① 선단저항 $q_p \fallingdotseq 9 C_u$ (점토)

   ② 주면 마찰저항(주면지지력) $f_s = K \cdot \sigma_v{}' \tan\delta$

   ※ $A_p$ : 선단면적, $A_s$ : 주면면적

2) 주면지지력 : 말뚝의 주면 거칠기에 관계, **말뚝 주변이 용접** ⇒ 거칠수록 ⇒ $\delta$ 값 증가 ⇒ 주면 지지력 ($f_s$) 증가

### 4. 깊은 기초(말뚝)의 허용 지지력 산정

1) 허용 지지력 : 극한지지력을 안전율로 나눈 값 :
$$Q_a = \frac{Q_u}{F_s} = (Q_p + Q_s)/F_s$$

2) 말뚝의 허용 지지력 분류

   (1) 축방향 허용압축 지지력(보통의 지지력 개념)

   (2) 횡방향(수평) 허용 지지력

   (3) 허용 인발 저항력

### 5. 허용 축하중

1) **허용 축하중**이라고 기재된 설계서는 **두 가지로 의미로 해석**

   (1) 첫째 : 말뚝재료의 허용 압축하중

     －말뚝 타입 시 **말뚝 재료의 허용 압축 하중 ＜ 지반의 지지력** ⇒ 선단 or 이음부 파손 원인

       ⇒ ∴ 허용 압축 하중을 규정

   (2) 둘째 : 설계자가 **허용 지지력**을 **허용 축하중**으로 기재한 경우

2) **정확한 용어 정의**

   (1) 지반에 관계된 것은"**허용 지지력**"

   (2) 재료가 견뎌야 되는 최대 하중을 규정 :"**허용압축하중**"이란 용어를 써야 됨

### 6. 허용 축하중과 허용 지지력 관계

＝지반조건에 따라 지지력 적용하는 방법

＝외 말뚝의 허용 연직 압축 지지력 : 다음 값 중 가장 낮은 값으로 결정

1) **말뚝의 강성 ＞ 지반의 강성** ⇒ 허용 지지력 : **지반조건**으로부터 결정

$$Q_a = \frac{Q_u}{F_s} = (Q_p + Q_s)/F_s \ [극한지지력/소정의 안전율(일반적으로 F_s = 3)]$$

   : 일반적으로 가장 많이 통용되는 지지력 구하는 방법임

2) **말뚝의 강성 ＜ 지반의 강성** ⇒ **허용 압축하중＝말뚝재료의 허용압축응력× 유효단면적**

   (단, 이음과 장경비에 따른 감소율을 적용시켜야 됨)

3) **지반의 침하가 과도한 경우** ⇒ **허용 침하량**을 기준으로 한 허용압축하중

## 7. 허용 지지력에 영향 미치는 요소 : 말뚝 박기 계획 시 특히 고려할 사항

### [연약지반 파일 항타 시 지지력 감소 원인과 대책]

1) **지지말뚝**과 **마찰말뚝**(침하량) : 지지말뚝이 침하량 적다, 지지력 크다.

2) **단항**(외말뚝)과 **군항**(무리말뚝) : 무리 말뚝의 지지력 감소율 고려

3) **개단**과 **폐단**말뚝 : 폐단이 지지력 큼

4) 지반조사 및 지반상태 고려(토성변화)

   (1) **연약 점토** : 부의 주면 마찰력(NF), 말뚝 부러짐

   (2) **연약 사질토** : 액상화로 말뚝 부러짐

## 8. 허용 지지력 추정 방식 = 말뚝재하시험의 분류

= 말뚝기초 재하시험 방법의 종류(말뚝 허용 지지력 추정 방식)

1) 말뚝재하시험 종류 : 압축시험, 인발시험 및 횡방향시험

2) 말뚝재하시험 실시 방법 : 정재하시험 방법, 동재하시험 방법

3) 말뚝 허용 지지력 추정 방식

| NO | 추정방식 | 시험법 및 계산식 | 비고 |
|---|---|---|---|
| 1 | 정역학적 추정방식 | ① Terzaghi : Ra = 1/3Ru<br>② Meyerhof : Ra = 1/3Ru | ① 설계 시 적용 |
| 2 | 동역학적 추정방식 | ① Sander 공식 : Ra = WH/8S<br>② Engineering News 공식 | ① 시항타 적용<br>② 항타 시 적용 |
| 3 | 항타시험<br>(Test Driving) | 침하량 S로 Sander 공식 적용<br>동역학적 지지력공식 적용 | — |
| 4 | 자료 이용 | 인근현장, 유사지반 자료 활용 | — |
| 5 | 연직재하시험 | 정적재하시험(연직 정재하시험)<br>(1) 실물 하중(사하중) 재하법<br>(2) 반력 Anchor 방법<br>(3) 압축시험 :<br>    ① 등속관입시험<br>      (CRP 시험 : Constant Rate Penetration)<br>    ② 하중지속시험<br>      (ML 시험 : Maintented Load) | ① 가장 신뢰성(실물)<br>② 기성 말뚝, 현타 말뚝 |
| | | 연직 동재하시험<br>(PDA = Pile Drive Analyzer = 항타 분석기) | ① 신뢰도 다소 저하 ± 15%<br>② 기성 말뚝<br>③ 서해대교 |
| | | 정동재하시험 | ① 실물 재하시험 비교 후 적용<br>② 폭발 가스압<br>③ 기성 말뚝<br>④ 서해대교 |
| | | SPLT(Simple pile loading test)<br>= 간편 말뚝재하시험 | 말뚝 선단부 분리 |
| 6 | 수평재하시험 | 수평 지반 반력 구함 | 기성 말뚝, 현장타설 말뚝 |
| 7 | 인발재하시험 | 인발 저항력 산정<br>부마찰력 판단 | — |

## 9. 현장에서 재하시험 기준(허용 지지력, 극한하중)

1) 실제 극한지지력 구할 경우 문제점

   (1) 재하하중 막대, 반력말뚝 이용 경우 막대한 반력하중 필요

   (2) 시험소요 시간, 비용 증가

2) 일반적으로 상부하중에 따른 허용 지지력까지 구하여 품질관리 함

3) 연구과제 등에서는 극한하중을 구함

4) 현장에서 극한하중을 재하하지 못하는 이유

   : 극한하중까지 재하하는 과정에서 파손된 말뚝 처리 곤란

5) 최근에는 시간과 경비 때문 ⇒ 동재하시험(PDA) 주로 사용

  ⇒ 지지력 시험, 항타과정에서 발생 가능한 파일 손상에 따른 건전도를 함께 평가하는 것이 일반적인
    경향임

## 10. 현장에서 재하 시험 절차

1) 현장 재하시험은 **완속재하법**과 **등속도재하법**이 있으며

2) 완속재하

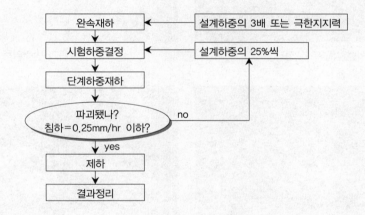

## 11. 시험법 예시

1) 연직 정재하 시험

   (1) 실물 하중(사하중) 재하법               (2) 반력 Anchor 방법

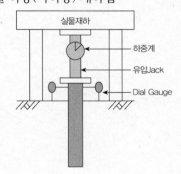 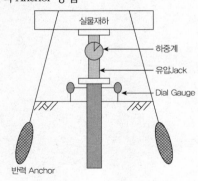

(3) 압축시험

  ① **등속관입시험**(CRP 시험 : Constant Rate Penetration)

    [극한 하중을 신속히 결정 ⇒ 말뚝이 등속도로 침하되도록 하중 증가 ⇒ 기초 지반이 파괴될 때까지 시험]

  ② **하중지속시험**(ML 시험 : Maintented Load)

    [설계 하중의 2~2.5배까지 재하 ⇒ 지반과 말뚝의 탄성침하 배제 하중을 0(Zero)까지 재하한 후 10~20분 동안 방치한 후 ⇒ 침하량 측정]

시험말뚝 두부 정리

시험말뚝과 반력말뚝

반력말뚝 준비

유압 Jack 설치

시험준비 완료

연직 정재하시험 전경

2) 연직 동재하시험(PDA) : 항타 분석기

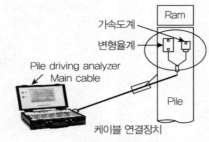

[그림] 동재하시험 장치도

3) 수평재하시험

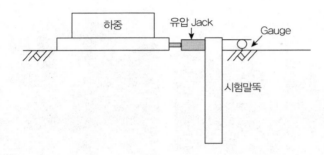

4) 인발시험

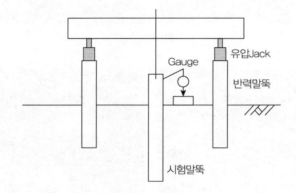

## 12. 시험결과의 해석 및 평가

[말뚝기초의 허용 지지력 판정(정재하시험 : 축 방향 허용 지지력)]

＝허용 지지력 판정(정재하시험 : 축 방향 허용 지지력) [구조물 기초 설계기준 발췌 내용]

1) **극한지지력**에 의해 지지력 판정(극한지지력 구할 수 있는 경우)

  (1) P-S 곡선이 **세로축과 평행** $\Rightarrow R_u$

    ① 재하시험에 의해 분명한 극한지지력 규명되는 경우

    ② 허용 지지력 $R_a = \dfrac{1}{3} R_u \ [F_s = 3]$

(2) Hansen의 90% 개념

　: 이론적인 극한 상태 규명 곤란한 경우

　① 임의의 극한하중가정

　② 극한하중 재하 시 침하량

　　＝극한하중 90% 재하 시 침하량× 2배

(3) 극한지지력($R_u$) ＝ 침하량이 말뚝경의 10%일 때

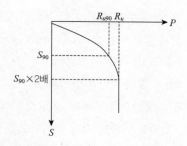

2) 항복 하중에 의해 지지력 판정 : 극한지지력 규명 불분명 시(분명하게 규명되지 않는 경우)

　(지반의 강성이 말뚝보다 작은 경우)

　(1) 종류

　　① S-logt 분석법

　　② $d_s/d(\text{logt})$-P 분석법

　　③ log P-logS 분석법

　(2) 용어

　　① $R_y$(항복 지지력) : 탄성과 소성의 경계

　　② $R_u$(극한지지력) : 응력에 따라 변위가 급증하는 점

　(3) 허용 지지력 결정법

　　$R_a$ : $R_y$의 1/2 또는 $R_u$의 1/3 중 작은 값

　　* 평판 재하시험(PBT)과 내용 비교하여 공부할 것 : 개념이 유사함, 평판재하시험은 직접기초 또는 지지지반의
　　　지지력 구하는 방법임

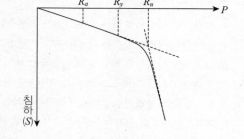

## 13. 지진 시 허용 지지력과 상시 허용 지지력

1) 지진과 말뚝 거동

　(1) 지진에 의한 파동 ⇒ 표면파인 R파(레일리)가 영향을 주며 ⇒ 지표면 3~6m 정도가 변위 ⇒ 대부
　　분의 Pile ⇒ 상부에 구조물로 고정(두부 고정 조건)된 수평 지지력 문제 검토

　(2) 의사 정적 해석이 타당함

　　* 의사 정적해석 : 지진 발생 ⇒ 구조물에 정적 하중 외＋관성력이 추가로 작용된다고 하는 해석

　(3) 말뚝 내진설계 기준 : 깊은 기초에 대하여 정성적인 기준만을 명시하고 있음

　　(예, 기능수행수준 : 말뚝과 상부구조물은 탄성거동 범위까지 허용)

2) 지진 시 허용 지지력

　(1) 연직 지지력

　　지진에 따른 지반 침하

　　⇒ 부주면 마찰력(추가 하중)에 따른 응력 ＜ 지반의 허용 지지력

　(2) 허용 수평 지지력

　　① 개념

　　　: 지진 시 구조물이 관성력을 받음 ⇒ 파일에 수평력 발생 ⇒ 수평방향의 허용 지지력 고려

② 계산 방법 : 구하는 방법(지반 공학시리즈 깊은 기초편 참조)

　　㉠ 극한 수평력 이용 : Brinch-Hansen, Broms 방법

　　　: 허용 지지력＝극한수평력/$F_s$

　　　: 극한 수평력 계산후 안전율($F_s$)로 나누어 허용 지지력을 구하는 방법

　　㉡ 허용 수평변위 이용하는 방법(허용수평 변위 구하여 해당하는 하중을 구하는 방법)

　　　: 수평 지반 반력법/탄성 해석법/P-y 곡선법(비선형)

## ■ 참고문헌 ■

1. 지반공학 시리즈 2(얕은 기초)(1997), 지반공학회.
2. 지반공학 시리즈 4(깊은 기초)(1997), 지반공학회.
3. 지반공학 시리즈 8(진동 및 내진설계)(1997), 지반공학회.
4. 기성말뚝 시공가이드(2002), 대한전문건설협회, 비계, 구조물해체공사업 협의회.
5. 선진말뚝 시공법연구(2005), 대한전문건설협회, 비계, 구조물해체공사업 협의회.
6. 이재동(2010), 도심지기초공, 건설기술교육원.
7. 토목고등 기술강좌 시리즈 1~12, 대한토목학회.
8. 건기원 토목시공교재(토목시공 기술사 참고서적)4-I.
9. 건기원 토목시공교재(토목시공 기술사 참고서적)4-II.
10. 김형수 외 3인(1986), 최신토목시공법, 보문당.
11. 김수삼 외 27인(2007), 현장실무를 위한 건설시공학, 구미서관.
12. 이춘석(2005), 토질 및 기초공학 이론과 실무(토질 및 기초 기술사 시험대비), 예문사.
13. 서진수(2006), Powerful 토목시공기술사(1, 2권), 엔지니어즈.
14. 서진수(2009), Powerful 토목시공기술사 단원별 핵심기출문제, 엔지니어즈.
15. 구조물 기초 설계기준(2014), 국토교통부.
16. 박영태(2013), 토목기사실기, 건기원.
17. 김상규(1997), 토질역학 이론과 응용, 청문각.

## 6-17. 말뚝의 하중전이 함수(하중전달 함수)

### 1. 개요
1) 말뚝과 주변 지반 흙의 하중 전달은 **응력-변형률-시간 특성-파괴 특성** 등으로 상당히 복잡
2) 말뚝기초의 침하량 계산 및 합리적 설계를 위해 말뚝과 흙 System의 **정량적 분석** 필요

### 2. 하중전이 발생(정의)
말뚝에 대한 흙의 상대 변위에 의해서 **하중이 전달**. 즉, 재하시험(하중을 증가시킬 때)시 말뚝에 전달된 축응력에 의해 말뚝이 아래로 움직이면서 발생

### 3. 하중전이 시험 예(압축성 큰 실트 지반의 소구경 강관 말뚝 경우)
: 깊이별로 말뚝에 작용하는 하중 측정(변형률계 사용)

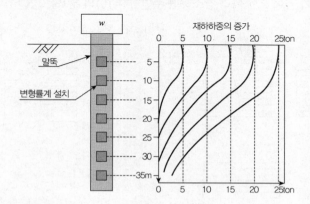

### 4. 말뚝의 하중(지지력) 개념과 하중전이 개념

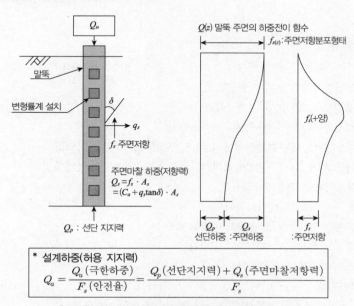

[그림] 말뚝의 하중(지지력) 개념과 하중전이 개념

## 5. 하중전이 해석법 종류

1) 전이 함수법 : $Q(z)$

    (1) 말뚝을 축 방향 하중＋주면 마찰력이 작용하는 **압축성 단주**로 보고 해석

    (2) 말뚝 축에 깊이에 따라 **변형률계** 설치

2) **탄성 고체법**

    (1) 말뚝 요소의 변위량과 주변 흙의 변위량이 다르다 가정

    (2) 흙을 균질 등방체로 가정

    (3) **변형계수**($E_s$)와 **포아송비**($v$) 고려한 해석법

## 6. 하중전이와 주면저항 분포 예

: 하중전이 함수 $Q(z)$가 깊이 $Z$에 따라 **감소**하면 **주면저항**($f_s$)의 분포는 **양**$(+)$의 값을 나타냄

1) 정의 주면저항                                    2) 부$(-)$의 주면저항

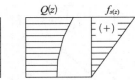
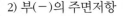
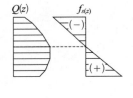
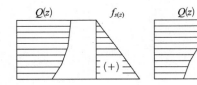

## ■ 참고문헌 ■

1. 지반공학 시리즈 2(얕은 기초)(1997), 지반공학회.

2. 지반공학 시리즈 4(깊은 기초)(1997), 지반공학회.

3. 지반공학 시리즈 8(진동 및 내진설계)(1997), 지반공학회.

4. 기성말뚝 시공가이드(2002), 대한전문건설협회, 비계, 구조물해체공사업 협의회.

5. 선진말뚝 시공법연구(2005), 대한전문건설협회, 비계, 구조물해체공사업 협의회.

6. 이재동(2010), 도심지기초공, 건설기술교육원.

7. 토목고등 기술강좌 시리즈 1~12, 대한토목학회.

8. 건기원 토목시공교재(토목시공 기술사 참고서적)4-I.

9. 건기원 토목시공교재(토목시공 기술사 참고서적)4-II.

10. 김형수 외 3인(1986), 최신토목시공법, 보문당.

11. 김수삼 외 27인(2007), 현장실무를 위한 건설시공학, 구미서관.

12. 이춘석(2005), 토질 및 기초공학 이론과 실무(토질 및 기초 기술사 시험대비), 예문사.

13. 서진수(2006), Powerful 토목시공기술사(1, 2권), 엔지니어즈.
14. 서진수(2009), Powerful 토목시공기술사 단원별 핵심기출문제, 엔지니어즈.
15. 구조물 기초 설계기준(2014), 국토교통부.
16. 박영태(2013), 토목기사실기, 건기원.
17. 김상규(1997), 토질역학 이론과 응용, 청문각.
18. 한국지반공학회(1997), 깊은 기초, 구미서관, pp.96~127.

## 6-18. 말뚝의 주면마찰력(주면저항)

### 1. 주면마찰 저항력의 정의

말뚝의 지지력은 선단지지력과 **주면마찰 저항력**으로 구성되며, 주면마찰력은 말뚝 주면적에 작용하는 말뚝과 흙의 부착력과 마찰에 의해 발생하는 지지력을 말함

1) 말뚝의 지지력은 선단지지력과 주면마찰 저항력으로 이루어진다.

2) **주면저항**은 토질 상태에 따라 **시간효과**(Time Effect)**에 의해 증가**(Set Up)하거나 **감소**(Relaxation)하는 현상이 나타날 수가 있고

3) 무리말뚝에서는 **군말뚝 감소 효과**로 **지지력이 감소**하기도 하고

4) 말뚝 주면 흙의 침하량이 말뚝 본체 침하량보다 큰 경우는 **부 주면 마찰력**이 발생하여 말뚝의 **극한하중**을 **증가**시키는 요인이 되기도 한다.

### 2. 말뚝의 연직하중에 대한 지지력

1) 하중전이와 지지력 관계

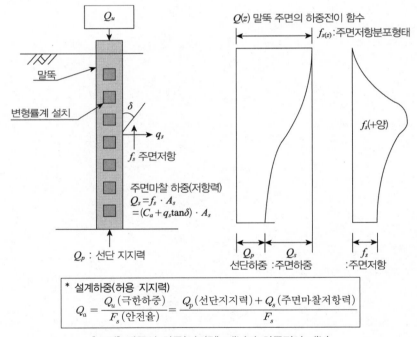

[그림] 말뚝의 하중(지지력) 개념과 하중전이 개념

## 2) 말뚝의 지지력

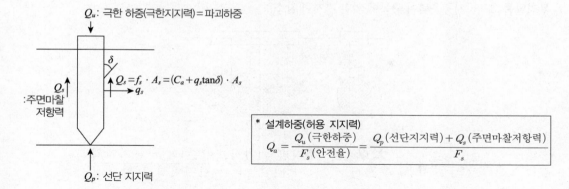

$Q_u$: 극한 하중(극한지지력) = 파괴하중

$\delta$

$Q_s = f_s \cdot A_s = (C_a + q_s \tan\delta) \cdot A_s$

$q_s$

$Q_s$
:주면마찰
저항력

$Q_p$: 선단 지지력

* 설계하중(허용 지지력)

$$Q_a = \dfrac{Q_u\,(극한하중)}{F_s\,(안전율)} = \dfrac{Q_p\,(선단지지력) + Q_s\,(주면마찰저항력)}{F_s}$$

**(1) 극한하중**　$Q_u = Q_p + Q_s = q_p \cdot A_p + f_s \cdot A_s$

**(2) 단위 선단지력** $q_p = C \cdot N_c^{*} + q_v \cdot N_q^{*}$

　여기서, $N_c^{*}$, $N_q^{*}$ : 무차원의 지지력 계수

　　　　$q_v$ : 선단부의 유효상재 수직 응력

**(3) 단위 주면저항($f_s$) [주면저항력]**

　① 계산법 : 흙과 접촉한 강체의 미끄러짐에 대한 저항 해석법과 유사함

　② **가정 : $f_s$의 구성성분＝부착력＋마찰성분**으로 구성

　③ 계산 : $f_s = C_a + q_s \tan\delta$

　　여기서, $C_a$ : 말뚝과 흙 사이의 부착력(설계상 무시 가능)

　　　　$q_s$ : 주면에 작용하는 연직응력

　　　$\tan\delta$ : 흙과 말뚝 주면 사이의 마찰계수

　　　　　거친 말뚝 표면 경우 : 흙의 유효응력의 $\tan\phi'$와 동일

## 3) 하중전이와 주면저항 분포 예

: **하중전이 함수** $Q(z)$가 깊이 $Z$에 따라 **감소하면 주면저항($f_s$)의 분포는 양(+)의 값**을 나타냄

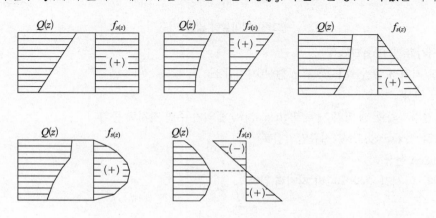

## 3. 주면저항의 변화 요인

### 1) 무리말뚝 효과 : 지중응력이 중복에 의한 지지력 감소

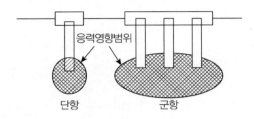

단항          군항

$$무리말뚝의 효율 \; \eta = \frac{\sum Q_{g(u)}}{\sum Q_u} = \frac{무리 말뚝(가상케이슨)의 \;\; 극한지지력}{외 말뚝의 \;\; 극한지지력의 \;\; 합}$$

### 2) 부주면 마찰력 : 점성토 연약지반의 침하로 부마찰력 발생

점성토 연약지반에 타설한 말뚝에서 연약층의 침하로 부마찰력 발생
⇒ 말뚝 침하증가 및 말뚝의 지지력(주면저항) 감소 ⇒ 말뚝 부러짐

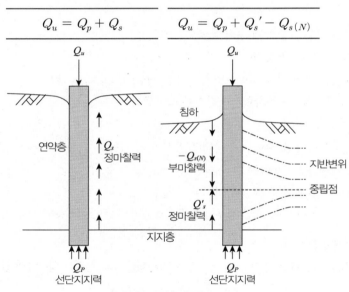

[그림] 부마찰력 발생 기구

### 3) 말뚝의 시간효과(Time Effect)

: Set up 현상(지지력 증가)과 Relaxation 현상(지지감소)

(1) **Set Up 현상**

① 시간경과와 함께 입자 재배열(Thixotropy)에 의거 **주면 지지력 증가**

② 토질 : Loose sand, NC(정규압밀점토)

(2) **Relaxation 현상**

① 항타 후 시간 경과에 따라 **지지력 감소**

② 토질 : Dense sand, OC(과압밀점토)

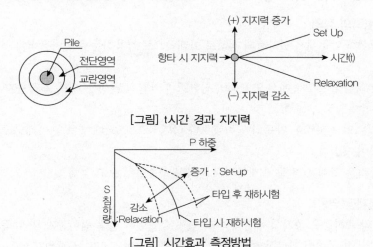

[그림] t시간 경과 지지력

[그림] 시간효과 측정방법

## 4. 평가(맺음말)

말뚝의 **주면저항**은 **부마찰력**, **군말뚝 효과**, **시간효과** 등에 의한 **변화 요인**이 있으므로 설계 시 지지력 산정 및 시공 시 재하시험 시에는 이들을 고려해서 설계 시공해야 함

## ■ 참고문헌 ■

1. 지반공학 시리즈 2(얕은 기초)(1997), 지반공학회.
2. 지반공학 시리즈 4(깊은 기초)(1997), 지반공학회.
3. 지반공학 시리즈 8(진동 및 내진설계)(1997), 지반공학회.
4. 기성말뚝 시공가이드(2002), 대한전문건설협회, 비계, 구조물해체공사업 협의회.
5. 선진말뚝 시공법연구(2005), 대한전문건설협회, 비계, 구조물해체공사업 협의회.
6. 이재동(2010), 도심지기초공, 건설기술교육원.
7. 토목고등 기술강좌 시리즈 1~12, 대한토목학회.
8. 건기원 토목시공교재(토목시공 기술사 참고서적)4-I.
9. 건기원 토목시공교재(토목시공 기술사 참고서적)4-II.
10. 김형수 외 3인(1986), 최신토목시공법, 보문당.
11. 김수삼 외 27인(2007), 현장실무를 위한 건설시공학, 구미서관.
12. 이춘석(2005), 토질 및 기초공학 이론과 실무(토질 및 기초 기술사 시험대비), 예문사.
13. 서진수(2006), Powerful 토목시공기술사(1, 2권), 엔지니어즈.
14. 서진수(2009), Powerful 토목시공기술사 단원별 핵심기출문제, 엔지니어즈.
15. 구조물 기초 설계기준(2014), 국토교통부.
16. 박영태(2013), 토목기사실기, 건기원.
17. 김상규(1997), 토질역학 이론과 응용, 청문각.
18. 한국지반공학회(1997), 깊은 기초, 구미서관, pp.96~127.

## 6-19. 부의 주면 마찰력(Negative Skin Friction) 원인 및 대책

### 1. 부의 주면 마찰력의 정의

점성토 지반에 타설한 말뚝에서 **연약층의 침하로 아래쪽으로 작용하는 주면마찰력**이 작용하는데, 이를 부마찰력이라 함

[점성토 연약지반에 타설한 말뚝에서 연약층의 침하로 부마찰력 발생 ⇒ 말뚝 침하증가 및 말뚝의 지지력(주면저항) 감소 ⇒ 말뚝 부러짐]

1) 말뚝의 주변 지반의 침하량이 말뚝의 침하량보다 상대적으로 클 때 말뚝을 아래로 끌어내리려는 부의 주면 마찰력이 생긴다.

2) 부의 주면 마찰력은 설계 시 말뚝에 재하되는 **축방향 하중**으로 보고 설계

### 2. 부마찰력의 문제점(영향)

부마찰력은 말뚝의 축하중을 증가시켜 말뚝의 축 변형에 기인한 **말뚝 침하증가** 및 **말뚝의 지지력**(주면저항)을 감소시켜, 부마찰력이 과다하면 중립점 부근에서 **말뚝이 부러지는 경우**가 있음

1) 말뚝에 부가적인 축력으로 작용

2) 설계 시 축 방향 하중으로 계산, 말뚝의 허용 지지력 감소

3) 말뚝의 과도한 침하

4) 말뚝에 발생하는 축 응력이 말뚝 본체의 강도를 넘으면 상부구조 파괴

5) 말뚝이 부러짐 : 연약지반 처리 후 말뚝 시공

### 3. 부마찰력 발생원인

1) 성토자중에 의해 **압밀진행** 중일 때

2) 연약점토층 위 성토로 **압밀이 발생**하는 경우
  : 연약지반에 말뚝 타설 후 과잉간극수압 발생 후 과잉간극수압이 소산될 때, 즉 압밀진행될 때

3) 주위지반 굴착에 의해 **지하수위 하강** : 토류벽 굴착 시 근접 건물의 기초말뚝에 영향

4) $N \leq 4$ 이하에서 발생

5) 말뚝 주변 지반이 말뚝의 침하량보다 상대적으로 **큰 침하 발생 시**

6) 최대 부주면 마찰력 : 말뚝에 대한 흙의 상대적 이동이 15mm에 이를 때
  (1) 지하수위 저하
  (2) 항타 직후 연약토 압밀(지중 유효 응력 증가)

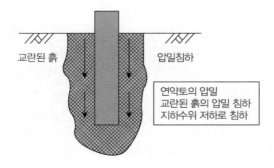

교란된 흙　　　　　압밀침하

연약토의 압밀
교란된 흙의 압밀 침하
지하수위 저하로 침하

## 4. 부마찰력 발생 메커니즘(원인 = 발생기구)

: 흙이 말뚝 주변에 부마찰력으로 작용

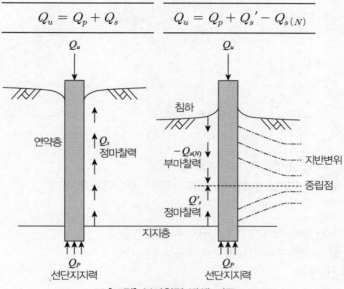

$$Q_u = Q_p + Q_s \qquad\qquad Q_u = Q_p + Q_s{}' - Q_{s(N)}$$

[그림] 부마찰력 발생 기구

1) **변형이 잘 일어나는 말뚝**인 경우, 가해진 **압축 하중이 충분히 큰 경우**

: 말뚝이 위로 움직여 발생(재하하중 제거한 경우의 부마찰력)

(1) 압축 하중받다가 말뚝 머리 하중 제거

(2) 말뚝은 초기 길이로 회복

(3) 말뚝의 상부는 주변 흙에 대해 위로 움직여 부주면 마찰력 발생

(4) 말뚝 하부의 이미 하중전이되어 있는 잔류 주면 마찰력과 잔류 선단 마찰력이 부주면 마찰력과 균형을 이룬다.

2) 말뚝 주면에 대한 **흙의 하향 이동**에 의한 부마찰력

(1) 압밀 침하

① 연약점토층 위 성토로 성토자중에 의해 **압밀진행 중**(압밀발생)일 때

② 연약지반에 말뚝 타설 후 과잉 간극수압 발생 후 **과잉간극수압이 소산**될 때, 즉 압밀진행될 때

(2) 주위지반 굴착에 의해 **지하수위 하강** : 토류벽 굴착 시 근접 건물의 기초말뚝에 영향

3) 말뚝 주변 지반이 말뚝의 침하량보다 상대적으로 **큰 침하 발생 시**

: 지하수위 저하, 압밀(지중 유효 응력 증가)로 말뚝 주위 지반 침하

## 5. 부마찰력 개념도(하중전이 함수와 중립점 관계)

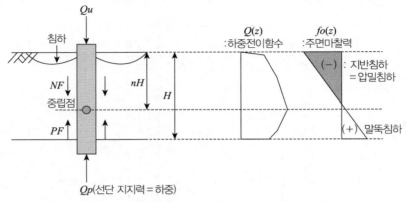

[그림] 부마찰력 개념도(하중전이 함수 + 중립점 관계)

## 6. 중립점의 위치

1) 말뚝의 침하보다 지반 침하가 상대적으로 크면 부마찰력 발생

2) 압밀침하와 말뚝의 침하가 같아 **상대적으로 이동이 없는 점**

3) 토질별 중립점의 깊이(nH)

| NO | 토질조건 | n값 |
|----|---------|-----|
| 1 | 마찰 말뚝, 불완전 지지 말뚝 | 0.8 H |
| 2 | 모래, 자갈층 지지 | 0.9 H |
| 3 | 암반, 굳은 층에 완전 지지 | 1.0 H |

## 7. 부마찰력 저감 대책

1) 말뚝의 **지지력 증가**시키는 방법

  (1) 말뚝 재질 향상시켜 말뚝을 보강

  (2) 선단면적 증가 = 큰 직경 말뚝 사용 : 선단지지력 커짐

  (3) 말뚝 개수(본수) 증가 : 무리말뚝 효과로 부마찰력 저감

  (4) 지지층 근입깊이 증가

2) **부주면 마찰력을 저감**시키는 방법

  (1) 이중관으로 함

  (2) Slip Layer Pile 사용

  (3) 말뚝 표면에 아스팔트(역청재) 도포

  (4) Tapered Pile 사용 : 하단으로 갈수록 작아지는 단면

  (5) 말뚝직경보다 큰 구멍을 선 천공 후(Preboring) Bentonite 등의 slurry를 충전 후 말뚝 박기
    : 마찰력 감소

  (6) 표면적이 적은 말뚝 사용 : H 파일 시공

  (7) Pile 수량 늘이고 항타 순서 준수

3) **설계방법**에 의한 방법

   (1) 마찰말뚝으로 설계

   (2) 군말뚝으로 설계 : 군말뚝 효과로 부마찰력 감소

## 8. 평가(맺음말)

1) 말뚝의 **허용 지지력 감소** 요인

   (1) 부 주면마찰력

   (2) 이음부 결함

   (3) 무리말뚝의 작용

   (4) 세장비에 의한 감소

2) 설계시 **부의 주면 마찰력 고려**해야 하는 경우

   (1) 총지반 침하 : 100mm 이상

   (2) 말뚝 타입 후 지반침하 : 10mm 이상

   (3) 성토고 : 2m 이상

   (4) 압밀층 두께 : 10m 이상

   (5) 지하수위 저하 : 4m 이상

   (6) 말뚝 길이 : 25m 이상

**모범 답안 : 요약**

[문제 : 부마찰력(Negative Skin Friction)의 정의, 영향, 원인, 대책]

### 1. 부마찰력 정의

점성토 지반에 타설한 말뚝에서 **연약층의 침하**로 **아래쪽으로 작용하는 주면 마찰력**이 작용하는데, 이를 부마찰력이라 함

[점성토 연약지반에 타설한 말뚝에서 연약층의 침하로 부마찰력 발생 ⇒ 말뚝 침하증가 및 말뚝의 지지력(주면저항) 감소 ⇒ 말뚝 부러짐]

### 2. 부마찰력의 영향

부마찰력은 말뚝의 **축하중을 증가**시켜 말뚝의 축 변형에 기인한 **말뚝 침하증가** 및 **말뚝의 지지력**(주면저항)을 **감소**시켜, 경우에 따라 부마찰력이 과다하면 중립점 부근에서 **말뚝이 부러지는 경우**가 있음

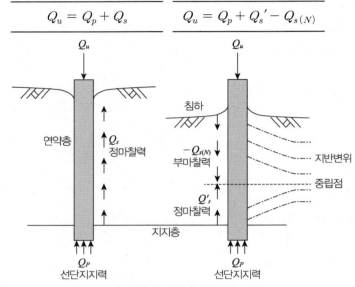

$$Q_u = Q_p + Q_s \qquad\qquad Q_u = Q_p + Q_s{}' - Q_{s(N)}$$

[그림] 부마찰력 발생 기구

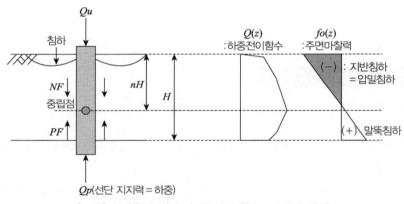

[그림] 부마찰력 개념도(하중전이 함수＋중립점 관계)

## 3. 부마찰력 원인 및 저감대책

### 1) 발생원인

(1) 성토자중에 의해 압밀진행 중일 때

(2) 연약점토층 위 성토로 압밀이 발생하는 경우

(3) 연약지반에 말뚝 타설 후 과잉간극수압 발생 후 과잉간극수압이 소산될 때(압밀침하 진행될 때)

(4) 주위지반 굴착에 의해 지하수위 하강 : 토류벽 굴착 시 근접 건물의 기초말뚝에 영향

(5) 말뚝 주변 지반이 말뚝의 침하량보다 상대적으로 큰 침하 발생 시

### 2) 저감대책

(1) 말뚝의 **지지력 증가**시키는 방법

① 말뚝 재질 향상시켜 말뚝을 보강

② 선단면적 증가=큰 직경 말뚝 사용 : 선단지지력 커짐

③ 말뚝 개수(본수) 증가 : 무리말뚝 효과로 부마찰력 저감

④ 지지층 근입깊이 증가

(2) **부주면 마찰력을 저감시키는 방법**

① 이중관으로 함 : Casing

② Slip Layer Pile 사용

③ 아스팔트(역청재) 도포

④ Tapered Pile 사용 : 하단으로 갈수록 작아지는 단면

⑤ 말뚝직경보다 큰 구멍을 선 천공 후(Pre boring) Bentonite 등의 slurry를 충전 후 말뚝을 박는다.

⑥ 표면적이 적은 말뚝 사용(H-pile)

(3) **설계방법**에 의한 방법

① 마찰말뚝으로 설계

② 군말뚝으로 설계 : 군말뚝 효과로 부마찰력 감소

## 4. 평가(맺음말)

1) 말뚝의 **허용 지지력 감소 요인**

(1) 부 주면마찰력

(2) 이음부 결함

(3) 무리말뚝의 작용

(4) 세장비에 의한 감소

2) 설계 시 **부의 주면 마찰력 고려**해야 하는 경우

(1) 총지반 침하 : 100mm 이상

(2) 말뚝 타입 후 지반침하 : 10mm 이상

(3) 성토고 : 2m 이상

(4) 압밀층 두께 : 10m 이상

(5) 지하수위 저하 : 4m 이상

(6) 말뚝 길이 : 25m 이상

# ■ 참고문헌 ■

1. 지반공학 시리즈 2(얕은 기초)(1997), 지반공학회.

2. 지반공학 시리즈 4(깊은 기초)(1997), 지반공학회.

3. 지반공학 시리즈 8(진동 및 내진설계)(1997), 지반공학회.

4. 기성말뚝 시공가이드(2002), 대한전문건설협회, 비계, 구조물해체공사업 협의회.

5. 선진말뚝 시공법연구(2005), 대한전문건설협회, 비계, 구조물해체공사업 협의회.

6. 이재동(2010), 도심지기초공, 건설기술교육원.

7. 토목고등 기술강좌 시리즈 1~12, 대한토목학회.

8. 건기원 토목시공교재(토목시공 기술사 참고서적)4-I.

9. 건기원 토목시공교재(토목시공 기술사 참고서적)4-II.

10. 김형수 외 3인(1986), 최신토목시공법, 보문당.

11. 김수삼 외 27인(2007), 현장실무를 위한 건설시공학, 구미서관.

12. 이춘석(2005), 토질 및 기초공학 이론과 실무(토질 및 기초 기술사 시험대비), 예문사.

13. 서진수(2006), Powerful 토목시공기술사(1, 2권), 엔지니어즈.

14. 서진수(2009), Powerful 토목시공기술사 단원별 핵심기출문제, 엔지니어즈.

15. 구조물 기초 설계기준(2014), 국토교통부.

16. 박영태(2013), 토목기사실기, 건기원.

17. 김상규(1997), 토질역학 이론과 응용, 청문각.

18. 한국지반공학회(1997), 깊은 기초, 구미서관, pp.96~127.

# 6-20. 말뚝의 시간효과(Time Effect)(Set up 현상과 Relaxation 현상) = 타입말뚝 지지력 시간 경과 효과

## 1. 시간효과의 정의

1) **Set Up 현상** : 지반에 말뚝을 타입 직후 **주변지반 교란**으로 지지력이 감소하나 항타 후 **시간경과**와 함께 **입자재배열(Thixotropy)**에 의거 지지력이 **증가**하는 현상을 Set Up 현상 이라함(단, 지지력 증가는 대부분 주면지지력임)

2) **Relaxation 현상** : 항타 후 **시간경과**에 따라 **지지력이 감소**하는 현상

3) 시간효과 : Set up 현상과 Relaxation 현상을 말함

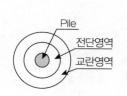 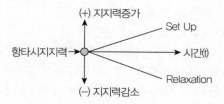

[그림] t시간경과 지지력

## 2. Set up과 Relaxation 특징 비교

| 구분 | Set Up | Relaxation |
|---|---|---|
| 지반조건 | Loose sand, NC(정규압밀점토) | Dense sand, OC(과압밀점토) |
| 체적변화($\Delta V / V$) | 압축($-$) | 팽창($+$) |
| 과잉간극수압 | ($+$) | ($-$) |
| 시간효과 | Thixotropy | Swelling(연화) |

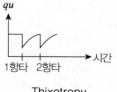 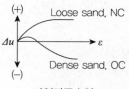 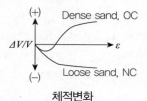

Thixotropy          과잉간극수압          체적변화

## 3. 시간효과의 특징 및 평가

1) Time Effect는 정확히 정량적으로 규정하기는 곤란함

2) Set-up을 정확히 예측하면 **경제적 말뚝 설계**를 할 수 있음

3) Relaxation을 정확히 예측하면 **과소 설계를 미연에 방지**할 수 있음

4) Relaxation 확인 사례 : Shale, Mudstone(이암), 지역에서 확인

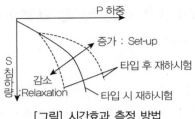

[그림] 시간효과 측정 방법

## ■ 참고문헌 ■

1. 지반공학 시리즈 2(얕은 기초)(1997), 지반공학회.
2. 지반공학 시리즈 4(깊은 기초)(1997), 지반공학회.
3. 지반공학 시리즈 8(진동 및 내진설계)(1997), 지반공학회.
4. 기성말뚝 시공가이드(2002), 대한전문건설협회, 비계, 구조물해체공사업 협의회.
5. 선진말뚝 시공법연구(2005), 대한전문건설협회, 비계, 구조물해체공사업 협의회.
6. 이재동(2010), 도심지기초공, 건설기술교육원.
7. 토목고등 기술강좌 시리즈 1~12, 대한토목학회.
8. 건기원 토목시공교재(토목시공 기술사 참고서적)4-I.
9. 건기원 토목시공교재(토목시공 기술사 참고서적)4-II.
10. 김형수 외 3인(1986), 최신토목시공법, 보문당.
11. 김수삼 외 27인(2007), 현장실무를 위한 건설시공학, 구미서관.
12. 이춘석(2005), 토질 및 기초공학 이론과 실무(토질 및 기초 기술사 시험대비), 예문사.
13. 서진수(2006), Powerful 토목시공기술사(1, 2권), 엔지니어즈.
14. 서진수(2009), Powerful 토목시공기술사 단원별 핵심기출문제, 엔지니어즈.
15. 구조물 기초 설계기준(2014), 국토교통부.
16. 박영태(2013), 토목기사실기, 건기원.
17. 김상규(1997), 토질역학 이론과 응용, 청문각.
18. 한국지반공학회(1997), 깊은 기초, 구미서관, pp.96~127.

# 6-21. CIP(Cast-In-Place-Pile)

## 1. CIP 공법의 정의(개요, 개념)

1) PIP 공법의 전신, 현재는 많이 사용하지 않음

2) Earth Auger 또는 T-4 로 천공 후 배토하여, Cement+Bentonite로 공벽 붕괴 방지

3) 철근망, H 형강, 주입관 삽입 후

4) 골재(25mm) 충전 후

5) Prepacked Mortar 주입하여, Concrete 말뚝을 주열식으로 만드는 치환식 현장타설 말뚝에 의한 주열식 지중 연속벽

6) 실제 현장에서는 철근망 또는 H-pile 삽입 후 레미콘 타설

[그림] CIP 천공장비(오거+T4)

[그림] CIP 토류벽

[그림] CIP 토류벽+Earth 시공

[그림] 코너부 버팀 설치

## 2. CIP 토류벽의 특징

1) 주입 심도 및 적용 토질

  (1) Auger 사용 시 : 풍화암까지 가능, 자갈, 호박돌, 전석 암반 제외한 모든 토질

  (2) T-4 사용 시 : 암반층 가능

  (3) 실용 시공 심도 : 20m 이내

2) 직경 : 400mm까지

## 3. 시공 시 유의사항

1) 격 간격으로 실시하여 주입 효과 높이고

2) 보조 Grouting 실시 : 차수 효과 높은 LW, SGR 등

## 4. 시공방법 및 순서

1) 줄파기 : 지장물 확인

2) Casing 설치 : 천공 주입 시 표토층의 붕괴방지(강관, 공드럼 이용)

3) CIP 천공 : Cement + Bentonite액으로 공벽 유지하면서 Auger 또는 T-4로 천공

4) 철근망 또는 H 형강, 주입 Pipe 삽입

5) 골재충전 : 25mm

6) Cement Milk 주입하는 Prepacked 콘크리트 공법

7) 또는 철근망, H-Pile 삽입 후 레미콘 타설

## 5. CIP 토류벽의 문제점 및 대책

1) **차수성 불량**

  (1) 문제점 ; Over Lap(겹침) 시공이 불가능하여, 차수성 불량

  (2) 대책 : SGR 등의 보조 Grouting 실시

2) **공벽 붕괴 대책**

  (1) Cement + Bentonite 으로 된 천공수 사용 공벽 유지

  (2) 폐액 처리에 유의

(3) 깊이가 깊어지면 PIP 또는 Slurry 공법(벽식)으로 공법 변경함이 좋다.

3) **수직 정밀도 낮음** : Slurry Wall로 공법 변경

4) **벽의 일체성 결여**

    (1) 문제점

        ① 수평 철근 연결할 수 없음

        ② Casing 사용 시 케이싱 두께 1.5cm 2개소＝3cm의 간격 생김 : 차수성 결여

    (2) 대책

        ① 토압, 수압이 크고, 심도가 깊은 경우 Slurry Wall로 공법 변경

        ② 상부에 Cap Beam 타설

5) **근입깊이 충분한지 확인** : Boiling, Heaving 검토

6) **지하수위가 높은 경우 대책**

    (1) 보조 Grouting 실시 : 차수성이 높은 SGR

    (2) Over Lap 시공이 가능한 MIP, PIP, SCW 등으로 공법 변경

    (3) Slurry Wall로 공법 변경

7) **자갈 호박돌 전석이 나오는 경우**

    (1) 시공 가능한 T-4 장비로 천공기 교체

    (2) Slurry Wall로 공법 변경

## 6. CIP 시공법 예시

1) 천공순서 : 격 간격으로 실시

2) CIP 토류벽, 수직 Shaft

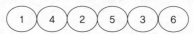

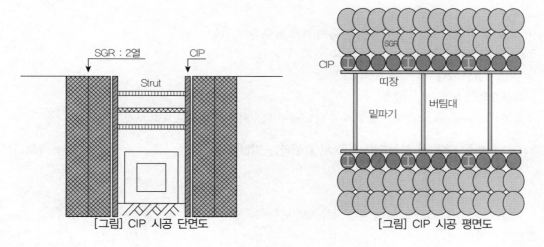

[그림] CIP 시공 단면도          [그림] CIP 시공 평면도

### ■ 참고문헌 ■

1. 서진수(2006), Powerful 토목시공기술사(1, 2권), 엔지니어즈.

2. 서진수(2009), Powerful 토목시공기술사 단원별 핵심기출문제, 엔지니어즈.

# 6-22. 토류벽 시공 시 CIP 시공의 문제점을 열거하고 대책에 대하여 기술

## 1. 개요
1) CIP 토류벽은 H-Pile 흙막이판 토류벽보다 강성이 좋고 차수성은 좋으나 PIP, SCW, MIP 등 Over Lap 시공이 가능한 주열식 토류벽에 비해 **차수성이 떨어지는 문제점**이 있어
2) 지하수위가 높은 곳에서는 차수 보강을 위한 **약액 주입**을 병행해야 한다.

## 2. CIP 토류벽의 문제점 및 보강대책
### 1) 차수성 불량
(1) Over Lap(겹침) 시공이 불가능하여, 차수성 불량

(2) T-4 또는 Auger 천공 시 케이싱 두께로 인한 벽체 접착부 공간 발생

: 케이싱 두께(1.5cm)× 2개소＝3cm 간격 발생으로 차수성 결여, 벽의 일체성 결여

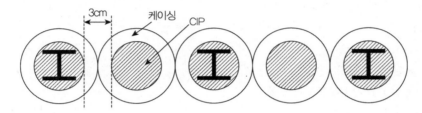

(3) 보완 대책 : 보조 Grouting 실시

① LW [고결물 강도가 높고(30~60Kg/cm² 내외) 침투성이 양호하고, 차수성이 좋음]

② SGR

### 2) 벽의 일체성 결여
(1) 수평 철근 연결할 수 없음

(2) 토압, 수압이 크고, 심도가 깊은 경우 벽체 밀림 발생 가능

(3) 보완대책 : 상부에 Cap Beam 타설

### 3) 사질 지반인 경우 : Boiling, Heaving 발생 우려

### 4) 지하수위가 높은 경우 대책
보조 Grouting 실시 : 강도가 높고 차수성이 좋은 LW, 차수성이 높은 SGR 보강

## 3. CIP 차수성 결여 및 사질지반 시공 시 발생하는 일반적인 문제점
### 1) 굴착저면
: Quick Sand, Boiling, Piping에 의한 토류벽의 변위 및 붕괴

### 2) 토류벽체
(1) **차수성 결여로 토사흡출 및 지하수 흡출로 배면지반의 함몰, 부등침하**

(2) 인접 건물의 피해 : **말뚝 부마찰력** 발생

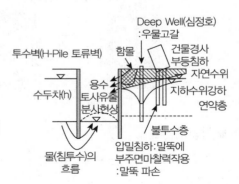

## ■참고문헌 ■

1. 서진수(2006), Powerful 토목시공기술사(1, 2권), 엔지니어즈.
2. 서진수(2009), Powerful 토목시공기술사 단원별 핵심기출문제, 엔지니어즈.

# 6-23. 현장타설 콘크리트 말뚝기초

- 장대 교량 기초, 암반, 사질토에 유리한 기초, 깊은 굴착, 대구경 기초, 제자리 말뚝
- 대구경 현장타설 말뚝시공을 위한 굴착 시 유의사항 및 시공순서와 콘크리트 타설 시 문제점 및 대책을 설명
- 해안 지역, 수심 깊은 곳 하구부 교량 가설 시 적합한 기초 공법(우물통＋RCD＋뉴메틱 케이슨)(19회)
- 현장타설 콘크리트 말뚝의 공상원인과 Slime 처리 방법(73회)

## 1. 개요

1) 현장타설 콘크리트 말뚝기초란(정의)

   (1) **수심, 굴착심도 깊은 곳** : 200m(RCD)

   (2) **대구경** : 2~6m

   (3) **도심지 근접시공 저소음 저진동** : 주상 복합 건물, Top Down

2) 현장 타설 콘크리트 말뚝기초의 종류

   (1) Benoto(AllCasing)

   (2) RCD(Riverse Circulation Drill)

   (3) Earth Drill

   (4) **심초공법** : 인력

3) 시공 시에는

   (1) 조사＋시험

   (2) 지하매설물 조사하여 시공에 유의해야 함

## 2. 시공 개요도 예시 : 현장타설 말뚝 시공순서 및 공법별 시공법

〈주어진 문제에 따라 선별해서 논술할 것〉

〈각 종류별 문제가 출제될 때 대 제목 2번에만 교체하여 서브노트 및 답안 작성〉

1) 시공 순서

   : 굴착 → Slime 처리 → 철근망 건입 → Tremie 수중콘크리트 타설(밑넣기 2~4m) → 케이싱 인발(철근망 공상유의)

2) 시공법

   (1) Benoto(All Casing)

     : 굴착 장비(방법) − 케이싱튜브＋요동압입(Oscillator)＋Hammer Grab

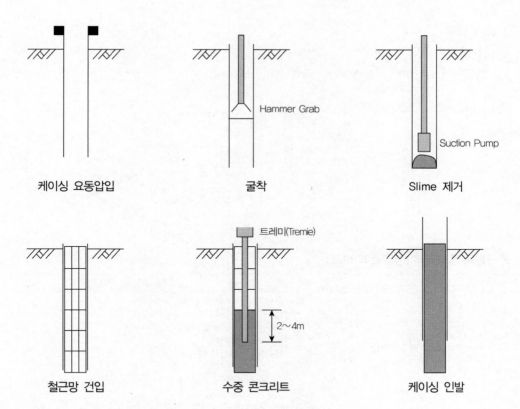

케이싱 요동압입     굴착     Slime 제거

철근망 건입     수중 콘크리트     케이싱 인발

(2) RCD : 굴착장비(방법) − Stand pipe + Rotary Bit + 정수압(2m)

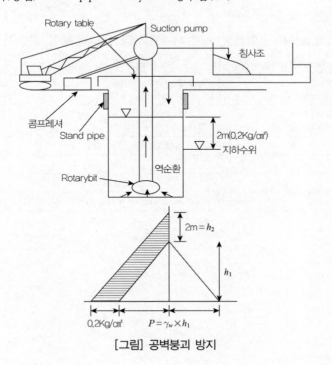

[그림] 공벽붕괴 방지

(3) Earth Drill

: 굴착장비(방법)

벤토나이트 안정액+Guide Pipe+Drill(회전식) Bucket

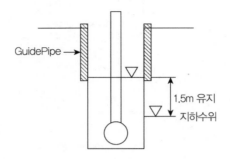

## 3. 현타말뚝의 특징(기성말뚝에 비교)

| 장점 | 문제점(시공 시 문제점) |
|---|---|
| (1) 시공속도 빠르다.<br>(2) 저소음 저진동<br>(3) 대구경(2~6m)<br>(4) 깊은 굴착 유리(RCD 경우 200m)<br>(5) 암반 굴착 기능(RCD) | (1) 말뚝 선단 지반의 연약성향<br>(2) 말뚝 주변 지반의 연약성향<br>(3) 공벽의 붕괴문제(RCD, Earth Drill)<br>(4) Boiling 현상<br>(5) 수중콘크리트 타설상의 문제<br>　① Slump 저하<br>　② 재료분리<br>　③ 콘크리트 공극<br>(6) Slime 불완전 제거 : 지지력 저하<br>(7) 철근망의 공상(부상)<br>　: Casing 인발 시(Benoto), Slime 제거 불충분 |

## 4. 현장 타설 콘크리트 말뚝의 공법선정, 시공 시 유의사항, 공법별 특징, 공법의 원리

| NO | 특징 | Benoto(AllCasing) | RCD(Riverce Circulation Drill) | Earth Drill |
|---|---|---|---|---|
| 1 | 굴착방식 | 케이싱 튜브 요동<br>+Hammer Grab | • Stand Pipe + Rotary Bit<br>• 최근 : Air Hammer + Bit | Guide Pipe + Drill<br>(회전식) Bucket |
| 2 | 공벽유지 | 케이싱 Pipe<br>+공내 수위 | • 정수위 : 지하수위+2m<br>• 최근 : 강관Pipe 사용 | 안정액<br>: 지하수위+1.5m |
| 3 | 적용 토질 | N=75 | N=75 이상 연암Bit 사용, 암반 가능 | N=75m |
| 4 | 직경 | 2m | 6m | 2m |
| 5 | 시공심도 | 50m | 200m | 30m |
| 6 | Slime 처리 | water jet, air jet, suction pump, air lift pump, 바닥 모르타르 처리 | | |

## 5. 현장타설 콘크리트 말뚝의 시공관리(시공 시 유의사항)

현타말뚝 시공상 문제점＝시공 순서별 유의사항(시공 계획 사항)

| NO | 시공순서 | 유의사항 |
|----|---------|---------|
| 1 | 케이싱 설치(강관, 스탠트 파이프, 가이드 파이프) | ① 위치<br>② 선형<br>③ 수직도<br>④ 강성, 강도 |
| 2 | 굴착 | ① 수직도<br>② 공벽 붕괴 방지<br>　: 케이싱(Benoto), 공내 수위＝지하수위＋2m(RCD)<br>　안정액면＝지하수위＋1.5M(Earth Drill), 비중유지 |
| 3 | Slime 처리 | ① 철근망 부상방지<br>② 지지력 유지 : 선단 콘크리트 열화<br>③ 방법 : Air lift, Suction pump, Sand pump, Water Jet, Reverse, 모르타르 후비기 |
| 4 | 철근망 건입(넣기) | ① 장비점검 : Crane＋샤클＋프레임<br>② Spacer 간격, 위치<br>③ 철근망 수직도<br>④ Tremie관 수입 여부 |
| 6 | 수중 콘크리트 | ① 타설 원칙 준수<br>② 트레미 밑넣기 : 2～6m(콘크리트 열화방지), (2～4m로 해도 됨)<br>③ 철근망 부상 유의<br>④ 안정액 회수 |
| 7 | Pipe, 인발 | 콘크리트와 부착이 완전히 되지 않을 때 인발, 철근망 공상유의 |

## 6. 공상원인 대책(철근부상＝철근이 함께 올라오는 문제)

| NO | 원인 | 대책 | | |
|----|------|------|---|---|
| 1 | Slime 처리 미비 | ① Air lift<br>④ WaterJet | ② Suction pump<br>⑤ Reverse | ③ Sand pump,<br>⑥ 모르타르 바닥 후비기 |
| 2 | 철근망(현장타설 말뚝 RCD 강관 인발 시) | ① Spacer<br>② 철근망 수직도<br>③ 변형 방지 | | |
| 3 | 수중 콘크리트 타설 부주의 | ① 과대한 타설 속도<br>② 재료분리<br>③ Tremie 밑넣기 : 2～6m 유지 | | |
| 4 | 굴착 | 수직도, 단면불량 : 탄성파 속도로 측정(코뎀 : 광안대로 사용)－CSL Test | | |

## 7. Slime 불완전 처리 시 문제점

1) 말뚝 지지력 저하 : 콘크리트 열화

2) 철근망의 공상(부상 원인)

## 8. 수중 콘크리트 타설 시 유의사항(현장타설 콘크리트 품질관리)

1) Slump 저하, 재료분리, 공극 유의, 열화방지, 지지력 확보, 공상방지

2) **배합**

　(1) 단위 시멘트 : 370Kg

　(2) w/c＝50%

(3) Slump : 18± 1.5cm

(4) 점성과 유동성 좋은 콘크리트(수중 불분리성 콘크리트)

## 3) 타설 시 유의사항(수중콘크리트 타설 원칙 준수)

(1) Tremie 밑넣기 : 2m 이상 유지, 열화방지

(2) Tremie는 천천히 뽑아 올린다 : 콘크리트를 휘 젖지 않게, 열화방지

(3) 타설 속도 준수 : 공상원인 방지

(4) 정수중 타설

(5) 콘크리트는 자유낙하

## ■ 참고문헌 ■

1. 서보국(2006), 파형희생강관을 사용한 현장타설 말뚝의 주면마찰력산정에 관한 연구, 인제대학교 석사학위논문, 국회도서관, pp.53~56.

2. 서진수(2006), Powerful 토목시공기술사(1, 2권), 엔지니어즈.

3. 서진수(2009), Powerful 토목시공기술사 단원별 핵심기출문제, 엔지니어즈.

4. 구조물 기초 설계기준(2014), 국토교통부.

# 6-24. RCD(Reverse Circulation Drill) 공법

리버스 서큘레이션 드릴(reverse circulation drill) 공법의 시공법, 품질관리와 희생강관 말뚝의 역할에 대하여 설명(93회)

## 1. 정의
상부의 **토사층**을 Casing Oscillator or BG-50으로 굴착한 후 **드릴 롯드** 끝부분에 부착된 **특수한** Bit를 회전시켜 **암반(연암과 경암층)**을 굴착하면서 Drill Rod Pipe로 **순환수**와 함께 Slime(파석)을 Air에 의해 Suction하여 **역순환** 방식으로 지상으로 배출하는 공법

## 2. 적용성
1) 교량기초, 대형 건물기초, 고가도로 기초공사 말뚝
2) Top Down 공법

## 3. R.C.D 공법의 원리 및 공법
1) 1954년 독일 Sale Ctiffer社 개발
2) Stand pipe를 압입시키고 Bentonite 안정액 or Polymer
   안정액 사용 ⇒ 공벽 유지하면서 천공을 하는 공법
3) 굴착 장비(방법)
   : 슈장착된 casing 튜브 + 희생강관 ⇒ 요동압입
   (Oscillator) + Hammer Grab로 굴착
4) 주로 **암반**을 많이 천공하는 경우 사용 공법
5) **순환수**를 순환시키는 방법에 따라 Pump Suction Type, Air Lift Type, Jet Suction Type으로 구별

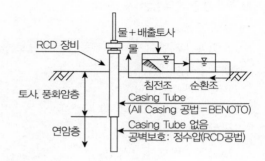

## 4. 특징
1) 저진동, 저소음으로 도심지 공사에 적합
2) 현장타설 말뚝 공사 중 **가장 긴 말뚝** 시공할 수 있는 공법

## 5. 품질관리 및 시험
1) 말뚝 재하시험(동재하시험인 경우)
   (1) 동재하시험 기준
       ① 처음 말뚝 100개당 2회
       ② 다음 250개에 2회
       ③ 다음 매 500개에 2회
   (2) 장비 : 20톤 Hammer 또는 유압 햄머

2) Core 강도시험
   (1) 시험기준 : 말뚝 20개당 1개소
   (2) 시험방법
       ① Boring 기 이용 말뚝 5m 깊이에서 직경 53mm Core(NX) 채취

② 공인기관에 의뢰하여 압축강도시험

③ 설계기준 강도 이상

## 3) 콘크리트 품질 시험

① 콘크리트 공시체 : RCD Pile 1개당 4개(7일, 28일 각 2개)

② Slump Test : 말뚝 1개당 2회

# 6. 희생강관의 종류 및 역할

## 1) 희생강관의 종류

(1) 희생주름관 : 플라스틱, 파형강관

: 연약한 지반에서 측방으로 불룩하게 변형되는 **벌징(Enlargement)** 방지

(2) 희생강관 : 말뚝의 **수평저항증가**(수평지지력 및 수평변위 크게 발현되는 경우)

## 2) 희생강관의 역할(적용성)

(1) 공벽 보호

(2) 연약한 지반이 공벽의 부풀음(측방으로 불룩하게 변형되는 벌징＝Enlargement) 방지

(3) 단면축소 방지

(4) 말뚝의 수평저항증가

(5) 토양오염방지 : 니수 일수 방지

(6) 공사기간 단축

(7) 모든 지반에 적용성 큼

# 7. 파형희생강관과 희생강관을 사용한 Allcasing(BENOTO) 공법

## 1) 파형희생강관의 시공순서 : 시공법

(1) 장비 세팅

(2) Casing(강관) 압입 : 연약층(토사층)에 오실레이터로 회전압입

(3) 암반부 굴착 : Hammergrab

(4) 주름관(파형희생강관) 및 철근망 건입

(5) 콘크리트 타설 및 Casing 인발

(6) 시공 완료

## 2) 파형희생강관의 장점

(1) 연약지반에서의 공벽의 **부풀음**(직경확대＝Enlargement＝Bulgeing＝팽출, 돌출) **방지**, **단면축소현상(병목) 방지**

(2) 지하수에 의한 **콘크리트 부식 방지**

(3) **경제성 확보** : Casing 인발 가능

3) 파형희생강관과 일반강관 비교

| 구분 | | 파형희생강관 + Casing | 희생강관 |
|---|---|---|---|
| 개념 | | 1. Casing 적용 후 내부에 파형희생강관 관입<br>2. 콘크리트 타설 후 Casing 인발 | 1. Casing을 희생강관으로 사용(AllCasing 개념)<br>2. 토사굴착 후 암반은 RCD로 굴착 |
| 특징 | 장점 | 1. 토사구간 말뚝 조성 확실<br>2. 공사비 저렴 : Casing 재활용 | Casing 인발공정(비용) 불필요 |
| | 단점 | Casing 인발공정(비용) 발생 | 공사비 고가 : Casing 자재비 |

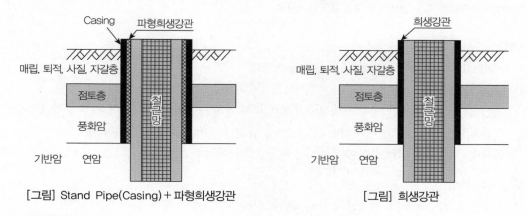

[그림] Stand Pipe(Casing) + 파형희생강관    [그림] 희생강관

## 8. 평가(맺음말)

1) 양질의 효율적인 RCD 시공을 위해서는 장비의 현대화 필요 : 암판정기 부착
2) 작업 효율 증진 대책 : 합리적, 과학적 관리 시스템 개발로 생산성 극대화

## ■ 참고문헌 ■

서보국(2006), 파형희생강관을 사용한 현장타설 말뚝의 주면마찰력산정에 관한 연구, 인제대학교 석사학위논문, 국회도서관, pp.53~56.

# 6-25. 단층 파쇄대에 설치되는 현장타설 말뚝 시공법과 시공 시 유의사항을 설명(86회)

[문제해결의 핵심 Key]
1. 단층 파쇄대의 특징 기술할 것
2. 단층 파쇄대에서는 공벽이 무너질 우려가 많고 지하수(용출수)가 많음
   1) 굴착이 어렵다 : 안정액의 일수 등의 문제 발생
   2) 공벽이 무너진다.
   3) 수중 콘크리트 타설 시 지하수 유입이 많다.
   4) 베노토 공법(AllCasing)등으로 공법 변경 검토 필요

## 1. 개요

1) 단층대(Fault zone), 암반 파쇄대(Fractured Zone) 정의

   (1) **단층의 정의**

   불연속면이 습곡, 융기, 침강 등의 지각변동에 의해 심하게 움직여 암반 중에 내부 응력에 의한 파괴면이 형성되어 생기는 상대적인 변위 균열을 말함, 다수의 단층을 단층대라 함

   (2) **파쇄대** : 단층면을 따라 암석이 파쇄되어 지하수로 풍화된 띠를 형성한 것

2) 단층대의 특성

   (1) 지중응력 크게 작용함 : 터널굴착 시 굴착면의 안정에 유의해야 함

   (2) 지반강도 연약함 : 단층대에는 파쇄대의 규모가 크며, 단층면에 점토 존재로 지반강도 연약함

   (3) 지하수 용출 : 단층과 단층 사이에 지하수가 모여 집중적으로 용출됨

   (4) 변위량 커짐 : 보통 0.5mm 이상의 변위량이 나타남

   (5) 파쇄대 존재 : 지하수 등에 의해 풍화되어 암석이 파쇄되거나 분쇄되어 있음

3) 단층 파쇄대의 현장 타설 콘크리트 말뚝 개요도

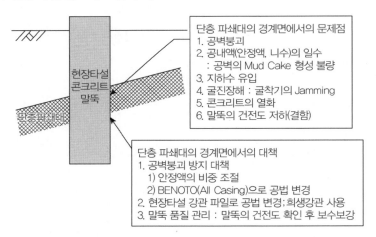

## 2. 단층 파쇄대의 설치되는 현장타설 말뚝 시공법

### 1) 예상 문제점

(1) 단층 파쇄대의 경계면에서의 문제점

- 공벽붕괴
- 공내액(안정액, 니수)의 일수 : 공벽의 Mud Cake 형성 불량, 주변 지반오염, 지하수 오염
- 지하수 유입 : 굴착 장해, 공벽붕괴, Mud Cake 형성 불량, 콘크리트 열화
- 굴진장해 : 굴착기의 Jamming
- 콘크리트의 열화
- 말뚝의 건전도 저하(결함) : 병목, 직경확대, 콘크리트 불량, 측면 공동 등

(2) 현장 타설 콘크리트 말뚝의 결함 형태

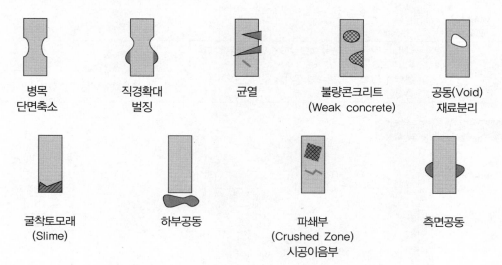

| 병목<br>단면축소 | 직경확대<br>벌징 | 균열 | 불량콘크리트<br>(Weak concrete) | 공동(Void)<br>재료분리 |

| 굴착토모래<br>(Slime) | 하부공동 | 파쇄부<br>(Crushed Zone)<br>시공이음부 | 측면공동 |

### 2) 대책 공법 : 단층 파쇄대의 경계면에서의 대책

(1) 공벽 붕괴 방지 대책

- 안정액의 비중 조절
- BENOTO(All Casing)으로 공법 변경 : 희생강관 사용

(2) 대안 공법 : 현장타설 강관 파일로 공법 변경

(3) 희생강관 사용

(4) 말뚝 품질 관리 : 말뚝의 건전도 확인 후 보수보강

### 3. 현장 타설 콘크리트 말뚝의 건전도 평가 방법(품질관리) 특징

| 평가방법 | 시험법 | 평가내용 | |
|---|---|---|---|
| Core boring | 타설말뚝에 NX(공경 75mm, 코아경 53mm) 시추 시료채취 Core로 결함 부위 파악 | 장점 | 시료압축강도시험, Slime 존재 확인 |
| | | 단점 | 지지력 확인 곤란 |
| 정재하시험 | 설계하중 × 2~3배 하중재하 단계하중은 설계하중의 25% | 장점 | 항복지지력, 극한지지력 산정 |
| | | 단점 | • 시험수량 제한<br>• 결함 부위 파악 곤란 |
| 동재하시험 | 지표면 위의 말뚝에 가속도계, 변형률계 설치 해머로 타격 | 장점 | • 지지력 파악<br>• 말뚝 손상 여부 파악 |
| 정·동재하시험 (Statnamic) | 가스폭발에 의한 반발력 이용, 필요 재하중의 1/20만 필요 | 장점 | 지지력 파악 |
| | | 단점 | 결함 부위 파악 곤란 |
| 검측공 이용 비파괴시험 Cross hole Sonic Logging | 검측공 설치, 송, 수신기를 깊이 방향으로 이동함 | 장점 | 초음파로 콘크리트의 건전도 확인 |
| | | 단점 | 균열의 경, 중 파악 곤란<br>: Core Boring 필요 |
| 비검측공 비파괴시험 Impact Method | • 말뚝 두부에 충격을 주어탄성파가 말뚝 내부로 전파 되어나감<br>• 결함부, 균열면을 만나면 반사되어 나온 파의 특성 분석함 | 장점 | 결함부 파악 |
| | | 단점 | 지지력 확인 곤란 압축강도 확인 곤란 |

### 검사방법 개요도

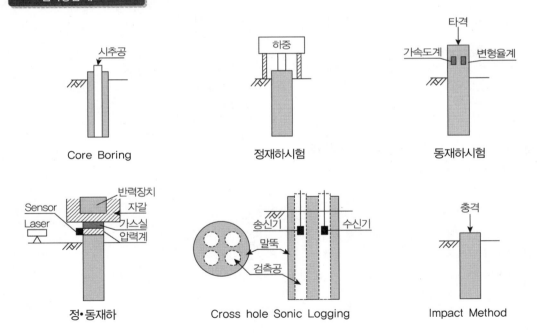

Core Boring     정재하시험     동재하시험

정·동재하     Cross hole Sonic Logging     Impact Method

1) Gamma선 이용 방법

2) 충격반향기법(Impact Echo Method)

3) 충격응답기법(Impulse Responce Method)

## 4. 결함 시 보강대책

1) 건전도 확인 순서

　(1) 비파괴시험

　(2) Core boring

　(3) 재하시험

2) 비파괴시험에서 **결함 부위 판단함**

3) 결함의 위치, 정도 파악하기 위해 **Core Boring** 실시하여 대책 수립

4) 보강공법

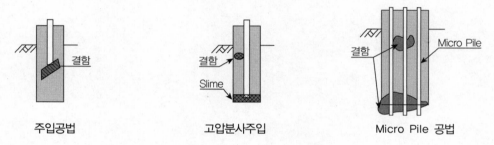

주입공법　　　　　　　고압분사주입　　　　　　Micro Pile 공법

　(1) **Grouting(주입)** 공법

　　① 다단식 Grouting : Packer 사용

　　② 미세균열 주입 확실히 하기 위한 방법 : Micro Cement가 좋음

　(2) **고압 분사** 공법

　　 − Slime 또는 결함부가 심한 경우 : 일반 주입으로는 보강 곤란

　　 − 결함부 완전 치환 : 고압분사공법 적용

　(3) **Micro Pile** 공법 : 결함정도 큰 경우, 직경 10~30cm 의 Micro Pile로 보강

　　 : 철근보강 및 Grouting

## 5. 맺음말

1) 현장 타설 콘크리트 말뚝은 시공 방법이 다양함

2) 지반조건 등에 따른 적절한 공법 선정이 중요함

3) 시공 시에는 말뚝 건전도 확보를 위한 품질관리가 중요함

## ■ 참고문헌 ■

1. 서진수(2006), Powerful 토목시공기술사(1, 2권), 엔지니어즈.
2. 서진수(2009), Powerful 토목시공기술사 단원별 핵심기출문제, 엔지니어즈.
3. 구조물 기초 설계기준(2014), 국토교통부.

# 6-26. 돗바늘공법(Rotator type all casing)(全旋回식 All Casing 공법)(87회 용어)

## 1. 정의

1) Rotator(전선회기 = 전체가 돌아감) 이용, Casing을 선굴진하고 HammerGrab로 굴착 및 배출하는공법

2) Benoto(All Casing) 공법과 차이점 : Hammer Grab로 굴착 후 Casing을 Oscillator(요동기) 사용하여 회전압입함

## 2. 시공법(순서)

장비설치 ⇒ Casing에 특수강 Bit 부착 굴진 ⇒ Casing 내부 굴착토 배출 ⇒ Slime 제거 ⇒ 철근망설치 ⇒ 콘크리트 타설 및 Casing 인발 병행 ⇒ Pile 두부 정리

## 3. 특징(장단점)

| 장점 | 단점 |
|---|---|
| 1. Casing 굴착 ⇒ 공벽 유지 확실 | 1. 장비대형, 진입성 확보요함 |
| 2. Casing 선행 ⇒ Boiling, Heaving 적음(감소) | 2. 공사비 고가 |
| 3. 안정액 비사용 ⇒ 콘크리트 품질 양호, 토양오염방지(친환경적) | 3. Bit 마모 시 굴진 곤란 |
| 4. 암반시료 채취 가능 : 시험 및 품질관리 용이 | |

## 4. 적용성 : 적용 토질

1) 자갈, 전석, 암반 상의 말뚝기초

2) 기설콘크리트 말뚝, 지중매설물 제거

3) Shaft Tunnel(수직갱), 환기구 시공

■ 참고문헌 ■

1. 서진수(2006), Powerful 토목시공기술사(1, 2권), 엔지니어즈.

2. 서진수(2009), Powerful 토목시공기술사 단원별 핵심기출문제, 엔지니어즈.

3. 구조물 기초 설계기준(2014), 국토교통부.

# 6-27. 보상기초(Compansated footing or Floating footing)

## 1. 정의

보상기초(Compansated footing or Floating footing)

1) 양질의 지지층이 매우 깊어서 상부구조물의 하중을 지지층까지 전달하기 어려울 때
2) **터파기로 감소되는 지중응력을 상재하중에서 감하여 중간지지층에 기초를 설치**하는 기초공법
3) 뜬기초라고도 함
    (1) 터파기로 감소되는 지중응력= $\gamma \cdot D_f$

    **터파기한 흙의 중량[$\gamma \cdot D_f \times A$(면적)]만큼 하중이 감소함**

    (2) 상재하중에 의한 응력= $\dfrac{Q}{A(\text{면적})}$

    (3) 흙에 작용하는 순압력($q$)=상재하중에 의한 응력−지중응력
        ① 완전보상기초 : $q = 0$
        ② 부분보상기초 : $q > 0$

## 2. 개념도

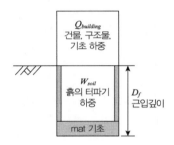

1) 터파기하중 ≥ 구조물 하중

    : $W_{soil} \geq Q_{building}$

2) 터파기 하중 : $W_{soil} = \gamma(\text{흙의 단위중량}) \times D_f \times A(\text{기초면적})$

3) 상재하중 : $Q_{building} =$ 사하중 [건물하중+기초 구조물 하중]+활하중

4) 근입깊이(기초심도) 결정

$$D_f \times \gamma \times A \geq Q_{build}$$

• $\gamma(\text{t/m}^3)$ : 흙의 단위체적당 중량

$$\therefore \text{기초심도 } D_f \geq \dfrac{Q_{build}}{\gamma \cdot A}$$

## 3. 완전보상기초(Fully Compansated footing or Floating footing)

흙에 작용하는 순압력($q$) = 0인 기초

터파기한 흙의 중량과 상부하중이 동일하게 되는 깊이($D_f$)만큼 전면 기초를 시공하여 상부하중에 의한 응력이 지반에 작용하지 않게 하는 기초

1) 순압력 $q = \dfrac{Q_{build}}{A(면적)} - \gamma \cdot D_f = 0$

2) 즉, $\dfrac{Q_{build}}{A(면적)} = \gamma \cdot D_f$

3) 상부 구조물 하중($Q$)

   $D_f \times \gamma \times A \geq Q_{build}$

   $\therefore D_f \geq \dfrac{Q_{build}}{A\gamma}$

## 4. 부분 보상기초

흙에 작용하는 순압력($q$) > 0인 기초

순압력 $q = \dfrac{Q_{build}}{A(면적)} - \gamma \cdot D_f > 0$

$\therefore$ 안전율 $F_f = \dfrac{q_{u(net)}}{q} = \dfrac{순극한\ 지지력}{순압력} = \dfrac{q_{u(net)}}{\dfrac{Q}{A} - \gamma D_f}$

### ■ 참고문헌 ■

박영태(2013), 토목기사실기, 건기원.

# 6-28. Suction Pile(해상 장대교량 기초)

항만공사용 흡입식 말뚝(Suction Pile) 적용성 및 시공 시 유의사항(105회, 2015년 2월)

## 1. 개요
Suction pile은 대형 해상기초 특히 해상의 장대교량 기초에 사용되는 Pile

## 2. 대형 해상기초 형식
1) Suction pile
2) 케이슨 기초(잠함기초)

   (1) Open caisson

   (2) Pneumatic Caisson

   (3) 특수 케이슨 : 강관널 말뚝, 지중 연속벽 이용한 케이슨

3) GBS(Offshore Gravity Base Structure Method)

   (1) 육지의 GBS Case에서 미리 제작된 케이슨이나 콘크리트 장치를 예인하여 미리 굴삭해서 평면으로
      만든 해저 지지암반에 침몰시켜 Prepacked concrete를 타설하여 교량 하부공을 시공하는 공법

   (2) 비교적 저심도에 위치하여 지반조건이 양호한 경우에 시공

   (3) 케이슨과 다른 점은 미리 굴착된 지지층위에 놓이는 Spread footing 개념

4) 대구경 말뚝기초

   (1) 강관말뚝(타입식), Prestressed 콘크리트 말뚝(천공식)을 이용한 다주식 기초

   (2) 수면상에서 말뚝 두부를 footing으로 결합하여 일체화시킴(Pile Cap)

   (3) 수평 : 말뚝의 휨저항

   (4) 연직 : 선단 지지력과 주면 마찰력으로 지지하는 기초형식

## 3. Suction Pile
1) Pile 내부의 물이나 공기와 같은 유체를 외부로 흡입함으로써 발생하는 파일 내부와 외부의 압력차를
   이용하여 설치하는 파일
2) 길이에 비하여 폭이 상대적으로 큰 파일 : 길이대 직경비가 2:1을 넘지 않는다.
3) 현재까지 시공된 Suction Pile 중 가장 큰 것
   : 석유시추 플랫폼 기초로서 직경 32m, 길이 37m로 해저 수심 300m 해저면에 시공

## 4. Suction Pile의 기술적 특징
1) 설치의 반대개념으로 내부에 물을 주수하여 양압력에 의해 파일을 쉽게 인발할 수 있다.
2) 기 시공된 Suction Pile을 인발하여 재시공 가능하며 반복 사용 가능

## 5. 재료
: Steel, 콘크리트, 복합소재, 목재

## 6. Suction Pile 원리(그림) 시공순서

1) Suction Pile 거치

2) Suction Pile 내부 물, 공기 배출

3) Suction Pile 관입 완료

4) Suction Pile 상부정리 및 케이슨 거치

① Suction Pile 거치

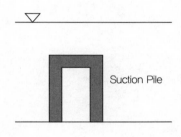

② Suction Pile 내부 물, 공기 배출

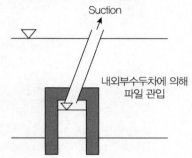

③ Suction Pile 관입 완료

④ Suction Pile 상부정리 및 케이슨 거치

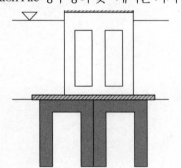

## 7. 시공 시 유의사항

1) 공사관리 5대 요소 : 공기, 공정, 품질, 원가 안전, 환경관리에 유의

2) 해상 공사 시 유의사항

 (1) 수심(수위)

 (2) 파고, 파랑

 (3) 조수간만의 차

 (4) 해상오염

3) 해상 교통(주운)

■ **참고문헌** ■

1. 서진수(2006), Powerful 토목시공기술사(1, 2권), 엔지니어즈.
2. 서진수(2009), Powerful 토목시공기술사 단원별 핵심기출문제, 엔지니어즈.

# 6-29. 케이슨기초 [2014 구조물기초 설계기준 요약]

## 1. 개요
케이슨은 상부구조물의 하중과 토압 및 수압, 시공 중에 받는 모든 하중조건과 유속에 대하여 안전하도록 설계한다.

## 2. 케이슨에 작용하는 하중
1) 연직하중＝고정하중과 활하중 및 양압력을 합한 것
2) 수평하중＝상부구조로부터 전달되는 수평하중＋케이슨에 직접 작용하는 수압, 토압 및 파압을 합한 것
3) 전도모멘트

## 3. 케이슨의 안정검토 시 고려사항
케이슨의 안정계산 시 지반의 지지력과 침하에 대한 상세는 얕은 기초에서 정하는 바를 따른다.
1) 연직하중에 대한 케이슨의 안정
   (1) 케이슨 저면의 최대 지반반력이 지반의 허용 지지력을 초과하지 않아야 하며,
   (2) 케이슨 기초지반의 연직 지반반력
     케이슨을 통하여 지반에 전달되는 모든 연직하중을 케이슨의 저면적으로 나눈 값
   (3) 케이슨 기초지반의 허용 연직 지지력 구하는 방법
     ① 지반조사 및 시험결과를 이용하여 정역학적 공식에 의해 구하거나
     ② 시추조사 결과
     ③ 평판재하시험 결과를 반영하고 기초 폭에 의한 크기효과도 고려하여 결정

2) 케이슨의 **주면마찰력**
   (1) 일반적으로 고려하지 않는다.
   (2) 그러나 주면마찰력이 분명하게 발생할 것으로 판단될 때는 그 영향을 고려

3) **침하**에 대한 안정
   (1) 케이슨 상단의 침하량이 상부구조물의 허용 침하량 보다 작아야 한다.
   (2) 연직하중에 의한 케이슨 상단의 총 침하량
     ＝케이슨 본체의 탄성 변위량과 케이슨 기초지반의 침하량을 합한 값

## 4. 케이슨의 단면형상
1) 원형, 타원형, 사각형 등
2) 치수
   (1) 충분히 안정한 크기
   (2) 케이슨으로 지지되는 상부구조물 등의 형상치수에 대해 여유를 확보

# 6-30. Caisson 기초의 종류별 특징

## 1. 개요

1) 케이슨 기초공법 : 수평 지지력, 수직 지지력 큰 강성 기초

2) 대형 구조물 기초(안벽, 방파제, 교량기초)에 이용

## 2. 케이슨 안정 검토(설계) 고려사항

1) **침하** : 연직력

2) **활동** : 수평력

3) **전도** Moment

## 3. 케이슨 기초 공법의 종류와 특징

| 종류 | 장점 | 단점 | 적용성 |
|---|---|---|---|
| Open Caisson (우물통, 정통기초) | ① 기계설비 간단<br>② 싸다.<br>③ 심도 깊다.<br>④ 하상암반 노출 시 유리 | ① 주면 마찰력<br>② Boiling, Heaving<br>　: 안전사고 위험<br>③ 공정 불확실<br>④ 지지력 신뢰성 낮다.<br>　: 지지력 시험 곤란<br>⑤ 침하, 경사, 편기 문제<br>⑥ 타설 후 2차 침하 | ① 교량 기초<br>② 하상 암반 노출 시 유리 |
| Pneumatic Caisson (공기, 압기) | ① 주변지반 교란방지<br>② 용수가 많은 지역<br>③ 지내력 평가 가능<br>　: PBT 시험<br>④ 콘크리트 품질 확보<br>⑤ 가물막이 필요 없다.<br>　: Jacket설치(토사에 의한 수질오염 방지) | ① 굴착 심도 영향<br>② Caisson 병<br>　: 헬륨가스, 질소, 산소<br>　혼합가스 사용 + 대기압<br>　캡슐 + 무인 굴착식 뉴메틱<br>③ 노무 관리 어렵다. | ① 교량 기초<br>② 영종도(인천공항) 연육교 |
| Box Caisson | ① 지상 제작 : 품질양호<br>② 설치 쉽다. | ① 지지 지반 요철영향 : 거치<br>② 시공 기계 대형 : 해상 바지,<br>　크레인, 진수설비<br>③ 운반 시 주의 | ① 안벽<br>② 방파제<br>③ 가물막이 |

## 4. 각 공법별 시공 단면도(개요도) 예시

1) Open 케이슨

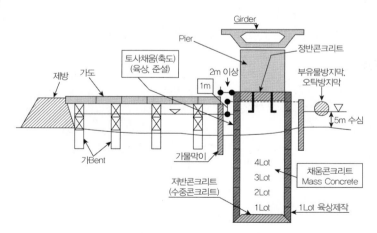

2) Pneumatic Caisson(무인굴착식)

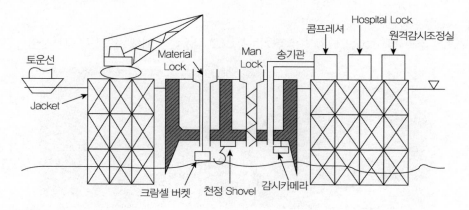

3) Box Caisson : Caisson식 혼성제

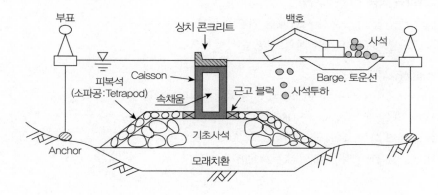

## ■ 참고문헌 ■

1. 서진수(2006), Powerful 토목시공기술사(1, 2권), 엔지니어즈.

2. 서진수(2009), Powerful 토목시공기술사 단원별 핵심기출문제, 엔지니어즈.

3. 구조물 기초 설계기준(2014), 국토교통부.

4. 지반공학 시리즈 4(깊은 기초)(1997), 지반공학회.

5. 토목고등 기술강좌 시리즈 1~12, 대한토목학회.

6. 김수삼 외 27인(2007), 현장실무를 위한 건설시공학, 구미서관.

7. 이춘석(2005), 토질 및 기초공학 이론과 실무(토질 및 기초 기술사 시험대비), 예문사.

8. 한국지반공학회(1997), 깊은 기초, 구미서관, pp.96~127.

9. 해운항만청(1993), 항만시설물설계기준서.

10. 항만 및 어항 표준시방서(2012).

11. 항만 및 어항공사 전문시방서(2014).

12. 항만 및 어항 설계기준(2009).

# 6-31. Open Caisson(우물통＝정통) 기초

## 1. 개요
우물통 기초는 수중에서 교량의 교각 하부공(기초공)으로 사용하기 위해 시공하는 구조물임

## 2. Open Caisson 착공 전 준비사항
1) 조사＋시험 : 토공 및 기초 조사 시험 내용 기술할 것
2) 시공계획 : 공사 관리 5대 요소를 계획, 시공 순서별 계획

## 3. Open Caisson 시공순서
: 가도＋가물막이 → Shoe 설치 → 1 Lift(Lot) 설치(육상제작), 굴착침하
→ 2 Lift(Lot) Con 타설, 굴착 침하 → 3 Lift(Lot) Con 타설, 굴착침하
→ 암반 청소, 지지력 확인(육안) → 저반 콘크리트(fck＝30M Pa) : 수중
→ 속채움(fck＝18 MPa) → 정반(Cap)(fck＝24 MPa) 타설

## 4. 거치공
1) 거치공의 종류(제자리 놓기)
 (1) 육상거치
 (2) **수중거치**
  ① **축도법**(가물막이)
  ② **비계식**
  ③ **예항식**
  ④ Steel Caisson식
  (광안대로 : 가물막이)

2) 축도법 예시

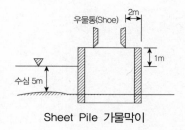

Sheet Pile 가물막이

## 5. 굴착 침하공

1) 문제점 : 편기, 경사

2) 대책 : 대칭 굴착, 마찰력 감소, 굴착순서 (1) → (2) → (3) → (4)

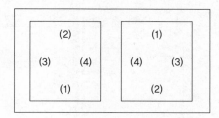

## 6. 편기 수정 대책

1) 위치 수정

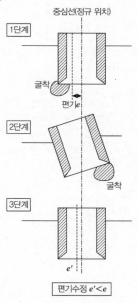

2) 경사 수정

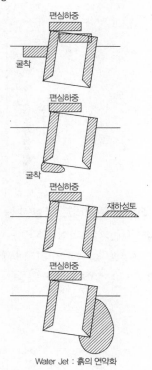

## 7. 침하 촉진 공법(마찰력 줄이는 방법)

### 1) 침하 조건식

: $W > F+U+P$(주면마찰력 + 양압력 + 날끝 지지력)

### 2) 침하 촉진 공법

(1) **재하중** 공법

(2) **Jet** 공법 : Water jet, Air Jet

(3) **발파** 공법

(4) 콘크리트 **표면 활성제** 도포

(5) **주수 공법**(물하중식) : 지하수위 + 2m

(6) **Friction Cut** : Shoe(날끝)에 설치

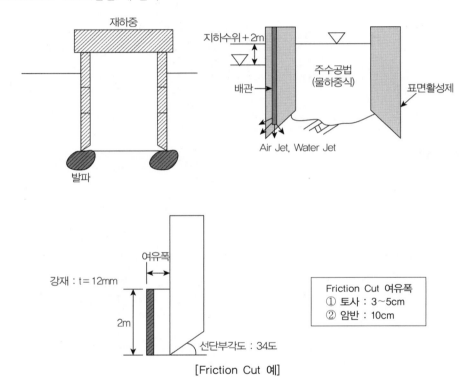

[Friction Cut 예]

## 8. 저반 및 속채움 콘크리트 타설(수중 콘크리트 타설)

1) 저반 : fck = 300kg/cm² 이상(30MPa 이상)

2) 1단 Slab : fck = 300kg/cm² 이상( = 30MPa 이상) − 철근 콘크리트

3) 속채움 : fck = 100~180kg/cm² 이상( = 10MPa~18MPa 이상)

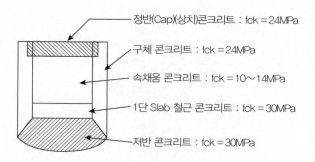

정반(Cap)(상치)콘크리트 : fck = 24MPa

구체 콘크리트 : fck = 24MPa

속채움 콘크리트 : fck = 10~14MPa

1단 Slab 철근 콘크리트 : fck = 30MPa

저반 콘크리트 : fck = 30MPa

4) **수중 콘크리트 타설 원칙**(타설 시 유의사항＝시공관리)

   (1) Tremie, 콘크리트 Pump

   (2) 타설 준비 작업 : 침하완료 → 암반층 청소(water jet, Suction) → 지지력 확인(양수) → Shoe 내부벽
      청소(water jet)

   (3) 정수중 타설 : 수위 변동 없는 상태

   (4) 자유낙하(트레미 내 콘크리트 채운 상태)

   (5) 휘젓지 말 것 : 트레미관은 서서히 들어 올릴 것

   (6) 수중 콘크리트 배합에 유의(저반 콘크리트)

     ① 시멘트양 : 370kg/㎥          ② w/c＝50%

     ③ Slump : 10~15cm          ④ 수중불분리성 혼화재료(분리 저감재)

## 9. 구체, 저반, 속채움, 정반 콘크리트 타설 시 집중 시공 관리 항목

1) 수중 콘크리트 시방서 준수

2) 수밀 콘크리트 시방서 준수

3) Mass Concrete 시방서 준수

4) 재료, 배합, 설계, 운반 치기, 다지기, 마무리, 양생(시방서 순서) 관리 철저

## 10. 저반 및 속채움 콘크리트 수화열 대책(온도제어)(Mass)

1) Pipe Cooling 실시(냉각법)

   (1) 온도차 : 열응력 → 온도균열 발생 방지

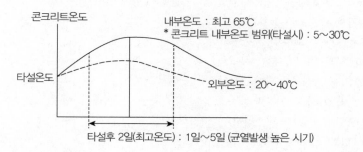

콘크리트온도

내부온도 : 최고 65℃
* 콘크리트 내부온도 범위(타설시) : 5~30℃

타설온도

외부온도 : 20~40℃

타설후 2일(최고온도) : 1일~5일 (균열발생 높은 시기)

   (2) Cooling수 : 강물 사용, 냉각처리

2) Pipe Cooling 배치

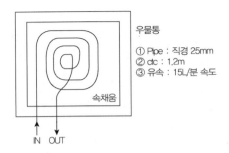

우물통

① Pipe : 직경 25mm
② dc : 1.2m
③ 유속 : 15L/분 속도

속채움

IN   OUT

## 11. 맺음말

1) Caisson 시공관리 주안점

   (1) 굴착 중 **대칭 굴착** : 편기, 경사 수정

   (2) **침하 촉진 공법** 사용

   (3) **시공계획** 작성하여 정밀 시공

2) 공법 선정 시 고려사항

   (1) 경제성

   (2) 시공성

   (3) 안전성

   (4) 공기, 공사비

   (5) 주변 환경오염

   (6) 지질, 토질

   (7) 구조물의 기능, 형태 (상부구조)

## ■ 참고문헌 ■

1. 서진수(2006), Powerful 토목시공기술사(1, 2권), 엔지니어즈.

2. 서진수(2009), Powerful 토목시공기술사 단원별 핵심기출문제, 엔지니어즈.

3. 구조물 기초 설계기준(2014), 국토교통부.

4. 지반공학 시리즈 4(깊은 기초)(1997), 지반공학회.

5. 토목고등 기술강좌 시리즈 1~12, 대한토목학회.

6. 김수삼 외 27인(2007), 현장실무를 위한 건설시공학, 구미서관.

7. 이춘석(2005), 토질 및 기초공학 이론과 실무(토질 및 기초 기술사 시험대비), 예문사.

8. 한국지반공학회(1997), 깊은 기초, 구미서관, pp.96~127.

9. 해운항만청(1993), 항만시설물설계기준서.

10. 항만 및 어항 표준시방서(2012).

11. 항만 및 어항공사 전문시방서(2014).

12. 항만 및 어항 설계기준(2009).

## 6-32. Open Caisson의 주면 마찰력 감소방법(침하촉진 공법)(케이슨의 Shoe)

### 1. Caisson의 침하조건식

침하 조건식

W > F＋U＋P(주면마찰력＋양압력＋날끝 지지력)

### 2. 침하촉진 공법(주면 마찰력 감소방법)

1) 재하중 공법

2) Jet 공법 : Water jet, Air Jet

3) 발파 공법

4) 콘크리트 표면 활성제 도포

5) 주수 공법(물하중식) : 지하수위＋2m

6) Friction Cut : Shoe(날끝)에 설치

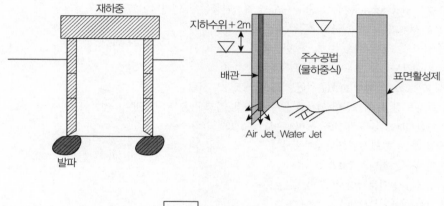

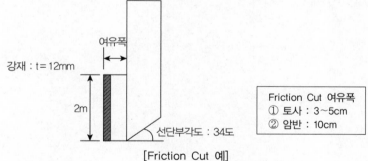

[Friction Cut 예]

### 3. 평가

1) Caisson 시공관리 주안점

　(1) 굴착중 대칭 굴착 : 편기, 경사 수정

　(2) 침하 촉진 공법 사용

　(3) 시공계획 작성

2) 공법 선정 시 고려사항
   (1) 경제성
   (2) 시공성
   (3) 안전성
   (4) 공기, 공사비
   (5) 주변 환경오염
   (6) 지질, 토질
   (7) 구조물의 기능, 형태(상부구조)


## ■ 참고문헌 ■

1. 서진수(2006), Powerful 토목시공기술사(1, 2권), 엔지니어즈.
2. 서진수(2009), Powerful 토목시공기술사 단원별 핵심기출문제, 엔지니어즈.
3. 구조물 기초 설계기준(2014), 국토교통부.
4. 지반공학 시리즈 4(깊은 기초)(1997), 지반공학회.
5. 토목고등 기술강좌 시리즈 1~12, 대한토목학회.
6. 김수삼 외 27인(2007), 현장실무를 위한 건설시공학, 구미서관.
7. 이춘석(2005), 토질 및 기초공학 이론과 실무(토질 및 기초 기술사 시험대비), 예문사.
8. 한국지반공학회(1997), 깊은 기초, 구미서관, pp.96~127.
9. 해운항만청(1993), 항만시설물설계기준서.
10. 항만 및 어항 표준시방서(2012).
11. 항만 및 어항공사 전문시방서(2014).
12. 항만 및 어항 설계기준(2009).

# 6-33. Open Caisson(우물통 = 정통) 거치 방법

## 1. Open Caisson 정의

1) 강성기초로서 **수평력**과 **수직력**이 큰 기초로서 우물통 형태임, **정통기초**, 잠함기초라고도 함

2) **육상**에서 제작한 우물통을 운반하여 **축도상** 또는 **수중**에 **거치**하여 내부 굴착 후 소정의 깊이까지 침설함

3) 교량 기초 등에 적용함

## 2. 우물통 거치 방법

1) 육상거치

2) 수중거치

    (1) 축도식

    (2) 예항식

    (3) 비계식

## 3. 거치공법 종류별 특징

| 구분 | 육상거치 | 축도식 | 예항식 | 비계식 |
|------|---------|--------|--------|--------|
| 특징 | • 안정성양호<br>• 시공속도 빠름 | • 수심 5m 이내 | • 수심 5m 이상<br>• 조류, 파도 높은 곳 | • 소형<br>• 수심 얕은 곳 |
| 시공 시<br>유의사항 | • 연약지반 처리유의<br>• 모래 1m 포설 | • 축도 높이는 수위보다<br>0.5~1m 높게 설치 | • 예항 시 조류상태 파악<br>• 케이슨의 부심<br>: 중심 밑에 있을 것<br>• 전도에 유의 | • 우물통 상부 수면 위 0.5m<br>• 지반을 미리 고를 것 |

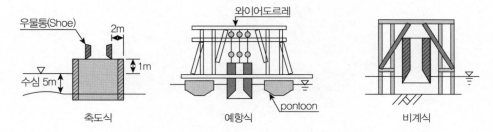

축도식       예항식       비계식

## 4. 평가

1) Caisson 시공관리 주안점

    (1) 굴착 중 **대칭 굴착** : 편기, 경사 수정

    (2) **침하 촉진 공법** 사용

    (3) **시공계획** 작성

2) 공법 선정 시 고려사항

    (1) 경제성

    (2) 시공성

(3) 안전성

(4) 공기, 공사비

(5) 주변 환경오염

(6) 지질, 토질

(7) 구조물의 기능, 형태(상부구조)


## ■ 참고문헌 ■

1. 서진수(2006), Powerful 토목시공기술사(1, 2권), 엔지니어즈.

2. 서진수(2009), Powerful 토목시공기술사 단원별 핵심기출문제, 엔지니어즈.

# 6-34. 케이슨 거치(제자리 놓기) 공법 종류 및 거치 시 유의사항(36, 57회)

## 1. 케이슨 방파제 및 안벽의 시공순서

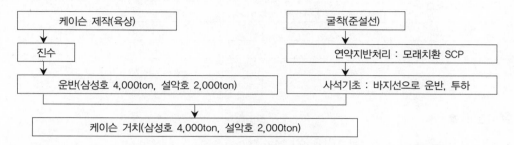

## 2. 사석기초 고르기 유의사항(기초공) : 케이슨 거치 시 유의사항

1) 작업 시 고려사항

   (1) 수심

   (2) 파고, 파랑

   (3) 유속

   (4) 탁도

2) 고르기

   (1) **계획표고** : 수중 표척을 설치하고 육상에서 관측

   (2) **고르기** : 잠수부가 손으로 더듬어 고르고, 기복이 심한 곳 보충 사석 투하함

   (3) 계획고 1m 이내 **바닥고르기** : 나무말뚝＋각목＋Rail 이용 잠수부가 각목을 밀고 나가면서 잔자갈, 작은 사석을 손으로 채움

3) 기초사석 바닥 높이

   (1) **여성토 20~40cm** : 케이슨 거치 후 침하에 대비

   (2) **여성높이 조정** : 침하관측으로 조정

## 3. 케이슨 거치 개념도(방파제 경우) 예

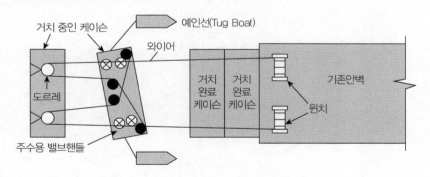

## 4. 케이슨 거치 허용오차(거치 시 유의사항)

| 기준 항목 | 허용 오차 |
|---|---|
| 높이차(Level) | 1) 사석 기초 고르기 : ± 5cm<br>2) Caisson 제작 허용치 : ± 3cm |
| 법선 출입 | ± 10cm |
| Joint | 10cm 이내 |

## ■ 참고문헌 ■

1. 서진수(2006), Powerful 토목시공기술사(1, 2권), 엔지니어즈.

2. 서진수(2009), Powerful 토목시공기술사 단원별 핵심기출문제, 엔지니어즈.

# 6-35. 진공 케이슨(Pneumatic Cassion)

## 1. Pneumatic Caisson 굴착침하 방법의 변천

1) 인력 : 케이슨병 우려

2) 헬륨가스, 질소, 산소혼합가스 사용 : 케이슨병 저감

3) 대기압 캡슐 : 케이슨병 방지

4) 무인굴착식 뉴메틱 케이슨 : 지상에서 원격조정(영종대교)

## 2. Pneumatic Caisson의 침하방법(시공방법) : 무인굴착식

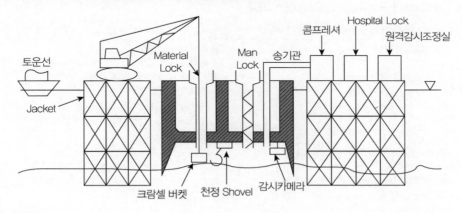

1) Jacket 제작 설치

2) 케이슨 1Lot 제작 설치 : Jacket 속에 끼워 넣듯 거치

3) 굴착 : 천정 Shovel, 굴착 로봇 사용하여 지상에서 원격조정, 즉 무인굴착 방법 사용

4) 배토 : Bucket, Crane으로 Material Lock로 배토, 토운선으로 육상 반출

5) 양압 방지 : 고압의 공기 사용(compressor 가동)

6) 제2 Lot 케이슨 거푸집 설치 후 콘크리트 타설 후 반복 작업으로 침하

7) 최종 침하 완료 후에는 : 평판재하시험(PBT)으로 지내력 확인

## 3. Pneumatic Caisson의 기계설비(굴착방법)

1) 압축공기설비 : Compressor + 송기관, 고장 대비 여유분 준비하여 사고대비 및 안전관리

2) 기갑설비 : 작업원, 장비 출입, 자재, 버력 반출 시 작업실과 외부와의 압력 유지

   (1) Material Lock : 버력 반출

   (2) Man Lock(입관) : 작업원 통로

3) Hospital Lock(요양갑)

4) 작업설비 : 천정 쇼벨 + 크람셀, 감시카메라, 원격감시 조정실, 동력설비, 통신설비

5) 품질 관리 : 평판재하시험

## 4. Pneumatic Caisson의 침하조건식

W + Wo > F + U [(케이슨 중량 + 물중량) > (벽마찰력 + 양압력)]

## 5. Pneumatic Caisson의 특징

| | |
|---|---|
| 장점 | • 주변지반 교란 방지<br>• 용수가 많은 지역<br>• 지내력 평가 가능(PBT 시험)<br>• 콘크리트 품질 확보<br>• 가물막이 필요 없다 : Jacket 설치 ; 토사에 의한 수질오염 방지 |
| 단점 | • 굴착 심도 영향<br>• Cassion병 대책 필요 : 헬륨가스, 질소, 산소혼합가스 사용 + 대기압 캡슐 + 무인굴착식<br>• 노무관리 어렵다. |

## 6. Open Caisson과 Pneumatic Caisson 비교

| 구분 | Open Caisson (우물통, 정통 기초) | Pneumatic Caisson(공기, 압기) |
|---|---|---|
| 장점 | ① 기계설비 간단<br>② 싸다.<br>③ 심도 깊다.<br>④ 하상암반 노출 시 유리 | ① 주변지반 교란방지<br>② 용수가 많은 지역<br>③ 지내력 평가 가능 : PBT 시험<br>④ 콘크리트 품질 확보<br>⑤ 가물막이 필요 없다.<br>　: Jacket 설치(토사에 의한 수질오염 방지) |
| 단점 | ① 주면 마찰력<br>② Boiling, Heaving : 안전사고 위험<br>③ 공정 불확실<br>④ 지지력 신뢰성 낮다 : 지지력 시험 곤란<br>⑤ 침하, 경사, 편기 문제<br>⑥ 타설 후 2차 침하 | ① 굴착 심도 영향<br>② Caisson 병 : 헬륨가스, 질소, 산소<br>　　　혼합가스 사용 + 대기압<br>　　　캡슐 + 무인 굴착식 뉴메틱<br>③ 노무 관리 어렵다. |
| 적용성 | ① 교량 기초<br>② 하상 암반노출 시 유리 | ① 교량 기초<br>② 영종도(인천공항) 연육교 |

## 7. 평가

1) Pneumatic Caisson 공법은 돌산대교 등 국내에서 시공사례가 다수 있으나 **과거에는 케이슨병의 우려가** 가장 큰 단점이었음

2) **최근 국내 영종대교 교량 하부 기초공을 뉴메틱 케이슨으로 시공하였고, 여기서는 최신의 무인굴착식 원격조정 굴착 방법**을 사용하여 **케이슨병을 저감**시키고, **굴착 효율**을 높인 사례가 있음

## ■ 참고문헌 ■

1. 서진수(2006), Powerful 토목시공기술사(1, 2권), 엔지니어즈.

2. 서진수(2009), Powerful 토목시공기술사 단원별 핵심기출문제, 엔지니어즈.

3. 구조물 기초 설계기준(2014), 국토교통부.

4. 지반공학 시리즈 4(깊은 기초)(1997), 지반공학회.

5. 토목고등 기술강좌 시리즈 1~12, 대한토목학회.

6. 김수삼 외 27인(2007), 현장실무를 위한 건설시공학, 구미서관.

7. 이춘석(2005), 토질 및 기초공학 이론과 실무(토질 및 기초 기술사 시험대비), 예문사.

8. 한국지반공학회(1997), 깊은 기초, 구미서관, pp.96~127.

9. 해운항만청(1993), 항만시설물설계기준서.

10. 항만 및 어항 표준시방서(2012).

11. 항만 및 어항공사 전문시방서(2014).

12. 항만 및 어항 설계기준(2009).

# Chapter 07

# 토류벽(흙막이) 및 가물막이

# 토류벽(흙막이) 및 가물막이

## 7-1. 토류벽 공법의 종류와 특징(토류벽 시공관리)

- 흙막이 벽의 종류(지지구조, 형식, 지하수처리) 및 그 특징을 설명(84회)
- 토류벽 종류별 특징, 효과, 각 부재 역할(지하수, 토질조건, 재료별, 지지방식별)(28회)

## 1. 토류벽 공법의 종류별 특징과 적용 토질(안정적 토류벽 공법의 종류)

### 1) 재료에 의한 분류 및 특징

| NO | 특징 | H-말뚝 (엄지말뚝) 흙막이판 | 강널말뚝 (Sheet Pile) 강관널말뚝 | 지하연속벽 | |
|---|---|---|---|---|---|
| | | | | 주열식 (CIP, MIP, SIP, SCW, SGR, JSP) | 벽식 (SlurryWall) |
| 1 | 공기 | 짧다 | | | |
| 2 | 공사비 | 싸다 | 고가 | 고가 | 제일 고가 |
| 3 | 안전성 | 불안전 | | 안전 | 가장 안전 |
| 4 | 진동소음 | 크다 | 크다 | 적다 | 적다 |
| 5 | 차수성 | 개수성 | 차수성 | 차수성 | 차수성 가장 유리 |
| 6 | 연약지반 시공성(토질) | 불리 | 유리 | 유리 | 가장 유리 |
| 7 | 지하수위 높은 곳 | 불리 | 유리 | 유리 | 가장 유리 |
| 8 | 도심지 근접 시공 | 불리(침하균열 진동, 소음) | 불리 (진동, 소음) | 유리 | 가장 유리 |

### 2) 지지방식(지보형식)에 의한 분류

| NO | 구분 | 버팀대(Strut) | Earth anchor | Top-Down |
|---|---|---|---|---|
| 1 | 개착식 시공 난이도 | 어렵다 | 쉽다 | 불가 |
| 2 | 작업폭 | 좁은 곳 경제적 | 넓은 곳 경제적 | 넓다 |
| 3 | 민원의 종류 | 진동, 소음 | 지하 소유권 | 저진동, 저소음, 저분진 |
| 4 | 근접 시공 | 불리(침하) | 불리(지하실, 인접대지 동의) | 유리(Slurrywall) |
| 5 | 토공, 구조물의 시공 | 어렵다 | 쉽다 | 어렵다 |
| 6 | 기타 특징(토질적용성) | ① 토질 적용 범위 넓다 ② 보강용이 ③ 사고위험 ④ 공기지연 (강재설치 해체) | ① 지반침하 적다(프리스트레스) ② 좌우토압 불균일한 곳(편도압) : 유리 ③ 전석층 : 불리 ④ 정착부 토질 불량한 곳 : 불리 ⑤ 지층이 단단한 곳 : 유리 | ① Slurrywall ② 연약지반 유리 ③ 인접 구조물 보호 ④ 전천후 공법 (지상, 지하 동시, Slab를 작업 공간) ⑤ 토공굴착 어렵다 (개구부로 반출) ⑥ 환기 조명시설 필요 |

## 2. 공법의 시공법과 순서

### 1) H말뚝(엄지말뚝) 흙막이판 : 버팀대식 + 어스앙카(Earth Anchor)

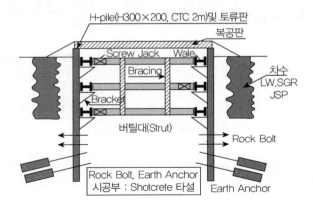

H말뚝(엄지말뚝) 흙막이 판 시공순서

: 줄파기 → 엄지말뚝(H-Pile) 박기 → 배면 약액주입(차수공사) → 굴착 → 토류판(목재) 설치 → 띠장
(Wale ; H300×300) → Strut(버팀대) 설치 → Bracing설치(ㄱ-앵글) → 굴착 → 반복 작업

### 2) 강널말뚝(Sheet Pile) 및 강관널말뚝

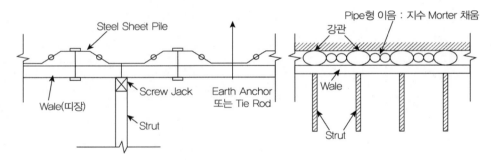

### 3) Slurry Wall 시공법 및 순서

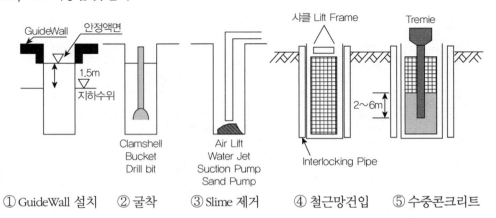

① GuideWall 설치   ② 굴착   ③ Slime 제거   ④ 철근망건입   ⑤ 수중콘크리트

4) Slurry Wall 시공 단면도 예시

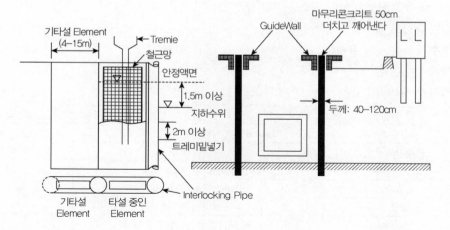

5) Top Down(무지보 역타공법＝NSTD)

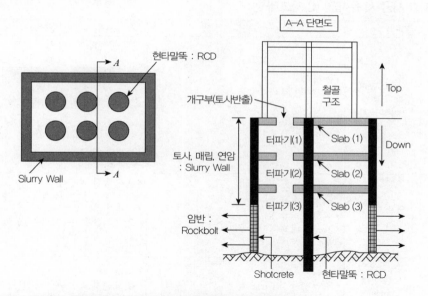

## 3. Slurry Wall 공법이 연약지반이나, 지하수위 높은 토류벽에 유리한 이유

도심지 굴착공사에 유리한 이유 〈응용문제 출제 시 활용〉

1) Slurry Wall 공법의 정의(개요)

   (1) 지중에 긴 도랑(Trench)를 파고

   (2) Bentonite Slurry(안정액)로 Trench 벽체를 안정시킨 후(붕괴방지)

   (3) 철근망을 넣고, 수중콘크리트 타설하여 지중에 콘크리트 벽체를 조성한

   (4) 차수성 토류벽

2) Slurry Wall 공법의 특징(장점)

   (1) **Bentonite Slurry(안정액)**에 의해 **내벽의 안정**을 유지하며 **현장에서 콘크리트를 타설**하여 토류벽을

만들므로

(2) Pile 항타 등의 작업이 없어 **저소음, 저진동** 공법이며

(3) **도심지 대규모 차수성** 토류벽

(4) **지하수위 높은 곳**에 유리

(5) **연약지반**에 유리

(6) **근접시공** : 지반침하 방지공법, 주변 구조물에 미치는 영향 적음

| NO | 장점 | 단점 | 비고 |
|---|---|---|---|
| 1 | 저소음 저진동 | Smooth Wall 어렵다(가설 토류벽 사용) | BW로 매끈한 벽체 가능, 본체벽 |
| 2 | 수직도 우수 | 공사비 고가 | |
| 3 | 차수성 우수 | 안정액(폐액) 관리에 유의 | |
| 4 | 강성(EI)크다 | Trench 내부 확인 곤란 | |
| 5 | 단면, 형상, 두께 자유 | 수중 콘크리트 타설에 유의 | |
| 6 | 깊은 굴착 유리 | 지질에 따라 시공 곤란한 경우 발생 | |

## 4. Slurry Wall 시공 시 문제점 및 사고대책

| NO | 문제점 | | 원인 | 대책 |
|---|---|---|---|---|
| 1 | 가이 | Guide Wall 파괴, 변형 <용어설명 기출 문제> | • 강성 부족<br>• 연약지반 위 설치<br>• 밑넣기 부족<br>• 버팀대 불비<br>• 하중 과다 | 대책 단면(하중 과다 시)<br><br>• 약액주입으로 지반개량<br>• 밑넣기 깊게 설치<br>• 버팀대보강<br>• 하중분산 |
| 2 | 굴벽 | 굴착벽면의 붕괴 | • 안정액 일수<br>• 안정액 열화<br>• 지하수, 우수 유입<br>• Trench 내 과대 토압<br>• Element 길이 과대 | • 일수 방지 : 비중 감소<br>• 안정액 관리 : 비중, 점도<br>• 우수 방지턱, U형 측구<br>• 안정 액면 유지 = 지하수 + 1.5m<br>• 안정액 비중 높임<br>• 엘리멘트 길이 축소 |
| 3 | 용, Jam | 굴착용구의 트렌치 내 Jamming | • 무리한 인양<br>• 작업 중단 시 Trench 내 방치 | • Slime 제거 후 인양<br>• 방치 금지, 작업 중단 시 인양 |
| 4 | 철변 | 철근망의 변형, 파괴 | • 비틀림<br>• 부주의<br>• 들기 운반 용구의 불량 | • 변형방지 보강근 설치<br>• H형강으로 Lift Frame 설치 |
| 5 | 철세 (철부) | 철근망 세우기 곤란, 부상 | • Spacer 설치 잘못<br>• Slime 처리미비<br>• 벽면 굴곡 | • Spacet 설치 정확<br>• Slime 처리 철저<br>• 수직도 유지 |
| 6 | 콘사 | 콘크리트 타설 중의 사고 | • 콘크리트 열화 원인<br>  =Tremie 밑넣기 부족＋안정액유입＋Slime 유입<br>• 철근망의 부상원인<br>  = 과대한 타설속도＋Slime<br>• Tremie 관의 Jamming 원인<br>  = 타설 중단 시간이 길 때 | • Tremie 밑넣기 2m 이상 유지(4m 이하)<br>• 타설 속도 유지(수중콘크리트 타설 원칙 준수)<br>• Slime 제거 철저<br>• 연속 타설할 것 |

## 5. 흙막이 사고대책(토류벽 붕괴원인과 대책)

1) 계측 실시로

2) 안전시공

3) 계측의 종류 및 설치 위치, 계측 계획도 예시

| NO | 종류 | 설치위치 |
|---|---|---|
| 1 | 경사계(지중경사계) | 토류벽 배면지반, 인접건물 |
| 2 | 지하수위계 | 토류벽 배면지반 |
| 3 | 간극수압 | 토류벽 배면지반 |
| 4 | 토압계 | 토류벽 배면지반 |
| 5 | 하중계(응력, Stress) | 강재(버팀＋띠장＋엄지말뚝) |
| 6 | 변형률계(Strain) | 강재(버팀＋띠장＋엄지말뚝) |
| 7 | Tilt Meter(건물 경사계) | 인접건물 |
| 8 | 지표침하계 | 토류벽 배면, 인접건물 |
| 9 | 지중침하계 | 토류벽 배면, 인접건물 |
| 10 | 균열 측정기 | 인접건물 |
| 11 | 진동, 소음 | 지상, 이동식 |
| 12 | 가스탐지기, 경보기 | 도시가스관 주변, 개착 작업장 내 |

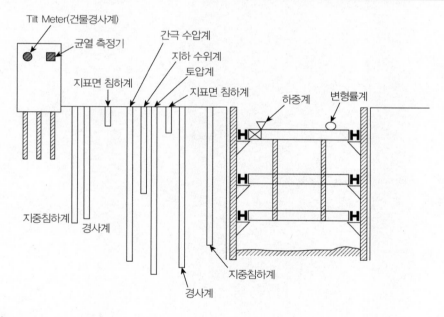

## 6. 맺음말

1) 흙막이 공법은 **재료, 토질, 지지방식**에 따라 특징이 다르므로 **작업공종, 진동 소음** 공해 여부, **인접 구조물의 영향** 등을 고려하여 공법 선정해야 함

2) 최근 도심지 굴착공사가 많은 추세이며, 공사비가 고가이나, **저소음, 저진동**의 **차수성 토류벽**인 Slurry Wall이 효과적임

# ■ 참고문헌 ■

1. 구조물기초설계기준(2014).
2. 가설공사 표준시방서(2014)(개정).
3. 서진수(2006), Powerful 토목시공기술사(1, 2권), 엔지니어즈.
4. 서진수(2009), Powerful 토목시공기술사 단원별 핵심기출문제, 엔지니어즈.
5. 서진수(2009), Powerful 토목시공기술사 용어정의 기출문제해설, 엔지니어즈.
6. 지반공학 시리즈 3 한국지반공학회(1997), 굴착 및 흙막이 공법, 구미서관.
7. 황승현(2010), 흙막이 가설구조의 설계, 도서출판 씨아이알.
8. 지하연속벽 설계(1994), 시공 핸드북, 건설도서.

## 7-2. 토류벽 종류별 특징, 효과, 각 부재 역할(지하수, 토질조건, 재료별, 지지방식별)

### 1. 토류벽 공법의 종류별 특징(안정적 토류벽 공법의 종류)

1) 재료에 의한 분류 및 특징(효과, 적용토질)

| NO | 특징 | H-말뚝<br>(엄지말뚝)<br>흙막이판 | 강널말뚝<br>(Sheet Pile)<br>강관널말뚝 | 지하연속벽 | |
|---|---|---|---|---|---|
| | | | | 주열식<br>(CIP, MIP, SIP,<br>SCW, SGR, JSP) | 벽식<br>(SlurryWall) |
| 1 | 공기 | 짧다 | | | |
| 2 | 공사비 | 싸다 | 고가 | 고가 | 제일 고가 |
| 3 | 안전성 | 불안전 | | 안전 | 가장 안전 |
| 4 | 진동소음 | 크다 | 크다 | 적다 | 적다 |
| 5 | 차수성 | 개수성 | 차수성 | 차수성 | 차수성 가장 유리 |
| 6 | 연약지반 시공성(토질) | 불리 | 유리 | 유리 | 가장 유리 |
| 7 | 지하수위 높은 곳 | 불리 | 유리 | 유리 | 가장 유리 |
| 8 | 도심지 근접시공 | 불리(침하균열,<br>진동, 소음) | 불리<br>(진동, 소음) | 유리 | 가장 유리 |

2) 지지방식(지보형식)에 의한 분류 및 특징(효과, 적용토질)

| NO | 구분 | 버팀대(Strut) | Earth anchor | Top-Down |
|---|---|---|---|---|
| 1 | 개착식<br>시공 난이도 | 어렵다 | 쉽다 | 불가 |
| 2 | 작업폭 | 좁은 곳 경제적 | 넓은 곳 경제적 | 넓다 |
| 3 | 민원의 종류 | 진동, 소음 | 지하 소유권 | 저진동, 저소음, 저분진 |
| 4 | 근접 시공 | 불리(침하) | 불리(지하실, 인접대지 동의) | 유리(Slurrywall) |
| 5 | 토공, 구조<br>물의 시공 | 어렵다 | 쉽다 | 어렵다 |
| 6 | 기타 특징(토질<br>적용성) | ① 토질 적용<br>범위 넓다.<br>② 보강용이<br>③ 사고위험<br>④ 공기지연<br>(강재설치·해체) | ① 지반침하 적다<br>(프리스트레스)<br>② 좌우 토압 불균일한 곳(편토압) :<br>유리<br>③ 전석층 : 불리<br>④ 정착부 토질 불량한 곳 : 불리<br>⑤ 지층이 단단한 곳 : 유리 | ① Slurry wall<br>② 연약지반 유리<br>③ 인접 구조물 보호<br>④ 전천후 공법(지상, 지하 동시, Slab를<br>작업 공간)<br>⑤ 토공굴착 어렵다.<br>(개구부로 반출)<br>⑥ 환기 조명시설 필요 |

### 2. 토류벽의 구성과 각 부재의 역할

1) 구성

   (1) 토류벽의 구성

      ① 엄지말뚝(H-Pile) + 토류판(목재 : 두께 8, 10, 12cm)

      ② Sheet Pile

      ③ CIP, PIP, MIP

      ④ Slurry Wall

(2) 버팀공

① 띠장(Wale)

② 버팀대(동발공, Strut)

Screw Jack, Bracing(수직, 수평), 우각부,

Rock Bolt, Earth Anchor

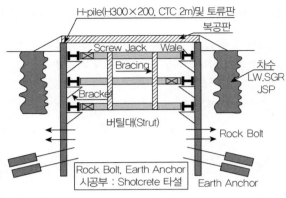

2) 각 부재의 역할

(1) 엄지말뚝

① 토류벽 System의 안정

② 굴착 저면의 Heaving을 방지

③ **토류판**으로부터 전해오는 **토압 및 반력**을 받는다.

④ 근입깊이가 중요

(2) 근입깊이 구하는 법

① 근입깊이 구하는 법의 종류

㉠ Chang의 방법

㉡ 망부(岡部) 방법

㉢ 모멘트법(간략법)

② **모멘트법(모멘트 평형)**에 의한 근입깊이

㉠ $L = 1.2 \times \ell_o$ (평형깊이 $\times$ 1.2배)

㉡ $L = \ell_o + 2m$

㉢ 상기 중 큰 값 채택

③ 근입깊이 결정 시 고려사항

㉠ Boiling

㉡ Heaving

㉢ 양압력

㉣ 모멘트 평형 검토

(3) Wale(띠장)

① **토류판**이나 sheet pile로부터의 **반력**을 strut에 **전달**

② **엄지말뚝**, sheet pile로부터 전해오는 **수평반력에 저항**하도록 설계

③ Wale(띠장)과 엄지말뚝은 견고하게 밀착

④ 간격의 틈은 간격재로 용접해서 메운다.(홈메우기 실시)

(4) strut(버팀대＝동발공)

① **Wale**로부터 전해오는 **반력을 지지**하는 **압축 부재**

② Wale와 strut는 견고하게 밀착

③ strut과 Wale은 동 간격 및 동일 위치에 둠

④ strut의 길이는 되도록 짧게 하는 것이 좋다.(중간말뚝 설치)

## 3. 평가

1) 흙막이 공법은 **재료, 토질, 지지방식**에 따라 특징이 다르므로 **작업공종, 진동, 소음** 공해 여부, **인접 구조물의 영향** 등을 고려하여 공법 선정해야 함

2) 최근 **도심지 굴착공사**가 많은 추세임, **저소음, 저진동, 차수성**의 Slurry Wall이 효과적임

■ **참고문헌** ■

1. 구조물기초설계기준(2014).
2. 가설공사 표준시방서(2014)(개정).
3. 서진수(2006), Powerful 토목시공기술사(1, 2권), 엔지니어즈.
4. 서진수(2009), Powerful 토목시공기술사 단원별 핵심기출문제, 엔지니어즈.
5. 서진수(2009), Powerful 토목시공기술사 용어정의 기출문제해설, 엔지니어즈.
6. 지반공학 시리즈 3 한국지반공학회(1997), 굴착 및 흙막이 공법, 구미서관.
7. 황승현(2010), 흙막이 가설구조의 설계, 도서출판 씨아이알.
8. 지하연속벽 설계(1994), 시공 핸드북, 건설도서.

# 7-3. 토류벽 시공관리(시공 시 유의사항) = 흙막이 구조물 시공방법 = 지보형식에 따른 현장 적용 조건 = 지하철 붕괴원인과 대책

## 1. 토류벽 시공관리의 일반(개요)

1) 시공 준비(착공 전 준비) : 조사

    (1) 지반조사

    (2) 토질조사

    (3) 지하수조사

    (4) 지형조사

    (5) 인접 구조물 조사 : 근접 시공에 따른 민원방지

    (6) 지하매설물 조사 : 상, 하수도관

2) 공사관리 5대 요소관리

## 2. 토류벽 시공관리(붕괴원인과 대책)

| NO | | 원인 및 대책 | |
|----|------|------|---|
| 1 | 조사<br>+ 시험 | 지질, 지반, 지형 | |
| | | 토질 | |
| | | 지하수 | |
| | | 인접 구조물 | |
| | | 지하매설물 | |
| 2 | 설계 | 토압 | |
| | | 수압 | |
| | | Boiling | |
| | | Heaving | |
| | | 사면안정 : 직립사면 | |
| | | 가구 설계 | |
| | | 이음, 맞춤 부분의 설계(가구 설치 시 : 홈메우기, 스티프너 등, 볼트구멍) | |
| | | 시공 정밀도 | |
| 3 | 시공계획 | 흙막이벽(토류벽)의 종류 선택 | |
| | | 흙막이 가구의 종류 선택(Strut + E/A + Wale) | |
| | | 지하수 대책(배수, 지수, 차수) | |
| | | 터파기 계획 | |
| | | 우수처리 대책 | |
| 4 | 시공관리 | 시공계획과 동일 | |

## 3. 토류벽 설계, 시공 시 검토할 사항

1) 토압

2) 수압

3) Boiling

4) Heaving

## 4. 토류벽 시공관리 시 유의사항(붕괴방지 및 대책)

지하철 붕괴원인 및 대책(=시공 시 유의사항=시공관리)

1) 조사, 계획, 설계, 시공, 유지관리

2) 지하수 대책 : 침하 방지, 토류벽 붕괴 방지, 토압, 수압, 보일링 대책, 차수 공사

3) 계측 : 안전시공

## 5. 근접시공 관리(민원방지 대책) : 근접 구조물 보호, 지하수 대책, 계측

1) 토압, 수압, Boiling, Heaving 대책 수립

2) 근접 구조물 보호 : 지반 부등침하 방지

3) 지하수 처리 대책 공법의 종류 및 특징

| NO | 구분 | | 공법 | 특징 |
|----|------|------|------|------|
| 1 | 지수 차수 | 전면 지수 | 강널말뚝 | – |
| | | | 주열식 | 현장타설 말뚝, CIP, SIP, MIP, SCW |
| | | | Slurrywall | 근접 시공에 가장 유리, 지하수위 높은 곳, 침하 적다, 균열 적다 |
| | | 국부적 지수 | 주입공법 | SGR, JSP, JET, LW |
| | | | 동결공법 | – |
| 2 | 배수 | 중력배수 | 표면배수 | – |
| | | | 지하배수 | – |
| | | | Deep Well | 근접시공 불리, 지하수위 저하, 공동, 침하, 균열 |
| | | 강제배수 | well Point | 근접시공 불리, 지하수위 저하, 공동, 침하, 균열 |
| | | | 전기침투 | – |
| | | | 진공흡입 | – |

## 6. 맺음말

1) 토류벽(지하철) 시공관리 주안점

   (1) **지하매설물** 파손에 유의

   (2) **도시 가스폭발**에 유의

   (3) **상하수도 누수**에 의한 지하 내 터파기 사면붕괴, 침수

   (4) **안전 점검**의 일일 생활화

2) 흙막이 공법은 재료, 토질, 지지방식에 따라 특징이 다르므로, 작업 공종, 진동, 소음 공해 여부, 인접 구조물의 영향 등을 고려하여 공법 선정해야 함

3) 최근 도심지 굴착공사가 많은 추세이며, 공사비가 고가이나 저소음, 저진동의 차수성 토류벽인 Slurry Wall이 효과적임

4) **대구 상인동 지하철 1호선 도시가스폭발 사고의 교훈** 〈개인적인 의견 논술〉

   (1) 작업 시작 전 안전점검 미비

   (2) 도시가스 누출 경보기 미설치

(3) 인근 작업현장과의 안전관리 연계성 미비

(4) 대구 상인동의 경우, 도시가스 누출 경보기만 확실히 설치 작동하고 자동 환풍 시설이나, 배출시설을 사전에 충분히 준비했다면 예방 가능했음

## ■ 참고문헌 ■

1. 구조물기초설계기준(2014).
2. 가설공사 표준시방서(2014)(개정).
3. 서진수(2006), Powerful 토목시공기술사(1, 2권), 엔지니어즈.
4. 서진수(2009), Powerful 토목시공기술사 단원별 핵심기출문제, 엔지니어즈.
5. 서진수(2009), Powerful 토목시공기술사 용어정의 기출문제해설, 엔지니어즈.
6. 지반공학 시리즈 3 한국지반공학회(1997), 굴착 및 흙막이 공법, 구미서관.
7. 황승현(2010), 흙막이 가설구조의 설계, 도서출판 씨아이알.

# 7-4. 계측 일반(토류벽, 터널, 사면, 연약지반)

## 1. 계측의 목적(개요, 정의)

1) 계측결과를 이용한 **구조물 거동 관리**와 Feed back

2) 예측관리에 의하여 발생 가능한 **위험상황** 현장 대처 방안 제시

3) 계측결과 분석으로 **안정성 확보** 및 시공

## 2. 계측 시스템의 구성

| 항목 | 내용 |
|------|------|
| 계측빈도 | 계측항목마다 사상의 변화속도 등을 검토하여 결정 |
| 계측방법 | 수동·반자동·자동 등의 방법을 결정 |
| 처리 시스템 | 측정기·컴퓨터의 종류, 용량, 통신방법 등을 결정<br>계측실·전원 등의 환경정비를 검토 |
| 계측체제 | 전임자·담당자의 선정 시스템의 구축, 조직의 변경에 견딜 수 있는 장기적인 체제의 확립 등 |

## 3. 계측의 필요성

1) 원지반의 불확실성

   (1) 지반굴착 시 **사전 지질조사**는 주변 암반의 지질구조와 주변 암반의 물성치에 대한 정보를 취득하여 **안전**하고 **경제적인 합리적 공사 수행** 목적이지만

   (2) 지질조사의 **빈도와 정밀성**은 지질조건이 복잡하고 부단히 변화하므로 이를 **사전단계**에서 **정확히 파악**하고 예측하기란 **매우 곤란**

   (3) 원지반의 구성 **암종, 불연속면**(절리, 단층, 엽리, 편리 등)에 따른 원지반의 **공학적, 역학적 물성치**의 변화, **초기지압 및 편압**의 크기와 방향, 역학적 **균일성 및 이방성** 등을 **정확히 예측하기**란 사실상 **불가능**

   (4) 따라서 **시공과정 동안** 지속적인 **자료수집**으로 **설계단계**에서 **고려치 못한 사항**이나 **예기치 못한** 지질조건 변화에 대비해야 함

2) **역해석에 의한 안정성 검토**

   (1) 굴착지 주변 암반이나 장차 설치될 구조물의 **응력 및 변형**을 사전에 정확히 예측하기란 사실상 **불가능**, 취득된 정보라도 원지반의 국부적 특성만을 반영하게 되므로 이를 그대로 설계에 반영하기에는 상당한 무리가 따름

   (2) 따라서 **지반의 실제 거동과 예측치의 차이**로 인한 **문제의 해결**을 위하여 원지반이나 구조물에 대한 **정밀계측**을 실시하여 이 결과를 **설계 시공**에 feed-back하고 원지반과 구조물의 **안정성**을 monitering하는 기법으로 **역해석 방법**이 도입

   (3) 역해석의 정의

   ① 일반 구조해석 : 하중 및 재료의 역학정수를 입력치로 일정한 경계조건하에서 응력, 변형률, 변위 등을 구하는 방법

   ② 역해석 : 응력, 변형률, 변위 등을 입력치로 주어진 경계조건하에서 하중 및 재료정수를 구하는 방법으로 역정식화법(Inverse Formulation Method)과 직접 정식화법(Direct Formulation Method)이 있음

(4) 설계 시 제반 **지반정수에 대한 추정치**를 실제 **계측결과**와 대비하고 **실계측치를 역해석에 의한 추정치**와 대비하여 이들 간의 상이점에 대한 검토가 반드시 필요함

## 4. 계측관리 및 계측결과 활용

1) 수집한 계측데이터를 이용하여 상황에 따른 **관리기준을 재조정**하고 이에 따른 **관리 및 현장 대응 방안 수립**

2) **초기 계측관리기준** 설정

기존의 계측관리기준과 수치해석결과를 이용하여 정량적인 절대치 관리와 예측관리를 병행하여 설정

3) **계측관리 기준 재조정**

현장의 초기 상황을 Feed back하여 초기관리 기준을 현장 상황에 알맞게 조정

4) **계측결과의 활용**

(1) 구조물 형식을 고려한 **수치해석 결과와 계측치와 비교, 검토**하여 구조물의 **거동 특성을 파악**

(2) 계측결과 분석을 통한 현장 적용 시 **추가 하중 등의 영향**에 효과적으로 대응 가능

## 5. 계측계획 수립 시 고려사항(유의사항)

도심구간에서 시공되는 각종 공사에 대한 **합리적인 시공, 안정관리** 및 **품질관리** 목적의 **신속 정확한 정보 취득**을 위한 계측은 사전에 면밀한 검토 및 구체적 정보에 근거한 세부 계획이 수립되어야만 한다.

1) **공사 목적에 따른 계측목적**을 정확히 파악하고 있어야 한다.

2) 굴착대상 지역 및 인근 지역에 대한 **지질조건** 및 시공상에 따르는 **지반의 역학적 문제**에 대한 충분한 이해가 있어야 한다.

3) 시공 중 발생되는 제반 문제에 손쉽게 적용되고 결과가 반영될 수 있도록 가능한 한 **현장 대처가 신속히 이루어질 수 있는 계획**이어야 한다.

4) 취득된 계측자료는 처리가 간편하고 해석이 용이하게 공인된 **전산 프로그램**으로 처리되고 그 결과는 **도식화**하여야 한다.

5) **계측결과의 해석**은 숙달된 전담 **전문가가 수행**하며 이상치의 발견 시, 즉시 계통을 밟은 보고와 함께 신속한 조치가 이루어지도록 계측관리 및 운영계획이 수립되어야 한다.

6) 계측 계획 수립 시 **구체적 검토 항목**

(1) 현장 **공사 개요 및 규모**

(2) 현장 **지반 및 인접 환경**

(3) 계측목적에 적합한 **기기 종류와 수량** 및 **수급** 문제

(4) 운용 계측기에 대한 구체적인 **시방내역**

(5) **기기의 유지, 관리** 방안

(6) 계측과업 수행에 필요한 **인적재원** 확보

(7) 계측결과의 수집, 분류, 보관에 용이한 **양식 결정**

(8) 문제 발생 시 **신속한 보고** 및 **조치**가 가능한 유기적 조직체계

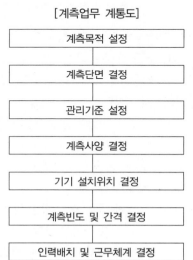

[계측업무 계통도]

계측목적 설정

계측단면 결정

관리기준 설정

계측사양 결정

기기 설치위치 결정

계측빈도 및 간격 결정

인력배치 및 근무체계 결정

## ■ 참고문헌 ■

1. 구조물기초설계기준(2014).
2. 서진수(2006), Powerful 토목시공기술사(1, 2권), 엔지니어즈.
3. 지반공학 시리즈 3 한국지반공학회(1997), 굴착 및 흙막이 공법, 구미서관.
4. 황승현(2010), 흙막이 가설구조의 설계, 도서출판 씨아이알.

# 7-5. 토류벽 계측계획(토류벽 안전시공)(토류벽 배면 침하 예측방법)

## 1. 개요

1) 조사와 설계 시 고려하지 못한 사항, 시공 시 발생하는 오차들이 예기치 못한 거동으로 나타날 때 이에 대처하여 **합리적인 시공**과 **안전관리**를 위한 **정보**를 정확하고 신속하게 수집하기 위해 체계적인 계측계획 수립 필요

2) 흙막이 공사에서 고려할 문제점과 대책

(1) 문제점 : 토류벽, Strut, 굴착지반의 융기, 주변 지반의 침하변위, 주변 건물에 미치는 영향

(2) 대책 : 계측으로 문제점을 예측, 평가, 대책 수립

## 2.계측조사 계획

1) 계측계획 Flow

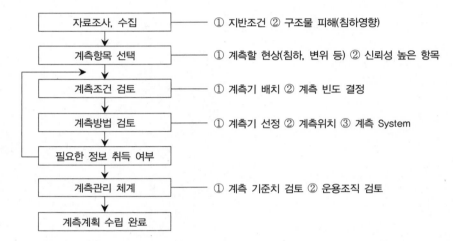

2) **계측계획 시** [계획 수립 시] **고려사항** [참고문헌 : 구조물기초설계기준(2002), 건설교통부.]

(1) **공사개요 및 규모**

(2) **계획공정표**

(3) **지반 및 환경조건** : 지반조건 및 주변환경(구조물, 건물 등)

(4) **인접구조물**의 배열 및 기초의 상태

(5) 계측대상 구조물, 지반의 **계측 목적**

(6) 계측목적에 따른 **계측 범위**와 **계측 위치** 및 **계측빈도**

(7) 계측기의 **종류**, **규격**(사양)

(8) 계측기의 **내구성**, **단가**

(9) 계측기의 **매설**, **설치**, **유지**, **보호** 등의 방법

(10) 공사 공정에 맞는 **계측기간**과 **계측빈도**

(11) **계측인원 계획**

(12) **관리기준값**

(13) 계측결과를 시공에 반영시키는 체계

(14) 안전관리기법

## ■ 참고문헌 ■

1. 구조물기초설계기준(2002), 국토해양부.
2. 서진수(2006), Powerful 토목시공기술사(1, 2권), 엔지니어즈.
3. 황승현(2010), 흙막이 가설구조의 설계, 도서출판 씨아이알.

# 7-6. 계측기 선정(선택) 시 고려사항과 선택(선정) 원칙

## 1. 개요
흙막이공사에서 **토류벽**, Strut, 굴착지반의 **융기**, 주변 지반의 **침하변위**, **주변 건물**에 미치는 영향 등을 계측으로 예측, 평가하여 **대책을 수립**하여 안전시공해야 함

## 2. 계측기 선정(선택) 시 고려사항과 선택(선정) 원칙
1) 선택 시 고려사항
   - (1) 자료의 **정확성(신뢰성)**
   - (2) 이용의 **용이성**
   - (3) **경제성**

2) 선택 원칙
   - (1) 계측기기의 **정도**, 반복정밀도, **강도**, **계측범위**, 신뢰도가 계측목적에 적합할 것
   - (2) **구조** 간단, **설치** 용이할 것
   - (3) **온도**, **습도** 영향 적게 받고, **보정** 간단할 것
   - (4) 계측기기로 인해 공사에 지장 초래하지 않을 것
   - (5) 예상변위, 발생응력보다 **측정 가능 범위** 클 것
   - (6) 계기오차등을 유발하는 **계측기의 고장** 발견 용이할 것
   - (7) **가격이** 경제적일 것

## 3. 계측기기의 항목과 항목 선택 시 선택 원칙

| 계측하고자 하는 현상(계측대상) | 계측항목 |
|---|---|
| 1. 토류벽, 지보공에 대한 현상 | 1. 토류벽체에 작용하는 토압, 수압, 변형(수평변위), 응력<br>2. Strut 또는 Anchor의 축력<br>3. 띠장의 응력과 변형 |
| 2. 굴착지반에 관한 현상 | 1. 지하수위, 간극수압에 의한<br>  1) Heaving, 2) Boiling<br>2. 유독가스의 발생 |
| 3. 주변 지반, 인접구조물에 관한 현상 | 1. 수평이동(주변 지반의 변형)<br>2. 인접구조물의 침하/기울기/균열<br>3. 지반개량에 따른 수질오염 |

## ■ 참고문헌 ■

1. 지반공학 시리즈 3 한국지반공학회(1997), 굴착 및 흙막이 공법, 구미서관, p.353, pp.365~368.
2. 황승현(2010), 흙막이 가설구조의 설계, 도서출판 씨아이알.

## 7-7. 굴착 흙막이벽의 주요 계측항목, 계측기기, 계측(측정)목적 [계측항목별 검토사항]

### 1. 개요

흙막이공사에서 **토류벽**, Strut, 굴착지반의 **융기**, 주변 지반의 **침하변위**, 주변 건물에 미치는 영향 등을 계측으로 예측, 평가하여 **대책을 수립**하여 **안전시공**해야 함

### 2. 주요 계측항목

| 측정 위치 | 측정항목 | | 계측기 명 | 측정목적 | 육안 관찰 |
|---|---|---|---|---|---|
| 토류벽 | 측압 | 토압 | 토압계 | 1. 실측치와 설계치 비교, 검토<br>2. 주변 수위, 간극수압, 벽면 수압의 관련성 파악 | 1. 벽체의 휨, 균열<br>2. 누수<br>3. 주변 지반 균열 |
| | | 수압 | 수압계 | | |
| | 변형 | 1. 두부변형<br>2. 수평변위 | 1. 측량(트랜싯)<br>2. 경사계 | 1. 실측치와 허용수치와의 비교<br>2. 토압, 수압과 벽체변형과의 상관성 파악 | |
| | 벽내응력 | | 1. 변형계<br>2. 철근계 | 1. 벽내 응력분포와 실제 측압으로 계산된 벽내 응력 비교<br>2. 실측응력과 허용응력 비교 | |
| Strut / Anchor | 축력 | | 하중계(Load Cell) / 압축계(신축계) | 1. Strut or Anchor의 토압분담 비율 명확히 함<br>2. 작용하중과 허용축력과 비교 ⇒ 안전성 확인 | 1. Strut 연결 평탄성<br>2. 볼트 조임 상태 |
| | 변위량 | | 변위계 (변형률계 Strain gage) | | |
| | 온도 | | 온도계 | | |
| 굴착 지반 | 1. 저면위 변위<br>2. 수직 / 수평 변위<br>3. 간극수압 | | 1. 지표침하계<br>2. 지중경사계(Inclinometer) (삽입식)<br>3. 간극수압계(고정롯트식)<br>4. 지중침하계(Extensometer) | 1. 응력해방에 의한 굴착지반의 변형, 주변 지반의 거동 파악<br>2. 배면지반의 변위, 토류벽의 변위, 굴착 저면의 변위관계 파악<br>3. 실측 변위량과 허용 변위량과 비교⇒ 안전성 확인<br>4. 굴착 및 배수에 따른 주변 지반의 침하량 및 침하변위 | 1. 내부 지반의 용수<br>2. 바닥면의 Heaving(융기), 균열 |
| 주변 지반 | 1. 지표연직 변위<br>2. 지중연직 / 수평변위<br>3. 간극수압 | | | | 1. 배면지반 균열<br>2. 도로연석(경계석), 보도블록의 벌어짐 |
| 인접 구조물 | 1. 연직변위<br>2. 경사도<br>3. 균열 | | 1. 침하계(Settlement)<br>2. 경사계(Tiltmeter)<br>3. 균열 측정기 | 굴착 및 배수에 수반되는 인접구조물의 변위 및 균열 상태 파악 | 구조물의 경사, 균열 |

### ■ 참고문헌 ■

1. 지반공학 시리즈 3 한국지반공학회(1997), 굴착 및 흙막이 공법, 구미서관, p.353, pp.365~368.
2. 황승현(2010), 흙막이 가설구조의 설계, 도서출판 씨아이알.

# 7-8. 굴착 흙막이벽의 계측기 설치 위치 선정기준

## 1. 개요

1) 현장관리 목적에 부합되는 모든 위치에 설치하는 것이 가장 좋으나

2) 현실적으로는 계측의 대표성을 갖는 위치에 적절한 수량의 계측기 설치

## 2. 일반적인 계측기 설치 위치의 선정기준

1) 대상 지역 전체를 **대표**할 수 있는 지점

2) 사전자료로 파악된 **취약 지역**

3) 장래 중요 **구조물이 축조될 지역**

4) **안정관리** 대상 지역

5) 차량, 기타 장비로부터 **보호 용이한 지역**

6) **공사완료 후에도** 측정 가능한 지역

7) 계측기의 **상호 연계**를 파악할 수 있는 지점

8) **다른 계측기와 가까운 거리에 설치 ⇒ 측정 및 비교의 편이성을 높일 수 있는 지역**

## 3. 계측위치(장소) 선정 시 고려사항

1) 개요

계측 장소는 대상지역내에서 **계측의 목적**에 부합되면서 **계측의 효율**이 가장 좋은 장소, **가장 큰 변형이 예상되는 장소**를 선정

2) 계측위치(장소) 선정 시 고려사항

(1) 지반조사로 지반조건이 충분히 파악되는 곳

(2) 토류구조물을 대표하는 곳

(3) 조기에 시공할 수 있고 계측결과를 Feed Back할 수 있는 곳

(4) 인접해서 중요한 구조물이 있는 곳

(5) 교통량이 많은 곳

(6) 온도변화 심한 곳

(7) 토류구조물 or 지반에 특수조건이 있어 공사에 영향 미칠 것으로 예견되는 곳

3) 계측위치 선정 시 유의사항 ＝ 위치 계획 시 유의사항 [결론 문구로 활용]

(1) 일련의 계측기 설치위치는 **가시설단면이 동일한 곳**에 계획

(2) ∵ **토류구조물의 거동**은 토류벽에 작용하는 토압/수압/벽체응력/Strut 축력/앵커 및 네일의 축력/ 주변지반 침하/굴착지반 변위/지하수위등과 밀접한 관계에 있음

(3) ∴ 이들 값들을 **동일 단면**에서 측정하여 **각 Data의 연관성**을 서로 **Check**하여 **계측결과의 신뢰성 증가됨**

■ 참고문헌 ■

1. 지반공학 시리즈 3 한국지반공학회(1997), 굴착 및 흙막이 공법, 구미서관, p.353, pp.365~368.
2. 황승현(2010), 흙막이 가설구조의 설계, 도서출판 씨아이알.

## 7-9. 굴착 흙막이벽의 계측빈도

### 1. 개요
1) 계측 계획 시에는 **계측목적**에 따른 **계측범위, 계측위치** 및 **계측빈도** 정함
2) 굴착지반의 거동은 일일 굴토량, 작업기계, 기상(우천) 등에 영향을 받음
∴ **Data**의 변화속도의 안정성여부의 관련성을 충분히 고려하여 **적절한 측정 빈도**를 설정해야 함

### 2. 빈도 설정 시 고려사항
1) Data **변화속도 빠른 계측항목** ⇒ 측정 빈도 **높임**
2) 장기간에 걸쳐 **변화량이 미세한 계측항목** ⇒ 측정 빈도 **낮춤**
3) **안전과의 관련성 높은 항목** ⇒ 측정 빈도 **높임**

### 3. 흙막이 계측기 종류별 용도와 계측빈도
[계측목적에 따른 계측범위, 계측위치 및 계측빈도]

| 계측항목(종류) | 용도 | 측정시기 | 측정빈도 | 비고 |
|---|---|---|---|---|
| 지중경사계(Inclino meter) | 배면지반 수평거동 | 설치 후<br>공사<br>진행 중<br>완료 후 | 1회/주<br>(중요도에<br>따라 변경<br>가능) | 초기치선정<br>연속<br>측정 |
| 수압계(지하수위계)<br>(Water Pressure meter)<br>간극수압계<br>(Standpipe type Piezometer) | 지하수위 및 간극수압 | | | |
| 토압계(Pressure Cell) | 벽체 작용토압 | | | |
| 하중계(Load Cell) | 버팀보, 앵커의 축력 | | | |
| 변형률계(Strain Gasge) | 엄지말뚝, 버팀보, 띠장의 변형률과 응력 | | | |
| 지표침하계(Settlement) | 주변 지반의 거동 파악 : 배면지반의 침하량, 변위 | | | |
| 지중침하계(Extensometer) | 지반의 연직변위 | | | |
| 구조물경사계(Tiltmeter)<br>균열측정계(Crack gage) | 인접구조물 기울기, 균열 피해 측정 | | | |
| 진동측정기<br>(Vibration measureing Instruments)<br>소음측정기<br>(Sound measuring Instruments) | 진동 및 소음 | | | |

### ■ 참고문헌 ■

구조물기초 설계기준(2002), 건설교통부.

# 7-10. 굴착 흙막이벽의 계측결과의 분석방법, 계측관리 방법과 관리기준

## 1. 개요
계측기 선정 시에는 **지반상태, 구조물 특성**, 일반적인 **안정성 판단기준**, 유사한 **계측관리** 기준을 참고하여 **경제성, 시공성, 안전성** 전반을 고려하여 선정함

## 2. 계측결과의 분석 방법
1) 지중경사계 : **벽체의 변형**을 측정치와 설계치 비교 ⇒ 안정성 판단
   - (1) **경시변화**로 판단하는 방법(시간 경과에 따른 변화)
     굴착단계별 수평변형량 변위 측정 ⇒ Graph 작성
   - (2) 경사계 자료에 의한 **응력의 역해석**
     경사계 수평변위량($\delta$), 처짐곡선의 기울기($\theta$)로 M(모멘트), S(전단력), q(하중)를 구하여 설계치와 비교
   - (3) **탄소성해석**에 의한 방법

2) 변형률계
   - (1) 변형률로 계산된 **응력, 축력을 기준**으로 평가하는 방법
   - (2) **휨모멘트를 기준**으로 평가
   - (3) **전단력을 기준**으로 평가

3) 지하수위계
   **실측 지하수위가 설계수위보다 높을 때 안전에 주의대상**이 되고, 실측 토압과의 관계로부터 위험 여부 판정

## 3. 계측관리 방법과 기준
1) 절대치 관리방법
   - (1) 시공 전에 설정된 **관리기준치와 실측치를 비교**, 검토하여 **안정성 확인**
   - (2) 절대치 관리기준 설정 예
     1차 관리 기준치 = 부재 허용응력의 80%
     2차 관리 기준치 = 부재 허용응력의 100%

| 계측항목 | 비교 대상 | 관리기준치 | |
|---|---|---|---|
| | | 1차 기준 | 2차 기준 |
| 측압(토압, 수압) | 설계측압분포(지표면~각 단계 굴착깊이) | 100% | – |
| 벽체응력 | 철근의 허용인장응력도 / 허용휨모멘트 / 콘크리트 허용압축응력도 | 80% | 100% |
| 벽체변형 | 계획 시의 계산치 | 100% | – |

   - (3) 안정성 판단
     ① **측정치 ≤ 1차 관리기준** : 안정

② 1차 관리기준치 < 측정치 ≤ 2차 관리기준 : 주의

특별한 문제는 없으나 다음 굴착과정에서 2차 기준치 초과 여부 검토 필요

③ 2차 관리기준치 < 측정치 : 위험, 공사일시 중단, 재검토

2) **예측관리** 방법

(1) **예측치와 관리기준치를 비교, 검토**하여 **사전에 안정성 확인**, 현재 시공법에 대한 검토를 행하는
방법

[다음 단계 이후의 예측치와 관리기준치를 비교, 검토하고 사전에 안전성을 확인 또는 현재 시공
되고 있는 시공법에 대한 검토를 행하는 방법]

(2) 예측치

**현재 굴착상태의 실측치**로 획득한 토질정수를 이용 **수치해석**으로 **다음 단계 굴착 이후의 토류벽
의 거동을 추정**한 값

[현 단계까지 굴착상태(선행굴착)의 실측치 해석결과 얻어진 토질정수로 다음 단계 굴착 이후의
토류구조물의 거동을 수치해석기법으로 추정한 값]

(3) 관리기준치 예(토류공사 안정적 시공관리를 위한 기준 시스템 예)

| 측정항목 | 안전/위험 판정기준치 | 판정표 | | | |
|---|---|---|---|---|---|
| | | 지표(관리기준) | 위험 | 주의 | 안전 |
| 측압 (토압/수압) | 설계 시 이용한 토압분포 (각 단계 근입깊이) | $F_1 = \dfrac{\text{설계 시 이용한 토압}}{\text{실측(예측)에 의한 측압}}$ | $F_1 < 0.8$ | $0.8 \leq F_1 \leq 1.2$ | $F_1 > 1.2$ |
| 벽체 변형 | 설계 시 추정치 | $F_2 = \dfrac{\text{설계 시의 추정치}}{\text{실측(예측)에 의한 변형량}}$ | $F_2 < 0.8$ | $0.8 \leq F_2 \leq 1.2$ | $F_2 > 1.2$ |
| 토류벽내 응력 | 철근 허용 인장응력 | $F_3 = \dfrac{\text{철근허용인장응력}}{\text{실측(예측)의 인장응력}}$ | $F_3 < 0.8$ | $0.8 \leq F_{13} \leq 1.0$ | $F_3 > 1.0$ |
| | 토류벽 허용 휨모멘트 | $F_4 = \dfrac{\text{허용휨모멘트}}{\text{실측(예측)에 의한 휨모멘트}}$ | $F_4 < 0.8$ | $0.8 \leq F_4 \leq 1.0$ | $F_4 > 1.0$ |
| Strut 축력 | 부재허용 축력 | $F_5 = \dfrac{\text{부재허용축력}}{\text{실측(예측)에 의한 축력}}$ | $F_5 < 0.7$ | $0.7 \leq F_5 \leq 1.2$ | $F_5 > 1.2$ |
| 굴착저면 Heaving양 | T.W.Lambe의 허용 Heaving양 | | 위험영역 Plot | 주의영역 Plot | 안전영역 Plot |
| 부등 침하량 | 건물 허용 부등침하량 | 기둥 간격에 대한 부등침하량 비 | 1/300 이상 | 1/300~1/500 | 1/500 이하 |
| 침하량 | 각 현장마다 허용치 결정 | 허용침하량 넘으면 위험, 주의 신호로 판정 | | | |

3) 처짐각에 의한 관리 : Bjerrum, 허용부등침하량

$$\tan\alpha = \frac{\Delta S}{l} = \frac{S_2 - S_1}{l}$$

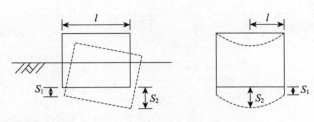

| 처짐각 $\tan\alpha = \dfrac{\Delta S}{l} = \dfrac{S_2 - S_1}{l}$ | 부등침하에 의한 구조물의 영향 |
|---|---|
| $\dfrac{\Delta S}{l} < \dfrac{1}{500}$ | 균열 미발생 : 구조물 손상 안 됨 |
| $\dfrac{\Delta S}{l} < \dfrac{1}{300}$ | 내하벽 균열 한계 : 건물의 기능, 외형상 문제 발생 |
| $\dfrac{\Delta S}{l} < \dfrac{1}{150}$ | 손상한계 : 구조적 손상, 철근콘크리트 구조물 균열 |

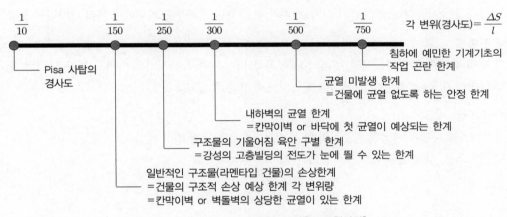

[Bjerrum의 처짐각과 허용부등침하량]

### 4) 구조물별 계측 관리 기준치

| 구분 | 침하(허용침하량) | 표면경사 | 균열 | 비고 |
|---|---|---|---|---|
| 철도 | 7mm / 10m | – | – | 철도청 '노선정비 규칙'의 궤도의 비틀림 정비 기준 |
| 도로 | 100mm | – | – | 한국도로공사 '도로설계요령' 허용잔류침하량 |
| 민가 (가옥) | 50mm (Skempton) | 1/150 (Bjerrum) | 15mm (구조적 이상 없는 균열폭) | 지반공학회 정보화시공 |

### 5) 지반 피해 정도 판단 방법

지반침하에 따른 구조물의 변위와 손상 분류 – 영국 NCB의 손상등급(탄광)

| 손상 등급 | 구조물<br>수평변위량 $\Delta$cm | 구조물 손상 상태 |
|---|---|---|
| I[Very Slight] [매우 작음] | $\Delta$<3cm | 1. 벽체 Hair Crack(미세 균열)<br>2. 고립된 실균열(Slight Fracture) |
| II [Slight] [작음] | $\Delta$=3~6cm | 1. 여러 개의 실균열<br>2. 문, 창문 약간 튀어나옴<br>3. 실내 장식물 보수 필요한 정도 |
| III [Appreciable] [상당한 정도, 분명한, 감지 가능한] | $\Delta$=6~12cm | 1. 구조물 외부에서 실균열, 주균열 관찰<br>2. 가스, 수도관 파열 |
| IV [Severe] [격심한, 심한] | $\Delta$=12~18cm | 1. 큰 균열(공기 드나듦)<br>2. 창문, 문틀 비틀어짐<br>3. Pipe류(가스, 수도관) 교란 |
| V [Very Severe] [매우 심한] | $\Delta$>18cm | 부분적, 전반적 재건축 필요 |

## 4. 맺음말

현장계측의 문제점

### 1) 초기치 설정시기 지연

많은 현장에서 굴착공사 도중 계측기 설치 ⇒ 지반 및 구조물 거동을 초기부터 충분히 파악하지 못함

### 2) 계측의 정확성

계측기 자체의 한계, 설치위치선정, 설치과정, 설치상태, 유지관리, 측정자의 숙련도, 계측 당시의 현장상황(굴착깊이 등) 기록 등의 근본적인 계측의 정확성 검토 필요

### 3) 결과치의 분석

- 측정결과치를 사전에 설정된 기준치와 단순 비교만으로 안정성 평가 많음
- 실제 지반조건, 설계 및 시공조건을 종합하여 비교 분석해야 함

# [예상문제] 구조물 기초의 허용변위 = 구조물의 침하, 경사 등에 관한 허용값 추정

## 1. 종류

1) Bjerrum의 허용 각변위(처짐각)

2) Sowers의 최대 허용침하량

3) 허용부등침하량(Skempton & Macdonalad)

4) Design Manual(설계지침) 및 Building Code(건축기준)

## 2. 처짐각에 의한 관리 : Bjerrum, 허용부등침하량

$$\tan\alpha = \frac{\Delta S}{l} = \frac{S_2 - S_1}{l}$$

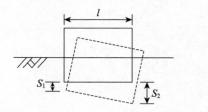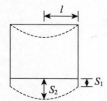

| 처짐각 $\tan\alpha = \frac{\Delta S}{l} = \frac{S_2 - S_1}{l}$ | 부등침하에 의한 구조물의 영향 |
|---|---|
| $\frac{\Delta S}{l} < \frac{1}{500}$ | 균열 미발생 : 구조물 손상 안 됨 |
| $\frac{\Delta S}{l} < \frac{1}{300}$ | 내하벽 균열 한계 : 건물의 기능, 외형상 문제 발생 |
| $\frac{\Delta S}{l} < \frac{1}{150}$ | 손상한계 : 구조적 손상, 철근콘크리트 구조물 균열 |

## 3. Bjerrum의 처짐각과 허용부등침하량 = 각 변위에 따른 건물의 피해 상황

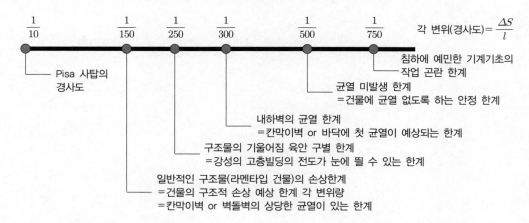

**■ 참고문헌 ■**

1. 지반공학 시리즈 3 한국지반공학회(1997), 굴착 및 흙막이 공법, 구미서관, pp.301~325, p.353, pp.365~368.
2. 이춘석(2002), 토질 및 기초공학 이론과 실무, 예문사, pp.513~514.
3. 황승현(2010), 흙막이 가설구조의 설계, 도서출판 씨아이알.

## 7-11. 흙막이 굴착 공사 시의 계측항목을 열거하고 위치 선정에 대한 고려사항을 설명(88회)

### 1. 계측의 정의(개요)

계측 실시로 안전시공, 설계와 시공의 차이점 확인 및 보완하고 역해석을 실시

### 2. 계측의 목적

1) 시공성

2) 경제성

3) 안전성 : 근접시공 대책, 지반침하, 균열 변형 측정

4) 역해석 실시(다음 설계에 Feed Back)

### 3. 역해석의 목적 및 적용

1) 계측으로 변위 측정하여 실제 토압 구함

2) 설계 시 적용한 지반 물성치의 타당성 확보

3) 설계와 시공의 차이점 발견 : 설계변경의 합리성 및 타당성 부여, 안전시공

4) 자료 축적 : 기술 발전

5) 다음 설계에 Feed Back(반영) : 설계방법 개선안 마련

### 4. 계측의 종류 및 설치위치, 계측 계획도 예시

[흙막이벽에 사용되는 계측기 종류와 용도](구조물기초설계기준)

| NO | 종류 | 설치위치 | 용도 |
|---|---|---|---|
| 1 | 지중경사계(Inclino meter) | 토류벽 배면지반, 인접건물 지반 | 배면지반의 수평거동 |
| 2 | 수압계(Water Pressure meter)<br>간극 수압계(Stand pipe type piezometer)<br>= 지하수위계 | 토류벽 배면지반 | 지하수위 및 간극수압 |
| 3 | 토압계(Pressure cell) | 토류벽 배면지반 | 벽체에 작용하는 토압 |
| 4 | 하중계(응력, Stress) (Load cell) | 강재(버팀 + 띠장 + 엄지말뚝) | 버팀보, 앵커의 축력 |
| 5 | 변형률계(Strain) | 강재(버팀 + 띠장 + 엄지말뚝) | 엄지말뚝, 버팀보, 띠장의 변형률과 응력 |
| 6 | 지표침하계 | 토류벽 배면, 인접건물 | 지표침하량 |
| 7 | 지중침하계(Extensometer) | 토류벽 배면, 인접건물 | 지반의 연직변위 |
| 8 | 구조물(건물)경사계(Tilt Meter)<br>균열측정계(Crack gauge) | 인접건물 | 인접구조물의 기울기 및 균열에 따른 피해사항 |
| 9 | 진동, 소음 | 지상, 이동식 | 진동, 소음 |
| 10 | 가스탐지기, 경보기 | 도시가스관 주변, 개착 작업장 내 | 가스폭발 방지 |

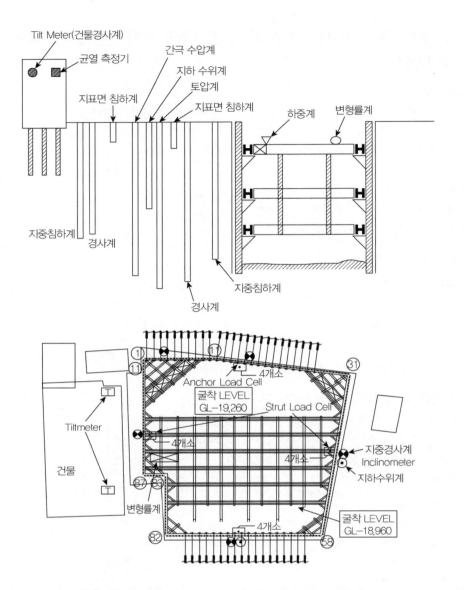

| 계측기명 | | 설치위치 | 계측기명 | | 설치위치 |
|---|---|---|---|---|---|
| 지중경사계<br>(내부경사계)<br>Inclinometer | ⊗ | 배면지반 | 건물경사계<br>Tiltmeter | T | 인접건물 옥상 |
| 지하수위계 | ⊙ | 배면지반 | 하중계<br>Load Cell | ▪ | 버팀 단면<br>앵커 두부 |
| 변형률계<br>Strain Gauge | ⊠ | 버팀 위 | | | |

[그림] 대구, 경북 디자인 센터 계측계획 평면도

## 5. 계측기 설치 위치 선정기준

1) 개요

    (1) 현장관리 목적에 부합되는 모든 위치에 설치하는 것이 가장 좋으나

    (2) 현실적으로는 **계측의 대표성**을 갖는 위치에 **적절한 수량**의 계측기 설치

2) 일반적인 **계측기 설치 위치의 선정기준**

    (1) 대상 지역 전체를 **대표**할 수 있는 지점

    (2) 사전자료로 파악된 **취약** 지역

    (3) 장래 **중요 구조물이 축조**될 지역

    (4) **안정관리** 대상 지역

    (5) 차량, 기타 장비로부터 **보호 용이**한 지역

    (6) **공사 완료 후에도 측정** 가능한 지역

    (7) 계측기의 **상호 연계**를 파악할 수 있는 지점

    (8) **다른 계측기와 가까운 거리에 설치** ⇒ 측정 및 비교의 편이성을 높일 수 있는 지역

3) **계측위치(장소) 선정 시 고려사항**

    (1) 개요

        계측 장소는 대상지역 내에서 **계측의 목적**에 부합되면서 **계측의 효율**이 가장 좋은 장소, **가장 큰 변형**이 예상되는 장소를 선정

    (2) 계측위치(장소) **선정 시 고려사항**

        ① 지반조사로 **지반조건이 충분히 파악**되는 곳

        ② 토류구조물을 **대표**하는 곳

        ③ 조기에 시공할 수 있고 계측결과를 Feed Back할 수 있는 곳

        ④ 인접해서 **중요한 구조물**이 있는 곳

        ⑤ **교통량**이 많은 곳

        ⑥ **온도변화** 심한 곳

        ⑦ 토류구조물 or 지반에 특수 조건이 있어 **공사에 영향 미칠 것으로 예견**되는 곳

    (3) **계측위치 선정 시 유의사항＝위치 계획 시 유의사항** [결론 문구로 활용]

        ① 일련의 계측기 설치위치는 **가시설 단면이 동일한 곳**에 계획

        ② ∵ 토류구조물의 거동은 토류벽에 작용하는 토압/수압/벽체응력/Strut 축력/앵커 및 네일의 축력/주변지반 침하/굴착지반 변위/지하수위등과 밀접한 관계에 있음

        ③ ∴ 이들 값들을 **동일 단면**에서 측정하여 **각 Data의 연관성**을 서로 Check하여 **계측결과의 신뢰성 증가**됨

## 6. 맺음말

1) **계측** 실시로

2) 안전시공

3) 설계 시공에 Feed Back

## ■ 참고문헌 ■

1. 구조물기초설계기준(2014).
2. 서진수(2006), Powerful 토목시공기술사(1, 2권), 엔지니어즈.
3. 대구, 경북 디자인센터 토류벽 평면도 및 계측 계획 평면도.
4. 지반공학 시리즈 3 한국지반공학회(1997), 굴착 및 흙막이 공법, 구미서관, p.353, pp.365~368.

## 7-12. 지하굴착을 위한 토류벽 공사 시 지반굴착에 따른 지반거동(주변지반거동) = 토류벽 변위의 원인 및 발생하는 배면침하의 원인 및 대책

- 흙막이 벽체 주변 지반의 침하예측방법 및 침하방지대책 [105회, 2015년 2월]

### 1. 개요

1) 지하굴착 토류벽 공사 시 발생하는 **진동, 소음, 지반침하, 지하수위 저하** 등의 피해 중 큰 피해는 침하이며, 침하를 완전히 방지하는 것은 거의 불가능하나, 원인과 대책을 강구하여 **설계 시 허용 변위** 및 **침하량 이내로 관리**하여 **피해를 최소화**해야 한다.

2) 피해 유형

   (1) 도로 균열, 파손, 단차

   (2) 수도관, 하수도관 파손

   (3) 도시가스 파손 및 누출, 폭발로 대형 참사 발생(대구지하철 1호선 2공구 상인동 가스폭발사고 예)

   (4) 인접 구조물(건물)의 균열, 경사, 부등침하

   (5) 교통사고 유발

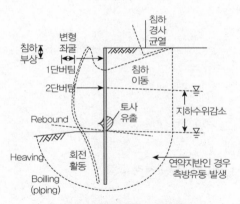

[그림] 굴착에 따른 지반거동

### 2. 토류벽 공사 시 배면침하 문제점 및 대책 모식도

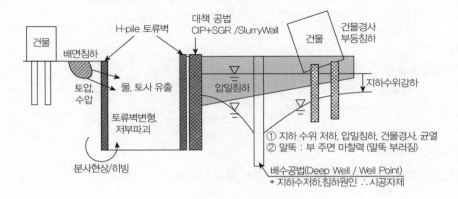

## 3. 굴착단계별 토류벽체의 거동

＝굴착 후의 토압발생단계

＝이상화된 **연성벽체(토류벽)**의 **벽체거동**과 **토압분포** [Bowles]

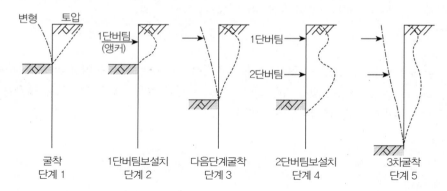

| 굴착<br>단계 1 | 1단버팀보설치<br>단계 2 | 다음단계굴착<br>단계 3 | 2단버팀보설치<br>단계 4 | 3차굴착<br>단계 5 |

## 4. 토류벽 변위의 발생원인

1) 토류벽의 **휨**

2) 버팀대의 **변형**(탄·소성 변형)

3) 버팀대 설치의 **시간적 지체**

4) 토류벽 근입깊이에 대한 영향

## 5. 침하 발생의 원인

1) **지반조사 및 설계** 미흡

2) 시공상의 원인

   (1) **진동** : 사질토 침하, 점성토 전단강도 감소

   (2) **과도한 굴착** : **편토압** 발생

   (3) **배면공극**과 이음부(Sheet 파일인 경우) 처리 불량

   (4) **Heaving**과 **Boiling** 발생

   (5) 배수에 의한 **지하수위 저하** : 주변 **지반 압밀 침하**

## 6. 침하예측방법

**계측**으로 예측함 [7-4~7-11강의 계측 관련 내용을 요약하여 기술함]

## 7. 침하방지대책

1) 토류벽 **배면 채움** 철저 ⇒ 공극방지, 침하방지

   : 깬 자갈과 모래 혼합, 콘크리트, Soil Cement 처리

2) **토류벽 가구**(버팀, 어스앵커 등)의 **설계시공 철저**

3) **차수 및 지반 보강** 실시 : 지하수위 저하방지

   (1) **배수공법 시공 자제**

   (2) **차수성 토류벽** : ① CIP(MIP, SIP 등의 주열식 지하 연속벽) +LW, ② Slurry Wall

4) 근입깊이 증가
5) Piping 및 Heaving 방지
6) 계측 실시로 안전 시공

## ■ 참고문헌 ■

지반공학 시리즈 3 한국지반공학회(1997), 굴착 및 흙막이 공법, 구미서관, p.26, pp.301~367.

# 7-13. 토류벽 시공 시 근접시공 시 문제점 및 대책
## = 인접구조물의 피해, 민원, 지하수 처리(근접 시공 시 문제점)

## 1. 지반 중 지하수의 종류
1) 자유수
- (1) 비교적 얕은 위치
- (2) 흙 중의 간극을 통해, 대기와 접한 상태에서 평형상태 유지
- (3) 강우에 의한 **침투**에 의해 **자유롭게 승강**하는 지하수

2) 피압수
- (1) 지중에서 어느 정도 **압력을 받은 지하수**
- (2) **상하 불투수층**에 끼어있는 투수층에서(대수층)
- (3) **압력 수두차**에 의해 흐름이 생기는 지하수

## 2. 기존 구조물에 근접하여 토류벽 공사 시 문제점
1) 굴착저면 : Quick Sand, Boling, Piping, Heaving에 의한 토류벽의 변위 및 붕괴
2) 토류벽체
- (1) 개수성 토류벽인 H-Pile 토류벽 : 토사 유출, 지하수 유출로 배면지반의 함몰, 부등침하
- (2) 토류벽 가구 설계 시공 잘못에 의한 토류벽의 변위, 붕괴
3) 지하수위 저하
   토류벽 배면의 함몰, 부등침하로 근접 구조물의 이동, 경사, 균열, 기존 말뚝의 변위

## 3. 지하수에 의한 문제점(근접 시공 문제점)
1) **피압지하수**에 의한 굴착 저면의 솟음 : Heaving
2) **토압**, 수압, Boiling 현상, Heaving
3) 토류벽 **중간의 누수** → 주변지반의 **함몰**, 침하 → 인접구조물(건물)의 경사
4) 지하수의 **양수, 배수**(Well point, Deep Well) → **주변의 영향**, 지하수위 저하

> **피압지하수에 의한 굴착 저면의 솟음 : Heaving**

- ① 굴착 → 불투수층의 두께 얇아짐 → 피압수 → 솟아오름(피압지하수에 의한 Heaving)
- ② 상부 물 → 배수
- ③ 하부 물 → 비배수
    피압 > 상부 흙의 중량 ⇒ 굴착저면 들어 올림 ⇒ 토류벽 파괴

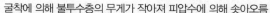
굴착에 의해 불투수층의 무게가 작아져 피압수에 의해 솟아오름

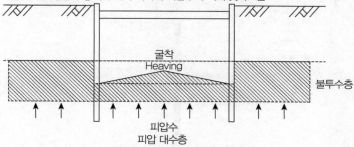

[그림] Heaving 발생 Mechanism

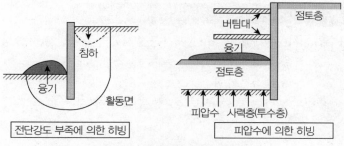

[그림] Heaving 발생 메커니즘 2가지

## Boiling 현상

① **사질 지반**인 경우
② 흙막이 벽면 사이의 수위차(수두차) → 침투압 발생 → Quick sand 현상
③ 굴착 부분 침식

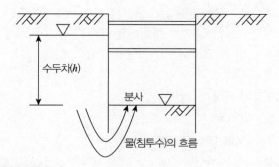

## 토류벽(흙막이) 중간의 누수

① 주변지반의 부분 **함몰**
② 느슨한 **사질지반** 굴착 시
③ 용수(누수) → 토사 유실 → 배면공극 → 물의 흐름이 공극에 집중 → 공극 확대 → **주변 지반 함몰**

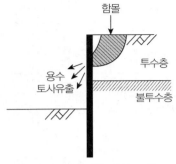

[그림] 용수에 의한 배면토 함몰

양수에 의한 지하수위 저하(Well Point, Deep Well) : **근접 시공의 문제** 발생(주변 장해)

① 주변의 영향　　　　② 우물고갈　　　　③ 지반침하

④ 포장의 파손　　　　⑤ 매설물의 파손

⑥ 인접 구조물(건물, 말뚝 옹벽, 도로, 기타 토목 구조물)의 경사, 침하, 파손

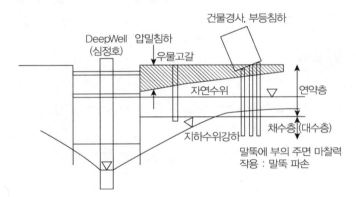

## 4. 지하수위 저하 대책

1) 배수공법보다 **지수(차수) 공법** 선택

　(1) 차수성 좋은 주열식 토류벽 : CIP, PIP, MIP

　(2) 차수보강 약액 주입공사 : SGR, JSP, JET, LW 등

2) 도심지 대규모 차수성 토류벽인 **지하연속벽(Slurry Wall)** 채택

## 5. 진동의 영향과 대책

1) 구조물의 균열 발생

2) 대책

　(1) 공법 변경 : 도심지 대규모 **차수성, 저진동, 저소음** 공법인 Slurry Wall 채택

　(2) 방음벽

　(3) 콘크리트 벽

(4) 방음 카버

(5) 진동방지 Trench(방진 Trench) 설치 : Slurry, 공기 Pack 채움

**진동 대책공법 예시(토류벽 H-Pile 항타)**

방진구(Trench 굴착)

① 완충지역, 불연속면

② 충격 에너지 R파(Rayleigh파 : 표면파, 충격 에너지 중 67%)를 Love파로 전환

③ R파 50% 감소

④ 진동, 소음 감소

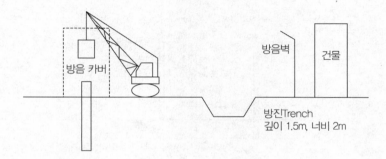

# 6. 맺음말

1) 토류벽 붕괴원인 및 진동소음, 주변 지반침하 근접시공 종합대책 : 토류벽 설계, 시공 시 검토

    (1) 토압, 수압, 보일링, 히빙 검토

    (2) 토류벽 가구 검토

2) 계측 실시로 안전시공, 침하, 진동, 소음, 주변 구조물의 균열 측정

3) 지하수위 높고, 도심지 대규모, 연약지반에 적용 가능한 저소음 저 진동 공법 채택

# ■ 참고문헌 ■

1. 서진수(2006), Powerful 토목시공기술사(1, 2권), 엔지니어즈.

2. 지반공학 시리즈 3 한국지반공학회(1997), 굴착 및 흙막이 공법, 구미서관, 지반공학회.

3. 황승현(2010), 흙막이 가설구조의 설계, 도서출판 씨아이알.

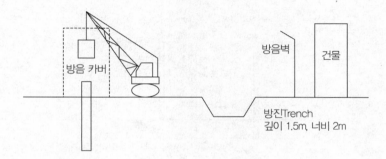

## 7-14. 지하수위 높은 곳 토류벽, 용수대책, 지하수 처리대책, 주변 지반, 지반굴착 시 근접구조물 침하 대책(18, 59회)

### 1. 개요
토류벽 공사는 주로 도심지 터파기 등에 이용되는 공법이며, 도심지 토류벽 공사 시에는 진동, 소음, 지반의 침하, 인접 구조물의 경사, 균열 등의 문제로 민원이 야기되는 경우가 많다.

### 2. 기존 구조물 근접 시공 시 문제점 예

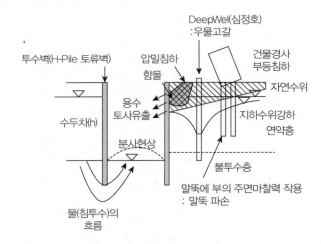

### 3. 지수 배수 공법 시공 대책 : 지하수 처리 대책공법의 종류 및 특징
1) 문제점

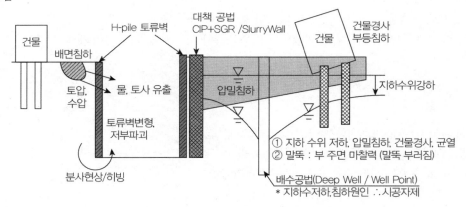

## 2) 지수와 배수공법 비교

| NO | 구분 | | 공법 | 특징 |
|---|---|---|---|---|
| 1 | 지수<br>차수 | 전면 지수 | 강널말뚝 | – |
| | | | 주열식 | 현타, CIP, SIP, MIP, SCW |
| | | | Slurrywall | 근접 시공에 가장 유리, 지하수위 높은 곳, 침하 적다, 균열 적다 |
| | | 국부적 지수 | 주입공법 | SGR, JSP, JET, LW |
| | | | 동결공법 | – |
| 2 | 배수 | 중력배수 | 표면배수 | – |
| | | | 지하배수 | – |
| | | | Deep Well | 근접시공 불리, 지하수위 저하, 공동, 침하, 균열 |
| | | 강제배수 | well Point | 근접시공 불리, 지하수위 저하, 공동, 침하, 균열 |
| | | | 전기침투 | – |
| | | | 진공흡입 | – |

## 3) 대안공법(대책)

### (1) **차수/지수** 공법(LW, SGR, JSP, CIP, SIP, MIP, Slurry Wall)

① 배수공법보다 지수(차수공법) 선택

② 차수성 좋은 주열식 토류벽 : CIP, SIP, MIP

③ 차수보강 약액 주입공사 : LW, SGR, JSP, JET 등

④ 도심지 대규모 차수성 토류벽인 지하 연속벽(Slurry Wall) 채택

### (2) **계측실시** : 계측의 종류 및 설치 위치, 계측 계획도 예시

[흙막이벽에 사용되는 계측기 종류와 용도](구조물기초설계기준)

| NO | 종류 | 설치위치 | 용도 |
|---|---|---|---|
| 1 | 지중경사계(Inclino meter) | 토류벽 배면지반, 인접건물 지반 | 배면지반의 수평거동 |
| 2 | 수압계(Water Pressure meter)<br>간극 수압계(Stand pipe type piezometer)<br>= 지하수위계 | 토류벽 배면지반 | 지하수위 및 간극수압 |
| 3 | 토압계(Pressure cell) | 토류벽 배면지반 | 벽체에 작용하는 토압 |
| 4 | 하중계(응력, Stress) (Load cell) | 강재(버팀 + 띠장 + 엄지말뚝) | 버팀보, 앵커의 축력 |
| 5 | 변형률계(Strain) | 강재(버팀 + 띠장 + 엄지말뚝) | 엄지말뚝, 버팀보, 띠장의 변형률과 응력 |
| 6 | 지표침하계 | 토류벽 배면, 인접건물 | 지표침하량 |
| 7 | 지중침하계(Extensometer) | 토류벽 배면, 인접건물 | 지반의 연직변위 |
| 8 | 구조물(건물)경사계(Tilt Meter)<br>균열측정계(Crack gauge) | 인접건물 | 인접구조물의 기울기 및 균열에 따른 피해사항 |
| 9 | 진동, 소음 | 지상, 이동식 | 진동, 소음 |
| 10 | 가스탐지기, 경보기 | 도시가스관 주변, 개착 작업장 내 | 가스폭발 방지 |

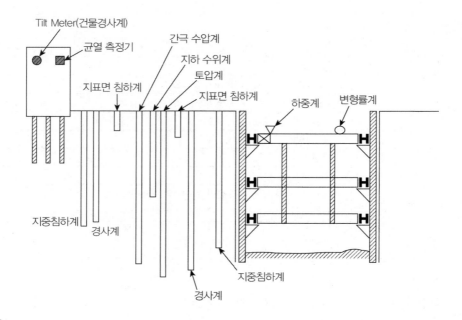

## 4. 대책

1) 차수공사 실시

2) 토류벽 가구의 설계시공 철저

3) 배수 공법보다는 차수나 지수 공법 시공

4) 차수성 토류벽 시공 : Slurry Wall, CIP, MIP, SIP 등의 주열식 지하 연속벽 토류벽 시공

5) 계측실시로 안전 시공

## 5. 평가

토류벽 시공 시에는 **계측실시**로 **침하**, **진동**, **소음**, 주변 구조물의 **균열** 측정하여 **안전 시공**함

## ■ 참고문헌 ■

1. 서진수(2006), Powerful 토목시공기술사(1, 2권), 엔지니어즈.

2. 지반공학 시리즈 3 한국지반공학회(1997), 굴착 및 흙막이 공법, 구미서관.

3. 황승현(2010), 흙막이 가설구조의 설계, 도서출판 씨아이알.

4. 구조물기초설계기준(2014).

## 7-15. 흙막이 앵커를 지하수위 이하로 시공 시 예상되는 문제점과 시공 전 대책에 대하여 기술(89회)

### 1. 개요
토류벽 공사는 주로 도심지 터파기 등에 이용되는 공법이며, 도심지 토류벽 공사 시에는 진동, 소음, 지반의 침하, 지하매설물의 파손, 인접 구조물의 경사, 균열 등의 문제로 민원이 야기되는 경우가 많다.

### 2. 기존 구조물 근접 시공 시 일반적인 문제점

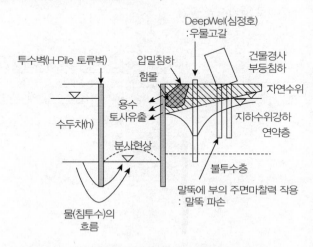

1) 굴착저면 : Quick Sand, Boling, Piping, Heaving에 의한 토류벽의 변위 및 붕괴
2) 토류벽체
   (1) 개수성 토류벽인 H-Pile 토류벽 : 토사 유출, 지하수 유출로 배면지반의 **함몰, 부등침하**
   (2) 토류벽 가구 설계 시공 잘못에 의한 **토류벽의 변위, 붕괴**
3) 지하수위 저하
   토류벽 배면의 함몰, 부등침하로 근접 구조물의 이동, 경사, 균열, 기존 말뚝의 변위

### 3. 흙막이 앵커를 지하수위 이하로 시공 시 예상되는 문제점
1) Ground Anchor 설계 시 **지하수영향 및 대책 검토 항목**

| 구분 | 지하수위(수두)가 앵커두부보다 높거나, 피압수(용수) 있는 지반 | 투수도 높아 지하수위 낮은 지반 |
|---|---|---|
| 문제점 | 1) 수압 ⇒ 주입재 충전 불충분, Cement 풀 농도 엷어 ⇒ 인발저항력 부족<br>2) 앵커공으로 토사 및 지하수 유출 ⇒ 시공 불가능<br>3) 기설치 앵커의 저항력 저하 | 1) 예상 외 많은 주입량<br>2) 장시간 주입해도<br>　⇒ 그라우트의 일수(유출)<br>　⇒ 주입재 충전 불충분 |
| 대책 | 1) 보링 ⇒ 투수성 조사<br>2) 지하수 상황에 따라 ⇒ 천공법, 주입재 선정, 주입압력, 사전주입의 필요성, 주입 중단 후 재주입 등 시공법 전반에 대해 신중히 검토<br>3) 특수한 주입재 및 주입방법 | |

2) **지하수위 높은 곳에서 시공 시 문제점**

  (1) 앵커를 대수층(지하수위 높은 곳)에 천공할 경우 **누수, 토사(토립자) 유출**로 **압밀침하** 발생하여, 배면 상부지반의 **부등침하** 발생

    ① 우물 고갈

    ② 인접 구조물(건물, 옹벽, 도로, 기타 토목 구조물)의 경사, 침하, 파손

    ③ 도로 포장의 파손

    ④ 매설물의 파손

  (2) 천공 시 천공 공벽의 붕괴로 **앵커시공 불가**

  (3) 모식도

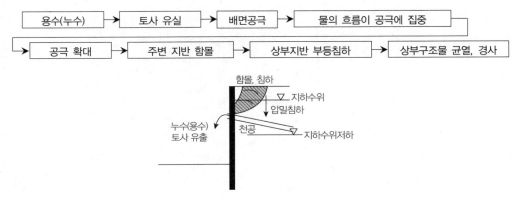

[그림] 천공 시 누수 현상

## 4. 흙막이 앵커를 지하수위 이하로 시공 시(지하수위 높은 곳에서 시공 시) 시공 전 대책

1) 차수공사 실시 : Grouting, 차수보강 약액 주입공사(SGR, JSP, JET, LW 등)

2) 차수성 토류벽으로 **설계변경** : Slurry Wall(지중연속벽)

3) 계측 실시로 안전 시공

4) 천공 시 Casing 사용 : 공벽 붕괴 방지

## 5. 맺음말

1) 지하수위 높은 곳의 토류벽 시공 시에는 **계측**을 실시하여 **침하, 진동, 소음**, 주변 구조물의 **균열** 측정하여 안전 시공해야 하며

2) 특히 어스앵커 천공, 흙막이판 시공 시 **배면의 지하수 누수, 토사 유출**에 의한 **배면지반의 침하**를 방지하기 위해 **차수공사**를 철저히 시공해야 함

### ■ 참고문헌 ■

1. 서진수(2006), Powerful 토목시공기술사(1, 2권), 엔지니어즈.

2. 지반공학 시리즈 3 한국지반공학회(1997), 굴착 및 흙막이 공법, 구미서관.

3. 황승현(2010), 흙막이 가설구조의 설계, 도서출판 씨아이알.

4. 구조물 기초 설계기준(2014).

# 7-16. 지하철 건설공사 시공 시 토류판 배면의 지하매설물 관리 및 근접 시공 대책

## 1. 개요

1) 지하굴착 공사 시 토류벽 공사로 발생하는 피해로는 **진동, 소음, 지반침하, 지하수위 저하** 등이 있는데, 가장 큰 피해는 침하로서 이것을 완전히 방지하는 것은 거의 불가능하나 원인과 대책을 강구하여 피해를 최소화해야 한다.

2) 피해 유형

(1) 도로 균열, 파손, 단차, 매설관 상부 지반의 침하(Sink Hole)

(2) 수도관, 하수도관 파손

(3) 도시가스 파손 및 누출, 폭발로 대형 참사 발생(대구지하철 1호선 2공구 상인동 가스폭발 사고)

(4) 인접 구조물(건물)의 균열, 경사, 부등침하

(5) 교통사고 유발

## 2. 지하매설물의 관리

1) 지하매설물의 조사

(1) **줄파기**(Guide Ditch) 실시하여 토류벽 시공 전 **주변 매설물 조사**

(2) 지하매설 도면 검토

지하매설물은 종류가 다양하고, 도면의 정확도가 떨어지며 관리주체가 각각 다르므로 **관련 기관**과 **합동 답사**가 필수적임

2) 지하매설물의 관리

(1) 지하매설물은 토류벽 배면과 평행하게만 매설되어 있는 것이 아니며

(2) Open 터파기 구간을 횡단하는 경우가 많음

특히 기존 굴곡 도로를 직선화하여 확폭한 경우 기존 도로 밑의 매설물은 현 도로 현황과는 다르게 복잡함

(3) 매설물의 **현황조사 평면도** 작성

매설물의 종류, 직경 또는 폭, 규모, 매설깊이, 매설방향, 매설시기(노후화 정도) 파악 명기

3) 지하매설물 처리 방법 강구

터파기시 보호, 보강 처리 및 되메우기 복구 방법 강구

(1) **보호 및 보강**

(2) **매달기**

(3) **받치기**

(4) **이설**

4) 토류벽 시공 시 **계측**을 통하여 주변 **매설물의 이상 유무** 관리

### 3. 침하 발생의 원인

1) 지반조사 및 설계 미흡

2) 시공상의 원인

    (1) 진동 : 사질토 침하, 점성토 전단강도 감소

    (2) 과도한 굴착 : 편토압 발생

    (3) 배면공극과 이음부(Sheet 파일인 경우) 처리 불량

    (4) Heaving과 Boiling 발생

    (5) 배수에 의한 지하수위 저하 : 주변 지반 압밀 침하

### 4. 침하 방지 대책

1) 토류벽 배면 채움 : 깬 자갈과 모래 혼합, 콘크리트, Soil Cement 처리

2) 차수 및 지반 보강 실시

3) 근입깊이 증가

### 5. 근접 공사 시 고려사항

1) 기설 구조물이 토류벽에 끼치는 영향 검토

2) 굴착에 의한 주변 지반의 영향 검토

3) 인접 기설 구조물의 침하, 경사에 대한 허용치 평가

4) 장비, 발파에 의한 진동, 소음 검토

5) 침하에 대한 영향거리 및 침하량 판단

### 6. 근접 시공 시 침하 영향 거리와 침하량(개략적)(일본 사례)

\* Clough 방법 : 침하량 S [$\delta_{vm}$] = (0.5~1%) × H(굴착깊이)

: 흙막이 벽으로부터 2~4m 범위에서 최대 지반침하발생

1) 지반이 **양호**한 경우

    (1) 영향거리 : L≒2H

    (2) 침하량 : S≒0.5%H

2) 지반이 **불량**한 경우

    (1) 영향거리 : L≒4H

    (2) 침하량 : S≒2%H

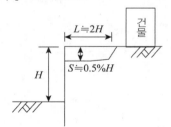
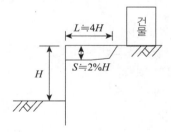

[그림] 근접시공 시 침하영향 거리와 침하량(개략적 : 일본)

## 7. 대구지하철 상인동 가스폭발 사고 교훈

[대구지하철 1호선 상인동 구간 Open Cut 지하철 터파기 공사]

### 1) 사고 개요

토류벽 배면 바로 인접하여 ○○ 건물신축을 위한 지하 천공(보링) 작업 중 누출된 도시가스가 야간에 터파기 구간에 모여 있다가 오전 작업 시작 시간(오전 7:30분경)대에 현장 내부에서 폭발하여 복공판 상부 수많은 차량을 전복, 인사사고 유발

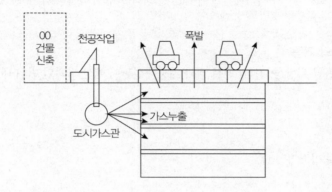

### 2) 교훈

(1) 이 사고는 국내에서 지하굴착을 위한 토류벽 시공 중 배면의 지하매설물 관리 잘못에 의한 참사 중 대형 참사임

(2) 토류벽 현장의 공사 관계자는 현장 주변의 변화등을 항상 예의 주시 관찰하여 위험 요소가 발견 시에는 인근 공사 현장 관계자와 사전 협의 및 방호 조치 필요

(3) 또한 **대규모 토류벽 현장(지하철) 주변**에서 공사등을 시행하는 업체는 **사전**에 인접의 대규모(지하철) **현장 담당자와 협의 후 안전조치**에 대해서 충분히 검토한 후 시공해야 함

## ■ 참고문헌 ■

1. 서진수(2006), Powerful 토목시공기술사(1, 2권), 엔지니어즈.
2. 황승현(2010), 흙막이 가설구조의 설계, 도서출판 씨아이알.
3. 지반공학 시리즈 3 한국지반공학회(1997), 굴착 및 흙막이 공법, 구미서관, pp.325~327.
4. 구조물기초설계기준(2014).

# 7-17. 지반굴착(토류벽공사)에 따른 매설관의 침하 및 변형

## 1. 개요

1) 지반굴착에 따른 **매설관의 주위 지반침하 거동**은 **토류벽 배면지반의 침하거동과 동일**

2) 토류벽의 횡방향 변위는 버팀굴착 주위의 지반침하를 유발한다. 이것을 **지반손실(Ground Loss)**이라 한다.

3) 지반손실은 인접구조물 기초, 지하매설물에 대하여 침하를 유발시켜 피해가 발생하므로 근접시공에서 매우 중요한 문제이다.

## 2. 굴착 주변 매설관의 거동

1) 굴착에 의한 지반변위(횡방향, 침하) 검토 결과 **지중매설관이 예상 파괴면 범위 내 있을 때 검토조건**

   (1) 굴착깊이(H)

   (2) 암반의 위치

   (3) 지하수위

   (4) 굴착면으로부터 이격거리(L)

   (5) 매설깊이

   (6) 매설관 재료의 종류 및 크기

   (7) 매설관 내용물 및 중요도

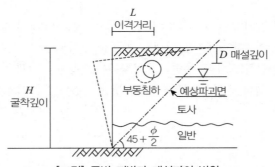

[그림] 주변 지반과 매설과의 변위

2) 부등침하 발생 시(매설관과 지반의 변위 불일치) 지지방법에 따른 응력산정방법

   (1) **골짜기 모양** 지반변위 발생 경우

(2) 한쪽(맨홀, 기타 Box)에 매설관이 걸쳐 **고정단**으로 지지된 경우

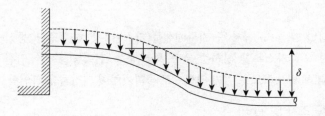

(3) 지중매설관의 **한 지점이 견고**한 경우

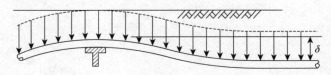

## 3. 지중매설관의 허용 침하량

1) 지반변위 발생 시 지중매설관은 지지형태에 따라 응력상태가 변함

2) ∴ 다음의 2가지 조건을 만족시키는 필요, 충분 조건의 침하량을 허용침하량으로 한다.

   (1) 지지형태에 의한 응력을 산정하여 매설관의 재료의 허용응력과 비교하여 침하량을 구함

   (2) 기능상 매설관의 접합부(Joint) 형태에 따라 접합부의 허용 휨각도로부터 침하량을 구함

## ■ 참고문헌 ■

1. 서진수(2006), Powerful 토목시공기술사(1, 2권), 엔지니어즈.
2. 지반공학 시리즈 3 한국지반공학회(1997), 굴착 및 흙막이 공법, 구미서관, pp.325~327.

## 7-18. 줄파기(Guide ditch) 및 지하매설물 보호

### 1. 정의
지하철공사(개착식 터널, 토류벽) 공사 중 지하매설물(가스관, 상·하수도관, 통신구, 전력구, 공동 구, 도시가스관)이 파손될 경우 가스폭발, 상하수 유출, 통신 불능, 전력공급차단, 인접 구조물 파괴, 도로붕괴 등의 인명 및 재산피해 발생하므로 미리 인력으로 줄파기하여 지장물을 확인함

### 2. 줄파기 계획(지장물 조사 및 관리)
1) 계획수립
    (1) 매설물 개략 위치 파악 : 지장물 대장, 도면
    (2) 굴착작업 계획, 보강 계획, 관리계획 수립
2) 관계 기관과 협의
3) 교통 및 보행자 안전계획 수립
    가설울타리(Fence), 교통표지판, 교통유도원
4) 결과확인 후 표지판 설치 : 종류 규격, 심도 표시

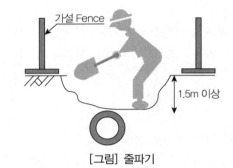

[그림] 줄파기

### 3. 줄파기(지하매설물 조사) 작업 시 점검 항목
1) 지하매설물 조사 및 현황파악
2) 관계 기관 입회하 작업
3) 작업 구간 가설 울타리 설치
4) 교통안전시설물 및 교통유도원
5) **깊이 1.5m 이상** 및 매설물 노출 시까지 **인력 굴착**
6) 터파기 구배준수 및 사면붕괴 방지
7) 실제 위치도 작성, 관리대장 작성
8) 지하매설물 방호 작업
9) 가스관의 가스 누출 측정

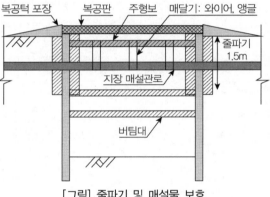

[그림] 줄파기 및 매설물 보호

10) 사고발생 시(매설물의 파손) 비상조치 계획수립 및 유관기관과 비상 연락망 구축
11) 지하매설물 상태 일일점검 실시

### 4. 시공 시 유의사항
1) 아스팔트 커팅 : 커터기로 절단 후 **표층 20cm 이내** 브레커 사용, **표층(20cm) 하부는 인력굴착**
2) **인력으로 1.5m 이상 굴착 원칙**, 예상치 못한 매설물 발견 시 2m 이상 굴착
3) 굴착 바닥면에서 배관 탐지기 등으로 매설 여부 재확인 후 **관노출 시까지 인력 굴착**
4) 얕은 심도 매설물 발견 시 : 규정 이상의 줄파기 시행 후 중복 매설 여부 확인
5) 매설물 현황도 작성 후 조사결과 기록 보존

## 5. 지하매설물의 보호 및 보강

1) 굴착 전 설계도에 따라 원래 위치대로 보호
2) 매달기 : 매설물의 종류에 따라 완충 목재, 고무패드, 방진용 납, 와이어로프 등을 사용하여 매달기하고 점검 List 비치하여 수시로 점검

## ■ 참고문헌 ■

1. 서진수(2006), Powerful 토목시공기술사(1, 2권), 엔지니어즈.
2. 지반공학 시리즈 3 한국지반공학회(1997), 굴착 및 흙막이 공법, 구미서관.
3. 황승현(2010), 흙막이 가설구조의 설계, 도서출판 씨아이알.

# 7-19. 지하연속벽(Slurry Wall공법 = Cast in Site Diaphragms Wall)

- 지하연속벽(Slurry Wall) 개요, 사고 요인, 문제점 ,대책, 시공 시 유의사항, 벽식, 주열식 설명(24, 48, 51회 용어, 43, 45,82회 용어)
- 도심지 지하수위 이하 대규모 차수성 토류벽(Slurry Wall)(31회)
- 지하수위가 높은 지반에서 굴착으로 인한 주변 침하를 최소화하고 향후 영구벽체로 이용이 가능한 공법에 대하여 기술(66회)
- 현장타설 콘크리트 말뚝의 공상원인과 Slime 처리 방법(73회)

## 1. 지하 연속벽 공법의 정의

1) 지중에 긴 **도랑(Trench)**을 파고

2) Bentonite Slurry(안정액)으로 Trench **벽체를 안정시킨 후** (붕괴방지)

3) **철근망을 넣고, 수중콘크리트** 타설하여 지중에 **콘크리트 벽체** 조성한

4) **차수성 토류벽**

## 2. 지하 연속벽 공법의 종류

1) 벽식 Slurry Wall 공법

| No | 공법명 | 굴착방식 | 순환방식 | 비고 |
|----|--------|----------|----------|------|
| 1 | BW(Boring wall) | Drill | 순환식 | 벽면매끈, 본체벽, Top-Down |
| 2 | 솔레단슈 | Rotary Bit | 순환식 | |
| 3 | Earth Drill | Bucket = Clamshell | 안정액 정지식 | |

2) 주열식

　(1) 대구경 현장타설 말뚝 : Beneto, RCD, Earth Drill

　(2) 소구경 현장타설 말뚝 : CIP, MIP, PIP, SCW

## 3. Slurry Wall 공법의 특징(장단점)

| | |
|---|---|
| 장점 | • 민원방지 공법 : 저소음, 저진동 토류벽 공법<br>• 수직도 우수<br>• 차수성 우수<br>• 강성(EI) 크다.<br>• 단면, 형상, 두께 자유<br>• 깊은 굴착 유리(40m 정도)<br>• 연약지반 토류벽<br>• 도심지 대규모 차수성 토류벽<br>• 지하수위 높은 곳 토류벽<br>• 근접시공에 유리한 공법 : 인접구조물 지반 침하가 적다. |
| 단점 | • Smooth Wall 어렵다(가설 토류벽 사용 : BW로 매끈한 벽체 가능, 본체벽) .<br>• 공사비 고가<br>• 안정액(폐액) 관리에 유의<br>• Trench 내부 확인 곤란<br>• 수중콘크리트 타설에 유의<br>• 지질에 따라 시공 곤란한 경우 발생 |

## 4. Slurry Wall의 용도

1) 하수 처리장, 쓰레기 매립장 침출수 방지

2) 건물기초

3) 지하 구조물 터파기 토류벽

4) 댐 차수벽

5) 교량 기초

6) 안벽

7) 폐기물 매립장 침출수 차단

## 5. Slurry Wall 시공 개요도 [시공 단면도]

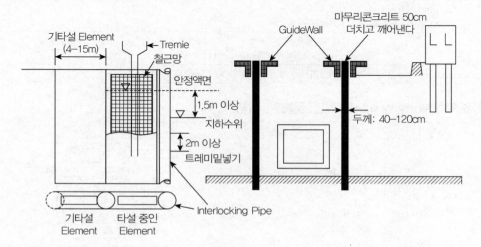

## 6. Slurry Wall 시공법 및 시공 순서

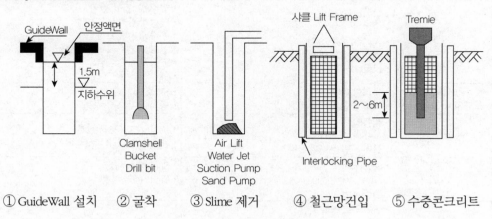

① GuideWall 설치　② 굴착　③ Slime 제거　④ 철근망건입　⑤ 수중콘크리트

## 7. 시공 순서별 유의사항(시공계획사항 = 시공관리사항)

| NO | 시공순서 | 유의사항 |
|---|---|---|
| 1 | Guide Wall 설치 | ① 위치　② 선형　③ 수직도　④ 강성, 강도 |
| 2 | 굴착(Bucket, Bit, Drill) | ① 수직도　② 공벽붕괴 방지 : 안정액면 = 지하수위 + 1.5m, 비중 유지 |
| 3 | Slime 처리 | ① 철근망 부상 방지<br>② 지지력 유지 : 선단 콘크리트 열화<br>③ 방법 : Air lift, Suction pump, Sand pump, WaterJet, Reverse, 모르타르 후비기(모르타르 밑처리) |
| 4 | 철근망 건입(넣기) | ① 장비점검 : Crane + 샤클 + 프레임<br>② Spacer 간격, 위치<br>③ 철근망 수직도<br>④ Tremie관 수입 여부 |
| 5 | End Pipe(Stop & End)<br>= Interlocking Pipe | ① 수직도<br>② 이음방법 |
| 6 | 수중 콘크리트 | ① 타설 원칙 준수　② 트레미 밑넣기 : 2~6m(콘크리트 열화 방지)<br>③ 철근망 부상 유의　④ 안정액 회수 |
| 7 | Interlocking Pipe 끊기, 인발 | 콘크리트와 부착이 완전히 되지 않을 때 인발 |

## 8. 지하연속벽(Slurry Wall) 사고원인, 문제점, 대책

| NO | 문제점 | 원인 | 대책 |
|---|---|---|---|
| 1 | Guide Wall<br>파괴, 변형 | • 강성 부족<br>• 연약지반 위 설치<br>• 밑넣기 부족<br>• 버팀대 불비<br>• 하중 과다 | 대책 단면(하중 과다 시)<br><br>• 약액주입으로 지반개량<br>• 밑넣기 깊게 설치<br>• 버팀대보강<br>• 하중분산 |
| 2 | 굴착벽면의<br>붕괴 | • 안정액 일수<br>• 안정액 열화<br>• 지하수, 우수 유입<br>• Trench 내 과대 토압<br>• Element 길이 과대 | • 일수 방지 : 비중 감소<br>• 안정액 관리 : 비중, 점도<br>• 우수 방지턱, U형 측구<br>• 안정 액면 유지 = 지하수 + 1.5m<br>• 안정액 비중 높임<br>• 엘리멘트 길이 축소 |
| 3 | 굴착용구의<br>트렌치 내 Jamming | • 무리한 인양<br>• 작업 중단 시 Trench 내 방치 | • Slime 제거 후 인양<br>• 방치 금지, 작업 중단 시 인양 |
| 4 | 철근망의<br>변형, 파괴 | • 비틀림<br>• 부주의<br>• 들기 운반 용구의 불량 | • 변형방지 보강근 설치<br>• H형강으로 Lift Frame 설치 |
| 5 | 철근망<br>세우기<br>곤란, 부상 | • Spacer 설치 잘못<br>• Slime 처리미비<br>• 벽면 굴곡 | • Spacet 설치 정확<br>• Slime 처리 철저<br>• 수직도 유지 |
| 6 | 콘크리트<br>타설 중의 사고 | • 콘크리트 열화 원인<br>　= Tremie 밑넣기 부족 + 안정액 유입 + Slime 유입<br>• 철근망의 부상원인<br>　= 과대한 타설속도 + Slime<br>• Tremie 관의 Jamming 원인<br>　= 타설 중단 시간이 길 때 | • Tremie 밑넣기 2m 이상 유지(4m 이하)<br>• 타설 속도 유지(수중콘크리트 타설 원칙 준수)<br>• Slime 제거 철저<br>• 연속 타설할 것 |

## 9. 지하 연속벽, 현장 타설 말뚝 철근망 부상원인과 대책

| NO | 원인 | 대책 |
|----|------|------|
| 1 | Slime 처리 미비 | ① Air lift　②  Suction pump　③ Sand pump<br>④ Water Jet　⑤ Reverse<br>⑥ 모르타르 바닥 후비기(모르타르 밑처리) |
| 2 | 철근망(현장 타설 말뚝 RCD 경우 : 강관 인발 시)<br>① Spacer 불비<br>② 철근망 수직도 불량<br>③ 변형 | ① Spacer 설치<br>② 철근망 수직도 유지<br>③ 변형 방지 |
| 3 | 수중 콘크리트 타설 부주의<br>• 과대한 타설 속도 | • 타설 속도 유지 |

## 10. 계측

1) 계측 실시로

2) 안전 시공

3) 계측의 종류 및 설치위치, 계측 계획도 예시 [표와 그림 그릴 것]

## 11. 맺음말

1) 토류벽 공법의 종류로는

   (1) 개수성 토류벽

   (2) 차수성 토류벽이 있다.

2) 공법 선정 시에는 (1) 안전성, (2) 경제성, (3) 시공성, (4) 진동, 소음 등의 공해 고려 선정

3) Slurry Wall 공법 적용성 및 특징은

   (1) 용수, 지하수가 많은 지반

   (2) 연약지반

   (3) 깊은 심도(40m)에 유리

   (4) 소음 진동 적어

   (5) 도심지 대규모의 차수성 토류벽에 유리

   (6) 인접건물 피해 방지공법

## ■ 참고문헌 ■

1. 서진수(2006), Powerful 토목시공기술사(1, 2권), 엔지니어즈.

2. 지반공학 시리즈 3 한국지반공학회(1997), 굴착 및 흙막이 공법, 구미서관.

3. 황승현(2010), 흙막이 가설구조의 설계, 도서출판 씨아이알.

4. 지하연속벽 설계(1994), 시공 핸드북, 건설도서.

# 7-20. 슬러리 월(slurry wall)의 내적 및 외적 안정

## 1. 슬러리 월(slurry wall) 굴착 벽면의 안정기구

| 주요 부분 | 성질 기능 | 안정에 관계되는 요소 | 안정작용 |
|---|---|---|---|
| Filter Cake | 막 기능 (외적안정) | 불투수막(Mud Film) | 안정액과 지하수 차단 : 원지반에 액압작용시킴 |
| | 박막 기능(내적안정) | 1. 플라스터 효과<br>2. 구속 효과 | 1. 벽면 피복 : 토립자 붕괴방지<br>2. 벽면강도 증진, 원지반 변위 적게 함 |
| 안정액<br>(외적안정) | 액밀도(비중) | 안정액 자체 밀도 | 안정액에 의한 정수압 작용 |
| | | 트렌치 내의 안정액 밀도(세립토 혼입) | 10~20% 밀도 증가 |
| | 수동저항 | 전단에 저항 | 수동저항 발생 |
| | 농도 차이 | 전기침투 | 역침투압 발생 |
| 원지반<br>(내적안정) | 지하수위 | 원지반에서 작용력의 주원인 | 지하수의 상대수위가 안정에 영향을 줌 |
| | 지반강도, 밀도 | 원지반 작용력의 크기에 관계 | 주동토압의 크기 좌우 |
| | 아치작용 | 원지반에서 작용력 경감 | 주동토압 경감 |
| | 벤토나이트 침입 | 안정액으로 포화된 원지반 전단저항 증가 | 다일러턴시에 수반되는 부압작용에 의함 |

## 2. 내적 및 외적 안정

1) 굴착 벽면의 붕괴 원인

   (1) 외적요인 : 토압, 수압 등의 외력, 지하수 변동

   (2) 내적요인 : 벽면 주위 지질, 지반의 강도, 밀도 감소에 의한 붕괴

2) **외적안정** 대책

   (1) 안전율 $= \dfrac{\text{안정 액압}}{(\text{토압} + \text{수압})}$

   (2) 안정액의 액압으로 외력인 토압, 수압에 대응하여 벽면붕괴 방지

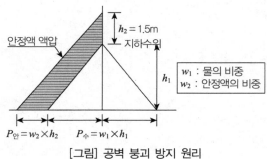

[그림] 공벽 붕괴 방지 원리

(3) 굴착벽면에 불투수 필름(Mud Film) : 액압 유효하게 작용, 굴착벽면 표면 낙하방지

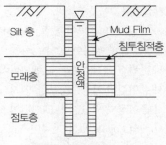

[그림] Mud Film 모식도

(4) 과대한 토압에 대한 대책 : 토압저감대책

    ① Sheet Pile 시공 후 내측에 Slurry Wall 시공

    ② Element 길이를 구조적으로 가능한 한 작게 함

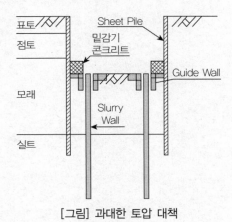

[그림] 과대한 토압 대책

3) **내적안정** 대책

  (1) 벽면 주변의 강도를 증진시켜 벽면 안정 유지

  (2) 사전에 주변에 약액주입공사 등으로 지반 보강

## 3. 맺음말

1) 굴착벽면의 안정은 **안정액**에 의해 유지되며, 안정액의 역할이 아주 중요함

2) 그러나 안정액이 굴착 벽면에 어떻게 기여되고 있는가는 아직 충분히 해명되어 있지 않음

3) **굴착 벽면의 안정기구** 연구 현황

  (1) 시공 경험으로 안정성 검토

  (2) 토압 및 지하수압 : 랭킹, 쿨롱의 주동토압으로 구함

  (3) 안정액 액압 : 시공 시 세립토(slime) 혼입에 의한 비중 증분 고려

  (4) 안전율 $= \dfrac{\text{안정 액압}}{(\text{토압} + \text{수압})}$ 로 안전율 구하여 안전하게 시공된 **과거의 유사 예**와 **안전율 비교**하는

    것이 중요함

## ■ 참고문헌 ■

1. 지하연속벽 설계, 시공 핸드북(1994),건설도서
2. 지반공학 시리즈 3 한국지반공학회(1997), 굴착 및 흙막이 공법, 구미서관.
3. 황승현(2010), 흙막이 가설구조의 설계, 도서출판 씨아이알.
4. 서진수(2009), Powerful 토목시공기술사 단원별 핵심기출문제, 엔지니어즈.
5. 서진수(2009), Powerful 토목시공기술사 용어정의 기출문제해설, 엔지니어즈.
6. 서진수(2009), Powerful 토목시공기술사 용어정의 최신경향, 엔지니어즈.
7. 서진수(2009), Powerful 토목시공기술사 핵심 Key Word, 엔지니어즈.
8. 서진수(2006), Powerful 토목시공기술사(1, 2권), 엔지니어즈.

## 7-21. Top Down 공법(역타공법)

### 1. 정의(공법 개요)

1) **지하연속벽**으로 지하 **외벽**을 시공하고, RCD 등으로 **구조체 본기둥**을 먼저 시공 후 일부 지하공사 (지하 1층)를 한 후 **지상 및 지하공사**를 **병행**하는 **안정적, 공기단축, 전천후** 공법

2) 지하 Slab가 Strut 역할을 함

3) 도심지, 공사 여건이 나쁜 곳에서 Open Cut, Strut 공법, 어스앵커 공법 등의 적용이 곤란한 곳에서 효과적

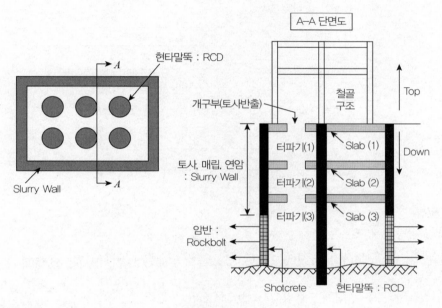

### 2. 장단점(특징)

| 장점 | 단점 |
|---|---|
| 1. 지상, 지하 동시 작업으로 공기 단축<br>2. 흙막이 안정성 우수<br>  1) 지하 각층 Slab를 지보공(Strut)으로 활용<br>    안정성 우수<br>  2) 근접 시공(주변건물 및 지반)에 악영향 없는 안정적 공법<br>3. 1층 바깥 Slab 시공 후 굴착하므로 전천후지붕 형성, 작업장 및 야적장으로 활용 가능<br>4. 도심지 소음, 진동, 비산먼지 피해감소<br>5. 지하연속벽 시공으로 지하층 규모의 최대화 및 대지 면적 최대한 활용 | 1. 토사유출구 적어 토공반출 어려움, 조명 및 환기설비 필요 [완전 역타 경우]<br>2. 지반연약 시, 지하층 바닥 Slab 변화(굴곡) 심한 경우 적절한 보강 필요<br>3. 공사비 고가<br>4. 설계변경 곤란<br>5. 정밀 시공계획 수립 필요<br>6. 소형의 고성능 장비 필요<br>7. 기둥, 벽 등의 수직재와 Slab의 이음 등의 일체화 시공 어려움 존재 |

## 3. 시공순서 [완전 역타 공법]

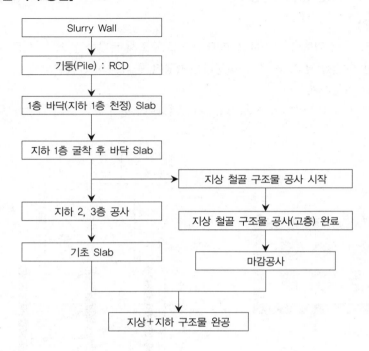

```
┌─────────────────────┐
│     Slurry Wall     │
└─────────────────────┘
           │
           ▼
┌─────────────────────┐
│   기둥(Pile) : RCD  │
└─────────────────────┘
           │
           ▼
┌─────────────────────────┐
│ 1층 바닥(지하 1층 천정) Slab │
└─────────────────────────┘
           │
           ▼
┌─────────────────────────┐
│  지하 1층 굴착 후 바닥 Slab  │
└─────────────────────────┘
           │                    ┌─────────────────────────┐
           ├───────────────────▶│  지상 철골 구조물 공사 시작  │
           │                    └─────────────────────────┘
           ▼                               │
┌─────────────────────┐                    ▼
│    지하 2, 3층 공사   │         ┌──────────────────────────┐
└─────────────────────┘         │ 지상 철골 구조물 공사(고층) 완료 │
           │                    └──────────────────────────┘
           ▼                               │
┌─────────────────────┐                    ▼
│      기초 Slab       │         ┌─────────────────────┐
└─────────────────────┘         │       마감공사        │
           │                    └─────────────────────┘
           │                               │
           └──────────────┬────────────────┘
                          ▼
              ┌─────────────────────┐
              │  지상+지하 구조물 완공  │
              └─────────────────────┘
```

## 4. 공법의 분류

1) **바닥 Slab 시공방법**에 따른 분류

    (1) **완전 역타**(Full Top Down) : 토사 반출구를 제외하고 전체 Slab를 타설

    (2) **부분 역타**(Patial Top Down)

       ① **바닥 Slab를 부분적**(전체 면적의 1/2~1/3)으로 시공

       ② 기둥 부분만 줄기초 형태의 바닥 Slab 시공하여 영구적 Slab와 Strut 역할

       ③ **지하 1, 2층은 완전 역타, 지하 3, 4, 5층은 Strut 및 Anchor 공법**으로 지지

       ④ 바닥 Slab 모양이 복잡한 경우 **기둥 부위의 Slab만 시공**하므로 간편함

       ⑤ 토사반출 용이, 환기구 불필요, 작업조건 양호, 안전관리 양호

    (3) **Beam & Girder**식

       ① 바닥 Slab 대신 철골구조로 연속벽을 지지한 후 굴착

       ② 바닥 Slab 콘크리트 타설은 Metal Deck(데크플레이트) 사용 또는 Hanging 타입 거푸집 사용

         (Hanging Type Formwork)

2) **거푸집 공법(Slab 콘크리트 타설방법)**에 따른 분류

    (1) **지반정리 타설 [S.O.G 공법]**(Concrete on Grade＝Slab on Grade)

       무량판 구조에 적합한 공법. 지반을 평탄하게 정리 후 Slab 거푸집 설치, 콘크리트 타설

    (2) **B.O.G 공법 [Beam on Grade]**

       라멘구조에 사용. 지반을 평탄하게 다지거나, 버림콘크리트 타설 후 Support 설치하지 않고 거더와

빔 거푸집을 설치하는 공법

(3) **지보공(동바리설치) 타설(Form on Support)=Suppot 공법**

모든 구조에 적합. 일반 Open 공법에서 사용하는 공법과 동일

(4) **무지보역타설(Non Supporting Top down)** : Hanging System(현수식)

거푸집을 지지틀에 고정시켜 동바리 설치하지 않고 현수식으로 거푸집 설치

(5) **동바리 현수식**

거푸집을 지지틀에 고정시키고, 동바리 사용

3) **중간 기둥(Pile)의 종류에 따른 분류**

(1) **임시 기둥(Temporary Column)**

$\phi$400~600mm 원형 단면, 강관, H-Beam 사용, 간이역타, 경암굴착 가능

(2) **Strip Pile(Barrette)**

2.7×1.0m 타원형 단면, 대형 철골 사용, 완전 또는 부분 역타, 연암굴착 가능

(3) **Air Percussion P.R.D(Percussion Rotary Drill)**

$\phi$1000mm 원형 단면, 중대형 철골 사용, 완전 또는 부분 역타, 경암굴착 가능

(4) **RCD(Reverse Circulation Drill)**

$\phi$1000~3000mm 원형 단면, 대형 철골 사용, 완전 또는 부분 역타, 경암굴착 가능

■ **참고문헌** ■

1. (주)정담(1995), 무지보역타설공법, 탐구문화사.
2. (주)정담(1993), 무지보역타설공법, 대한건설협회.
3. 라이프개발(주)(1993), Building Top Down, 대한건설협회.

## 7-22. 토류벽 설계 시 검토 및 유의사항

### 1. 설계 시 주요 검토 사항

1) **현장의 지형 지질에 적합한 흙막이 공법 선정**

2) 선정된 공법의 **문제점**, **시공성**, **경제성** 분석

3) 정확한 **설계정수** 추정을 위한 충분한 **지반 조사자료** 검토

4) **인접건물, 지장물의 종류**, 규모 등의 현황, 노후도 파악

5) **소음, 진동 발생 장비 투입**에 따른 민원 발생 여부 사전 검토

6) 계절별 **지하수위 변동** 검토 및 지하수위 높을 경우 차수공법 선정

7) 흙막이벽 **지지부재**의 선택과 배치 방법 검토

8) 현장의 시공 조건을 고려한 **설계 및 해석 프로그램** 결정

　해석 프로그램의 사용 시 **제한 조건**에 특히 유의

### 2. 설계 시 유의사항

1) **지반조사** 및 **설계정수**의 결정

　(1) 지반조사 보링 심도를 흙막이 구조물 굴착 심도보다 깊게 할 것

　(2) 지반조사, 보링주상도, 토질 및 암석 시험자료, 구조계산이 상호 연관성 있도록 할 것

　　: 맞지 않는 경우 많음

　(3) 토압 산정과 구조 계산을 위한 **토질 정수**를 무조건 N값으로 추정하면 안 됨

　　: N값은 모래 지반에 잘 맞음에 유의하고 N값은 수정하여 사용함

　(4) 암반 지역에 대형 구조물(빌딩) **조사보링 시** 필히 **NX 보링**할 것(BX하지 말 것)

2) **구조해석**

　(1) 해석을 위한 입력자료에 **N값에 의한** $\phi$**값 추정**으로 과잉된 값을 입력하지 않도록 유의

　　: N값 수정하여 적용

　(2) **해석 프로그램의 개발환경과 상이한 토질조건 적용하지 않도록 유의**

　　: 제한조건 고려, 반드시 프로그램에 따른 지반조건의 차이를 고려해야 함

3) **계측**

　(1) 계측설치 지점을 임의 또는 System으로 잡아 중요한 부분 및 위험 요소에 대한 계측이 소홀해짐에 유의

　(2) 계측결과 이용에 대한 **관리 기준 설정**할 것

　(3) 계측기기에 대한 구체적 제원과 설치 방법을 필히 명기, **검증된 계측기** 매설

　(4) 계측기를 **벽체에 너무 가깝게 매설하지 않도록** 할 것 : **약 1m 이상** 이격

### 3. 흙막이 공법 결정 시 유의사항

1) 특수 공법을 **지형 및 지질조건**과 관계없이 설계하는 사례 없도록 할 것

　(1) **지하 30m 이상**까지 SCW 설계하는 사례 없어야 함

　(2) **전석, 자갈층**이 많고 **지하수위** 높은 곳에 SCW, CIP 설계치 않도록 유의

　(3) **점성토** 지반에 **LW 공법** 설계치 않도록 유의 : LW는 모래, 자갈층에 유리

(4) 풍화암 지반에 SCW, LW 설계치 않도록 유의

## 4. 보조그라우팅(차수대책) 설계 시 유의사항

1) 차수 Grouting의 과잉설계에 유의

2) LW, SGR, JSP, SCW 등의 차수공법에 대한 **충분한 이해 후 적용**

   (1) **Grout 공법**은 암반에 적용하면 **부적합**하며

   (2) **유속이** 있는 곳에서는 **부적합**함

      지하수 유속 고려해야 함

      지하수위 높은 경우 내부 양수 작업하면 안 됨

      주수 후 정수압 상태에서 Grouting 후 양수

      지하수 유출 되기 전 실시해야 할 Grouting의 목적을 시방서에 필히 규정할 것

   (3) Grouting 공법의 선정이유와 시방규정 충분히 적용 명기할 것

   (4) 현장의 지반 조건에 따라 공법 비교 검토 후 선정

## 5. 발파소음 및 진동에 관한 유의사항

1) 암반굴착 및 발파에 관한 구체적 시공계획과 **소음 진동**에 대한 **민원방지 대책** 계획서 수립할 것

2) 발파진동 및 소음 **관리기준**의 적용 및 설정할 것

3) 미진동 파쇄공법 및 팽창성 파쇄공법과 같은 **비폭성 암반 파쇄공법** 검토할 것

## 6. 설계도면 작성 시 유의사항

1) 엄지말뚝, 띠장, Strut, Coner 보강에 대한 구체적 도면 작성 필요함

2) CIP 상단의 **Cap Beam**과 **CIP 철근**의 일치성 유지할 것

3) CIP 철근은 벽체 개념으로 가정하여 배근할 것

4) Angle, Channel 연결부의 구체적 도면 작성할 것

5) Coner 보강 시 전단응력 발생치 않도록 연결재 보강

## 7. 부재의 설계 시 유의사항

1) 앵커 설계

   (1) 주변 동의서 및 도로 점용 허가

   (2) 앵커의 **정착장**이 너무 길지 않게 하고, 계산 착오에 의한 과잉된 설계되지 않도록 유의

   (3) **활동면 안**에 **정착장**이 위치하지 않도록 유의

   (4) **자유장**에 Grouting되지 않도록 유의

   (5) 앵커 공에서 **누수 처리** 문제 고려

2) 띠장은 연결되도록 용접

3) CIP, SCW 등의 **벽체와 띠장 사이 공간**은 **모르타르**로 채움할 것

4) 벽체의 **근입장** 설계 시 **보일링** 및 **히빙** 안정성 검토

## ■ 참고문헌 ■

이송, 흙막이 구조물의 설계 및 시공사례, 건기원.

# 7-23. 토류벽 안정성 검토
## = 토류벽 근접시공의 영향 및 인접구조물 기초의 침하 검토
## = 지반굴착에 따른 지반거동(주변지반거동) = 흙막이공 주변지반 침하 영향 예측

- 흙막이 벽체 주변 지반의 침하예측방법 및 침하방지대책 [105회, 2015년 2월]

## 1. 개요
굴착공사는 ① 안정된 상태의 **지반을 불안정화**시키는 행위와 ② 불안정화를 최대한 억제시키는 **흙막이** 행위라 생각할 수 있다. ③ 주변지반에 전혀 영향을 끼치지 않는 굴착공사는 거의 불가능하므로 공사 시 이러한 영향을 고려해야 한다.

## 2. 근접시공의 정의
1) 건설과정에서 **지반을 변형**시키고, 인접 구조물이나 사람에게 **나쁜 영향**을 줄 가능성이 큰 건설공사를 수행하는 것으로서 **지반변형에 의한 문제**가 주된 것임
2) 근접시공 시 나쁜 영향(문제점)
   (1) 소음, 진동, 분진
   (2) **지반변형**에 따른 영향
   (3) 바다, 강, 지하수, 토양오염
   (4) **지하수위 저하** 및 지하수맥 차단
3) 근접시공 대상 공사
   (1) **굴착공사**
   (2) **기초공사**
   (3) **터널공사**
   (4) **성토공사**
   (5) **지반개량공사**

## 3. 굴착공사에 있어 근접시공(공사)의 문제점 및 고려사항
1) 기설구조물이 토류가설 구조물에 미치는 영향
   : 기설구조물이 지반에 미치고 있는 **지중응력상태**(=증가토압)를 추정하여 **주동토압 평가, 초기응력** 상태 설정 시 고려

2) 굴착에 의한 **주변지반**(배면지반)의 영향
   (1) 토류벽의 변위에 따른 주변지반의 **침하**
   (2) 지반의 Heaving
   (3) 토류벽사이로 **토사 유실**

3) 인접기설 구조물의 허용치 평가 = 기설 구조물 기초의 허용변위 평가 = 구조물에 대한 침하, 경사(각변위)

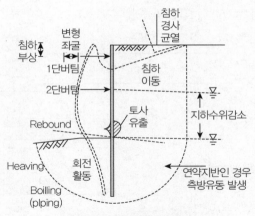

[그림] 굴착에 따른 지반거동

## 4. 배면지반 침하와 인접구조물 기초에 대한 영향 예측

[굴착에 의한 주변지반(배면지반)의 영향 예측]

1) 방법 종류

　(1) 유한요소법(FEM) 및 유한차분법

　(2) 이론적 및 경험적 **추정방법**

| 방법 | 해석개념 |
|---|---|
| 1. Caspe 방법 | 이론적 방법 : 탄소성보법, 국내 많이 적용 |
| 2. Peck 방법 | 계측결과 이용 |
| 3. Clough 방법 | 계측결과 및 FEM 해석 |
| 4. Tomlison 방법 | FEM 해석을 위한 Simulation |
| 5. Roscoe, Wroth 방법 | 소성론 개념 |
| 6. Fry 방법 | |

2) **Caspe 방법** : SUNEX Program 사용, **탄소성보법** 사용

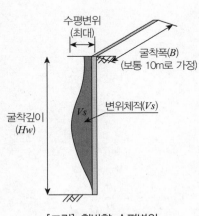

[그림] 횡방향 수평변위
(Lateral Deflection)

　(1) 강널말뚝의 변위와 포아슨비 사용 ⇒ 벽체 배변의 지반침

　　하량 추정

　　: 토류벽 수평변위 체적과 배면침하량체적($V_s$)이 같다고

　　가정함

　(2) 추정 단계(순서) : 계산 예

　　① 횡방향 벽체변위 계산 ; 예측치 또는 계측치 이용

　　② 전체수평변위로 인한 체적변화($V_s$) 계산 : 횡방향 변위

　　　합산

　　③ **굴착영향 깊이** 계산 :　　　$H_t = H_p + H_w$

　　　─ 굴착심도($H_w$) : 설계도서 및 실제 굴착깊이

　　　─ 굴착폭($B$) : 보통 B＝10m 가정

여기서, $\phi = 0$인 경우 : $H_p = B$(굴착폭)

$\phi \neq 0 : H_p = 0.5 \cdot B \cdot \tan(45 + \phi/2)$

④ **침하영향거리**($D$) 계산 : $\quad D = H_t \cdot \tan(45 - \phi/2)$

⑤ **거리별침하량**(벽체에서 거리 $X$) : $\quad S_i = S_w \cdot \left[\dfrac{(D - X_i)}{D}\right]^2$

⑥ **벽체**(흙막이주변) **최대 표면침하량**($S_w$) : $\quad S_w = \dfrac{4 V_s}{D}$

: 벽체위치인 경우 $X_i = 0$이므로 $S_i = S_w$

⑦ **Graph 작성**

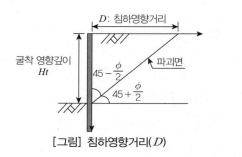

[그림] 침하영향거리($D$)

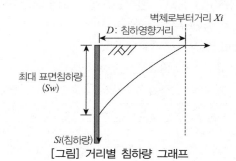

[그림] 거리별 침하량 그래프

3) **Peck 방법**

(1) 과거의 **계측 결과**로부터 작성됨

(2) **지반 종류별 침하량 분포도** 작성

지반상태구분 : I ⇒ II ⇒ III순으로 **지반조건 불량함**

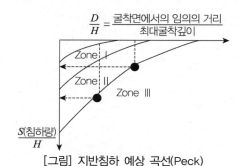

[그림] 지반침하 예상 곡선(Peck)

(3) $\dfrac{D}{H}$ 별로 $\dfrac{S}{H}$ 를 구한 후,

침하량은 $\quad S = \left(\dfrac{S}{H}\text{값}\right) \times H$(굴착심도) 로 구함

4) Clough 방법

(1) **계측**(현장측정)과 **수치해석**(유한요소법＝FEM) 결과로 작성됨

(2) 그림(A)에서 굴착깊이(H)에 대한 $\frac{\delta_{vm}}{H}$ 에서 $\delta_{vm}$ (**최대 침하량**) 구함

**[최대침하량($\delta_{vm}$)]**

① **종래** : $\overline{\delta_{vm} = (0.5\sim1\%)\times H(굴착깊이)}$ 로 추정

② **Clough 제안**

ㄱ **대부분** $\delta_{vm} = 0.3\% \times H$

ㄴ **평균적** $\delta_{vm} = 0.15\% \times H$

ㄷ $\delta_{vm} = 0.5\% \times H$ **초과 경우** : 지지 구조 잘못, 지하수의 굴착 내측 침입의 경우임

(3) 그림(B)에서 $\frac{D}{H}$ 일 때 $\frac{\delta_v}{\delta_{vm}}$ 에서 해당 거리(D)의 $\delta_v$ (**침하량**)

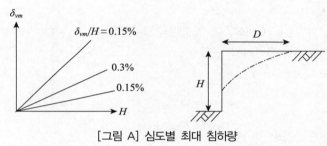

[그림 A] 심도별 최대 침하량

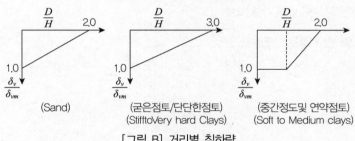

[그림 B] 거리별 침하량

5) **Fry 방법**

$$\delta_v = \frac{\gamma H^2}{E}(C_3 K_o + C_4)$$

여기서, $\delta_v$ : 연직변위, $\gamma$ ＝ 흙의 단위중량, $E$ ＝ 지반의 탄성계수, $K_o$ ＝ 정지토압계수, $C_3, C_4$ : 상수

## 5. 근접 시공 시 침하 영향 거리와 침하량(개략적)(일본 사례)

: 흙막이 벽으로부터 2~4H 범위에서 **최대 지반침하발생**

\* Clough 방법 $\delta_{vm} = (0.5\sim1\%)\times H(굴착깊이)$

1) **지반이 양호**한 경우

   (1) 영향거리 : L≒2H~2.5H

   (2) 침하량 : S≒0.5%H (0.3~0.9%)

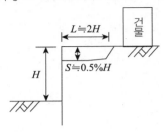

2) **지반이 불량**한 경우

   (1) 영향거리 : L≒4H (3.6~4.5H)

   (2) 침하량 : S≒2%H (1.5~3%)

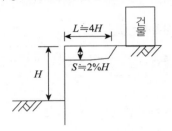

3) **지하수위영향** 균열거리

   (1) 지하수위 높을 때 : L=1.0H

   (2) 지하수위 낮을 때 : L=0.5H

## 6. 근입깊이(밑뿌리 넣기)

1) 일반적 현장 적용 근입장 : **1.5m 이상**(CIP, 엄지말뚝 토류벽)

2) **주열식 토류벽, 벽식토류벽**(슬러리월) 근입장

   (1) 대단히 다져진층 : H=0~0.5m

   (2) 중간 정도의 층 : H=1.0~2.0m

   (3) 연약한 층 : H=3.0~4.0m

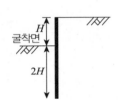

3) 토류벽의 **자립**을 위한 근입장

   : 굴착깊이(노출된 토류벽체 높이)의 **2배** 정도

## 7. 근입깊이 결정 및 안정검토 : 모멘트 균형

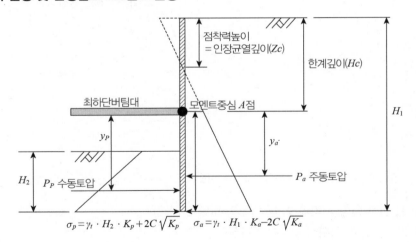

1) 주동모멘트 : $M_a = P_a \times y_a$

2) 수동모멘트 : $M_P = P_P \times y_P$

3) 근입부 안전율 $= \dfrac{M_P}{M_a} > 1.2$ 이상이면 OK [슬러리 월인 경우 $F_s = 1.2$ 이상]

## 8. Heaving 안정검토

## 9. Piping 안정검토

## 10. 액상화 안정검토

## 11. 계측 관리

■ 참고문헌 ■

1. 지반공학 시리즈 3 한국지반공학회(1997), 굴착 및 흙막이 공법, 구미서관, pp.301~325.
2. 이춘석(2002), 토질 및 기초공학 이론과 실무, 예문사, pp.513~514.
3. 서진수(2009), Powerful 토목시공기술사 단원별 핵심기출문제, 엔지니어즈.
4. 부산구포동 동원로얄듀크 현장, 가설 토류벽 설계보고서.

# 7-24. 토류벽 설계(현장 실무에서 구조계산서 및 안정검토 사례)
## [굴착깊이 17.3m인 토류벽 공사인 경우, 부산구포동 동원로얄듀크 현장]

### 1. 조사

1) 지형 및 지질

2) 시추조사

3) 전기비저항 탐사(물리탐사의 일종)

4) 현장시험(SPT-N치 등)

5) 실내시험

### 2. 토질정수 및 허용응력의 결정

1) 토질정수 : 조사 결과로부터 흙의 밀도($\gamma_t$), 내부마찰각($\phi$), 점착력($C$) 결정

2) 사용강재의 허용응력 결정

3) 과재하중 : 1.3tf/m²

### 3. 사용 Program

"SUNEX" : 탄소성법(탄소성보법) 해석 프로그램

### 4. 단면력 계산 : "SUNEX"를 돌려 계산하면 굴착단계별로 그래프와 함께 출력됨

1) 토압, 2) 수평변위(횡방향), 3) 전단력, 4) 모멘트

[이상화된 **연성벽체(토류벽)**의 굴착단계별 벽체거동과 토압분포(Bowles)]

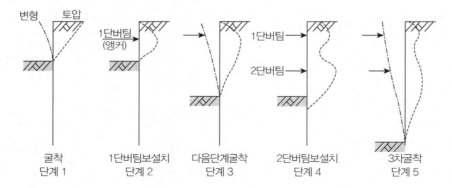

### 5. 수평변위 검토

1) 수평변위는 굴착 중 안전관리에 중요하며 계측관리에도 반영되어야 한다.

2) 최대 수평변위

   각 굴착단계마다 출력된 Graph에서 읽는다. 예) 4.3m 굴착 시 최대 36.2mm

3) 허용수평변위＝최종 굴착깊이(17.3m)×0.4%＝69.2mm

   ∴ 최대 수평변위 ＜ 허용수평변위 ⇒ OK

## 6. 굴착 주변 침하량 검토

[Caspe 방법 : SUNEX Program 사용, 탄소성보법 사용]

1) 강널말뚝의 변위와 포아슨비를 사용하여 벽체배변의 지반 침하량을 추정

2) 추정단계(순서) : 계산 예

(1) **횡방향 벽체 변위** 계산 ; 예측치 또는 계측치 이용

(2) 전체수평변위로 인한 **체적변화($V_s$)**

　　− 횡방향 벽체 변위 합산 ⇒ 컴퓨터 계산

　　− Average & Area, 사다리꼴 공식, Simpson의 1/3 Rule 적용

　　− 계산결과 $V_s = 0.045\text{m}^3/\text{m}$인 경우

(3) **굴착심도($H_W$)** : 예, $H_W = 17.3\text{m}$(설계도서 및 실제 굴착깊이)

(4) **굴착폭($B$)** : 보통 $B = 10\text{m}$ 가정

(5) **굴착영향거리(깊이) 계산**

$$H_t = H_P + H_W = 10.042\text{m} + 17.3\text{m} = 27.342\text{m}$$

여기서, $\phi = 0$인 경우 $H_P = B$(굴착폭)

$$\phi \neq 0 (\phi = 36.061 \text{ 경우})$$
$$H_P = 0.5 \cdot B \cdot \tan(45 + \phi/2)$$
$$= 0.5 \times 10\text{m} \times \tan(45 + 37.061/2) = 10.042\text{m}$$

(6) **침하영향거리($D$) 계산**

$$D = H_t \cdot \tan(45 - \phi/2) = 27.342 \cdot \tan(45 - 37.062/2) = 13.614\text{m}$$

(7) 벽체(흙막이주변) **최대 표면침하량($S_W$)** 계산

$$S_W = \frac{4V_s}{D} = \frac{4 \times 0.045}{13.614} = 0.013\text{m}$$

(8) **거리별 침하량**(벽체에서 거리 $X$) : $S_i = S_W \cdot \left[\frac{(D - X_i)}{D}\right]^2$

벽체인 경우 $X_i = 0$이므로 $S_i = S_W = 0.013$이 됨

(9) Graph 작성

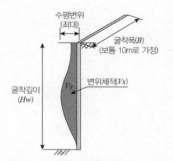

[그림] 횡방향 수평변위(Lateral Deflection)

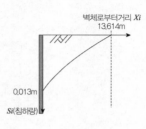

[그림] 거리별 침하량 그래프

## 7. 근입깊이 결정 및 안정검토 : 모멘트 균형

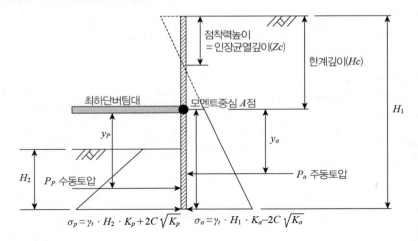

$\sigma_p = \gamma_t \cdot H_2 \cdot K_p + 2C \sqrt{K_p}$    $\sigma_a = \gamma_t \cdot H_1 \cdot K_a - 2C \sqrt{K_a}$

1) 주동모멘트 : $M_a = P_a \times y_a$

2) 수동모멘트 : $M_P = P_P \times y_P$

3) 근입부 안전율 $= \dfrac{M_P}{M_a} > 1.2$ 이상이면 OK

## ■ 참고문헌 ■

굴착깊이 17.3m인 토류벽 공사인 경우, 부산구포동 동원로얄듀크 현장, 설계보고서.

# 7-25. Heaving(융기현상)

## 1. 정의
연약 점토지반에서 토류벽 설치 후 굴착 시 **배면의 토괴 중량**이 굴착저면의 지지력과 소성평형상태에 이르러 굴착 저면이 부풀어 오르는 현상

## 2. 발생 Mechanism(발생원인) 모식도

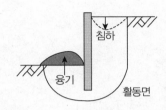

[그림] 전단강도 부족에 의한 히빙

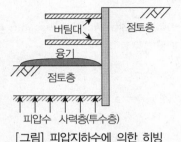

[그림] 피압지하수에 의한 히빙

## 3. 히빙 안정성 검토
1) 자립식 토류벽

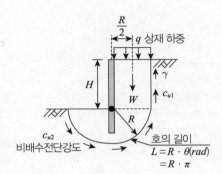

(1) 활동 모멘트

① 배면토의 상재하중 합력 : $P = q \times R$

② 배면토의 무게 : $W = \gamma \cdot H \cdot R$

③ 활동 모멘트 : $M_d = P \times \dfrac{R}{2} + W \times \dfrac{R}{2} = (P + W) \times \dfrac{R}{2}$

$$= (qR + \gamma HR) \times \dfrac{R}{2} = (q + \gamma H)\dfrac{R^2}{2}$$

(2) 저항 모멘트 : 활동면 경계면에서 비배수 전단강도(점착력 $C$)에 의한 모멘트

① 호의 길이 : $L = R \cdot \theta(rad) = R \cdot \pi$

② 굴착면 상부의 점착력 합 $= H \times c_{u1}$

③ 굴착면 하부의 점착력의 합 $= L \times c_{u2}$

④ $M_r = H \times c_{u1} \times R + L \times c_{u2} \times R = H \times c_{u1} \times R + R\pi \times c_{u2} \times R$

$\quad = H \times c_{u1} \times R + \pi \times c_{u2} \times R^2$

(3) 안전율 $F_s = \dfrac{Hc_{u1}R + \pi c_{u2}R^2}{\dfrac{(q+\gamma H)R^2}{2}} = \dfrac{2Hc_{u1} + \pi c_{u2}R}{(q+\gamma H)R} > $ 보통 1.21

[계산문제] ··········································································································································

조건) $R = 5$m, $C_u = 4\text{ton}_f/\text{m}^2$, $\gamma = 1.9\text{ton}_f/\text{m}^3$, $H = 6$m, $q = 1\text{ton}_f/\text{m}^2$

풀이) ① 활동모멘트

$\quad M_d = (q+\gamma H)\dfrac{R^2}{2} = (1 + 1.9 \times 6) \times \dfrac{5^2}{2} = 111.25\text{ton}_f - \text{m}$

② 저항모멘트

$\quad M_r = H \times c_{u1} \times R + \pi \times c_{u2} \times R^2 = 6 \times 4 \times 5 + \pi \times 4 \times 5^2 = 434\text{ton}_f - \text{m}$

③ 안전율 $F_s = \dfrac{M_r}{M_d} = \dfrac{434}{111.25} = 3.9$

## 2) 버팀대식 토류벽

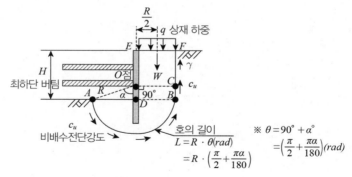

(1) 활동 모멘트 $M_d = (\gamma H + q)R \cdot \dfrac{R}{2}$

(2) 저항모멘트 $M_r = c_u \times R \times \left(\dfrac{\pi}{2} + \dfrac{\pi\alpha}{180}\right) \times R$

(3) 안전율$(F_s)$ $F_s = \dfrac{M_r}{M_d} = \dfrac{C_u\left(\dfrac{\pi}{2} + \dfrac{\pi\alpha}{180}\right)}{\dfrac{1}{2}(\gamma H + q)} > $ 보통 1.21

조건) $R=7$m, $\alpha=50°$, $C_u=4\text{ton}_f/\text{m}^2$, $\gamma=1.9\text{ton}_f/\text{m}^3$, $H=6$m, $q=1\text{ton}_f/\text{m}^2$

풀이) ① 활동 모멘트

$$M_d = (\gamma H + q)R \cdot \frac{R}{2} = (1.9 \times 6 + 1) \times \frac{7^2}{2} = 303.8\text{ton}_f - \text{m}$$

② 저항모멘트

$$M_r = c_u \times R \times \left(\frac{\pi}{2} + \frac{\pi\alpha}{180}\right) \times R$$

$$= 4 \times 7 \times \left(\frac{\pi}{2} + \frac{\pi \times 50}{180}\right) \times 7 = 478.7\text{ton}_f - \text{m}$$

③ 안전율(Fs) $F_s = \dfrac{M_r}{M_d} = \dfrac{479}{303.8} - 1.58$

3) 지지력에 의한 방법 : 굴착깊이 깊을 때, Terzaghi 식

－활동 범위 가정(0.7 B)

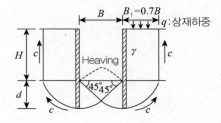

$$Q = (\gamma H + q)B_1 - CH$$

$$Q_u = 5.7\,CB_1 \quad \text{[여기서 } B_1 = 0.7\,B \text{ 로 가정]}$$

$$F_s = \frac{Q_u}{Q} = \frac{5.7\,CB_1}{(\gamma H + q)B_1 - CH}$$

$$\therefore F_s = \frac{5.7\,C}{(\gamma H + q) - \dfrac{CH}{0.7B}} > \text{보통 } 1.4$$

※ 폭 B가 커지면 Fs는 감소한다.

• 근입장($d$) < 0.7 $B$의 경우

$$F_s = \frac{5.7\,C}{\gamma H - \dfrac{CH}{d}}$$

조건) $C=4\text{ton}_f/\text{m}^2$, $\gamma=1.9\text{ton}_f\text{m}^3$, $H=6\text{m}$, $q=1\text{ton}_f/\text{m}^2$, $B=4\text{m}$

풀이) $F_s = \dfrac{5.7C}{(\gamma H + q) - \dfrac{CH}{0.7B}} = \dfrac{5.7 \times 4}{(1.9 \times 6 + 1) - \dfrac{4 \times 6}{0.7 \times 4}} = 6.0$

※ 폭 B가 커지면 Fs는 감소한다.

---

4) 피압상태의 히빙

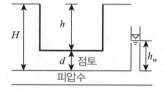

- $\sigma^{'} = \sigma - u$ 이면 Heaving 발생됨
- $\sigma = d \cdot \gamma_{sat} = (H-h)\gamma_{sat}$
- $u = h_w \cdot \gamma_w$
- $\sigma = u$ 이므로

  $(H-h)\gamma_{sat} = h_w \cdot \gamma_w$

  $\therefore h = H - \dfrac{h_w \cdot \gamma_w}{\gamma_{sat}}$

## 4. 굴착 히빙 방지 대책

1) 근입깊이 연장 : Sheet Pile, SCW, CIP 등 적용
2) 지반개량 ⇒ 전단강도 증가 : 히빙 안전율 만족

## 5. 피압지하수 히빙 방지 대책

1) 배수공법 : Well Point, Deep Well(But : 주변지반 침하 유의)
2) 피압수 관통
3) 피압수층 Grouting : 모래를 점토화시킴(유효응력 증가)
4) 토류벽 배면 Grouting : 차수

## ■ 참고문헌 ■

1. 구조물기초설계기준(2014).
2. 박관수(2014), 토질 및 기초, 예문사, p.138.
3. 서진수(2006), Powerful 토목시공기술사(1, 2권), 엔지니어즈.
4. 박영태(2013), 토목기사실기, 건기원.

# 7-26. 분사현상(Quick Sand, Boling), Piping 안전율($F_s$)
## (110회 용어, 2016년 7월)

### 1. Boiling 발생의 문제점

1) 근입부의 지지력 상실

2) **수동토압** 상실

3) **토립자** 유실

4) 배면지반침하

5) 토류벽 **붕괴**

### 2. 분사현상(Quick Sand, Boling), Piping 안전율($F_s$) 검토방법

1) 한계동수 경사법 : 굴착(토류벽)에 적용

2) 침투압에 의한 방법 :

   (1) Terzaghi 방법

   (2) 유선망

3) Creep 비에 의한 방법

   (1) Lane의 **가중 크리프 비**(Safe Weight Creep Ratio)

   (2) Bligh의 방법

5) Justin의 방법

### 3. 한계동수 경사(구배)법 : 굴착(토류벽)에 적용

1) 한계동수 경사($i_{cr}$) [ critical hydraulic gra-dient(限界動水句配)]

   **분사현상**이 일어날 때의 동수경사

   상방향의 침투력에 의하여 흙 중의 **유효응력**($\sigma' = \sigma - u$) $= 0$이 될 때의 동수경사

   침투압 커져 $\Rightarrow J = W$ 될 때의 동수경사

   이때, **전단강도** $S = 0$이 됨

2) 한계동수 구배와 물이 흐르는 **최단거리**에 대한 동수구배로 Boiling 판단하는 방법

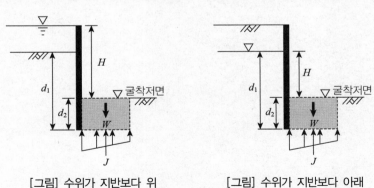

[그림] 수위가 지반보다 위          [그림] 수위가 지반보다 아래

(1) 한계동수 구배

$$i_{cr} = \frac{G_s - 1}{1 + e} = \frac{\gamma_{sub}}{\gamma_w} \fallingdotseq 1$$

여기서, ① 자연퇴적 모래의 수중단위중량 $\gamma_{sub} = 0.95 \sim 1.1 \fallingdotseq 1$

② 물의 단위중량 $\gamma_w = 1$

③ $\gamma_{sub} = \dfrac{G_s - 1}{1 + e} \times \gamma_w$

> 한계동수구배 공식 $i_{cr} = \dfrac{G_s - 1}{1 + e}$ 의 유도

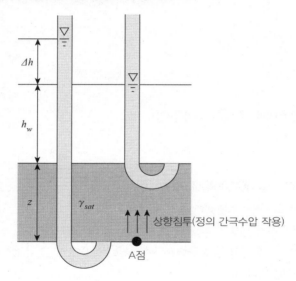

- 전응력 $\sigma = \gamma_w \times h_w + \gamma_{sat} \times z$
- 간극수압 $u = \gamma_w \times h_w + \gamma_w \times z + \gamma_w \times \varDelta h$
- 유효응력 $\sigma' = \sigma - u = (\gamma_w \times h_w + \gamma_{sat} \times z) - (\gamma_w \times h_w + \gamma_w \times z + \gamma_w \times \varDelta h)$

$$= \gamma_{sat} \cdot z - \gamma_w \cdot z - \gamma_w \cdot \varDelta h$$
$$= (\gamma_{sat} - \gamma_w) \cdot z - \gamma_w \cdot \varDelta h$$
$$= \gamma_{sub} \cdot z - \gamma_w \cdot \varDelta h$$

- 유효응력 $\sigma' = 0$ 이므로

$$0 = \gamma_{sub} \cdot z - \gamma_w \cdot \varDelta h$$

$$\therefore i_{cr} = \frac{\varDelta h}{z} = \frac{\gamma_{sub}}{\gamma_w}$$

■ $\gamma_{sub} = \dfrac{(G_s - 1) \cdot \gamma_w}{1 + e}$ 이므로

$\therefore i_{cr} = \dfrac{\Delta h}{z} = \dfrac{\gamma_{sub}}{\gamma_w} = \dfrac{(G_s - 1) \cdot \gamma_w}{(1 + e) \cdot \gamma_w}$

$$= \dfrac{G_s - 1}{1 + e}$$

(2) 동수 구배   $i = \dfrac{H}{L} = \dfrac{H}{d_1 + d_2}$

(3) 안전율   $F_s = \dfrac{i_{cr}}{i} = \dfrac{한계동수경사}{동수경사}$

- $F_s > 1.2 \sim 1.5$ : 안정
- $i > i_{cr}$ : 분사현상 발생

**댐의 한계동수 경사**

한계동수경사는 테르자기(Terzaghi)의 다음 식으로 계산한다.

$$i_{cr} = \dfrac{h}{d} = \dfrac{G_s - 1}{1 + e} = (1 - n)(G_s - 1)$$

여기서, $i_{cr}$ : 한계동수경사

$h$ : 저수지 전수두(m)

$d$ : 분사지점의 수두(m)

$G_s$ : 토립자의 비중

$e$ : 흙의 간극비

$n$ : 흙의 간극률

## 4. 침투압에 의한 방법 : 댐, 제방, 굴착(토류벽)에 적용

1) Terzaghi 방법

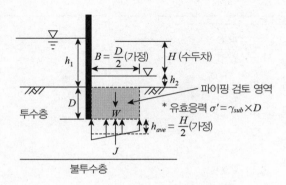

여기서, $J$ : Boiling을 일으키는 침투력[프리즘의 침투력]

$W$ : Boiling에 저항하는 힘, 흙의 중량

$B = \dfrac{D}{2}$ : Boiling에 의해 파괴되는 폭(가정)

평균손실수두 : $h_{ave} = \dfrac{H}{2}$ (가정)

침투류 해석 프로그램(Seep/W) 사용하여 구함

유효응력 $\acute{\sigma} = \gamma_{sub} \times D$

## (1) 침투력

① 침투압(단위면적당) : $u = h_{ave} \cdot \gamma_w = \dfrac{H}{2} \cdot \gamma_w$

② 침투력 : $\qquad J = B \cdot h_{ave} \cdot \gamma_w = \dfrac{D}{2} \cdot h_{ave} \cdot \gamma_w$

## (2) $W$(하향의 흙의 무게)

$$W = B \times \gamma_{sub} \times D = \dfrac{D}{2} \times \gamma_{sub} \times D = \dfrac{D^2 \gamma_{sub}}{2}$$

여기서, 유효응력 $\acute{\sigma} = \gamma_{sub} \times D$

$\gamma_{sub}$ : 모래의 수중단위중량

$\gamma_w$ : 물의 단위중량

$h_{ave}$ : 평균손실수두 $\left( \dfrac{H}{2} \right)$

$H = d_1 - d_2$

## (3) 안전율$(F_s) = \dfrac{\text{하향의 흙의 무게}}{\text{상향의 침투압}}$

$$F_s = \dfrac{W}{J} = \dfrac{\dfrac{D}{2} \cdot D \cdot \gamma_{sub}}{\dfrac{D}{2} \cdot h_{ave} \cdot \gamma_w} = \dfrac{D \cdot \gamma_{sub}}{h_{ave} \cdot \gamma_w} = \dfrac{2D \cdot \gamma_{sub}}{H \cdot \gamma_w}$$

또는 $\dfrac{\acute{\sigma}}{u} = \dfrac{D \gamma_{sub}}{\dfrac{1}{2} H \gamma_w} = \dfrac{2 D \gamma_{sub}}{H \gamma_w}$

여기서, 단위길이당 침투압

$u = h_{ave} \cdot \gamma_w = \dfrac{H}{2} \cdot \gamma_w$

유효응력 $\acute{\sigma} = \gamma_{sub} \times D$

(4) $F_s > 1.2 \sim 1.5$ : 안정

    $U > W$ : 분사현상 발생

2) **유선망** : 댐, 제방, 굴착(토류벽)에 적용

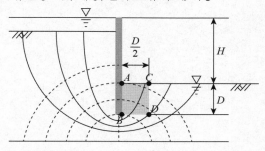

$$F_s = \frac{W(흙의\ 유효중량)}{J(침투력)} = \frac{i_c(한계동수경사)}{i_{exit}(하류출구동수경사)} = \frac{\gamma_{sub}}{\gamma_w \cdot i_{ave}}$$

여기서, $i_{ave}(i_{exit})$ : BD 면에서 유출면까지의 평균 동수구배

        즉, 하류출구 동수구배(경사)

> **안전율 계산방법**

① 유선망으로부터 평균손실수두(B점, D점)를 구한다.

$$h_{ave} = \left( \frac{n_{d1}}{N_d} + \frac{n_{d2}}{N_d} \right) \times \frac{1}{2} H$$

    여기서, $n_{d1}$ : 하류면에서 B점까지 등수두선 간격

          $n_{d2}$ : 하류면에서 D점까지 등수두선 간격

          $N_d$ : 전체의 등수두선 간격

② 동수경사(구배) 구한다 : $i_{ave} = \dfrac{h_{ave}}{D}$

③ 침투력 구한다 : $J = i_{ave} \cdot \gamma_w \cdot V(체적) = i_{ave} \cdot \gamma_w \cdot \dfrac{D}{2} \cdot D$

④ 유효중량(유효응력) 구한다 : $W = \gamma_{sub} \cdot \dfrac{D}{2} \cdot D$

⑤ 안전율 $F_s = \dfrac{W}{J} = \dfrac{\gamma_{sub} \cdot \dfrac{D}{2} \cdot D}{i_{ave} \cdot \gamma_w \cdot \dfrac{D}{2} \cdot D} = \dfrac{\gamma_{sub}}{\gamma_w \cdot i_{ave}}$

      $= \dfrac{i_c(한계동수경사)}{i_{exit}(하류출구동수경사)}$

〈조건〉

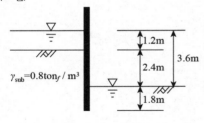

(1) 한계동수 경사법

① $i_{cr} = \dfrac{\gamma_{sub}}{\gamma_w} = 0.8$

② $i = \dfrac{H}{L} = \dfrac{3.6}{2.4 + 1.8 + 1.8} = 0.6$

③ 안전율 $F_s = \dfrac{i_{cr}}{i} = \dfrac{0.8}{0.6} = 1.33$

(2) Terzaghi 방법

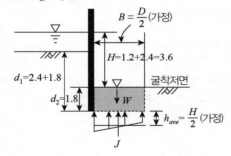

① 침투력 : $J = \dfrac{D}{2} \cdot h_{ave} \cdot \gamma_w = \dfrac{1.8}{2} \times \dfrac{3.6}{2} \times 1 = 1.62 \text{ton}_f/\text{m}$

② $W$(하향의 흙의 무게 : 저항하는 흙의 중량)

$W = \dfrac{D^2 \gamma_{sub}}{2} = \dfrac{1.8^2 \times 0.8}{2} = 1.3 \text{ton}_f/\text{m}$

③ 안전율 $F_s = \dfrac{W}{J} = \dfrac{1.3}{1.62} = 0.8$

(3) 유선망에 의한 방법

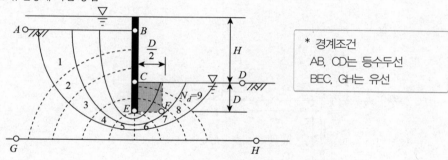

* 경계조건
  AB, CD는 등수두선
  BEC, GH는 유선

① 평균손실수두

$$h_{ave} = \left( \frac{n_{d1}}{N_d} + \frac{n_{d2}}{N_d} \right) \times \frac{1}{2} H = \left( \frac{4}{9} + \frac{2.2}{9} \right) \times \frac{1}{2} \times 3.6 = 1.24\text{m}$$

② 동수경사(구배) : $i_{ave} = \dfrac{h_{ave}}{D} = \dfrac{1.24}{1.8} = 0.69$

③ 침투력 : $J = i_{ave} \cdot \gamma_w \cdot \dfrac{D}{2} \cdot D = 0.69 \times 1 \times \dfrac{1.8}{2} \times 1.8 = 1.12\text{ton}_f/\text{m}$

④ 유효중량(유효응력) : $W = \gamma_{sub} \cdot \dfrac{D}{2} \cdot D = 0.8 \times \dfrac{1.8}{2} \times 1.8 = 1.3\text{ton}_f/\text{m}$

⑤ 안전율 $F_s = \dfrac{W}{J} = \dfrac{1.3}{1.12} = 1.16$

※ 안전율 검토 비교
한계동수경사 법 (1.33) > 유선망(1.16) > Terzaghi 방법 (0.8)
따라서 Terzaghi 방법이 안전율이 가장 적게 계산되므로 설계 시(안정검토 시)에는 안전측 설계가 되므로 채택하는 것이 좋음

## 5. Creep 비에 의한 방법

1) Lane(1915)의 제안(방법)

Creep 비(Creep Ratio)를 기준으로 Piping에 대한 안전율을 검토하는 경험적 방법 [제체의 안정성 평가 도구]

$$\text{가중 크리프비(Safe Weighted Creep Ratio) : CR} = \frac{\text{가중 크리프 거리}}{\text{수두차(유효수두)}}$$

• 가중 크리프 : 댐 단면의 수평거리와 시트파일의 근입 심도의 함수

**(1) 차수벽 설치 콘크리트 댐**

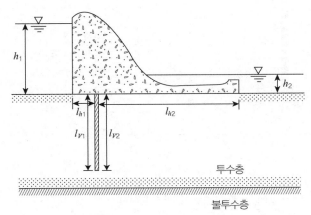

[그림] 최소유선거리 계산방법(차수벽 있는 콘크리트댐)

• 크리프비(가중 크리프비)

$$CR = \frac{l_w}{h_1 - h_2} = \frac{l_w}{\Delta H} = \frac{\frac{1}{3}\sum l_h + \sum l_v}{\Delta H}$$

여기서,

① $\Delta H = h_1 - h_2$ : 상하류 수두차

② $l_w$(가중 크리프 거리) : 유선이 구조물 아래 지반을 흐르는 최소거리(Weighted creep Distance) = 가중 크리프 거리

$$l_w = \frac{1}{3}\sum l_{h1} + \sum l_v$$

• 계산에 의해 구한 가중 크리프비가 다음 표의 토질별 크리프비의 안전율보다 크면 Piping에 대해 안전함

[표] 흙의 종류별 크리프비의 안전치

| 흙의 종류 | 크리프비의 안전치 |
|---|---|
| 아주 잔 모래 또는 실트 | 8.5 |
| 잔 모래 | 7.0 |
| 중간 모래 | 6.0 |
| 굵은 모래 | 5.0 |
| 잔 자갈 | 4.0 |
| 굵은 자갈 | 3.0 |
| 연약 또는 중간 점토 | 2.0-3.0 |
| 단단한 점토 | 1.8 |
| 견고한 지반 | 1.6 |

(2) 차수벽 설치 필댐, 제방
 • 가중 크리프 거리

$$l_w = \frac{1}{3} \times L + 2 \times D$$

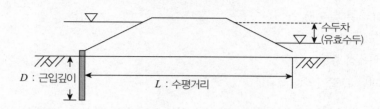

$D$ : 근입깊이        $L$ : 수평거리

수두차
(유효수두)

**[계산문제]** ┈┈┈┈┈┈┈┈┈┈┈┈┈┈┈┈┈┈┈┈┈┈┈┈┈┈┈┈┈┈┈┈┈┈┈┈┈┈┈┈┈┈┈┈┈┈┈┈

조건) $h_1 - h_2 = 10\text{m}$, $l_{h1} = 5\text{m}$, $l_{h2} = 40\text{m}$, $l_{V1} = l_{V2} = 15\text{m}$

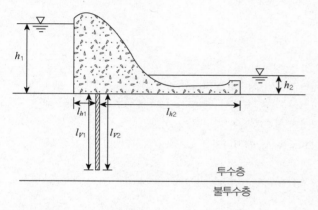

투수층

불투수층

풀이) $\sum l_h = 45\text{m}$, $\sum l_V = 30\text{m}$

$$CR = \frac{l_w}{h_1 - h_2} = \frac{\frac{1}{3}\sum l_h + \sum l_v}{h_1 - h_2} = \frac{\frac{1}{3} \times 45 + 30}{10} = 4.5$$

2) **Bligh**의 방법

$$C_c < \frac{L_c}{h}$$

 • $C_c$ : Cleep 비
 • $h$ : 댐 상하류 수위차
 • $L_c$ : 기초 접촉면의 길이

## 6. Justin의 방법(한계유속에 의한 방법)

$$V = \sqrt{\frac{W \cdot g}{A \cdot \gamma_w}}$$

- $V$ : 한계유속(cm/sec)
- $W$ : 토립자의 수중 중량(g)
- $g$ : 중력가속도(cm/$s^2$)
- $\gamma_w$ : 물의 단위체적 중량(g/cm³)
- 물의 흐름을 받는 토립자의 면적 cm²

제체 및 기초의 토립자의 입경에 대하여 소류력에 의해 입자가 밀려나가는 한계의 침투 유속을 구하여 그 한계치를 넘으면 Piping이 발생한다.

### ■ 참고문헌 ■

1. 구조물기초설계기준(2014).
2. 서진수(2006), Powerful 토목시공기술사(1, 2권), 엔지니어즈.
3. 서진수(2009), Powerful 토목시공기술사 단원별 핵심기출문제, 엔지니어즈.
4. 서진수(2009), Powerful 토목시공기술사 용어정의 기출문제해설, 엔지니어즈.
5. 서진수(2009), Powerful 토목시공기술사 용어정의 최신경향, 엔지니어즈.
6. 서진수(2009), Powerful 토목시공기술사 핵심 Key Word, 엔지니어즈.
7. 박영태(2013), 토목기사 실기, 건기원, p.647.
8. 김상규(1997), 토질역학 이론과 응용, 청문각, pp.107~108.

# 7-27. Ground Anchor의 분류와 특징

- 정착지지 방식에 의한 앵커(anchor) 공법을 열거하고, 특성 및 적용 범위에 대하여 설명(96회)

## 1. Rock Ancher(Earth/Ground Ancher) 정의

1) 원지반을 천공, PS강선을 삽입하여 절토 사면의 예상 활동면보다 깊은 위치에 **내하체**를 정착

2) **인장력**에 의해 사면을 압축, 원지반의 **전단 저항력을 증가**시키는 공법

## 2. 그라운드 앵커의 분류

| 분류 방식 | | 종류(구분) | | |
|---|---|---|---|---|
| Ground anchor | 구조물 지지 기간 (사용기간＝존치기간＝사용성의 중요도) | 가설앵커 | 2년(1.5~3년) 이내, 매설형, 제거형 | |
| | | 영구앵커 | 2년(1.5~3년) 이상 | |
| | 앵커체의 형상 ＝ 정착 지반의 지지방식 (하중전달방식) | 마찰방식 (인장재의 정착 방식) | 인장형(부착형) : 대부분의 앵커 | |
| | | | 압축형(지압형) | 하중집중형 |
| | | | | 하중분산형 |
| | | | 지압형의 변형 | |
| | | 지압방식 | – | |
| | | 복합방식 | – | |
| | 주입재에 대한 가압력 | 무가압형, 저가압형($P_i < 10\mathrm{kgf/cm^2}$) | | |
| | | 고가압형($P_i > 20\mathrm{kgf/cm^2}$), 확공형 | | |

1) 앵커의 기본적 구조(구성)

  (1) 앵커체(Anchor root＝body) : 표면으로부터의 인장력을 지반에 전달시키는 저항체

  (2) 인장부(tendon) : 지중의 앵커체에 인장력을 전달하는 부분, 강봉, 강선, 강연선(꼰선＝Strand)

  (3) 앵커두부(Anchor head)

    : 구조물로부터의 힘을 인장부에 전달, 앵커의 집중하중 분산 ⇒ 구조물에 안전하게 전달

2) 앵커체의 형상＝정착 지반의 **지지방식**에 의한 분류(**하중전달방식**에 따른 분류)

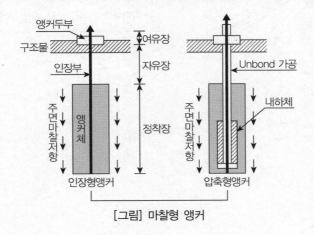

[그림] 마찰형 앵커

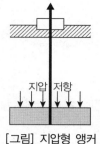

[그림] 지압형 앵커

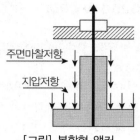

주면마찰저항

지압저항

[그림] 복합형 앵커

3) 그라우트(앵커체)에 작용하는 **하중형태**에 따른 분류와 특성, 적용 범위

(1) 인장형 앵커 : 인장형 앵커의 하중변화도 : 주로 많이 사용

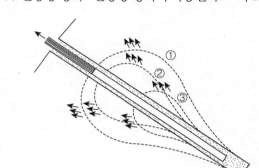

- 그라우트체에 인장력 ⇒ 하중의 집중
  ⇒ 국부마찰력 저하
- ① : 설계 시 예상 하중곡선
- ② : 하중곡선 이완
- ③의 하중곡선에서 정착

(2) 압축형 앵커

① **하중집중 압축형** 앵커 : 하중집중형 압축앵커의 하중변화도

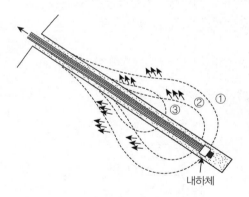

내하체

- 하중저감 발생 : ① → ② → ③
- 압축파괴에 의한 급작스러운 하중저감 발생 위험

② 하중분산 압축형 앵커

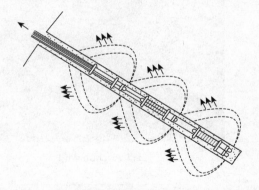

• 하중분산 ⇒ 하중 집중방지
• 자유부 구속 없어 ⇒ 신율 높아
  ⇒ 정착에 의한 하중손실 작음
• 극한인발력 작은 지반에 적용성 우수

## 3. 제거식 앵커 7연선(1개 심선＋6개 측선의 강연선) 구조

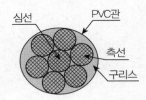

## 4. 특징

| | |
|---|---|
| 장점 | • 부재의 전단강도, 원지반과의 인발 저항에 의해 직접적인 원지반 보강 효과<br>• 간접적인 원지반 물성 강화 효과<br>• 연쇄반응적인 토층부의 붕괴 방지 |
| 단점 | • 시간의 경과와 함께 인장력 감소 : Relaxation<br>• 공종이 복잡하여 공기 길다 : 천공, 삽입, Grouting, 긴장, 정착<br>• Anchor 체 1개가 부담하는 안전도가 크므로 국부적인 품질 문제 발생 시 전체 안정에 미치는 영향 큼 |

## 5. 이용범위와 방법(적용성)

1) 토류벽 가시설 지보공

2) 옹벽 안정

3) 안벽

4) 구조물의 부력 및 양압력 대책용 Anchor

5) 사면안정 대책공법 : 불연속면의 연속성으로 대단위 파괴가 우려되는 암사면, 단층대

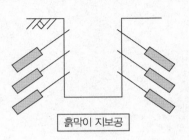

흙막이 지보공

옹벽안정공

[그림] 흙막이 지보공

[그림 Anchor 시험

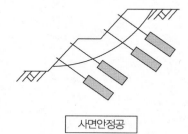
사면안정공

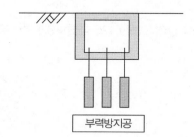
부력방지공

## ■ 참고문헌 ■

1. 지반공학 시리즈 3 한국지반공학회(1997), 굴착 및 흙막이 공법, 구미서관, pp. 237~298.
2. 구조물기초설계기준(2014).
3. 구조물기초설계기준(2002).
4. 가설공사 표준시방서(2014)(개정).
5. 서진수(2006), Powerful 토목시공기술사(1, 2권), 엔지니어즈.
6. 서진수(2009), Powerful 토목시공기술사 단원별 핵심기출문제, 엔지니어즈.
7. 서진수(2009), Powerful 토목시공기술사 용어정의 기출문제해설, 엔지니어즈.
8. 서진수(2009), Powerful 토목시공기술사 용어정의 최신경향, 엔지니어즈.
9. 서진수(2009), Powerful 토목시공기술사 핵심 Key Word, 엔지니어즈.
10. 대구경북 디자인센터 가설 토류벽 설계보고서.

# 7-28. 흙막이 앵커(지반앵커, 어스앵커)의 설계 및 시공 일반

## 1. 어스앵커 설계, 시공 시 조사 조사항목

| 구분 | 내용 및 조사방법 |
|------|------------------|
| 일반조사 | ① 문헌조사 ; 과거 절·성토 시공기록, 사면붕괴이력, 인근 지역 앵커설계시공 예<br>② 인접조물 현황, 영향도 : 구조물의 변위, 정착부와의 관계<br>③ 지하매설물 : 상하수도, 가스, 통신, 전선관<br>④ 환경조사 : 진동, 소음, 교통, 지하수 및 토양오염<br>⑤ 시공조건조사 : 기자재 반출입, 용배수, 전력, 타공종 간섭 등<br>⑥ 공사관계법규 |
| 지반조사 | ① 앵커에 작용하는 하중결정 : 강도정수($C, \phi$) ⇒ 현지답사, 보링, 물리탐사 |
| | ② 앵커체의 정착층 결정 : 보링조사 |
| | ③ 앵커체의 주면마찰저항결정 : SPT, 공내재하시험, 실내토질시험 |
| | ④ 반력체의 설계수치 결정 : 반력체(지압블록, 보, 슬래브)의 변위 및 단면력 계산<br>　⇒ 지반반력계수 필요 ⇒ SPT N치, PBT, 공내재하시험 |
| | ⑤ 시공성 조사 : 시험시공 ⇒ 사용기기의 선정 및 시공법의 적합성 확인 |
| | ⑥ 부식에 관한 조사 : 인장재 및 주입재의 부식원인 ⇒ PH, 염도, 산도, 비저항치, 전기전도도, 혐기성 유산염 환원 박테리아 |
| | ⑦ 기타 조사 : 지하수위, 피압수 조사 ⇒ 주입재의 충전 불량 요인 |

## 2. 앵커 계획 시 기술적 검토사항 : 문제점 검토

1) 앵커장이 특히 긴 앵커

　(1) 공굴곡, 공벽의 열화, 시공위치의 불확실성

　(2) 부착강도 감소

　(3) 진행성 파괴 검토

2) 설계하중이 특히 큰 앵커 및 사용 후 인장재 제거하는 앵커

　(1) 보링공 단면적에 비해 공내 삽입 자재 단면적 과대

　　　: 인장재, 쉬스, 스페이서, 센터라이저, 그라우트파이프, 드릴파이프, 실재 등

　(2) 주입재의 유동저항 커짐 ⇒ 주입재의 가압, 충전 불충분

3) 지하수영향 검토 : 정착층의 투수도 크고, 지하수 수두 높은 지반에 타설되는 앵커

| 구분 | 지하수위(수두)가 앵커두부보다 높거나, 피압수(용수) 있는 지반 | 투수도 높아 지하수위 낮은 지반 |
|------|------------------------------------------------------------|-------------------------------|
| 문제점 | 1) 수압 ⇒ 주입재 충전 불충분, Cement 풀 농도 엷어짐 ⇒ 인발저항력 부족<br>2) 앵커공으로 토사 및 지하수 유출 ⇒ 시공 불가능<br>3) 기설치 앵커의 저항력 저하 | 1) 예상외 많은 주입량<br>2) 장시간 주입해도<br>　⇒ 그라우트의 일수(유출)<br>　⇒ 주입재 충전 불충분 |
| 대책 | 1) 보링 ⇒ 투수성 조사<br>2) 지하수 상황에 따라 ⇒ 천공법, 주입재 선정, 주입압력, 사전주입의 필요성, 주입 중단 후 재주입 등 시공법 전반에 대해 신중히 검토<br>3) 특수한 주입재 및 주입방법 | |

## 3. 앵커 설계, 시공상 유의사항(문제점, 검토 및 대책 수립 필요한 사항)

1) 도로면 하부 얕은 곳에 앵커체 설치 시

   교통하중에 의한 **지반침하**, 진동에 의한 **인장재 파단**, 앵커체의 **휨균열** 발생 유의

2) 지중연속벽 시공 후 굴착하면서 앵커시공 시 : 갑작스러운 집중 **강우**로 **시공기계 수몰** 우려

3) 주입재(grouting)의 건조수축 ⇨ 앵커체 표면마찰력 감소 ⇨ 적정량의 **팽창제** 사용 ⇨ 팽창률 시험

4) 주입재의 **주입압력** 높으면 ⇨ **지반 및 근접구조물 변형**발생, 투수성 큰 지반으로 **주입재 유출** ⇨ 지하수, 토양 등 환경오염발생

5) 인장재**긴장 및 시험 시** ⇨ 인발 or 인장재의 파단 ⇨ **사고** 위험 ⇨ 사람 접근 금지, 특히 계측 시 유의 ⇨ 자동계측 시스템 활용

6) 자유장 및 앵커체 정착부의 인장재에 대한 장기적인 **방식대책** 수립 ⇨ 해수영향을 받는 곳 특히 주의

7) 앵커 및 앵커된 구조물은 정기적인 **점검**, **관측**, **측정**을 행하는 것이 원칙임

8) 앵커두부 **손상방지** 및 **두부 보호** ⇨ 콘크리트, 모르타르로 피복, **보호캡**


## ■ 참고문헌 ■

1. 지반공학 시리즈 3 한국지반공학회(1997), 굴착 및 흙막이 공법, 구미서관, pp.237~298.
2. 구조물기초설계기준(2014).
3. 구조물기초설계기준(2002).
4. 가설공사표준시방서(2014)(개정).
5. 서진수(2006), Powerful 토목시공기술사(1, 2권), 엔지니어즈.

# 7-29. 앵커의 설계

- 흙막이 벽 지지구조형식 중 어스앵커(earth anchor) 공법에서 어스앵커의 자유장과 정착장의 설계 및 시공 시 유의사항에 대하여 설명(93회)
- 흙막이 벽 지지구조형식 중 어스앵커(earth anchor) 공법에서 어스앵커의 자유장과 정착장의 결정 시 고려사항 및 시공 시 유의사항 [107회, 2015년 8월]
- 앵커설치 간격/자유장/정착장

## 1. 개요

1) 앵커체의 설계 시에는 **흙구조물 안정계산** ⇨ **설계 앵커력**($T_d$) 계산 ⇨ **앵커정착장**($L_a$), 앵커체 설치 **간격, 각도, 인장재 개수** 결정한다.

2) 앵커는 PS강선 파괴, PS강선과 Grout재 인발, Anchor체와 지반의 인발에 대해 안정해야 한다.

## 2. 앵커의 안정성 검토 방법

1) **외적 안정 검토** : 앵커와 흙막이 벽을 포함한 **지반 전체**의 붕괴에 대한 안정성 검토

2) **내적 안정 검토** : 흙막이 벽과 앵커를 포함한 **토괴 부분**의 안정 검토

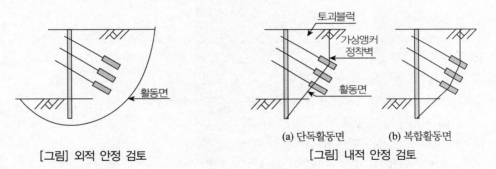

[그림] 외적 안정 검토      [그림] 내적 안정 검토

## 3. 앵커 설계 시 고려사항

1) 대상 구조물의 규모, 기능

2) 지반조건

3) 환경조건

4) 경제성, 시공성, 안전성

## 4. 경제성, 시공성, 안정성 확보를 위한 앵커 설계 시 검토 항목 [앵커 설계항목]

1) 앵커의 배치

2) 설계 앵커력

3) 앵커체의 설계

4) 앵커길이의 결정

5) 안정성 검토

6) 시공 긴장력의 검토

7) 띠장의 설계

8) 앵커두부의 설계

## 5. 앵커체 설계 시 고려사항

1) **허용 인발력** : 설계 앵커력이 극한 인발력에 대해 소요 안전율 가질 것

2) **허용인장력** : 설계 앵커력이 인장재의 인장강도에 대해 소정의 안전율 가질 것

3) **허용부착력**

   인장재와 주입재의 부착응력(인장형 앵커) 또는 주입재에 대한 지압응력(압축형 앵커)이 허용응력 이하일 것

4) 설계 앵커력까지의 인장력 가해질 때 **앵커두부 변위가 탄성범위** 내일 것

## 6. 앵커체의 설계순서 및 방법 2가지 [설계 시 고려사항]

1) **흙구조물 안정계산** : 설계앵커력($T_d$) 계산 ⇨ 앵커정착장($L_a$), 앵커체 설치 간격, 각도, 인장재 개수 결정, 앵커는 PS강선 파괴, PS강선과 Grout체 인발, Anchor체와 지반의 인발에 대해 안정해야 한다.

   (1) **흙구조물 안정계산** : 단위폭당 필요 앵커력, 한 단면의 앵커개수($n$), 설치위치, 각도 결정

   (2) **설계앵커력** 결정 : $T_d = \dfrac{단위폭당\ 필요앵커력}{n \times 앵커설치간격}$

   (3) **앵커체 길이 결정**

   ① **설계 앵커력($T_d$) ≤ 허용인발력($T_{ag}$)** 성립 조건

   ② 앵커체 정착장, 앵커설치 간격, 한 단면당 앵커 개수 결정 시

   ⇨ 진행성 파괴, 군효과(Group Effect) 고려

   (4) **인장재의 종류, 필요 단면적, 인장재 개수 결정**

   ① **설계앵커력($T_d$) ≤ 허용인장력($T_{as}$)** 성립 조건

   (5) 시공 후 인발시험

2) **앵커 정착장($L_a$) 결정** ⇨ 설계앵커력($T_d$) 구함 ⇨ 안정계산에서 필요한 앵커력을 얻을 수 있는 한 단면당 앵커 개수, 간격 결정

   (1) **설계 앵커력($T_d$) 결정** : **설계앵커력($T_d$) ≤ 허용인발력($T_{ag}$)** 성립 조건

   (2) 한 단면에서의 **앵커개수($n$), 설치 위치, 각도** 결정

   (3) 앵커설치간격$= \dfrac{설계\ 앵커력(T_d) \times n}{단위폭당\ 필요\ 앵커력(안정계산)}$

   : 진행성 파괴, 군효과 고려 ⇨ 한 단면당 앵커 개수, 설치 간격 결정

   (4) **인장재 종류, 필요 단면적, 인장재 개수 결정**

   **설계앵커력($T_d$) ≤ 허용인장력($T_{as}$)** 성립 조건

## 7. 설계 앵커력 계산

1) 설계축력   $T_o = \dfrac{R_{\max} \cdot \alpha}{\cos\alpha \cdot \cos\theta}$ [kN/본]

여기서,
- $R_{\max}$ : 단위길이당 지보공 최대반력(kN/m)
- 분모($\cos\alpha$)의 $\alpha$ : 설치각도
  보통 $10° \leq \alpha \leq 45°$ 범위
- 분자의 $\alpha$ : 수평 설치 간격
- $\theta$ : 앵커의 수평각도, $\theta = 0$의 경우 $\cos\theta = 1$

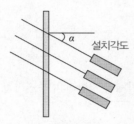

[그림] 단면도

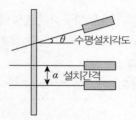

[그림] 배치평면도

2) 앵커의 허용인장력(kN/m²)

극한강도와 항복강도로 계산한 값 중 작은 값

| 구분 | | 사용 기간 | 허용인장력 | |
|---|---|---|---|---|
| | | | 극한하중($f_{pu}$)에 대하여 | 항복하중($f_{py}$)에 대하여 |
| 임시앵커 | | 2년 미만 | $0.65f_{pu}$ | $0.80f_{py}$ |
| 영구앵커 | 평상시 | 2년 이상 | $0.60f_{pu}$ | $0.75f_{py}$ |
| | 지진 시 | 2년 이상 | $0.75f_{pu}$ | $0.90f_{py}$ |

3) PS 강재 사용가닥수

$$n = \dfrac{T_o}{P_a}$$

여기서, $P_a$ =PS 강재 1개당 허용인장력

## 8. 앵커설계의 구분

1) 앵커체의 설계(정착장) : 소요 극한 인발력에 대해
2) 인장재의 설계(자유장)

## 9. 앵커길이 설계(정착장, 자유장)

1) 앵커 총길이   $L = L_a(정착장) + L_f(자유장) + L_e(여유장)$

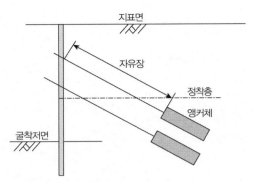

[그림] 정착지반 깊이에서 결정되는 깊이

## 2) 앵커 **정착장**(정착길이)($L_a$)

(1) 정착부는 벽체로부터 **가상 활동파괴면 밖**에 위치

(2) 다음 중 **큰 값** 사용 [마찰장, 부착장, 최소정착장]

① 앵커체 마찰장($L_{af}$)

[**주입재(Grout)와 지반**과의 주면마찰저항＝**앵커체와 지반**과의 주면마찰저항 길이]

- 앵커체 마찰장($L_{af}$) :　$L_{af} = \dfrac{T_{ug}}{\tau_u \cdot \pi \cdot D}$

- 앵커체 마찰장 :　$L_{af} = \dfrac{T_d \cdot F_s}{\pi \cdot D \cdot \tau_a}(\text{m})$

여기서, $T_d$＝앵커체 설계축력(kN), $D$＝앵커체직경(천공직경)

$\tau_a$＝앵커체와 지반의 주면마찰저항(kN/m²)

: 각종 설계기준의 토질별, N치별 표의 값 적용

* $F_s$(안전율) 기준 : 가설(2년 미만) : 1.5~2.0, 2년 이상 1.5~3.0

| 설계기준 | 사용기간 2년 미만 | | 2년 이상 |
|---|---|---|---|
| | 토사 | 암반 | |
| **구조물기초설계기준** | **2.0** | | **3.0** |
| 가설공사표준시방서 | 2.0 | 1.5 | 2.5 |
| 도로설계요령 | 1.5 | | 2.0 |
| 철도설계기준 | 1.5 | | 2.5 |
| 호남고속철도지침 | 1.5~2.5 | | 1.5~2.0 |

② 앵커체 부착장($L_{as}$)

[**주입재(Grout)와 인장재(PS 강재)**의 부착력＝**앵커체와 PS 강재** 사이의 부착력에 의한 길이]

- 앵커체 부착장　$L_{as} = \dfrac{T_d}{n \cdot U \cdot f_a}(\text{m})$

여기서, $T_d$ = 앵커체 설계축력(kN)

$U$ = 앵커체 둘레길이 = $\pi \cdot D$

$f_a$ = 허용부착응력(kN/㎡) : 강재종류와 주입재 강도별 가설공사 표준시방서값(표) 적용

$n$ : 강선갯수

③ 최소 정착장($L_{amin}$ : 표 값)

: 토사층인 경우 최소 4.5m 이상, 마찰형지지(진행성 파괴에 대한 검토를 생략하는 경우) : 10m 이내

(3) 각국의 **앵커 정착장 기준**

| 나라 | 기준 | 앵커정착장 |
|------|------|-----------|
| 국내 | 구조물기초 설계기준 (2002) | 1. 정착부는 벽체로부터 가상 활동파괴면 밖에 위치<br>2. 마찰저항길이와 부착저항길이 중 큰 값<br>3. 최소 정착장은 토사층인 경우 4.5m 이상<br>4. 진행성 파괴 문제(진행성 파괴 검토 생략 가능)<br>　: 통상 정착장 길이 10m 이내로 제한 |
| 외국 | JSF/BSI/FIP | 3~10m |
|  | PTI | 4.6m 이상 |

### 3) 앵커**자유장**(인장재 자유장)($L_f$)

(1) 인장재 자유장의 기능(목적)

① 인장재에 도입된 긴장력이 구조물의 변위에 의해 큰 변화가 생기지 않도록 하거나

② 정착부 **지반의 Creep 변위**에 따라 감소하는 것을 완화해서 **설계 긴장력**을 확보하기 위한 것

③ **구조물의 변위**에 의해 **급격히 큰 하중**이 앵커에 가해지는 현상이 발생할 때 앵커두부, 앵커 정착부를 보호하기 위한 **완충역할**을 함

(2) 자유장 $L_f = \max(L_{f1}, L_{f2}, L_{fmin})$ : 다음 값 중 **최댓값**

① **주동활동면**에서 결정되는 길이($L_{f1}$)

= 가상활동면$\left(45° + \dfrac{\phi}{2}\right)$으로부터 1.5m

② **정착지반 깊이**에서 결정되는 길이($L_{f2}$)

= **가상활동면** + 0.15H(H = 굴착깊이)를 더한 값

③ **최소 자유장**에서 결정되는 길이($L_{fmin}$) : **최소 4.5m 이상**

− 변형 고려, 소요 긴장력 확보할 수 있도록 결정

− 극단적으로 짧으면 ⇨ 앵커된 구조물에 앵커체로부터의 응력이 직접 지반을 통해 작용 or 얕은 곳에 설치 시 ⇨ 지반 전단저항, 토괴중량 작아져 ⇨ 충분한 인발저항력 확보 불가능 ⇨ 최소 길이 규정함

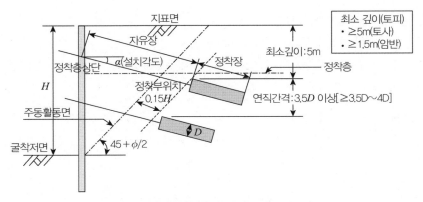

[그림] 주동활동면에서 결정되는 길이

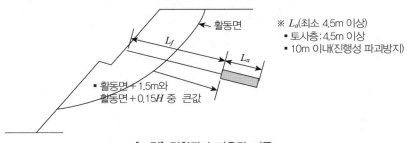

[그림] 정착장과 자유장 기준

### (3) 각국의 앵커 자유장 기준

| 나라 | 기준 | 앵커자유장 |
|------|------|-----------|
| 국내 | 구조물기초 설계기준<br>(2002) | 1. 자유장=가상활동면+1.5m 또는 가상 활동면+굴착 깊이의 0.15H(H<br>=굴착깊이) 중 큰 값 적용<br>2. 최소 4.5m 이상 |
| 외국 | JSF | 4m 이상 표준, 앵커체가 활동면보다 깊게 함 |
| | 미국<br>(U.S Department of Transportation<br>Fedral Highway Administration) | 1. 암반, 토사 : 활동면 위치+1.5m(5ft) 이상<br>2. 옹벽 : 활동면+최대 옹벽 높이의 1/5 |

---

**구조물기초 설계기준 : 지반앵커**

1) 정착부는 벽체로부터 가상 활동파괴면 밖에 위치하여야 하며 자유장은 가상활동면으로부터 1.5m 또는 굴착깊이의 0.15H(H=굴착깊이)를 더한 값 중 큰 값을 적용하되 최소 4.5m 이상으로 한다.

2) 정착장은 마찰저항길이와 부착저항길이중 큰 값으로 하고 이때 최소 정착장은 토사층인 경우 4.5m 이상으로 한다.

3) 정착장 검토에 있어 진행성 파괴에 대한 검토를 생략하는 경우는 정착장 길이가 10m 이내인 경우로 한다.

(4) 각 설계기준별 앵커 자유장, 정착장, 배치기준

| 설계기준 | 자유장 (최소) | 정착부 위치 (활동면에서 앵커체까지 깊이) | 정착장 (최소) | 최소토피(깊이) (지표면에서) |
|---|---|---|---|---|
| 구조물기초 설계기준 (2002년) | **4.5m** | **1.5m or 0.15H(굴착깊이) 중 큰 값** | **4.5m** | **5.0m** |
| 가설공사 표준시방서 | 4.5m | 1.5m or 0.2H(굴착깊이) 중 큰 값 | 4.5m | 4.5m |
| 도로설계요령 | 4.5m | – | 3~10m | – |
| 철도설계기준 | 4.5m | 1.5~2.0m | 3~10m | – |
| 호남고속철도지침 | 4.0m | 0.15H | 3~10m | 5.0m |

## 10. 앵커의 배치

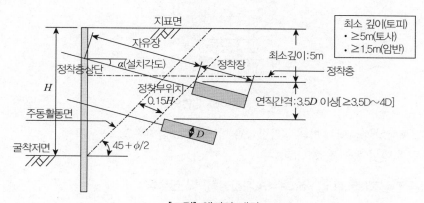

[그림] 앵커의 배치

1) 앵커 배치 설계 방법(설계 시공 시 유의사항)

(1) 택지조건, 인접구조물 검토

① 인접도로, 인접택지 아래 설치 시 **관리자, 소유자의 승인 필요**

② 배면지반의 **지중구조물, 기존구조물**에 대한 조사 후 설치각도, 길이 결정

(2) **정착층(최소토피)**

① **암반** : 지표하 1~1.5m 위치에 설치

② **토사** : 5m [최소토피＝4.5~5m 이상 확보]

[∵ −1단 anchor 시공 시 벽체는 캔틸레버가 되므로 초기 변형 억제

−앵커의 인발저항력 발휘를 위한 토피중량 확보

−중기 등의 주행에 의한 정착지반 교란 억제 목적]

(3) **앵커단수(연직 Pitch＝수직방향 간격)**

① 앵커1본의 인발저항력, 흙막이 벽의 응력, 변형, 띠장의 강도, 시공성, 경제성 고려하여 결정

② 일반적 : 3.5D(앵커체 직경, 천공홀 직경) 이상

③ **앵커체 간격(상, 하단 수직방향) ≥ 4D**(D : Anchor체 직경) 이상

* 천공경(D)＝강선직경(12.7cm)＋2.5cm＝15cm 정도

(4) 앵커의 간격(수평방향 Pitch)

① 일반적 : 1.5~4.0m

② 간격이 좁으면 그룹(군) 효과로 앵커1본당 인발저항력 감소에 유의

③ 앵커설치 간격 $= \dfrac{\text{설 계 앵 커 력}\,(T_d) \times n}{\text{단 위 폭 당 필 요 앵 커 력 (안 정 계 산)}}$

: 진행성 파괴, 군효과 고려 ⇨ 한단면당 앵커 개수, 설치 간격 결정함

(5) 앵커의 설치각도(연직방향 $\alpha$) : 보통 $10° \leq \alpha \leq 45°$ 범위

(6) 앵커의 수평각도($\theta$)

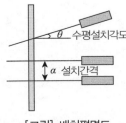

[그림] 배치평면도

① 설치방향과 **흙막이 벽의 직각방향**과 이루는 각 : **원칙적으로 $\theta = 0$**

② 즉, **흙막이 벽과 직각으로 설치**

## 11. 앵커 시공 긴장력(Jacking Force = 초기긴장력) 및 신장량

1) 긴장력

다음 2가지의 감소량을 고려하여 산정

※ 손실을 감안한 시공 긴장력

$$JF_{req} = T_o(\text{설계축력}) + \Delta P_p(\text{정착장치에 의한 } PS\text{감소량}) + \Delta P_r(\text{릴렉세이션에 의한 } PS\text{감소량})$$

(1) **정착장치**에 의한 프리스트레스 감소량

$$\Delta P_p = E_p \times \frac{\Delta l}{L} \times A_p \times N$$

여기서, $E_p$ =PS 강재의 탄성계수

$\Delta l$ = 정착장치의 PS Strand의 활동량(3~6mm)(3mm 표준)

$L$ = 자유장+0.5m

$A_p$ =PS 강재 단면적

$N$ =PS 강재 사용가닥수

(2) Relaxation에 의한 프리스트레스 감소량

$$\Delta P_r = r \times f_{pt} \times A_p \times N$$

여기서, $r$ = PS 강재의 겉보기 리렐세이션( =0.05)

　　　　$f_{pt}$ =손실이 일어난 후 사용하중 상태의 응력

　　　　일반적 $0.8\,f_{py}$ (항복하중) 사용

2) 신장량(늘음량＝Elongation) 산정

$$L_E = \frac{JF_{req}}{E_p \times A_p \times N} \times L$$

[그림] 앵커의 인장시험 및 인장작업

■ 참고문헌 ■

1. 황승현(2010), 실무자를 위한 흙막이 가설구조의 설계, 도서출판 씨아이알, pp.345~369.

2. 지반공학 시리즈 3 한국지반공학회(1997), 굴착 및 흙막이 공법, 구미서관, pp.236~298.

3. 구조물기초설계기준(2002).

4. 구조물기초설계기준(2014).

5. 서진수(2006), Powerful 토목시공기술사(1, 2권), 엔지니어즈.

6. 서진수(2009), Powerful 토목시공기술사 단원별 핵심기출문제, 엔지니어즈.

7. 이춘석(2002), 토질 및 기초 공학 이론과 실무, 예문사, pp.485~486.

# 7-30. 토류벽의 아칭(arching) 현상

## 1. Arching 현상의 정의

1) 토류벽, 널말뚝 등에서 일부 지반이 변형하게 되면 **변형하려는 부분과 안정된 지반의 접촉면 사이에 전단저항**이 발생하고

2) **전단저항**은 파괴되려는 부분의 **변형을 억제**하여 **파괴되려는 부분의 토압이 감소**하고, 인접한 지반은 **토압이 증가**함

   [토류벽, 앵커된 널말뚝에 토류벽(지반)이 변형하면 변형 부분과 안정된 부분의 접촉면에 **전단저항**이 발생 ⇒ **변형 억제** ⇒ **변형되려는 부분 토압은 감소, 인접 부분의 토압은 증가** 하는 토압의 재분포가 이루어지는 현상

3) 파괴되려는 지반(변형하려는 부분)의 토압이 인접부의 흙으로 전달되는 **압력(응력)의 전이현상**을 Arching 현상이라 함

4) 즉, 아칭이란 **상대 변위**가 있을 경우 **이동하는 것이 이동하지 않는 구조물에 하중을 전이**하는 것을 말하며 아칭의 형태는 **하향볼록(Concave)** 또는 **상향볼록(Convex)** 하여 응력을 전이하는 형태가 있음

## 2. 흙막이 벽의 변형에 따른 토압의 재분포 개념도 [옹벽 및 토류벽에서의 Arching 현상]

1) 옹벽(강성벽체)의 경우

   (1) 옹벽 하단을 중심으로 **주동 상태의 변위** 발생

   (2) 토압분포 : Rankine 또는 Coulomb 토압을 적용하여 구할 수 있음

   (3) **하단부** 토압이 큰 부분 : 벽체가 강성으로 버티고 있어 **변위 적게 발생**

   (4) **상단부** : 토압분포가 줄어든 만큼 **변위가 토압을 수용**

2) 토류벽(연성벽체)의 경우

   (1) **변형 부분 : 토압 감소**

   (2) **인접 부분 : 토압 증가, 정지토압 크기에 근접**

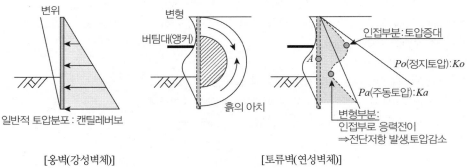

[옹벽(강성벽체)]      [토류벽(연성벽체)]

[그림] Arching에 의한 토압재분포

[설명]

A점 상부의 흙이 횡 방향으로 구속되기 때문에 토압이 A점 하부에서 감소, 상부에는 감소한 만큼 더 커져 토압재분배가 이루어지고, 토압재분포가 이루어지더라도 전체 토압의 합은 영향 없음

[토압분포]

(1) 변위 형태와 깊은 관계 있음

(2) 변위 크게 허용 : 토압 작음

(3) 변위 억제 : 토압 크게 작용

(4) 토압분포는 포물선 형태가 일반적임

(5) Arching 영향을 크게 받으면 정지토압에 근접하고, 주동상태보다 토압이 작게 됨, 그러나 전체토
압력은 토압의 재분포로 크기는 같음

## 3. 아칭 현상 적용성

1) Convex(상향볼록) : 터널 등 지하 구조물

2) Concave(하향볼록) : 매설배관 및 박스구조물

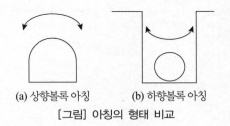

(a) 상향볼록 아칭    (b) 하향볼록 아칭

[그림] 아칭의 형태 비교

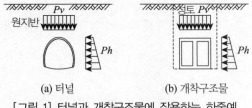

(a) 터널    (b) 개착구조물

[그림 1] 터널과 개착구조물에 작용하는 하중예

## 4. Arching 현상 발생 구조물

1) Fill Dam의 심벽

2) 연약지반 개량 시 Pile Net 기초, 동치환공법, SCP의 복합지반효과

3) 터널 2차원 해석 시 하중 분담률 적용

터널은 상부 토피하중($P_v$)이 주변지반으로 전이되고 일부만 터널 내측으로 작용되며 아칭은 상향볼
록(Convex) 형태

4) 개착구조물, 암거, Pipe

개착 구조물의 경우는 성토 하중이 주변지반으로 일부 하중이 전이되고 아칭의 형태는 하향볼록
(Concave)이 되어 구조물에 작용하는 하중 $P_v$는 $\gamma \cdot z$보다 작아짐

## 5. 지하매설 Box 구조물의 Arching 현상(영향)

1) 굴착폭(B)가 넓을 경우

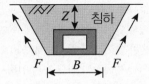

(1) 연직 응력 $\sigma_v = \gamma_t \cdot z$

(2) 수평 응력 $\sigma_h = K_0\gamma_t \cdot z$

2) 굴착폭(B) 좁을 경우

(1) 원지반 흙과 되메우기 흙 경계면에서 Arching에 의한 응력 전이(Stress transfer) 발생 : 토압 경감됨

(2) 연직 응력 $\sigma_v < \gamma_t \cdot z$

(3) 수평 응력 $\sigma_h < K_0 \cdot \gamma_t \cdot z$

## 6. Fill Dam(사력댐) 심벽의 Arching

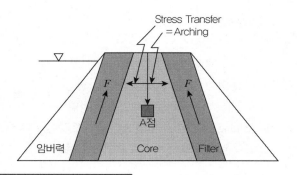

1) 심벽과 filter 층은 강성이 다르므로 점토심벽 무게의 일부가 Filter 층으로 옮겨지게 됨

2) 심벽(Core)의 간극수압 소산에 따른 **압밀침하** 및 **2차 압밀침하**에 의해 사력(filter)과 심벽 사이에 **응력전이**(Stress Transfer) 발생

3) A점의 연직응력이 $\gamma_t \cdot z$ 보다 작아짐

$$\sigma_v < \gamma_t \cdot z$$

4) Arching 현상이 큰 경우의 문제점

수평응력보다 수압이 크게 발생하면 **수압파쇄현상**(Hydraulic Fracturing)이 발생하여 댐 제체가 수평면을 따라 찢어지게 되어(**수압 할렬**) **댐 파괴의 원인**이 됨

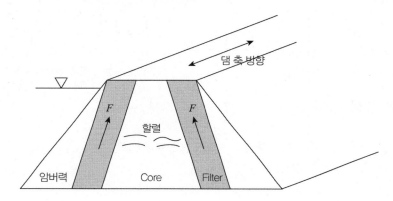

### ■ 참고문헌 ■

1. 황승현(2010). 흙막이가설구조물의 설계, 도서출판 씨아이알, pp.85~88.
2. 이춘석(2002), 토질 및 기초공학, 예문사, p.392.
3. 구조물기초설계기준(2014).
4. 서진수(2006), Powerful 토목시공기술사(1, 2권), 엔지니어즈.
5. 서진수(2009), Powerful 토목시공기술사 단원별 핵심기출문제, 엔지니어즈.
6. 서진수(2009), Powerful 토목시공기술사 용어정의 기출문제해설, 엔지니어즈.
7. 서진수(2009), Powerful 토목시공기술사 용어정의 최신경향, 엔지니어즈.
8. 지반공학 시리즈 3 한국지반공학회(1997), 굴착 및 흙막이 공법, 구미서관

# 7-31. 가물막이 공법

## 1. 개요(정의)

1) 정의

하상이나, 해상에서 장대교의 **주탑 기초**등을 시공하기 위한 **물막이**로써 **축도**를 하여 Dry Work을 하기위한 가설 구조물임

2) 가물막이 시공 개요도

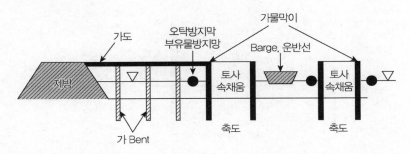

## 2. 가물막이공법의 종류

1) 자립형 가물막이

  (1) 토사축제

  (2) 강널말뚝(Steel Sheet Pile)

    ① 1단 물막이(한 겹 Sheet Pile)

    ② 2단 물막이(두 겹 Sheet Pile)

    ③ Cell 형물막이(직선형 Sheet Pile을 연결한 원통의 Cell) : 서해대교

  (3) Caisson식 가물막이

    ① Box Caisson

    ② Cellular Block

    ③ Steel Caisson : 광안대로

  (4) 강판 Cell식(파형강판 사용 : Corrugated Cell)

2) 버팀대형

  (1) 한 겹 Sheet Pile식

  (2) 두 겹 Sheet Pile식

3) 특수 공법

  (1) 강관널말뚝

  (2) 강관널말뚝 우물통

## 3. 가물막이 종류별 시공법(특징) : 각각 종류별로 별개의 문제 출제됨

: 상기내용 대 제목 1, 2를 공통으로 기술하고 다음의 별개의 종류를 논술하면 됨

1) 토사축제 : 수심 3~5m에 적용

2) 한 겹 Sheet Pile식 : 수심 5m

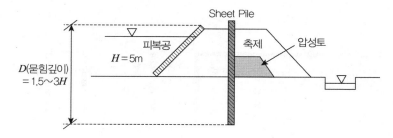

3) 두 겹 Sheet Pile : 수심 10m

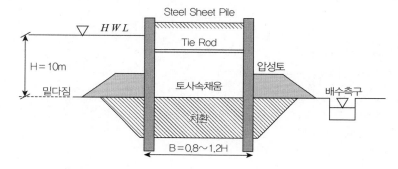

## 4. 가물막이 설계 시 유의사항(검토 고려사항)

1) 토압, 수압, 보일링, 히빙 + 조사시험

2) 토취장 및 토사 반출입 계획 : **육상토사(산토) + 준설**(대안공법 : 공기 케이슨으로 가물막이 없는 공법임)

## 5. 가물막이 시공 시 유의사항(시공관리 주안점)

1) 수심, 수위, 파도, 파랑, 풍향, 풍속

2) 조위 ,조류, 조수간만의 차

3) 환경문제 : 수역오염(하천, 해양), 토사 유출(반출입 시), 기름비산, 폐유, 대책으로는 오탁 방지막(기름 흡착포) 설치

4) 대안공법 : 공기 케이슨(가물막이 없는 공법)

## 6. Cell형 가물막이

1) 개요

   (1) 서해대교 사장교부분 주탑 기초에 적용

(2) 서해대교 교량 형식 종단 배치

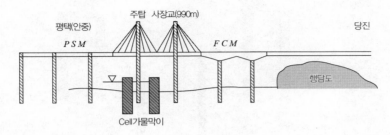

2) 적용성 : 수심 10m

3) Sheet Pile 형상 : 직선형 강널말뚝

• 길이 L = 28m, 두께 125mm, 폭 50cm

4) Cell형 가물막이 배치도(서해대교)

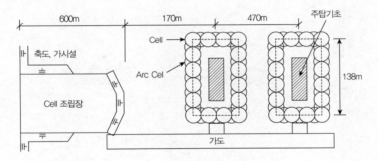

5) Cell형 가물막이 시공 상세도

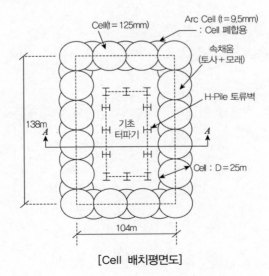

[Cell 배치평면도]

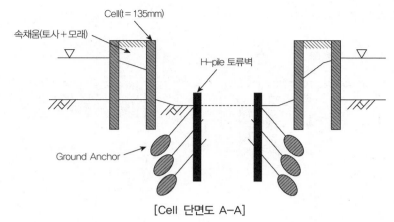

[Cell 단면도 A-A]

6) Cell 가물막이 시공 순서

: Cell 제작(제작장) → 인양 (1300ton 기중기선) → 해상운반 → 거치 → 항타 → 속채움 → Cell 폐합
(Arc Cell)

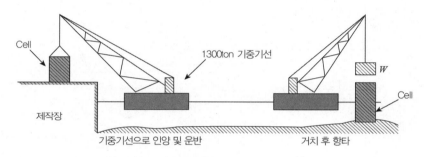

## 7. 맺음말

1) 가물막이 공사 설계 시공 시 고려사항(시공관리 주안점)

   (1) 토압

   (2) 수압

   (3) 보일링

   (4) 히빙

   (5) 조사시험

   (6) 수심, 수위, 파도, 파랑, 풍향, 풍속, 조위, 조류, 조수 간만의 차, 환경문제

2) 대안공법 : 공기 케이슨(가물막이 없는 공법)

## ■ 참고문헌 ■

1. 토목시공고등기술강좌.

2. 서해대교 시공사례.

3. 구조물기초설계기준(2014).

4. 서진수(2006), Powerful 토목시공기술사(1, 2권), 엔지니어즈.

# 저자 소개

## 서진우

**前**　한국수자원공사 근무

　　댐, 상하수도, 수자원 ,공업단지 조성 분야

　　○○ 건설 (전문건설업체) 소장

　　대구 지하철, 1호선, 2호선 현장 근무

**現**　(주) 진명엔지니어링건축사 사무소 이사

　　토목, 건축 현장 감리업무 15년

　　**경상북도 지방공무원 교육원 강사**

　　**인터넷 학원 '올리고'(www.iolligo.com/www.iolligo.co.kr)**

　　토목시공기술사 전임강사

　　**인터넷 학원 '강남토목건축학원'(www.gneng.com)**

　　토목시공기술사 전임강사

　　**인터넷 학원 '주경야독'(www.yadoc.co.kr)**

　　토목기사/산업기사 전임강사

　　건축설비기사/산업기사 전임강사

## 저서

『Powerful 토목시공기술사』(1, 2권), 엔지니어즈.

『Powerful 토목시공기술사 핵심 Key Word』, 엔지니어즈.

『Powerful 토목시공기술사 용어정의 기출문제 해설』, 엔지니어즈.

『Powerful 토목시공기술사 용어정의 최신경향』, 엔지니어즈.

『Powerful 토목시공기술사 핵심기출문제 특론』, 엔지니어즈.

『건축설비기사·산업기사 합격바이블(실기편)』, 도서출판 씨아이알.

## 이메일

jinsoo590@hanmail.net

# 토목시공기술사 합격바이블 1권

**초판인쇄** 2016년 12월 5일
**초판발행** 2016년 12월 12일

**저    자** 서진우
**펴 낸 이** 김성배
**펴 낸 곳** 도서출판 씨아이알

**책임편집** 박영지, 김동희
**디 자 인** 윤지환, 윤미경
**제작책임** 이헌상

**등록번호** 제2-3285호
**등 록 일** 2001년 3월 19일
**주    소** (04626) 서울특별시 중구 필동로8길 43(예장동 1-151)
**전화번호** 02-2275-8603(대표)
**팩스번호** 02-2275-8604
**홈페이지** www.circom.co.kr

**I S B N** 979-11-5610-271-7 94530
          979-11-5610-270-0 (세트)
**정    가** 45,000원